Neil E. Schore
Arbeitsbuch Organische Chemie

Das zugehörige Lehrbuch

K. P. C. Vollhardt, N. E. Schore

Organische Chemie

4. Auflage
XXVIII, 1542 Seiten, 377 Abbildungen,
davon 359 in Farbe, 77 Tabellen. Gebunden.
2005, ISBN 3-527-31380-X

Weitere Lehrbücher von Wiley-VCH

Organikum

22. Auflage
2004, ISBN 3-527-31148-3

B. Alberts, A. Johnson, J. Lewis, M. Raff, K. Roberts, P. Walter

Molekularbiologie der Zelle

4. Auflage
2004, ISBN 3-527-30492-4

P. W. Atkins

Physikalische Chemie

3. Auflage
2002, ISBN 3-527-30236-0

P. W. Atkins, R. Ludwig, F. Schmauder, A. Appelhagen

Kurzlehrbuch Physikalische Chemie

2002, ISBN 3-527-30433-9

D. Voet, J. G. Voet, C. W. Pratt

Lehrbuch der Biochemie

2002, ISBN 3-527-30519-X

D. V. Shriver, P. W. Atkins, C. H. Langford

Anorganische Chemie

1997, ISBN 3-527-29250-0

F. A. Carey, R. J. Sundberg

Organische Chemie
Ein weiterführendes Lehrbuch

1995, ISBN 3-527-29217-9

Neil E. Schore

Arbeitsbuch Organische Chemie

Übersetzt von Kathrin-M. Roy
basierend auf der Übersetzung von Eduard Krahé und Nicole Kindler

Vierte Auflage

WILEY-VCH Verlag GmbH & Co. KGaA

Titel der Originalausgabe:
Study Guide and Solutions Manual for Organic Chemistry,
Fourth Edition

First published in the United States
by
W. H. FREEMAN AND COMPANY, New York and Basingstoke
Copyright 2003 by W. H. Freeman and Company
All rights reserved.

Autor

Prof. Dr. Neil E. Schore
Dept. of Chemistry
University of California, Davis
Davis, CA 95616
USA

1. Auflage 1989
2. Auflage 1995
3. Auflage 2000
4. Auflage 2003

■ Alle Bücher von Wiley-VCH werden sorgfältig erarbeitet. Dennoch übernehmen Autoren, Übersetzer und Verlag in keinem Fall, einschließlich des vorliegenden Werkes, für die Richtigkeit von Angaben, Hinweisen und Ratschlägen sowie für eventuelle Druckfehler irgendeine Haftung.

**Bibliografische Information
der Deutschen Bibliothek**
Die Deutsche Bibliothek verzeichnet diese Publikation in der Deutschen Nationalbibliografie; detaillierte bibliografische Daten sind im Internet über <http://dnb.ddb.de> abrufbar.

© 2006 WILEY-VCH Verlag GmbH & Co. KGaA, Weinheim

Alle Rechte, insbesondere die der Übersetzung in andere Sprachen, vorbehalten. Kein Teil dieses Buches darf ohne schriftliche Genehmigung des Verlages in irgendeiner Form – durch Photokopie, Mikroverfilmung oder irgendein anderes Verfahren – reproduziert oder in eine von Maschinen, insbesondere von Datenverarbeitungsmaschinen, verwendbare Sprache übertragen oder übersetzt werden. Die Wiedergabe von Warenbezeichnungen, Handelsnamen oder sonstigen Kennzeichen in diesem Buch berechtigt nicht zu der Annahme, dass diese von jedermann frei benutzt werden dürfen. Vielmehr kann es sich auch dann um eingetragene Warenzeichen oder sonstige gesetzlich geschützte Kennzeichen handeln, wenn sie nicht eigens als solche markiert sind.

Printed in the Federal Republic of Germany
Gedruckt auf säurefreiem Papier

Satz K+V Fotosatz GmbH, Beerfelden
Druck betz-druck GmbH, Darmstadt
Bindung Litges & Dopf GmbH, Heppenheim
Umschlaggestaltung 4T Matthes + Traut GmbH, Darmstadt

ISBN-13: 978-3-527-31526-0
ISBN-10: 3-527-31526-8

Vorwort

Von Dozent zu Dozent...

„Ich lerne fleißig, ich besuche alle Vorlesungen und Seminare, ich bearbeite alle Übungen... wie konnte es da nur passieren, dass ich in der Prüfung durchgefallen bin?" – Haben wir das nicht alle schon einmal gehört? (Zumindest vermute ich, dass ich nicht der einzige bin.) Wie kommt es, dass sich ansonsten gute Studenten mit der organischen Chemie zuweilen so schwer tun? Und vor allem, wie kann man das ändern? Nun, in einer perfekten Welt hätten alle Studenten hinreichend Zeit, um jede Vorlesung sofort und gründlich nachzuarbeiten. Leider ist die Wirklichkeit nicht so ideal. Die Studenten müssen ihr Zeitbudget unter vielen Kursen verteilen, und weil das oft während des Semesters sehr schwierig ist, hängen sie hinterher. Wenn dann die Prüfungen ins Haus stehen, schnappt die Falle zu: sie versuchen, alles auswendig zu lernen. Und dann fragen sie sich, woran es wohl gelegen hat, dass die Prüfung schiefgegangen ist...

Nun, wir als Lehrer sollten darauf vorbereitet sein, und wir sollten wissen, wie wir den Studenten helfen können, es besser zu machen. Nach meiner Erfahrung hat es vor allem zwei Gründe, wenn es Schwierigkeiten gibt: erstens ein lückenhaftes Verständnis der elementaren Prinzipien und zweitens das Unvermögen, diese auf neue Situationen zu übertragen.

Ich finde, das erste Problem lässt sich in den Griff bekommen. Mit der organischen Chemie ist es wie mit einer Fremdsprache: Reaktionen und Mechanismen sind wie Vokabular und Grammatik. Diese Grundlagen können sich die Studenten in aller Regel aneignen, auch wenn es intensiven Lernens bedarf. Das Lehrbuch bietet dafür in vielerlei Hinsicht aktive Lernhilfen: Die ständige Hervorhebung eben dieser Prinzipien, die durchgehende und konsistente farbige Gestaltung, und die Betonung der Zusammenhänge des aktuellen Stoffs mit anderen Gebieten der organischen Chemie in den Einleitungen und Zusammenfassungen sollen das Lernen so leicht wie möglich machen.

Das zweite Problem erweist sich meist als schwieriger. Wir müssen den Studenten beibringen, welche der gelernten Zusammenhänge und „Regeln" für eine gegebene Situation überhaupt relevant sind, und in welcher logischen Reihenfolge sie angewendet werden müssen. Es geht eben nicht darum, nur Fakten zu vermitteln, sondern einen gedanklichen Prozess. Wie kann man das am besten bewerkstelligen? Ich finde, dass es am erfolgreichsten ist, wenn man die Lernenden Schritt für Schritt durch die Lösung eines Problems führt, auch wenn sie dabei anfangs nur die Perspektive des Zuschauers einnehmen. Wichtig ist es zu zeigen, an welchen Stellen es Alternativen gibt, welche davon verworfen werden können und warum, und wie die besseren weiter verfolgt und erneut geprüft werden können. Als ich die Lösungen für die Aufgaben ausarbeitete, habe ich versucht, diesen gedanklichen Prozess zu illustrieren. Dabei sind meine Ausführungen in den ersten Kapiteln sehr detailliert, während ich in den späteren Kapiteln Einzelheiten zuweilen absichtlich weggelassen habe.

Erfolgreiches Lernen bedeutet aber auch, dass die Studenten unmittelbare Erfahrungen machen müssen. Daher beginnen manche Lösungen mit einem Hinweis auf den richtigen Lösungsweg und der Aufforderung, es nun erst noch einmal selbst zu versuchen. Oft ist es ja das Schwierigste, den richtigen Lösungsansatz zu finden, und auf diese Weise erhält der Lernende eine zweite Chance. Daneben habe ich auch versucht, Reaktionsmechanismen so vollständig und konsistent wie möglich darzustellen. Das geht so weit, dass die Pfeile für „Elektronenwan-

Arbeitsbuch Organische Chemie. Neil E. Schore
Copyright © 2006 WILEY-VCH Verlag GmbH & Co. KGaA, Weinheim
ISBN: 3-527-31526-8

derungen" manchmal noch bei simplen Protonenübertragungs-Reaktionen eingezeichnet sind. Das mag vielen von Ihnen übertrieben erscheinen, doch finde ich, dass Studenten zuweilen von Details verunsichert werden (oder aus ihnen Nutzen ziehen!), die uns völlig insignifikant erscheinen mögen.

Zu guter Letzt möchte ich noch anmerken, dass ich nicht glaube, unsere Aufgabe sei es, „den Studenten die organische Chemie beizubringen". Vielmehr sollte es unser Ziel sein zu vermitteln, wie man das Lernen lernt – und das ist oft viel schwieriger. Ich hoffe, dass dieser Ansatz eine gute Hilfe auf diesem Wege ist.

Anmerkung zur Vierten Auflage

Die vierte Auflage von *Organische Chemie* enthält zahlreiche neue Aufgaben. Jedes Kapitel wurde ergänzt durch vollständig ausgearbeitete Übungen (als „Arbeiten mit den Konzepten" bezeichnet). Darüber hinaus gibt es am Ende jedes Kapitels mindestens eine weitere vollständig ausgearbeitete „Verständnisübung. Schließlich wurden die Aufgabensätze am Kapitelende im ganzen Buch erweitert. Während in der vorherigen Auflage vorwiegend „Repetieraufgaben" hinzugekommen waren, sind die neuen Aufgaben für diese Auflage vielfältiger und reichen vom Repetieren bis zum Extrapolieren. In allen Fällen liegt der Schwerpunkt darauf, den Studenten zu ermutigen, Fähigkeiten zum Lösen von Aufgaben zu entwickeln. Diejenigen, die mit der vorherigen Auflage dieses *Arbeitsbuchs* vertraut sind, werden die Gestaltung der Lösungen zu diesen neuen Aufgaben erkennen. Sie sollen den Studenten veranlassen, jede Aufgabe schrittweise zu überdenken, indem er mögliche Lösungswege betrachtet, untersucht, wohin sie führen und was dabei herauskommt, und schließlich zum nächsten Schritt übergeht. Ebenso wie viele der usprünglichen Lösungen in diesem *Arbeitsbuch* sind diese neuen Lösungen als „Gedankenkarten" gedacht, die zeigen sollen, wie sich erfolgreiche Lösungsstrategien entwickeln lassen. Wenn Studierende dieses Buch nicht als einfaches Lösungsbuch, sondern wirklich als *Arbeitsbuch* nutzen, werden sie – so glaube ich – die Herausforderungen dieses Kurses erfolgreicher bewältigen können.

Danksagungen

Wie immer danke ich den vielen Leserinnen und Lesern, die mich auf Druckfehler in der vorherigen Auflage des *Arbeitsbuchs* hingewiesen und zu ihrer Berichtigung beigetragen haben. Professor K. Peter C. Vollhardt und seinen Studenten an der University of California in Berkeley verdanke ich ebenso wie meinen Kollegen und Studenten hier an der University of California in Davis wertvolle Unterstützung. Besonderer Dank gilt Dr. Melekeh Nasiri, der stets nach Fehlern und Inkonsistenzen Ausschau gehalten hat. Großen Dank schulde ich auch dem freundlichen und hilfsbereiten Team bei W. H. Freeman und allen Rezensenten, die sie für diese Auflage zur Verfügung gestellt haben.

Mein persönlicher Dank geht wie stets an meine Frau Carrie und meine beiden, nun nicht mehr so kleinen Kinder, Mike, das Computergenie, und Stef, den Geigenvirtuosen, die mich überall meine übliche Unordnung mit Zeichnungen und Korrekturfahnen, Modellen und Zeitschriften machen ließen. Sie alle können das Haus nun wiederhaben, wenigstens für ein paar Jahre.

Davis, California   *Neil E. Schore*

Inhaltsverzeichnis

Vorwort V

1 **Struktur und Bindung organischer Moleküle** *1*

2 **Struktur und Reaktivität: Säuren und Basen, polare und unpolare Moleküle** *19*

3 **Die Reaktionen der Alkane** *35*
Bindungsdissoziationsenergien, radikalische Halogenierung und relative Reaktivität

4 **Cyclische Alkane** *49*

5 **Stereoisomerie** *65*

6 **Eigenschaften und Reaktionen der Halogenalkane** *83*
Bimolekulare nucleophile Substitution

7 **Weitere Reaktionen der Halogenalkane** *95*
Unimolekulare Substitution und Eliminierungen

8 **Die Hydroxygruppe: Alkohole** *111*
Eigenschaften, Darstellung und Synthesestrategie

9 **Weitere Reaktionen der Alkohole und die Chemie der Ether** *123*

10 **NMR-Spektroskopie zur Strukturaufklärung** *143*

11 **Alkene und Infrarot-Spektroskopie** *167*

12 **Die Reaktionen der Alkene** *183*

13 **Alkine** *203*
Die Kohlenstoff-Kohlenstoff-Dreifachbindung

14 **Delokalisierte π-Systeme und ihre Untersuchung durch UV-VIS-Spektroskopie** *213*

15 **Benzol und Aromatizität** *227*
Elektrophile aromatische Substitution

16 **Elektrophiler Angriff auf Benzolderivate** *239*
Substituenten kontrollieren die Regioselektivität

Arbeitsbuch Organische Chemie. Neil E. Schore
Copyright © 2006 WILEY-VCH Verlag GmbH & Co. KGaA, Weinheim
ISBN: 3-527-31526-8

17 Aldehyde und Ketone: Die Carbonylgruppe *251*

18 Enole und Enone *265*
α,β-ungesättigte Alkohole, Aldehyde und Ketone

19 Carbonsäuren *283*

20 Derivate von Carbonsäuren und Massenspektrometrie *295*

21 Amine und ihre Derivate *311*
Stickstoffhaltige funktionelle Gruppen

22 Chemie der Substituenten am Benzolring *327*

23 β-Dicarbonylverbindungen und Acylanion-Äquivalente *343*

24 Kohlenhydrate *353*
Polyfunktionelle Naturstoffe

25 Heterocyclen *365*
Heteroatome in cyclischen organischen Verbindungen

26 Aminosäuren, Peptide und Proteine *377*
Stickstoffhaltige natürliche Monomere und Polymere

1 | Struktur und Bindung organischer Moleküle

20. (sowie 21 und 25, s. unten)

(a) $\overset{\delta+}{:}\!\ddot{\underset{..}{Cl}}\!:\!\ddot{\underset{..}{F}}\!:^{\delta-}$

(b) $^{\delta-}\!:\!\ddot{\underset{..}{Br}}\!:\!\overset{\delta+}{C}\!:::\!\ddot{N}\!:^{\delta-}$ Die Dreifachbindung ist für die Ausbildung der Oktette an C und N erforderlich.

(c) $\overset{\delta+}{H}\!:\!\ddot{\underset{..}{O}}\!:\!\ddot{\underset{..}{Cl}}\!:^{\delta-}$

(d) $\left[\; :\!\ddot{\underset{..}{Cl}}\!:\!\overset{+}{\underset{:\ddot{O}:^{-}}{S}}\!:\!\ddot{\underset{..}{Cl}}\!: \;\longleftrightarrow\; :\!\overset{\delta-}{\ddot{\underset{..}{Cl}}}\!:\!\overset{\delta+}{\underset{:\ddot{O}:_{\delta-}}{S}}\!:\!\overset{\delta-}{\ddot{\underset{..}{Cl}}}\!: \;\right]$ Man beachte, dass Schwefel über d-Orbitale verfügt und daher *ein fünftes* Elektronenpaar in seiner Valenzschale enthalten kann.

wichtiger (Oktette)

(e) $\overset{\delta+\,H\;\;\;H\,\delta-}{H\!:\!\underset{H}{\overset{..}{C}}\!:\!\ddot{N}\!:\!H}$

(f) $\overset{H\;\;\delta-\;\;H}{H\!:\!C\!:\!\ddot{\underset{..}{O}}\!:\!C\!:\!H}$ $\overset{}{\underset{\delta+\,H\;\;\;H\,\delta+}{}}$

(g) $\overset{\delta+\;\;\;\delta-\;\;\;\delta-\;\;\;\delta+}{H\!:\!\ddot{N}\!::\!\ddot{N}\!:\!H}$ Doppelbindung zwischen den Stickstoffatomen.

(h) $\overset{H}{H\!:\!\overset{..}{C}\!::\!\overset{\delta+}{C}\!::\!\ddot{\underset{..}{O}}\!:^{\delta-}}$ Ein Molekül mit zwei Doppelbindungen.

(i) $\left[\; H\!:\!\overset{-}{\ddot{N}}\!::\!\overset{+}{N}\!::\!\ddot{N}\!: \;\longleftrightarrow\; H\!:\!\overset{-}{\ddot{\underset{..}{N}}}\!:\!\overset{+}{N}\!:::\!N\!: \;\right]$

(j) $\left[\; :\!\overset{-}{\ddot{N}}\!::\!\overset{+}{N}\!::\!\ddot{O}\!: \;\longleftrightarrow\; :\!N\!:::\!\overset{+}{N}\!:\!\overset{-}{\ddot{\underset{..}{O}}}\!: \;\right]$
${\scriptstyle\delta+\;\;\delta-}$

wichtiger
(O elektronegativer als N)

21. Die Symbole δ^+ und δ^- sind in den Lösungen zu Aufgabe 20. über oder unter den betreffenden Atomen angegeben. Ausgehend von den Elektronegativitäten (Tab. 1-3, Abschn. 1.4) werden in jeder polaren Bindung das elektropositivere Atom mit δ^+ und das elektronegativere Atom mit δ^- bezeichnet.

22. (a) $H\!:^-$ Hydrid-Ion. Im Gegensatz dazu H^+ (ein Proton) und $H\cdot$ (H-Atom).

(b) $H\!:\!\underset{H}{\overset{H}{\ddot{C}}}\!:^-$ Ein Carb*anion*. C hat ein Oktett und die negative Ladung −1.

(c) H:C⁺ mit H oben und H unten (freie Elektronenpaare gepunktet) — Ein *Carbenium-Ion*. C hat nur ein Sextett und die positive Ladung +1.

(d) H:C· mit H oben und H unten — Ein Kohlenstoff-„Radikal". C ist neutral, an nur drei andere Atome gebunden und von 7 Elektronen umgeben.

(e) H:C:N⁺:H mit H oben und H unten an beiden Zentren — Das Methylammonium-Kation. Das Produkt von $CH_3NH_2 + H^+$. Zum Vergleich: $NH_3 + H^+ \rightarrow NH_4^+$.

(f) H:C:Ö:⁻ mit H oben und H unten — Methoxid-Ion. Das Produkt der Ionisierung von Methanol, $CH_3OH \rightleftharpoons CH_3O^-$ + H^+. Zum Vergleich: $H_2O \rightleftharpoons HO^- + H^+$.

(g) H:C: mit H oben — Ein „Carben". Ein neutrales, an zwei andere Atome gebundenes Kohlenstoffatom, das nur ein Elektronensextett hat.

(h) H:C:::C:⁻ Ein weiteres Carb*anion*.

Carbanionen [(b) und (h)], Carbenium-Ionen (c), freie Radikale (d) und Carbene (g) sind reaktive, energiereiche Spezies. Sie können aber als „Zwischenstufen" in Reaktionen auftreten.

(i) H:Ö:Ö:H   Wasserstoffperoxid.

23. In einigen Fällen gibt es mehr als einen Weg, den Fehler zu interpretieren und zu korrigieren.

(a) Die Formelschreibweise impliziert, dass zwei Wasserstoffatome und ein Kohlenstoffatom an das Sauerstoffatom gebunden sind, entgegen unseren gewöhnlichen Erwartungen insgesamt also drei Bindungen von diesem Atom ausgehen. Wir haben jedoch alle schon vom Hydronium-Ion, H_3O^+, gehört? Sein Sauerstoffatom ist dreibindig, positiv geladen und weist ein Oktett auf (s. Lehrbuch). Die vorliegende Verbindung lässt sich entsprechend korrigieren: H:Ö⁺:C:H (mit H unten an beiden) Das Kohlenstoffatom ist in Ordnung. Alternativ können wir eine Gruppe am Sauerstoffatom streichen und erhalten entweder H_2O oder $HOCH_3$. (Gehen Sie in diesem und allen folgenden Abschnitten der Aufgabe, in denen ein neutrales Sauerstoffatom vorkommt, von zwei freien Elektronenpaaren an selbigem aus.)

(b) Nun ist Sauerstoff in Ordnung, aber das Kohlenstoffatom hat nur drei Substituenten. Ein Hinweis? Aufgabe 22 (b), (c) und (d). Drei Korrekturmöglichkeiten: $H_2\overset{+}{C}OH$, $H_2\dot{C}OH$ und $H_2\overset{-}{C}OH$. Der Oktettregel genügt nur die letzte der drei Strukturen.

(c) Zehn Elektronen am Kohlenstoffatom (freies Elektronenpaar + 4 Bindungen). Entfernen Sie entweder zwei Elektronen, sodass CH_4 übrig bleibt, oder streichen Sie eine Bindung: In diesem Fall erhalten wir ⁻:CH_3.

(d) Stickstoff hat vier anstatt wie üblich drei Bindungen. Das Problem ähnelt somit dem in Teil (a). Welche Verbindung mit vierbindigem Stickstoff kennen wir? Das Ammonium-Ion, $^+NH_4$. Formulieren Sie eine analoge Lösung zu dieser Aufgabe: $^+NH_3OH$. Alternativ entfernen Sie eine der Gruppen am Stickstoffatom und erhalten entweder :NH$_3$, Ammoniak, oder :NH$_2$OH, das als Hydroxylamin bezeichnet wird.

(e) Fünf Bindungen am mittleren Kohlenstoffatom. Entfernen Sie ein H und Sie erhalten

$$\text{CH}_3-\underset{\underset{\text{CH}_3}{|}}{\text{CH}}-\text{CH}_3.$$

(f) Das mittlere Kohlenstoffatom hat fünf Bindungen, das rechte nur drei. Wir könnten ein Wasserstoffatom verschieben: CH$_3$—CH=CH$_2$.

(g) HNO$_2$ (Salpetrige Säure) existiert tatsächlich, aber nicht in dieser Form mit zehn Elektronen am Stickstoffatom. Die einfachste Lösung ist, ein H von N nach O zu verschieben, sodass man zu H—O—N=O gelangt. Der Stickstoff hat ein freies Elektronenpaar.

(h) Fünf Bindungen an jedem Kohlenstoffatom. Streichen Sie an jedem ein H, sodass Sie zu HC≡CH gelangen, oder reduzieren Sie die Dreifach- zu einer Doppelbindung: H$_2$C=CH$_2$.

(i) Werden Sie das seltsame H (zwei Bindungen!) in der Mitte los:

$$\text{H}-\underset{\underset{\text{H}}{|}}{\overset{\overset{\text{H}}{|}}{\text{C}}}-\underset{\underset{\text{H}}{|}}{\overset{\overset{\text{H}}{|}}{\text{C}}}-\text{H}$$

(j) Vier Bindungen zum mittleren Sauerstoffatom und nur zwei zum Kohlenstoffatom. Vertauschen Sie die Positionen: O=C=O.

24. (a) (i) und (ii). Verschieben Sie keine Atome! Resonanzformeln unterscheiden sich nur in der Anordnung der Elektronen. In den gezeigten Formeln tragen zwei der Sauerstoffatome die negative Ladung. Fahren Sie mit einer Lewis-Struktur fort, in der das dritte Sauerstoffatom negativ geladen ist.

Beachten Sie, dass sich die Elektronenpaare vom negativ geladenen Atom *weg*bewegen. (iii) Alle drei Lewis-Formeln haben an jedem großen Atom ein Oktett. Die mittlere Struktur hat aber drei geladene Atome sowie zweimal eine Plus-Minus-Ladungstrennung, sie dürfte daher kaum zur Resonanz beitragen. Die erste und die dritte Formel haben nur ein geladenes Atom und liefern den größten Beitrag.

(b) Zeichnen Sie zuerst eine sinnvolle Lewis-Formel:

4   1 Struktur und Bindung organischer Moleküle

Alle Atome sind neutral, wir können daher die Elektronenpaare auf mehrere Arten verschieben und uns das Ergebnis ansehen. Beginnen wir mit einem Elektronenpaar der Doppelbindung. In welche Richtung? Das spielt keine Rolle – *verschieben Sie nur die Elektronen und sehen Sie sich das Resultat an!* Wenn es etwas Vernünftiges ist, gut. Wenn nicht, dann eben nicht. Verschieben Sie also das Elektronenpaar zum Stickstoffatom:

Nun, zumindest befindet sich die negative Ladung am elektronegativeren Atom (N). Da wir aber entgegengesetzte Ladungen getrennt und das Oktett am Kohlenstoffatom aufgegeben haben, ist ein Beitrag dieser neuen Resonanzform eher unwahrscheinlich.

Und wenn wir die Elektronen in die andere Richtung verschieben? Nun haben wir etwas wirklich Schreckliches erhalten: Das Stickstoffatom hat sein Oktett verloren und eine positive Ladung erhalten. Wir können aber ein freies Elektronenpaar des Sauerstoffatoms für eine Doppelbindung zum Stickstoffatom verwenden, das damit sein Oktett zurückerhält:

Wir haben nichts Erwähnenswertes erhalten. Resonanzformeln zeichnen zu können, die nicht die Bindungsregeln verletzen (z. B. Überschreiten der Oktettregel) bedeutet nicht, dass dabei etwas Vernünftiges herauskommt. Die ursprüngliche Lewis-Struktur, in der alle Atome neutral sind, ist die beste Darstellung dieser Verbindung. Der Beitrag der übrigen Resonanzformen ist nur marginal.

(c) Jetzt haben wir ein negativ geladenes Atom. Verschieben Sie die Elektronen von diesem weg:

Beachten Sie, dass ein Elektronenpaar von der C=N-Doppelbindung auf das C-Atom verschoben werden muss, um das Oktett am Stickstoffatom nicht zu überschreiten. In beiden Formen haben alle Atome (außer H) Oktetts, sie unterscheiden sich nur in der Position der negativen Ladung: Diese ist eher auf dem O lokalisiert (elektronegativer als C). Daher ist die erste Lewis-Struktur besser.

25. Für die Antworten 20 (d), (i) und (j) sind bereits Resonanzformel angegeben. Zwei weitere Verbindungen haben die nachstehend gezeigten zusätzlichen Resonanzformeln. In jedem Fall ist die unten stehende Form aus den genannten Gründen nicht annähernd so gut wie die in der Antwort zu Aufgabe 20.

(b) $\left[\begin{array}{c}\overset{..}{:}\overset{+}{Br}:\overset{+}{C}::\overset{\bar{..}}{N}: \longleftrightarrow \;:\overset{..}{Br}::\overset{+}{C}::\overset{\bar{..}}{N}:\end{array}\right]$

(Kohlenstoffsextett)   (Ladungstrennung)

(h) $\quad H:\overset{..}{\underset{H}{C}}::\overset{+}{C}:\overset{\bar{..}}{\underset{..}{O}}:$

(Kohlenstoffsextett)

26. Bei einigen Antworten sind zum Vergleich weitere, weniger günstige Resonanzformeln gezeigt.

(a) $\left[:\overset{\bar{..}}{\underset{..}{O}}:C:::N: \longleftrightarrow \;:\overset{..}{\underset{..}{O}}::C::\overset{\bar{..}}{N}:\right]$

wichtiger
(die negative Ladung
bevorzugt das elektro-
negativere Sauerstoffatom)

(b) $\left[H:\underset{\underset{H}{..}}{C}::\underset{\underset{H}{..}}{C}:\overset{\bar{..}}{N}:H \longleftrightarrow H:\overset{\bar{..}}{\underset{\underset{H}{..}}{C}}:\underset{\underset{H}{..}}{C}::\overset{..}{N}:H\right]$

wichtiger
(die negative Ladung
bevorzugt das elektro-
negativere Sauerstoffatom)

(c) $\left[\begin{array}{ccc} :\overset{..}{\underset{..}{O}}\;H & :\overset{\bar{..}}{\underset{..}{O}}:H & :\overset{\bar{..}}{\underset{..}{O}}:\;H \\ H:\overset{..}{\underset{..}{C}}:\overset{..}{\underset{..}{N}}:H & H:\overset{..}{\underset{..}{C}}:\overset{+}{\underset{..}{N}}:H & H:\overset{..}{C}::\overset{+}{N}:H \end{array} \longleftrightarrow \longleftrightarrow \right]$

wichtiger
(keine Ladungstrennung)

(d) $\left[\underbrace{:\overset{\bar{..}}{\underset{..}{O}}:\overset{+}{\underset{..}{O}}::\overset{..}{\underset{..}{O}}: \longleftrightarrow \;:\overset{..}{\underset{..}{O}}::\overset{+}{\underset{..}{O}}:\overset{\bar{..}}{\underset{..}{O}}:}_{\text{gleich, wichtiger}} \longleftrightarrow \underbrace{:\overset{\bar{..}}{\underset{..}{O}}:\overset{+}{\underset{..}{O}}:\overset{..}{\underset{..}{O}}: \longleftrightarrow \;:\overset{..}{\underset{..}{O}}:\overset{+}{\underset{..}{O}}:\overset{\bar{..}}{\underset{..}{O}}:}_{\substack{\text{nicht so gut}\\ \text{(Sauerstoff-Sextett)}}}\right]$

(e) $\left[\begin{array}{c} H\;H\;H \\ H:\underset{+}{\overset{..}{C}}:\overset{..}{C}::\overset{..}{C}:H \end{array} \longleftrightarrow \begin{array}{c} H\;H\;H \\ H:\overset{..}{C}::\overset{..}{C}:\underset{+}{\overset{..}{C}}:H \end{array}\right]$
                       identisch

6   1 Struktur und Bindung organischer Moleküle

(f) $\left[\ :\overset{..}{\underset{..}{O}}:\overset{-}{S}:\overset{+}{:}\overset{..}{\underset{..}{O}}: \longleftrightarrow :\overset{..}{\underset{..}{O}}::S::\overset{..}{\underset{..}{O}}: \longleftrightarrow :\overset{..}{\underset{..}{O}}::\overset{+}{S}:\overset{-}{\underset{..}{\overset{..}{O}}}:\ \right]$
    wichtiger   wichtiger

$:\overset{-}{\underset{..}{\overset{..}{O}}}:\overset{2+}{S}:\overset{-}{\underset{..}{\overset{..}{O}}}:$ ← Zehn Elektronen um das S-Atom; möglich für Atome unter der zweiten Reihe des Periodensystems, da *d*-Orbitale vorhanden sind.

← Eine bessere Lewis-Struktur, als man denken könnte – wegen der großen Elektronegativitätsdifferenzen zwischen den Atomen der zweiten und dritten Reihe.

(g) $\left[\ \begin{matrix} H & H \\ H:C::N:H \\ + \end{matrix} \longleftrightarrow \begin{matrix} H & H \\ H:C:N:H \\ + \end{matrix}\ \right]$
    wichtiger (Oktette)   (hier hat der Kohlenstoff ein Sextett)

(h) $\left[\ \begin{matrix} H \\ H:C::N:H \\ :\overset{..}{O}+ \\ H \end{matrix} \longleftrightarrow \begin{matrix} H \\ H:\overset{+}{C}:N:H \\ :\overset{..}{O}: \\ H \end{matrix} \longleftrightarrow \begin{matrix} H \\ H:C::N:H \\ :\overset{..}{O}:^+ \\ H \end{matrix}\ \right]$
    (positives   (Kohlenstoff-   wichtiger
    Sauerstoffatom)   sextett)

(i) $\left[\ \begin{matrix} H:\overset{+}{\overset{..}{O}}:N::\overset{..}{O}: \\ :\overset{..}{O}:^- \end{matrix} \longleftrightarrow \begin{matrix} H:\overset{+}{\overset{..}{O}}:N::\overset{-}{\overset{..}{O}}: \\ :\overset{..}{O}: \end{matrix} \longleftrightarrow \begin{matrix} H:\overset{+}{\overset{..}{O}}:N:\overset{-}{\overset{..}{O}}: \\ :\overset{..}{O}:^- \end{matrix}\ \right]$
              identisch
                                                   schrecklich

(j) $\left[\ \begin{matrix} H \\ H:\overset{+}{C}:C::\overset{..}{N}:\overset{-}{\overset{..}{O}}: \\ H \end{matrix} \longleftrightarrow \begin{matrix} H \\ H:C:C:::N:\overset{-}{\overset{..}{O}}: \\ H \end{matrix} \longleftrightarrow \begin{matrix} H \\ H:\overset{-}{C}:C::\overset{+}{N}::\overset{..}{O}: \\ H \end{matrix}\ \right]$
    (Kohlenstoff-Sextett)   wichtiger (Sauerstoff ist
                             elektronegativer als Kohlenstoff)

27. Bevor Sie beginnen, beachten Sie, dass der letzte Satz der Aufgabe sagt, wie die Atome verknüpft sind: Beide Verbindungen haben zwei NO-Bindungen, das N-Atom steht bei Nitromethan demnach in der Mitte. Wir beginnen mit den σ-Bindungen:

$$\begin{matrix} & H & & O \\ & | & & \diagup \\ H- & C- & N & \\ & | & & \diagdown \\ & H & & O \end{matrix}$$

Die Valenzschalen des Kohlenstoffatoms und der Wasserstoffatome sind soweit besetzt, aber dem Stickstoffatom und den Sauerstoffatomen fehlen Elektronen. Wir haben aber 24 Elektronen zur Verfügung (3 von den H-Atomen + 4 vom C + 5 vom N + 12 von den O-Atomen) und erst 12 davon in den 6 Bindungen verbraucht. Wir können die übrigen 12 verwenden, um jedes

O-Atom mit drei freien Elektronenpaaren zu versehen. Wir tun das und bezeichnen danach die Ladungen an den Atomen:

$$\text{H–C(H)(H)–N}^{2+}(\ddot{\text{O}}\!:^{-})(\ddot{\text{O}}\!:^{-})$$

Dies ist eine „erlaubte" Lewis-Struktur, wir haben keine Regeln verletzt und die O-Atome mit Oktetts gesättigt, allerdings hat das N-Atom nur ein Sextett und eine 2+-Ladung. Lässt sich das verbessern? Wir verschieben ein Elektronenpaar von einem negativen zum positiven Atom und sehen uns das Ergebnis an.

$$\text{H–C(H)(H)–N}^{2+}(\ddot{\text{O}}\!:^{-})(\ddot{\text{O}}\!:^{-}) \longleftrightarrow \text{H–C(H)(H)–N}^{+}(=\!\ddot{\text{O}}\!:)(\ddot{\text{O}}\!:^{-})$$

Das sieht schon besser aus: N hat nun ebenfalls ein Oktett. Wir hätten natürlich auch ein Elektronenpaar von dem anderen Sauerstoffatom verschieben können. Das Ergebnis ist das gleiche wie eben, nur die N–O-Einfachbindung und die N=O-Doppelbindung sind zusammen mit der negativen Ladung vertauscht:

$$\text{H–C(H)(H)–N}^{2+}(\ddot{\text{O}}\!:^{-})(\ddot{\text{O}}\!:^{-}) \longleftrightarrow \text{H–C(H)(H)–N}^{+}(\ddot{\text{O}}\!:^{-})(=\!\ddot{\text{O}}\!:)$$

Könnte man *zwei* Elektronenpaare zum N verschieben, eins von jedem O? Nein: Das würde die Oktettregel am N verletzen und zu einer verbotenen Lewis-Struktur führen:

$$\text{H–C(H)(H)–N}^{2+}(\ddot{\text{O}}\!:^{-})(\ddot{\text{O}}\!:^{-}) \;\;\not\longleftrightarrow\;\; \text{H–C(H)(H)–N}(=\!\ddot{\text{O}}\!:)(=\!\ddot{\text{O}}\!:)$$

VERBOTEN!
Oktettregel verletzt –
10 Elektronen am N

Die beiden besten Strukturen sind demnach die oben erhaltenen mit Oktetts an allen Nichtwasserstoffatomen und einem Ladungspaar. Die Pfeile darunter zeigen die Verschiebung der Elektronenpaare beim Übergang von einer Struktur zur anderen:

$$\text{H–C(H)(H)–N}^{+}(=\!\ddot{\text{O}}\!:)(\ddot{\text{O}}\!:^{-}) \longleftrightarrow \text{H–C(H)(H)–N}^{+}(\ddot{\text{O}}\!:^{-})(=\!\ddot{\text{O}}\!:)$$

Da diese beiden Formen identisch sind, ist ihr Beitrag zum Resonanzhybrid gleich groß. Die N-O-Bindungen sind polar, wobei N die positive Gesamtladung trägt, während sich die negative Ladung je zur Hälfte auf den beiden O-Atomen befindet.

Man könnte fragen, was geschehen wäre, wenn man zu Beginn dieser Aufgabe zunächst eins der zusätzlichen Elektronenpaare am N angefügt hätte, anstatt alle auf die Sauerstoffatome zu verteilen? Unsere Ausgangsstruktur (unten, links) hätte dann am N- und an einem O-Atom ein Oktett, an dem anderen O-Atom aber ein Sextett. Durch Verschieben des freien Elektronenpaars vom N- zum elektronenarmen O-Atom erhalten wir die gleichen Endstrukturen wie oben:

$$H-\underset{\underset{H}{|}}{\overset{\overset{H}{|}}{C}}-N\underset{\ddot{\underset{\cdot\cdot}{O}}:^-}{\overset{\overset{+}{\ddot{O}}:}{\diagup}} \longleftrightarrow H-\underset{\underset{H}{|}}{\overset{\overset{H}{|}}{C}}-\overset{+}{N}\underset{\ddot{\underset{\cdot\cdot}{O}}:^-}{\overset{\overset{\cdot\cdot}{O}:}{\diagup\!\!\!\!\diagup}}$$

Als Regel kann also gelten: Solange alle σ-Elektronen an Ort und Stelle bleiben und mit den übrigen die Oktettregel nicht verletzt wird, führt jede Ausgangsstruktur schließlich zu der/den besten Antwort(en).

Wir wenden uns nun dem Methylnitrit zu. Nach dem gleichen Verfahren beginnen wir nur mit Einfachbindungen und fügen danach die übrigen Elektronen beliebig als freie Elektronenpaare hinzu, wobei wir darauf achten, die Oktettregel nicht zu verletzen. Das Resultat ist die Struktur unten links, sie enthält ein stark elektronenarmes N, wie wir es zu Beginn auch bei Nitromethan erhalten haben. Und wir „stabilisieren" es auf die gleiche Weise, indem wir ein Elektronenpaar vom negativ geladenen endständigen O-Atom nach „innen" verschieben:

$$H-\underset{\underset{H}{|}}{\overset{\overset{H}{|}}{C}}-\ddot{\underset{\cdot\cdot}{O}}-\overset{+}{N}-\ddot{\underset{\cdot\cdot}{O}}:^- \longleftrightarrow H-\underset{\underset{H}{|}}{\overset{\overset{H}{|}}{C}}-\ddot{\underset{\cdot\cdot}{O}}-N=\ddot{O}:$$

Das ist schon sehr gut: Alle Nichtwasserstoffatome haben Oktetts und sind ungeladen. Lassen sich noch andere vernünftige Resonanzformen finden? Im Lehrbuch ist ein allgemeines Muster für Verbindungen beschrieben, in denen ein Atom mit mindestens einem freien Elektronenpaar an eins der beiden durch eine Mehrfachbindung verknüpfte Atome gebunden ist. Man verschiebt das freie Elektronenpaar nach „innen" und eine π-Bindung nach außen:

$$\ddot{X}-Y=Z \longleftrightarrow \overset{+}{X}=Y-\ddot{Z}^-$$

Wendet man diese Vorgehensweise auf Methylnitrit an, so erhält man

$$H-\underset{\underset{H}{|}}{\overset{\overset{H}{|}}{C}}-\ddot{\underset{\cdot\cdot}{O}}-N=\ddot{O}: \longleftrightarrow H-\underset{\underset{H}{|}}{\overset{\overset{H}{|}}{C}}-\overset{+}{\underset{\cdot\cdot}{O}}=N-\ddot{\underset{\cdot\cdot}{O}}:^-$$

Das Ergebnis ist die zweitbeste Resonanzform – hinsichtlich der Oktetts in Ordnung, aber die Ladungen sind getrennt, daher ist ihr Beitrag geringer als der der linken Lewis-Struktur. Das Hybrid wird eher der linken Struktur mit zwei nichtäquivalenten N−O-Bindungen gleichen. Auch wenn der Beitrag der rechten Struktur klein ist, wird er die endständige N−O-Bindung zur polarsten des Moleküls machen mit O am negativen Ende.

28. (a) Chlor-Atom :C̈l· (sieben Valenzelektronen, neutral)

Chlorid-Ion :C̈l:⁻ (acht Elektronen, negativ geladen)

(b) Boran ist planar (6 Elektronen um B), Phosphin dagegen pyramidal (8 Elektronen um P wie beim N in Ammoniak):

$$\begin{array}{c} H \\ | \\ B \\ / \; \backslash \\ H \quad H \end{array} \quad \text{vs.} \quad \begin{array}{c} \ddot{P}\!-\!-\!H \\ /\,\backslash \\ H \quad H \end{array}$$

(c) CF_4 ist tetraedrisch, während SF_4 mit *fünf* Elektronenpaaren um S pyramidal ist. Für diese Antwort braucht man nur das Elektronenabstoßungsmodell. Es ist *nicht notwendig*, erst die Hybridisierung zu zeichnen.

$$\begin{array}{c} :\ddot{F}: \\ | \\ C\!-\!-\!\ddot{F}: \\ /\,\backslash \\ :\ddot{F}: \;\; :\ddot{F}: \end{array} \quad \text{vs.} \quad \begin{array}{c} \;\;\ddot{S}\!-\!-\!\ddot{F}: \\ :\ddot{F}\!-\!/\;\backslash \\ :\ddot{F}: \;\; :\ddot{F}: \end{array}$$

(d) Wir gehen nach der gleichen Methode vor: Konstruieren Sie die Lewis-Strukturen und verwenden Sie das Elektronenabstoßungsmodell zur Vorhersage der Geometrien. Befassen Sie sich *nicht* zuerst mit der Hybridisierung.

Stickstoffdioxid enthält 17 Valenzelektronen (6 von jedem O und 5 vom N), das Nitrit-Ion enthält 18 (das zusätzliche Elektron liefert die Ladung −1). N steht in der Mitte, sodass wir von O−N−O ausgehen (4 Elektronen in σ-Bindungen). In beiden Verbindungen können wir den Sauerstoffatomen 12 der übrigen Elektronen als freie Elektronenpaare hinzufügen. Das letzte Elektron (für NO_2) bzw. die letzten beiden (für NO_2^-) können an das N gehen, sodass man :Ö−N⁺⁺−Ö:⁻ für NO_2 und :Ö−N⁺−Ö:⁻ für NO_2^- erhält. Da jeder dieser Lewis-Strukturen das Oktett am Stickstoffatom fehlt, können sie durch Resonanzdelokalisierung eines Elektronenpaars vom Sauerstoff- zum Stickstoffatom verbessert werden:

für NO_2,   :Ö−N⁺⁺−Ö:⁻ ⟷ :Ö=N⁺−Ö:⁻ ⟷ :Ö−N=O:

für NO_2^-,   :Ö−N⁺−Ö:⁻ ⟷ :Ö=N−Ö:⁻ ⟷ :Ö−N=O:

Das Stickstoffatom hat nun 7 Valenzelektronen in NO_2 und 8 in NO_2^-.

Wie sieht es mit der Geometrie aus? Beginnen wir mit NO_2^-, weil alle seine Elektronen gepaart sind und man das Elektronen*paar*abstoßungsmodell direkt anwenden kann. Das mittlere N-Atom ist von zwei σ-bindenden und einem freien Elektronenpaar umgeben (π-Elektronen werden im Elektronenabstoßungsmodell nicht berücksichtigt), und drei Paare führen zu einer gekrümmten Geometrie (die sich durch sp^2-Hybridisierung erklären lässt, wenn man will). Tatsächlich beträgt der O−N−O-Bindungswinkel in Nitrit 115°. Er ist etwas kleiner als der Sollwinkel von 120° für eine trigonal-planare Struktur, weil das nur an einem Atom vorhandene freie Elektronenpaar eine größere Abstoßung ausübt als die bindenden Paare, sodass der Bindungswinkel etwas kleiner wird.

Wir untersuchen nun Stickstoffdioxid. Das N-Atom trägt jetzt ein einzelnes nichtbindendes Elektron anstelle eines freien Elektronenpaars. Da ein Elektron weniger Abstoßung ausübt als zwei, lässt sich vorhersagen, dass der O−N−O-Bindungswinkel in Stickstoffdioxid größer sein sollte als in Nitrit. Sie verfügen nicht über genügend Informationen, um vorherzusagen, wieviel größer der Winkel sein wird. Tatsächlich beträgt er 134°. Dass er größer als 120° ist, bedeutet, dass die Abstoßung durch die beiden bindenden Elektronenpaare größer ist als durch das einzelne nichtbindende Elektron.

Sie werden zweifellos erschauern zu hören, dass Stickstoffdioxid ein wesentlicher Bestandteil des Smogs in der Stadtluft ist. Dieses giftige, übel riechende bräunliche Gas ist zum großen Teil verantwortlich für den unverwechselbaren Charakter smoghaltiger Luft.

(e) Vergleichen wir nun die beiden neuen Dioxide SO_2 und ClO_2 mit dem schon bearbeiteten NO_2. Zuerst die Lewis-Strukturen und die Resonanzformen:

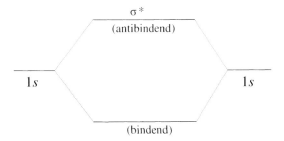

Die beiden Strukturen ganz rechts haben erweiterte Valenzschalen (größer als Oktetts), was für Atome der dritten Reihe in Ordnung ist.

Ausgehend vom Elektronenabstoßungsmodell hätten SO_2 und ClO_2 wegen des freien Elektronenpaars am S-Atom bzw. des freien Elektronenpaars + des einzelnen ungepaarten Elektrons am Cl-Atom eine gebogene Struktur. Der tatsächliche Bindungswinkel beträgt in SO_2 129° und in ClO_2 116°, der Unterschied ist auf die zusätzliche Abstoßung des dritten nichtbindenden Elektrons an Cl zurückzuführen.

Obwohl es übel riechend und giftig ist und zur Explosion neigt, ist ClO_2 eine wichtige Industriechemikalie, die in der Papierherstellung zum Bleichen von Zellstoff verwendet wird. Es wird vernünftigerweise direkt vor der Verwendung hergestellt und muss daher nicht gelagert werden.

29. (a) Die Molekülorbitale erhält man wie folgt:

```
                    σ*
              _____
              (antibindend)
             /            \
            /              \
   _____   /                \   _____
    1s                           1s
           \                /
            \              /
             _____/
              (bindend)
```

Daher sind die resultierenden Elektronenkonfigurationen für H_2 $(\sigma)^2$ mit zwei bindenden Elektronen und für H_2^+ $(\sigma)^1$ mit einem bindenden Elektron. Demnach besitzt H_2 die stärkere Bindung.

(b) Wie in Übung 1-8.

(c) und **(d)**. Wir erstellen analog ein Orbitaldiagramm. Wie fängt man an? Zunächst muss man feststellen, welche der im Kapitel besprochenen Orbitale zu berücksichtigen sind und welche nicht. Bei Molekülen mit Mehrfachbindungen und mehreren Atomen, z.B. Ethen und Ethin (Abb. 1-21, Lehrbuch S. 33), benötigen wir Hybridorbitale, um die Geometrie zu erklären. Da es bei *zweiatomigen* Molekülen wie O_2 und N_2 aber keine „Geometrie" zu erklären gibt, erfüllt die Orbitalhybridisierung keinen Zweck und wir können der Einfachheit halber von den einfachen Atomorbitalen ausgehen. Außerdem stellen wir fest, dass die 1s- und 2s-Orbitale von N und O vollständig besetzt sind. In solchen Fällen ist es üblich, die s-Orbitale zu ignorieren, weil ihre Überlappung zu keiner Nettobindung führt (genau wie zwischen zwei He-Atomen) – eine weitere willkommene Vereinfachung. Für die Bindung müssen wir nur noch die drei 2p-Orbitale an jedem Atom berücksichtigen, weil sie als einzige *teilweise* besetzt sind. Entsprechend Abbildung 1-21 kann man sich die endständige Überlappung (σ-Bindung) der einander zugewandten p-Orbitale (eins an jedem Atom) und die seitliche Überlappung (π-Bindung) der übrigen p-Orbitale (zwei an jedem Atom) vorstellen.

Das Molekülorbital-Diagramm enthält demzufolge drei Gruppen von Orbitalwechselwirkungen, eine mit σ- und σ*-Orbitalen (bindend und antibindend) und zwei mit π- und π*-Orbitalen (bindend und antibindend). Da die σ-Überlappung gewöhnlich besser ist als die π-Überlappung, ist in diesem Diagramm die Energiedifferenz zwischen σ- und σ*-Orbital größer als zwischen π- und π*-Orbital – nach Abbildung 1-13 hängt der Energieunterschied zwischen Atom- und Molekülorbitalen mit der Bindungsstärke zusammen, er entspricht der Energieänderung beim Übergang von den Atomen zum Molekül. (Verfeinerte Formen der theoretischen Analyse lassen erkennen, dass die Orbitalenergien in Wirklichkeit nicht ganz genauso geordnet sind wie hier gezeigt, aber das ist hier nicht von Bedeutung.)

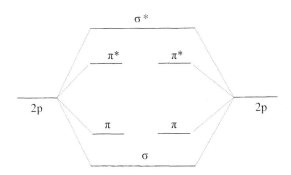

Zu **(c)**, O_2, $(\sigma)^2(\pi)^2(\pi)^2(\pi^*)^1(\pi^*)^1$, 4 *Netto*-Bindungselektronen gegenüber O_2^+, $(\sigma)^2(\pi)^2(\pi)^2(\pi^*)^1$, mit 5 *Netto*-Bindungselektronen. Daher hat O_2^+ die stärkere Bindung.

Zu **(d)**, N_2, $(\sigma)^2(\pi)^2(\pi)^2$, 6 *Netto*-Bindungselektronen gegenüber N_2^+, $(\sigma)^2(\pi)^2(\pi)^1$ mit 5 *Netto*-Bindungselektronen. Darum ist die Bindung in N_2 stärker.

30. (a), **(b)** und **(c)**. Jedes Kohlenstoffatom ist mit vier weiteren Atomen verbunden und besitzt daher angenäherte Tetraeder-Geometrie. Jedes Kohlenstoffatom in diesen Molekülen ist sp^3-hybridisiert.

(d) Jedes Kohlenstoffatom ist mit drei weiteren Atomen verbunden (2 Wasserstoffatomen und dem anderen Kohlenstoffatom). Bei den Bindungen zu Wasserstoff handelt es sich um σ-Bindungen. Eine der Kohlenstoff-Kohlenstoff-Bindungen ist eine σ-Bindung, die andere eine π-Bindung. Für jedes Kohlenstoffatom ergibt sich eine ungefähr trigonal-planare Geometrie (wie bei Bor in BH_3) mit sp^2-Hybridisierung. Oder anders gesagt: Jedes Kohlenstoffatom benutzt in den drei σ-Bindungen sp^2-Orbitale und das übrig gebliebene p-Orbital in einer π-Bindung.

(e) Jedes Kohlenstoffatom ist mit zwei weiteren Atomen verbunden (einem Wasserstoffatom und dem anderen Kohlenstoffatom). Die C−H-Bindungen sind σ-Bindungen ebenso wie eine der C−C-Bindungen. Die anderen beiden C−C-Bindungen (der Dreifachbindung) sind π-Bindungen. Die von jedem Kohlenstoff ausgehenden Bindungen sind linear angeordnet (wie bei

12   1 Struktur und Bindung organischer Moleküle

Beryllium in BeH$_2$), und jedes Kohlenstoffatom ist *sp*-hybridisiert. Jedes Kohlenstoffatom benutzt zwei *sp*-Orbitale für σ-Bindungen und zwei *p*-Orbitale für π-Bindungen.

(f) $$CH_3 - \underset{\underset{sp^3}{\uparrow}}{C} - H$$ with =O above C, and sp^2 ↑ under C

(g) Die Hybridisierung muss so erfolgen, dass beide Kohlenstoffatome Doppelbindungen ausbilden können (rechte Resonanzstruktur). Beide sind daher *sp^2*-hybridisiert.

31. (a) H–CH$_2$–C≡N

(b) Lewis-Strukturformel von HOOC–C(NH$_2$)(CH$_3$)–CH$_2$–... (siehe Abbildung)

(c) H–CH$_2$–C(OH)H–CH$_2$–CH$_3$ (Lewis-Strukturformel)

(d) H–CHBr–CHBr$_2$ (Lewis-Strukturformel)

(e) H–C(=O)–CH$_2$–C(=O)–O–CH$_2$–H (Lewis-Strukturformel)

(f) HO–CH$_2$–CH$_2$–O–CH$_2$–CH$_2$–OH (Lewis-Strukturformel)

Strichformeln geben **nicht** die wahren Bindungswinkel wieder.

32. (a) H–CH$_2$–CH$_2$–CH(OH)–CH$_3$ (Lewis-Strukturformel)

(b) H–CH$_2$–CH$_2$–C(=O)–N(CH$_2$CH$_3$)$_2$ (Lewis-Strukturformel)

(c) H–CH$_2$–CHBr–CHBr–CH$_2$–CH$_3$ (Lewis-Strukturformel)

(d) H–C≡C–CH(CH$_3$)$_2$ (Lewis-Strukturformel)

(e) H—C(H)(H)—Ö—C(H)(H)—C≡N: (f) H—C(H)(H)—C(H)(H)—S̈—C(H)(H)—C(H)(H)—H

33. (a) H₂NCH₂CH₂NH₂   (b) CH₃CH₂OCH₂CN   (c) CHBr₃

34. (a) (CH₃)₂NH   (b) CH₃C(=O)NHCH₂CH₃   (c) CH₃CHOHCH₂CH₂SH

    (d) CF₃CH₂OH   (e) CH₃CH=C(CH₃)₂   (f) CH₂=CHCCH₃
                                                ‖
                                                O

Für einige Strukturen der Aufgaben 33 und 34 gibt es mehrere richtige Antworten.

35. Aus Aufgabe 31:

(a) —CN   (b) valine structure (isopropyl, NH₂, COOH)   (c) 2-butanol (OH on secondary carbon)

(d) 1,1,2-tribromoethane (BrCH₂—CHBr₂)   (e) methyl acetoacetate   (f) HO—CH₂CH₂—O—CH₂CH₂—OH

Aus Aufgabe 34:

(a) (CH₃)₂NH (dimethylamine)   (b) N-ethylacetamide   (c) HS—CH₂CH₂—CH(OH)—CH₃

(d) CF₃CH₂OH   (e) 2-methyl-2-butene   (f) methyl vinyl ketone (CH₂=CH—C(=O)—CH₃)

36. (a) structure with CH₃—O—CH₂—C≡N:
    (b) H—C with three Cl (CHCl₃)
    (c) trimethylamine N(CH₃)... structure
    (d) structure with S—H containing ring

37. (a) C$_5$H$_{12}$. Beginnen Sie mit dem Isomer, in dem alle Kohlenstoffatome in einer geraden Kette verbunden sind. Verkürzen Sie dann die Kette um jeweils ein Kohlenstoffatom und knüpfen Sie es als Substituenten an innere Positionen der restlichen Kette, bis jede Möglichkeit gezeichnet ist. Es gibt drei Isomere:

(1) CH$_3$-CH$_2$-CH$_2$-CH$_2$-CH$_3$ oder CH$_3$CH$_2$CH$_2$CH$_2$CH$_3$ oder CH$_3$(CH$_2$)$_3$CH$_3$. Alle sind häufig verwendete Formen von Kurzstrukturformeln derselben Verbindung.

Strichformel: ∧∨∧

(2)
$$\begin{array}{c}\text{CH}_3\\|\\ \text{CH}_3-\text{CH}-\text{CH}_2-\text{CH}_3\end{array} \quad \begin{array}{c}\text{CH}_3\\|\\ \text{CH}_3-\text{CH}_2-\text{CH}-\text{CH}_3\end{array}$$ ist das gleiche Molekül, nur gedreht.

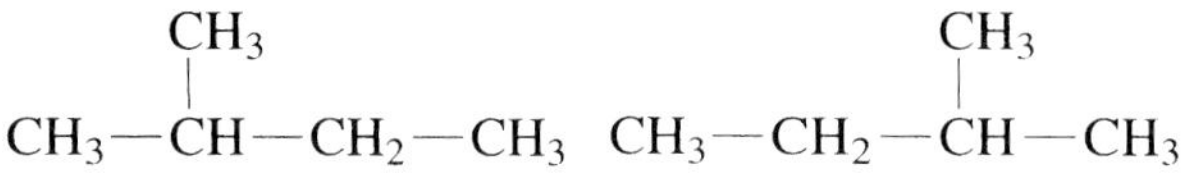

Außerdem $\begin{array}{c}\text{CH}_3\\|\\ \text{CH}_3\text{CHCH}_2\text{CH}_3\end{array}$ und (CH$_3$)$_2$CHCH$_2$CH$_3$.

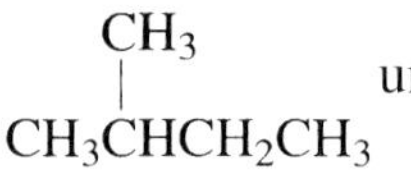

Strichformel:

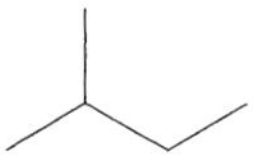

(3) $\begin{array}{c}\text{CH}_3\\|\\ \text{CH}_3-\text{C}-\text{CH}_3\\|\\ \text{CH}_3\end{array}$ ist das Gleiche wie (CH$_3$)$_4$C.

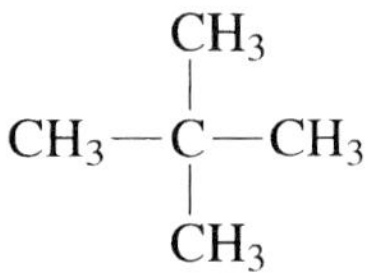

Strichformel:

(b) C$_3$H$_8$O. Auch hier gibt es drei Isomere:

(1) CH$_3$—CH$_2$—CH$_2$—OH ist das Gleiche wie CH$_3$CH$_2$CH$_2$OH

Strichformel: ∧∨OH

(2) $\begin{array}{c}\text{OH}\\|\\ \text{CH}_3-\text{CH}-\text{CH}_3\end{array}$ ist das Gleiche wie $\begin{array}{c}\text{CH}_3\\|\\ \text{CH}_3-\text{CH}-\text{OH}\end{array}$ oder $\begin{array}{c}\text{OH}\\|\\ \text{CH}_3\text{CHCH}_3\end{array}$, (CH$_3$)$_2$CHOH.

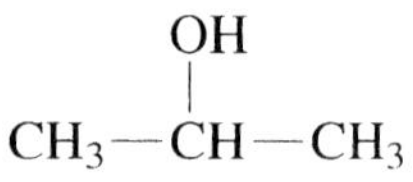

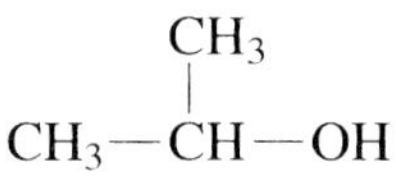

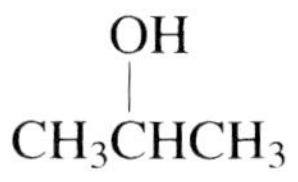

Strichformel:

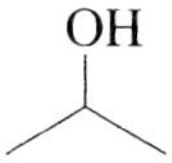

(3) CH$_3$—CH$_2$—O—CH$_3$ ist das Gleiche wie CH$_3$—O—CH$_2$—CH$_3$ oder CH$_3$CH$_2$OCH$_3$.

Strichformel: ∧∨O∧

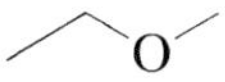

38. Zur Erinnerung: Am wichtigsten ist das Vorliegen von Elektronenoktetts um soviele Atome wie möglich (natürlich mit Ausnahme von H). In den folgenden Strukturen haben alle C-, N- und O-Atome Oktetts.

(a) HC≡CCH$_3$ und H$_2$C=C=CH$_2$

(b) CH$_3$C≡N: und CH$_3$$\overset{+}{\text{N}}$≡$\overset{-}{\text{C}}$:

Ladungen in CH$_3$C≡N: für N (5 Valenzelektronen im Atom) – ½(8e^- in Bindungen) = +1; für C (4 Valenzelektronen am Atom) – ½(6e^- in Bindungen) – (2e^- im freien Elektronenpaar) = –1.

1 Struktur und Bindung organischer Moleküle   15

(c) $\underset{CH_3CH}{\overset{O}{\|}}$ $\left(\underset{CH_3-C-H}{\overset{O}{\|}}\right)$ und $\underset{H_2C=CH}{\overset{OH}{|}}$ $\left(\underset{H_2C=C-H}{\overset{OH}{|}}\right)$

Bei keinem der obigen Molekülpaare handelt es sich um Resonanzformen: In jedem Beispiel unterscheiden sich die beiden Strukturen in den relativen Positionen der **Atome**. Resonanzformen unterscheiden sich nur in Anordnung der **Elektronen**.

39. (a) (i) $\left[\begin{array}{c} \text{R R} \\ \ddot{} \ddot{} \\ \text{R : B : N : R} \\ \ddot{} \end{array} \longleftrightarrow \begin{array}{c} \text{R R} \\ \ddot{} \ddot{} \\ \text{R : } \underline{\text{B}} :: \text{N : R} \\ + \end{array}\right]$

(ii) $\left[\begin{array}{c} \text{R} \\ \ddot{} \ddot{} \\ \text{R : B : O : R} \\ \ddot{} \end{array} \longleftrightarrow \begin{array}{c} \text{R} \\ \ddot{} \ddot{} \\ \text{R : } \underline{\text{B}} :: \text{O : R} \\ + \end{array}\right]$

(iii) $\left[\begin{array}{c} \text{R} \\ \ddot{} \ddot{} \\ \text{R : B : F :} \\ \ddot{} \end{array} \longleftrightarrow \begin{array}{c} \text{R} \\ \ddot{} \ddot{} \\ \text{R : } \underline{\text{B}} :: \text{F :} \\ + \end{array}\right]$ R = CH$_3$

(b) Die Oktettregel hat Priorität vor der Ladungstrennungsregel, daher sind bei allen drei Verbindungen die Strukturen mit Doppelbindung bevorzugt.

(c) In jeder Doppelbindungsstruktur trägt ein elektronegatives Atom (F, O oder N) eine positive Ladung. Wegen der Elektronegativitätsreihe F > O > N kann F eine positive Ladung am wenigsten aufnehmen. Daher ist die Resonanzform mit getrennten Ladungen bei R$_2$BF am wenigsten begünstigt. Diese Resonanzform ist für R$_2$BOR mehr und für R$_2$BNR$_2$ noch stärker favorisiert, da die Fähigkeit des elektronegativen Atoms zur Aufnahme der positiven Ladung in der Reihenfolge F < O < N zunimmt.

(d) Die Resonanzstrukturen mit Doppelbindung in (i) und (ii) erfordern eine sp^2-Hybridisierung von N und O.

40. Jedes markierte Kohlenstoffatom ist mit drei weiteren unmarkierten Nachbaratomen so verknüpft, dass diese *trigonal-planar* angeordnet sind. Diese Anordnung steht in Einklang mit einer sp^2-Hybridisierung an C*, wobei die drei sp^2-Hybride die Bindungen zwischen jedem C* und seinen CH$_2$-Nachbarn bilden. Die σ-Bindung zwischen den beiden C*-Atomen steht senkrecht auf den beiden durch die sp^2-Hybride gebildeten Ebenen und resultiert aus der Überlappung der an jedem C* verbliebenen reinen p-Orbitale:

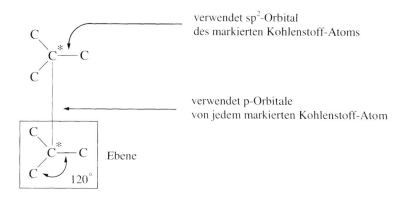

Die durch Überlappung nichthybridisierter *p*-Orbitale gebildete C*–C*-Bindung ist länger und schwächer als eine normale sp^3–sp^3-Einfachbindung.

41. (a) (i) Das negativ geladene Kohlenstoffatom ist mit drei weiteren Atomen verbunden und hat ein freies Elektronenpaar ähnlich wie N in NH_3: sp^3.

(ii) Man vergleiche mit 30 (d): Das Kohlenstoffatom ist sp^2-hybridisiert (die Doppelbindung benötigt ein *p*-Orbital).

(iii) Man vergleiche mit 30 (e): Das Kohlenstoffatom ist *sp*-hybridisiert (die Dreifachbindung erfordert zwei *p*-Orbitale).

(b) Welcher Zusammenhang besteht zwischen der Orbitalenergie und der Fähigkeit zur Unterbringung der negativen Ladung? Verbindungen mit Elektronen in Orbitalen niedriger Energie sind stabiler als solche mit Elektronen in höheren Energieniveaus. Da die Orbitalenergie in der Reihenfolge $sp > sp^2 > sp^3$ zunimmt, ergibt sich für das relative Vermögen zum Tragen einer negativen Ladung $HC \equiv C^-$ (Ladung in einem *sp*-Orbital) $> CH_2 = CH^-$ (sp^2) $> CH_3CH_2^-$ (sp^3).

(c) Nach (b) ist $HC \equiv C^-$ stabiler als $CH_2 = CH^-$ und dieses stabiler als $CH_3CH_2^-$. Diese Anionen entstehen durch die Gleichgewichte

$HC \equiv CH \rightleftharpoons H^+ + HC \equiv C^-$ (am günstigsten, ergibt das stabilste Anion)

$CH_2 = CH_2 \rightleftharpoons H^+ + CH_2 = CH^-$ (weniger günstig) und

$CH_3CH_3 \rightleftharpoons H^+ + CH_3CH_2^-$ (am ungünstigsten, ergibt das am wenigsten stabile Anion).

Damit ergibt sich für die Säurestärke die Reihenfolge $HC \equiv CH > CH_2 = CH_2 > CH_3CH_3$.

42. (e) > (c) > (d) > (a) > (b). Für das Kation ist die Situation klar; bei den anderen hängt der positive Charakter des Kohlenstoffatoms von der Anzahl der (polarisierten) Bindungen zu elektronegativen Atomen ab.

43. (a) C–O, O–H   **(b)** jede C–C-Bindung   **(c)** $\overset{\uparrow}{C} \equiv \overset{\uparrow}{C}$ **(d)** $\overset{\uparrow}{C} = \overset{\uparrow}{C}$

(e) jedes C mit 4 Einfachbindungen   **(f)** $C - \underset{\uparrow}{C} = C$ oder $C - \underset{\uparrow}{C} \equiv C$

44. (a)

$$H:\overset{H}{\underset{H}{\ddot{C}}}:\overset{H}{\underset{H}{\ddot{C}}}:\overset{H}{\underset{H}{\ddot{C}}}:\overset{\ddot{O}:H}{\underset{H}{\ddot{C}}}:\overset{H}{\underset{}{\ddot{C}}}:H \qquad H:C:::N: \qquad H:\overset{H}{\underset{H}{\ddot{C}}}:\overset{H}{\underset{H}{\ddot{C}}}:\overset{H}{\underset{H}{\ddot{C}}}:\overset{\ddot{O}:\overset{H}{\underset{}{\cdot}}}{\underset{\underset{:N:}{\overset{\ddot{C}}{\underset{}{\cdot}}}}{\ddot{C}}}:\overset{H}{\underset{}{\ddot{C}}}:H$$

(b) und (c)

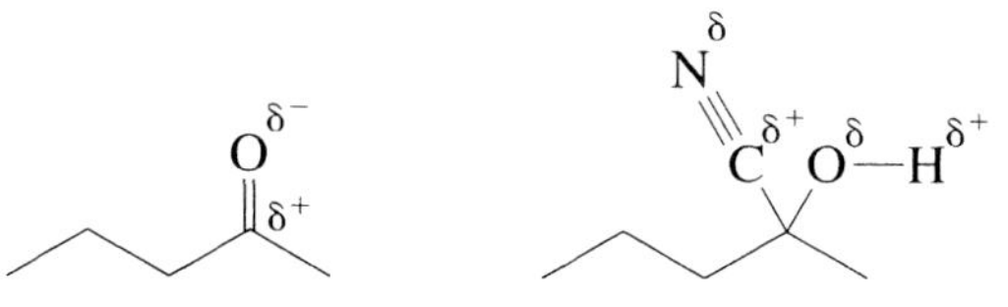

(d) 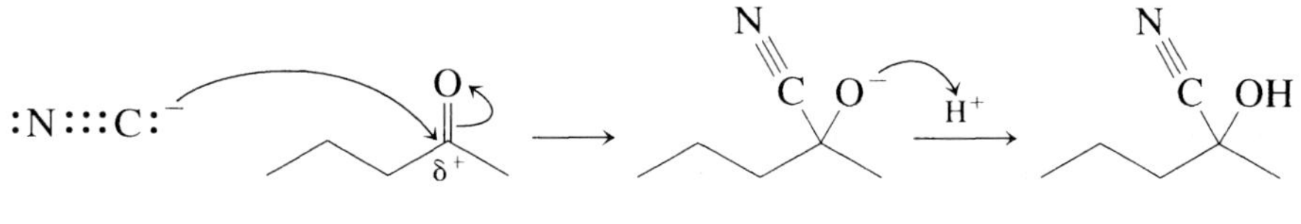 :N:::C:⁻

Der positivierte Kohlenstoff, der vom Cyanid-Ion angegriffen wird, besitzt bereits acht Valenzelektronen. Damit die Oktettregel nicht verletzt wird, muss sich eines der Doppelbindungselektronenpaare zum Sauerstoffatom hinbewegen.

2 | Struktur und Reaktivität: Säuren und Basen, polare und unpolare Moleküle

21. (a) Denken Sie an die Beziehung
ΔH^0(Reaktion) = ΔH^0(gelöste Bindungen) − ΔH^0(geknüpfte Bindungen)
(1) Zur Berechnung von ΔH^0 für das Lösen einer der beiden Bindungen der Kohlenstoff-Kohlenstoff-Doppelbindung, benutze man ΔH^0 (C=C) als Beitrag für die Bindungslösung und ΔH^0 (C−C) als Beitrag für die Bindungsbildung:

$\Delta H^0 = 612 \quad + \quad 193 \quad - \quad 348 \quad - \quad 2(285) \quad = -113 \text{ kJ mol}^{-1}$
   Lösen   Lösen   Bildung   Bildung
   von C=C   von Br-Br   von C-C   von 2 C-Br

(2) $\quad \Delta H^0 = 415 + \quad 193 \quad - \quad 285 \quad - \quad 365 \quad = -42 \text{ kJ mol}^{-1}$
         Lösen   Bildung   Bildung   Bildung
         von C-H   von Br-Br   von C-Br   von H-Br

(b) In Reaktion (1) vereinigen sich zwei Moleküle zu einem einzigen. Dadurch wird die „Ordnung" des Systems wesentlich erhöht. Da ΔS^0 ein Maß für die „Unordnung" ist, ist es vernünftig, dass ΔS^0 für Reaktion (1) einen großen negativen Wert hat. In Reaktion (2) reagieren zwei Moleküle zu zwei neuen Molekülen. Die Unordnung ändert sich praktisch nicht, sodass ΔS^0 klein ist.

(c) Für (1) bei 25 °C
$\Delta G^0 = \Delta H^0 - T \Delta S^0 = -113 - 298(-146 \times 10^{-3}) = -70 \text{ kJ mol}^{-1}$

Für (1) bei 600 °C
$\Delta G^0 = \Delta H^0 - T \Delta S^0 = -113 - 873(-146 \times 10^{-3}) = +14.5 \text{ kJ mol}^{-1}$

Für (2) bei entweder 25 °C oder 600 °C gilt $\Delta G^0 \approx \Delta H^0 = -42 \text{ kJ mol}^{-1}$, weil $\Delta S^0 \approx 0$.

Bei beiden Reaktionen ist ΔG^0 bei 25 °C negativ, daher sind beide thermodynamisch begünstigt.

Bei 600 °C hat ΔG^0 wegen ΔS^0 für Reaktion (1) einen positiven Wert angenommen: Die Reaktion ist daher energetisch nicht begünstigt. Für Reaktion (2) hat sich in dieser Hinsicht gegenüber 25 °C nichts verändert.

22. Bevor Sie versuchen die Säuren zu bestimmen, überlegen Sie, welche Substanzen Protonen abgeben; viele der aufgelisteten Verbindungen können sowohl als Säure als auch als Base agieren! Das Gleichgewicht liegt auf der Seite des schwächeren Säure-Base-Paars (angedeutet durch unterschiedlich lange Pfeile für Hin- und Rückreaktion). Mit Hilfe der Daten in Tabelle 2-2 können Sie die stärkeren Säuren am größeren K_a- bzw. kleineren (weniger positiven oder negativeren) pK_a-Wert erkennen. Die Gleichgewichtskonstante für jede Reaktion berechnet sich, indem man den K_a-Wert der Säure auf der linken Seite durch den K_a-Wert der Säure auf der rechten Seite dividiert. Wie kommt man darauf? Folgendermaßen: Für die folgende allgemeine Reaktion

$HA_1 + A_2^- \rightleftharpoons HA_2 + A_1^-$

20   2 Struktur und Reaktivität: Säuren und Basen, polare und unpolare Moleküle

gilt doch $K_{a1} = [H^+][A_1^-]/[HA_1]$ und $K_{a2} = [H^+][A_2^-]/[HA_2]$?
Also auch $K_{a1}/K_{a2} = [H^+][A_1^-][HA_2]/[HA_1][H^+][A_2^-] = [HA_2][A_1^-]/[HA_1][A_2^-] = K_{eq}$.

(a) H_2O + HCN $\rightleftharpoons$ H_3O^+ + CN^- $K_{eq} = 1.3 \times 10^{-11}$
    schwächere Base schwächere Säure stärkere Säure stärkere Base

(b) CH_3O^- + NH_3 $\rightleftharpoons$ CH_3OH + NH_2^- $K_{eq} = 3.1 \times 10^{-20}$
    schwächere Base schwächere Säure stärkere Säure stärkere Base

(c) HF + CH_3COO^- $\rightleftharpoons$ F^- + CH_3COOH $K_{eq} = 32$
    stärkere Säure stärkere Base schwächere Base schwächere Säure

(d) CH_3^- + NH_3 $\rightleftharpoons$ CH_4 + NH_2^- $K_{eq} = 10^{15}$
    stärkere Base stärkere Säure schwächere Säure schwächere Base

(e) H_3O^+ + Cl^- $\rightleftharpoons$ H_2O + HCl $K_{eq} = 0.31$
    schwächere Säure schwächere Base stärkere Base stärkere Säure

(f) CH_3COOH + CH_3S^- $\rightleftharpoons$ CH_3COO^- + CH_3SH $K_{eq} = 2.0 \times 10^5$
    stärkere Säure stärkere Base schwächere Base schwächere Säure

23. (a) CN^- ist eine Lewis-Base   (b) CH_3OH ist eine Lewis-Base
(c) $(CH_3)_2CH^+$ ist eine Lewis-Säure   (d) $MgBr_2$ ist eine Lewis-Säure
(e) CH_3BH_2 ist eine Lewis-Säure   (f) CH_3S^- ist eine Lewis-Base

Lassen Sie uns bei der Lösung des zweiten Teils geschickt vorgehen. Wir haben drei Lewis-Säuren und drei Lewis-Basen. Fassen wir sie zu Paaren zusammen und beantworten wir die Frage mit nur drei Reaktionsgleichungen. Der Übersichtlichkeit halber sind die drei freien Elektronenpaare an jedem Halogenatom nicht eingezeichnet:

$$:N\equiv C:^- + {}^+CH(CH_3)-CH_3 \longrightarrow :N\equiv C-CH(CH_3)-CH_3$$

$$Br-Mg(Br) + :\ddot{O}(H)-CH_3 \longrightarrow {}^-Br-Mg(Br)-\overset{+}{\ddot{O}}(H)-CH_3$$

$$CH_3-B(H)_2 + :\ddot{S}-CH_3 \longrightarrow CH_3-\overset{-}{B}(H)_2-\ddot{S}-CH_3$$

24. Zur Bestimmung der Bindungspolaritäten benutze man eine Elektronegativitätstabelle. Butan, 2-Methylpropen, 2-Butin und Methylbenzol haben keine polarisierten Bindungen. Die anderen Strukturen haben die nachfolgend gezeigten polarisierten Bindungen.

2 Struktur und Reaktivität: Säuren und Basen, polare und unpolare Moleküle

$\overset{\delta^+}{CH_3CH_2}-\overset{\delta^-}{I}$ $(CH_3)_2\overset{\delta^+}{CH}-\overset{\delta^-}{O}-\overset{\delta^+}{H}$ $\overset{\delta^+}{CH_3CH_2}-\overset{\delta^-}{O}-\overset{\delta^+}{CH_3}$ $\overset{\delta^+}{CH_3CH_2}-\overset{\delta^-}{S}-\overset{\delta^+}{H}$

$CH_3CH_2-\underset{\delta^+}{\overset{\overset{\delta^-}{O}}{C}}-H$ $CH_3CH_2-\underset{\delta^+}{\overset{\overset{\delta^-}{O}}{C}}-CH_2CH_3$ $CH_3CH_2-\underset{\delta^+}{\overset{\overset{\delta^-}{O}}{C}}-\overset{\delta^-}{O}-\overset{\delta^+}{H}$ $CH_3CH_2-\underset{\delta^+}{\overset{\overset{\delta^-}{O}}{C}}-\overset{\delta^-}{O}-\underset{\delta^+}{\overset{\overset{\delta^-}{O}}{C}}-CH_2CH_3$

$CH_3-\underset{\delta^+}{\overset{\overset{\delta^-}{O}}{C}}-\overset{\delta^-}{O}-\overset{\delta^+}{CH_3}$ $CH_3CH_2CH_2-\underset{\delta^+}{\overset{\overset{\delta^-}{O}}{C}}-\overset{\delta^-}{N}\underset{\overset{|}{H}}{\overset{H\;\delta^+}{|}}$ $\overset{\delta^+}{CH_3}-\overset{\delta^-}{C{\equiv}N}$ $\underset{CH_3}{\overset{\overset{\delta^+}{CH_3}}{\diagdown}}\overset{\delta^-}{N}-\overset{\delta^+}{CH_3}$

25. (a) Das Bromid-Ion ist von vier freien Elektronenpaaren umgeben ($:\!\ddot{\text{Br}}\!:^-$), eine Lewis-Base (per Definition, wegen der freien Elektronenpaare) und kann wie alle Lewis-Basen als Nucleophil wirken.

(b) Das Wasserstoff-Ion hat keine Elektronen, ist eine Lewis-Säure und elektrophil.

(c) Das Kohlenstoffatom in Kohlendioxid (O=C=O) bildet das positive Ende von zwei polaren Doppelbindungen mit dem elektronegativeren Sauerstoffatom. Dadurch ist es elektrophil.

(d) Das freie Elektronenpaar am Stickstoffatom macht Ammoniak ($:NH_3$) zu einer Lewis-Base und nucleophil.

(e) Das Bor in Boran hat nur ein Elektronensextett. Da an einer gefüllten Schale zwei Elektronen fehlen, ist es eine Lewis-Säure und elektrophil.

(f) Das Lithium in Lithiumchlorid ist ein Kation (Li^+) und hat in seinem 2s-Orbital keine Elektronen. Es ist eine Lewis-Säure und elektrophil.

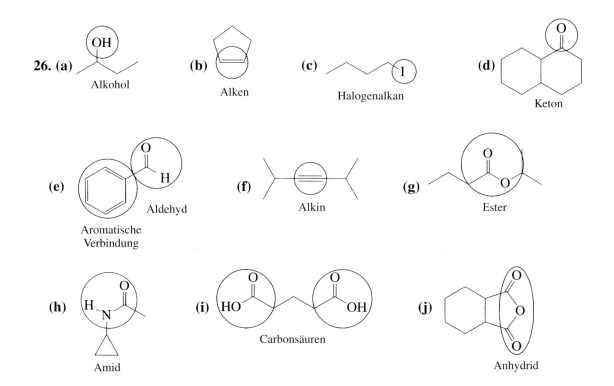

27. (a) $\overset{\delta^+}{CH_3}-\overset{\delta^-}{CH_2}-Br$ Das positivierte Kohlenstoffatom zieht das negativ geladene Sauerstoffatom des Hydroxid-Ions an.
↑

(b) $CH_3-CH_2-\overset{\delta^+}{C}\overset{\overset{O^{\delta^-}}{\|}}{}-H$ Das positivierte Kohlenstoffatom zieht das freie Elektronenpaar am negativierten Stickstoffatom von Ammoniak an. Gleichzeitig zieht das negativierte Sauerstoffatom ein positiviertes Wasserstoffatom von Ammoniak an.

(c) $\overset{\delta^+}{CH_3}-CH_2-\overset{\delta^-}{O}-\overset{\delta^+}{CH_3}$ Ein freies Elektronenpaar des negativierten Sauerstoffatoms bindet ein H^+.
↑

(d) $CH_3-CH_2-\overset{\overset{O^{\delta^-}}{\|}}{\underset{}{C}^{\delta^+}}CH_2-CH_3$ Das positivierte Kohlenstoffatom des Ketons zieht das negativ geladene Kohlenstoffatom des Carbanions an.
↑

(e) $\overset{\delta^+}{CH_3}-\overset{\delta^-}{C}\equiv N$ Das freie Elektronenpaar an Stickstoff wird von dem positiv geladenen Kohlenstoffatom angezogen.
↑

(f) Keine Reaktion. Butan hat keine polarisierten Atome und sollte daher nicht mit geladenen oder polarisierten Teilchen reagieren.

28. Man denke daran, dass Kurzstrukturformeln nur zeigen, auf welche Weise Atome mit anderen Atomen verknüpft sind und *nicht* die wirkliche räumliche Gestalt eines Moleküls. Die längste Kette ist die Kette mit den meisten Atomen, das ist nicht unbedingt diejenige, die in diesen Formeln in einer horizontalen Linie gezeichnet ist.

(a)
$$\overset{5}{CH_3}\overset{4}{CH_2}\overset{3}{CH}CH_3$$
mit $\overset{2}{CH}$ und $\overset{1}{CH_3}$, CH_3 2,3-Dimethylpentan.

(b) Die Hauptkette ist bereits horizontal; man nummeriert von links nach rechts (Nonan): 2-Methyl-5-(1-methylethyl)-5-(1-methylpropyl)nonan.

(c) 3,3-Diethylpentan, egal, auf welche Weise man es betrachtet.

(d) Hauptkette:

$$CH_3-CH-\overset{\overset{CH_3}{|}}{C}-\overset{\overset{CH_3}{|}}{C}-CH_2CH_2CH_2CH_3 \rightarrow 10$$

mit Seitenketten CH_2, CH_2, CH_3; CH_3, $CH_3CH(CH_3)_2$; 1↓CH_3

10 Kohlenstoff-Atome, 4-Ethyl-3,4,5-trimethyl-5-(2-methylpropyl)decan.

(e) Die Umzeichnung ergibt:
$$CH_3-\overset{\overset{CH_3}{|}}{CH}-\overset{\overset{CH_3}{|}}{CH}-\overset{\overset{CH_3}{|}}{CH}-\overset{\overset{CH_3}{|}}{CH}-CH_3$$ 2,3,4,5-Tetramethylhexan.

(f) Hexan (lassen Sie sich nicht durch die Art der Darstellung beirren).

(g) 2-Methylpropan. Wenn nötig, zeichnen Sie diese und die nächsten drei Formeln unter Darstellung aller Atome um.

(h) 2,2-Dimethylbutan

(i) 2-Methylpentan

(j) 2,5-Dimethyl-4-(1-methylethyl)heptan

29. (a)
$\overset{1}{CH_3}-\overset{\overset{\displaystyle CH_3}{|}}{\underset{\underset{\displaystyle CH_2-CH_2-CH_3}{\underset{4\quad\quad 5\quad\quad 6}{}}}{\overset{2}{CH}}}-\overset{3}{CH}-CH_2-CH_3$

„Pentan" ist kein korrekter Name.
Der korrekte Name ist 3-Ethyl-2-methylhexan.

(b) CH₃CH₂CH₂CH₂CHCH₂CH₂CH₂CH₃
                         CH₃—C—CH₂—CH₃
                              CH₃

Der Name ist korrekt.

(c) $\overset{1}{CH_3}-\overset{\overset{CH_3}{|}}{\overset{2}{CH}}-\overset{\overset{CH_3}{|}}{\overset{3}{CH}}-\overset{\overset{CH_3}{|}}{\underset{\underset{CH_2CH_2CH_3}{\underset{5\quad\quad\quad 8}{}}}{\overset{4}{C}}}-CH_2CH_2CH_3$

Es handelt sich nicht um ein „Heptan".
Es ist 2,3,4-Trimethyl-4-propyloctan.

(d)
$\overset{7}{CH_3}\overset{6}{CH_2}\overset{5}{CH_2}\overset{4}{CH}-\overset{\overset{\overset{2}{CH_3}-\overset{1}{CH}-CH_3}{|}}{\underset{\underset{CH_3-C-CH_3}{\underset{|}{CH_3}}}{\overset{3}{CH}}}-CH_3$

Hauptkette und Nummerierung sind
beide falsch. Es handelt sich um
2,3-Dimethyl-4-(1,1-dimethylethyl)heptan.

(e) CH₃CH₂CH₂$\overset{5}{C}$HCH₂CH₂CH₂CH₂CH₂$\overset{11}{C}$H₃
                      $\overset{4}{C}$H₂
         $\overset{1}{C}$H₃$\overset{2}{C}$H₂$\overset{3}{C}$HCH₂CH₃

Die Hauptkette ist falsch.
Es handelt sich um
3-Ethyl-5-propylundecan.

(f) $\overset{5}{CH_3}-\overset{\overset{}{\underset{\underset{CH_3}{|}}{\overset{4}{CH}}}}{}-\overset{3}{CH_2}-\overset{\overset{CH_3}{|}}{\underset{\underset{CH_3}{|}}{\overset{2}{C}}}-\overset{1}{CH_3}$

Die Nummerierung muss umgekehrt erfolgen.
Es handelt sich um 2,2,4-Trimethylpentan.

(g) $\overset{7}{CH_3}\overset{6}{CH_2}\overset{5}{CH_2}\overset{4}{CH}CH_2CH_2CH_3$
                     $\overset{3}{|}$
                  CH₃$\overset{2}{C}$H$\overset{1}{C}$H₂CH₃

Die Hauptkette widerspricht der Regel
von der „maximalen Anzahl von Substituenten".
Es handelt sich um 3-Methyl-4-propylheptan.

(h)
           CH₃
           |
CH₃—CH—CH₂CH₂CH₂CH₃

Isoheptan ist ein Trivialname:
Beachten Sie die (CH₃)₂CH-Gruppe
am Ende der sonst geraden Kette.
Der IUPAC-Name lautet 2-Methylhexan.

(i)
          CH₃
          |
CH₃—C—CH₂CH₂CH₃
          |
          CH₃

Ein weiterer Trivialname: *Neo* bezeichnet
die endständige (CH₃)₃C-Gruppe.
Der IUPAC-Name lautet 2,2-Dimethylpentan.

30. (a)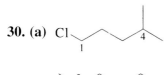

(b)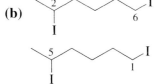

Der Name ist nicht korrekt: Das erste substituierte Kohlenstoffatom erhält eine kleinere Zahl, wenn man die Kette vom anderen Ende her nummeriert. Der korrekte Name lautet 1,5-Diiodhexan.

(c)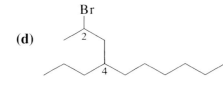

Der Teil „1,1,1" ist zwar korrekt, aber nicht unbedingt erforderlich. In einer Methylgruppe gibt es nur ein Kohlenstoffatom, daher ist die Position der drei Fluoratome an der Methylgruppe eindeutig.

(d)

Der Name ist falsch. Das Molekül enthält zwei verschiedene Ketten mit 10 Kohlenstoffatomen, als Hauptkette muss diejenige mit den meisten Substituenten gewählt werden. Die Verbindung heißt daher 2-Brom-4-propyldecan.

2 Struktur und Reaktivität: Säuren und Basen, polare und unpolare Moleküle

31. Beantworten Sie die Fragen wie diese nicht, indem Sie planlos mögliche Strukturen hinschreiben. Sie werden mit Sicherheit manche Moleküle mehr als einmal formulieren. Lösen Sie das Problem systematisch: Formulieren Sie Antworten mit sukzessiv kürzer werdenden Hauptketten, wie hier gezeigt. Es gibt neun C_7H_{16}-Isomere.

(1) $CH_3CH_2CH_2CH_2CH_2CH_2CH_3$ Heptan (Hauptkette mit 7 Kohlenstoffatomen)

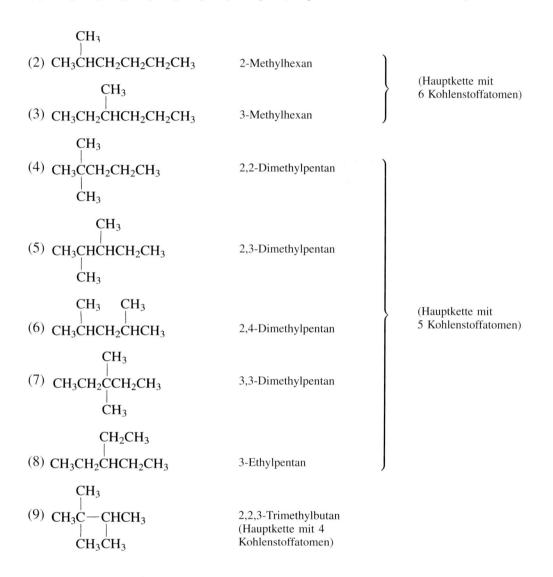

(2) 2-Methylhexan ⎫
(3) 3-Methylhexan ⎬ (Hauptkette mit 6 Kohlenstoffatomen)

(4) 2,2-Dimethylpentan
(5) 2,3-Dimethylpentan
(6) 2,4-Dimethylpentan (Hauptkette mit 5 Kohlenstoffatomen)
(7) 3,3-Dimethylpentan
(8) 3-Ethylpentan

(9) 2,2,3-Trimethylbutan (Hauptkette mit 4 Kohlenstoffatomen)

32. (a) CH_3-CH_3 Beide Kohlenstoffatome sind primär.

(b) primär — sekundär — primär

26   2 Struktur und Reaktivität: Säuren und Basen, polare und unpolare Moleküle

(c) 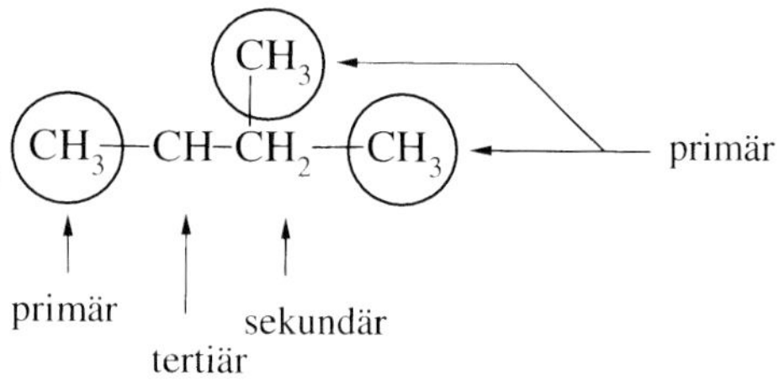 Strukturformel mit Kennzeichnungen: CH₃ (primär), CH₃ (primär), CH (tertiär), CH₂ (sekundär), CH₃ (primär)

(d) Strukturformel mit Kennzeichnungen: Alle CH₃-Gruppen sind primär. CH (tertiär), CH₂ (sekundär).

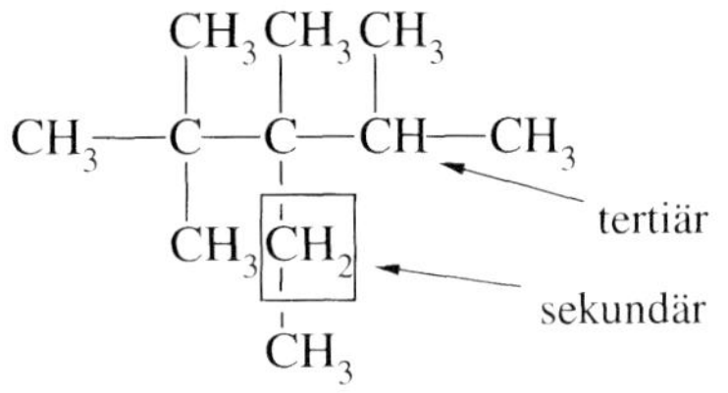

33. Die Bezeichnung erfolgt in Abhängigkeit vom Typ des Kohlenstoffatoms in Position 1 (dem „Verknüpfungspunkt").

(a) 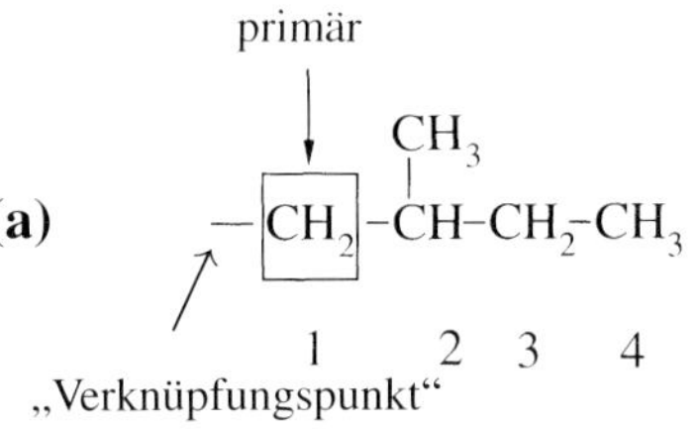 —CH₂—CH(CH₃)—CH₂—CH₃ „Verknüpfungspunkt" an Position 1; primär; 2-Methylbutyl

(b) primär; 3-Methylbutyl

(c) sekundär; 1,2-Dimethylpropyl

(d) primär; 2-Ethylbutyl

(e) sekundär; 1,2-Dimethylbutyl

(f) tertiär; 1-Methyl-1-ethylpropyl

34. Erst sollen die Strukturen hingeschrieben werden. Da alle Verbindungen die Summenformel C_7H_{16} und dieselbe Molekülmasse haben, muss man nur die Molekülform berücksichtigen. Die Siedepunkte steigen in dem Maße an, wie das Molekül weniger verzweigt wird und allmählich einer geradlinigen Kettenstruktur gleicht. (Geradlinige Ketten haben mehr Oberfläche und daher stärkere Van-der-Waals-Wechselwirkungen.) Demnach steigen die Siedepunkte in der Reihenfolge **(d) < (c) < (a) < (b)** an.

35. (a) 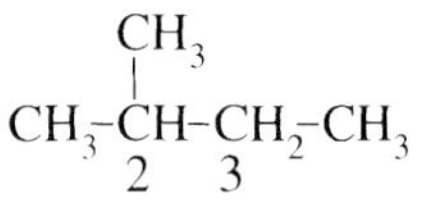 CH₃—CH(CH₃)—CH₂—CH₃   Die günstigste Konformation ist (Newman-Projektion)

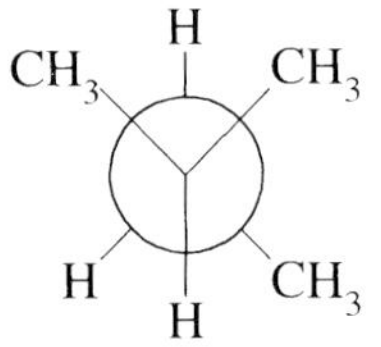

Nähere Einzelheiten siehe Aufgabe 37.

(b) 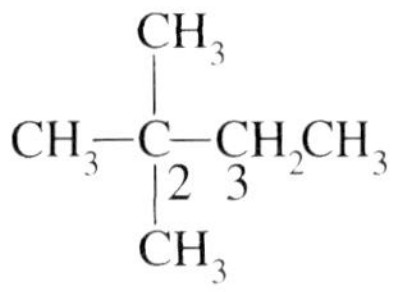 CH₃—C(CH₃)₂—CH₂CH₃   Alle drei gestaffelten Konformationen sind äquivalent

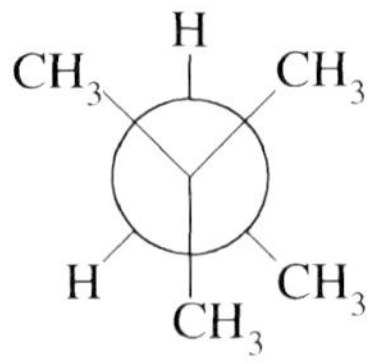

2 Struktur und Reaktivität: Säuren und Basen, polare und unpolare Moleküle

(c) $CH_3-\underset{\underset{CH_3}{|}}{\overset{\overset{CH_3}{|}}{C}}-\underset{3}{CH_2}-\underset{4}{CH_2}-CH_3$

(d) $CH_3-\underset{\underset{CH_3}{|}}{\overset{\overset{CH_3}{|}}{C}}-\underset{3}{CH_2}-\underset{4}{\overset{\overset{CH_3}{|}}{CH}}-CH_3$

36. (a) Das wäre nur ein Drittel der Energiedifferenz zwischen gestaffelter und verdeckter Ethankonformation, etwa 4 kJ mol^{-1}.

(b) Verdeckte Methyl/H-Paare kommen in Propan und Butan vor. In Propan sind die verdeckten Konformationen 13.4 kJ energiereicher als die gestaffelten, d.h. 1.3 kJ mol^{-1} über der Drehungsenergie von Ethan mit 12.1 kJ mol^{-1}. Dieser Überschuss entspricht dem Unterschied zwischen verdeckten CH$_3$/H- und verdeckten H/H-Paaren, sodass man für die Methyl-Wasserstoff-Wechselwirkung etwa 5.4 kJ mol^{-1} abschätzen kann. Diese Schätzung lässt sich anhand der verdeckten 60°- und 300°-Konformationen von Butan in Abbildung 2-13 prüfen. Jede hat eine verdeckte H/H- und zwei verdeckte CH$_3$/H-Wechselwirkungen, ihre Energie sollte daher 4.2+2(5.4)=15.0 kJ mol^{-1} betragen, genau wie aus dem Diagramm hervorgeht. Nach diesem Beispiel scheinen sich die Werte zu addieren und allgemein zur Vorhersage von Konformationsenergien verwendet werden zu können.

(c) Die Konformation mit verdecktem CH$_3$/CH$_3$-Paar in Butan (180° in Abb. 2-13) liegt 20.5 kJ mol^{-1} über der stabilsten Konformation. Wenn man annimmt, dass hiervon 8.4 kJ mol^{-1} von den beiden verdeckten Wasserstoffpaaren stammen, kommen wir auf einen Wert von 12.1 kJ mol^{-1} für die Methyl-Methyl-Wechselwirkung.

(d) Der Energiewert einer Methyl-Methyl-Wechselwirkung in einer *gauche*-Konformation lässt sich direkt aus der Energiedifferenz zwischen der *anti*- und der *gauche*-Form von Butan erhalten, er beträgt 3.8 kJ mol^{-1}.

37. Die Aufgabe befasst sich mit Konformationen um die C2−C3-Bindung von $(CH_3)_2CH-\underset{2}{CH_2}\underset{3}{CH_3}$

(a) Man benutze $\Delta G^0 = -RT \ln K = -2.303\ RT \lg K$. ($T = 298$ K, $K = 90\%/10\% = 9$ und $R = 8.314$ J mol^{-1} K^{-1}. Somit ist $\Delta G^0 = -2.303(8.314)(298) \lg 9 = -(5.796) \lg 9 = -(5.796)(0.954) = -5.53$ kJ mol^{-1}.

Bearbeiten Sie **(b)** und **(c)** zusammen: Man kann das Diagramm erst zeichnen wenn man weiß, wie die verschiedenen Konformationen aussehen! Es ist nicht wichtig, womit man anfängt (welche der Möglichkeiten man als 0°-Konformation definiert). Hier sind vier Newman-Projektionen, die die Drehung von C3 um 180° darstellen:

28   2 Struktur und Reaktivität: Säuren und Basen, polare und unpolare Moleküle

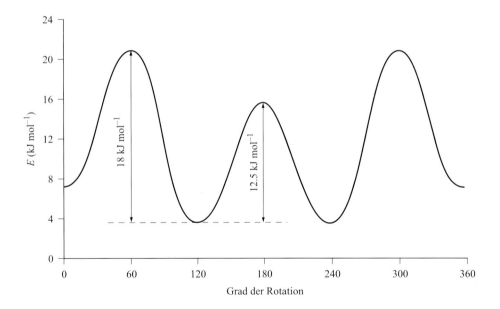

Die 240°-Konformation ist identisch mit der 120°-Konformation, ebenso wie die 300°-Konformation mit der 60°-Konformation. (Man fertige ein Modell an.) Als nächstes berechnet man die relativen Energien für das Diagramm. Man beachte, dass es sich hierbei um *Enthalpien* (ΔH^0) handelt und nicht um freie Enthalpien (ΔG^0). Bestimmen Sie die Energie jeder Konformation relativ zu einem Referenzniveau von 0 kJ mol^{-1}, das einer gestaffelten Konformation ohne Gruppen in *gauche*-Stellung zueinander entspricht. Unter den gestaffelten Konformationen sind die 120°/240°-Konformationen mit einem *anti*-CH$_3$/CH$_3$-Paar und einem *gauche*-CH$_3$/CH$_3$-Paar am stabilsten. Diesen werden 3.8 kJ mol^{-1} zugeordnet (für das eine *gauche*-CH$_3$/CH$_3$-Paar).

Die 0°-Konformation hat zwei *gauche*-CH$_3$/CH$_3$-Wechselwirkungen; ihre relative Energie beträgt daher $2 \times 3.8 = 7.6$ kJ mol^{-1}.

Die 60°/300°-Konformationen enthalten ein verdecktes H/H-Paar (+4.2 kJ mol^{-1}), ein verdecktes CH$_3$/H-Paar (+5.4 kJ mol^{-1}) und ein verdecktes CH$_3$/CH$_3$-Paar (+12.1 kJ mol^{-1}), insgesamt +21.8 kJ mol^{-1} über dem Referenzniveau und 18 kJ mol^{-1} über den besten gestaffelten Konformationen bei 120° und 240°.

Die 180°-Konformation mit drei verdeckten CH$_3$/H-Paaren ist verdeckt (+12.6) ($3 \times 5.4 = 16.2$ addieren) liegt 12.5 kJ mol^{-1} über den 120°/240°-Konformationen. Somit sieht das Diagramm folgendermaßen aus:

38.

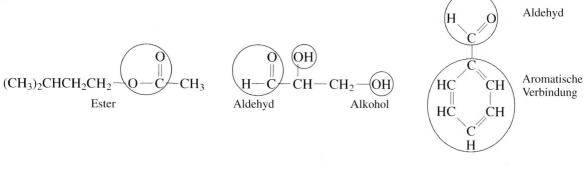

39. In Vitamin D$_4$: 1,4,5-Trimethylhexyl (sekundär). In Cholesterin: 1,5-Dimethylhexyl (sekundär). In Vitamin E: 4,8,12-Trimethyltridecyl (primär). In Valin: 1-Methylethyl (sekundär). In Leucin: 2-Methylpropyl (primär). In Isoleucin: 1-Methylpropyl (sekundär).

40. Zunächst muss der Leser *quantitativ* verstehen, was diese Frage genau bedeutet. Unter dem Einfluss einer Temperaturänderung auf k verstehen wir, wieviel größer k bei höherer Temperatur ist als bei niedrigerer Temperatur oder das Verhältnis „$k_{\text{höhere Temp.}}/k_{\text{niedrigere Temp.}}$"

(a) $E_a = 60$ kJ mol^{-1} $\quad k = Ae^{-E_a/RT}$

Wir nehmen an, dass A bei verschiedenen Temperaturen konstant ist, sodass es sich herauskürzt und man die allgemeine Lösung

$$\frac{k_{T_2}}{k_{T_1}} = \frac{e^{-E_a/RT_2}}{e^{-E_a/RT_1}} \qquad \text{oder} \qquad k_{T_2} = \left(\frac{e^{-E_a/RT_2}}{e^{-E_a/RT_1}}\right) k_{T_1} \quad \text{erhält.}$$

Weiter erinnere man sich, dass $R = 8.314$ J mol^{-1} K^{-1} ist, sodass E_a von kJ mol^{-1} in J mol^{-1} umgerechnet werden muss:

(1) Für eine Temperatursteigerung um 10 K erhält man

$$k_{310\,\mathrm{K}} = \frac{e^{-60000/(8.314\times 310)}}{e^{-60000/(8.314\times 300)}} k_{300\,\mathrm{K}} = \frac{e^{-23.28}}{e^{-24.06}} k_{300\,\mathrm{K}} = \frac{7.76\times 10^{-11}}{3.56\times 10^{-11}} k_{300\,\mathrm{K}} = 2.18\, k_{300\,\mathrm{K}}$$

(2) Für eine Temperatursteigerung um 30 K erhält man

$$k_{330\,\mathrm{K}} = \frac{e^{-60000/(8.314\times 330)}}{e^{-24.06}} k_{300\,\mathrm{K}} = 8.94\, k_{300\,\mathrm{K}}$$

(3) Für eine Temperatursteigerung um 50 K erhält man $k_{350\,\mathrm{K}} = 31.2\, k_{300\,\mathrm{K}}$

(b) $E_a = 120\text{ kJ mol}^{-1} = 120\,000\text{ J mol}^{-1}$

(1) Für eine Temperatursteigerung um 10 K erhält man

$$k_{310\,\mathrm{K}} = \frac{e^{-120000/(8.314\times 310)}}{e^{-120000/(8.314\times 300)}} k_{300\,\mathrm{K}} = 4.71\, k_{300\,\mathrm{K}}$$

(2) Für eine Temperatursteigerung um 30 K erhält man $k_{330\,\mathrm{K}} = 79.0\, k_{300\,\mathrm{K}}$

(3) Für eine Temperatursteigerung um 50 K erhält man $k_{350\,\mathrm{K}} = 963\, k_{300\,\mathrm{K}}$

(c) $E_a = 180\text{ kJ mol}^{-1} = 180\,000\text{ J mol}^{-1}$

(1) Für eine Temperatursteigerung um 10 K erhält man

$$k_{310\,\mathrm{K}} = \frac{e^{-180000/(8.314\times 310)}}{e^{-180000/(8.314\times 300)}} k_{300\,\mathrm{K}} = 10.3\, k_{300\,\mathrm{K}}$$

(2) Für eine Temperatursteigerung um 30 K erhält man $k_{330\,\mathrm{K}} = 706\, k_{300\,\mathrm{K}}$

(3) Für eine Temperatursteigerung um 50 K erhält man $k_{330\,\mathrm{K}} = 30030\, k_{300\,\mathrm{K}}$

Wir fassen die gerundeten Ergebnisse in Tabellenform zusammen:

E_a	60 kJ mol^{-1}	120 kJ mol^{-1}	180 kJ mol^{-1}
$k_{310\,\mathrm{K}}/k_{300\,\mathrm{K}}$	2	5	10
$k_{330\,\mathrm{K}}/k_{300\,\mathrm{K}}$	10	80	700
$k_{350\,\mathrm{K}}/k_{300\,\mathrm{K}}$	30	1000	30 000

Diese Aufgabe veranschaulicht den Einfluss der Temperaturänderung auf die Geschwindigkeitskonstanten von Reaktionen mit drei verschiedenen Aktivierungsenergien. Man beachte Folgendes:

1. Reaktionen mit hohen Aktivierungsenergien reagieren am empfindlichsten auf Temperaturänderungen.
2. Selbst Reaktionen mit niedrigeren Aktivierungsenergien reagieren deutlich auf relativ kleine Temperaturerhöhungen. Das ist wichtig, weil viele Reaktionen der organischen (und biologischen) Chemie Aktivierungsenergien im Bereich von 60 bis 120 kJ mol^{-1} haben.

41. Die allgemeine Geradengleichung, in der x gegen y aufgetragen wird, lautet: $y = $ (Achsenabschnitt) + (Steigung) (x). Vergleichen Sie diese mit der Gleichung der Aufgabe:

$$\log k = \log A - \frac{E_a}{2.3RT}$$

Durch Ausklammern des Terms $1/T$ erhält man

$$\log k = \log A - \left(\frac{E_a}{2.3R}\right)\left(\frac{1}{T}\right)$$

Vergleicht man diese Gleichung mit einer Geraden, erkennt man, dass der Graph $\log k$ gegen $1/T$ eine Steigung von $-(E_a/2.3R)$ und den Achsenabschnitt $\log A$ hat. Demzufolge ergibt sich E_a durch Multiplizieren der Geradensteigung mit $-2.3R$. Ein solcher Graph sieht beispielsweise so aus:

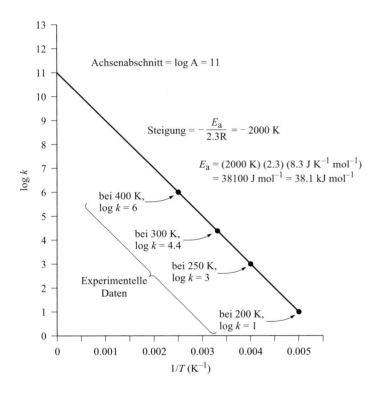

42. (a) Es gibt hier ein kleines Problem: Das positiv geladene Kohlenstoffatom in Brommethan hat eine vollbesetzte Schale und daher keine Lewis-saure Position. Näheres zu Reaktionen von Halogenalkanen mit Lewis-Basen siehe Aufgabe 44.

(b) $CH_3CH_2-\overset{\overset{\displaystyle :\ddot{O}:^-}{|}}{\underset{\underset{\displaystyle H}{|}}{C^+}}-H \;+\; :\overset{\overset{\displaystyle H}{|}}{\underset{\underset{\displaystyle H}{|}}{N}}-H \;\longrightarrow\; CH_3CH_2-\overset{\overset{\displaystyle :\ddot{O}:^-}{|}}{\underset{\underset{\displaystyle H}{|}}{C}}-\overset{\overset{\displaystyle H}{|}}{\underset{\underset{\displaystyle H}{|}}{N^+}}-H$

(c) $H^+ \;+\; :\overset{}{\underset{\underset{\displaystyle CH_3}{|}}{\ddot{O}}}-CH_3 \;\longrightarrow\; H-\overset{}{\underset{\underset{\displaystyle CH_3}{|}}{\ddot{O}^+}}-CH_3$

(d) $CH_3CH_2-\overset{\overset{\displaystyle :\ddot{O}:^-}{|}}{\underset{\underset{\displaystyle CH_3CH_2}{|}}{C^+}}-H \;+\; :\overset{\overset{\displaystyle H}{|}}{\underset{\underset{\displaystyle H}{|}}{C}}-H \;\longrightarrow\; CH_3CH_2-\overset{\overset{\displaystyle :\ddot{O}:^-}{|}}{\underset{\underset{\displaystyle CH_3CH_2}{|}}{C}}-\overset{\overset{\displaystyle H}{|}}{\underset{\underset{\displaystyle H}{|}}{C}}-H$

(e) $CH_3-C\equiv N: \;+\; \overset{\overset{\displaystyle H}{|}}{\underset{\underset{\displaystyle H}{|}}{C^+}}-H \;\longrightarrow\; CH_3-C\equiv N^+-\overset{\overset{\displaystyle H}{|}}{\underset{\underset{\displaystyle H}{|}}{C}}-H$

43. (a) Aus 37 (a) haben wir $\Delta G^0 = -5.53$ kJ mol^{-1}. $T = 298$ K und $\Delta S^0 = +5.9$ J mol^{-1} K^{-1} = $+5.9 \times 10^{-3}$ kJ mol^{-1} K^{-1}. Darum muss $\Delta G^0 = \Delta H^0 - T \Delta S^0$ zur Berechnung von ΔH^0 umgeformt werden: $\Delta H^0 = \Delta G^0 + T \Delta S^0 = -5.53 + 298(+5.9 \times 10^{-3}) = -5.53 + 1.76$. $\Delta H^0 = -3.77$ kJ mol^{-1}.

Dieser Wert stimmt sehr gut mit dem Wert $\Delta H^0 = 3.8$ kJ mol^{-1} überein, der in Aufgabe 37 (b), (c) aus der Zahl der *gauche*-Wechselwirkungen in der 0°-Konformation relativ zu der 120°-Konformation berechnet wurde.

(b) Man vergesse nicht, bei der Umwandlung von °C in K 273 zu addieren!
(1) $\Delta G^0 (-250 \,°C) = \Delta H^0 - T \Delta S^0 = -3.77 - (23 \text{ K})(5.9 \times 10^{-3}) = -3.91$ kJ mol^{-1}
(2) $\Delta G^0 (-100 \,°C) = \Delta H^0 - T \Delta S^0 = -3.77 - (173 \text{ K})(5.9 \times 10^{-3}) = -4.79$ kJ mol^{-1}
(3) $\Delta G^0 (500 \,°C) = \Delta H^0 - T \Delta S^0 = -3.77 - (773 \text{ K})(5.9 \times 10^{-3}) = -8.33$ kJ mol^{-1}

(c) Verwenden Sie $\Delta G^0 = -RT \ln K$
$= -2.303 \, RT \lg K$. Das lässt sich umformen zu $-\Delta G^0/(2.303 \, RT) = \lg K$ oder $K = 10^{-\Delta G^0/2.303 \, RT}$
(1) Bei $T = -250\,°C = 23$ K, $\Delta G^0 = -3.91$ kJ mol^{-1} = -3910 J mol^{-1};
$-\Delta G^0/(2.303 \, RT) = -[-3910/(2.303 \times 8.314 \times 23)] = 8.65 = \lg K$,
daraus folgt $K = 4.5 \times 10^8$.
(2) Bei $T = -100\,°C = 173$ K, $\Delta G^0 = -4.79$ kJ mol^{-1} = -4790 J mol^{-1};
$-\Delta G^0/(2.303 \, RT) = -[-4790/(2.303 \times 8.314 \times 173)] - 1.42 = \lg K$, damit ist $K = 26$.
(3) Bei $T = 500\,°C = 773$ K, $\Delta G^0 = -8.33$ kJ mol^{-1} = -8330 J mol^{-1};
$-\Delta G^0/(2.303 \, RT) = -[8330/(2.303 \times 8.314 \times 773)] - 0.55 = \lg K$, damit ist $K = 3.5$.

Wir können die Ergebnisse der Aufgaben 43 und 37 in einer kleinen Tabelle zusammenfassen:

T	23 K	173 K	298 K	773 K
$-\Delta G^0$	−3.91	−4.79	−8.33	−5.53
K	4.5×10^8	26	9	3.5

Diese Daten illustrieren zwei Punkte. Am auffallendsten ist der große Einfluss der Temperatur auf K. Bei 23 K (das ist **sehr** kalt) sind nur zwei von einer Milliarde Molekülen 2-Methylbutan in der Konformation höherer Energie (0°). Es steht nur sehr wenig thermische Energie für die Rotation um Bindungen zur Verfügung. Dagegen fallen bei höheren Temperaturen die Werte für K, da die zunehmende thermische Energie immer mehr Molekülen den Übergang in weniger stabile Konformationen gestattet. Zu beachten ist auch, dass die ΔS^0-Werte sehr wohl auch zur Änderung von ΔG^0 mit der Temperatur führen, der Effekt ist allerdings gering, weil ΔS^0 klein ist.

Gruppenübung

Es empfiehlt sich in der Regel, die gegebenen Informationen sorgfältig auszuwerten – schreiben Sie die Fakten so auf, dass Sie sie vor Augen haben – bevor Sie versuchen, die Frage zu beantworten.

(a) ⌃Br + I⁻ ⟶ ⌃I + Br⁻

╳Br + I⁻ ⟶ ╳I + Br⁻   Diese Reaktion ist 10000-mal langsamer als die obere.

(b) Die Reaktionszentren sind in den oben stehenden Strukturformeln durch Punkte gekennzeichnet. Es handelt sich in beiden Fällen um *primäre* Kohlenstoffatome, da sie an nur ein weiteres Kohlenstoffatom direkt gebunden sind.

(c) Aus elektrostatischen Gründen sollte das negative Iodid-Ion vom positiv polarisierten Kohlenstoffatom der C-Br-Bindung angezogen werden. Da dieses Kohlenstoffatom jedoch bereits eine geschlossene Schale besitzt, kann das Iodid eigentlich kein Elektronenpaar zur Bindung beisteuern, es sei denn, ein anderes Atom, z. B. das Bromatom, wird abgespalten und nimmt ein Elektronenpaar mit. Die Kinetik zweiter Ordnung ist nicht vereinbar mit einer Reihenfolge, bei der das Bromid-Ion abgespalten wird, bevor das Iodid-Ion eintritt. Daher laufen beide Vorgänge höchstwahrscheinlich gleichzeitig ab:

⁻I
⌓
C─Br ⟶ C─I + Br⁻
⌣

Die verglichen mit der ersten Reaktion deutlich niedrigere Reaktionsgeschwindigkeit der zweiten Umsetzung legt nahe, dass in diesem Fall die Alkylgruppe aufgrund ihrer Größe das Iodid-Ion hindert, an das Kohlenstoffatom zu binden (ein Beispiel für sterische Hinderung; siehe Abschnitt 2.8). Diese Annahme ist dann vernünftig, wenn das Iodid-Ion aus irgendeinem Grund nahe an dieser Alkylgruppe vorbei muss, um die Bindung zu knüpfen, vielleicht über eine ähnliche Bahn wie die nachfolgend skizzierte:

(d)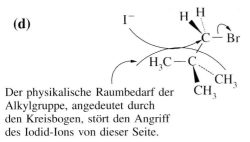

Der physikalische Raumbedarf der Alkylgruppe, angedeutet durch den Kreisbogen, stört den Angriff des Iodid-Ions von dieser Seite.

3 | Die Reaktionen der Alkane

Bindungsdissoziationsenergien, radikalische Halogenierung und relative Reaktivität

13. Diese Aufgabe gehört eigentlich noch in das vorherige Kapitel. Der Abkürzung halber verwenden wir die Symbole 1°=primär, 2°=sekundär und 3°=tertiär.

(a) CH₃CH₂CH₂CH₃
    ↑ ↖↗ ↑
    1° 2° 1°

(b) CH₃CH₂CH₂CH₂CH₃
    ↑   ↖↑↗   ↑
    1°   2°   1°

(c) 3° → H   CH₃ ← 1°
         \\ /
          C
    2° { CH₂   CH₂ } 2°
         \\   /
         CH₂-CH₂

In Kapitel 4 werden wir sehen, dass die meisten ringförmigen Verbindungen genauso behandelt werden können wie Moleküle ohne Ringe.

(d) Alle sind primär.

(e) primär ⟨CH₃\\ /CHCH₂CH₃ / CH₃⟩
              3°   2° 1°

14. (a) CH₃CH₂ĊHCH₃   CH₃CH₂CH₂CH₂•

1-Methylpropyl (sek-Butyl; s. Tab. 2-4)   **Butyl-Radikal**
sekundär (2°), stabiler   primär (1°), weniger stabil

Man denke daran: Das *radikalische Kohlenstoffatom* entscheidet darüber, ob es sich um ein primäres, sekundäres oder tertiäres Radikal handelt. Die anderen Kohlenstoffatome spielen hierbei keine Rolle. Die Hyperkonjugation im 1-Methylpropyl-Radikal lässt sich auf zwei Arten darstellen, zum einen durch Überlappung von zwei C—H-Bindungen mit dem radikalischen *p*-Orbital, zum anderen durch Beteiligung einer C—C-Bindung anstelle einer C—H-Bindung:

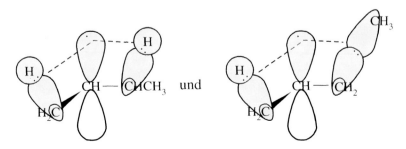

(b) Bei der Benennung beachte man, dass das radikalische Kohlenstoffatom *stets* C1 ist (genau wie das Kohlenstoffatom, an das eine Alkylgruppe gebunden wird). Der Name leitet sich von der längsten von C1 ausgehenden Kohlenstoffkette ab, alle „Anhänge" werden als Substituenten behandelt:

$$\begin{array}{c} CH_3-CH_2 \\ | \\ CH_3-CH_2-CH-CH_2\cdot \\ 4 \quad 3 \quad \;\; 2 \quad \;\; 1 \end{array} \qquad \begin{array}{c} CH_3-CH_2 \\ | \\ CH_3-CH_2-C-CH_3 \\ 3 \quad\;\; 2 \quad\;\; 1 \end{array}$$

2-Ethylbutyl-Radikal   1-Ethyl-1-methylpropyl-Radikal
primär, weniger stabil   tertiär, stabiler

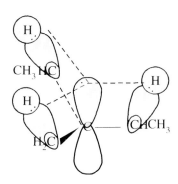

Hyperkonjugation
(mit C-H-Bindungen)

(c) Von links nach rechts: 1,2-Dimethylpropyl-Radikal, sekundär, mittlere Stabilität; 1,1-Dimethylpropyl-Radikal, tertiär, am stabilsten; 3-Methylbutyl-Radikal, primär, am wenigsten stabil.

Die Hyperkonjugation im 1,1-Dimethylpropyl-Radikal ist die gleiche wie im 1-Ethyl-1-methylpropyl-Radikal [(b) oben]; in Ihrer Zeichnung sollte eine der endständigen CH_3-Gruppen durch H ersetzt sein.

15. Für die Lösung geht man am besten so vor, dass man allgemeine Reaktionsschritte ähnlich den im Lehrbuch gezeigten formuliert, bis man zu stabilen Molekülen gelangt. Die Pyrolyse von Propan startet wie folgt:

(1) $CH_3CH_2-CH_3 \longrightarrow CH_3CH_2\cdot + \cdot CH_3$ Spaltung einer C–C-Bindung

Nun sind drei verschiedene Rekombinationen möglich:

(2) $2\;CH_3\cdot \rightarrow CH_3CH_3$
                Ethan

(3) $2\;CH_3CH_2\cdot \rightarrow CH_3CH_2CH_2CH_3$
                     Butan

(4) $CH_3\cdot + CH_3CH_2\cdot \rightarrow CH_3CH_2CH_3$ (Umkehrung des ersten Reaktionsschritts)
                    Propan

Die Abspaltung von Wasserstoff kann auf zwei Arten erfolgen:

(5) $CH_3\cdot + \overset{H}{\underset{}{CH_2CH_2}}\cdot \longrightarrow CH_4 + CH_2=CH_2$
                                Methan   **Ethen**

3 Die Reaktionen der Alkane

(6) CH$_3$CH$_2$• + •CH$_2$CH$_2$—H ⟶ CH$_3$CH$_3$ + CH$_2$=CH$_2$
              Ethan   **Ethen**

Ein Wasserstoffatom kann nur von einem Kohlenstoffatom abgespalten werden, das dem radikalischen Kohlenstoffatom **benachbart** ist. Das Methlyradikal, •CH$_3$, besitzt kein weiteres Kohlenstoffatom in Nachbarschaft zu seinem Radikal-Zentrum und kann daher auch kein Wasserstoffatom abspalten. Es kann aber noch ein Wasserstoffatom aufnehmen (Reaktion 5, oben).

Es bilden sich beim Cracken von Propan also vier neue Produkte: Methan, Ethan, Butan und Ethen (Ethylen).

16. (a) Die schwächste Bindung in Butan ist die C2–C3-Bindung, $DH° = 343$ kJ mol^{-1}. Die Pyrolyse sollte daher folgendermaßen verlaufen:

(1) CH$_3$CH$_2$—CH$_2$CH$_3$ ⟶ 2 CH$_3$CH$_2$•   Spaltung einer C–C-Bindung

(2) 2 CH$_3$CH$_2$• → CH$_3$CH$_2$CH$_2$CH$_3$ Umkehrung von (1)

(3) CH$_3$CH$_2$•   H—CH$_2$—CH$_2$• ⟶ CH$_3$CH$_3$ + CH$_2$=CH$_2$ Abspaltung von Wasserstoff
                                    Ethan   **Ethen**

(b) Die schwächsten Bindungen sind die drei äquivalenten C-C-Bindungen, $DH° = 360$ kJ mol^{-1}. Daher:

(1) (CH$_3$)$_2$CH—CH$_3$ ⟶ (CH$_3$)$_2$CH• + •CH$_3$ Spaltung

(2) 2 CH$_3$• → CH$_3$CH$_3$
          Ethan

(3) 2 (CH$_3$)$_2$CH$_2$• → (CH$_3$)$_2$CHCH(CH$_3$)$_2$
              2,3-Dimethylbutan

(4) CH$_3$• •CH(CH$_3$)$_2$ ⟶ (CH$_3$)$_3$CH   Umkehrung von (1); Rekombinationen

(5) CH$_3$•   H—CH$_2$—CHCH$_3$ ⟶ CH$_4$ + CH$_2$=CHCH$_3$ Abspaltung von Wasserstoff
                                Methan   **Propen**

(6) (CH$_3$)$_2$CH•   H—CH$_2$—CHCH$_3$ ⟶ CH$_3$CH$_2$CH$_3$ + CH$_2$=CHCH$_3$
                                        Propan   **Propen**

17. Die $DH°$-Werte sind einfach den Tabellen 3-1 und 3-4 zu entnehmen. Angaben in kJ mol^{-1}.

(a) $435 + 159 - 2(565) = -536$ **(e)** $389 + 159 - (460 + 565) = -477$

(b) $435 + 242 - 2(431) = -185$ **(f)** $389 + 242 - (339 + 431) = -139$

(c) $435 + 192 - 2(364) = -101$ **(g)** $389 + 192 - (280 + 364) = -63$

(d) $435 + 151 - 2(297) = -8$ **(h)** $389 + 151 - (218 + 297) = +25$

18. (a) Zwei: 1-Halogenpropan und 2-Halogenpropan

(b) Zwei: 1-Halogenbutan und 2-Halogenbutan

(c) Vier:

CH₂X	X CH₃	CH₃	CH₃
(Halogenmethyl)-cyclopentan	1-Halogen-1-methyl-cyclopentan	1-Halogen-2-methyl-cyclopentan	1-Halogen-3-methyl-cyclopentan

(d) Eins: 1-Halogen-2,2-dimethylpropan (1-Halogenneopentan)

(e) Vier: 1-Halogen-2-methylbutan, 2-Halogen-2-methylbutan, 2-Methyl-3-halogenbutan und 1-Halogen-3-methylbutan

19. (a) (i) $CH_3CH_2CH_2CH_2CH_2Cl$ (1-Chlorpentan),
$CH_3CH_2CH_2CHClCH_3$ (2-Chlorpentan) und
$CH_3CH_2CHClCH_2CH_3$ (3-Chlorpentan).

(ii) $CH_3CH_2CH(CH_3)CH_2CH_2Cl$ (1-Chlor-3-methylpentan),
$CH_3CH_2CH(CH_3)CHClCH_3$ (2-Chlor-3-methylpentan),
$CH_3CH_2CCl(CH_3)CH_2CH_3$ (3-Chlor-3-methylpentan) und
$CH_3CH_2CH(CH_2Cl)CH_2CH_3$ 3-(Chlormethyl)pentan.

(b) Zur Beantwortung dieser Frage müssen Sie zunächst **alle** Wasserstoffatome abzählen, deren Abspaltung jeweils zu **jedem einzelnen** der Produkte führt, und ihre Art (1°, 2° oder 3°) bestimmen. Dann multiplizieren Sie die von Ihnen ermittelte Zahl der Wasserstoffatome mit der **relativen Reaktivität** für diese **Art** von Wasserstoffatomen in einer Chlorierungsreaktion bei 25 °C unter den in der Aufgabe genannten Reaktionsbedingungen. Diese Vorgehensweise liefert Ihnen den relativen Produktanteil entsprechend der Entfernung dieser Wasserstoffatome. Nachdem Sie das für alle Produkte gemacht haben, überführen Sie diese relativen Anteile durch Bezug auf 100 in prozentuale Ausbeuten (siehe unten).

(i) 1-Chlorpentan wird durch Chlorierung eines der **sechs primären Wasserstoffatome** (jedes mit der relativen Reaktivität 1) an den Kohlenstoffatomen 1 und 5 gebildet, daraus folgt eine relative Ausbeute von $6 \times 1 = \mathbf{6}$. 2-Chlorpentan wird durch Chlorierung jedes der **vier sekundären Wasserstoffatome** (jedes mit der relativen Reaktivität 4) an Kohlenstoffatomen 2 und 4 gebildet, daraus folgt eine relative Ausbeute von $4 \times 4 = \mathbf{16}$. 3-Chlorpentan wird durch Chlorierung eines von **zwei sekundären Wasserstoffatomen** (jedes mit der relativen Reaktivität 4) am Kohlenstoffatom 3 gebildet, daraus folgt eine relative Ausbeute von $2 \times 4 = \mathbf{8}$. Die absolute prozentuale Ausbeute für jedes Produkt wird folgendermaßen berechnet:

$$\frac{\text{Relative Ausbeute an Produkt}}{\text{Summe der relativen Ausbeuten für alle Produkte}} \times 100 = \% \text{ Ausbeute des Produkts}$$

Man erhält daher für die

Ausbeute an 1-Chlorpentan = $100\% \times 6/(6+16+8)$
= $100\% \times 6/30 = 20\%$
Ausbeute an 2-Chlorpentan = $100\% \times 16/30 = 53\%$
Ausbeute an 3-Chlorpentan = $100\% \times 8/30 = 27\%$

(ii) 1-Chlor-3-methylpentan wird durch Chlorierung eines der **sechs primären Wasserstoffatome** (jedes mit der relativen Reaktivität 1) an den Kohlenstoffatomen 1 und 5 gebildet, daraus folgt eine relative Ausbeute von 6 × 1 = **6**. 2-Chlor-3-methylpentan wird durch Chlorierung eines der **vier sekundären Wasserstoffatome** (jedes mit der relativen Reaktivität 4) an den Kohlenstoffatomen 2 und 4 gebildet, daraus folgt eine relative Ausbeute von 4 × 4 = **16**. 3-Chlor-3-methylpentan wird durch Chlorierung des **einzigen tertiären Wasserstoffatoms** (relative Reaktivität 5) am Kohlenstoffatom 3 gebildet, daraus folgt eine relative Ausbeute von 1 × 5 = **5**. 3-(Chlormethyl)pentan wird durch Chlorierung eines der **drei primären Wasserstoffatome** (relative Reaktivität 1) der am Kohlenstoffatom 3 stehenden Methylgruppe gebildet, die relative Ausbeute ist daher 1 × 3 = **3**.

Man erhält daher für die

Ausbeute an 1-Chlor-3-methylpentan = 100% × 6/(6+16+5+3)
 = 100% × 6/30 = 20%
Ausbeute an 2-Chlor-3-methylpentan = 100% × 16/30 = 53%
Ausbeute an 3-Chlor-3-methylpentan = 100% × 5/30 = 17%
Ausbeute an 3-(Chlormethyl)pentan = 100% × 3/30 = 10%.

(c) Fortpflanzungsschritt 1 [die nachstehenden Werte sind $DH°$ (kJ mol^{-1}) für geknüpfte oder gelöste Bindungen]:

$$CH_3CH_2CH(CH_3)CH_2CH_3 + Cl• \rightarrow HCl + CH_3CH_2C•(CH_3)CH_2CH_3$$
389   431 $\Delta H° = 389 - 431 = -42$

Fortpflanzungsschritt 2:

$$CH_3CH_2C•(CH_3)CH_2CH_3 + Cl_2 \rightarrow Cl• + CH_3CH_2CCl(CH_3)CH_2CH_3$$
243   339 $\Delta H° = -96$

Für die Gesamtreaktion beträgt $\Delta H° = -138$ kJ mol^{-1}.

20. Der Mechanismus gleicht qualitativ dem der Chlorierung von Methan (Lehrbuch Abschn. 3.4).

Kettenstart:

Br$_2$ → 2 Br•

Fortpflanzungsschritte:

(1) Br• + CH$_4$ → CH$_3$• + HBr

(2) CH$_3$• + Br$_2$ → CH$_3$Br + Br•

Kettenabbruch:

Br• + Br• → Br$_2$

CH$_3$• + Br• → CH$_3$Br

CH$_3$• + CH$_3$• → CH$_3$CH$_3$

21. Kettenstart:

Br$_2$ → 2 Br• $\quad\quad\quad\quad\quad\quad\quad$ $\Delta H° = +193$ kJ mol^{-1}

Kettenfortpflanzung:

(1) $\quad$ Br• + C$_6$H$_6$ → HBr + C$_6$H$_5$• $\quad\quad$ $\Delta H° = +101$ kJ mol^{-1}

(2) $\quad$ C$_6$H$_5$• + Br$_2$ → C$_6$H$_5$Br + Br• $\quad\quad$ $\underline{\Delta H° = -147 \text{ kJ mol}^{-1}}$

$\quad\quad\quad\quad\quad\quad$ Insgesamt $\quad\quad\quad\quad$ $\Delta H° = -46$ kJ mol^{-1}

Der Gesamtwert für $\Delta H°$ unterscheidet sich nicht sehr von den Werten für die C−H-Bindungen typischer Alkane: Methan, $\Delta H° = -29$ kJ mol^{-1}; primäre C−H, $\Delta H° = -46$ kJ mol^{-1}; sekundäre C−H, $\Delta H° = -61$ kJ mol^{-1}; tertiäre C−H, $\Delta H° = -67$ kJ mol^{-1}. Allerdings ist der geschwindigkeitsbestimmende erste Fortpflanzungsschritt in der Reaktion von Benzol wegen der außergewöhnlichen Stärke der C−H-Bindungen **wesentlich stärker endotherm** als bei einer Reaktion von Alkanen. Das hat zur Folge, dass die Bromierung von Benzol nach diesem Mechanismus äußerst schwierig ist (sehr langsam) und kinetisch nicht mit Bromierungsreaktionen typischer Alkane konkurrieren kann.

22. Wenn nicht ausdrücklich anders erwähnt, gehe man davon aus, dass nicht mehr als ein Halogenatom in jedes Alkanmolekül eintritt.

(a) Keine Reaktion. Die Iodierung von Alkanen verläuft endotherm.

(b) CH$_3$CHFCH$_3$ + CH$_3$CH$_2$CH$_2$F $\quad\quad$ F$_2$ ist nicht sehr selektiv.

(c) 1-Brom-1-methylcyclopentan $\quad\quad$ Die Bromierung verläuft, wann immer möglich, an der tertiären Position. Siehe Anmerkung in der Antwort zu Aufgabe 13(c).

(d)

$$CH_3-\underset{\underset{Cl}{|}}{\overset{\overset{CH_3}{|}}{C}}-CH_2-\underset{\underset{CH_3}{|}}{\overset{\overset{CH_3}{|}}{C}}-CH_3 \quad + \quad Cl-CH_2-\underset{}{\overset{\overset{CH_3}{|}}{CH}}-CH_2-\underset{\underset{CH_3}{|}}{\overset{\overset{CH_3}{|}}{C}}-CH_3$$

$$+ \quad CH_3-\underset{\underset{Cl}{|}}{\overset{\overset{CH_3}{|}}{CH}}-\overset{\overset{CH_3}{|}}{CH}-\underset{\underset{CH_3}{|}}{\overset{\overset{CH_3}{|}}{C}}-CH_3 \quad + \quad CH_3-\overset{\overset{CH_3}{|}}{CH}-CH_2-\underset{\underset{CH_3}{|}}{\overset{\overset{CH_3}{|}}{C}}-CH_2-Cl$$

Ein komplexes Gemisch wird erhalten. Cl$_2$ ist selektiver als F$_2$, dennoch ist die tertiäre Stellung nur um den Faktor 5:1 gegenüber der primären bevorzugt.

(e)
$$CH_3-\underset{\underset{Br}{|}}{\overset{\overset{CH_3}{|}}{C}}-CH_2-\underset{\underset{CH_3}{|}}{\overset{\overset{CH_3}{|}}{C}}-CH_3 \quad\quad$$
Br$_2$ ist hochselektiv für tertiäre C−H-Bindungen.

23. (Anmerkung der Übersetzerin: Die Aufgabenstellung bezieht sich auf die Reaktionen der vorherigen Aufg. 22 und nicht, wie irrtümlich angegeben, auf die Aufg. 15.)

Relative Ausbeute = (Zahl der Wasserstoffatome eines gegebenen Typs) × (relative Reaktivität)

$$\frac{\text{Relative Ausbeute eines Produkts}}{\text{Summe der relativen Ausbeuten aller Produkte}} \times 100\% = \text{Ausbeute dieses Produkts in \%}$$

Produkt	Art des Wasserstoffatoms	Zahl der Wasserstoffatome	Relative Reaktivität	Relative Ausbeute	Ausbeute in %
(b) CH_3CHFCH_3	sekundär	2	1.2	2.4	29
$CH_3CH_2CH_2F$	primär	6	1	6	71
(d) $(CH_3)_2CClCH_2C(CH_3)_3$	tertiär	1	5	5	18
$ClCH_2CH(CH_3)CH_2C(CH_3)_3$	primär	6	1	6	21
$(CH_3)_2CHCHClC(CH_3)_3$	sekundär	2	4	8	29
$(CH_3)_2CHCH_2C(CH_3)_2CH_2Cl$	primär	9	1	9	32

(c) und **(e).** Die Selektivität für die Substitution durch Br_2 in der tertiären Position beträgt etwa 73% für (c) und 91% für (e).

24. Nur die Bromierungsreaktionen (c) und (e) sind für Synthesezwecke wirklich akzeptabel. Die anderen Reaktionen liefern mehrere Produkte in ähnlichen Ausbeuten und eignen sich nicht für die Synthese. Die Fluorierung (b) sieht zwar auf dem Papier gut aus, aber in der Praxis ist die Verwendung von F_2 als Reagenz sehr problematisch.

25. (a) Es liegen drei tertiäre Wasserstoff-Atome vor, die glatt bromiert werden:

(b) Noch schlimmer, mit 4 tertiären Positionen:

(c) Alle tertiären Wasserstoffatome sind äquivalent und liefern dasselbe Produkt.

(d) Wieder vier Produkte:

[Four structures of decalin derivatives with CH₃, Br and (CH₃)₂CH substituents]

26. (a) $CH_4 + 2\,O_2 \rightarrow CO_2 + 2\,H_2O$

(b) $C_3H_8 + 5\,O_2 \rightarrow 3\,CO_2 + 4\,H_2O$

(c) $C_6H_{12} + 9\,H_2O \rightarrow 6\,CO_2 + 6\,H_2O$

(d) $C_2H_6O + 3\,O_2 \rightarrow 2\,CO_2 + 3\,H_2O$

(e) $C_{12}H_{22}O_{11} + 12\,O_2 \rightarrow 12\,CO_2 + 11\,H_2O$

27. (a) $C_3H_6O + 4\,O_2 \rightarrow 3\,CO_2 + 3\,H_2O$

(b) Der Energieunterschied ist die Differenz zwischen den Verbrennungswärmen, 26 kJ mol^{-1}; Propanon setzt bei der **Verbrennung weniger Wärme frei** und muss zuvor den **geringeren Energieinhalt** gehabt haben.

(c) Propanon mit dem niedrigeren Energieinhalt ist die stabilere Verbindung.

28. Man muss für Sulfurylchlorid, SO_2Cl_2, einen Bindungsbruch vorschlagen, der zum gleichen Ziel führt wie die Spaltung der Cl−Cl-Bindung in Cl_2. Dafür gibt es nur eine Möglichkeit: eine Schwefel−Chlor-Bindung.

Kettenstart:

$$:\!\ddot{C}l\!-\!\underset{\underset{:\ddot{O}:}{\|}}{\overset{\overset{:\ddot{O}:}{\|}}{S}}\!-\!\ddot{C}l\!: \longrightarrow\ :\!\ddot{C}l\!-\!\underset{\underset{:\ddot{O}:}{\|}}{\overset{\overset{:\ddot{O}:}{\|}}{S}}\!\cdot\ +\ \cdot\ddot{\ddot{C}}l\!:$$

Kettenfortpflanzung:

(1) $:\!\ddot{C}l\!\cdot\ +\ H\!-\!\underset{H}{\overset{H}{C}}\!-\!H\ \longrightarrow\ :\!\ddot{C}l\!-\!H\ +\ \cdot\underset{H}{\overset{H}{C}}\!-\!H$

(2) $:\!\ddot{C}l\!-\!\underset{\underset{:\ddot{O}:}{\|}}{\overset{\overset{:\ddot{O}:}{\|}}{S}}\!-\!\ddot{C}l\!:\ \cdot\underset{H}{\overset{H}{C}}\!-\!H\ \longrightarrow\ :\!\ddot{C}l\!-\!\underset{\underset{:\ddot{O}:}{\|}}{\overset{\overset{:\ddot{O}:}{\|}}{S}}\!\cdot\ +\ :\!\ddot{C}l\!-\!CH_3$

Wir bleiben stecken, wenn wir keinen Weg finden, der mit $ClSO_2\!\cdot$ zu einem anderen Fortpflanzungsschritt und damit zur Fortsetzung der Kettenreaktion führt. Es gibt zwei Möglichkeiten, und mit der gegebenen Information ist jede ein vernünftiger Vorschlag.

(a) Unimolekularer Zerfall von ClSO$_2\cdot$; d. h.

$$\cdot\overset{:\ddot{O}:}{\underset{:\ddot{O}:}{\overset{\|}{\underset{\|}{S}}}}\frown\ddot{\underset{..}{Cl}}: \longrightarrow :\ddot{O}=S=\ddot{O}: + \cdot\ddot{\underset{..}{Cl}}:$$

mit anschließendem Fortpflanzungsschritt (1) oder

(b) einem anderen Fortpflanzungsschritt mit SO$_2$Cl$\cdot$ anstelle von Cl$\cdot$ in Schritt (1):

$$:\ddot{\underset{..}{Cl}}-\cdot\overset{:\ddot{O}:}{\underset{:\ddot{O}:}{\overset{\|}{\underset{\|}{S}}}}\frown\ddot{\underset{..}{Cl}}: \quad H-\overset{H}{\underset{H}{\overset{|}{C}}}-H \longrightarrow :\ddot{O}=S=\ddot{O}: + :\ddot{\underset{..}{Cl}}-H + \cdot\overset{H}{\underset{H}{\overset{|}{C}}}-H$$

Beides sind qualitativ vernünftige mechanistische Möglichkeiten.

29. Nach Abschnitt 3.4 des Lehrbuchs für die Reaktion von Cl$\cdot$ mit CH$_4$ ist $E_a = 16.7$ kJ mol^{-1} = 16700 J mol^{-1}. Daraus folgt

$k_{(Cl\cdot + CH_4)} = A\, e^{-16700/(8.314)(298)}$ und $k_{(Br\cdot + CH_4)} = A\, e^{-79600/(8.314)(298)}$

Also ist $k_{(Cl\cdot + CH_4)}/k_{(Br\cdot + CH_4)} = e^{62900/(8.314)(298)} = e^{25.3} = 9.7 \times 10^{10}$.

Das ist ein ziemlich großes Geschwindigkeitsverhältnis.

30. Wie das Beispiel der Reaktion von Methan mit einem Gemisch aus Br$_2$ und Cl$_2$ zeigt, sind in diesem Fall die einzigen kinetisch lebensfähigen Fortpflanzungsschritte die Reaktionen von Cl$\cdot$-Atomen mit Propan. Reaktionen von Br$\cdot$-Atomen sind viel zu langsam, um zu konkurrieren. *Dieser erste Schritt bestimmt, in welchem Verhältnis primäre und sekundäre Alkylradikale entstehen.* Demnach ist die beobachtete Selektivität die von Cl$\cdot$-Atomen. Die beiden Radikale reagieren mit beiden molekularen Halogenen, Cl$_2$ oder Br$_2$, sehr schnell weiter. Da das Verhältnis der vorhandenen Radikale im vorherigen Schritt bestimmt wurde, sind die Isomerenverhältnisse der erhaltenen Chlorpropane und Brompropane im Wesentlichen gleich und ein Ausdruck für die Selektivität der Chlorierung.

31. Gehen Sie bei der Berechnung nach der gleichen Methode vor wie in Abschnitt 3.6. Es gibt drei Gruppen von Wasserstoffatomen mit unterschiedlichen Reaktivitäten: zwei an C1, zwei an C2 und drei an C3. Den relativen Ausbeuten zufolge scheinen die an C3 die niedrigste Reaktivität zu haben. Daher ist es sinnvoll zu berechnen, wieviel reaktiver die Wasserstoffatome an C2 und C1 gegenüber denen an C3 sind. Vergleichen wir zuerst C2 und C3:

$$\frac{\text{relative Reaktivität eines Wasserstoffatoms an C2}}{\text{relative Reaktivität eines Wasserstoffatoms an C3}} = \frac{\left(\begin{array}{c}8.5\% \text{ C2-}\\ \text{Chlorierung}\end{array}\right) / \left(\begin{array}{c}2 \text{ C2-}\\ \text{Wasserstoffatome}\end{array}\right)}{\left(\begin{array}{c}1.5\% \text{ C3-}\\ \text{Chlorierung}\end{array}\right) / \left(\begin{array}{c}3 \text{ C3-}\\ \text{Wasserstoffatome}\end{array}\right)} = 8.5$$

Und nun C1 mit C3:

$$\frac{\text{relative Reaktivität eines Wasserstoffatoms an C1}}{\text{relative Reaktivität eines Wasserstoffatoms an C3}} = \frac{\left(\begin{array}{c}90\% \text{ C1-}\\ \text{Chlorierung}\end{array}\right) / \left(\begin{array}{c}2 \text{ C1-}\\ \text{Wasserstoffatome}\end{array}\right)}{\left(\begin{array}{c}1.5\% \text{ C3-}\\ \text{Chlorierung}\end{array}\right) / \left(\begin{array}{c}3 \text{ C3-}\\ \text{Wasserstoffatome}\end{array}\right)} = 90$$

Im Fall von Propan (Abschn. 3.6) waren die Wasserstoffatome an C2 (sekundär) etwa 4-mal reaktiver als die an C1 oder C3 (primär), weil sekundäre Alkylradikale stabiler sind als primäre. Bei der Verbindung dieser Aufgabe, 1-Brompropan, sind die Wasserstoffatome an dem mit Br verknüpften C1 am reaktivsten. Offenbar wirkt das Bromatom stark stabilisierend auf ein Radikal an C1. Es ist vernünftig anzunehmen, dass diese Stabilisierung mit den freien Elektronenpaaren am Brom zusammenhängen könnte, denn wir wissen, dass Radikale elektronenarm sind: Sie werden in Alkanen durch Hyperkonjugation stabilisiert, wobei Elektronen aus benachbarten Bindungen zum halb besetzten p-Orbital des Radikals delokalisieren können. Bei 1-Brompropan kann man sich vorstellen, dass sich ein p-Orbital mit einem freien Elektronenpaar am Br mit dem halb leeren p-Orbital am Kohlenstoffatom ausrichtet und überlappt; diese Überlappung kann auch durch Resonanz dargestellt werden:

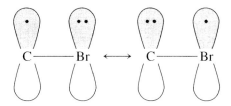

32. Alle erforderlichen $DH°$-Werte sind in Tabelle 3-1 enthalten, mit Ausnahme für X—X, die in Tabelle 3-4 angegeben sind.

(a) Unter Verwendung von $\Delta H° = DH°$ (gelöste Bindung) − $DH°$ (geknüpfte Bindung) lauten die Antworten in kJ mol^{-1} folgendermaßen:

Reaktion		$\Delta H°$ für X = F	Cl	Br	I
(1)	X• + CH$_4$ → CH$_3$X + H•	−21	+84	+142	+201
(2)	H• + X$_2$ → HX• + X	−411	−189	−172	−147
(1)+(2)	CH$_4$ + X$_2$ → CH$_3$X + HX	$\Delta H° = -432$	−105	−30	+54

(b) In jedem Fall ist $\Delta H°$ für den oben angeführten hypothetischen ersten Fortpflanzungsschritt sehr viel **weniger** günstig als $\Delta H°$ für den allgemein akzeptierten korrekten Schritt (Tabelle 3-5). Darum sind aller Wahrscheinlichkeit nach die E_a-Werte für die oben gezeigten ersten Schritte sehr viel größer als die E_a-Werte für die richtigen Schritte. Bezogen auf die korrekten Forpflanzungsschritte wird also die Reaktion X• + CH$_4$ → CH$_3$X + H• vermutlich sehr, sehr langsam ablaufen und kaum kinetisch konkurrieren können.

33. Inhibierung tritt normalerweise durch Reaktion des Inhibitors mit einem der reaktiven „Kettenträger" in einem Fortpflanzungsschritt auf. Bei der radikalischen Halogenierung kann das Alkylradikal mit Inhibitoren reagieren. Die Produkte der Inhibierungsreaktion sind nicht reaktiv genug, um als Kettenträger in weiteren Fortpflanzungsschritten zu dienen, darum wird die „Fortpflanzungskette" auf ganz ähnliche Weise wie bei den Kettenabbruchreaktionen abgebrochen. Wir haben folgende Situation:

Cl$_2$ → 2 Cl•   Kettenstart

Cl• + CH$_4$ → HCl + CH$_3$•   Fortpflanzungsschritt 1: $\Delta H° = +4$ kJ mol^{-1}

In Gegenwart von I$_2$ geht es jedoch folgendermaßen weiter:

CH$_3$• + I$_2$ → CH$_3$I + I•   Inhibierungsschritt: $\Delta H° = -84$ kJ mol^{-1}.

Die im Fortpflanzungsschritt 1 begonnene Reaktionskette wird jetzt unterbrochen, weil I• nicht mit CH_4 reagieren kann ($\Delta H° = +142$ kJ mol^{-1}, aus Tabelle 3-5). Ein CH_3-Radikal ist damit dem Reaktionssystem als Kettenträger dauerhaft verloren gegangen.

34. (a) O_2 ist kein Molekül mit voll besetzter Schale. Es hat in Wirklichkeit zwei ungepaarte Elektronen und ist damit ein „Diradikal". (Die Lewis-Struktur •Ö≡Ö• kommt dem Charakter dieses Moleküls am nächsten. Es sieht zwar so aus, als wäre die Oktettregel verletzt, aber das einfache Lewis-Strukturmodell umfasst nicht das Konzept antibindender Orbitale, in denen sich die beiden „zusätzlichen" Elektronen aufhalten.) Aufgrund dieser Diradikal-Eigenschaft hat O_2 zahlreiche Möglichkeiten, in radikalische Reaktionen wie die Halogenierung von Alkanen einzugreifen.

(b) Ein rascher Blick auf Tabelle 3-1 lässt erkennen, dass Bindungen zwischen Sauerstoff und Wasserstoff oder Kohlenstoff sehr stark sind. Insbesondere C−O-Bindungen sind stärker als Bindungen zwischen Kohlenstoff und einem Halogen, ausgenommen Fluor. Ähnlich wie bei der Inhibierung der Halogenierung durch molekulares Iod (Aufgabe 33) kann Sauerstoff daher Alkylradikale effizient abfangen und sie aus radikalischen Kettenfortpflanzungszyklen durch Reaktionen des Typs R•+O_2 → RO_2• entfernen. Das Produkt dieses Schritts ist ein reaktives „Hydroperoxy-Radikal", das weiterreagiert (wie Sie in Kapitel 22 erfahren werden), aber nicht zu einfachen Halogenierungsprodukten führen kann.

35. (a) Man dividiert $\Delta H°_{Verbr.}$ durch die molare Masse: (kJ mol^{-1}): (g mol^{-1})= kJ g^{-1}.

Methan: $\Delta H°_{Verbr.} \dfrac{-891.0 \text{ kJ mol}^{-1}}{16 \text{ g mol}^{-1} (M \text{ von CH}_4)} = -56 \text{ kJ g}^{-1}$

Ethan: $\Delta H°_{Verbr.} = -52$ kJ g^{-1}

Propan: $\Delta H°_{Verbr.} = -50$ kJ g^{-1}

Pentan: $\Delta H°_{Verbr.} = -49$ kJ g^{-1}

(b) Ethanol (gasf.): $\Delta H°_{Verbr.} = -31$ kJ g^{-1}

(c) Qualitativ ist diese Beobachtung völlig in Einklang mit der pro Masseneinheit sehr viel geringeren Wärmeproduktion bei der Verbrennung von Ethanol im Vergleich zu der von Alkanen; sauerstoffhaltige Moleküle sind in der Tat schlechtere Brennstoffe.

36. (a) 2 CH_3OH + 3 O_2 → 2 CO_2 + 4 H_2O Mit Ausnahme von flüssigem H_2O befinden sich alle Substanzen in der Gasphase.

2 $(CH_3)_3COCH_3$ + 15 O_2 → 10 CO_2 + 12 H_2O

(b) Methanol hat ein ganz ähnliches Molekulargewicht (32) wie Ethan (30), aber der Wert für $\Delta H°_{Verbr}$ ist für Ethan (-1560 kJ mol^{-1}) sehr viel größer als für Methanol. Entsprechendes gilt für $(CH_3)_3COCH_3$: Sein Molekulargewicht von 88 ist dem von Hexan (86) ähnlich, dessen $\Delta H°_{Verbr}$-Wert von 4166 kJ mol^{-1} aber wiederum beträchtlich größer ist als der von 2-Methoxy-2-methylpropan. Die Zugabe sauerstoffhaltiger Verbindungen zu Brennstoffgemischen für Verbrennungsmotoren verringert zwar die Wärmeausbeute bezogen auf die Brennstoffmasse bei der Verbrennung, hat dafür aber zwei Vorteile. Zum einen liefern diese Additive zusätzlichen Sauerstoff, der zu einer vollständigeren Oxidation der Brennstoffkomponenten beiträgt und dadurch die Emission partiell oxidierter Nebenprodukte wie CO verringert. Darüber hinaus ist das Brennstoffgemisch weniger empfindlich gegenüber der so genannten Frühzündung, bei der Brennstoff zündet, bevor der Kolben überhaupt den Endpunkt seines Kompressionshubs im Zy-

37. (a) CH≡CH + 5/2 O$_2$ → 2 CO$_2$ + H$_2$O   Die Gleichung ist ausgeglichen.

(b) Für Propan beträgt $\Delta H°_{\text{Verbr.}} = -2223$ kJ mol^{-1}, ein größerer Wert als für Ethin. Propan hat aber eine molare Masse von 44 g mol^{-1} und Ethin von 26 g mol^{-1}. Damit hat Propan eine spezifische Verbrennungswärme von -50 kJ g^{-1} und Ethin von -50 kJ g^{-1}. Diese beiden Werte sind gleich, offensichtlich lässt sich die heißere Flamme von Ethin so nicht erklären. Bei Ethin ist aber die Gesamtmenge an Verbrennungsgasen kleiner als bei Propan. Wenn diese kleinere Gasmenge, die von Ethin stammt, die Verbrennungswärme absorbiert, wird sie sehr viel höher erhitzt (ca. 2700 °C gegenüber 2100 °C für Propan). Das ist der Grund für die heißere Flamme.

38. (a) Berechnen Sie zuerst $\Delta H°$ für die Abspaltungsreaktionen primärer und sekundärer Wasserstoffatome mit $DH°$ für primäres C—H 410 kJ mol^{-1}; für sekundäres C—H 395.7 kJ mol^{-1}; für HBr 364 kJ mol^{-1} (s. Tabelle 3.1) Damit ist

$\Delta H°_{\text{primäre C-H-Abspaltung}} = 410$ kJ mol^{-1} $- 364$ kJ mol^{-1} $= +46$ kJ mol^{-1}

$\Delta H°_{\text{sekundäre C-H-Abspaltung}} = 395.7$ kJ mol^{-1} $- 364$ kJ mol^{-1} $= +31.7$ kJ mol^{-1}

Damit ergibt sich das folgende Energiediagramm:

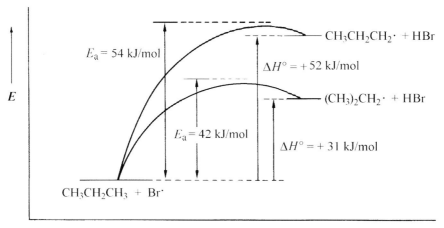

(b) Hierbei handelt es sich um „späte" Übergangszustände, die vom Energieinhalt her mit den Produkten vergleichbar sind. (Schauen Sie sich zum Vergleich die sehr „frühen" Übergangszustände bei der Chlorierung an.)

(c) Diese Übergangszustände ähneln strukturell sehr den Produktradikalen und haben beträchtlichen Radikalcharakter. Zum Vergleich weisen die aus Abbildung 3-8 (für die Chlorierung) einen viel geringeren Radikalcharakter auf, da sie sehr viel früher auftreten und viel weniger dem Produkt ähneln.

(d) Ja. Bei der Bromierung unterscheiden sich die radikalähnlichen Übergangszustände der primären und sekundären Reaktionen hinsichtlich ihres Energieinhalts um einen Betrag (13 kJ mol^{-1}), der sehr gut der Energiedifferenz der Radikale selber entspricht (21 kJ mol^{-1}). Bei der Chlorierung entsprechen die sehr viel weniger radikalartigen Übergangszustände nicht annähernd so gut den Energien der Produktradikale, darum ist der Unterschied zwischen ihnen viel kleiner (4 kJ mol^{-1}). Die Selektivität wird hier vollständig durch die Energiedifferenz zwischen Übergangszuständen konkurrierender Reaktionswege bestimmt; die Bromierung ist daher viel selektiver als die Chlorierung.

39. $\Delta H°$ wird berechnet, indem man die $DH°$-Werte für geknüpfte Bindungen von denen für gelöste Bindungen substrahiert. Man erhält daher

Fortpflanzungsschritt 1: $\Delta H° = -267.8$ kJ mol^{-1} + 108.8 kJ mol^{-1} = -159 kJ mol^{-1}

Fortpflanzungsschritt 2: $\Delta H° = 267.8$ kJ mol^{-1} − 502.1 kJ mol^{-1} = -234.3 kJ mol^{-1}

Die Gesamtreaktion ist $O_3 + O \rightarrow 2\ O_2$ mit $\Delta H° = -393.3$ kJ mol^{-1}. Die Reaktion ist energetisch extrem begünstigt und wird, wie aus den Gleichungen hervorgeht, durch Cl-Atome **katalysiert**. Ein einziges Chloratom kann in Fortpflanzungszyklen wie diesem **Tausende** von Ozon-Molekülen zerstören.

40. (a) und (b)

(c) Wie oben abgebildet besitzt 2,3-Dimethylbutan nur zwei unterschiedliche Positionen, die halogeniert werden können: zwei nicht unterscheidbare tertiäre Wasserstoffatome und zwölf nicht unterscheidbare primäre H-Atome. Für X=Br erfolgt die Bromierung nahezu ausschließlich an der tertiären Position.

4 | Cyclische Alkane

16. Fangen Sie mit dem größten Ring an und gehen Sie systematisch zu kleineren Ringen über:

Cyclopentan   Methylcyclobutan   1,1-Dimethylcyclopropan

cis-1,2-Dimethylcyclopropan   trans-1,2-Dimethylcyclopropan   Ethylcyclopropan (dieses wird häufig vergessen)

17. (a) Iodcyclopropan   **(b)** *trans*-1-Methyl-3-(1-methylethyl)cyclopentan

(c) *cis*-1,2-Dichlorcyclobutan   **(d)** *cis*-1-Cyclohexyl-5-methylcyclodecan

(e) Um sagen zu können, ob dies *cis* oder *trans* ist, muss man die Wasserstoffatome an den substituierten Kohlenstoffatomen einzeichnen:

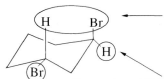

← Gruppen oberhalb des Rings

← Gruppen unterhalb des Rings

Ein Br auf der Oberseite, eines auf der Unterseite, d. h. *trans*-1,3-Dibromcyclohexan.

(f) In gleicher Weise   auf der Oberseite

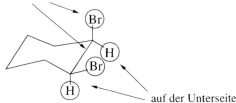

auf der Unterseite

d. h. *cis*-1,2-Dibromcyclohexan

(g) Ermitteln Sie die „Brückenkopf"-C-Atome und zählen Sie die Kohlenstoffatome in den „Brücken" dieser bicyclischen C$_9$-Verbindung. Beachten Sie die *trans*-Verknüpfung der Ringe.

Brückenkopf

C$_4$-Brücke →   ← C$_3$-Brücke

C$_0$-Brücke

Brückenkopf

trans-Bicyclo[4.3.0]nonan.

(h) C₃-Brücke, C₀-Brücke, C₃-Brücke, eine *cis*-Verknüpfung der Ringe und insgesamt acht Kohlenstoffatome.

C₃-Brücke ⟶   ⟵ C₃-Brücke

C₀-Brücke

Daher *cis*-Bicyclo[3.3.0]octan.

(i) 1,7,7-Trimethylbicyclo[2.2.1]heptan.

18.

(a) CH₂CH₃ / Cl auf Cyclopropan

(b) Br / Cl auf Cyclopentan

(c) CH₃CH₂, CH₂CH₃ / Cl auf Cyclopropan

(d) CH₃CH₂, CH₂CH₃ / Br, Cl auf Cyclopropan

(e) Cl, CH₃, CH₃ / Cl auf Cyclobutan

(f) F, F / Cl, CH₃ auf Cyclopentan

19. (a) Die sehr niedrige relative Reaktivität von Cyclopropan lässt (i) anormal **starke** C-H-Bindungen und (ii) ein ungewöhnlich **instabiles** Cyclopropyl-Radikal vermuten.

(b) Radikale bevorzugen die sp^2-Hybridisierung mit Bindungwinkeln von 120°. Darum ist in einem Cyclopropyl-Radikal die Winkelspannung am radikalischen Kohlenstoffatom größer (120°−60°=60° Bindungswinkelstauchung) als an einem Kohlenstoffatom im Cyclopropan selbst (109.5°−60°=49.5° Bindungswinkelstauchung). Die Radikalbildung **erhöht** demnach die Ringspannung und ist bei Cyclopropan schwieriger als bei einem Molekül, in dem die Bindungswinkel zunächst nicht verzerrt sind.

(c) Die gegenüber Cyclopropan erhöhte Reaktivität von 2,2-Dimethylcyclopropan muss als Ursache die Reaktion der Methyl-Wasserstoffatome haben.

Somit vorwiegend

CH₃, CH₃ —Cl₂, hv→ CH₃, CH₂Cl   und   H, CH₃ —Cl₂, hv→ H, CH₂Cl

Das tertiäre Wasserstoffatom in Methylcyclopropan ist nicht viel reaktiver gegenüber Cl• als die sekundären Wasserstoffatome. (Man rufe sich Abschnitt 3.6 in Erinnerung.)

20. In allen Fällen beginnt man mit dem $DH°$-Wert für die C−C-Bindung zwischen CH₂-Gruppen (sekundär), d.h. $DH°$ für CH₃CH₂−CH₂CH₃, 343 kJ mol⁻¹ (Tabelle 3-2).

(a) Wie das nachfolgende Diagramm zeigt, benötigt man für die Spaltung einer „gewöhnlichen" C−C-Bindung zweier sekundärer C-Atome (wie in Butan) 343 kJ mol⁻¹. Dagegen erfordert die Spaltung einer C−C-Bindung im Cyclopropan nur 228 kJ mol⁻¹, weil durch die Aufhebung der Ringspannung 115 kJ mol⁻¹ frei werden.

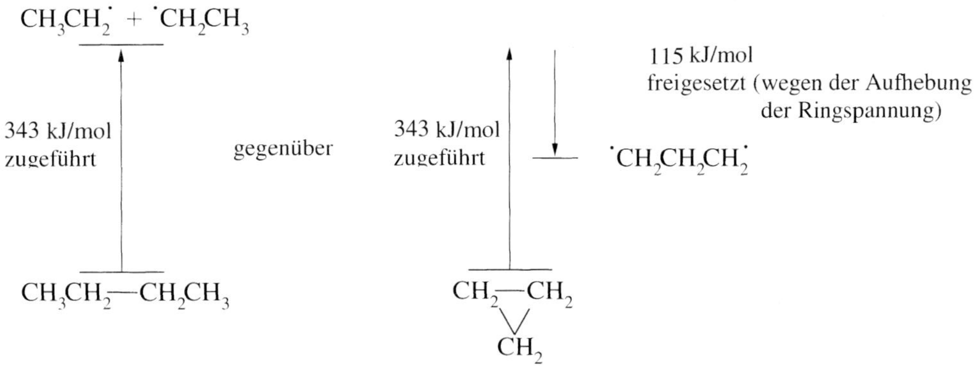

Also $DH° = 343 - 115 = 228$ kJ mol^{-1}. Beachten Sie, dass dieser Wert mit dem E_a-Wert von 272 kJ mol^{-1} für die Ringöffnung konsistent ist (Abschn. 4.2).

(b) Für Cyclobutan beträgt unser Schätzwert für $DH°$ $343 - 110 = 233$ kJ mol^{-1}.

(c) $DH° = 343 - 27 = 316$ kJ mol^{-1}

(d) $DH° = 343 - 1 = 342$ kJ mol^{-1}

Die (im Verhältnis zu anderen Alkanen und Cycloalkanen) ungewöhnlichen Ringöffnungsreaktionen von Cyclopropan und Cyclobutan sind also thermodynamisch vernünftig.

21. Hier ist eine Zeichnung von Cyclobutan mit axialen (a) und äquatorialen Positionen (e).

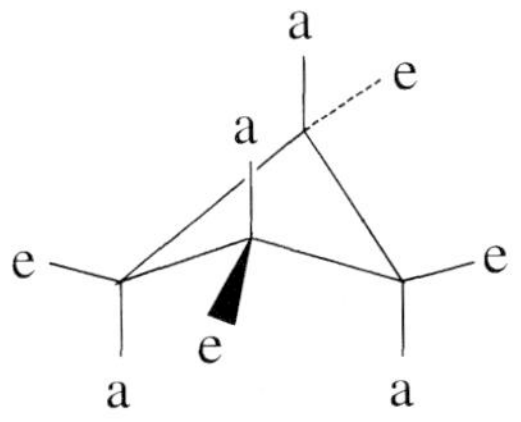

Alle Kohlenstoffatome sind äquivalent, beim Umklappen der gefalteten Form gehen die axialen Positionen in äquatoriale Positionen und äquatoriale in axiale über, genau wie beim Umklappen von Sesselkonformationen des Cyclohexans.

(a)

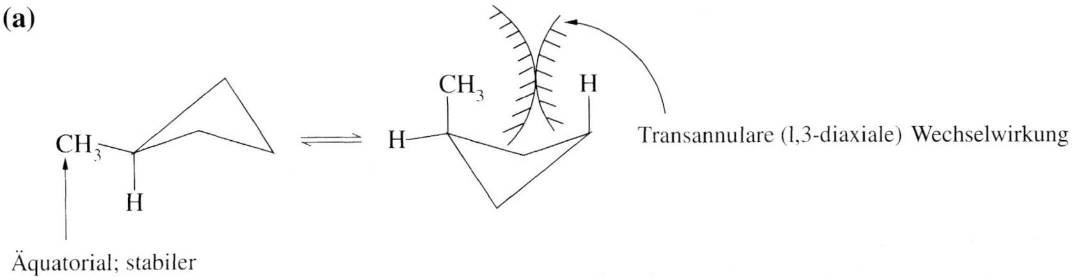

Transannulare (1,3-diaxiale) Wechselwirkung

Äquatorial; stabiler

(b)

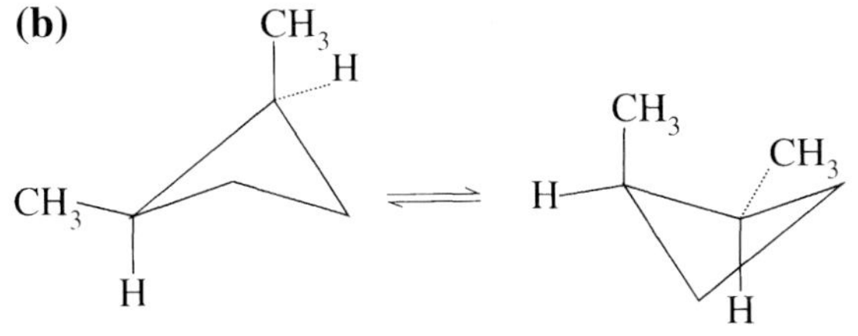

52   4 Cyclische Alkane

(c)

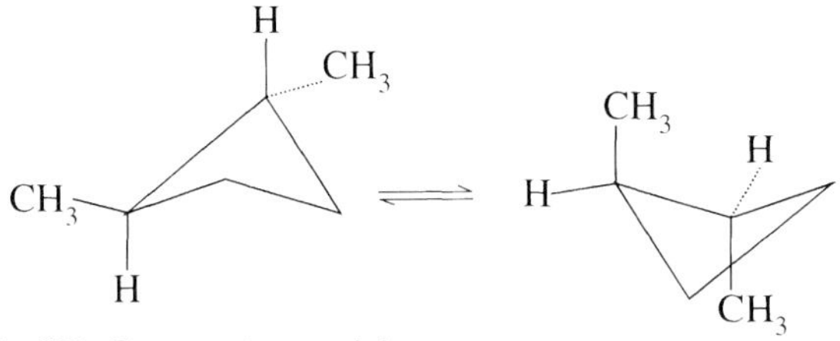

Beide CH$_3$-Gruppen äquatorial; stabiler

Diese Form (die *trans*-1,2-Verbindung) ist stabiler, weil beide CH$_3$-Gruppen gleichzeitig äquatorial sein können. In der *cis*-1,2-Verbindung [(b) oben] liegt in jeder Konformation stets eine axiale Gruppe vor.

(d)

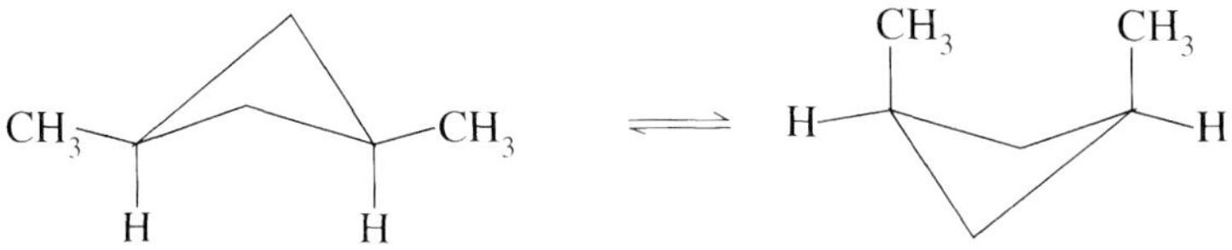

Beide CH$_3$-Gruppen äquatorial; stabiler

Jetzt ist es die *cis*-1,3-Verbindung, in der beide CH$_3$-Gruppen gleichzeitig äquatoriale Positionen einnehmen können. Sie ist stabiler als die *trans*-Verbindung (unten).

(e)

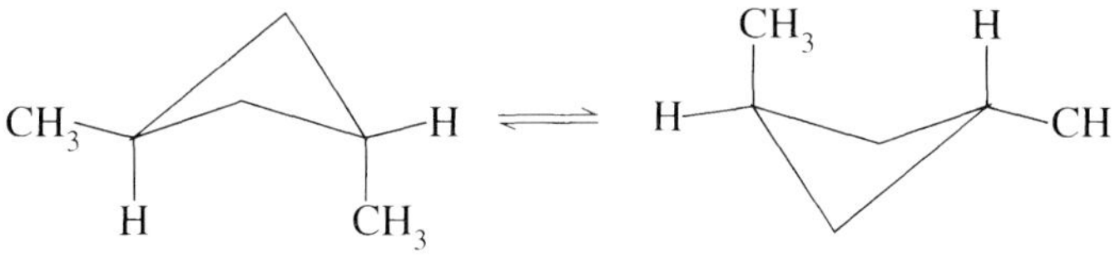

Energiegleich: in jeder Konformation ist eine Methylgruppe axial und eine äquatorial.

22. Die Antworten zu den Aufgaben 17 (e) und 17 (f) geben Hinweise zur Lösung.

(a) *trans*! Beachten Sie die Stellungen der Wasserstoffatome:

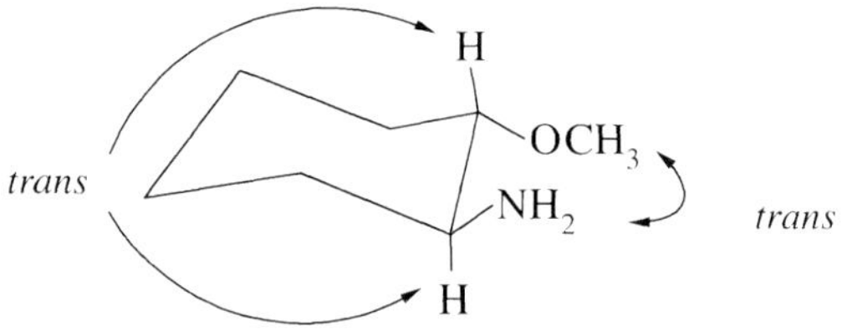

Die beiden Wasserstoffatome stehen *trans,* darum müssen die NH$_2$- und die OCH$_3$-Gruppe ebenfalls *trans* zueinander sein. Die NH$_2$-Gruppe steht *cis* in Bezug auf das obere H, und die OCH$_3$-Gruppe steht *cis* in Bezug auf das untere H.

Beide Gruppen sind äquatorial, darum ist dies die stabilste Konformation.

(b) *cis*:

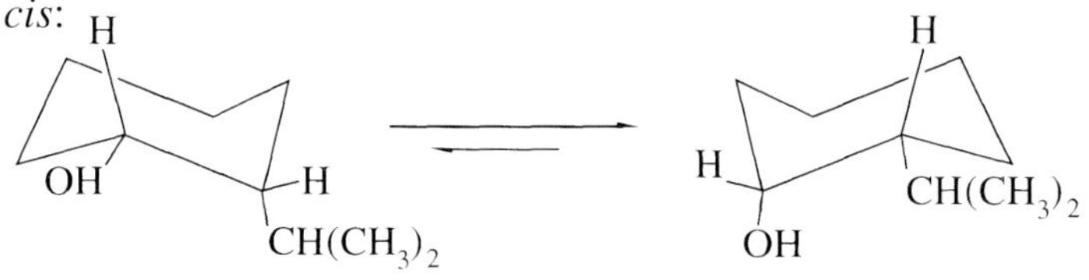

Aus Tabelle 4-3 geht hervor, dass CH(CH$_3$)$_2$ eine äquatoriale Lage stärker bevorzugt bevorzugt (9 kJ mol^{-1}) als OH (4 kJ mol^{-1}). In der Zeichnung ist CH(CH$_3$)$_2$ axial und OH äquatorial. Dies ist **nicht** die stabilste Konformation, weil der Ring in die rechts gezeigte Form umklappen kann, in der CH(CH$_3$)$_2$ äquatorial und OH axial ist.

(c) *trans*: [Struktur mit CH$_3$, H, und C(=O)OCH$_3$ am Cyclohexan] Stabilste Konformation (CH$_3$ äquatorial).

(d) *trans:* Nicht die stabilste Form. Umklappen des Rings ergibt die äquatoriale Konformation:

[Cyclohexan mit Cl und CH$_3$]

(e) *cis*: [Cyclohexan mit I, CH$_2$CH$_3$, H, H] Stabilste Form (CH$_3$CH$_2$ äquatorial).

(f) *trans*: [Cyclohexan mit H, Br, NH$_2$, H] Stabilste Form (beide Gruppen äquatorial).

(g) *cis*: [Cyclohexan mit CH$_3$, OCH$_3$, H, H] Stabilste Form (beide Gruppen äquatorial).

(h) *cis*: Nicht die stabilste Form. Umklappen des Rings erzeugt diäquatoriale Konformation:

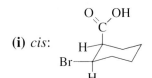

(i) *cis*: [Cyclohexan mit COOH, H, Br, H]   Nicht die stabilste Form. Umklappen des Rings bringt die HO–C(=O)–Gruppe in eine äquatoriale Position, die bevorzugt wird (Tabelle 4-3).

(j) *trans*. Stabilste Form [vergleichen Sie Teil (a), oben].

23. Das Vorzeichen für $\Delta G°$ ist negativ, wenn die in der Aufgabe angegebene Konformation die weniger stabile ist; es ist positiv, wenn die gezeigte Konformation die stabilere ist.

(a) 3.14 kJ mol^{-1} + 5.86 kJ mol^{-1} = 9.00 kJ mol^{-1}

(b) 3.94 kJ mol^{-1} + (−9.21 kJ mol^{-1}) = −5.27 kJ mol^{-1}

(c) −5.40 kJ mol^{-1} + 7.12 kJ mol^{-1} = 1.72 kJ mol^{-1}

(d) −2.18 kJ mol^{-1} + (−7.12 kJ mol^{-1}) = −9.30 kJ mol^{-1}

(e) −1.93 kJ mol^{-1} + 7.33 kJ mol^{-1} = 5.40 kJ mol^{-1}

(f) 5.86 kJ mol^{-1} + 2.30 kJ mol^{-1} = 8.16 kJ mol^{-1}

(g) 7.12 kJ mol^{-1} + 3.14 kJ mol^{-1} = 10.26 kJ mol^{-1}

(h) −1.05 kJ mol^{-1} + (−3.94 kJ mol^{-1}) = −4.99 kJ mol^{-1}

(i) −5.90 kJ mol^{-1} + 2.30 kJ mol^{-1} = −3.60 kJ mol^{-1}

(j) 2.18 kJ mol^{-1} + 9.21 kJ mol^{-1} = 11.39 kJ mol^{-1}

24. Stabilste Konformation   nächststabilere Konformation

(a) [Cyclohexan-Sesselkonformation mit OH äquatorial]   [Cyclohexan-Sesselkonformation mit OH axial]

(b) [Sessel mit OH axial, CH₃ äquatorial]   [Sessel mit OH äquatorial, CH₃ axial]

(c) [Sessel mit CH(CH₃)₂ äquatorial, CH₃ axial]   [Sessel mit CH₃ äquatorial, CH(CH₃)₂ axial]

(d) [Sessel mit CH₃O axial, CH₂CH₃ äquatorial]   [Sessel mit CH₃O äquatorial, CH₂CH₃ axial]

(e) [Sessel mit Cl äquatorial, C(CH₃)₃ äquatorial]   [Sessel mit Cl axial, C(CH₃)₃ axial]

25. Aus Tabelle 4-3: Verhältnisse (unter Verwendung von $\Delta G° = -RT \ln K$)

(a) 4 kJ mol^{-1} (weniger stabile $K = 4.8$; $\dfrac{4.8}{4.8 + 1} = 0.83$; Verhältnis 83/17
 Konformation ist energiereicher)   (zugunsten der stabileren Konformation)

(b) $7 - 4 = 3$ kJ mol^{-1} $K = 3.8$; $\dfrac{3.8}{3.8 + 1} = 0.79$; Verhältnis 79/21

(c) $9 - 7 = 2$ kJ mol^{-1} $K = 2.2$; Verhältnis 69/31

(d) $7 - 3 = 4$ kJ mol^{-1} $K = 5.3$; Verhältnis 84/16

(e) $21 + 2 = 23$ kJ mol^{-1} $K \approx 10^4$; Verhältnis $\gg$ 99.9/0.1

In jedem Fall ist die stabilste Konformation diejenige, in der die Gruppe mit dem größten $\Delta G°$-Wert aus Tabelle 4-3 äquatorial angeordnet ist.

26. Die grundlegende Annahme ist, dass die den beiden Sesselkonformationen entsprechenden Extrema des Diagramms nicht die gleiche Energie haben: In der einen steht die Methylgruppe äquatorial, in der anderen axial. Mit den Ihnen zur Verfügung stehenden Informationen können Sie die Energien der Twist- und der Wannenform in der Mitte des Diagramms zwar nicht abschätzen, Sie können aber davon ausgehen, dass sie verglichen mit den stabileren Sesselkonformationen vermutlich die gleiche oder (wahrscheinlicher) eine höhere Energie aufweisen als die entsprechenden Konformationen von Cyclohexan selbst.

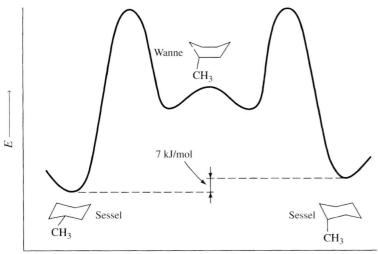

Reaktionskoordinate der Konformationsumwandlung

27. Da beide Ringe umklappen können, gibt es vier mögliche Kombinationen, von denen zwei gleich sind:

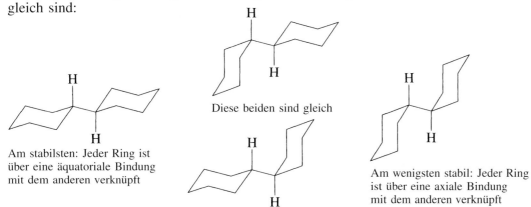

Am stabilsten: Jeder Ring ist über eine äquatoriale Bindung mit dem anderen verknüpft

Diese beiden sind gleich

Am wenigsten stabil: Jeder Ring ist über eine axiale Bindung mit dem anderen verknüpft

28. Beachten Sie, dass einige Positionen der Wannen-Konformation von Cyclohexan axialen Positionen ähneln („pseudoaxial"), andere äquatorialen Positionen gleichen („pseudoäquatorial"):

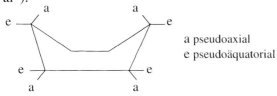

a pseudoaxial
e pseudoäquatorial

Wenn Sie Konformationen zeichnen, in denen die Methylgruppe in den verschiedenen Positionen untergebracht wird und Sie sich jede dieser Konformationen hinsichtlich ihrer Ringspannung anschauen, erkennen Sie Folgendes:

Methylgruppe ist pseudoäquatorial

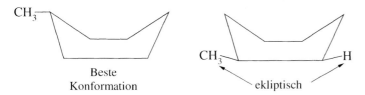

Beste Konformation

ekliptisch

Methylgruppe ist pseudoaxial

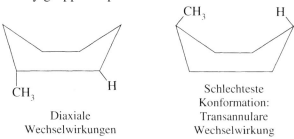

Diaxiale
Wechselwirkungen

Schlechteste
Konformation:
Transannulare
Wechselwirkung

Bei den beiden Formen mit pseudoäquatorialer Methylgruppe sind im linken Konformer die CH$_3$-Ringbindung und die benachbarten C—H-Bindungen gestaffelt. Das andere Konformer ist wegen der ekliptischen Wechselwirkung energiereicher. Die beiden Konformationen mit pseudoaxialer CH$_3$-Gruppe sind beide ziemlich energiereich. Tatsächlich treten drei diaxiale Wechselwirkungen mit der Methylgruppe auf (nur eine ist dargestellt; bauen Sie ein Modell zur Veranschaulichung der beiden anderen!), die „schlimmste" von ihnen weist wegen der großen Nähe zwischen CH$_3$ und H eine beträchtliche transannulare Wechselwirkung auf, siehe die Abbildung.

29. Nur in einer wannenähnlichen Konformation können sperrige Gruppen axiale Positionen vermeiden. Dieses Molekül nimmt eine Konformation an, in der beide Gruppen „pseudoäquatorial" sind. Die wirkliche Gestalt basiert auf der Twistform von Cyclohexan, um so ekliptische Wechselwirkungen der echten Wannen-Konformation zu minimieren (Abschnitt 4.3). (Machen Sie sich ein Modell!)

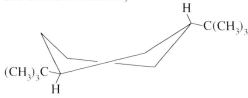

30. Modelle sind hier hilfreich. Sie sollten in der Lage sein, Strukturen zu bauen, die den gezeichneten gleichen.

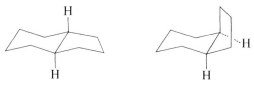

trans-Hexahydroindan   cis-Hexahydroindan

Beachten Sie, dass die Wasserstoffatome an den Brückenköpfen in trans-Hexahydroindan in trans-Stellung zueinander angeordnet sind und in cis-Hexahydroindan in cis-Stellung. In den Zeichnungen liegen die Cyclohexanringe in der Sesselform vor und die Cyclopentanringe in der Briefumschlag-Form. Eine leichte Verdrehung um die Cyclopentanbindung weg von der Briefumschlagklappe würde zur Halbsesselform des Cyclopentans führen, die einen ähnlichen Energieinhalt besitzt, aber schwieriger zu zeichnen ist.

31. Das trans-Isomer ist stabiler: Es kann in einer Konformation existieren, in der beide Cyclohexanringe Sesselform aufweisen und keine Kohlenstoff-Kohlenstoff-Bindungen bezüglich eines der Ringe axial sind. Die stabilsten Konformationen des cis-Dekalins enthalten zwei axiale C—C-Bindungen. Wenn wir jeder von ihnen eine Energie von etwa 7.3 kJ mol^{-1} (ähnlich wie für eine Ethylgruppe) zuschreiben, können wir abschätzen, dass die cis-Form um 14.6 kJ mol^{-1} energiereicher ist als die trans-Form. Dieser Wert ist übrigens nicht besonders genau. Kohlenstoffatome in Ringen haben keine so großen sterischen Auswirkungen wie einfache Alkylgruppen mit ähnlicher Struktur. Da Alkylgruppen um volle 360° rotieren können, durchlaufen sie eine ganze Kreisbahn und führen so in einem verhältnismäßig großen Raumvolumen zu sterischen Wechselwirkungen. Die Eingliederung eines Substituenten in einen Ring schränkt hingegen seine Rotationsfreiheit ein und verringert das von ihm „besetzte" Raumvolumen. Daher erhöhen die axialen Ringbindungen die Energie des Systems nicht so stark wie erwartet. Eine andere Methode zur Abschätzung des Energieunterschieds zwischen *cis*- und *trans*-Decalin geht vom Verhältnis der Butanfragmente in den Ringen mit *gauche*- statt mit *anti*-Konformation aus: Im *cis*-Isomer sind es drei mehr als im *trans*-Isomer, und jedes erhöht die Energie des Systems vermutlich um 3.8 kJ mol^{-1} (Abschn. 2.8). Mit dieser Angabe kommt man zu einer geschätzten Energiedifferenz von etwa 11.4 kJ mol^{-1}.

Ersatz der Brückenkopf-Wasserstoffatome durch Methylgruppen führt zu:

Im *cis*-Isomer (rechts) sind beide Methylgruppen axial bezüglich des einen Rings und äquatorial bezüglich des anderen. Insgesamt liegen jetzt vier axiale Bindungen vor, einschließlich der beiden axialen Ringbindungen, die im *cis*-Decalin selbst vorlagen (alle mit „a" bezeichnet). Für das *trans*-Isomer hat sich die Situation in subtiler, aber dramatischer Weise geändert. Die neuen Methylgruppen sind beide axial bezüglich **beider** Ringe (siehe die „a × 2"-Markierungen; daraus ergeben sich 1,3-diaxiale Wechselwirkungen mit den hervorgehobenen H-Atomen auf jeder Seite). Wir sind also von null axialen C−C-Bindungen in *trans*-Decalin zu vier solcher Bindungen im 9,10-Dimethylderivat gelangt. Die Energien dieser beiden Isomere sind daher sehr ähnlich.

32. (a) Die *β*-Form ist stabiler, weil ihre Substituenten alle äquatorial stehen. In der *α*-Form hat eine der OH-Gruppen (in der Zeichnung am rechten Ringkohlenstoffatom) eine axiale Position.

(b) $K_{äq} = 64/36 = 1.78$. Mit der Gleichung $\Delta G° = -5.71$ kJ mol^{-1} log$_{10}$ $K_{äq}$ (Abschn. 2.1) für die Gleichgewichtskonstante bei Raumtemperatur (25 °C) erhält man $\Delta G° = -1.43$ kJ mol^{-1}. Nach Tabelle 4-3 besteht zwischen axialem und äquatorialem OH-Substituenten an Cyclohexan eine Differenz der freien Enthalpie von 3.94 kJ mol^{-1}. Der Unterschied ist zwar klein, aber real und stammt größtenteils daher, dass der Ring in Glucose kein Cyclohexan, sonder ein *Oxa*cyclohexan ist – ein cyclischer Ether. Der Austausch einer CH$_2$-Gruppe im Ring gegen ein Sauerstoffatom hat mehrere Effekte, darunter den Wegfall sterischer Wechselwirkungen im Zusammenhang mit den Wasserstoffatomen am Kohlenstoffatom und die Einführung zweier polarer C−O-Bindungen, deren Dipole entweder zu anziehenden oder zu abstoßenden Wechselwirkungen mit den C−O-Bindungen der benachbarten substituierten Ringkohlenstoffatome führen können.

33. Man zähle die Kohlenstoffatome des Molekülskeletts ab. Sind es 10, handelt es sich bei dem Molekül um ein Monoterpen, bei 15 um ein Sesquiterpen und bei 20 um ein Diterpen.

(a) 10 Kohlenstoffatome, Monoterpen

(b), **(c)** und **(d)** 15 Kohlenstoffatome, Sesquiterpen

58   4 Cyclische Alkane

(e) 11 Kohlenstoffatome, aber nur 10 im Molekülskelett; Monoterpen

(f) 15, Sesquiterpen (g) 10, Monoterpen (h) 20, Diterpen

34.

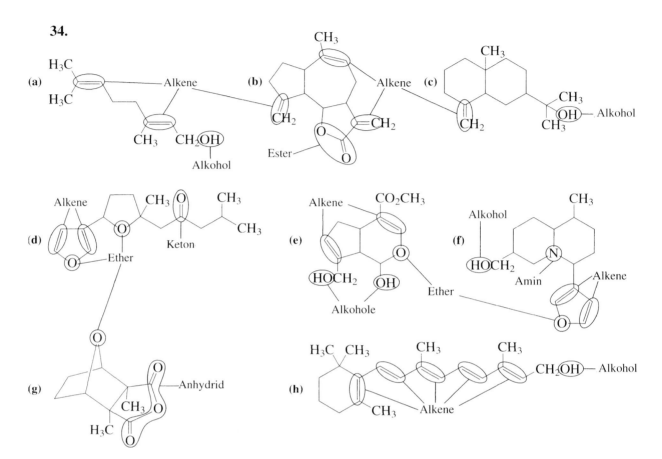

35. Die einzelnen Isopren-Einheiten sind durch gestrichelte Linien hervorgehoben:

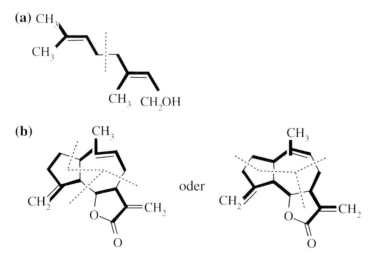

(c)

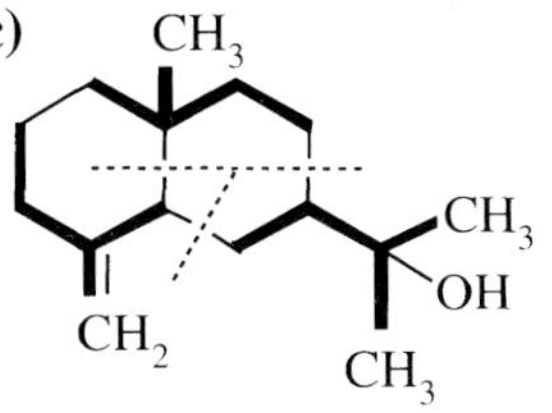

oder

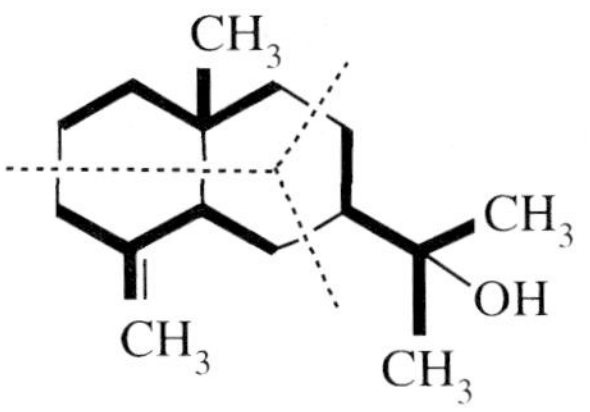

(d)

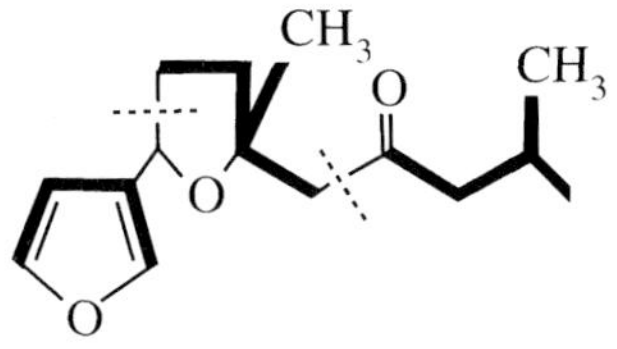

(e)

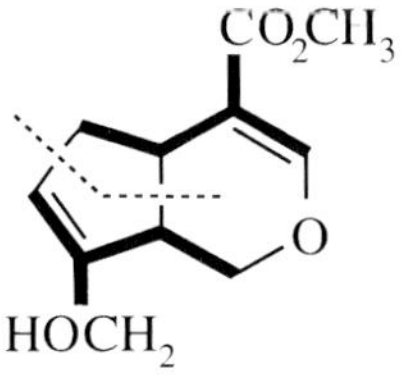

(f)

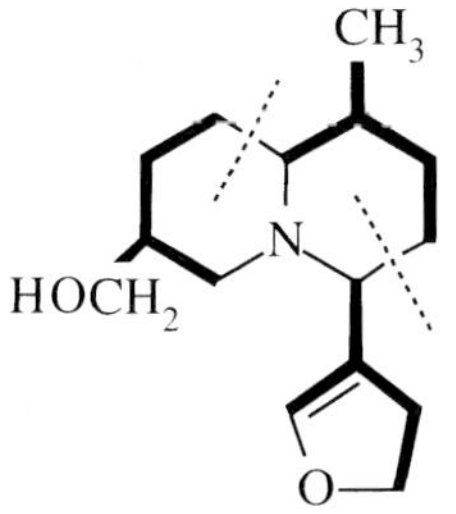

(g)

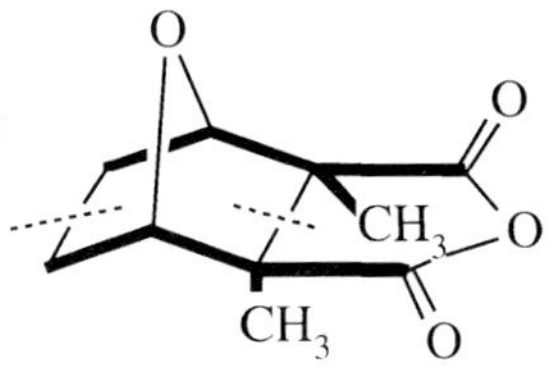

(h)

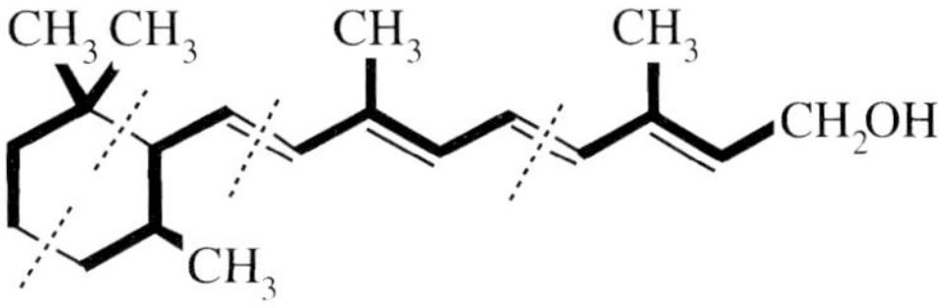

36. Cortison liefert ein gutes Beispiel für diese Aufgabe:

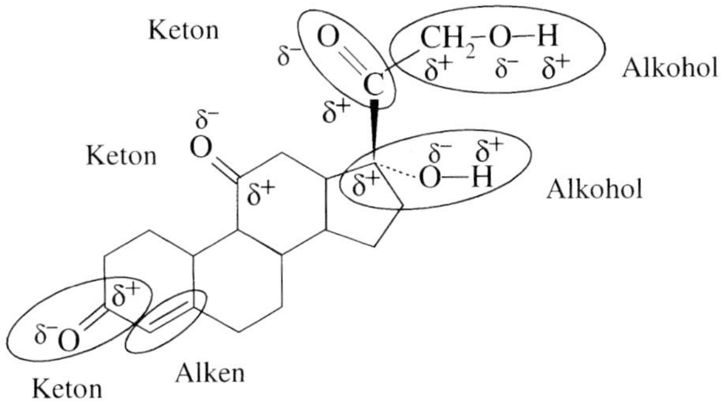

Weitere funktionelle Gruppen aus diesem Abschnitt:

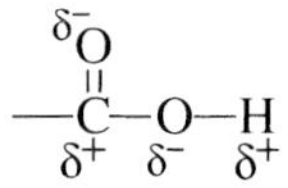

Carbonsäure
(in Cholsäure)

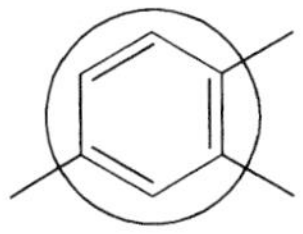

Benzol
(in Östradiol)

—C≡C—
Alkin
(in Norethinodrel
und Mestranol)

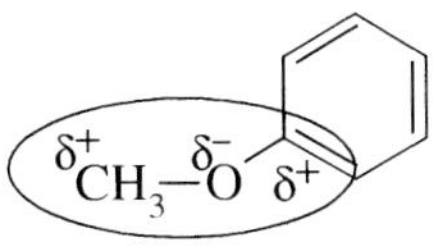

Ether
(in Mestranol)

37. (a) α-Pinen ist ein Monoterpen (10 Kohlenstoffatome):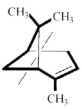

Africanon ist ein Sesquiterpen: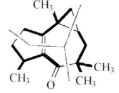

(b) (i) Bicyclo[3.1.1]heptan   (ii) *cis*-Bicyclo[5.1.0]octan

38. Würde man von reinen *p*-Orbitalen für die C−C-Bindungen von Cyclobutan ausgehen, dann könnte jedes Kohlenstoffatom *sp*-hybridisiert sein:

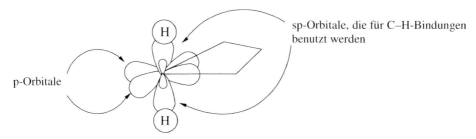

Der H−C−H-Bindungswinkel würde 180° betragen und Cyclobutan sähe so aus:

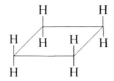

In Wirklichkeit benutzt Cyclobutan genau wie Cyclopropan „gebogene" Bindungen, und alle vier Bindungen zu jedem Kohlenstoffatom gehen von Hybridorbitalen aus. Außerdem ist Cyclobutan keineswegs eben, und der H−C−H-Bindungswinkel unterscheidet sich nicht sehr vom normalen Tetraederwinkel von 109° (siehe Abbildung 4-3).

39. Beachten Sie, dass die Bildung eines All-Sessel-Cyclodecans im Wesentlichen der Aufhebung der Bindung der „Null-Brücke" im *trans*-Decalin und der Unterbringung von je einem Wasserstoffatom an den beiden ehemaligen Brückenkopf-Kohlenstoffatomen entspricht:

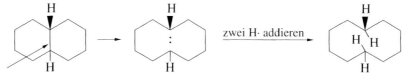

In dem resultierenden Molekül sind die beiden neuen Wasserstoffatome in den Ring gerichtet und kommen den Kohlenstoff- und Wasserstoffatomen auf der gegenüberliegenden Seite des Rings äußerst nahe. Die sterische Spannung dieser *transannularen* Wechselwirkung führt dazu, dass diese Konformation sehr energiereich ist.

40. (a) Von links nach rechts: Cyclohexan in Sesselform, Cyclohexan in Wannen- (oder Twist-Wannen)-Form, Cyclohexan in Sesselform, Cyclopentan in Briefumschlagform.

(b) Alle sind *trans*.

(c) α bedeutet unterhalb und β bedeutet oberhalb. Daher: 3α-OH, 4α-CH$_3$, 8α-CH$_3$, 11α-OH, 14β-CH$_3$, 16β-OCCH$_3$.
$$\underset{O}{\overset{\parallel}{}}$$

(d) Die Wannen-Form des Cyclohexanrings ist am auffallendsten; die meisten Steroide haben nur Cyclohexanringe in der Sesselform. Die Wannenform resultiert aus der ungewöhnlichen *cis*-Stellung der Gruppen in den Positionen 9 und 10 sowie 5 und 8. Man beachte auch die ungewöhnliche Anzahl und Stellung der Methylgruppen: in den Positionen 4, 8 und 14 anstelle des häufiger auftretenden Paars von Methylgruppen in 10 und 13.

41.

$\Delta H_f^\circ =$ $\quad$ −123.5 $\quad$ +250 $\qquad\qquad$ +62.8 $\quad$ +39.4 $\qquad\qquad$ −268.4

Summe = $\quad$ +126.5 $\qquad\qquad\qquad\qquad$ +102.2

Für (a) $\Delta H^\circ = 102.2 - 126.5 = -24.3$ kJ mol^{-1}; für (b) $\Delta H^\circ = -286.4 - 102.2 = -388.6$ kJ mol^{-1}. Insgesamt: $\Delta H^\circ = -412.9$ kJ mol^{-1}.

42. (a) Kettenfortpflanzung

Cl· + RH → HCl + R· $\qquad$ am Anfang möglich.

R· + [Ph]–I–Cl$_2$ $\longrightarrow$ RCl + [Ph]–İ–Cl $\quad\rbrace$

[Ph]–İ–Cl + RH $\longrightarrow$ HCl + R· + [Ph]–I $\quad$ Hauptschritte der Kettenreaktion

Kettenabbruch (eine der Möglichkeiten):

R· + [Ph]–İ–Cl $\longrightarrow$ RCl + [Ph]–I

(b) Es gibt vier tertiäre Wasserstoffatome, aber das β-ständige (nach oben) ist wegen seiner 1,3-diaxialen Wechselwirkungen mit den beiden β-Methylgruppen sterisch zu stark gehindert, um chloriert zu werden. Daher erfolgt die Chlorierung an den drei tertiären α-ständigen (nach unten) Wasserstoffatomen:

43. Die Zugabe von Chlor erzeugt in jedem Fall eine substituierte ⟨Ph⟩—ICl$_2$-Einheit. Daraus entsteht bei Bestrahlung mit Licht ⟨Ph⟩—İ–Cl. Diese Gruppen können nahe gelegene C—H-Bindungen gemäß den in der Antwort zu Aufgabe 42 (a) angeführten Fortpflanzungsschritten chlorieren. Die Selektivität rührt daher, dass in Reaktion (a) die ⟨Ph⟩—İ–Cl-Gruppe das Wasserstoffatom in Position 9 sehr bequem erreichen kann, während in (b) das Wasserstoffatom in Stellung 14 besonders leicht erreicht wird. Ihre Modelle sollten in etwa so aussehen:

44. (a) Ohne ein Modell anzufertigen, ergibt diese Aufgabe für Sie anfangs unter Umständen überhaupt keinen Sinn. Beginnen Sie, indem Sie für **A** die günstigere Sesselkonformation herausfinden. Von den zwei Möglichkeiten ist diejenige mit beiden Alkylgruppen in äquatorialer Position bevorzugt:

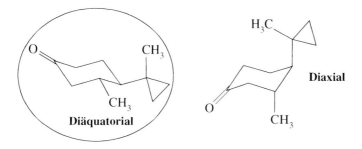

Wenn wir für einen Moment abschweifen, um diese Strukturen genauer zu betrachten, stellen wir fest, dass die Konformationen um die externe Bindung zwischen dem Ring und dem großen Substituenten an C4 nicht optimal ist. Wie in der Lösung zu Aufgabe 31 dieses Kapitels kurz besprochen wird, ist eine einfache Alkylgruppe (z.B. CH$_3$) auf Grund der ihr möglichen freien Rotation sterisch anspruchsvoller als ein vergleichbares Molekülfragment in einem Ring. Zudem betragen die Winkel in Cyclopropanringen nur 60° und schränken den Raum, den dieser Substituent einnehmen kann, zusätzlich ein. Folglich ist für die diäquatoriale Struktur eine Konformation günstiger, in der eine 120°-Drehung um die zuvor erwähnte Bindung die beiden Methylgruppen soweit wie möglich voneinander entfernt und den gespannten Cyclopropanring auf die Seite der Bindung bringt, die der Methylgruppe an C3 am nächsten ist. Eine ähnliche Rotation im diaxialen Konformer bewegt die CH$_3$-Gruppe weg von den axialen Wasserstoffatomen auf derselben Seite des Cyclohexanringes:

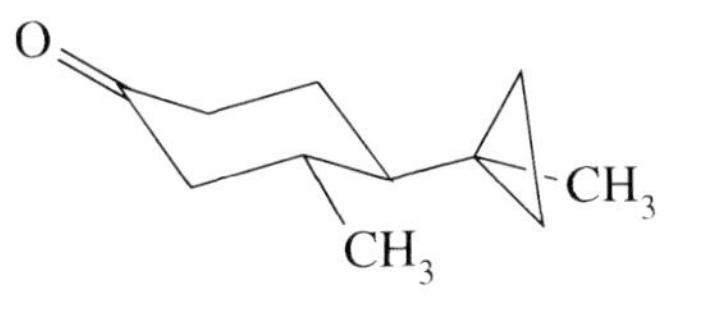

Diäquatorial 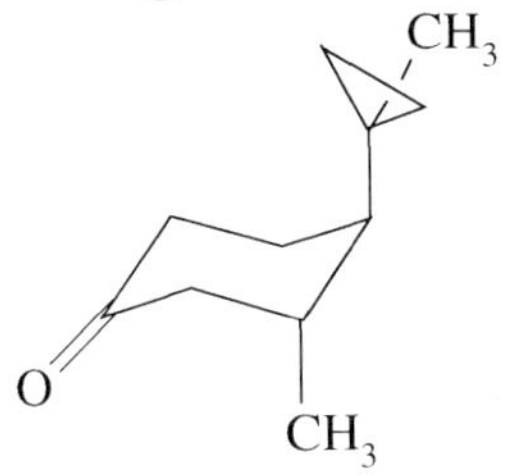 **Diaxial**

(b) Verbindung **B** ensteht durch Öffnung des Cyclopropanringes in **A**. Dieser Prozess erzeugt an Stelle des 1-Methylcyclopropyl-Substituenten eine 1,1-Dimethylethylgruppe *(tert*-Butylgruppe). Wichtig für die Beurteilung der sterischen Wechselwirkungen ist, dass diese neue *tert*-Butylgruppe aus zwei Gründen effektiv *sehr viel* größer ist. Erstens wird das starre −CH$_2$−CH$_2$-Fragment des Cyclopropanrings durch zwei frei drehbare CH$_3$-Gruppen ersetzt. Zweitens öffnet sich der ursprüngliche 60°-Winkel zwischen den Bindungen zu diesen Kohlenstoffatomen bei der Ringöffnung zu einem echten Tetraederwinkel von 109.5°. Die Zunahme der Raumerfüllung des Substituenten ist beträchtlich und wird durch die Zeichnungen keineswegs angemessen wiedergegeben. Da wir nun wissen, worauf wir achten müssen, untersuchen wir die Konformationen von **B** analog zu den oben gezeigten von **A**. Die diaxiale Form ist schlichtweg unmöglich, da es keine Konformation ohne die verbotene sterische Wechselwirkung zwischen einer der CH$_3$-Gruppen der *tert*-Butylgruppe und einem oder beiden der axialen H-Atome auf derselben Ringseite gibt. Wie die sich überschneidenden Kreisbögen jedoch andeuten, leidet auch das diäquatoriale Konformer unter einer ähnlichen Wechselwirkung der Methylgruppen, die unvermeidlich in allen gestaffelten Konformationen des Substituenten auftritt. Im Grunde werden die Wasserstoffatome an diesen beiden CH$_3$-Gruppen gezwungen, zu versuchen, denselben Raum einzunehmen:

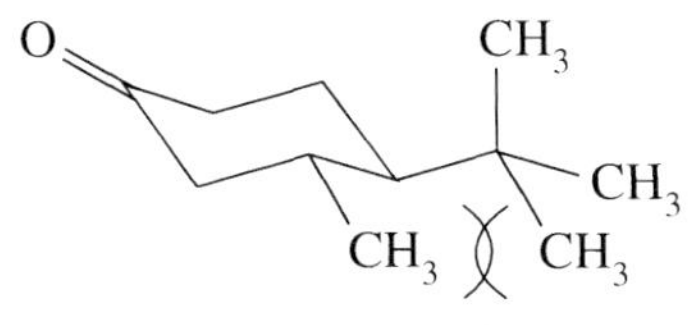

Diäquatorial 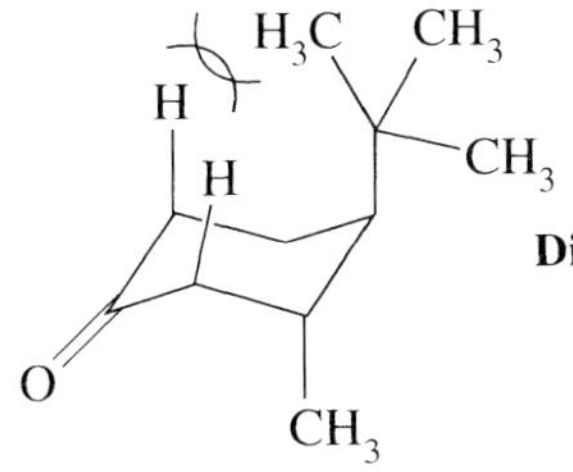 **Diaxial**

4 Cyclische Alkane

Das Molekül entzieht sich diesem Dilemma, indem es eine Form basierend auf der unten gezeigten Wanne annimmt, die zur Schwächung ekliptischer Wechselwirkungen jedoch verdreht ist. Diese unkonventionelle Konformation platziert die Methylgruppe an C3 in eine pseudoaxiale Position, in der sie sich nicht in unmittelbarer Nähe zur *tert*-Butylgruppe befindet. (Die Situation unterscheidet sich nicht allzu sehr von der in Aufgabe 29 beschriebenen.)

5 | Stereoisomerie

26. Chiral: **(b)**[1], **(c)** (Propellerblätter sind immer verdrillt!), **(d)**, **(e)**, **(h)**. Achiral: **(a)**, **(f)**, **(g)**, **(i)**, **(j)**, **(k)**, **(l)**, alle achiralen Objekte enthalten eine Symmetrieebene:

Löffel

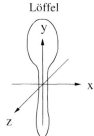

yz-Symmetrieebene

Messer

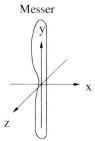

xy-Symmetrieebene

27. (a) Enantiomere **(b)** Enantiomere **(c)** Diastereomere

(d) identisch (wenn ein Paar umgeklappt wird, kann es anschließend mit dem anderen Paar zur Deckung gebracht werden).

28. (a) Konstitutions(Struktur-)isomere

(b) Identisch (deckungsgleich nach Drehung um 180° eines der beiden)

(c) Konstitutionsisomere

(d) Konformere

(e) Konstitutions(Struktur-)isomere

(f) Stereoisomere (Enantiomere)

(g) Konformere

(h) Stereoisomere (Enantiomere)

Werden zwei Konformationsisomere soweit abgekühlt, dass sie sich durch Bindungsrotation oder andere Bewegungen nicht mehr ineinander überführen lassen, kann man sie als Stereoisomere betrachten, d.h. als Verbindungen mit gleicher Konnektivität, aber unterschiedlichen räumlichen Atomanordnungen. Beispielsweise sind die Konformere in (d) nicht deckungsgleiche Spiegelbilder (Enantiomere), wenn keine Bindungsrotation stattfinden kann (bauen Sie ein Modell!). Die Konformere in (g) sind keine Enantiomere, aber dennoch Stereoisomere. Das „Einfrieren" der konformativen Umwandlung erfordert sehr niedrige Temperaturen: Sie liegen für substituierte Ethane in der Größenordnung von −200°C und für Cyclohexane bei etwa −100°C. Derartige Konformere werden gelegentlich auch als *interkonvertierbare Stereoisomere* bezeichnet.

---

[1] Wenn man die Türangeln außer Acht lässt, sind Türen achiral. Die Türebene ist eine Symmetrieebene.

29. Das Chiralitätszentrum in jedem chiralen Molekül wurde mit * markiert.

(a) [Struktur] nicht chiral (achiral)   (2 CH$_3$-Gruppen am tertiären Kohlenstoffatom!)

(b) [Struktur mit *] chiral

(c) [Struktur] nicht chiral

(d) Br–[Struktur]–Br nicht chiral

(e) Br–[Struktur mit *]–Br chiral

(f) Br–[Struktur]–Br nicht chiral

(g), (h), (i) nicht chiral (bei allen handelt es sich um ebene Moleküle)

(j) HO–[Phenyl]–$\overset{*}{\text{C}}$HOHCH$_2$NHCH$_3$ chiral
    HO–

(k) nicht chiral, **(l)** nicht chiral

(m)
$$\text{CH}_2\text{OH}$$
HO$\overset{*}{\text{C}}$H
[Furanon-Ring mit * und H, HO, OH Substituenten]
chiral   (hat zwei Chiralitätszentren)

(n) und **(o)** nicht chiral – beide Moleküle haben vertikale Symmetrieebenen, die die Ringe in zwei Hälften teilen. Fertigen Sie Modelle an!

30. Suchen Sie das Chiralitätszentrum: ein Kohlenstoffatom mit vier verschiedenen Gruppen. Die Verbindungen (a), (c) und (e) sind chiral. In (a) und (e) sind die Kohlenstoffatome mit den —OH-Gruppen die Chiralitätszentren; in (c) ist das Methyl-substituierte Kohlenstoffatom C2 das Chiralitätszentrum.

31. Wie erkennt man chirale Kohlenstoffatome in Ringen? Zu den vier Gruppen an einem Ringkohlenstoffatom gehören die beiden äußeren Substituenten sowie die Ringatome selbst, die vom untersuchten Kohlenstoffatom aus gesehen in und gegen die Uhrzeigerrichtung liegen. Als Beispiel betrachten wir das oberste (in der nachstehenden Struktur mit einem Punkt gekennzeichnete) Kohlenstoffatom von *cis*-1,2-Dimethylcyclohexan (a):

[Struktur: Cyclohexan mit H, CH$_3$, H, CH$_3$ Substituenten]

Welche vier Gruppen hängen an diesem C-Atom? Es trägt ein H-Atom und eine CH$_3$-Gruppe, das macht zwei. Die beiden anderen sind durch die gebogenen Pfeile gekennzeichnet: Es sind die Ringatome im bzw. gegen den Uhrzeigersinn. Sind sie verschieden? Ja; beim Vorrücken gegen den Uhrzeigersinn gelangen wir zuerst zu einer CH$_2$-Gruppe, während wir in Uhrzeigerrichtung zuerst auf eine CH−CH₃-Gruppe treffen. Die gleiche Situation liegt auch in (b) vor. Bei (c) unterscheiden sich die Ringatome erst beim zweiten Kohlenstoffatom, das im und gegen die Uhrzeigerrichtung erreicht wird. Alle drei Verbindungen enthalten je zwei chirale Kohlenstoffatome. Und wie sieht es bei (d) aus?

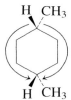

Hier unterscheiden sich die Ringatome in beiden Richtungen um den Ring nicht mehr: Jede Gruppe, auf die man in der einen Pfeilrichtung trifft, ist identisch mit der Gruppe am gleichen Punkt in der anderen Pfeilrichtung. Das Molekül hat keine Chiralitätszentren! (Lassen Sie sich nicht von der Darstellungsweise des unteren Kohlenstoffatoms täuschen: In Wirklichkeit stehen weder das H-Atom links, noch die CH₃-Gruppe rechts. Tatsächlich befindet sich das H-Atom genau über der CH₃-Gruppe; wir zeichnen sie nur nebeneinander, damit man sie in der Abbildung beide erkennen kann.)

Nun lässt sich die Frage beantworten:

(a) nicht chiral *(meso*-Form; enthält eine Symmetrieebene; siehe Abschnitt 5.6)

(b) chiral

(c) chiral

(d) nicht chiral (enthält eine Symmetrieebene, zudem sind die substituierten Kohlenstoffatome − wie oben besprochen − **keine Chiralitätszentren**)

32. (a) Zwei Ansichten desselben Moleküls. Ein tetraedrisch gezeichnetes Kohlenstoffatom bedeutet nicht automatisch, dass das Molekül chiral ist. Bei diesem hier sitzen zwei Chloratome am selben Kohlenstoffatom.

(b) In diesem Fall liegt ein chirales Kohlenstoffatom mit denselben vier Substituenten in jeder Struktur vor. Sind sie identisch oder enantiomer? Hinweis: Bis Sie die Strukturbilder auch in Gedanken drehen können, um zu entscheiden, ob sie identisch oder verschieden sind, empfiehlt es sich, für beide die absolute Konfiguration zu bestimmen (*R* oder *S*). Sie sind identisch (Drehung einer der beiden Verbindungen um 180° um eine vertikale Achse ergibt die andere).

(c) Unterschiedliche Konnektivität: Konstitutionsisomere.

(d) Enantiomere.   **(e)** Identisch.   **(f)** Identisch.

(g) Bei Ringverbindungen können Sie einige vereinfachende „Tricks" anwenden. Um beispielsweise zu bestimmen, ob ein Ring eine Symmetrieebene enthält oder nicht, kann er so behandelt werden, als wäre er eben (planar). Diese beiden Strukturen sind identisch. Die dargestellte Verbindung hat zwei Chiralitätszentren, sie enthält aber eine Symmetrieebene und ist daher eine *meso*-Verbindung:

(h) = (j) Unterschiedliche Konnektivität: Konstitutionsisomere.

(i) Erneut: Konstitutionsisomere.

68   5 Stereoisomerie

(k) Identisch.

(l) Diastereomere (cis/trans-Isomerenpaare sind Stereoisomere, aber keine Spiegelbilder – die Definition eines Diastereomers). Haben Sie bemerkt, dass die Moleküle in **(k)** und **(l)** keine Chiralitätszentren enthalten? Die Kohlenstoffatome sind *nicht* durch vier unterschiedliche Gruppen substituiert.

(m) Überprüfen Sie, ob die Gruppen vertauscht wurden. Werden an einem Chiralitätszentrum zwei Gruppen vertauscht, ändert sich seine Stereochemie. Wenn beide Chiralitätszentren verändert wurden, liegen zwei Enantiomere vor. Wurde nur eines geändert, handelt es sich um Diastereomere. Dieses hier sind Diastereomere: Nur das Cl-substituierte Zentrum wurde geändert.

(n) Leichter als es aussieht:

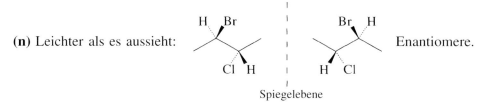

Enantiomere.

Spiegelebene

(o) Diese Aufgabe erfordert ein wenig Arbeit. Ein Ansatz: Bestimmen Sie *R/S* für jedes Chiralitätszentrum und vergleichen Sie die Strukturen. Einfacher: Beachten Sie, dass sich die Strukturen durch Drehung um 180° in der Papierebene ineinander überführen lassen.

(p) Genau wie in (n) sind die Strukturen zueinander spiegelbildlich. Aber jetzt sitzen an jedem Chiralitätszentrum die gleichen Gruppen, sodass wir es entweder mit zwei Enantiomeren oder mit zwei Darstellungen ein- und derselben *meso*-Verbindung zu tun haben könnten. Vorschlag: Bestimmen Sie entweder *R/S* für jedes Chiralitätszentrum oder (besser) bringen Sie die Struktur durch Drehung in eine ekliptische Konformation, um zu festzustellen, ob eine interne Symmetrieebene vorhanden ist.

Dies sind zwei Abbildungen derselben *meso*-Verbindung.

33. (a) CH₃CH₂CH₂—C*(CH₃)(H)—CH₂CH₃   1 Chiralitätszentrum (*), 2 Stereoisomere
(*S*)-3-Methylhexan

CH₃CH₂—C(CH₃)(H)—CH₂CH₂CH₃   Das Enantiomer der obigen Verbindung: (*R*)-3-Methylhexan

Bei allen übrigen Isomeren wäre das *R*-Enantiomer spiegelbildlich zur gezeigten Struktur.

CH₃CH(CH₃)—C*(CH₃)(H)—CH₂CH₃   1 Chiralitätszentrum (*), 2 Stereoisomere
(*S*)-2,3-Dimethylpentan

Beachten Sie, dass es nicht notwendig ist, „3S" im Namen zu erwähnen – nur das Kohlenstoffatom 3 ist chiral, daher genügt „S". Kohlenstoffatom 2 ist kein Chiralitätszentrum, weil es mit zwei identischen Methylgruppen verknüpft ist. Dies sind die einzigen beiden chiralen Isomere des Heptans.

(b)
$$CH_3CH_2CH_2CH_2-\overset{CH_3}{\underset{H}{C^*}}-CH_2CH_3$$
1 Chiralitätszentrum (*), 2 Stereoisomere
(S)-3-Methylheptan

$$CH_3\overset{CH_3}{\underset{}{CH}}CH_2-\overset{CH_3}{\underset{H}{C^*}}-CH_2CH_3$$
1 Chiralitätszentrum (*), 2 Stereoisomere
(S)-2,4-Dimethylhexan

$$CH_3\overset{CH_3}{\underset{CH_3}{C}}-\overset{CH_3}{\underset{H}{C^*}}-CH_2CH_3$$
1 Chiralitätszentrum (*), 2 Stereoisomere
(S)-2,2,3-Trimethylpentan

$$CH_3\overset{CH_3}{\underset{}{CH}}-\overset{CH_3}{\underset{H}{C^*}}-CH_2CH_2CH_3$$
1 Chiralitätszentrum (*) 2 Stereoisomere
(S)-2,3-Dimethylhexan

Beachten Sie, dass die Isopropylgruppe Priorität gegenüber der *n*-Propylgruppe hat: An der Stelle des ersten Auftretens eines Unterschieds (Pfeile) ist das Isopropyl-Kohlenstoffatom mit C, C̲, H verbunden, während das *n*-Propyl-Kohlenstoffatom mit C, H̲, H verknüpft ist. Die unterstrichenen Atome (das zweite C bei Isopropyl gegenüber dem ersten H bei *n*-Propyl) bestimmen die Priorität.

Die obigen Strukturen sind die einzigen mit genau einem Chiralitätszentrum. Es folgt das einzige Isomer mit mehr als einem Chiralitätszentrum.

$$\begin{array}{c}CH_3\\|\\CH_2\\H-|-CH_3\\H-|-CH_3\\CH_2\\|\\CH_3\end{array}$$

2 Chiralitätszentren, 3 Stereoisomere;
gezeigt ist *meso*- oder (3R,4S)-3,4-Dimethylhexan

(c)
$$H\overset{*}{\underset{CH_3}{\triangle}}\overset{*}{\underset{H}{}}CH_3$$
2 Chiralitätszentren, 3 Stereoisomere
(1S,2S)-1,2-Dimethylcyclopropan ist abgebildet

„*trans*" ist in der (S,S)-Konfiguration enthalten. Bei den beiden anderen Stereoisomeren handelt es sich um das (R,R)-Enantiomer (offensichtlich ebenfalls *trans*) und das *cis*-Isomer, ein Diastereomer, welches eine *meso*-(R,S)-Verbindung ist (Abschn. 5.6). Dies ist das einzig mögliche chirale Molekül mit der Formel C_5H_{10} und einem Ring.

34. (a) Die Prioritätsordnung ist Isopropyl>Ethyl>Methyl>H. Das Chiralitätszentrum hat *R*-Konfiguration.

(b) Achtung – die Gruppe mit der höchsten Priorität (OH) steht hinten. Das Chiralitätszentrum hat *S*-Konfiguration.

(c) Das Chiralitätszentrum hat *R*-Konfiguration (Cl hat die höchste Priorität – das Br-Atom steht jenseits des ersten Unterscheidungspunkts und ist ohne Belang).

(d) *S*-Konfiguration.

35. Die Buchstaben entsprechen den Verbindungen in Aufgabe 30. Betrachten Sie nur die chiralen Verbindungen (a), (c) und (e). Da Sie die Wahl haben, zeichnen Sie in jedem Fall das Enantiomer, in dem die Gruppe mit der niedrigsten Priorität am chiralen Kohlenstoffatom von Ihnen „weg" zeigt – an einer gestrichelten Bindung, sodass die *R/S*-Zuordnung einfach ist.

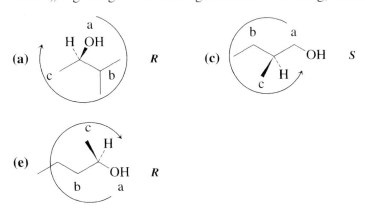

Wenn Sie noch etwas mehr Praxis benötigen, bearbeiten Sie die chiralen Strukturen der Aufgabe 29 genauso. Die folgenden Antworten sind mit den der Aufgabe entsprechenden Buchstaben bezeichnet.

(b) Siehe Antwort zu Aufgabe 33(b).

(e) BrCH$_2$—C—CH$_3$ (mit Br nach oben, H nach unten) (*S*)-1,2-Dibrompropan

(j) HO—[Phenyl(3-OH)]—CH(OH)—CH$_2$NHCH$_3$ (*R*)-Isomer (Beachten Sie die Prioritäten: 1. OH, 2. Wegen des N-Atoms)

(m) (S)

Oberes Chiralitätszentrum:

Unteres Chiralitätszentrum:

36. ist das (S)-Enantiomer (Beachten Sie die Prioritäten)

2. (wegen des O-Atoms)

Umgekehrt hat (−)-Carvon R-Konfiguration.

37. (a), (b), (c), (d)

38. Die cyclischen Verbindungen sind besonders schwierig. Zeichnen Sie zunächst wieder ein beliebiges Stereoisomer, bestimmen Sie die Konfigurationen an seinen Chiralitätszentren und verändern Sie dann die beiden äußeren Gruppen und korrigieren so, was nicht den Anforderungen entspricht.

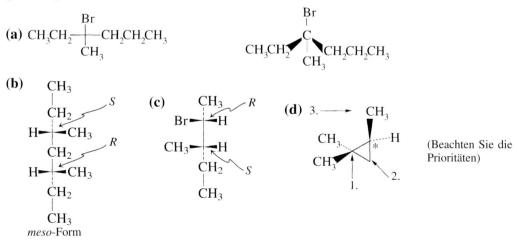

(Beachten Sie die Prioritäten)

meso-Form

(e)

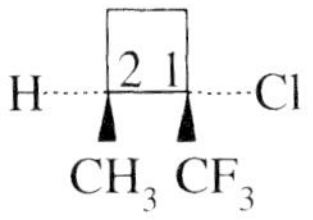

Beachten Sie die Prioritäten an C-1: $Cl > CF_3 > Ring\text{-}CHCH_3 > Ring\text{-}CH_2$

(f)

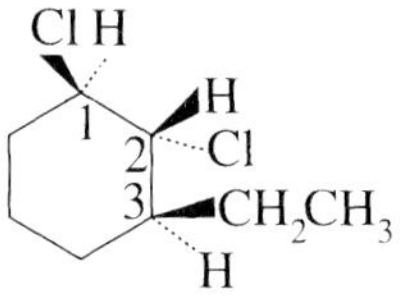

39. Erweitern Sie zunächst die Kurzstruktur, um die Bindungsverhältnisse zu verdeutlichen, benennen Sie die Verbindung und bestimmen Sie die Lage der Chiralitätszentren:

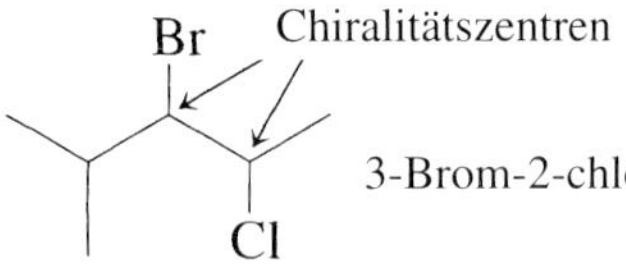

3-Brom-2-chlor-4-methylpentan

Bestimmen Sie als nächstes die Zahl der möglichen Stereoisomere. Eine Verbindung mit zwei Chiralitätszentren kann bis zu vier Stereoisomere haben. Das ist hier der Fall. Wenn in einer der möglichen stereoisomeren Verbindungen eine Symmetrieebene vorläge, würde die Gesamtzahl der Stereoisomere sinken, weil zwei von ihnen als *meso*-Form identisch würden. Das ist bei dieser Verbindung nicht möglich, es sind also vier Strukturen zu zeichnen und vollständig zu benennen. Wir machen den Rest der Aufgabe so einfach wie möglich, indem wir zunächst eine Struktur zeichnen, bei der die Bestimmung von *R* und *S* dadurch vereinfacht wird, dass die H-Atome an den Chiralitätszentren *unter* ihre Kohlenstoffatome gesetzt werden (an gestrichelten Linien):

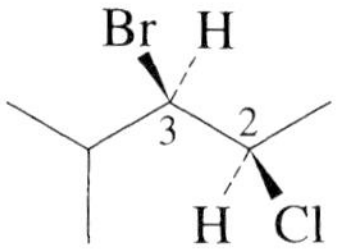

C2 hat *R*-Konfiguration
C3 hat ebenfalls *R*-Konfiguration
Der vollständige Name lautet (2*R*,3*R*)-3-Brom-2-chlor-4-methylpentan

Ausgehend von diesem Stereoisomer erhält man die drei anderen und ihre Namen, indem man nacheinander die Konfigurationen an jedem Chiralitätszentrum und entsprechend die *R/S*-Bezeichnungen ändert:

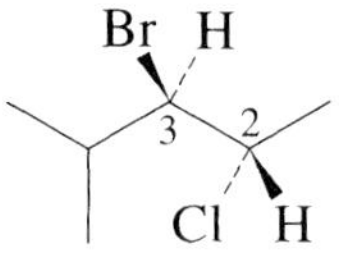

(2*S*, 3*R*) 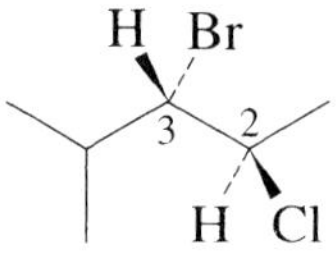   (2*R*, 3*S*) 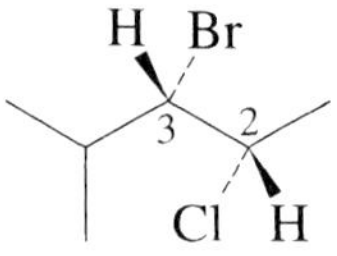   (2*S*, 3*S*)

40. Benutzen Sie die Beziehung

$$[\alpha]_D \text{(spezifische Drehung)} = \frac{\alpha \text{ (beobachtete Drehung)}}{\text{Konzentration (in g mL}^{-1}) \times \text{Weglänge (in dm)}}$$

(a) $c = 0.4 \text{ g}/10 \text{ mL} = 0.04 \text{ g mL}^{-1}$; $\alpha = -0.56°$ und $l = 10 \text{ cm} = 1 \text{ dm}$; damit ergibt sich $[\alpha]_D = -14.0°$

(b) $[\alpha]_D = +66.4°$, $c = 0.3 \text{ g mL}^{-1}$, $l = 1 \text{ dm}$; $\alpha = +19.9°$

(c) Auflösung nach c ergibt $c = \alpha/[\alpha]_D = 57.3°/23.1° = 2.48 \text{ g mL}^{-1}$

41. $c = 1$ g/20 mL $= 0.05$ g mL^{-1}, somit $\alpha/(c \times l) = -2.5°/0.05 = -50°$, was identisch ist mit dem tatsächlichen Wert für $[\alpha]_D$. Daher ist das Adrenalin optisch rein und vermutlich gefahrlos in der Anwendung.

42. (a)

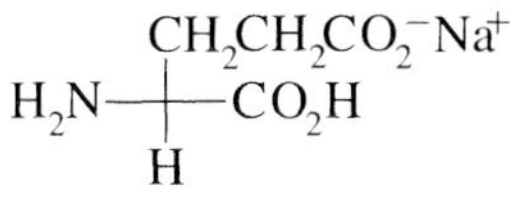

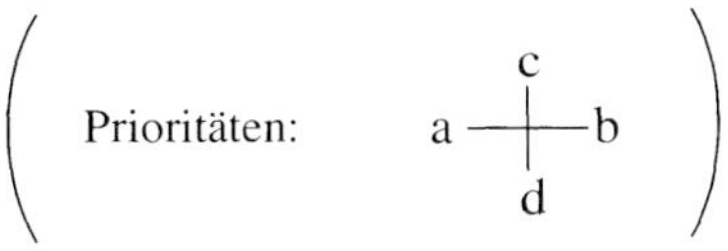

$$H_2N-\underset{H}{\overset{CH_2CH_2CO_2^-Na^+}{|}}-CO_2H \qquad \left(\text{Prioritäten:} \quad a-\underset{d}{\overset{c}{|}}-b\right)$$

(b) $8°/24° = 0.33$ oder 33% optische Reinheit, das entspricht einem Gemisch von 33% reinem S + 67% Racemat, oder 67% S und 33% R.

(c) $16°/24° = 0.67$ oder 67% optische Reinheit, was 67% reinem S + 33% Racemat entspricht. Das ist das gleiche wie 83% S und 17% R.

43. Der Kürze wegen wird bei dieser Aufgabe im Folgenden jeweils nur das Enantiomer jedes Moleküls gezeigt. Die Chiralitätszentren sind markiert.

(a) 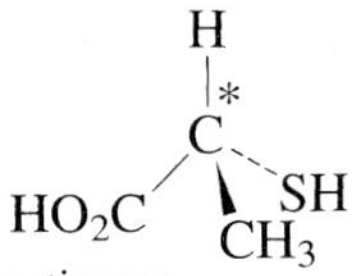 *R*-Enantiomer

Das ursprüngliche Molekül war *S*.

(b) 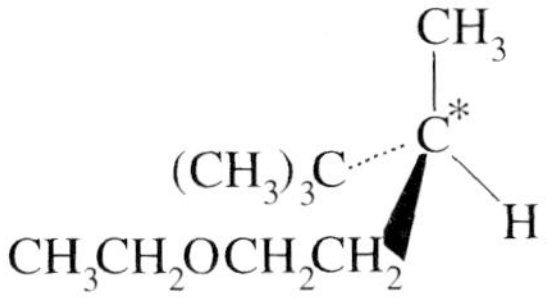 (*S*)

Das ursprüngliche Molekül war *R*.
Vorsicht! $(CH_3)_3C$ hat Priorität gegenüber $CH_3CH_2OCH_2CH_2$!

(c) 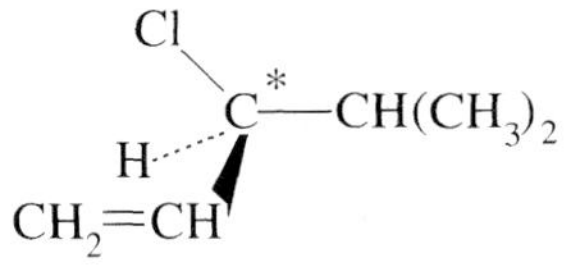 (*S*)

Das ursprüngliche Molekül war *R*. Wiederum Vorsicht: $CH_2=CH-$ zählt als $\overset{C}{\underset{}{\text{Ⓒ}H_2}}-\overset{C}{\underset{}{CH-}}$ und hat daher Priorität gegenüber $\overset{}{\underset{}{\text{Ⓒ}H_3}}-\overset{CH_3}{\underset{}{CH-}}$. Die eingekreisten Kohlenstoffatome zeigen die Stelle, an der zuerst ein Unterschied auftritt. In der Vinylgruppe zählt das eingekreiste Kohlenstoffatom so, als trüge es ein weiteres C-Atom, während es in der Isopropyl-Gruppe mit drei H-Atomen verbunden ist.

(d) 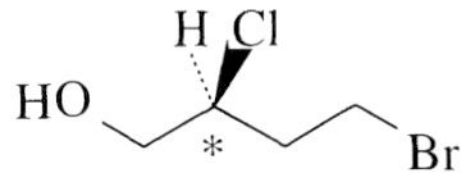 (*S*)

ursprüngliche Verbindung = *R*.

(e) 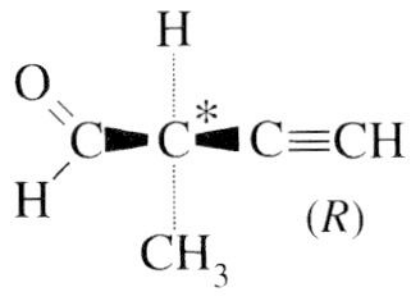 (*R*)

ursprüngliche Verbindung = *S*.

(f) 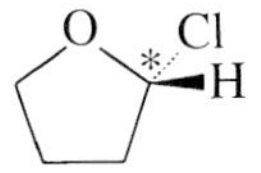 (*R*)

ursprüngliche Verbindung = *S*.

(g)

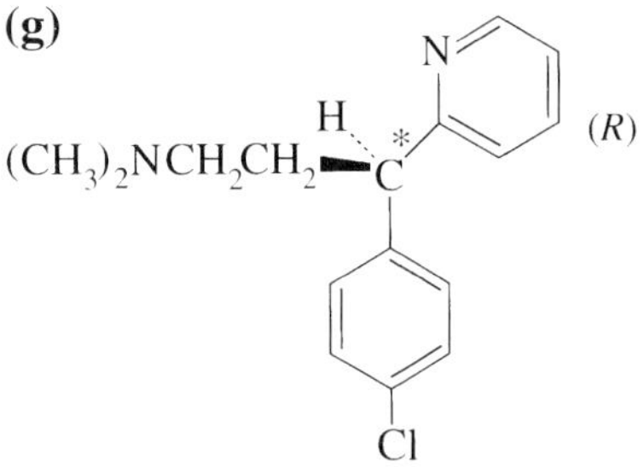

(CH₃)₂NCH₂CH₂—C*(H)(pyridin-2-yl)(4-chlorophenyl) (R)   ursprüngliche Verbindung = S.

(h) 4-Methyl-1-(prop-1-en-2-yl)cyclohex-3-ene mit CH₃ nach hinten (R)   ursprüngliche Verbindung = S.

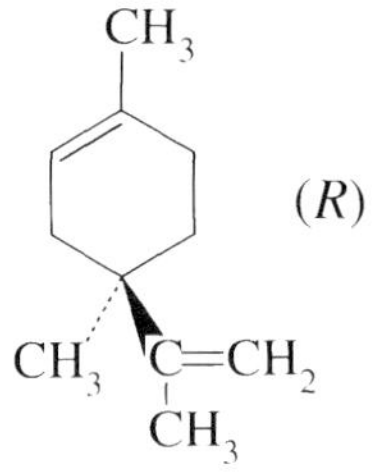

44. (a) Identisch (das Kohlenstoffatom in der Mitte ist kein Chiralitätszentrum – es trägt zwei Ethyl-Gruppen).

(b) Enantiomere:

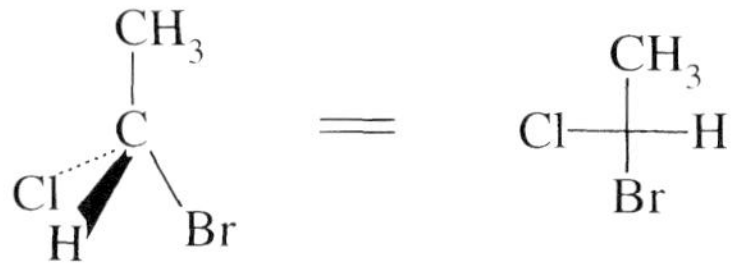

$$\text{C mit CH}_3,\ \text{Cl},\ \text{H},\ \text{Br} \quad = \quad \text{Cl–C(CH}_3)(\text{H})\text{–Br (Fischer)}$$

(c) Nehmen Sie an einer der Verbindungen paarweise Vertauschungen vor und vergleichen Sie so mit der anderen:

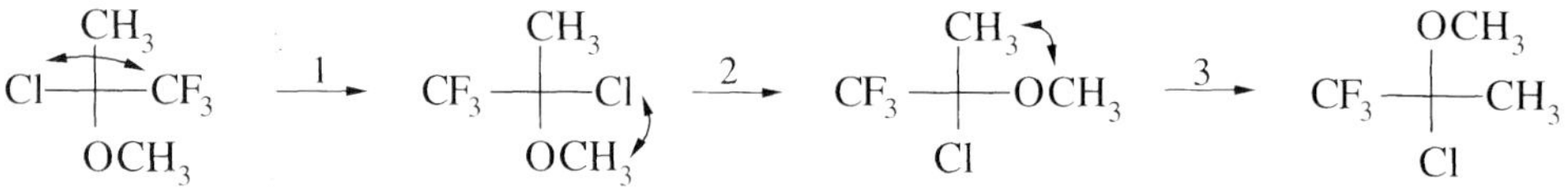

Cl–C(CH₃)(CF₃)–OCH₃ →¹ CF₃–C(CH₃)(Cl)–OCH₃ →² CF₃–C(CH₃)(OCH₃)–Cl →³ CF₃–C(OCH₃)(CH₃)–Cl

Durch dreimalige paarweise Vertauschung bekommt man identische Strukturen. Die ungerade Zahl der Vertauschungen bedeutet, dass die Strukturen Enantiomere sind.

(d) In gleicher Weise

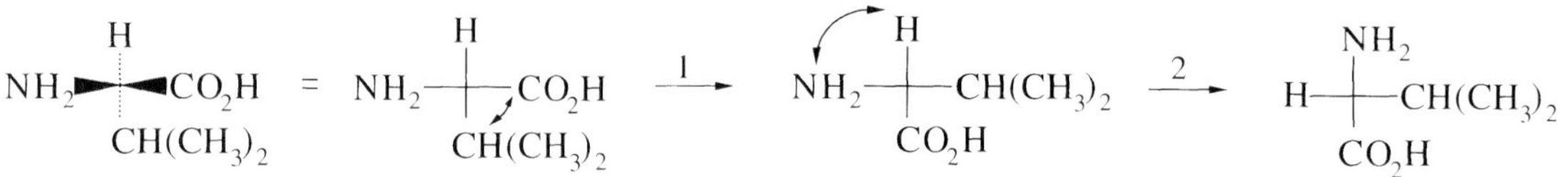

NH₂–C(H)(CO₂H)–CH(CH₃)₂ = NH₂–C(H)(CO₂H)–CH(CH₃)₂ →¹ NH₂–C(H)(CH(CH₃)₂)–CO₂H →² H–C(NH₂)(CH(CH₃)₂)–CO₂H

Zweimalige paarweise Vertauschung bedeutet, dass die Strukturen identisch sind.

45. (a) keine asymmetrischen Kohlenstoffatome

(b) H–C(CH₃)(Cl)–Br   ist *R*. Das andere ist *S*.

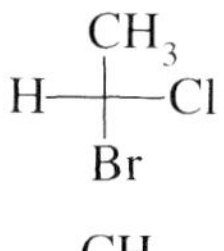

(c) Cl–C(CH₃)(CF₃)–OCH₃   ist *S*. Das andere ist *R*.

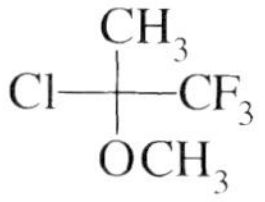

(d) Beide sind *R*.

46. Wenn eine konformative Darstellung gezeigt ist, muss sie zuerst in eine ekliptische Konformation gedreht werden. Anschließend stellen Sie sich vor, das Molekül aus einer Perspektive zu betrachten, die der Fischer-Projektion entspricht, die sie zeichnen wollen – Chiralitätszentren werden senkrecht angeordnet, die Gruppen auf jeder Seite sind auf Sie gerichtet.

(a)

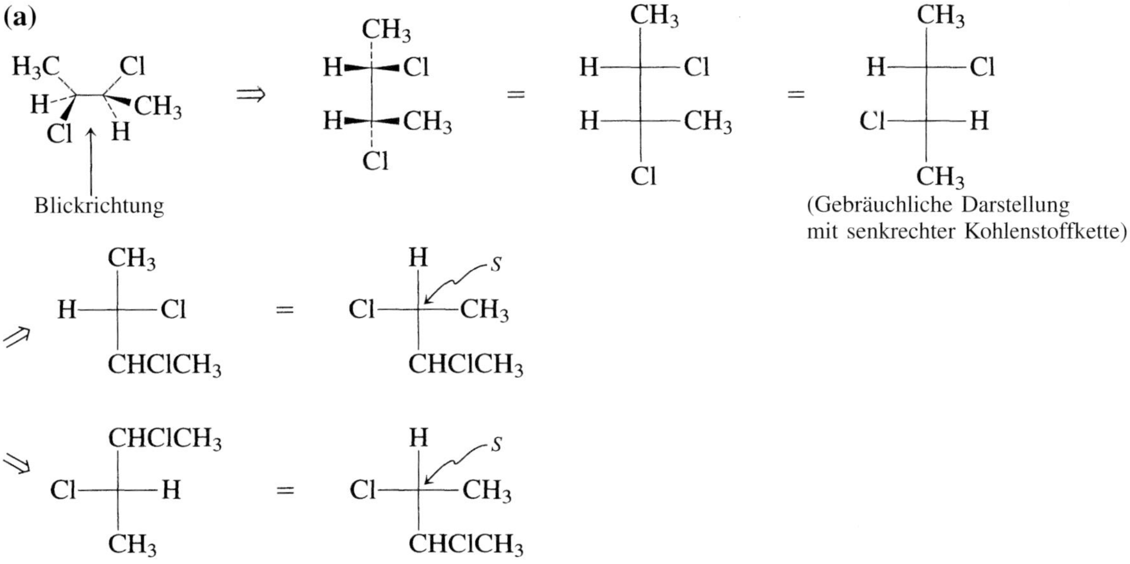

(Gebräuchliche Darstellung mit senkrechter Kohlenstoffkette)

(b)

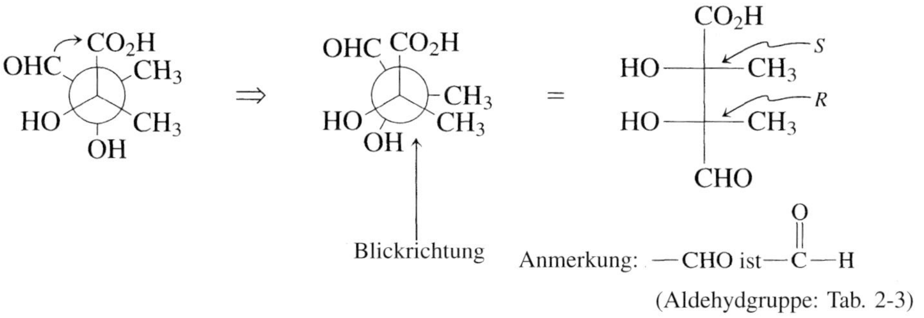

Anmerkung: —CHO ist —C(=O)—H

(Aldehydgruppe: Tab. 2-3)

Hier können Sie einen nützlichen Trick anwenden, um die Newman-Projektionen in Fischer-Projektionen zu verwandeln: Orientieren Sie sich an der Ansicht der ekliptischen Konformation und beachten Sie, dass die oberste Gruppe am vorderen chiralen Kohlenstoffatom (CO_2H) in der Fischer-Projektion nach oben gedreht wird und die Gruppe dahinter (CHO) unten erscheint. Die beiden Gruppen auf der rechten Seite (CH_3-Gruppen) bleiben rechts, ebenso wie die links stehenden OH-Gruppen links bleiben.

(c) und (d). Gehen Sie genauso vor wie bei (a), achten Sie aber darauf, die gestaffelten Konformationen zuerst durch Drehen in ekliptische zu überführen (wie unten gezeigt).

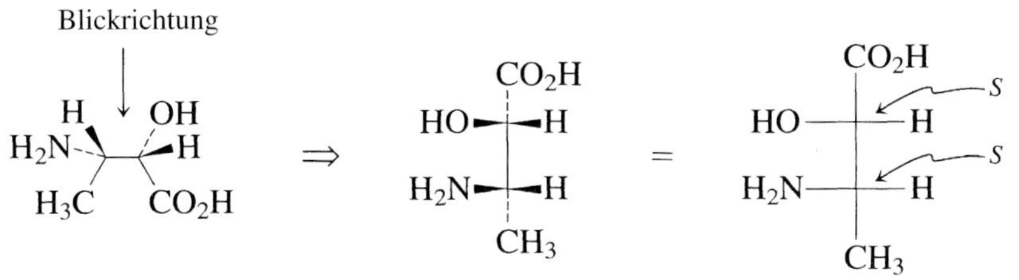

5 Stereoisomerie

(d) [Fischer-Projektion und Newman-Darstellung mit Blickrichtung; Br—H, Cl—H, CH₃; Zuordnung R/S]

Zur Erinnerung: Alle Kohlenstoff-Kohlenstoff-Bindungen sind frei drehbar, sodass ihre Zeichnung zwar anders **aussehen** könnte, aber Ihre *R/S*-Zuordnungen sollten die gleichen sein.

47. (a) [Fischer-Projektion: CHO oben, H—OH, HO—H, HO—H, CH₂OH]

(b) Nein. Ein Objekt kann nur ein einziges Spiegelbild haben.

(c) Es gibt mehrere. Eines davon ist: [Fischer-Projektion: CHO, H—OH, HO—H, H—OH, CH₂OH]

(d) Ja. **(e)** +105°

(f) Man kann die optische Drehung eines Diastereomers einer Verbindung, deren optische Drehung man kennt, nicht vorhersagen. Diastereomere Verbindungen haben normalerweise sehr verschiedene physikalische Eigenschaften.

(g) Nein. Da die beiden endständigen Kohlenstoffatome unterschiedliche Gruppen tragen, lässt sich in das Molekül keine Symmetrieebene hineinlegen, die für eine *meso*-Verbindung erforderlich ist.

48. (*S*)-1,3-Dichlorpentan ist der Name der Verbindung.

(a) Ein einziges achirales Produkt wird gebildet: ClCH₂CH₂CCl₂CH₂CH₃.

(b) Es entstehen zwei Diastereomere in unterschiedlichen Mengen:

[Zwei Stereostrukturen, linke mit S/R Konfiguration, rechte mit R/R Konfiguration] und

Beachten Sie, dass C3 jetzt *R*-Konfiguration hat, weil die Priorität der CHClCH₃-Gruppe höher ist als die der CH₂CH₂Cl-Gruppe.

(c) Ein einziges achirales Produkt wird gebildet: ClCH₂CH₂CHClCH₂CH₂Cl.

Beachten Sie, dass in (a) und (c) die Chiralität von C3 auf zwei leicht verschiedene Arten aufgehoben wurde. Bei (a) wurde eine Bindung zu C3 gelöst und ein zweites Cl angebracht. Bei (c) wurde keine an C3 befindliche Bindung angegriffen, dafür entstanden durch eine Reaktion an entfernterer Stelle zwei identische Gruppen an C3.

49. (a) Ein einziges achirales Produkt wird gebildet: 1-Chlor-1-methylcyclopentan.

(b) Wie nachstehend gezeigt, entstehen vier Stereoisomere:

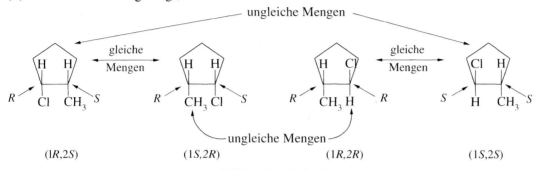

1-Chlor-2-methylcyclopentan

(c) Wieder werden vier Stereoisomere gebildet:

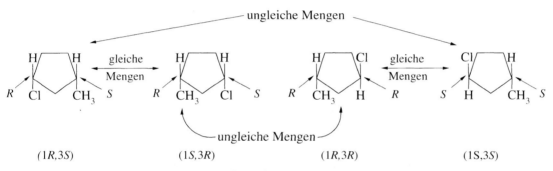

1-Chlor-3-methylcyclopentan

50. Angriff an C1:

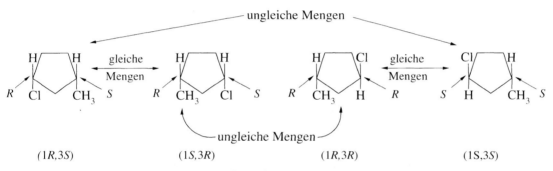

Beide sind chiral, werden aber in gleichen Mengen gebildet; dies ist ein Racemat, optisch inaktiv.

Angriff an den Methylgruppen:

Beide sind Diastereomere, sie werden in unterschiedlichen Mengen und in optisch aktiver Form gebildet.

Angriff an C3:

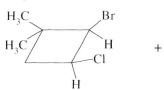

Chirales cis-Diastereomer
In unterschiedlichen Mengen aus dem *trans*-Dihalogenid gebildet; optisch aktiv

Chirales trans-Diastereomer
In unterschiedlichen Mengen aus aus dem *cis*-Isomer gebildet; optisch aktiv

Angriff an C4:

Chirales cis-Diastereomer
In unterschiedlichen Mengen aus dem *trans*-Dihalogenid gebildet; optisch aktiv

Chirales trans-Diastereomer
In unterschiedlichen Mengen aus dem *cis*-Isomer gebildet; optisch aktiv

51. In mehreren Schritten:

(1) Das racemische Amin wird mit einer äquimolaren Menge einer optisch reinen Säure, z. B. natürliche (S)-2-Hydroxypropansäure (Milchsäure), $CH_3CHOHCOOH$, neutralisiert. Es bilden sich zwei diastereomere Salze: (R)-Amin/(S)-Säure-Salz und (S)-Amin/(S)-Säure-Salz.

(2) Das Salzgemisch wird durch Umkristallisieren aus einem Alkohol-Wassergemisch in die beiden diastereomeren Komponenten aufgetrennt.

(3) Die beiden diastereomeren Salze werden jedes für sich mit einer starken Base, z. B. wässriger NaOH, umgesetzt, wodurch die Milchsäure entfernt und das jeweilige Amin-Enantiomer freigesetzt wird. Die Enantiomere können so in reiner Form gewonnen werden.

52. Umkehrung der Vorgehensweise aus Aufgabe 51:

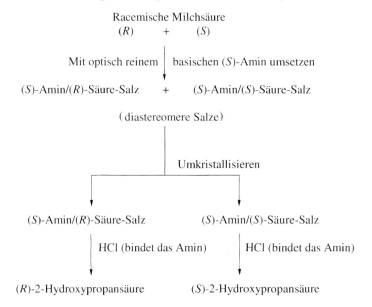

53. Die Bromierung verläuft hochselektiv, wir berücksichtigen daher **nur** Reaktionen an den tertiären Kohlenstoffatomen!

(a) Vier stereoisomere Produkte:

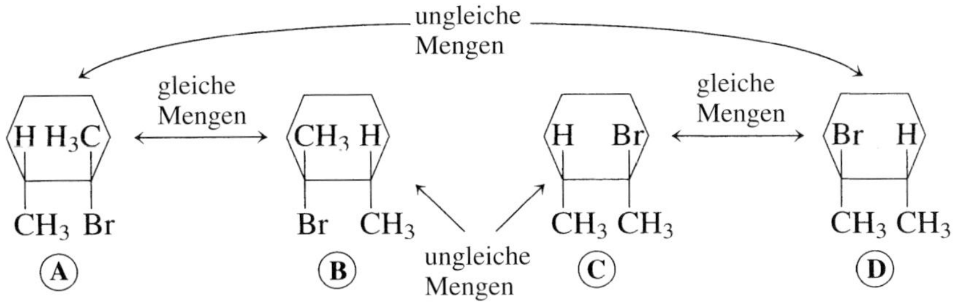

Ein racemisches Gemisch aus Ⓐ und Ⓑ kann von einem racemischen Gemisch aus Ⓒ und Ⓓ abgetrennt werden, optische Aktivität tritt aber in den isolierten Produkten nicht auf.

(b)

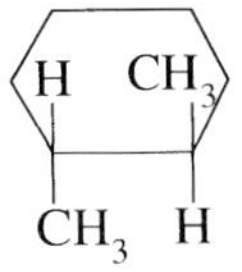

R,R-1,2-Dimethylcyclohexan

Nur zwei der vier Produkte aus Teil (a) sind möglich: Ⓐ und Ⓒ. Sie sind Diastereomere, werden in unterschiedlichen Mengen gebildet, können durch physikalische Methoden getrennt werden und fallen beide optisch rein an.

Vergessen Sie nicht, dass die radikalische Halogenierung am **reagierenden** Kohlenstoffatom zwar beide möglichen stereochemischen Konfigurationen liefert, aber nicht die Konfiguration von Kohlenstoffatomen ändert, die nicht reagieren.

54.

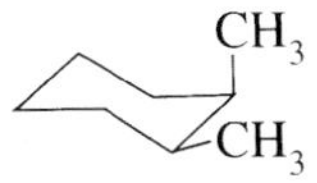

Das Molekül besitzt keine Symmetrieebene. In dieser Konformation ist es chiral. Das Umklappen des Rings führt jedoch zum **Spiegelbild** (Enantiomer) der oben stehenden Konformation (prüfen Sie dies an einem Modell!). Darum ist *cis*-1,2-Dimethylcyclohexan in Wirklichkeit ein Gemisch enantiomerer Sesselformen, die durch Umklappen des Rings schnell ineinander übergehen. Aus diesem Grund hat die Verbindung keine optische Aktivität und verhält sich genau wie eine gewöhnliche *meso*-Verbindung. Zwar hat keine der Sesselformen eine Symmetrieebene, dafür hat aber eine der Wannen-Übergangsstrukturen für die Umwandlung von Sesselformen ineinander eine solche, genau wie eine echte *meso*-Struktur:

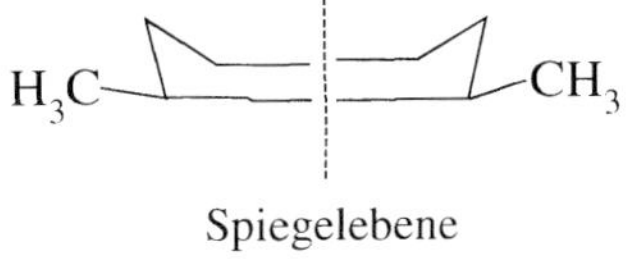

Spiegelebene

55. (a) Es gibt drei (C9, C13, C14):

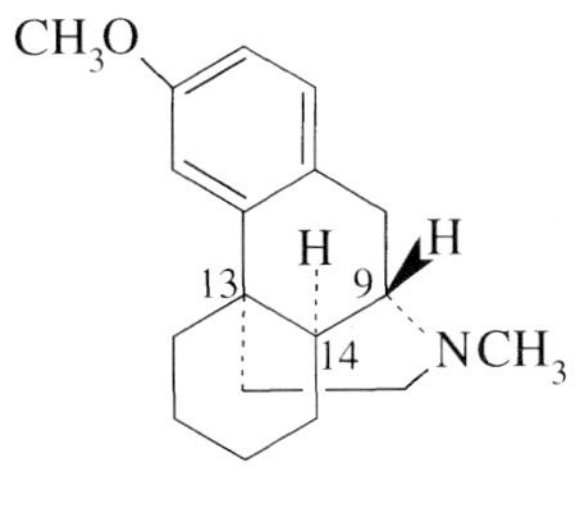

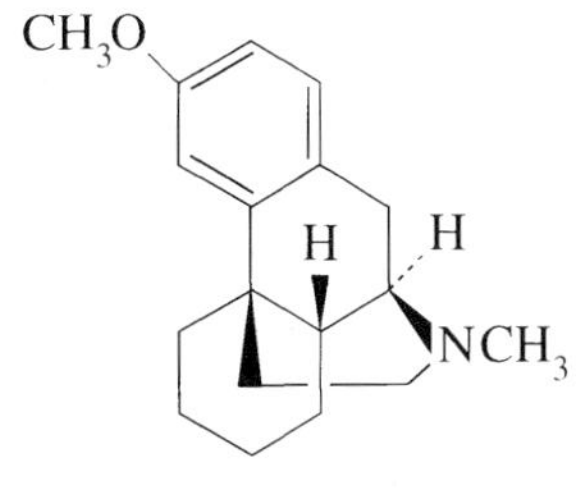

(c) Für jedes dieser Chiralitätszentren werden die Gruppen bis zum ersten Unterscheidungspunkt ausführlich dargestellt.

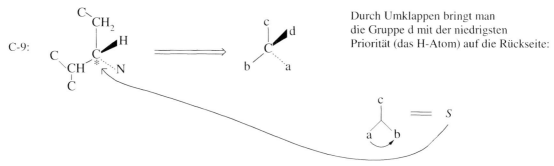

C-9: Durch Umklappen bringt man die Gruppe d mit der niedrigsten Priorität (das H-Atom) auf die Rückseite:

C13: Benzol-Kohlenstoffatome werden wie beliebige Kohlenstoffatome mit Doppelbindung behandelt: HC=C–CH wird zu HC–C(C)–CH und hat daher gegenüber allen anderen Gruppen die höchste Priorität. Durch Drehen von d nach hinten entsteht wieder *S*.

C14: Vorsicht! Das C-Atom auf der rechten Seite (an N, C, H gebunden) erhält Priorität gegenüber dem C-Atom auf der linken Seite (mit 3 weiteren C-Atomen verbunden): Am ersten Unterscheidungspunkt gilt N (eingekreist) > C.

Dextromethorphan hat daher (9*S*,13*S*,14*S*)-Konfiguration.

56. Aus der Frage geht hervor, dass die Verbindung ihre optische Aktivität verliert, wenn sie mit einer Base behandelt wird.

Hypothetisch kann dies auf zwei Arten geschehen: Entweder könnte das Chiralitätszentrum durch einen Prozess zerstört werden, der die Struktur der Verbindung völlig ändert, oder die Verbindung könnte eine chemische Reaktion eingehen, die zur einer *R/S*-Zufallsverteilung am Chiralitätszentrum und damit zu einem racemischen Gemisch führt. Sehen wir uns an, welche Möglichkeit wahrscheinlicher ist. Durch Reaktion mit der Base (angenommen Hydroxid) wird das saure Proton vom asymmetrischen Kohlenstoffatom entfernt und die Verbindung in ihre konjugierte Base überführt (Kapitel 2):

Etwa so? Wozu soll das führen? Nun, zunächst einmal haben wir eine der vier (verschiedenen) Gruppen vom asymmetrischen Kohlenstoffatom entfernt. Welche Geometrie hat es? Bei genauem Hinsehen erkennt man, dass sich durch Delokalisieren des freien Elektronenpaars und der negativen Ladung in Richtung der C=O-Doppelbindung eine weitere Resonanzform zeichnen lässt:

Das frühere Chiralitätszentrum ist nun planar, was bedeutet, dass diese Verbindung *achiral* ist – optisch inaktiv. Als nächstes erinnern wir uns, dass der Aufgabenstellung zufolge nur *katalytische* Mengen der Base vorlagen, daher kann immer nur ein kleiner Teil der Moleküle zur Zeit deprotoniert werden. Aber noch etwas anderes ist wichtig: Wir erinnern uns (wieder nach Kap. 2), dass Säure-Base-Reaktionen Gleichgewichtsprozesse sind, d. h., sie sind *reversibel*. Demnach kann diese konjugierte anionische Base wieder ein Proton aus einem Wassermolekül aufnehmen und die Ausgangsverbindung zurückbilden. Dabei entsteht ein Molekül Hydroxid, das die Fortsetzung des Prozesses mit weiteren Molekülen des Ausgangsketons ermöglicht. Wo genau greift dieses Proton an? Zufällig, von oben oder von unten, genau wie der Angriff eines Halogens auf ein Radikal bei der radikalischen Halogenierung. Daraus resultiert schließlich ein racemisches Gemisch der beiden Enantiomeren des Ausgangsketons, die über diese achirale konjugierte Base im Gleichgewicht stehen:

57. (a) Vorsicht! Die Gruppe $-CH_2N=$ hat höhere Priorität als der Benzolring, obwohl letzterer als $-\overset{C}{\underset{C}{C}}-C\overset{C}{\underset{C}{\diagdown}}$ gezählt wird. Am ersten Unterscheidungspunkt gilt N>C!

Die Antwort ist *R*.

(b) Enantiotop. (Der Ersatz eines dieser H-Atome durch eine beliebige Gruppe ‚G' liefert das Enantiomer der Verbindung, die durch Ersatz des anderen entstehen würde.)

(c) Gleiche Energie: Die Übergangszustände verhalten sich wie Bild und Spiegelbild zueinander (sie sind **enantiomer**).

(d) Das Enzym muss die Energie des Übergangszustands, der zum (–)-Isomer führt, gegenüber dem, der zum (+)-Isomer führt, senken. Dafür muss das Enzym chiral und auch optisch rein sein, sodass die beiden Übergangszustände in Gegenwart des Enzyms **diastereomer** werden und sich energetisch unterscheiden.

58. (a) Die vier Strukturen, die Ihren Modellen zugrunde liegen sollten, sehen wie folgt aus. In jedem Molekül sind die chiralen Kohlenstoffatome die beiden Brückenatome, über die die Ringe verknüpft sind. In allen Fällen ist der Substituent mit der höchsten Priorität das andere Brückenatom; als zweites folgt das Ringatom, das dem Stickstoff näher ist.

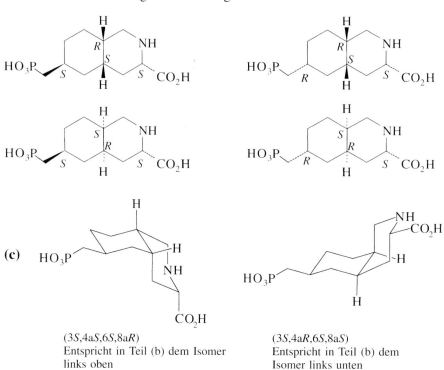

cis- und *trans*-Verbindung sind diastereomer.

(b) Die Prioritäten der Ringbindungen werden durch die zusätzlichen Gruppen nicht verändert, da diese hinter den Punkten liegen, an denen bezogen auf die chiralen Brückenkohlenstoffatome eine Unterscheidung erstmals möglich ist.

(3*S*,4a*S*,6*S*,8a*R*)
Entspricht in Teil (b) dem Isomer links oben

(3*S*,4a*R*,6*S*,8a*S*)
Entspricht in Teil (b) dem Isomer links unten

6 | Eigenschaften und Reaktionen der Halogenalkane

Bimolekulare nucleophile Substitution

28. (a) Chlorethan (d) 2,2-Dimethyl-1-iodpropan

(b) 1,2-Dibromethan (e) (Trichlormethyl)cyclohexan

(c) 3-(Fluormethyl)pentan (f) Tribrommethan

29. (a) CH$_3$CHICHCH$_2$CH$_3$ with CH$_2$CH$_3$ substituent

(b) CHCl$_2$CH$_2$CHBrCH$_3$

(c) cyclobutane with H, CH$_2$Br (wedge) and H, CH$_2$CH$_2$Cl (dash) substituents

(d) cyclopropane with CCl$_3$ substituent

(e) CH$_2$Cl—C(Cl)(CH$_3$)CH$_2$Cl

30. Hier wird auch Aufgabe 32 beantwortet. Chiralitätszentren sind markiert, und die Anzahl der Stereoisomere steht in Klammern.

BrClC*HCH$_2$CH$_3$
1-Brom-1-chlorpropan (2)

BrCH$_2$C*HClCH$_3$
1-Brom-2-chlorpropan (2)

ClCH$_2$C*HBrCH$_3$
2-Brom-1-chlorpropan (2)

CH$_3$CBrClCH$_3$
2-Brom-2-chlorpropan

BrCH$_2$CH$_2$CH$_2$Cl
1-Brom-3-chlorpropan

31. Chiralitätszentren sind markiert, und die Zahl der Stereoisomere steht in Klammern.

BrCH$_2$CH$_2$CH$_2$CH$_3$
1-Brompentan

CH$_3$C*HBrCH$_2$CH$_2$CH$_3$
2-Brompentan (2)

CH$_3$CH$_2$CHBrCH$_2$CH$_3$
3-Brompentan

BrCH$_2$CH$_2$CH(CH$_3$)CH$_3$
1-Brom-3-methylbutan

CH$_3$C*HBrCH(CH$_3$)CH$_3$
2-Brom-3-methylbutan (2)

CH$_3$CH$_2$CBr(CH$_3$)CH$_3$
2-Brom-2-methylbutan

CH$_3$CH$_2$C*H(CH$_3$)CH$_2$Br
1-Brom-2-methylbutan (2)

BrCH$_2$C(CH$_3$)$_3$
1-Brom-2,2-dimethylpropan

84   6 Eigenschaften und Reaktionen der Halogenalkane

32. Siehe 30 und 31.

33. Die Fragestellung bezieht sich auf die Aufgabe 32 der englischen Auflage (= Aufgabe 6 der 3. deutschen Auflage); diese wurde nur teilweise in die 4. deutsche Auflage übernommen, sodass die Frage nicht beantwortet werden kann.

34. In den nachfolgenden Antworten sind das nucleophile Atom im Nucleophil sowie das elektrophile Atom im Substrat *unterstrichen* oder durch einen Pfeil markiert.

Reaktion	Nucleophil	Substrat	Abgangs-gruppe	Produkt
(a)	$^-\underline{N}H_2$	$\underline{C}H_3I$	I^-	CH_3NH_2
(b)	$H\underline{S}^-$	cyclopentyl–Br	Br^-	cyclopentyl–SH
(c)	$\underline{I}^-$	propyl–O–S(O)(O)–CF$_3$	$CF_3SO_3^-$	propyl–I
(d)	$\underline{N}_3^-$	(sec-butyl, H, Cl)	Cl^-	(sec-butyl, N$_3$, H)
(e)	$(CH_3CH_2)_2\underline{N}CH_3$	$\underline{C}H_3Cl$	Cl^-	$(CH_3CH_2)_2N^+(CH_3)_2$
(f)	$^-\underline{Se}CN$	cyclohexyl–I	I^-	cyclohexyl–SeCN

35. Die bimolekulare Substitutionsreaktion ist für jede Komponente erster Ordnung.

(a) Geschwindigkeit $= k[CH_3Cl][KSCN]$: 2×10^{-8} mol L^{-1} s^{-1} $= k$ (0.1 mol L^{-1})(0.1 mol L^{-1}), somit $k = 2 \times 10^{-6}$ L mol^{-1} s^{-1}.

(b) Die drei Geschwindigkeiten sind (i) 4×10^{-8}, (ii) 1.2×10^{-7} bzw. (iii) 3.2×10^{-7} mol L^{-1} s^{-1}.

36. (a) $CH_3CH_2CH_2I$ **(b)** $(CH_3)_2CHCH_2CN$ **(c)** $CH_3OCH(CH_3)_2$

(d) $CH_3CH_2SCH_2CH_3$ **(e)** cyclopentyl–$CH_2Se(CH_2CH_3)_2^+Cl^-$

(f) $(CH_3)_2CHN(CH_3)_3^{+\,-}OSO_2CH_3$

37. (a) Das Ausgangsmaterial hat *R*-Konfiguration. Das Produkt hat *S*-Konfiguration.

Br—C(H)(CH$_3$)(CH$_2$CH$_3$)

(b) Das Ausgangsmaterial ist (2S,3S)-2-Brom-3-chlorbutan. Bei dem Produkt handelt es sich um [Struktur: CH₃, H, I vorderseitig; CH₃, H, I rückseitig], (2R,3R)-2,3-Diiodbutan.

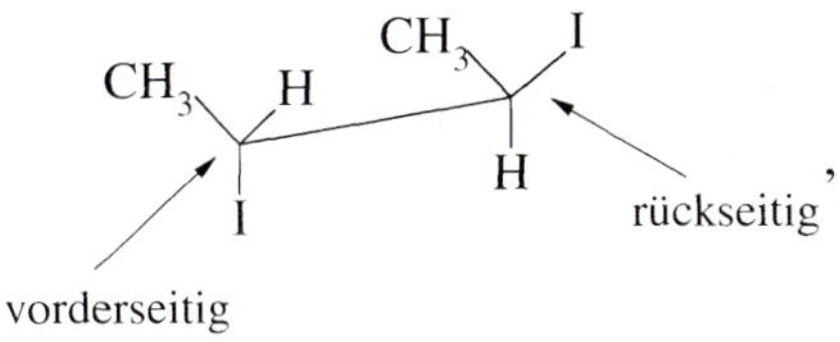

(c) Die Ausgangssubstanz ist (1S,3R)-3-Chlorcyclohexanol (die OH-Gruppe befindet sich an C-1).

Bei dem Produkt handelt es sich um [Struktur mit OCCH₃ und HO], (1S,3S)-1,3-Cyclohexandiolmonoethanoat.

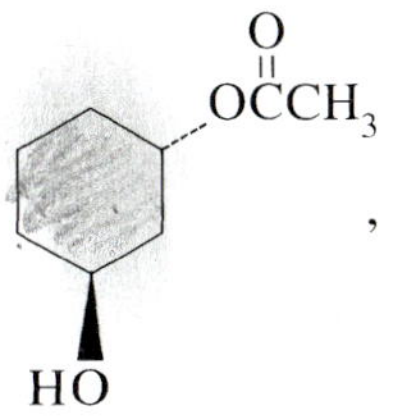

(d) Die Aussangssubstanz ist (1S,3S)-3-Chlorcyclohexanol. Bei dem Produkt handelt es sich um [Struktur mit OCCH₃ an C-1 und HO an C-3], (1R, 3S)-1,3-Cyclohexandiolmonoethanoat.

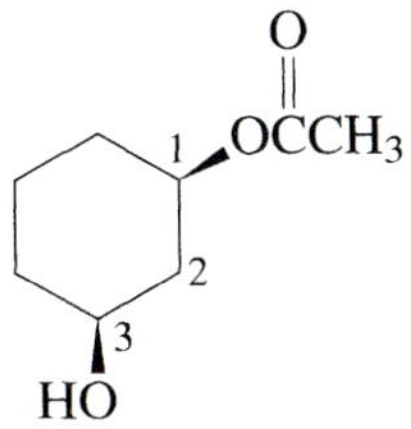

Beachten Sie, dass der Austausch von OH und OCCH₃ im Produkt von (c) das Molekül nicht ändert. Das Produkt von (d) geht durch einen solchen Austausch aber in sein Enantiomer über.

38.

(36 a) :Ï:⁻   CH₃—CH₂—CH₂—Br

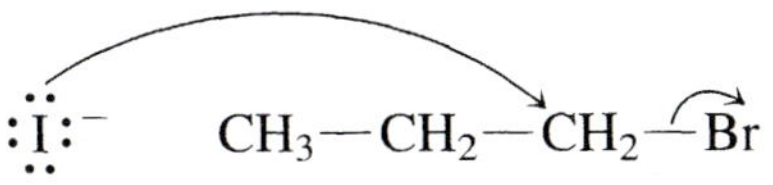

(36 b) :N≡C:⁻   (CH₃)₂CH—CH₂—I

(36 c) (CH₃)₂CHÖ:⁻   CH₃—I

(36 d) CH₃CH₂S̈:⁻   CH₃—CH₂—Br

(36 e) (CH₃CH₂)₂S̈e   [Cyclopentyl]—CH₂—Cl

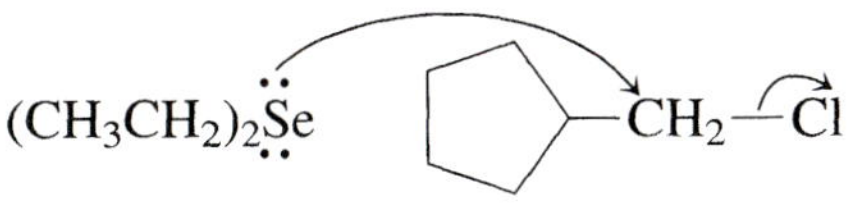

(36 f) 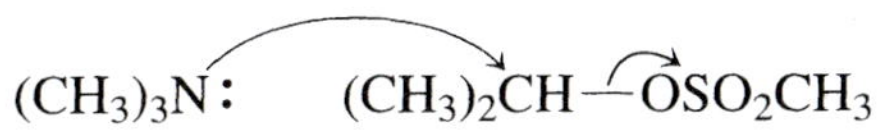 (CH₃)₃N: (CH₃)₂CH—OSO₂CH₃

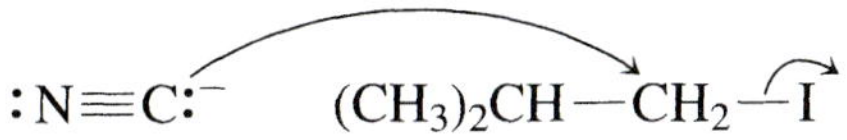

(37 a) :B̈r:⁻   CH₃—C(H)(CH₂CH₃)—Cl

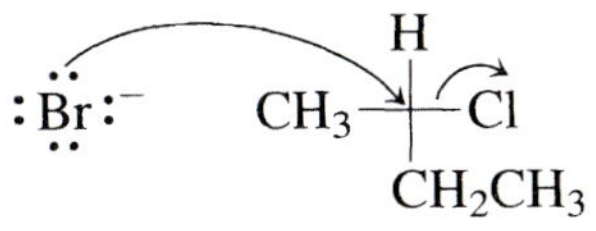

(37b) similar mechanism diagram: I⁻ attacking central carbon with Cl, H, CH₃, H, CH₃, Br substituents, displacing I⁻

(37c) H₃C—C(=O)(:O:⁻) attacking cyclohexane ring bearing Cl (leaving) and HO substituent

(37d) H₃C—C(=O)(:O:⁻) attacking cyclohexane ring bearing Cl (leaving) and HO substituent (different stereochemistry)

39. (a) Keine Reaktion, allerdings könnte sich im Verlaufe einiger Jahrhunderte $CH_3CH_2CH_2OH$ bilden. H_2O ist ein sehr schlechtes Nucleophil.

(b) Keine Reaktion. H_2SO_4 ist eine starke Säure, eine sehr schwache Base und ein sehr, **sehr** schlechtes Nucleophil! Seine konjugierte Base, HSO_4^-, ist ebenfalls ein sehr schwaches Nucleophil.

(c) $CH_3CH_2CH_2OH$ **(d)** $CH_3CH_2CH_2I$ **(e)** Mit dem Reagenz **NaCN** entsteht $CH_3CH_2CH_2CN$.

(f) Keine Reaktion. Wie bei (b) ist auch HCl eine sehr schwache Base und taugt daher nicht als Nucleophil. Allerdings ist HCl eine starke Säure und kann in geeigneten Lösungsmitteln unter Abspaltung von Cl⁻-Ionen dissoziieren. Diese sind einigermaßen nucleophil, daher wäre auch die Antwort „Langsame Bildung von $CH_3CH_2CH_2Cl$" nicht falsch.

(g) $CH_3CH_2CH_2S(CH_3)_2^+Br^-$

(h) $CH_3CH_2CH_2NH_3^+Br^-$

(i) Keine Reaktion. Jedoch wird bei Einwirkung von Wärme oder Licht eine radikalische Chlorierung ablaufen, die ein Produktgemisch ergibt.

(j) Keine (oder nur sehr langsame) Reaktion. F^- ist ein schlechtes Nucleophil. (Anmerkung: In aprotischen Lösungsmitteln ist F^- ein besseres Nucleophil.)

40. (a) $CH_3CH_2CH_2CH_2OH$ **(b)** CH_3CH_2Cl **(c)** C₆H₅—$CH_2OCH_2CH_3$

(d) $(CH_3)_2CHCH_2I$ (ziemlich langsam)   **(e)** $CH_3CH_2CH_2SCN$

(f) Keine Reaktion (F^- ist eine sehr schlechte Abgangsgruppe).

(g) Keine Reaktion (OH^- ist eine noch schlechtere Abgangsgruppe).

(h) CH_3SCH_3

(i) Keine Reaktion ($^-OCH_2CH_3$ ist keine gute Abgangsgruppe).

(j) $CH_3CH_2O\overset{\overset{O}{\|}}{C}CH_3$

Die in den Reaktionen (a) bis (e), (h) und (j) abgespaltenen Halogenid-Ionen (Cl^-, Br^- und I^-) sind alle gute Abgangsgruppen.

41. (a)

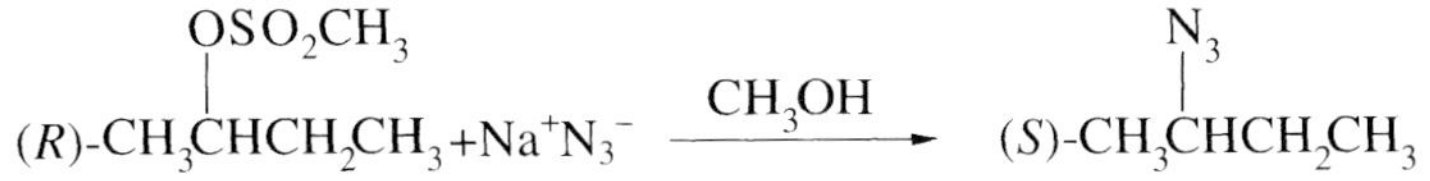

OSO_2CH_3
(*R*)-$CH_3CHCH_2CH_3$ + $Na^+N_3^-$
CH_3OH
N_3
(*S*)-$CH_3CHCH_2CH_3$

(b) Im Gegensatz zu (a), wo eine Konfigurationsumkehr am Chiralitätszentrum verlangt wurde, soll hier Br durch CN **unter Retention** substituiert werden. Weil jede S_N2-Reaktion unter Inversion abläuft, muss eine Reaktionsabfolge aus zwei S_N2-Reaktionen mit zweimaliger Inversion ersonnen werden, um das gewünschte stereochemische Ergebnis zu erhalten. Die erste S_N2-Reaktion muss mit einem Nucleophil erfolgen, das gleichzeitig eine gute Abgangsgruppe ist (I^- entspricht diesen Anforderungen):

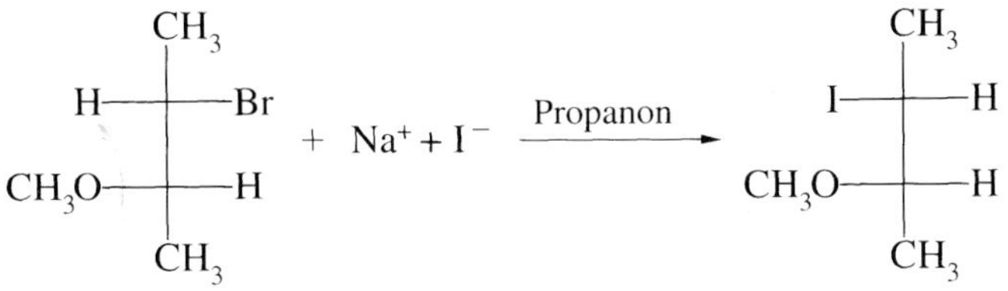

CH_3
H
Br
CH_3O
H
CH_3
+ $Na^+ + I^-$
Propanon
CH_3
I
H
CH_3O
H
CH_3

Erste S_N2-Inversion

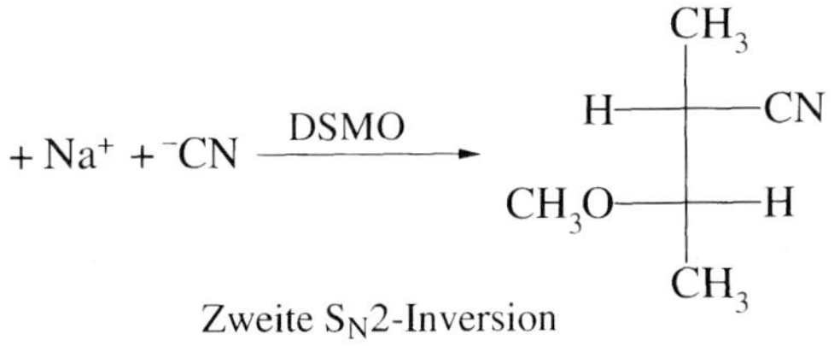

+ Na^+ + ^-CN
DSMO
CH_3
H
CN
CH_3O
H
CH_3

Zweite S_N2-Inversion

(c) Man beachte, dass hier eine Inversion erforderlich ist: Im Substrat steht Br *trans* zu den Brückenkopf-Wasserstoffatomen, im Produkt hat die SCH_3-Gruppe dagegen *cis*-Position zu ihnen. Wählen Sie eine S_N2-Reaktion:

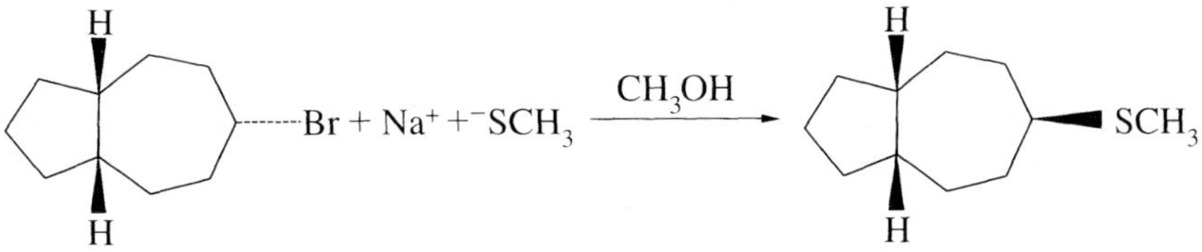

H
H
Br + Na^+ + $^-SCH_3$
CH_3OH
H
H
SCH_3

(d) Sieht das seltsam aus? Hier sehen Sie ein *Nucleophil,* an das Sie eine Alkylgruppe knüpfen sollen: eine *Alkylierungsreakion.* Dies ist nichts anderes als eine S_N2-Reaktion, Sie müssen aber jetzt ein geeignetes *Halogenalkan-Substrat* mit dem Nucleophil reagieren lassen, also „andersherum" denken:

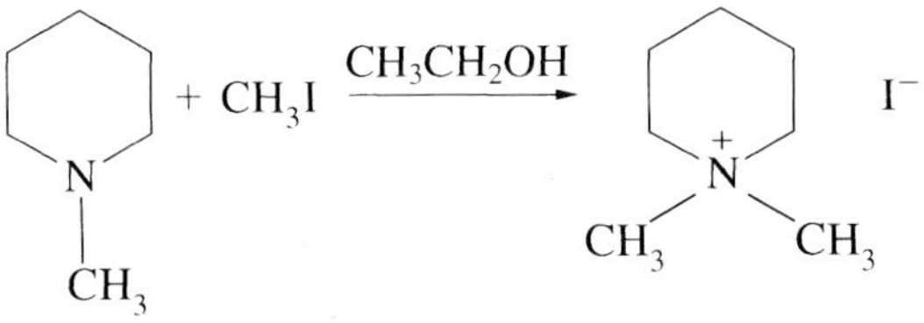

N
CH_3
+ CH_3I
CH_3CH_2OH
N
+
CH_3
CH_3
I^-

6 Eigenschaften und Reaktionen der Halogenalkane

42. (a) (1) $HO^- > CH_3CO_2^- > H_2O$ Die Basenstärke nimmt mit wachsender Ladung zu und mit zunehmender Ladungsstabilisierung ab.

(2) $HO^- > CH_3CO_2^- > H_2O$ Bei einem Einzelatom verlaufen Nucleophilie und Basenstärke parallel.

(3) $H_2O > CH_3CO_2^- > HO^-$ Die Eignung als Abgangsgruppe steht im umgekehrten Verhältnis zur Basenstärke.

(b) (1) $F^- > Cl^- > Br^- > I^-$ Zunehmende Größe stabilisiert die negative Ladung, wodurch die Base schwächer wird.

(2) $I^- > Br^- > Cl^- > F^-$ Zunehmende Größe vermindert die Solvatation und erhöht die Polarisierbarkeit, wodurch die Nucleophilie zunimmt.

(3) $I^- > Br^- > Cl^- > F^-$ Umgekehrte Reihenfolge wie bei (1).

(c) (1) $^-NH_2 > ^-PH_2 > NH_3$ Die größere $^-PH_2$-Gruppe ist eine schwächere Base als $^-NH_2$; NH_3 ist wegen der fehlenden Ladung die schwächste Base.

(2) $^-PH_2 > ^-NH_2 > NH_3$ Aufgrund der Größe kommt zunächst $^-PH_2$; wegen der fehlenden Ladung steht NH_3 an letzter Stelle.

(3) $NH_3 > ^-PH_2 > ^-NH_2$ Umgekehrte Reihenfolge von (1).

(d) (1) $^-OCN > ^-SCN$ Größe (ein kleineres Atom ist basischer).

(2) $^-SCN > ^-OCN$ Größe (ein größeres Atom ist nucleophiler).

(3) $^-SCN > ^-OCN$ Umgekehrte Reihenfolge von (1).

(e) (1) $HO^- > CH_3S^- > F^-$ HO^- ist wegen der Größe stärker als CH_3S^-, und wegen der Elektronegativitätsdifferenz stärker als F^-. Ein Vergleich zwischen CH_3S^- und F^- ist schwierig, weil die Kleinheit F^- begünstigt, während die niedrigere Elektronegativität CH_3S^- begünstigt.

(2) $CH_3S^- > HO^- > F^-$ Die Größe von CH_3S^- überwiegt gegenüber der Nucleophilie.

(3) $F^- > CH_3S^- > HO^-$ Sie sind alle schlecht. Die Reihenfolge ist umgekehrt wie bei (1).

(f) (1) $NH_3 > H_2O > H_2S$ Elektronegativität, dann Größe.

(2) $H_2S > NH_3 > H_2O$ Größe, dann Elektronegativität.

(3) $H_2S > H_2O > NH_3$ Umgekehrte Reihenfolge wie bei (1).

43. (a) Keine Reaktion. (Die Ausgangssubstanz ist ein Alkan. Alkane reagieren nicht mit nucleophilen Teilchen).

(b) $CH_3CH_2OCH_3$

(c) [Newman-Projektion mit CH_3, H, H oben und H, CH_3, I unten]

Wäre eine gute Konformation des Produkts nach Inversion am reagierenden Kohlenstoffatom. Direkt nach der S_N2-Substitution hat das Molekül eine ekliptische Form. Zeichnen Sie diese!

(d) CH_3CH_2—C(H)(CH_3)—SCH_3

(e) Keine Reaktion. Die Abgangsgruppe wäre $^-$OH, eine starke Base. Starke Basen sind sehr schlechte Abgangsgruppen.

(f) Keine Reaktion (gleicher Grund wie bei (e), außerdem ist HCN eine zu schwache Säure, um den Sauerstoff des Alkohols unterstützend zu protonieren).

(g) $CH_3CHBrCH_3$ (HBr ist eine starke Säure, sie kann deshalb die OH-Gruppe protonieren und H_2O bilden, eine gute Abgangsgruppe in der Reaktion).

(h) $(CH_3)_2CHCH_2CH_2SCN$. Die Abgangsgruppe ist $CH_3-C_6H_4-SO_2-O^-$

(i) Keine Reaktion (NH_2^- ist eine schlechte Abgangsgruppe).

(j) CH_3NH_2 (k) $(CH_3)_2\overset{+}{N}H_2I^-$

(l) Cycloheptyl-SH

(m) trans-Cycloheptan mit SH, OH, OCH$_3$

(n) $(CH_3)_2CHCH_2-\overset{+}{P}(C_6H_5)_3\ Br^-$

44. Das Iodid-Ion ist nicht nur ein gutes Nucleophil, sondern auch eine gute Abgangsgruppe. Wenn Iodid im Überschuss vorliegt und ausreichend Zeit gegeben ist, kann das zunächst gebildete (gewünschte) Produkt, (R)-2-Iodheptan, *erneut* mit Iodid über eine Substitution von der Rückseite reagieren. Iodid ersetzt Iodid! Dabei entsteht das Enantiomer (S)-2-Iodheptan. Diese Reaktion kann solange stattfinden, wie das Reaktionsgemisch mit allen seinen Komponenten unangetastet bleibt. Wird die Reaktion schließlich durch Abtrennen der organischen Produkte von den Iodid-Ionen gestoppt, haben alle Iodalkanmoleküle zahlreiche solche Substitutionen durchlaufen. Statistisch gesehen findet bei etwa der Hälfte von ihnen eine gerade Zahl von Iodid-Substitutionen statt, aus der die R-Konfiguration resultiert (die gleiche wie die Ausgangskonfiguration), während die andere Hälfte eine ungerade Zahl von Substitutionen durchläuft, die zur S-Konfiguration führt. Auf diese Weise entsteht ein racemisches Gemisch.

45. (a) $CH_3CH_2CH_3 \xrightarrow{Cl_2,\ 25°C,\ h\nu} CH_3CH_2CH_2Cl + CH_3CHClCH_3$
                                                43%   57%

Dies ist der nach Ihrem Wissen beste Weg, selbst wenn ein Gemisch entsteht.

(b) Die Ausnutzung der selektiven Bromierung sekundärer C−H-Bindungen führt zum besten Reaktionsweg:

$CH_3CH_2CH_2 \xrightarrow{Br_2,\ h\nu} CH_3CHBrCH_3 \xrightarrow{KCl,\ DMSO} CH_3CHClCH_3$

(c) $CH_3CH_2CH_2Cl$ [aus Teil(a)] $\xrightarrow{\text{NaBr, Propanon}}$ $CH_3CH_2CH_2Br$

(d) Siehe Teil (b)

(e) $CH_3CH_2CH_2Cl$ [aus Teil (a)] $\xrightarrow{\text{NaI, Propanon}}$ $CH_3CH_2CH_2I$

(f) $CH_3CHBrCH_3$ [aus Teil (b)] $\xrightarrow{\text{NaI, Propanon}}$ CH_3CHICH_3

46. Denken Sie stets daran, dass jede S_N2-Reaktion die Stereochemie am Ort des Geschehens **umkehrt**.

(a) *cis*-1-Chlor-2-methylcyclohexan $\xrightarrow[\text{Propanon}]{CH_3S^-Na^+}$ *trans*-Produkt aus einer S_N2-Inversion

(b) Das Ausgangsmaterial ist bereits *trans*. Die direkte S_N2-Reaktion mit CH_3S^- liefert ein *cis*-Produkt, das unerwünscht ist. Entwickeln Sie stattdessen eine Synthese mit **zwei aufeinanderfolgenden** S_N2-Inversionen: Man geht zunächst von *trans* nach *cis* und dann zurück nach *trans*. In der ersten S_N2-Reaktion sollte ein Nucleophil verwendet werden, das später auch als Abgangsgruppe dienen kann, z. B. Br^-; im zweiten S_N2-Schritt kann CH_3S^- das Nucleophil sein:

trans-Chlorid $\xrightarrow[\text{DMSO}]{KBr}$ *cis*-Bromid $\xrightarrow[\text{Propanon}]{CH_3S^-Na^+}$ *trans*-Produkt

(c) *cis*-Alkohol (aber schlechte Abgangsgruppe) $\xrightarrow[(-HCl)]{CH_3SO_2Cl}$ *cis*-Mesylat (ebenfalls *cis*, die Abgangsgruppe ist aber besser) $\xrightarrow{CH_3S^-Na^+}$ *trans*-Produkt

(d) *trans*-Alkohol $\xrightarrow[(-HCl)]{CH_3SO_2Cl}$ ebenfalls *trans*-Mesylat $\xrightarrow[\text{DMSO}]{KBr}$ *cis*-Bromid

$\xrightarrow{CH_3S^-Na^+}$ *trans*-Produkt

6 Eigenschaften und Reaktionen der Halogenalkane

47. (a) $CH_3Br > CH_3CH_2Br > (CH_3)_2CHBr$

(b) $(CH_3)_2CHCH_2CH_2Cl > (CH_3)_2CHCH_2Cl > (CH_3)_2CHCl$

(c) $CH_3CH_2I > CH_3CH_2Cl > \langle\text{Cyclohexyl}\rangle{-}Cl$

(d) $(CH_3)_2CHCH_2Br > (CH_3CH_2)_2CHCH_2Br > CH_3CH_2CH_2CHBrCH_3$

48. (a) I^- ist eine bessere Abgangsgruppe als Cl^-, die Reaktion verläuft daher schneller.

(b) $^-SCH_3$ ist ein besseres Nucleophil, daher verläuft die Reaktion schneller.

(c) Die Rückseite des reagierenden Kohlenstoffatoms ist gegenüber einem Angriff sterisch stark gehindert, daher würde die Reaktion deutlich langsamer verlaufen.

(d) Ein aprotisches Lösungsmittel würde keine Wasserstoffbrückenbindungen zum Nucleophil bilden, die Reaktion liefe daher deutlich schneller ab.

49. Die Nucleophilie der drei nichtsolvatisierten Anionen schlägt sich in den Geschwindigkeitskonstanten in DMF nieder: $Cl^- > Br^- = {}^-SeCN$. Diese Reihenfolge spiegelt die höhere Basizität von Cl^- wieder. Die Ausbildung von Wasserstoffbrücken zu CH_3OH vermindert bei allen drei die Reaktivität auf verschiedene Weise. Das kleinste Ion, Cl^-, wird am stärksten solvatisiert und wird in Methanol zum schlechtesten Nucleophil. Die Solvatation ist bei Br^- etwas geringer und bei ^-SeCN wegen der delokalisierten Ladung wesentlich geringer.

50. (a) $BrCH_2CH_2\ddot{S}{-}H + {}^-{:}\ddot{O}H \longrightarrow Br{-}CH_2CH_2\ddot{S}{:}^- \longrightarrow \overset{\ddot{S}}{CH_2{-}CH_2} + Br^-$

(b) $BrCH_2CH_2CH_2CH_2CH_2{-}Br + {}^-{:}\ddot{O}H \longrightarrow Br^-$

$+ BrCH_2CH_2CH_2CH_2CH_2\ddot{O}{-}H \xrightarrow{{}^-{:}\ddot{O}H} H_2O$

$+ Br{-}CH_2CH_2CH_2CH_2CH_2\ddot{O}{:}^- \longrightarrow Br^- + \langle\text{Tetrahydropyran (O im Ring)}\rangle$

(c) $BrCH_2CH_2CH_2CH_2CH_2{-}Br + \ddot{N}H_3 \longrightarrow Br^-$

$+ BrCH_2CH_2CH_2CH_2CH_2\overset{H}{\underset{|}{N}}H_2{}^+ \underset{:NH_3}{\rightleftharpoons} NH_4{}^+$

$+ Br{-}CH_2CH_2CH_2CH_2CH_2\ddot{N}H_2 \longrightarrow \langle\text{Piperidinium, }{}^+NH_2\rangle \underset{\ddot{N}H_3}{\rightleftharpoons} NH_4{}^+ + \langle\text{Piperidin, }\ddot{N}H\rangle$

51. In einem acyclischen (nichtcyclischen) Halogenalkan ist das mit dem Halogen verknüpfte Kohlenstoffatom sp^3-hybridisiert, die Bindungswinkel betragen etwa 109°. Bei einer S_N2-Reaktion wird dieses Kohlenstoffatom im Übergangszustand zu sp^2 rehybridisiert, und seine Bindungswinkel mit den drei nicht reagierenden Gruppen werden auf 120° **aufgeweitet**.

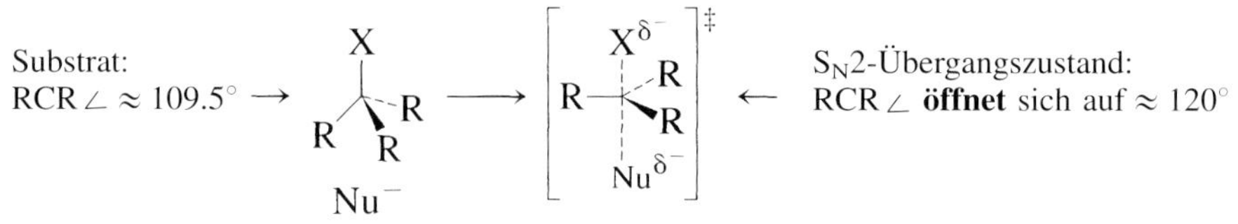

Substrat:
$RCR\angle \approx 109.5°$ → [Struktur mit X, R, R, R, Nu^-] ⟶ [S_N2-Übergangszustand mit $X^{\delta-}$, R, R, R, $Nu^{\delta-}$]‡ ← S_N2-Übergangszustand: $RCR\angle$ **öffnet** sich auf ≈ 120°

Sehen Sie sich nun eine hypothetische S_N2-Reaktion an einem Halogencyclopropan an (siehe unten). Das Substrat ist mit Ringbindungswinkeln von 60° bereits stark gespannt, weil seine Kohlenstoffatome entsprechend ihrer sp^3-Hybridisierung natürlich Bindungswinkel von 109° anstreben. Das Maß für die Spannung im Substrat entspricht 109 − 60 = 49° Bindungswinkelstauchung. Im S_N2-Übergangszustand wäre die Bindungswinkelstauchung aber **sogar noch größer**, da in diesem Fall eine noch weitere Öffnung der Bindungswinkel auf 120° angestrebt würde. Mit einer Bindungswinkelstauchung von 120 − 60 = 60° ist der S_N2-Übergangszustand für ein Halogencyclopropan wesentlich gespannter als das Halogencyclopropan selbst, was in einer erheblich höheren Aktivierungsenergie (E_a) resultiert. Ähnliches gilt für Halogencyclobutane.

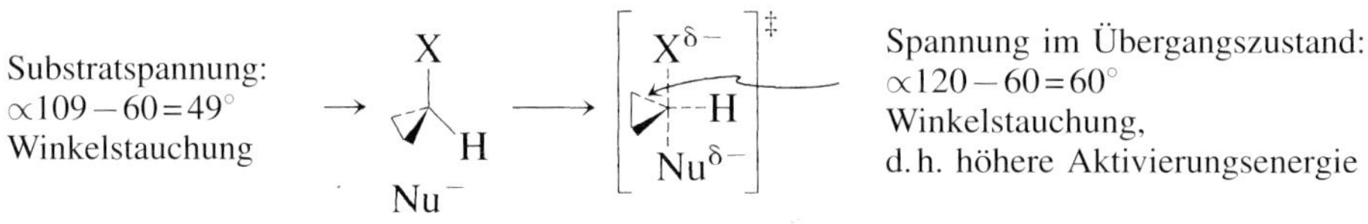

Substratspannung:
$\propto 109 - 60 = 49°$
Winkelstauchung

Spannung im Übergangszustand:
$\propto 120 - 60 = 60°$
Winkelstauchung,
d. h. höhere Aktivierungsenergie

52. Man überlege sich, wie es sich mit der sterischen Hinderung der S_N2-Reaktion in den beiden folgenden Fällen verhält: (a) Nu^- greift an, die Abgangsgruppe ist äquatorial und (b) Nu^- greift an, die Abgangsgruppe ist axial.

(a) Abgangsgruppe äquatorial. Der Übergangszustand sieht so aus:

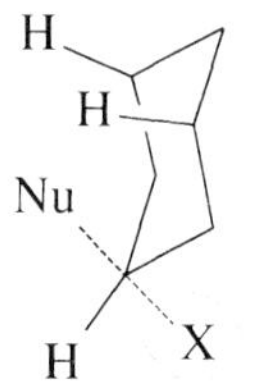

Der Angriff von Nu^- von der Rückseite her wird durch die axialen Wasserstoffatome auf derselben Seite des Rings behindert. **Jedes** einzelne bewirkt eine sterische Hinderung ähnlich der, die bei dem Angriff eines Nucleophils auf ein Halogenpropan in *anti*-Konformation auftritt (Abbildung 6-9C).

(b) Abgangsgruppe axial. Jetzt haben wir folgende Situation:

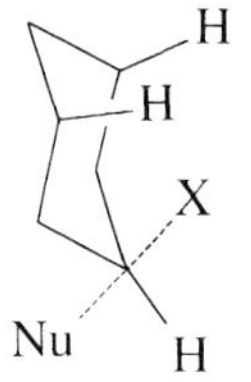

Die sterische Hinderung bezüglich des Angriffs von Nu^- ist jetzt geringer: Das entspricht Abbildung 6-9D. Hierfür muss aber ein Preis gezahlt werden. Erstens ist X^- axial, was Energie kostet. Zweitens wird der **Abgang** von X^- jetzt durch die axialen Wasserstoffatome auf der **gleichen** Seite des Rings behindert. Darum verläuft auch diese Reaktion langsam.

53. Zur Lösung des ersten Teils der Aufgabe siehe Antworten zu Aufgabe 31 und 32. Die folgende Tabelle enthält die acht Konstitutionsisomere, ihren Verzweigungsgrad und Angaben zu ihrer Chiralität.

Substanzname	Typ	Chiral?	Relative S_N2-Reaktivität
1-Brompentan	primär	nein	A
2-Brompentan	sekundär	ja	D
3-Brompentan	sekundär	nein	E
1-Brom-3-methylbutan	primär	nein	B
2-Brom-3-methylbutan	sekundär	ja	F
2-Brom-2-methylbutan	tertiär	nein	H
1-Brom-2-methylbutan	verzweigt primär	ja	C
1-Brom-2,2-dimethylpropan	neopentyl	nein	G

Wir können die Spalte für die relative Reaktivität ausfüllen, wenn wir die Information aus Abschnitt 6.9 zusammen mit den Hinweisen in dieser Aufgabe nutzen. Die zwei unverzweigten primären Halogenalkane sollten am reaktivsten sein (A und B), wobei das geradkettige Isomer etwas überlegen sein sollte. Danach sollte die verzweigte primäre Verbindung folgen (C). Hierfür spricht auch die Information, dass C tatsächlich chiral ist. Die beiden geradkettigen sekundären Halogenide, von denen eines chiral ist, sollten die nächsten in der Reihe sein (D und E). Danach folgt das verzweigte sekundäre Halogenid (F), mit einigem Abstand die Neopentylverbindung (G) und schließlich das unreaktive tertiäre Halogenid (H). Der letzte Hinweispunkt bestätigt diese Zuordnung: Die Chiralitätszentren in den Substraten D und F entsprechen den Kohlenstoffatomen, die die Abgangsgruppen tragen; daher erfolgt bei der S_N2-Reaktion an diesen Zentren Konfigurationsinversion. Im Gegensatz dazu wird das Chiralitätszentrum in C durch die Substitutionsreaktion nicht beeinflusst, *da es nicht das Reaktionszentrum ist.*

7 | Weitere Reaktionen der Halogenalkane

Unimolekulare Substitution und Eliminierungen

22. (a) $(CH_3)_3COCH_2CH_3$

(b) $(CH_3)_2\overset{\overset{\displaystyle OCH_2CF_3}{|}}{C}CH_2CH_3$

(c) Cyclopentan mit CH_3CH_2 und OCH_3 am gleichen C-Atom

(d) Cyclohexyl–$C(CH_3)_2$–$OC(=O)CH_3$

(e) $(CH_3)_3OD$

(f) $(CH_3)_3\!-\!\overset{\displaystyle H}{O}\!-\!$Cyclohexyl

23. (a) Die Antwort zu diesem Teil zeigt jeden Reaktionsschritt auf einer separaten Zeile.

$$CH_3\!-\!\underset{\underset{\displaystyle CH_3}{|}}{\overset{\overset{\displaystyle CH_3}{|}}{C}}\!-\!Br \longrightarrow CH_3\!-\!\underset{\underset{\displaystyle CH_3}{|}}{\overset{\overset{\displaystyle CH_3}{|}}{C^+}} + Br^-$$

$$CH_3\!-\!\underset{\underset{\displaystyle CH_3}{|}}{\overset{\overset{\displaystyle CH_3}{|}}{C^+}} \;\; CH_3CH_2\ddot{O}H \longrightarrow CH_3\!-\!\underset{\underset{\displaystyle CH_3}{|}}{\overset{\overset{\displaystyle CH_3}{|}}{C}}\!-\!\overset{+}{O}\!\!\begin{array}{l}H\\CH_2CH_3\end{array}$$

$$CH_3\!-\!\underset{\underset{\displaystyle CH_3}{|}}{\overset{\overset{\displaystyle CH_3}{|}}{C}}\!-\!\overset{+}{O}\!\!\begin{array}{l}H\\CH_2CH_3\end{array} \longrightarrow CH_3\!-\!\underset{\underset{\displaystyle CH_3}{|}}{\overset{\overset{\displaystyle CH_3}{|}}{C}}\!-\!\ddot{O}\!-\!CH_2CH_3 + H^+$$

Bei Aufgaben wie dieser machen Studenten im letzten Schritt häufig den Fehler, eine Alkylgruppe vom Sauerstoffatom abzuspalten, sodass als Endprodukt ein Alkohol entsteht. Dieser Prozess findet bei Solvolysen in alkoholischen Lösungsmitteln nicht statt: Die Abspaltung eines Protons ist weit günstiger als die Abspaltung eines instabilen Alkyl-Kations (das im obigen Beispiel ein primäres Ethyl-Kation wäre).

(b) Bei den übrigen Teilaufgaben wird zwar noch jeder Schritt einzeln gezeigt, aber die Reaktionsschritte werden zu einer kontinuierlichen Sequenz verknüpft. Die vollständige Struktur jeder Zwischenstufe wird aber noch gezeigt.

Arbeitsbuch Organische Chemie. Neil E. Schore
Copyright © 2006 WILEY-VCH Verlag GmbH & Co. KGaA, Weinheim
ISBN: 3-527-31526-8

7 Weitere Reaktionen der Halogenalkane

(Reaktionsschemata (c), (d) und (e) mit Carbenium-Ion-Mechanismen)

Sie werden sicher fragen, warum gerade das doppelt gebundene Sauerstoffatom und nicht das andere mit dem Carbenium-Ion verknüpft wurde. Wenn man das tut, sieht die Sache wesentlich komplizierter aus. Der Grund ist, dass man ein resonanzstabilisiertes Derivat erhält (siehe unten). Näheres dazu werden Sie in Kapitel 19 bei der Besprechung von Carbonsäuren erfahren.

7 Weitere Reaktionen der Halogenalkane

(f) [Mechanismus: $(CH_3)_3C-Cl \xrightarrow{-Cl^-} (CH_3)_3C^+$, Angriff von Cyclohexanol (D–O–H), Bildung des Oxonium-Ions, $-D^+$, Produkt: $(CH_3)_3C-O-C_6H_{11}$ mit H]

24. [zwei Cyclohexan-Strukturen: cis- und trans-1-Methyl-4-hydroxy-substituiert mit CH₃/OH] und [zweites Isomer]

(a) Zwei Reaktionsschritte:

[Mechanismus: Ausgangsverbindung mit CH₃, Br und CH₃, H → Br⁻ + planares Carbenium-Ion → H₂O-Angriff von beiden Seiten → zwei Oxonium-Ionen → nach $-H^+$: Produkt mit *trans*-ständigen CH₃-Gruppen bzw. Produkt mit *cis*-ständigen CH₃-Gruppen]

Das Nucleophil kann an beide Seiten des ebenen Carbenium-Ions anknüpfen. Dadurch entstehen die beiden gezeigten Produkte.

(b) [Struktur mit Br, CH₃ oben und CH₃, H unten] durch Wiederanknüpfung von Br⁻ auf der gegenüberliegenden Seite des Carbenium-Ions. (Umkehr des Dissoziationsschritts.)

25. Zwei Produkte: [Newman-Projektion mit CH₃CH₂O, CH₃, C₆H₅ vorne und CH₃, H, C₆H₅ hinten] und [zweite Newman-Projektion mit CH₃, H, C₆H₅ vorne und C₆H₅, CH₃, OCH₂CH₃ hinten]

durch Angriff des Nucleophils von jeder Seite des Carbenium-Ions.

26. (a) Wasser beschleunigt alle Reaktionen mit Ausnahme von 22(d), weil es polarer ist als jedes andere für die Solvolyse verwendete Lösungsmittel. Es konkurriert zudem um die Carbenium-Ionen und bildet Alkohole als Produkte.

(b) Ionische Salze erhöhen sehr stark die Polarität und beschleunigen S_N1-Reaktionen (vgl. aber Aufgabe 45). Als Hauptprodukte entstehen die Iodalkane.

(c) Wie bei (b); das Azid-Ion ist ein starkes Nucleophil, die Produkte sind Azidoalkane (Alkylazide, $R-N_3$).

(d) Die Polarität sollte durch dieses Lösungsmittel verringert werden, die Solvolysen verlaufen langsamer.

27.

[Cyclopentan-Kation mit CH_3 (tertiär)] > [Cyclopentan mit H, CH_3 und + am Ring (sekundär)] > [Cyclopentan mit H, $\overset{+}{C}H_2$ (primär)]

28. (a) $(CH_3)_2CClCH_2CH_3 > (CH_3)_2CHCHClCH_3 > (CH_3)_2CHCH_2CH_2Cl$ (tertiär > sekundär > primär)

(b) $RCl > R\overset{O}{\overset{\|}{O}}CCH_3 > ROH$ (Reihenfolge des Austrittvermögens)

(c) [Cyclohexan mit Cl und CH_3] > [Cyclohexan-Br] > [Cyclohexan-Cl]

29. (a) Ein sekundäres System mit einer ausgezeichneten Abgangsgruppe und einem schlechten Nucleophil ⇒ S_N1-Reaktion.

$(CH_3)_2CH-OSO_2CF_3 \longrightarrow {}^-OSO_2CF_3 + (CH_3)_2\overset{+}{C}H \xrightarrow{CH_3CH_2-\ddot{O}H}$

$(CH_3)_2CH\overset{H}{\underset{+}{\overset{|}{O}}}CH_2CH_3 \longrightarrow H^+ + (CH_3)_2CHOCH_2CH_3$

(b) Ein tertiäres Halogenid in einem polaren Lösungsmittel ⇒ S_N1-Reaktion.

[Cyclopentan-CH_3,Br] $\xrightarrow{-Br^-}$ [Cyclopentan-$\overset{+}{C}H_3$] $\xrightarrow{HSCH_3}$ [Cyclopentan mit $\overset{+}{S}(H)CH_3$, CH_3] $\xrightarrow{-H^+}$ [Cyclopentan mit SCH_3, CH_3]

(c) Ein primäres Halogenid mit einem guten Nucleophil in einem aprotischen Lösungsmittel ⇒ S_N2-Reaktion.

$CH_3CH_2CH_2CH_2-Br + (C_6H_5)_3\ddot{P} \longrightarrow CH_3CH_2CH_2CH_2\overset{+}{P}(C_6H_5)_3\ Br^-$

(d) Ähnlich wie bei (c), nur dass es sich hier um ein sekundäres Halogenid handelt ⇒ auch hier S_N2-Reaktion.

$$CH_3CH_2\overset{\overset{Cl}{|}}{C}HCH_2CH_3 \quad + \quad I^- \quad \longrightarrow \quad CH_3CH_2CHICH_2CH_3$$

30. Bestimmen Sie zunächst den wahrscheinlichsten Mechanismus für jede Reaktion. Schreiben Sie dann das Produkt hin. Bedenken Sie schließlich, dass S_N2-Reaktionen schneller in polaren aprotischen Lösungsmitteln ablaufen, während S_N1-Reaktionen wegen der besseren Stabilisierung des Übergangszustands der Kation-Anion-Dissoziation in polaren protischen Lösungsmitteln schneller verlaufen.

(a) Primäres Substrat ⇒ S_N2 unter Bildung von $CH_3CH_2CH_2CN$; verläuft am besten in aprotischen Lösungsmitteln.

(b) Verzweigt, aber weiterhin primär, das Nucleophil ist keine starke Base ⇒ wieder S_N2. Das Produkt ist $(CH_3)_2CHCH_2N_3$; am besten ist wieder ein aprotisches Lösungsmittel.

(c) Tertiäres Substrat ⇒ S_N1-Substitution unter Bildung von $(CH_3)_3CSCH_2CH_3$; am besten in protischem Lösungsmittel.

(d) Sekundäres Substrat mit einer ausgezeichneten Abgangsgruppe und einem schwachen Nucleophil ⇒ S_N1 ist hier der wahrscheinlichste Mechanismus; das Produkt ist $(CH_3)_2CHOCH(CH_3)_2$; verläuft am schnellsten in protischem Lösungsmittel.

31. Es werden **zwei aufeinanderfolgende** unter Inversion verlaufende S_N2-Schritte gebraucht, um als Ergebnis die gewünschte stereochemische Retention zu erreichen:

(R)-2-Chorbutan $\xrightarrow{\text{KBr, DMSO}}$ (S)-2-Brombutan $\xrightarrow{\text{NaN}_3\text{, DMSO}}$ (R)-2-Azidobutan

32. (1) Racemisches $CH_3CH_2CH(O\overset{\overset{O}{\|}}{C}H)CH_3$ entsteht durch eine S_N1-Reaktion (eine Solvolyse). Das Lösungsmittel (eine Carbonsäure) ist sehr polar und protisch, aber ein schwaches Nucleophil.

(2) (R)-$CH_3CH_2CH(O\overset{\overset{O}{\|}}{C}H)CH_3$ bildet sich in einer S_N2-Reaktion (gutes Nucleophil, aprotisches Lösungsmittel). Beachten Sie die sehr unterschiedlichen Bedingungen.

33. Die erste Reaktion ist eine einfache S_N2-Substitution. Die zweite Reaktion ist ebenfalls eine S_N2-Reaktion, aber etwas komplizierter. Wir sehen uns zunächst an, wie das Produkt weiterreagieren kann, und erkennen danach vielleicht, warum dies bei der zweiten Reaktion geschieht, nicht aber bei der ersten.

Der Reaktionsweg zur Bildung des Nebenprodukts $(CH_3CH_2CH_2CH_2)_2S$ muss über die Umsetzung des ersten Substitutionsprodukts $CH_3CH_2CH_2CH_2SH$ mit einem weiteren Molekül der ursprünglichen Ausgangsverbindung $CH_3CH_2CH_2CH_2Br$ führen: Dies ist die einzige vernünftige Möglichkeit, um am Schwefelatom eine zweite Butylgruppe zu erhalten. Da die Butylgruppe primär ist, kommt nur ein S_N2-Mechanismus in Frage. Am einfachsten ist es, das Produktmolekül selbst als Nucleophil zu verwenden:

$$CH_3CH_2CH_2CH_2\overset{..}{\underset{..}{S}}H + CH_3CH_2CH_2\overset{\frown}{-}CH_2\overset{\curvearrowright}{-}Br \xrightarrow{-Br^-} \begin{matrix} CH_3CH_2CH_2CH_2 \\ \diagdown \\ CH_3CH_2CH_2CH_2 \diagup \end{matrix} \overset{+}{S}-H$$

Durch Abspaltung von H$^+$ vom Schwefelatom ist die Sequenz beendet. Warum geschieht das Gleiche nicht bei der ersten Reaktion, der Bildung des Alkohols? Was wissen Sie über die Unterschiede der nucleophilen Stärke von S und O? Schwefel ist ein weit besseres Nucleophil, besonders in protischen Lösungmitteln (Abschn. 6.8). Alkohole sind zu schwache Nucleophile, um S$_N$2-Substitutionen einzugehen, während diese Reaktionen mit Thiolen leicht ablaufen.

Haben Sie einen anderen Mechanismus überlegt, bei dem die SH-Gruppe des Thiols *vor* dem nucleophilen Angriff deprotoniert wird? Das heißt,

$$CH_3CH_2CH_2CH_2\overset{..}{\underset{..}{S}}H \rightleftharpoons CH_3CH_2CH_2CH_2\overset{..}{\underset{..}{S}}:^- + H^+$$

und danach

$$CH_3CH_2CH_2CH_2\overset{..}{\underset{..}{S}}:^- + CH_3CH_2CH_2\overset{\frown}{-}CH_2\overset{\curvearrowright}{-}Br \xrightarrow{-Br^-} \begin{matrix} CH_3CH_2CH_2CH_2 \\ \diagdown \\ CH_3CH_2CH_2CH_2 \diagup \end{matrix} \overset{..}{\underset{..}{S}}$$

Dieser Mechanismus ist *qualitativ* zwar möglich, weil aber der pK_a-Wert für die SH-Bindung bei etwa 10 liegt, ist das Gleichgewicht für den ersten Deprotonierungsschritt in Abwesenheit einer Base zu ungünstig, als dass diese Sequenz konkurrieren könnte: Die Konzentration der konjugierten Base ist zu niedrig.

34. (22 a) $(CH_3)_2C=CH_2$

(22 b) $CH_2=C(CH_3)CH_2CH_3$, $CH_3CH=C(CH_3)_2$

(22 c) $CH_3CH=\!\!\!<\!\!\bigcirc$, $CH_3CH_2\!-\!\!\bigcirc\!\!=$

(22 d) $(CH_3)_2C=\!\!\!<\!\!\bigcirc$, $CH_2=C(CH_3)-\!\!\bigcirc$

(22 e), (22 f) wie bei (22 a)

35. (a) Die Base ist sehr stark (der pK_a-Wert von NH$_3$ ist sehr hoch, etwa 35; es ist ein sehr **schwache** Säure), und das begünstigt E2 gegenüber E1. Das einzige Produkt ist

$$\begin{matrix} CH_3CH_2 & & H \\ & \diagdown & \diagup \\ & C=C & \\ & \diagup & \diagdown \\ CH_3CH_2 & & CH_3 \end{matrix}$$

Dieses Produkt entsteht unabhängig davon, welches der sechs möglichen Protonen in Nachbarschaft zum reaktiven Kohlenstoffatom abgespalten wird.

7 Weitere Reaktionen der Halogenalkane

(a) [Mechanism diagram showing H₂N⁻ attacking a substrate with CH₃, H, CH₃CH₂, CH₂CH₃, Br groups, producing NH₃ + alkene (CH₃CH₂)(CH₃CH₂)C=C(H)(CH₃) + Br⁻]

(b) E2: [Mechanism diagram with (CH₃)₃C—O⁻ as base attacking substrate] ⟶ (CH₃)₃C—OH + CH₃CH₂CH=CH₂ + Cl⁻

(c) E2: [Mechanism diagram with ⁻OH as base, cyclohexyl groups, H and Br] ⟶ H₂O + [alkene product with two cyclohexyl groups] + Br⁻

(d) E1 oder E2 können auftreten, in jedem Fall können zwei Produkte entstehen:

[cyclohexene with CH₃ substituent] [methylenecyclohexane =CH₂]

Beispiel für einen E1-Mechanismus:

[cyclohexyl-Cl with CH₃] ⟶ Cl⁻ + [cyclohexyl cation with CH₃ and H] ⟶ H⁺ + [cyclohexene-CH₃]

Beispiel für einen E2-Mechanismus:

[cyclohexyl with Cl and CH₂—H] + CH₃O⁻ ⟶ CH₃OH + Cl⁻ + [=CH₂ cyclohexane]

36. Wie bei den Aufgaben 29 und 30 das Wichtigste zuerst: Ordnen Sie das Substrat in eine Kategorie ein (primär, sekundär, usw.), um die möglichen Reaktionsmechanismen zu bestimmen. 1-Brombutan ist ein unverzweigtes primäres Halogenalkan; es kann daher nach S_N2 und E2 reagieren. Mit guten Nucleophilen findet eine S_N2-Reaktion statt, schwache Nucleophile reagieren hingegen nicht. Starke, sterisch gehinderte Basen führen zur E2-Reaktion.

(a) und **(c)** 1-Chlorbutan   **(b)** 1-Iodbutan

(d) $CH_3CH_2CH_2CH_2NH_3^+Br^-$ **(e)** $CH_3CH_2CH_2CH_2OCH_2CH_3$

Die obigen Produkte werden alle über S_N2-Mechanismen gebildet.

(f) Keine Reaktion. Alkohole sind schwache Nucleophile.

(g) $CH_3CH_2CH=CH_2$ (E2-Reaktion)

(h) Keine Reaktion. Carbonsäuren sind schwache Nucleophile. (Das wurde zwar bisher noch nicht erwähnt, Sie wissen aber, dass Nucleophilie und Basizität parallel laufen. Carbon*säuren* sind demnach sehr wahrscheinlich keine starken *Basen*, oder?)

37. Das Substrat 2-Brombutan ist sekundär. Damit sind alle Mechanismen möglich.

(a) 2-Chlorbutan   **(b)** 2-Iodbutan

DMF ist ein polares aprotisches Lösungsmittel; (a) und (b) sind S_N2-Reaktionen.

(c) 2-Chlorbutan, aber nun nach dem S_N1-Mechanismus. Nitromethan ist ein nichtnucleophiles Lösungsmittel mit gutem Ionisierungsvermögen.

(d) $CH_3CH_2CH(NH_3)CH_3^+ Br^-$

S_N2: NH_3 ist ein gutes, aber kein *stark* basisches Nucleophil.

(e) und **(g)** $CH_3CH_2CH=CH_2$ und $CH_3CH=CHCH_2$ (E2-Produkte; die Aufgabenstellung sagt, dass die Reagenzien im Überschuss vorliegen, damit ist E2 gegenüber E1 begünstigt.

(f) $CH_3CH_2CH(OCH_2CH_3)CH_3$. Das sekundäre Substrat reagiert mit dem schwach nucleophilen Alkohol unter S_N1-Reaktion (Solvolyse).

(h) $CH_3CH_2CH(O_2CCH_3)CH_3$. Eine weitere S_N1-Solvolyse wie bei (f).

38. Das Substrat 2-Brom-2-methylpropan ist nun tertiär. Damit scheidet ein S_N2-Mechanismus als Reaktionsmöglichkeit aus.

(a) und **(b)** keine Reaktion. Die üblichen polaren aprotischen Lösungsmittel haben ein ziemlich schlechtes Ionisierungsvermögen. DMF ist in dieser Hinsicht zwar etwas besser als Propanon (Aceton — ein wirklich schlechtes Solvens für S_N1-Reaktionen), dennoch wird die Substitution nur sehr langsam verlaufen.

(c) 2-Chlor-2-methylpropan (S_N1)

(d) Ammoniak ist hinsichtlich der Basenstärke ein Grenzfall und reagiert mit sekundären Substraten (bei denen S_N2 eine Möglichkeit ist) eher unter Substitution, mit tertiären Halogenalkanen eher unter Eliminierung (E2): $(CH_3)_2C=CH_2$

(e) und **(g)** $(CH_3)_2C=CH_2$ (E2)   **(f)** $(CH_3)_3C-O-CH_2CH_3$

(h) $(CH_3)_3CO_2CCH_3$ (S_N1)

39. (a) (1) $(CH_3)_3CSH + HCl$

(2) $(CH_3)_3CO_2CCH_3 + (CH_3)_2C=CH_2 + KCl + CH_3COOH$
($CH_3COO^- K^+$ ist basisch genug, um zur Eliminierung bei tertiären Halogeniden zu führen).

(3) $(CH_3)_2C=CH_2 + KCl + CH_3OH$

(b) Die Geschwindigkeiten von (1) und (2) sind nahezu gleich. (1) ist eine S_N1- und (2) eine E1-Reaktion, sie haben den gleichen geschwindigkeitsbestimmenden Schritt; wenn die Reaktionsgemische ähnliche Polarität haben, sind die Geschwindigkeiten sehr ähnlich. Die Geschwindigkeit von (3) hängt von der Konzentration der Base ab, da eine bimolekulare Eliminierung erfolgt.

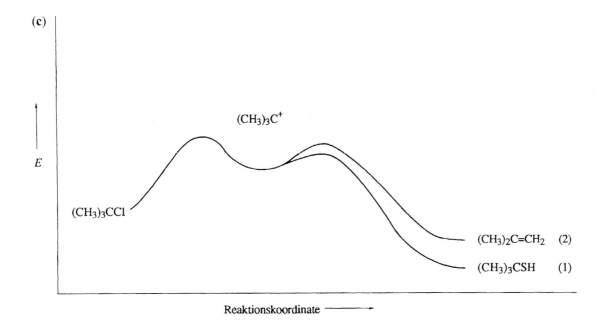

40. (a) cyclopentylidene=CH$_2$ (E2) **(b)** Keine Reaktion (schlechte Abgangsgruppe)

(c) Racemisches CH$_3$CH$_2$CHOHCH$_3$ (S$_N$1) **(d)** cyclohexene (E2)

(e) (CH$_3$)$_2$CHCH$_2$CH$_2$CH$_2$OCH$_2$CH$_3$ (S$_N$2)

(f) Racemisches CH$_3$CH$_2$C(I)(CH$_3$)CH$_2$CH$_2$CH$_3$ (S$_N$1)

(g) Keine Reaktion (mit Ausnahme einer reversiblen Protonenübertragung)

(h) cyclohexenyl—CH$_2$CH$_2$CH$_2$CN und NC—cyclohexyl—CH$_2$CH$_2$CH$_2$CN (E2 und S$_N$2)

(i) (S)-CH$_3$CH$_2$CHSHCH$_3$ (S$_N$2) **(j)** cyclohexyl(OCH$_3$)(OCH$_2$CH$_3$) (S$_N$1)

(k) $(CH_3)_3CCH=CH_2$ (E2) **(l)** Keine Reaktion (schlechtes Nucleophil)

41.

	H_2O	$NaSCH_3$	$NaOCH_3$	$KOC(CH_3)_3$
CH_3Cl	keine Reaktion	CH_3SCH_3 ⎫	CH_3OCH_3 ⎫	$CH_3OC(CH_3)_3$: S_N2
CH_3CH_2Cl	keine Reaktion	$CH_3CH_2SCH_3$ ⎬ S_N2	$CH_3CH_2OCH_3$ ⎬ S_N2	$CH_2=CH_2$ ⎫
$(CH_3)_2CHCl$	$(CH_3)_2CHOH$ ⎫	$(CH_3)_2CHSCH_3$ ⎭	$CH_3CH=CH_2$ ⎫	$CH_3CH=CH_2$ ⎬ E2
$(CH_3)_3CCl$	$(CH_3)_3COH$ ⎬ S_N1	$(CH_3)_3CSCH_3$: S_N1	$(CH_3)_2=CH_2$ ⎬ E2	$(CH_3)_2C=CH_2$ ⎭
	und	und		
	$(CH_3)_2C=CH_2$: E1	$(CH_3)_2C=CH_2$: E1		

42. Siehe die Antwort zu Aufgabe 41. Sekundäre Halogenide ergeben höhere E2/E1-Verhältnisse als tertiäre Halogenide.

43. (a) Träge: $CH_3CH=CHCH_3$ und $CH_3CH_2CH=CH_2$ sind wichtige Produkte.

(b) Überhaupt nicht: keine Reaktion (schlechtes Nucleophil).

(c) Überhaupt nicht: keine erkennbare Reaktion, außer S_N1 mit dem Lösungsmittel.

(d) Rasch: eine „intramolekulare" (interne) S_N1-Reaktion.

(e) Gut, im Endeffekt aber sehr, sehr langsam.

(f) Rasch.

(g) Rasch.

(h) Überhaupt nicht: wegen des sehr schlechten Nucleophils keine Reaktion.

(i) Überhaupt nicht: keine Reaktion.

(j) Überhaupt nicht: keine Reaktion wegen der sehr schlechten Abgangsgruppe.

(k) Träge, außerdem entsteht $(CH_3)_2CHCH_2CH_2OCH_2CH_3$.

(l) Träge, das gute Nucleophil liefert hauptsächlich $CH_3CH_2CH_2CH_2OCH_2CH_3$.

44. (a) $CH_3CH_2CH_2CH_3 \xrightarrow{Br_2, \Delta} CH_3CH_2CHBrCH_3 \xrightarrow{KI, DMSO} CH_3CH_2CHICH_3$

(b) $CH_3CH_2CH_2CH_3 \xrightarrow{Cl_2, 100°C}$ etwas $CH_3CH_2CH_2CH_2Cl \xrightarrow{NaI, Propanon} CH_3CH_2CH_2CH_2I$

(c) $CH_4 \xrightarrow{Cl_2, h\nu} CH_3Cl \xrightarrow{KOH, H_2O} CH_3OH$;

dann $(CH_3)_3CH \xrightarrow{Br_2, \Delta} (CH_3)_3Br \xrightarrow{CH_3OH} (CH_3)_3COCH_3$

(d) cyclohexane $\xrightarrow{Br_2, h\nu}$ bromocyclohexane $\xrightarrow{KOCH_2CH_3, CH_3CH_2OH}$ cyclohexene

(e) Aus **(d)** bromocyclohexane $\xrightarrow{H_2O\ (S_N1)}$ cyclohexanol (Eine bessere Methode wird in Kap. 8 vorgestellt.)

(f) Konzentrierte H_2SO_4, erhitzen (einstufig, eine intramolekulare S_N2-Reaktion).

(g) Na_2S in Alkohol (eine Stufe!):

$$\begin{array}{c} \text{Br} \\ | \\ CH_2 \\ CH_2 \\ | \\ CH_2 \\ | \\ Br \end{array} \quad S^{2-} \quad \begin{array}{c} \text{Br} \\ | \\ CH_2 \\ CH_2 \\ | \\ CH_2 \\ | \\ Br \end{array} \quad S^{2-} \quad \begin{array}{c} CH_2 \\ CH_2 \end{array}$$

Vier S_N2-Substitutionen

45. (a) Geschwindigkeit $= k[RBr]$, somit $2 \times 10^{-4} = k(0.1)$ und daher $k = 2 \times 10^{-3} \, s^{-1}$.

Das Produkt ist C₆H₅—C(CH₃)₂—OH (ROH).

(b) Neue „k_{LiCl}" $= 4 \times 10^{-3} \, s^{-1}$. Zusatz von LiCl erhöht durch Zugabe von Ionen die Polarität der Lösung, dadurch wird der geschwindigkeitsbestimmende Dissoziationsschritt im Solvolysevorgang beschleunigt.

(c) In diesem Fall enthält das zugefügte Salz Br^-, **das auch die Abgangsgruppe in der Solvolysereaktion darstellt**. Dadurch kommt es zu einer **Abnahme** der Geschwindigkeit, weil der erste Solvolyseschritt reversibel ist und die **Rekombination** von R^+ und Br^- mit der Reaktion von R^+ mit H_2O konkurriert:

$$RBr \xrightleftharpoons[\text{Rekombination}]{\text{Ionisierung}} Br^- + R^+ \xrightarrow{H_2O} ROH$$

46. Cyclohexyl-Kation $>$ Cyclobutyl-Kation $>$ Cyclopropyl-Kation

Carbenium-Ionen sind sp^2-hybridisiert mit Bindungswinkeln von $120°$. Wird der Ring kleiner, nimmt die Abweichung von $120°$ zu, wodurch das Carbenium-Ion destabilisiert wird. (Vgl. Aufgabe 51 in Kap. 6.)

47. (a) Ein tertiäres Halogenid $\Rightarrow S_N1$-Reaktion aus zwei einfachen Reaktionsschritten wie im Reaktionsprofil (3).

$E = (CH_3)_3\overset{\delta+}{C}\cdots\overset{\delta-}{Cl}$ $F = (CH_3)_3C^+$

$G = (CH_3)_3\overset{\delta+}{C}\cdots\overset{\delta+}{P}(C_6H_5)_3$ $H = (CH_3)_3C\overset{+}{P}(C_6H_5)_3$

(b) Ein sekundäres Halogenid wird durch ein anderes Halogenid ersetzt $\Rightarrow S_N2$-Reaktion. Produkt und Ausgangsmaterial haben ähnliche Stabilität: Reaktionsprofil (2).

$C = \overset{\delta-}{Br}\cdots\underset{\underset{CH_3}{|}}{\overset{\overset{H}{|}}{C}}\cdots\overset{\delta-}{I}$ $D = (CH_3)_2CHBr$
$\quad\quad\quad CH_3$

(c) Ein tertiärer Alkohol mit einer starken wässrigen Säure $\Rightarrow S_N1$ mit mehreren Reaktionsschritten: Reaktionsprofil (4).

$I = (CH_3)_3C-\underset{\delta+}{O}\cdots\underset{\delta+}{H}$ $J = (CH_3)_3C\overset{+}{O}H_2$
$\quad\quad\quad\; |$
$\quad\quad\quad H$

$K = (CH_3)_3\underset{\delta+}{C}\cdots\underset{\delta+}{OH_2}$ $L = (CH_3)_3C^+$

$M = (CH_3)_3\underset{\delta+}{C}\cdots\underset{\delta-}{Br}$ $N = (CH_3)_3CBr$

(d) Ein primäres Halogenid und ein gutes Nucleophil ⇒ S_N2-Reaktion, aber das Produkt ist wesentlich stabiler als das Ausgangsmaterial (C−O-Bindungen sind stärker als C−Br-Bindungen): Reaktionsprofil (1).

$A = CH_3CH_2\overset{\delta-}{O}\cdots\underset{\underset{CH_3}{|}}{\overset{\overset{H}{|}H}{C}}\cdots\overset{\delta-}{Br}$ $B = CH_3CH_2OCH_2CH_3$

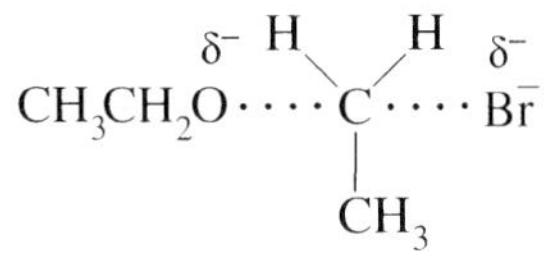

48. Neutrale polare Bedingungen sind ideal für eine **intra**molekulare S_N1-Reaktion:

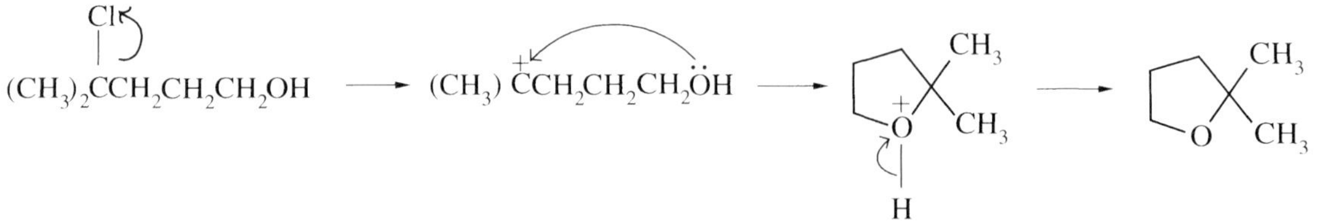

$(CH_3)_2\overset{\overset{Cl}{|}}{C}CH_2CH_2CH_2OH \longrightarrow (CH_3)\overset{+}{C}CH_2CH_2CH_2\ddot{O}H \longrightarrow$ [cyclisches Oxonium-Ion] $\longrightarrow$ [Tetrahydrofuran-Produkt]

Basische Bedingungen fördern die Eliminierung zu Alkenen. Zwei isomere Alkene sind möglich: $CH_2=C(CH_3)CH_2CH_2CH_2OH$ und $(CH_3)_2C=CHCH_2CH_2OH$.

49. (a) E1-Geschwindigkeit = $(1.4 \times 10^{-4} \text{ s}^{-1})(2 \times 10^{-2} \text{ mol L}^{-1}) = 2.8 \times 10^{-6}$ mol (L s)$^{-1}$

E2-Geschwindigkeit = $(1.9 \times 10^{-4} \text{ L (mol s)}^{-1}(2 \times 10^{-2} \text{ mol L}^{-1})(5 \times 10^{1} \text{ mol L}^{-1})$
$= 1.9 \times 10^{-6}$ mol (L s)$^{-1}$

Die Geschwindigkeit von E1 ist höher, daher überwiegt die E1-Reaktion.

(b) E1-Geschwindigkeit = 2.8×10^{-6} mol (L s)$^{-1}$ (keine Änderung)

E2-Geschwindigkeit = $(1.9 \times 10^{-4} \text{ L (mol s)}^{-1} (2 \times 10^{-2} \text{ mol L}^{-1})(2 \text{ mol L}^{-1}) =$
7.6×10^{-6} mol (L s)$^{-1}$

Jetzt ist die Geschwindigkeit von E2 höher, daher überwiegt die E2-Reaktion.

(c) Man löst nach [NaOCH$_3$] auf für Geschwindigkeit E1 = Geschwindigkeit E2:

2.8×10^{-6} mol (L s)$^{-1} = (1.9 \times 10^{-4} \text{ L (mol s)}^{-1})(2 \times 10^{-2} \text{ mol L}^{-1})$ [NaOCH$_3$]

[NaOCH$_3$] = 0.74 mol L^{-1}.

50. Der Mechanismus ist exakt die **Umkehrung** der in Abschnitt 7.2 beschriebenen Hydrolyse.

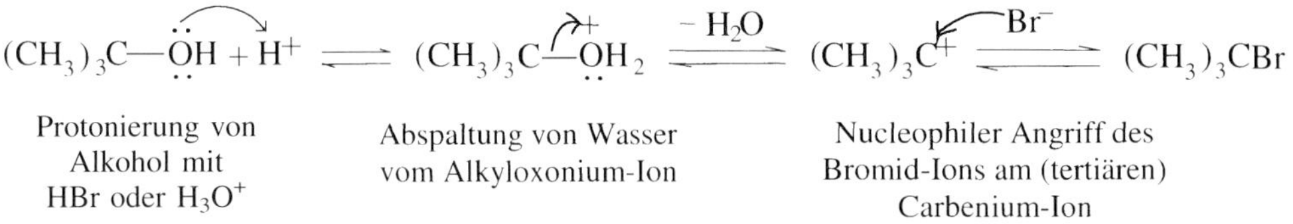

$(CH_3)_3C-\ddot{O}H + H^+ \rightleftharpoons (CH_3)_3C-\overset{+}{O}H_2 \underset{}{\overset{-H_2O}{\rightleftharpoons}} (CH_3)_3C^+ \overset{Br^-}{\rightleftharpoons} (CH_3)_3CBr$

Protonierung von   Abspaltung von Wasser   Nucleophiler Angriff des
Alkohol mit   vom Alkyloxonium-Ion   Bromid-Ions am (tertiären)
HBr oder H$_3$O$^+$ Carbenium-Ion

Beachten Sie die Abgangsgruppe im zweiten Schritt: Es ist **Wasser**, eine **schwache Base**. Die Protonierung ermöglicht die nucleophile Substitution von Alkoholen, weil dadurch eine schlechte Abgangsgruppe (Hydroxid, eine starke Base) in eine gute (Wasser) umgewandelt wird. Auf dieses Thema kommen wir in Kapitel 9 zurück.

51. Hauptsächlich S_N2: **(a), (d), (e), (g), (h), (i)** (diese Nucleophile sind alle schwache Basen, daher ist die Eliminierung nicht begünstigt).

Teils S_N2, teils E2: **(c), (f)**.

Hauptsächlich E2: **(b)** (starke Basen begünstigen die Eliminierung).

52. Sowohl in **A** als auch in **B** haben H und Cl (beide in axialen Positionen) die erforderliche *anti*-Stellung zueinander, sodass die E2-Eliminierung zum gewünschten Alken führt. In **C** steht das Cl-Atom äquatorial, daher kann keine *anti*-Eliminierung stattfinden (man überprüfe das an einem Modell). Stattdessen laufen sehr langsame Eliminierungen über *syn*-Anordnungen ab, wobei Gemische entstehen, die neben dem gewünschten Alken das nachfolgend gezeigte Isomer enthalten.

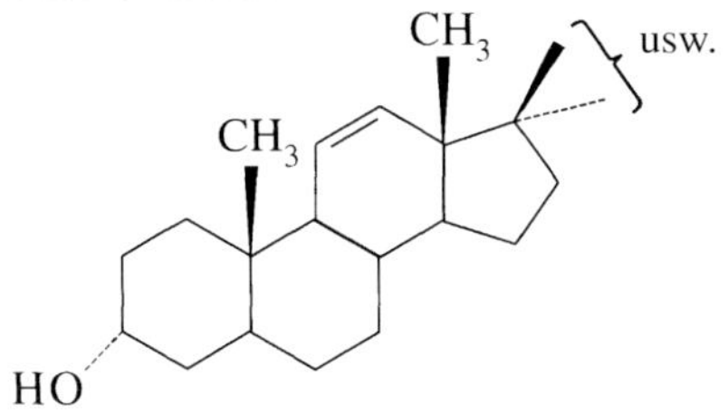

53. Schauen Sie sich zunächst die Konformationen an (sie enthalten auch die für Teil b nötigen Deuteriumatome):

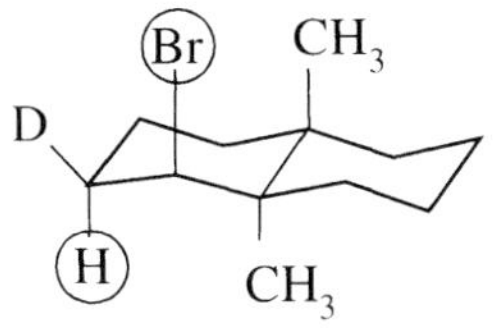

(i-d)   im Vergleich zu   (ii-d)

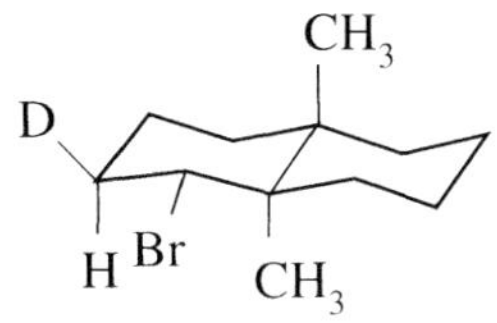

(a) und **(b)** Die Verbindung **i** reagiert viel schneller, weil sie bereits die erforderliche *anti*-Stellung von Br und H enthält (an benachbarten Kohlenstoffatomen, eingekreist). Im gezeigten deuterierten Derivat führt die E2-Reaktion nur zur Abspaltung von HBr; Deuterium bleibt vollständig erhalten, weil es relativ zum Bromatom keine *anti*-Stellung einnehmen kann. Die gezeigte Konformation ist auch die reaktive.

Verbindung **ii** besitzt in der gezeigten Konformation kein Wasserstoffatom in *anti*-Stellung zum Bromatom. Wenn aber der linke Ring, wie nachfolgend gezeigt, eine Wannenkonformation einnimmt, kann eine E2-Eliminierung über einen *anti*-Übergangszustand ohne weiteres ablaufen:

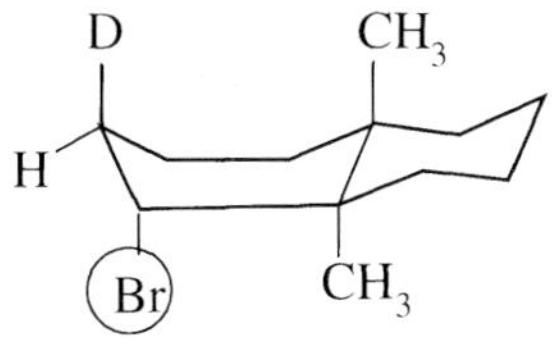

Der Zeichnung zufolge sollte man erwarten, dass Deuterium nach diesem Mechanismus vollständig abgespalten wird, was tatsächlich der Fall ist.

(c) Die Reaktion von ii-d sollte einen Isotopeneffekt aufweisen, weil im geschwindigkeitsbestimmenden Schritt eine C−D-Bindung gelöst wird. Die E2-Eliminierung sollte daher bei ii-d langsamer verlaufen als bei ii. Die E2-Eliminierungen bei i und i-d sollten praktisch die gleiche Geschwindigkeit haben, weil die C—D-Bindung in i-d bei der Reaktion nicht unmittelbar betroffen ist.

54. Charakterisieren Sie zunächst wie schon zuvor jede Substrat-Nucleophil(Basen)-Kombination, bevor Sie fortfahren. Wir haben:

ein primäres Halogenalkan **A**, zwei sekundäre Halogenalkane **B** und **C** und ein tertiäres Halogenalkan **D**, die mit (a) einem guten, relativ schwach basischen Nucleophil, (b) einer starken, raumfüllenden Base, (c) einem guten, mittelstark basischen und kleinen Nucleophil, (d) ähnlich wie bei (a) einem guten, jedoch nicht besonders stark basischen Nucleophil und (e) einem schwachen und im Wesentlichen nichtbasischen Nucleophil reagieren.

Die Aufgabe ist am besten zu lösen, indem man jedes Bromalkan einzeln betrachtet und jeweils den wahrscheinlichsten Mechanismus ermittelt, nach dem es unter den Bedingungen (a) bis (e) reagiert. Fangen wir mit dem einfachsten an!

A 1-Brombutan (primär) ergibt unter allen Bedingungen mit Ausnahme von (b) (E2 mit sehr raumfüllender Base führt zu $CH_3CH_2CH=CH_2$) und (e) (keine Reaktion mit schwachem Nucleophil) S_N2-Produkte, $CH_3CH_2CH_2CH_2Nu$.

D 2-Brom-2-methylpropan (tertiär) ergibt mit Methanol (e) das S_N1-Produkt, $(CH_3)_3COCH_3$, sowie kleinere Mengen $(CH_3)_2C=CH_2$, das Nebenprodukt aus der E1-Reaktion. Unter den Bedingungen (a) und (d) werden die S_N1-Produkte $(CH_3)_3CN_3$ bzw. $(CH_3)_3CO_2CCH_3$ gebildet sowie eine erhöhte Menge $(CH_3)_2C=CH_2$, das nun durch E2-Reaktion mit dem mäßig basischen Azid- bzw. Acetat-Nucleophil entsteht. Unter den stark basischen Bedingungen (c) und (b) findet ausschließlich eine E2-Reaktion statt.

B und **C** 2-Brombutan (sekundär) ergibt unter den Bedingungen (a) und (d) (gute Nucleophile, keine sehr starken Basen) S_N2-Produkte, mit Hydroxid (c) (an der Grenze zu einer starken Base, die bei sekundären Substraten die Substitution gegenüber der Eliminierung begünstigt) ein Gemisch aus S_N2- und E2-Produkten und mit LDA (b) das E2-Produkt. Methanol (e) reagiert hauptsächlich nach S_N1, etwas nach E1. Die Frage nach der Stereochemie, die sich durch die beiden Diastereomere von deuteriertem 2-Brombutan ergibt, wird anhand der folgenden mechanistischen Betrachtungen untersucht:

Substitutionsreaktionen

S_N2: Inversion am Reaktionszentrum

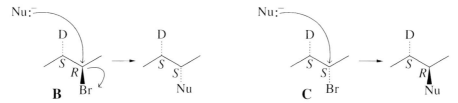

S_N1: Gemisch der Stereoisomeren am Reaktionszentrum

Entweder **B** oder **C** → Gemisch aus (2S,3S)- und (2R,3S)-Substitutionsprodukten

Eliminierungsreaktionen

E2: *Anti*-Konformation von Wasserstoffatom und Abgangsgruppe im Übergangszustand. Jedes Substrat kann entweder zum Alken mit der Doppelbindung zwischen C1 und C2 oder zum Alken mit der Doppelbindung zwischen C2 und C3 reagieren; letzteres kann zwei verschiedene Konformationen einnehmen.

B Base:

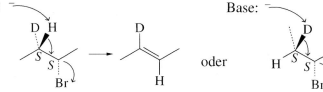

Die Faktoren, die einen der beiden E2-Reaktionspfade gegenüber dem anderen begünstigen, werden in Kapitel 11 besprochen.

C Base:

E1: Gemisch aller aus beiden Substraten erhaltenen Alkenisomere.

8 | Die Hydroxygruppe: Alkohole

Eigenschaften, Darstellung und Synthesestrategie

21. (a) 2-Butanol, sekundär (b) 5-Brom-3-hexanol, sekundär

(c) 2-Propyl-1-pentanol, primär (d) (S)-1-Chlor-2-propanol, sekundär

(e) 1-Ethylcyclobutanol, tertiär (f) *trans*-(1R,2R)-2-Bromcyclodecanol, sekundär

(g) 2,2-Bis(hydroxymethyl)-1,3-propandiol, primär („bis" benutzt man als Präfix anstelle von „di", wenn der folgende Ausdruck kompliziert genug ist, um in Klammern gesetzt zu werden)

(h) *meso*-1,2,3,4-Butantetraol, primär an C1 und C4, sekundär an C2 und C3

(i) *cis*-(1R,2R)-2-(2-Hydroxyethyl)cyclopentanol, sekundär am Ring, primär an der Seitenkette

(j) (R)-2-Chlor-2-methyl-1-butanol, primär

22. (a) $(CH_3)_3SiCH_2CH_2OH$

(b) Cyclopropan mit CH_3 und OH

(c) $CH_3CHOHCHCH_2CH_2CH_3$ mit $CH(CH_3)_2$ Substituent

(d) Fischer-Projektion: $CH_2CH_2CH_3$ oben, H links, OH rechts, CH_3 unten

(e) Cyclohexan mit OH und zwei Br

23. (a) Cyclohexanol > Chlorcyclohexan > Cyclohexan (Polarität)

(b) 2-Heptanol > 2-Methyl-2-hexanol > 2,3-Dimethyl-2-pentanol (Verzweigung)

24. (a) Wasserstoffbrücken-Bindungen zwischen Ethanol und Wasser. Dipolwechselwirkungen zwischen Chlorethan und Wasser. Ethan ist unpolar, die Anziehungskraft zu Wasser ist am geringsten.

(b) Die Löslichkeit nimmt in dem Maße ab, wie der unpolare Teil des Moleküls zunimmt.

25. Intramolekulare Wasserstoffbrücken-Bindungen stabilisieren die *gauche*-Konformation von 1,2-Ethandiol:

aber nicht die *anti*-Form.

In 2-Chlorethanol kann eine ähnliche Wasserstoffbrücken-Bindung auftreten (die wegen der geringeren Überlappung zwischen dem großen 3p-Orbital von Chlor mit dem freien Elektronenpaar und dem kleinen Wasserstofforbital aber schwächer ist):

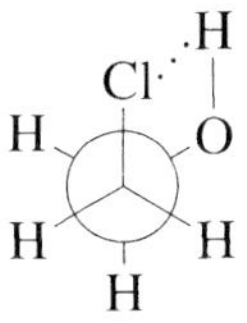

Daher sollte das Verhältnis der Konformationen von 2-Chlorethanol eher dem von 1,2-Ethandiol gleichen als dem von 1,2-Dichlorethan, in dem Wasserstoffbrücken-Bindungen nicht möglich sind.

26. Drei Faktoren sind zu berücksichtigen: Die Elektronegativität der elektronenziehenden Atome, ihre Zahl und ihr Abstand von der Hydroxy-Gruppe.

(a) $CH_3CHClCH_2OH > CH_3CHBrCH_2OH > ClCH_2CH_2CH_2OH$

(b) $CCl_3CH_2OH > CH_3CCl_2CH_2OH > (CH_3)_2CClCH_2OH$

(c) $(CF_3)_2CHOH > (CCl_3)_2CHOH > (CH_3)_2CHOH$

27. (a) $(CH_3)_2CH\overset{+}{O}H_2 \xleftarrow{\text{als Base, }H^+} (CH_3)_2CHOH \xrightarrow{\text{als Säure, }HO^-} (CH_3)_2CHO^-$

2-Propanol ist sowohl eine schwächere Säure als auch eine schwächere Base als Methanol (Tabellen 8-2 und 8-3).

(b) $CH_3CHFCH_2\overset{+}{O}H_2 \xleftarrow{H^+} CH_3CHFCH_2OH \xrightarrow{HO^-, (-H^+)} CH_3CHFCH_2O^-$

(c) $CCl_3CH_2\overset{+}{O}H_2 \xleftarrow{H^+} CCl_3CH_2OH \xrightarrow{HO^-, (-H^+)} CCl_3CH_2O^-$

Die Alkohole in (b) und (c) sind stärkere Säuren und schwächere Basen als Methanol. Bei beiden stabilisieren die elektronegativen Halogenatome das Alkoxid und destabilisieren das Oxonium-Ion.

28. (a) Bei der halben Differenz zwischen den beiden pK_a-Werten: pH 6.7. (Vergleichen Sie mit H_2O: bei pH = 7 liegen gleiche Mengen an H_3O^+ und HO^- vor).

(b) pH = –2.2   **(c)** pH = +15.5

29. Nein. Im Gegensatz zu Carbenium-Ionen besitzt Sauerstoff in Oxonium-Ionen keine leeren p-Orbitale. Eine Hyperkonjugation erfordert die π-Überlappung eines bindenden Orbitals mit einem leeren p-Orbital (Abschn. 7.5). Eine solche Überlappung ist hier nicht möglich, daher ist auch keine Stabilisierung durch Hyperkonjugation möglich.

30. (a) wertlos (H_2O ist in S_N2-Reaktionen ein sehr schlechtes Nucleophil)

(b) gut (ausgezeichnete S_N2-Reaktion – CH_3 ist an die Sulfonat-Abgangsgruppe gebunden)

(c) nicht so gut (bei der Reaktion von Basen mit sekundären Halogenalkanen tritt in beträchtlichem Umfang Eliminierung auf)

(d) gut (aber langsam, über einen S_N1-Mechanismus)

8 Die Hydroxygruppe: Alkohole   113

(e) wertlos (⁻CN ist eine schlechte Abgangsgruppe)

(f) wertlos (⁻OCH$_3$ ist eine schlechte Abgangsgruppe)

(g) gut (im ersten Schritt S$_N$1)

(h) nicht so gut (Verzweigung vermindert die S$_N$2-Reaktivität, E2 tritt auf).

31. (a) CH$_3$CH$_2$CHOHCH$_3$ (b) CH$_3$CHOHCH$_2$CH$_2$CHOHCH$_3$

(c) [Cyclohexan mit H und CH$_2$OH Substituenten]   (d) [Cyclopentan]

(e) [Cyclohexan mit OH, CH$_3$ und (CH$_3$)$_2$CH Substituenten]   Durch Addition von Hydrid an die sterisch weniger gehinderte (Unterseite) des Rings.

(f) Bauen Sie ein Modell. Die wichtigste sterische Wechselwirkung bei der Addition von Hydrid tritt hier mit den axialen Wasserstoffatomen an der „Oberseite" des Rings in der Sesselkonformation auf:

[Sesselkonformation Darstellung: gehindert (Oberseite), weniger gehindert → Hauptdiastereomer des Alkohols]

32. Auf der rechten Seite (H$_2$ ist eine schwächere Säure als H$_2$O und HO⁻ eine schwächere Base als H⁻).

33. (a) CH$_3$CHDOH   (b) CH$_3$CH$_2$OD, durch Reaktion von CH$_3$CH$_2$O⁻ mit D⁺

(c) CH$_3$CH$_2$D, durch S$_N$2-Reaktion. (LiAlD$_4$ dient als Quelle für das „Deuterid"-Nucleophil D⁻, genau wie LiAlH$_4$ als Quelle für das Hydrid-Nucleophil H⁻.)

34. (a) CH$_3$(CH$_2$)$_5$CH(MgCl)CH$_3$ (b) CH$_3$(CH$_2$)$_5$CHDCH$_3$

(c) [Cyclopentyl-Li]   (d) [Cyclopentyl-ZnCl]

(e) CH$_3$CH$_2$CH$_2$MgCl   (f) [Phenyl-C(OH)(CH$_3$)-CH$_2$CH$_2$CH$_3$]

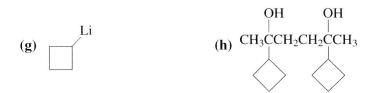

35. Die gewünschte Reaktion ist $CH_3MgI + C_6H_5CHO \rightarrow CH_3CH(OH)C_6H_5$, die Synthese eines sekundären Alkohols durch Addition eines Grignard-Reagenzes an einen Aldehyd. Die unerwartete und unerwünschte Nebenreaktion ist die Addition von Methylmagnesiumiodid an Propanon (Aceton): $CH_3MgI + CH_3COCH_3 \rightarrow (CH_3)_3COH$, bei der 2-Methyl-2-propanol (*tert*-Butylalkohol) entsteht.

36. Nur die Verbindungen (a) und (c) bilden problemlos Grignard-Reagenzien. In (b) enthält die $-$OH-Gruppe ein acides Wasserstoffatom, das die Kohlenstoff-Metall-Bindung eines jeden entstehenden Grignard-Reagenzes spaltet; auch das terminale Wasserstoffatom der Alkingruppe in (e) ist sauer genug, um das Gleiche zu bewirken (der pK_a liegt bei 25; Sie müssen aber nur wissen (aus der Information in Aufgabe 41 von Kapitel 1), dass solche Wasserstoffatome wesentlich acider sind als die Wasserstoffatome an den Kohlenstoffatomen von Alkanen). In (d) schließlich stört die Carbonylgruppe mit dem stark elektrophilen Kohlenstoffatom. Die Ethergruppe in (c) bereitet keine Schwierigkeiten, weil sie keine aciden Wasserstoffatome enthält.

37. Die nach der Hydrolyse auftretenden Produkte sind angegeben.

(a) ▷—CH_2OH

(b) $(CH_3)_2CHCH_2CHOHCH_3$

(c) $C_6H_5CH_2CHOHC_6H_5$

(d) Cyclohexyl mit OH und $CH(CH_3)_2$

(e) $C_6H_5COH(CH_3)_2$

(f) $(CH_3CH_2)_2CHOH$

(g) Cyclopentyl—$CHOHCH(CH_2CH_3)_2$

(h) $C_6H_5CH_2CH_2OH$

38. (a)

Cyclopropyl—$_{\delta^-}$MgBr + $H_2C{=}O$ (δ+ auf C) → ▷—CH_2—$O^{:-}$ $^+$MgBr $\xrightarrow{H-OH}$ ▷—CH_2—$\ddot{O}H$ + HO^- $^+$MgBr

Das nucleophile Elektronenpaar stammt aus der C$-$Mg-Bindung

(b)

$(CH_3)_2CHCH_2{-}_{\delta^-}$MgCl + $\underset{CH_3}{\overset{H}{C{=}O}}$ → $(CH_3)_2CHCH_2-\underset{CH_3}{\overset{|}{CH}}-\ddot{O}:^- {}^+MgCl \xrightarrow{H-OH}$

$(CH_3)_2CHCH_2-\underset{CH_3}{\overset{|}{CH}}-\ddot{O}H$ + HO^- $^+$MgCl

8 Die Hydroxygruppe: Alkohole

(c)

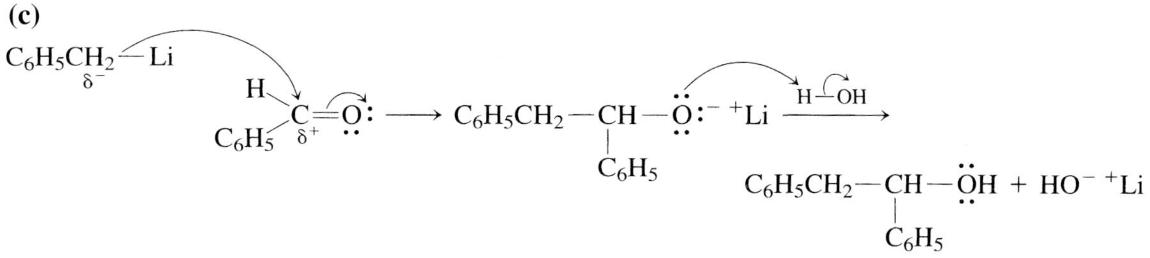

$$C_6H_5CH_2-Li \;\; + \;\; \underset{C_6H_5}{\overset{H}{>}}C{=}O: \;\;\longrightarrow\;\; C_6H_5CH_2-\underset{C_6H_5}{\underset{|}{CH}}-\ddot{O}:^- \;{}^+Li \;\;\xrightarrow{H-OH}\;\; C_6H_5CH_2-\underset{C_6H_5}{\underset{|}{CH}}-\ddot{O}H \;+\; HO^- \;{}^+Li$$

(d)

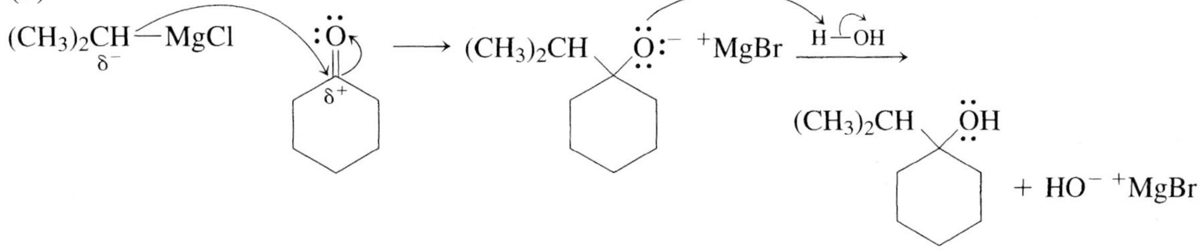

$$(CH_3)_2CH-MgCl \;\; + \;\; \text{cyclohexanone} \;\;\longrightarrow\;\; (CH_3)_2CH-\overset{\ddot{O}:^-}{\underset{\text{cyclohexyl}}{C}}\;{}^+MgBr \;\;\xrightarrow{H-OH}\;\; (CH_3)_2CH-\overset{\ddot{O}H}{\underset{\text{cyclohexyl}}{C}} \;+\; HO^- \;{}^+MgBr$$

(e) $\;\; 2\;CH_3MgI \;+\; C_6H_5\overset{O}{\overset{\|}{C}}-O-CH_3 \;\;\longrightarrow\;\; C_6H_5COH(CH_3)_2$

Reaktionsmechanismus:

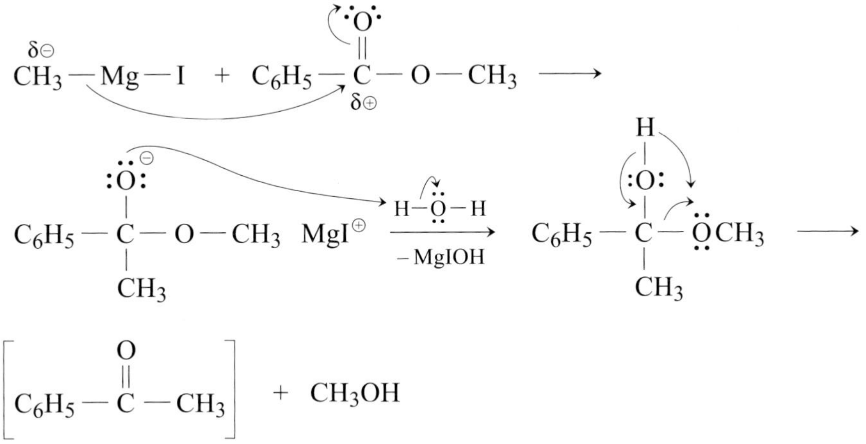

$$CH_3-Mg-I \;+\; C_6H_5-\overset{\ddot{O}}{\overset{\|}{C}}-O-CH_3 \;\longrightarrow\;$$

$$\underset{CH_3}{\underset{|}{C_6H_5-\overset{:\ddot{O}:^{\ominus}}{\underset{|}{C}}-O-CH_3}}\; MgI^{\oplus} \;\xrightarrow[-MgIOH]{H-\ddot{O}-H}\; \underset{CH_3}{\underset{|}{C_6H_5-\overset{:\overset{H}{\ddot{O}}:}{\underset{|}{C}}-\ddot{O}CH_3}} \;\longrightarrow$$

$$\left[C_6H_5-\overset{O}{\overset{\|}{C}}-CH_3 \right] \;+\; CH_3OH$$

nicht isolierbar

$$C_6H_5-\overset{\ddot{O}}{\overset{\|}{C}}-CH_3 \;+\; CH_3-Mg-I \;\longrightarrow\; \underset{CH_3}{\underset{|}{C_6H_5-\overset{|\bar{O}|^{\ominus}}{\underset{|}{C}}-CH_3}}\; MgI^{\ominus}$$

$$\underset{CH_3}{\underset{|}{C_6H_5-\overset{|\bar{O}|^{\ominus}}{\underset{|}{C}}-CH_3}}\; MgI^{\ominus} \;\xrightarrow{H-\ddot{O}-H}\; \underset{CH_3}{\underset{|}{C_6H_5-\overset{OH}{\underset{|}{C}}-CH_3}}$$

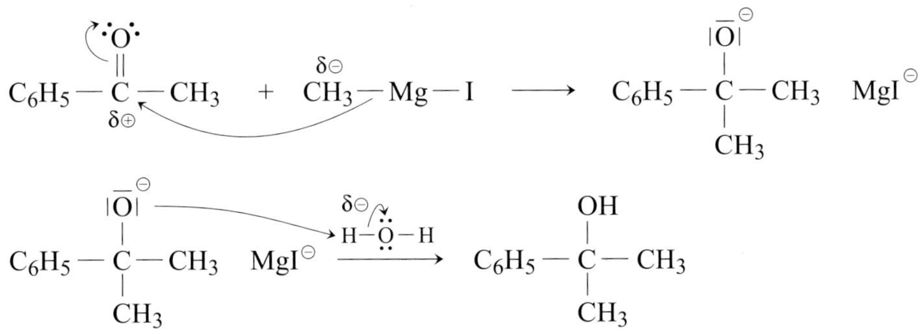

tert. Alkohol

(f) $2\ CH_3CH_2Li\ +\ H-\overset{\overset{\displaystyle O}{\|}}{C}-O-CH_3\ \longrightarrow\ (CH_3CH_2)_2CHOH$

Reaktionsmechanismus:

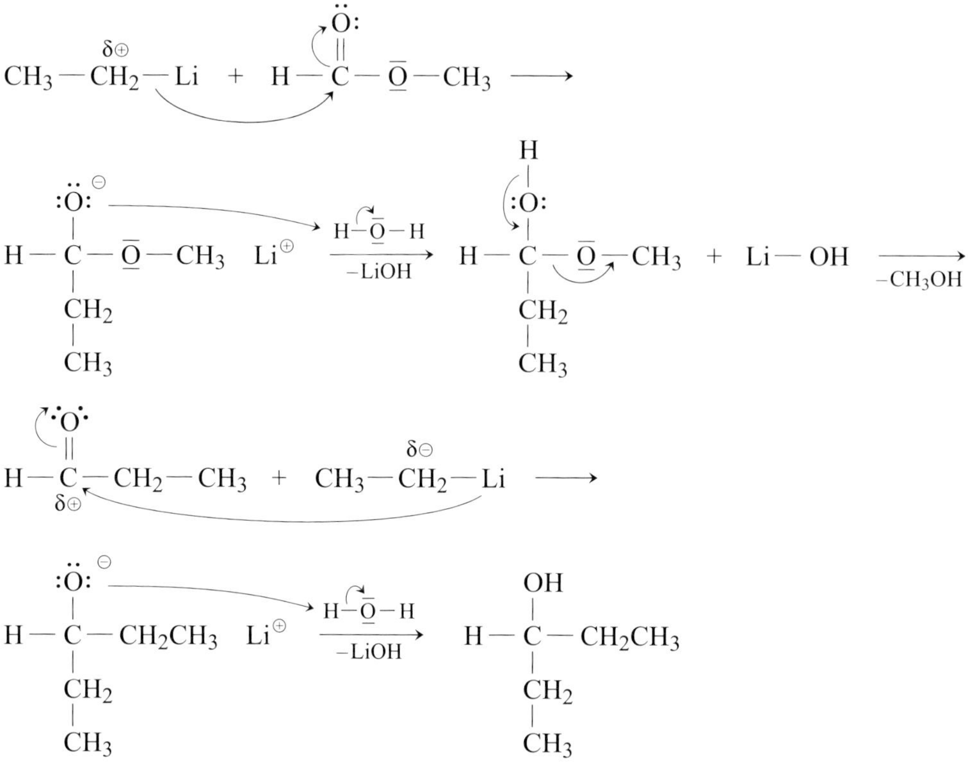

$CH_3-\overset{\delta\oplus}{CH_2}-Li\ +\ H-\overset{\overset{\displaystyle \ddot{O}:}{\|}}{C}-\underline{\bar{O}}-CH_3\ \longrightarrow$

$\underset{\underset{\displaystyle CH_3}{|}}{\underset{\underset{\displaystyle CH_2}{|}}{H-\overset{\overset{\displaystyle :\ddot{O}:^{\ominus}}{|}}{C}-\underline{\bar{O}}-CH_3}}\ Li^{\oplus}\quad \xrightarrow[-LiOH]{H-\underline{\bar{O}}-H}\quad \underset{\underset{\displaystyle CH_3}{|}}{\underset{\underset{\displaystyle CH_2}{|}}{H-\overset{\overset{\displaystyle :\ddot{O}:}{|}\overset{\displaystyle H}{|}}{C}-\underline{\bar{O}}-CH_3}}\ +\ Li-OH\ \xrightarrow[-CH_3OH]{}$

$H-\overset{\overset{\displaystyle \cdot\cdot\ddot{O}\cdot}{\|}}{\underset{\delta\oplus}{C}}-CH_2-CH_3\ +\ CH_3-\overset{\delta\ominus}{CH_2}-Li\ \longrightarrow$

$\underset{\underset{\displaystyle CH_3}{|}}{\underset{\underset{\displaystyle CH_2}{|}}{H-\overset{\overset{\displaystyle :\ddot{O}:^{\ominus}}{|}}{C}-CH_2CH_3}}\ Li^{\oplus}\quad \xrightarrow[-LiOH]{H-\underline{\bar{O}}-H}\quad \underset{\underset{\displaystyle CH_3}{|}}{\underset{\underset{\displaystyle CH_2}{|}}{H-\overset{\overset{\displaystyle OH}{|}}{C}-CH_2CH_3}}$

(g)

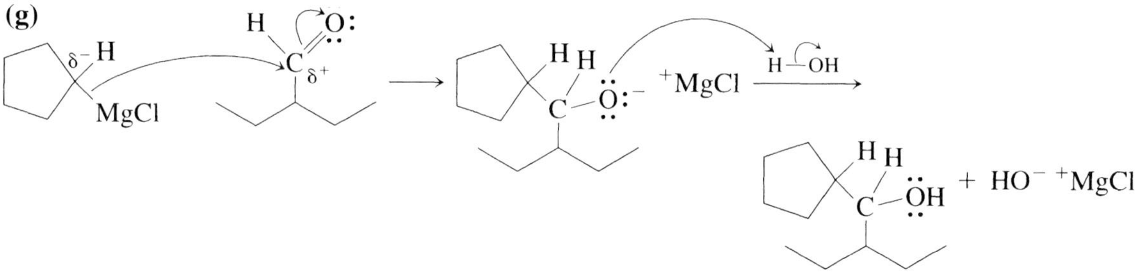

Cyclopentyl–MgCl + H–C(=O)–CH(CH₂CH₃)₂ → Cyclopentyl–C(H)(O⁻ ⁺MgCl)–CH(Et)₂ $\xrightarrow{H-OH}$ Cyclopentyl–C(H)(OH)–CH(Et)₂ + HO⁻ ⁺MgCl

(h) $C_6H_5Li\ +\ \overset{\overset{\displaystyle /O\backslash}{}}{CH_2-CH_2}\ \longrightarrow\ C_6H_5-CH_2-CH_2-OH$

Reaktionsmechanismus:

$\underset{\delta\ominus}{C_6H_5}-Li\ +\ \underset{\delta\oplus}{\overset{\overset{\displaystyle \cdot\cdot\ddot{O}\cdot}{}}{CH_2-CH_2}}\ \longrightarrow\ C_6H_5-CH_2-CH_2-\underline{\bar{O}}|^{\ominus}\ Li^{\oplus}$

$C_6H_5-CH_2-CH_2-\underline{\bar{O}}|^{\ominus}\ Li^{\oplus}\quad \xrightarrow[-LiOH]{H-\underline{\bar{O}}-H}\quad C_6H_5-CH_2-CH_2-OH$

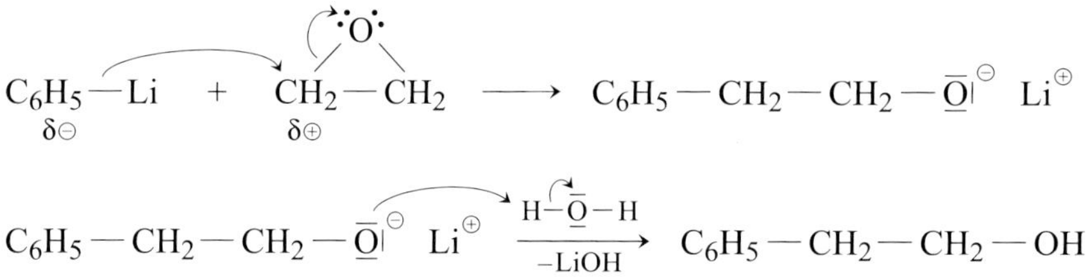

39. (a) [structure: 2-methyl-2-butanol] (b) [structure: 3-pentanol with methyl] (c) [structure]

In (b) und (c) stehen die Hydroxygruppen an neu gebildeten Chiralitätszentren. Bei (b) entsteht das Produkt als racemisches Gemisch der Enantiomere. In (c) hat die Ausgangsverbindung bereits ein Chiralitätszentrum; da ein zweites hinzukommt, bilden sich insgesamt vier Stereoisomere (zwei Diastereomerenpaare von Enantiomeren).

(d) [structure OH] (e) [structure OH] (f) [structure OH] (g) [structure OH]

Die Produkte (e) und (g) sind jeweils ein racemisches Enantiomerengemisch.

(h) Zwei diastereomere Produkte: [cyclohexane with HO, CH₂CH₃, CH₃, H] und [cyclohexane with CH₃CH₂, OH, CH₃, H]

(i) Zwei Enantiomere von [cyclohexane with CH₃CH₂, OH, CH₃, CH₃]   (j) [cyclohexane with CH₃, H, HO, CH₂CH₃, CH₃, H]

40. (a) $CH_3CH_2CO_2H$. Die Carbonsäure ist das Hauptprodukt der energischen Oxidation primärer Alkohole mit $Na_2Cr_2O_7$ in saurem Milieu.

(b) $(CH_3)_2CHCHO$ (c) [cyclohexane-H, CO₂H]

(d) [cyclohexane-H, CHO]   (e) [cyclohexanone]

41. Sie brauchen nur das **End**produkt hinzuschreiben, zu Ihrer Information werden aber für (a) und (b) die nach jedem Reaktionsschritt vorliegenden Verbindungen angegeben.

(a) 1. $(CH_3)_2C=O$;   2. $(CH_3)_2C-OMgBr$ mit CH_2CH_3;   3. $(CH_3)_2C-OH$ mit CH_2CH_3 (Endprodukt)

(b) 1. $CH_3CH_2CH_2CH_2OH$;   2. $CH_3CH_2CH_2CHO$ (Aldehyd);

3. $CH_3CH_2CH_2CH$—[cyclopentyl] mit $Li^+\ ^-O$ 4. $CH_3CH_2CH_2CH$—[cyclopentyl] mit HO (Endprodukt)

(c) 1. CH₃CH₂CH₂C(=O)-[cyclopentyl]   3. CH₃CH₂CH₂C(OH)(D)-[cyclopentyl]   (Endprodukt)

42. Bei der Wurtz-Reaktion wird das nucleophile Kohlenstoffatom einer Alkylnatriumverbindung direkt mit dem elektrophilen Kohlenstoffatom eines Halogenalkans verknüpft. Diese Reaktion ist **unselektiv**. Es gibt keine Möglichkeit, die Reaktionen so zu steuern, dass die Kupplung zweier gleicher Alkylgruppen verhindert wird und nur die erwünschte Verknüpfung von zwei verschiedenen Alkylgruppen abläuft. Anders gesagt, ergibt die Reaktion zwischen Chlorethan und 1-Chlorpropan ein statistisches Gemisch von Butan (aus zwei Ethylgruppen), Pentan (aus einem Ethyl- und einem Propylrest) und Hexan (aus zwei Propylgruppen).

43. A = BrMgCH₂CH₂CH₂CH₂MgBr (ein „bis-Grignard"-Reagenz).

B = CH₃CHOHCH₂CH₂CH₂CH₂CHOHCH₃ (durch Addition jedes Endstücks an den Aldehyd)

44. (a) CH₄ $\xrightarrow{Cl_2, h\nu}$ CH₃Cl $\xrightarrow{HO^-, H_2O}$ CH₃OH

(b) Wie bei (a), von Ethan ausgehend.

(c) Wie bei (a), von Propan ausgehend (nicht sehr gut).

(d) CH₃CH₂CH₃ $\xrightarrow{Br_2, \Delta}$ CH₃CHBrCH₃ $\xrightarrow{H_2O}$ CH₃CHOHCH₃

(e) Wie bei (a), von Butan ausgehend (nicht sehr gut).

(f) Wie bei (d), von Butan ausgehend (viel besser).

(g) (CH₃)₂CH $\xrightarrow{Br_2, \Delta}$ (CH₃)₃CBr $\xrightarrow{H_2O}$ (CH₃)₃COH

Ausgehend von Alkanen kommt als erster Schritt nur eine Halogenierung in Frage. Zudem ist die Einführung einer funktionellen Gruppe an primären Kohlenstoffatomen schwierig, da die radikalische Halogenierung bevorzugt an tertiären und sekundären Positionen erfolgt.

45. Bemerkung: In allen Grignard-Reagenzien kann das Halogenid (X) Cl, Br oder I sein,

(1) Aus Aldehyden nach

RCHO $\xrightarrow{NaBH_4 \text{ oder } LiAlH_4}$ RCH₂OH

für (a) R = H, (b) R = CH₃, (c) R = CH₃CH₂ und (e) R = CH₃CH₂CH₂. Alternativ kann man für alle Alkohole außer (a) folgende Umsetzung benutzen:

HCHO $\xrightarrow{RMgX \text{ oder } RLi}$ RCH₂OH

mit (b) R = CH₃, (c) R = CH₃CH₂ und (e) R = CH₃CH₂CH₂.

Schließlich (d) CH₃CHO $\xrightarrow{CH_3MgX \text{ oder } CH_3Li}$ CH₃CHOHCH₃ und

(f) entweder CH₃CHO $\xrightarrow{CH_3CH_2MgX \text{ oder } CH_3CH_2Li}$ CH₃CHOHCH₂CH₃ oder

CH₃CH₂CHO $\xrightarrow{CH_3MgX \text{ oder } CH_3Li}$ CH₃CH₂CHOHCH₃

(2) aus Ketonen nach

$$\underset{RCR'}{\overset{O}{\|}} \xrightarrow{NaBH_4 \text{ oder } LiAlH_4} RCHOHR'$$

für (d) R = R' = CH$_3$ und (f) R = CH$_3$, R' = CH$_3$CH$_2$.

Ebenso (g) $\underset{CH_3CCH_3}{\overset{O}{\|}} \xrightarrow{CH_3MgX \text{ oder } CH_3Li} (CH_3)_3CHO$

Als Lösungsmittel für alle Reaktionen eignet sich (CH$_3$CH$_2$)$_2$O; die Alkoxidprodukte müssen mit verdünnter Säure protoniert werden, um als Endprodukt den jeweiligen Alkohol zu erhalten.

46. (a) [cyclopentyl]–OH $\xrightarrow{Na_2Cr_2O_7, H_2SO_4, H_2O}$

(b) CH$_3$CH$_2$CH$_2$CH$_2$CH$_2$OH $\xrightarrow{Na_2Cr_2O_7, H_2SO_4, H_2O}$

(c) [cyclohexyl]–CH$_2$OH $\xrightarrow{*PCC, CH_2Cl_2}$

(d) (CH$_3$)$_2$CHCHOHCH$_3$ $\xrightarrow{Na_2Cr_2O_7, H_2SO_4, H_2O}$

(e) CH$_3$CH$_2$OH $\xrightarrow{*PCC, CH_2Cl_2}$

* Zur Vermeidung von Überoxidation wird PCC verwendet.

47. Das Zielmolekül ist $CH_3-\underset{\underset{CH_3}{|}}{\overset{\overset{OH}{|}}{C}}-CH_2CH_2CH_2CH_3$

(a) $\underset{CH_3CCH_3}{\overset{O}{\|}}$ + CH$_3$CH$_2$CH$_2$CH$_2$Li , danach H$^+$, H$_2$O

(b) $\underset{CH_3CCH_2CH_2CH_2CH_3}{\overset{O}{\|}}$ + CH$_3$Li , danach H$^+$, H$_2$O

(c) Diese Synthese ist etwas komplizierter. Wir machen eine retrosynthetische Analyse und sehen uns an, welche Bindungen geknüpft werden müssen, wenn wir von dem Aldehyd mit 5 Kohlenstoffatomen ausgehen:

$$CH_3\overset{\overset{OH}{|}}{\underset{\underset{CH_3}{|}}{\overset{b}{+}C}}CH_2CH_2CH_2CH_3 \Rightarrow CH_3\overset{\overset{O}{\|}}{+C}CH_2CH_2CH_2CH_3 \Rightarrow CH_3\overset{\overset{OH}{|}}{+CH}CH_2CH_2CH_2CH_3$$

Ausgehend von einem **Aldehyd** müssen zwei Bindungen („a" und „b") geknüpft werden, indem man **zwei** Methylgruppen anfügt. Arbeitet man rückwärts, so entsteht Bindung „a" durch Addition eines Methylnucleophils an ein Keton. Wo kommt dieses Keton her? Es muss durch **Oxidation** eines sekundären Alkohols entstanden sein. Der sekundäre Alkohol entsteht wiederum durch Knüpfen der Bindung „b" zum Aldehyd. Die Antwort lautet: CH$_3$CH$_2$CH$_2$CH$_2$CHO + CH$_3$Li ergibt CH$_3$CH$_2$CH$_2$CH$_2$CHOHCH$_3$. Die Oxidation dieses sekundären Alkohols mit

Cr(VI) in verdünnter Säure liefert das Keton $CH_3CH_2CH_2CH_2COCH_3$. Die Umsetzung dieses Ketons mit einem zweiten Molekül CH_3Li führt zum gewünschten tertiären Alkohol. Die Reaktionssequenz sähe folgendermaßen aus:

$$CH_3CH_2CH_2CH_2CHO \xrightarrow[\substack{1.\ CH_3Li \\ 2.\ H^+,\ H_2O \\ 3.\ Na_2Cr_2O_7,\ H_2SO_4,\ H_2O}]{} CH_3CH_2CH_2CH_2COCH_3 \xrightarrow[\substack{1.\ CH_3Li \\ 2.\ H^+,\ H_2O}]{} \text{Produkt}$$

Anstelle der Alkyllithium-Verbindungen können auch Grignard-Reagenzien verwendet werden; das Lösungsmittel ist in jedem Fall $(CH_3CH_2)_2O$.

48. (a) $CH_3CH_2COCH_2CH_2CH_2CH_2CH_3 + LiAlH_4$ oder $NaBH_4$, CH_3CH_2OH

(b) $CH_3CH_2CHO + CH_3CH_2CH_2CH_2CH_2MgBr$ (auch ein Lithiumreagenz ist brauchbar)

(c) $CH_3CH_2CH_2CH_2CH_2CHO + CH_3CH_2MgBr$ (auch ein Lithiumreagenz ist brauchbar)

Wenn nicht anders angegeben, wird bei diesen Reaktionen $(CH_3CH_2)_2O$ als Lösungsmittel eingesetzt.

49. Für die folgenden Lösungen werden gute retrosynthetische Bindungsbrüche gebraucht. Das Lösungsmittel für die Herstellung und Umsetzung aller Organometall-Reagenzien ist $(CH_3CH_2)_2O$.

(a)

$$(CH_3)_2CH\!\!\not{\,}\!\!\underset{\overset{|}{\not{\,}}}{\overset{\overset{OH}{|}}{C}}CH_3 \quad \Rightarrow \quad \underset{\overset{|}{\not{\,}}}{\overset{\overset{O}{\|}}{C}}CH_3 \quad \Rightarrow \quad \underset{\overset{|}{\not{\,}}}{\overset{\overset{OH}{|}}{HC}}CH_3 \quad \Rightarrow \quad \overset{\overset{O}{\|}}{HC}CH_3$$

$$\quad \quad CH_2CH_3 \quad \quad CH_2CH_3 \quad \quad CH_2CH_3$$

Dies ist der gesamte Syntheseplan, er enthält zwei Fragmente mit zwei Kohlenstoffatomen und ein Bruchstück mit drei Kohlenstoffatomen. Wie erhalten wir nun aus den gegebenen Ausgangsmaterialien (Alkanen) die Verbindungen, die wir wirklich brauchen?

$$CH_3CH_2CH_3 \xrightarrow{Br_2,\ h\nu} CH_3CHBrCH_3 \xrightarrow{Mg} CH_3\overset{\overset{MgBr}{|}}{C}HCH_3 \left.\begin{array}{c}\\ \\ \end{array}\right\} \text{Beide werden nachfolgend verwendet.}$$

$$CH_3CH_3 \xrightarrow{Cl_2,\ h\nu} CH_3CH_2Cl \xrightarrow{Mg} CH_3CH_2MgCl$$

$$CH_3CH_2OH \xrightarrow{PCC,\ CH_2Cl_2} CH_3\overset{\overset{O}{\|}}{C}H \xrightarrow[\substack{1.\ CH_3CH_2MgCl \\ 2.\ H^+,\ H_2O}]{} CH_3CHOHCH_2CH_3$$

(mit $K^+\ {}^-OH$ zu CH_3CH_2OH)

$$\xrightarrow{Na_2Cr_2O_7,\ H^+} CH_3\overset{\overset{O}{\|}}{C}CH_2CH_3 \xrightarrow[\substack{1.\ CH_3\overset{\overset{MgBr}{|}}{C}HCH_3 \\ 2.\ H^+,\ H_2O}]{} \text{Produkt}$$

8 Die Hydroxygruppe: Alkohole   121

(b) Die Bindungsbrüche, die zu Fragmenten mit einem, zwei und vier Kohlenstoffatomen führen, sind etwas schwieriger zu erkennen:

$$\underset{CH_3CH_2CHCH_3}{CH_3CH_2 \overset{O}{\underset{\|}{\overset{\|}{C}}}} \Rightarrow \underset{CH_3CH_2CHCH_3}{CH_3CH_2 \overset{OH}{\underset{|}{\overset{|}{CH}}}} \Rightarrow \underset{CH_3CH_2CHCH_3}{\overset{O}{\underset{\|}{\overset{\|}{CH}}}}$$

$$\Rightarrow \underset{CH_3CH_2CHCH_3}{\overset{OH}{\underset{|}{\overset{|}{CH_2}}}} \qquad CH_3CH_2CH_2CH_3 \xrightarrow[\text{2. Mg}]{\text{1. Br}_2,\ h\nu} \underset{CH_3CHCH_2CH_3}{\overset{MgBr}{\underset{|}{|}}}$$

$$\xrightarrow[\text{2. H}^+,\text{H}_2\text{O}]{\text{1. H}\overset{O}{\underset{\|}{C}}\text{H}} \underset{CH_3}{\underset{|}{CH_3CH_2CHCH_2OH}} \xrightarrow[\text{3. H}^+,\text{H}_2\text{O}]{\begin{array}{l}\text{1. PCC, CH}_2\text{Cl}_2 \\ \text{2. CH}_3\text{CH}_2\text{MgCl}\end{array}}$$

$$\underset{CH_3}{\underset{|}{CH_3CH_2CHCHOHCH_2CH_3}} \xrightarrow{\text{Na}_2\text{Cr}_2\text{O}_7,\ \text{H}^+} \text{Produkt}$$

50. (a) $CH_3(CH_2)_{14}\overset{O}{\underset{\|}{C}}O^- \ + \ I(CH_2)_{15}CH_3$

(b) $CH_3(CH_2)_{14}\overset{O}{\underset{\|}{C}}O^-Na^+ \ + \ HO(CH_2)_{15}CH_3$

51. (a) CH_3CH_2OH

(b) $CH_3CHOH\overset{O}{\underset{\|}{C}}OH$

(c) $HO\overset{O}{\underset{\|}{C}}CH_2CHOH\overset{O}{\underset{\|}{C}}OH$

} Nur die Keton-Carbonylgruppe wird hier reduziert.

52.

$$\underset{H}{\overset{OH}{\underset{|}{\overset{|}{C}}}}\cdots CH_3 \quad \text{und} \quad \underset{H}{\overset{OH}{\underset{|}{\overset{|}{C}}}}\cdots CH_2\overset{O}{\underset{\|}{C}}OH$$

mit $\overset{|}{\underset{\|}{\underset{O}{C}}}OH$ Rest jeweils unten

53. Die Unterseite (a) des Steroids ist sterisch weniger gehindert.

122   8 Die Hydroxygruppe: Alkohole

(c)

In (c) kann der Angriff nur von oben her erfolgen, weil die nucleophile Ringöffnung von Oxacyclopropanen (Epoxiden) ein S_N2-Prozess ist, der von der Rückseite her erfolgt.

54. Planen Sie jede Ihrer Retrosynthesen, indem Sie das Molekül zunächst an einer der Bindungen des hydroxysubstituierten Kohlenstoffatoms („strategische Bindungen") zerlegen.

CH_3MgBr + [cyclohexyl ketone] $\overset{a}{\Longleftarrow}$ [cyclohexyl with OH, labels a, b, c] $\overset{b}{\Longrightarrow}$ [cyclohexyl ketone] + CH_3CH_2MgBr

$\Updownarrow c$

[cyclohexyl-MgBr] + [butanone]

Als nächstes überlegen Sie für jede Retrosynthese, ob die anfallenden Ausgangsverbindungen kommerziell erhältlich sind (wenn ja, zu welchem Preis). Gehen Sie bei Grignard-Reagenzien von den entsprechenden Halogeniden aus, bei Ketonen von den entsprechenden Alkoholen.

Bindungsbruch „a"   **Bindungsbruch „b"**   **Bindungsbruch „c"**
CH_3Br ca. € 40/100 g CH_3CH_2Br ca. € 56/100 g $CH_3CHOHCH_2CH_3$ ca. € 44/100 g

[cyclohexyl-CH(OH)-Et]   [cyclohexyl-CH(OH)-Me]   [cyclohexyl-Br]

nicht käuflich   ca. € 115/25 g   ca. € 31/kg

Obwohl 1-Cyclohexyl-1-propanol sicherlich durch Oxidation von Cyclohexylmethanol zum Aldehyd und Addition von CH_3CH_2MgBr hergestellt werden könnte, ist Weg „a" wegen des zusätzlichen Aufwands und der Kosten keine gute Wahl. Weg „b" ist nicht schlecht, aber Weg „c" insgesamt gesehen sicher am effizientesten. Also:

[Cyclohexyl-Br] $\xrightarrow{\text{Mg, Ether}}$ [Cyclohexyl-MgBr]

[2-Butanol] $\xrightarrow{Na_2Cr_2O_7,\ H_2SO_4}$ [2-Butanon] $\xrightarrow[\text{2. } H^+, H_2O]{\text{1. Cyclohexyl-MgBr, Ether}}$ [2-Cyclohexyl-2-butanol]

9 | Weitere Reaktionen der Alkohole und die Chemie der Ether

25. Das Gleichgewicht liegt immer auf der Seite des **schwächeren Säure-Base-Paars**.
(a) Links; **(b)** links; **(c)** rechts; **(d)** rechts.

26. (a) $CH_3CH_2CH_2I$ **(b)** $(CH_3)_2CHCH_2CH_2Br$ (beide nach S_N2)

(c) [Cyclohexyl]–I **(d)** $(CH_3CH_2)_3CCl$ (beide nach S_N1)

27. In jeder Teilaufgabe spiegelt die Reihenfolge der Kationen eine Sequenz von Umlagerungsschritten wider. Das Ausmaß der Umlagerung ist nicht unter allen Umständen gleich. Die rechts stehenden Carbenium-Ionen sind im Allgemeinen stabiler.

(a) $CH_3CH_2CH_2\overset{+}{O}H_2$, $CH_3\overset{+}{C}HCH_3$ (Ähnlich der Umlagerung von 2,2-Dimethyl-1-propanol in Abschnitt 9.3)

(b) $CH_3CH\overset{+}{O}H_2CH_3$, $CH_3\overset{+}{C}HCH_3$

(c) $CH_3CH_2CH_2CH_2\overset{+}{O}H_2$, $CH_3CH_2\overset{+}{C}HCH_3$

(d) $(CH_3)_2CHCH_2\overset{+}{O}H_2$, $(CH_3)_3C^+$

(e) $(CH_3)_3CCH_2CH_2\overset{+}{O}H_2$, $(CH_3)_3C\overset{+}{C}HCH_3$, $(CH_3)_2\overset{+}{C}CH(CH_3)_2$

Nachstehend sind einige mechanistische Pfeile als Orientierungshilfe eingefügt.

(f) [Cyclopentyl mit +, H, CH₃], [Cyclopentyl mit +, H, CH₃], [Cyclopentyl mit +, CH₃]

(g) [Cyclobutyl mit CH₃, +, CH₃], [Cyclopentyl mit H, +, CH₃, CH₃], [Cyclopentyl mit CH₃, +, CH₃]

(h) [Cyclohexyl mit $C(CH_3)_3$, +], [Cyclohexyl mit CH_3, $\overset{+}{C}(CH_3)_2$]

(i) [Cyclohexyl mit CH_3, CH_3, CH_3, +, CH_3], [Cyclohexyl mit CH_3, CH_3, CH_3, +, CH_3], [Cyclohexyl mit CH_3, CH_3, CH_3, +, CH_3]

28. Diese Bedingungen begünstigen Umlagerungsreaktionen. Carbenium-Ionen können lange Zeit existieren, weil das Milieu stark sauer ist und vernünftige Nucleophile fehlen.

(a) und **(b)** $CH_3CH=CH_2$

(c) $CH_3CH_2CH=CH_2$, $CH_3CH=CHCH_3$ (Hauptprodukt)

(d) $(CH_3)_2C=CH_2$

(e) $(CH_3)_3CCH=CH_2$, $(CH_3)_2C=C(CH_3)_2$ (Hauptprodukt)

$$H_2C=C{\overset{CH(CH_3)_2}{\underset{CH_3}{\diagdown}}}$$

Für die meisten der nachfolgend gezeigten cyclischen Strukturen werden Strichformeln verwendet. Beachten Sie, dass sich an den Enden von Strichen Methylgruppen befinden, auch wenn dort nicht explizit „CH₃" geschrieben wird.

(Die letzten beiden sind Hauptprodukte; das erste ist das unbedeutendste.)

Jedes Produkt entsteht dadurch, dass von einem der Kohlenstoffatome in Nachbarschaft zum positiv geladenen Kohlenstoffatom eines Carbenium-Ions aus der vorherigen Aufgabe ein Proton abgespalten wird.

(j)

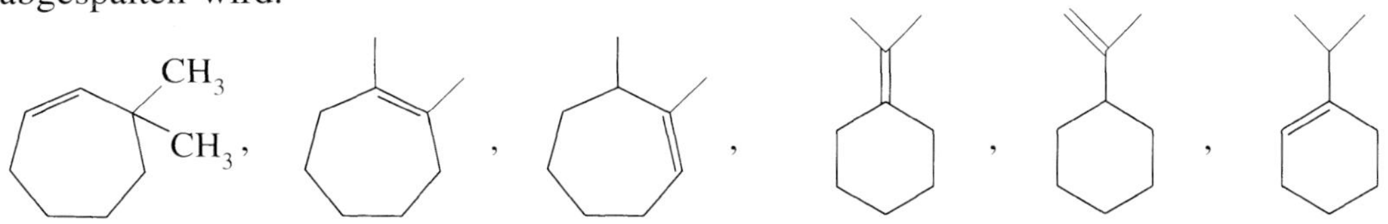

29. Unter diesen Bedingungen ist eine Umlagerung wesentlich unwahrscheinlicher: Die Säure ist viel schwächer (H_3O^+ anstelle von H_2SO_4), und es ist ein gutes Nucleophil vorhanden. Keiner der primären Alkohole lagert sich um.

(a) $CH_3CH_2CH_2Br$ **(b)** $CH_3CHBrCH_3$ **(c)** $CH_3CH_2CH_2CH_2Br$

(d) $(CH_3)_2CHCH_2Br$ **(e)** $(CH_3)_3CCH_2CH_2Br$

Für sekundäre oder tertiäre Alkohole wird die Möglichkeit der Umlagerung wieder wahrscheinlicher. Die Produkte resultieren aus der Verknüpfung von Br^- mit irgendeinem der positiv geladenen Kohlenstoffatome in den vorliegenden Carbenium-Ionen: Siehe Antworten zu den Aufgaben 27 (f) bis (j).

30. (a)

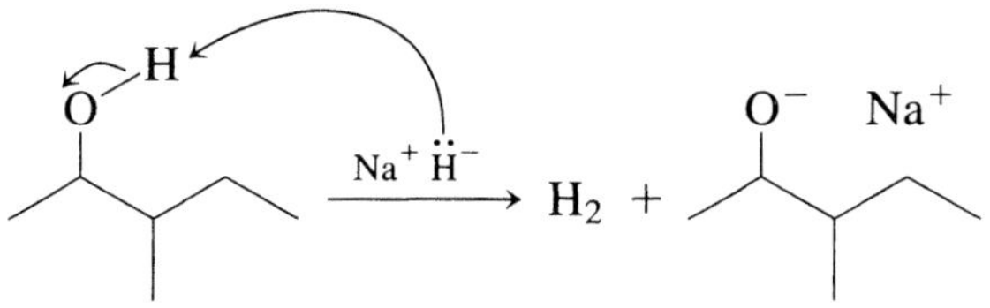

(b) Umlagerung von sekundär zu tertiär

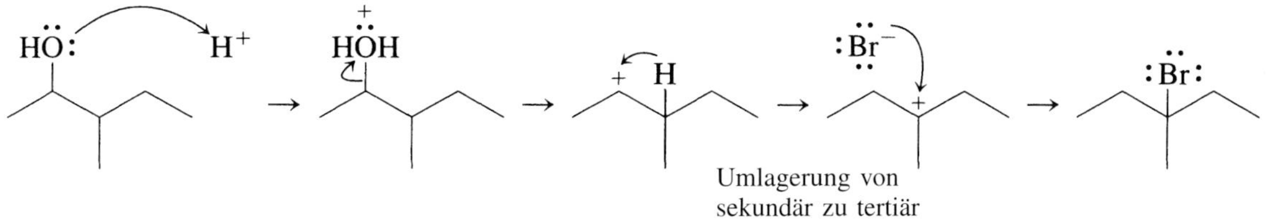

(c)

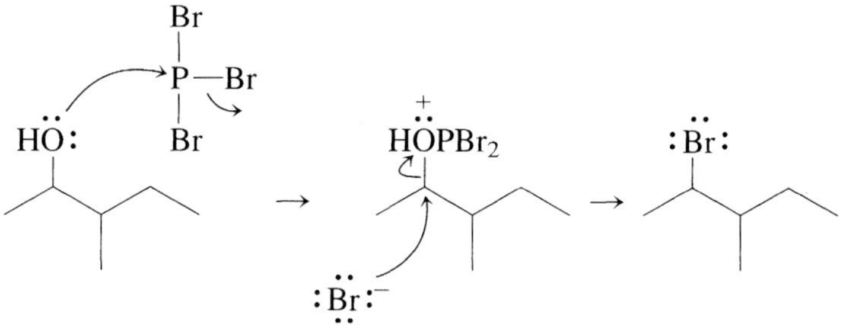

(d)

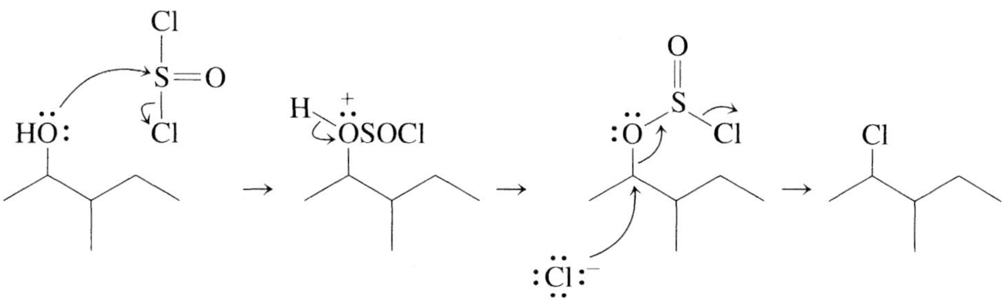

(e)

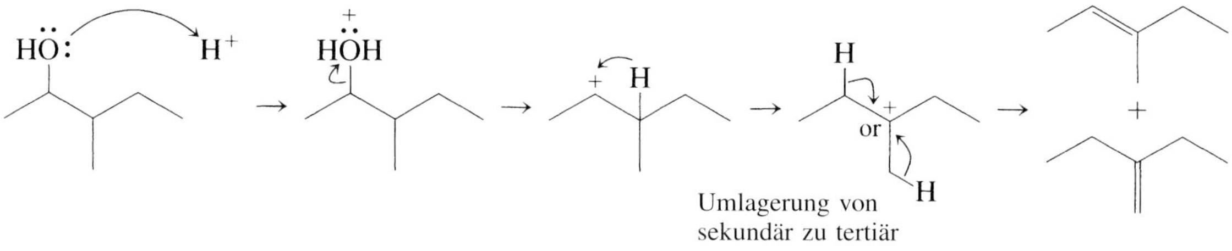

[Mechanismus mit Pfeilen: Protonierung des Alkohols, Abspaltung von Wasser, Umlagerung von sekundär zu tertiär, Bildung zweier Alkene]

Umlagerung von sekundär zu tertiär

(f) $(CH_3)_3C\ddot{O}H \;\xrightarrow{H^+}\; (CH_3)_3C\overset{+}{-}\ddot{O}H_2 \;\rightarrow\; (CH_3)_3C^+ \quad H\ddot{O}: \rightarrow$

$(CH_3)_3C\overset{+}{\ddot{O}}\!\!:$ mit H → $(CH_3)_3C\ddot{O}:$

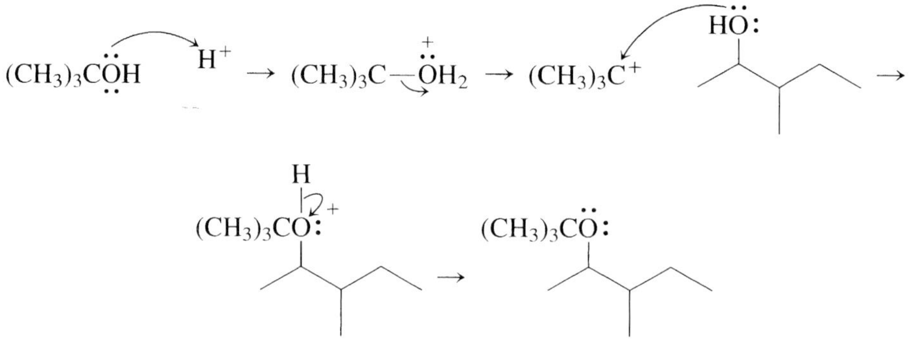

31. Das wasserfreie Milieu ermöglicht die **quantitative** Umwandlung des Alkohols in sein Oxonium-Ion in Gegenwart hoher Br^--Konzentrationen:

$$RCH_2OH \;\xrightleftharpoons{\text{konz. } H_2SO_4}\; RCH_2\overset{+}{O}H_2 \;\xrightarrow{Br^-\;(S_N2)}\; RCH_2Br$$

ca. 100%

In konzentrierter wässriger HBr-Lösung ist die wichtigste vorliegende Säure H_3O^+, die **schwächer** ist als das Oxonium-Ion. Das erste Gleichgewicht liegt deutlich links, daher ist die Geschwindigkeit der Gesamtreaktion viel niedriger (es ist viel weniger protonierter Alkohol für die Reaktion mit Br^- vorhanden):

$$RCH_2OH \;\xleftarrow{H_3O^+}\; RCH_2\overset{+}{O}H_2 \;\xrightarrow{Br^-\;(S_N2)}\; RCH_2Br$$

ca. 99%   ca. 1%

32. (a) 1-Methyl-1-(ethoxy)cyclopentan (CH$_3$ und OCH$_2$CH$_3$ an Cyclopentan)

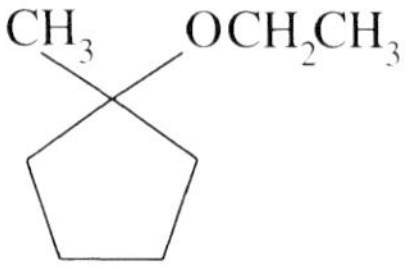

Eine wahrscheinliche Wahl nach der Umlagerung des sekundären Carbenium-Ions in ein tertiäres.

(b) $(CH_3)_3CCH_2I$ und $(CH_3)_2CICH_2CH_3$

(c) Methylencyclohexan und 1-Methylcyclohexen

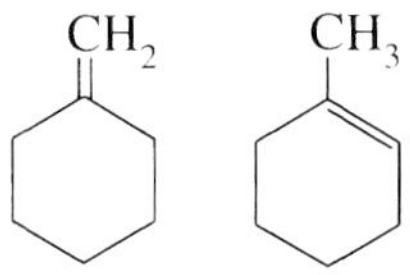

(d) $(CH_3)_2\underset{\underset{OH}{|}}{C}\!-\!CH(CH_3)_2$

33. Bei **(a)** bis **(e)** entstehen die gleichen Produkte über die S$_N$2-Substitution einer Phosphit-Abgangsgruppe durch das Bromid-Ion.

(f) [Struktur: Cyclopentan mit Br und CH$_3$, trans]

(g) [Struktur: Cyclobutan mit CH$_3$, CH$_3$ und Br, CH$_3$] ;

(f) und (g) sind S$_N$2-Reaktionen mit Inversion am reagierenden Kohlenstoffatom; typisch für die Reaktion von PBr$_3$ mit sekundären Alkoholen.

(h) bis **(j)** sind tertiäre oder sterisch stark gehinderte sekundäre Alkohole, was S$_N$2-Reaktionen erschwert oder unmöglich macht; ebenso wie mit wässriger HBr (Aufgabe 29) führen diese Reaktionen wegen der Umlagerung von Carbenium-Ionen zu Produktgemischen.

34. In jeder der nachstehenden Antworten ist R = CH$_3$CH$_2$CH$_2$CH$_2$CH$_2$—.

(a) RO$^-$ K$^+$ [+(CH$_3$)$_3$COH]   **(b)** RO$^-$ Na$^+$ (+ H$_2$)

(c) RO$^-$ Li$^+$ (+ CH$_4$)   **(d)** RI

(e) Keine Reaktion   **(f)** R$\overset{+}{O}$H$_2$ (+ FSO$_3^-$)

(g) ROR   **(h)** CH$_3$CH$_2$CH=CHCH$_3$

(i) (CH$_3$)$_2$CH$\overset{O}{\overset{\|}{C}}$OR   **(j)** RBr

(k) RCl   **(l)** CH$_3$CH$_2$CH$_2$CH$_2$$\overset{O}{\overset{\|}{C}}$OH

(m) CH$_3$CH$_2$CH$_2$CH$_2$$\overset{O}{\overset{\|}{C}}$H   **(n)** ROC(CH$_3$)$_3$

35. (a), (b), (c) CH$_3$ ····O$^-$ M$^+$ (M$^+$ = K$^+$, Na$^+$ oder Li$^+$)

(d) [Cyclopentan mit CH$_3$ und I]   **(e)** [Cyclopentan mit CH$_3$ und Cl]

(f) [Cyclopentan-Kation mit CH$_3$]   **(g), (h)** [1-Methylcyclopenten]

(i) (CH$_3$)$_2$CHC(=O)O····[Cyclopentan]◂CH$_3$ **(j)** [Cyclopentan mit CH$_3$ und Br, trans]

(k) [cis-1-Methyl-3-chlorcyclopentan]   (l), (m) [2-Methylcyclopentanon]

(n) [trans-1-Methyl-2-tert-butoxycyclopentan]
[aus ROH + $^+$C(CH$_3$)$_3$]

Beachten Sie, dass der Reaktionstyp nicht nur bestimmt, ob eine Umlagerung stattfindet oder nicht, sondern auch, welche Stereochemie das Produkt hat. In (a), (b), (c), (i) und (n) wird nur die O−H-Bindung gespalten, sodass die *trans*-Stereochemie am Ring erhalten bleibt. In (j) und (k) führen S$_N$2-Reaktionen durch Umkehrung der Stereochemie zu *cis*-Produkten. In (d) bis (h) entstehen sekundäre Carbenium-Ionen, die durch Umlagerung zu tertiären die beobachteten Ergebnisse liefern.

36. (a) SOCl$_2$ (b) PBr$_3$ (Verzweigung erhöht die Gefahr einer Umlagerung)
(c) HCl (d) P+I$_2$ (Zur Vermeidung einer Umlagerung)

37. (a) 2-Ethoxypropan (e) 1-Methoxy-1-methylcyclopentan
(b) 2-Methoxyethanol (f) *cis*-1,4-Dimethoxycyclohexan
(c) Cyclopentoxycyclopentan (g) Chlormethoxymethan
(d) 1-Chlor-2-(2-chlorethoxy)ethan

38. Da an das Sauerstoffatom in Ether keine Wasserstoffatom gebunden sind, können Ethermoleküle im Gegensatz zu Alkoholen keine Wasserstoffbrücken-Bindungen zueinander bilden.

Die Wasserstoffatome von Wasser können jedoch Wasserstoffbrücken zu Ethermolekülen knüpfen, darum sind Ether in Wasser besser löslich als die entsprechenden Alkane, aber weniger gut löslich als Alkohole mit gleicher molarer Masse.

39. Die gewöhnlich verwendeten Möglichkeiten sind die Williamson-Ethersynthese (wenn mindestens eine der Komponenten ein gutes S$_N$2-Substrat ist) und die säurekatalysierte Reaktion für symmetrische Ether oder für Ether mit einem Baustein, der sich für Solvolysereaktionen (S$_N$1) eignet (normalerweise tertiär).

(a) 2 CH$_3$CH$_2$CH$_2$OH $\xrightarrow{H_2SO_4}$ CH$_3$CH$_2$CH$_2$OCH$_2$CH$_2$CH$_3$

(b) CH$_3$CH$_2$CH$_2$CH$_2$CH$_2$OH $\xrightarrow{NaH}$ CH$_3$CH$_2$CH$_2$CH$_2$CH$_2$O$^-$ Na$^+$ $\xrightarrow{CH_3I}$ CH$_3$OCH$_2$CH$_2$CH$_2$CH$_2$CH$_3$

(c) CH$_3$CH$_2$CH$_2$CH$_2$OH $\xrightarrow{NaH}$ CH$_3$CH$_2$CH$_2$CH$_2$O$^-$ Na$^+$ $\xrightarrow{CH_3CH_2Br}$ CH$_3$CH$_2$OCH$_2$CH$_2$CH$_2$CH$_3$

(d) (CH$_3$)$_2$CHCH$_2$OH $\xrightarrow{NaH}$ (CH$_3$)$_2$CHCH$_2$O$^-$ Na$^+$ $\xrightarrow{CH_3CH_2Br}$ CH$_3$CH$_2$OCH$_2$CH(CH$_3$)$_2$

(e) (CH$_3$)$_2$CHOH $\xrightarrow{NaH}$ (CH$_3$)$_2$CHO$^-$ Na$^+$ $\xrightarrow{CH_3CH_2CH_2Br}$ CH$_3$CH$_2$CH$_2$OCH(CH$_3$)$_2$

(f) (CH$_3$)$_2$CHCH$_2$CH$_2$OH $\xrightarrow{NaH}$ (CH$_3$)$_2$CHCH$_2$CH$_2$O$^-$ Na$^+$ $\xrightarrow{CH_3I}$ CH$_3$OCH$_2$CH$_2$CH(CH$_3$)$_2$

Zur Synthese von Propoxypropan (a) wäre zwar auch die Williamson-Ethersynthese geeignet, aber das Verfahren mit Mineralsäure ist einfacher. Alle übrigen Methoden sind Williamson-Synthesen. Die Ether in (b), (c) und (f) könnten ebenso gut durch ein komplementäres Verfahren synthetisiert werden, indem die Rollen der Ausgangsverbindungen vertauscht werden, denn beide Alkylgruppen können als S_N2-Substrate dienen. Das ist bei (d) und (e) nicht der Fall: Verzweigte primäre und sekundäre Halogenalkane sind schlechtere Substrate für S_N2-Reaktionen, sie reagieren in erheblichem Umfang unter Eliminierung.

40. (a) $CH_3CH_2CH_2OCH(CH_2CH_3)_2$ (S_N2 läuft mit primärem Halogenalkan ab).

(b) $CH_3CH_2CH_2OH + CH_3CH=CHCH_2CH_3$ (basisches Alkoxid mit sekundärem Halogenalkan verläuft hauptsächlich unter E2).

(c) [Cyclohexan mit CH₃ und OCH₃ Substituenten] (d) $(CH_3)_2CHOCH_2CH_2CH(CH_3)_2$

(e) Cyclohexanol + Cyclohexen [gleiche Situation wie bei (b)].

(f) Dieses tertiäre Alkoxid ist so sperrig, dass selbst primäre Halogenalkane hauptsächlich unter Eliminierung reagieren: Es entstehen Ethen und wenig 1,1-Dicyclopentylethoxyethan.

41. (b) Die Reaktion ist in Aufgabe 40 (a) angegeben.

(e) Man verwendet S_N1-Bedingungen: Chlorcyclohexan in neutralem Cyclohexanol (Solvolyse, ohne ein basisches Nucleophil).

(f) Man verwendet eine andere Solvolyse, dieses Mal mit dem tertiären Halogenalkan:

[Strukturformel: Dicyclopentyl-C(CH₃)-Br + CH_3CH_2OH (S_N1) → Dicyclopentyl-C(CH₃)-O-CH_2CH_3]

42. Faustregel: Säure-Base-Reaktionen verlaufen im Allgemeinen schneller als Substitutionen: Daher ist $HO^- + ROH \rightleftharpoons H_2O + RO^-$ schnell im Vergleich zu $HO^- + RX \rightarrow ROH + X^-$. Diese Regel wendet man auf jedes der angegebenen Systeme an. Man beachte, dass jedes System sowohl die Alkohol- als auch die Halogenalkan-Funktion enthält und eine intramolekulare Substitution in jedem Fall zu einem vernünftigen Produkt führen kann. Die intramolekulare Substitution wird zudem dadurch begünstigt, dass die Konzentration der Ausgangsverbindung in Lösung niedrig gehalten wird, wodurch konkurrierende **inter**molekulare Vorgänge zurückgedrängt werden.

(a) [2-Methyltetrahydrofuran] (b) [bicyclisches Oxan] (c) [Cyclooctenepoxid]

43. Führen Sie S$_N$2-Synthesen nur mit primären Halogenalkanen durch. S$_N$1-Reaktionen eignen sich am besten für tertiäre Systeme.

(a) CH$_3$CH$_2$CHOHCH$_3$ $\xrightarrow{\text{1. NaOH} \atop \text{2. CH}_3\text{CH}_2\text{Br}}$ (S$_N$2)

(b) [Cyclohexyl mit CH$_3$ und Cl] + CH$_3$CH$_2$CH$_2$CH$_2$OH (Lösungsmittel) ⟶ (Solvolyse)

(c) HOCH$_2$CH$_2$CH$_2$C(CH$_3$)$_2$Br ⟶ (intramolekulare S$_N$1-Reaktion)   oder

HOCH$_2$CH$_2$CH$_2$C(CH$_3$)$_2$OH $\xrightarrow{\text{H}^+}$ (ebenso)

(d) [Cyclopentyl mit OH] $\xrightarrow{\text{H}_2\text{SO}_4,\ 40°}$ (S$_N$1)

44. (a) CH$_3$CH$_2$I + CH$_3$CH$_2$CH$_2$I   (b) CH$_3$Br + (CH$_3$)$_2$CHBr

(c) CH$_3$I + ICH$_2$CH$_2$I   (d) [Br—C(H)(CH$_3$)—CH$_2$—Br]

(e) [Br—C(H)(CH$_3$)—C(CH$_3$)(H)—Br] (Bauen Sie ein Modell!)

(f) [Cyclohexan mit Br, H und CH$_2$CH$_2$Br, H]

45. Umsetzungen von gespannten Ringen wie Oxacyclopropanen mit Nucleophilen führen zur Ringöffnung. Unter sauren, S$_N$1-ähnlichen Bedingungen greift das Nucleophil am stärker substituierten Kohlenstoffatom des Rings an (das eine positive Ladung besser stabilisieren kann). Unter basischen, S$_N$2-ähnlichen Bedingungen erfolgt eine Substitution am geringer substituierten, weniger gehinderten Kohlenstoffatom des Rings.

(a) [OCH$_3$, OH]   (b) [OH, OCH$_3$]   (c) [OH, OH]

(d) [Br, OH]   (e) [OH]   (f) [OH, C$_6$H$_5$]

46. Um diese Aufgabe zu lösen, muss man herausfinden, wie die folgende Umwandlung durchzuführen ist:

Überführen von [Cyclohexanon]=O und BrCH$_2$CH$_2$CH$_2$OH in [Cyclohexan mit CH$_2$CH$_2$CH$_2$OH und OH]

Dazu bestimmt man zunächst im Einzelnen, was genau zu tun ist: (1) Knüpfen einer neuen Kohlenstoff-Kohlenstoff-Bindung, (2) Überführen eines Ketons in einen tertiären Alkohol und (3) Entfernen einer Kohlenstoff-Halogen-Bindung. Bei den Reaktionen zur C—C-Verknüpfung

9 Weitere Reaktionen der Alkohole und die Chemie der Ether

haben wir derzeit noch keine große Auswahl, sodass nur die Addition eines aus der bromierten Verbindung erhaltenen Organometall-Reagenzes an das Carbonyl-Kohlenstoffatom des Ketons (Abschn. 8.8) in Frage kommt. Bei der Organometall-Verbindung denkt man zunächst an ein Grignard-Reagenz der Struktur BrMgCH$_2$CH$_2$CH$_2$OH. Wir wissen aber (Abschn. 8.7 und 8.9, s. auch Aufg. 36 in Kap. 8), dass Alkoholgruppen und Grignard-Verbindungen nicht miteinander vereinbar sind, weil die Acidität der OH-Gruppe ausreicht, um eine C—Mg- oder C—Li-Bindung durch Protonierung des (in derartigen Verbindungen stark basischen) Kohlenstoffatoms in einer deutlich bevorzugten Säure-Base-Reaktion, C—M + H$^+$ → C—H + M$^+$, aufzubrechen.

Um die Synthese durchführen zu können, darf demzufolge bei der Bildung oder Verwendung der Organometall-Verbindung keine OH-Gruppe vorliegen. Die in Kapitel 9 besprochene Chemie (insbesondere Abschnitt 9.8) zeigt Möglichkeiten auf, dieses Problem zu lösen. Ether reagieren nicht mit Organometall-Verbindungen, und Alkohole lassen sich leicht in *tertiäre* Ether und anschließend durch saure Hydrolyse wieder zurück in Alkohole überführen. Sie sind gute *Schutzgruppen* für Alkohole bei Reaktionen wie dieser. Unsere Lösung beginnt daher mit der Umwandlung der OH-Gruppe von 3-Brompropanol in einen tertiären Ether:

$$\text{BrCH}_2\text{CH}_2\text{CH}_2\text{OH} \xrightarrow[S_N1]{(CH_3)_3COH,\ H^+} \text{BrCH}_2\text{CH}_2\text{CH}_2\text{OC(CH}_3)_3$$

Die OH-Funktion ist nun blockiert, und man kann die Grignard-Reaktion durchführen:

$$\text{BrCH}_2\text{CH}_2\text{CH}_2\text{OC(CH}_3)_3 \xrightarrow{\text{Mg, (CH}_3\text{CH}_2)_2\text{O}} \text{BrMgCH}_2\text{CH}_2\text{CH}_2\text{OC(CH}_3)_3 \xrightarrow{\text{cyclohexanon}} $$

[Cyclohexyl-C(O$^-$ $^+$MgBr)(CH$_2$CH$_2$CH$_2$OC(CH$_3$)$_3$)] $\xrightarrow{H^+,\ H_2O}$ [Cyclohexyl-C(OH)(CH$_2$CH$_2$CH$_2$OH)]

Zu beachten ist, dass die in Grignard-Synthesen zur Aufarbeitung erforderliche verdünnte Säure nicht nur das zunächst gebildete Alkoxid protoniert und in den gewünschten tertiären Alkohol überführt, sondern auch ausreicht, um den tertiären Ether der Schutzgruppe zu hydrolysieren und so den primären Alkohol am Ende der dreigliedrigen Kohlenstoffkette freizusetzen.

47. (a) HOCH$_2$CH$_2$NH$_2$ (Ringöffnung nach einem S$_N$2-Mechanismus.)

(b) [Struktur: HO und CH$_3$ am einen C, H und SCH$_2$CH$_3$ am anderen C]   (Ebenso, die Reaktion erfolgt am geringst substituierten Kohlenstoff des Rings.)

(c) BrCH$_2$CH$_2$CH$_2$Br

(d) HOCH$_2$CH$_2$C(CH$_3$)$_2$OCH$_3$ (Ringöffnung erfolgt nach S$_N$1.)

(e) CH$_3$OCH$_2$CH$_2$C(CH$_3$)$_2$OH   (S$_N$2 an dem am wenigsten substituierten Ring-Kohlenstoffatom.)

(f) DCH$_2$C(CH$_3$)$_2$OH   (Durch Angriff von D$^-$ am sterisch weniger gehinderten Ring-Kohlenstoffatom.)

(g) (CH$_3$)$_2$CHCH$_2$C(CH$_3$)$_2$OH   (Durch Angriff der Grignard-Verbindung am sterisch weniger gehinderten Ring-Kohlenstoffatom.)

(h) [Cyclopentyl-CH$_2$CH$_2$OH]   (Ein Beispiel für eine „2C-Homologisierung"; Bildung eines Alkohols mit zwei Kohlenstoffatomen mehr als die organometallische Ausgangssubstanz durch Addition an Oxacyclopropan.)

48. Überraschenderweise kann bis auf Methanol jeder dieser Alkohole durch die Addition von Hydrid oder einer Organometallverbindung an ein passendes Oxacyclopropan hergestellt werden. Zur Erinnerung: Ein anionisches Nucleophil addiert stets an das am wenigsten gehinderte Kohlenstoffatom des Rings. Wir können folgende retrosynthetische Analysen durchführen:

Für einen beliebigen primären Alkohol mit dem Rest $-CH_2CH_2OH$ können wir ausgehen von

$$Nu-CH_2-CH_2-OH \Rightarrow Nu^- + \underset{\triangle}{O},$$

mit Nu = H aus LiAlH$_4$ oder R aus RLi oder RMgX.

Für einen beliebigen sekundären Alkohol mit der Endgruppe $-CH_2CHOHCH_3$ können wir ausgehen von

$$Nu-CH_2-CH(CH_3)-OH \Rightarrow Nu^- + \underset{\triangle-CH_3}{O},$$

mit Nu = H aus LiAlH$_4$ oder R aus RLi oder RMgX.

Erkennen Sie das Prinzip? Für einen tertiären Alkohol mit der Endgruppe $-CH_2COH(CH_3)_2$ können wir ausgehen von

$$Nu-CH_2-C(CH_3)_2-OH \Rightarrow Nu^- + \underset{\triangle(CH_3)_2}{O},$$

wiederum mit Nu = H aus LiAlH$_4$ oder R aus RLi oder RMgX.

Für die Vorwärtsstrategie folgen hier sinnvolle Antworten. Für alle Reaktionen wird (CH$_3$CH$_2$)$_2$O als Lösungsmittel eingesetzt, nach beendigter Reaktion wird mit wässriger Säure aufgearbeitet.

Oxacyclopropan:
- **(b)** LiAlH$_4$ → CH$_3$CH$_2$OH
- **(c)** CH$_3$MgX oder CH$_3$Li → CH$_3$CH$_2$CH$_2$OH
- **(e)** CH$_3$CH$_2$MgX oder CH$_3$CH$_2$Li → CH$_3$CH$_2$CH$_2$CH$_2$OH

Methyloxacyclopropan:
- **(d)** LiAlH$_4$ → CH$_3$CHOHCH$_3$
- **(f)** CH$_3$MgX oder CH$_3$Li → CH$_3$CHOHCH$_2$CH$_3$

Für **(f)** auch 2,2-Dimethyloxacyclopropan + LiAlH$_4$ → CH$_3$CHOHCH$_2$CH$_3$

Schließlich **(g)** 2,2-Dimethyloxacyclopropan + LiAlH$_4$ → (CH$_3$)$_3$COH

49. (a) [Structure: HO and OCH₂CH₃ on central carbon with CH₃ and H substituents, CH₃ and H on adjacent carbon]

S_N2 mit Ethanol an protoniertem Oxacyclopropan. Angriff auf irgendeines der beiden Ringkohlenstoffatome führt zum gleichen Produkt.

(b) [Structure: HO and D on central carbon with CH₃ and H substituents]

S_N2 an einem der Ringkohlenstoffatome.

50. (a) Cyclopropylmethanthiol

(b) 2-(Methylthio)butan oder Methyl-(1-methyl-)propylsulfid

(c) 1-Propansulfonsäure

(d) Trifluormethylsulfonylchlorid

51. In jedem Fall ist (1) die stärkere Säure und (2) die stärkere Base

(a) (1) (CH₃)SH, (2) CH₃OH   (b) (1) HS⁻, (2) HO⁻

(c) (1) H₃S⁺, (2) H₂S

52. (a) HSCH₂CH₂CH₂CH₂SH

(b) [Thiacyclopentan ring] (über Zwischenprodukt ⁻SCH₂CH₂CH₂CH₂Cl)

(c) [Cyclohexane with SH and CH₃ substituents] (S_N2)

(d) [Cyclopentane with SH, H, OH, H substituents] (wieder S_N2)

(e) (CH₃CH₂)₃CSCH₃ (S_N1)

(f) (CH₃)₂CHSSCH(CH₃)₂

(g) [Six-membered ring with O and SO₂]

53. Ein „Straßenkarten"-Problem. Hinweis: Es gibt „versteckte" Informationen. So erhalten Sie beispielsweise einen nützlichen Anhaltspunkt, wenn Sie nur die Summenformel des Endprodukts bestimmen, dessen Struktur angegeben ist. Es handelt sich um C₆H₁₂SO₂, das sich von der unbekannten Verbindung C nur durch zwei Sauerstoffatome unterscheidet. Wir können daher C die Struktur des cyclischen Sulfids vor der Oxidation zuschreiben:

[Structure: Five-membered ring with S and two CH₃ groups on adjacent carbons, H₃C and CH₃ shown]

Wohin wenden wir uns danach? Die zu C führende Reaktion beinhaltet die Umsetzung von B mit Na₂S. Schauen Sie sich Aufgabe 52 (b) an. Ein Butan mit Abgangsgruppen an beiden Enden geht durch Reaktion mit Na₂S in Thiacyclopentan über. Machen Sie in dieser Aufgabe das Gleiche, aber achten Sie auf die Methylsubstituenten und ihre Stereochemie. C muss durch

Umsetzung von Na₂S mit einem *meso*-2,3-Dimethylbutan mit Abgangsgruppen an beiden Enden entstehen:

(Teilstruktur; X = unbestimmte Abgangsgruppe)

Wie bestimmen wir die Abgangsgruppen X? Sehen Sie sich die Vorstufen von B an: eine acyclische Verbindung A der Formel $C_6H_{14}O_2$ und zwei Äquivalente des Sulfonylchlorids CH_3SO_2Cl. Die einfachste Lösung ist es anzunehmen, dass X das Sulfonat $CH_3SO_3^-$ ist und A der entsprechende Dialkohol von B. Wir gelangen also zu diesen Strukturen:

PS: Das Endprodukt der Sequenz ist ein (cyclisches) Sulfon.

54. Alles läuft glatt bis zum letzten Schritt. Dann – die Katastrophe!

Gespannte Ringe sind besonders anfällig für Umlagerungen von Carbenium-Ionen, wenn dabei die Ringspannung aufgehoben wird.

55. In der ersten Reaktion wird der Alkohol mit Tosylchlorid in ein Tosylat überführt. Hierbei ist der *Alkohol* das Nucleophil und ersetzt Chlorid am Schwefelatom. Die C—O-Bindung des Alkohols bleibt chemisch unverändert, demzufolge bleibt auch die (*R*)-Konfiguration an C1 des Alkohols erhalten:

(*R*)-CH₃CH₂CH₂CH₂CHDOH → (*R*)-CH₃CH₂CH₂CH₂CHDO—S(O)(O)—C₆H₄—CH₃

(*R*)-1-Deuterio-1-pentanol   (*R*)-1-Deuterio-1-pentyltosylat

Der zweite Schritt ist die Substitution der Tosylatgruppe durch das Nucleophil Ammoniak. Die Reaktion erfolgt an einem primären Kohlenstoffatom, sodass man sicherlich von einem S_N2-Mechanismus ausgehen kann. In diesem Schritt wird folglich die C—O-Bindung des ursprünglichen Alkoholmoleküls unter Inversion gespalten, wobei ein Produkt mit (*S*)-Konfiguration an C1 entsteht:

9 Weitere Reaktionen der Alkohole und die Chemie der Ether

(R)-CH₃CH₂CH₂CH₂CHDO—S(=O)(=O)—C₆H₄—CH₃ —Überschuss NH₃→ (S)-CH₃CH₂CH₂CH₂CHDNH₂

(R)-1-Deuterio-1-pentyltosylat   (S)-1-Deuterio-1-pentanamin

Da S_N2-Reaktionen mit 100% Inversion verlaufen, sollte 100% optisch reines (S)-Produkt erhalten werden. Es werden aber 70% (S)- und 30% (R)-Produkt erhalten. Warum? Eine Möglichkeit ist, dass ein Teil der Moleküle nach dem S_N1-Mechanismus reagiert hat. (Bei einer ähnlichen Versuchsreihe in den 50er Jahren kamen die beteiligten Chemiker tatsächlich zu diesem Schluss.) Das erwies sich aber als *falsch*: Substitutionen an einfachen primären Kohlenstoffatomen verlaufen *nicht* nach dem S_N1-Mechanismus, weil einfache primäre Carbenium-Ionen zu instabil sind, um gebildet zu werden. Wie sonst lässt sich das Auftreten von Produkten erklären, die dieselbe (R)-Konfiguration haben wie die Ausgangsverbindung?

In Abschnitt 6.6 wurde dargelegt, dass zwei *aufeinander folgende* S_N2-Substitutionen („doppelte Inversion") am selben Kohlenstoffatom insgesamt zur *Retention* der ursprünglichen Konfiguration führen. Könnte etwas Derartiges auch bei dem Beispiel dieser Aufgabe geschehen sein? Nutzen wir den Hinweis und überlegen, welche Folgen sich daraus ergeben, dass während der Tosylatbildung Chlorid-Ionen entstehen. Nehmen wir an, *ein Teil* dieser Chlorid-Ionen, die Nucleophile sind, würde mit *einem Teil* des im ersten Schritt gebildeten Tosylats reagieren. Diese Reaktion wäre eine S_N2-Substitution an C1 unter Inversion, die ein (S)-Chloralkan liefert:

(R)-CH₃CH₂CH₂CH₂CHDO—S(=O)(=O)—C₆H₄—CH₃ —Cl⁻→ (S)-CH₃CH₂CH₂CH₂CHDCl

(R)-1-Deuterio-1-pentyltosylat   (S)-1-Chlor-1-deuteriopentan

Wir hätten dann ein Gemisch aus dem (R)-Tosylat und dem (S)-Chloralkan, das im zweiten Schritt unter S_N2-Reaktion mit Ammoniak umgesetzt wird. Diese zweite Reaktion würde das (R)-Tosylat in das (S)-Amin und ein eventuell vorhandenes (S)-Chloralkan in das (R)-Amin überführen. Dies erklärt, wie die Reaktion zu einem ungleichen Gemisch der enantiomeren Amine führen kann: Etwa 30% des zuerst gebildeten Tosylats reagierten mit dem Chlorid, bevor die Umsetzung mit Ammoniak stattfand, die zu einer zweiten Inversion und damit ingesamt zu einer Retention der Konfiguration an C1 bei den zugehörigen 30% des Endprodukts führte.

56. Produkt:

CH₃ ◄ — (H, O, D) — ► H
       | |
       CH₂   CH₂
         \\   /
          CH₂

Beachten Sie die **Inversion** an dem Kohlenstoffatom, an dem zuvor das Brom stand. Bauen Sie gegebenenfalls ein Modell.

Die Reaktion ist kinetisch erster Ordnung, weil die Nucleophil- und die Halogenalkylgruppe am selben Molekül sitzen. Der Mechanismus ist der gleiche wie bei der bekannten S_N2-Reaktion, nur die „2" hat hier keine Geltung, weil die beiden reagierenden Komponenten zum selben Molekül gehören.

57. Wir besprechen zunächst die retrosynthetischen Analysen im Einzelnen und anschließend die Synthesen. Das Lösungsmittel für alle Herstellungen und Umsetzungen von Organometall-Reagenzien ist wie üblich (CH₃CH₂)₂O.

(a) Retrosynthetische Analyse

CH$_3$CH$_2$CH(C$_5$H$_9$)—CH$_2$CH$_2$SO$_3$H ⇒ CH$_3$CH$_2$CH(C$_5$H$_9$)—CH$_2$CH$_2$SH ⇒

CH$_3$CH$_2$CH(C$_5$H$_9$)—CH$_2$CH$_2$Br ⇒ CH$_3$CH$_2$CH(C$_5$H$_9$)—CH$_2$CH$_2$OH ⇒ $\overset{O}{\underset{\triangle}{}}$

Vergleichen Sie Aufgabe 48!

CH$_3$CH$_2$CH(C$_5$H$_9$)—MgBr + CH$_3$CH$_2$CH(C$_5$H$_9$)—Br ⇒

CH$_3$CH$_2$CH(C$_5$H$_9$)—OH ⇒ CH$_3$CH$_2$CHO + C$_5$H$_9$—MgBr

Synthese
Ausgangssubstanzen: CH$_3$CH$_2$CHO, Cyclopentyl-Br, CH$_2$—CH$_2$ (Epoxid)

Cyclopentyl-Br $\xrightarrow[\text{3. H}^+, \text{H}_2\text{O}]{\text{1. Mg} \atop \text{2. CH}_3\text{CH}_2\text{CHO}}$ CH$_3$CH$_2$CH(OH)(Cyclopentyl) $\xrightarrow[\text{3. CH}_2\text{—CH}_2]{\text{1. PBr}_3 \atop \text{2. Mg}}$

CH$_3$CH$_2$CH(Cyclopentyl)CH$_2$CH$_2$OH $\xrightarrow[\text{3. KMnO}_4]{\text{1. PBr}_3 \atop \text{2. NaSH}}$ Produkt

(b) Retrosynthetische Analyse

CH$_3$CH$_2$CH$_2$—C(CH$_3$)(CH$_2$CH$_3$)—CHO ⇒ CH$_3$CH$_2$CH$_2$—C(CH$_3$)(CH$_2$CH$_3$)—CH$_2$OH ⇒

HCHO + CH$_3$CH$_2$CH$_2$—C(CH$_3$)(CH$_2$CH$_3$)—MgBr $\xRightarrow{\text{über RBr}}$ CH$_3$CH$_2$CH$_2$—C(CH$_3$)(CH$_2$CH$_3$)—OH

⇒ CH$_3$CH$_2$CH$_2$MgCl + C(CH$_3$)(CH$_2$CH$_3$)=O

Synthese
Ausgangssubstanzen: CH$_3$CH$_2$CH$_2$Cl, CH$_3$CH$_2$CCH$_3$ (O), HCH (O)

CH$_3$CH$_2$CH$_2$Cl $\xrightarrow[\text{3. H}^+, \text{H}_2\text{O}]{\text{1. Mg; 2. CH}_3\text{CH}_2\text{COCH}_3}$ CH$_3$CH$_2$CH$_2$–C(CH$_3$)(CH$_3$CH$_2$)–OH $\xrightarrow[\text{2. Mg}]{\text{1. HBr}}$

CH$_3$CH$_2$CH$_2$–C(CH$_3$)(CH$_3$CH$_2$)–MgBr $\xrightarrow[\text{2. H}^+, \text{H}_2\text{O}]{\text{1. HCHO}}$ CH$_3$CH$_2$CH$_2$–C(CH$_3$)(CH$_3$CH$_2$)–CH$_2$OH $\xrightarrow{\text{PCC, CH}_2\text{Cl}_2}$ Produkt

58. **(a)** Überführung eines sekundären Alkohols in das Bromid: Sie müssen eine Umlagerung sorgfältig vermeiden und auch die Stereochemie berücksichtigen.

[Cyclopentan mit Br und CH$_3$] aus [Cyclopentan mit OH und CH$_3$] + PBr$_3$ S$_N$2 invertiert an Cl; Umlagerung wird vermieden.

Mit HBr würde eine Umlagerung zu 1-Brom-1-methylcyclopentan erfolgen.

(b) Zwei Schritte sind erforderlich: (1) OH in eine gute Abgangsgruppe überführen und (2) substituieren. Eine Sequenz wie 1. CH$_3$SO$_2$Cl, (CH$_3$CH$_2$)$_3$N; 2. KCN, DMSO ist gut geeignet. Im ersten Schritt könnte OH auch ohne Umlagerung mit PBr$_3$ oder SOCl$_2$ (aber nicht mit HBr) in ein Halogenid überführt werden. Für den zweiten Schritt benötigt man KCN, nicht HCN (sehr schlechter CN-Lieferant).

(c) Vorsicht! [Struktur mit Cl und CH$_3$] aus [Struktur mit OH und CH$_3$] **erfordert** Umlagerung.

Verwenden Sie konzentrierte HCl.

(d) Die retrosynthetische Analyse verrät Ihnen einen Trick.

[Tetrahydrothiopyran] $\underset{\text{anderer cyclischer Sulfide}}{\overset{\text{In Analogie zur Synthese}}{\Longrightarrow}}$ Na$_2$S + [X–CH$_2$CH$_2$–O–CH$_2$CH$_2$–X]   ← Dieser Ether muss dargestellt werden (X = Abgangsgruppe)

2 BrCH$_2$CH$_2$OH $\xrightarrow{\text{H}_2\text{SO}_4, 130\,°\text{C}}$ BrCH$_2$CH$_2$OCH$_2$CH$_2$Br $\xrightarrow{\text{Na}_2\text{S}}$ Produkt

59. H$_2$SO$_4$/180 °C: Kürzerer Weg, aber anfälliger gegenüber Nebenreaktionen wie Umlagerungen, Etherbildung usw.

PBr$_3$, dann K$^+$ $^-$OC(CH$_3$)$_3$: Zwei Reaktionsstufen anstatt einer, als einzige Nebenreaktion kann in der zweiten Stufe die S$_N$2-Reaktion zum Ether ablaufen, eine normalerweise unbedeutende Komplikation.

138   9 Weitere Reaktionen der Alkohole und die Chemie der Ether

60. (a) Es handelt sich um eine Dehydratisierungsreaktion (eine Eliminierung).

(b) Die Lewis-Säure kann die Hydroxygruppe in eine bessere Abgangsgruppe überführen:

$$HOCH_2CH\diagdown + Mg^{2+} \rightleftharpoons HO^+\!-\!CH_2\!-\!C\!-\!\underset{H}{\overset{H}{|}} \xrightarrow{H_2\ddot{O}}$$
$$\qquad\qquad\qquad\qquad\qquad\overset{|}{Mg^+}$$

$$CH_2\!=\!C\diagdown + H_3O^+ + HOMg^+$$

61. (a) Ja!

[Strukturformel: FH₄ mit N5 greift an (CH₃)₃S⁺ → (CH₃)₂S + 5-Methyl-FH₄-Intermediat]

⟶ H⁺ + 5-Methyl-FH₄

(b) Nucleophil: FH₄. Nucleophiles Atom: N5. Elektrophiles Atom: C in der Methylgruppe an $(CH_3)_3S^+$. Abgangsgruppe: $(CH_3)_2S$.

(c) Ja! N5 in FH₄ ähnelt dem N in Ammoniak und ist daher eine Lewis-Base und voraussichtlich ein vernünftiges Nucleophil. Die Methylgruppen in $(CH_3)_3S^+$ sollten positiv polarisiert sein wegen der Elektronenanziehung durch den positiv geladenen Schwefel. Ihre Kohlenstoffatome sollten einigermaßen elektrophil sein. $(CH_3)_2S$ ist neutral und eine schwache Base, es sollte daher eine sehr gute Abgangsgruppe darstellen.

62. (a) Ja! Ein möglicher Mechanismus:

[Strukturformel: 5-Methyl-FH₄ + RSH (Homocystein, abgekürzt) → Produkt + RS⁺(CH₃)H]

⟶ Produkte

(b) Nucleophil: Homocystein. Nucleophiles Atom: S. Elektrophiles Atom: C der N5-Methylgruppe in 5-Methyl-FH₄. Abgangsgruppe: Konjugierte Base von FH₄.

(c) Bis auf die Abgangsgruppe ist alles in Ordnung. Als konjugierte Base einer ziemlich schwachen Säure dürfte sie eine relativ starke Base und daher keine sehr gute Abgangsgruppe sein. Aber genau so, wie sich die Protonierung von Sauerstoffatomen in Alkoholen zur Bildung einer besseren Abgangsgruppe (Wasser) eignet, führt bei der Reaktion in dieser Aufgabe die Protonierung von N5 durch Säure in 5-Methyl-FH₄ **vor** der nucleophilen Substitutionsreaktion zu einer besseren Abgangsgruppe (FH₄ selbst):

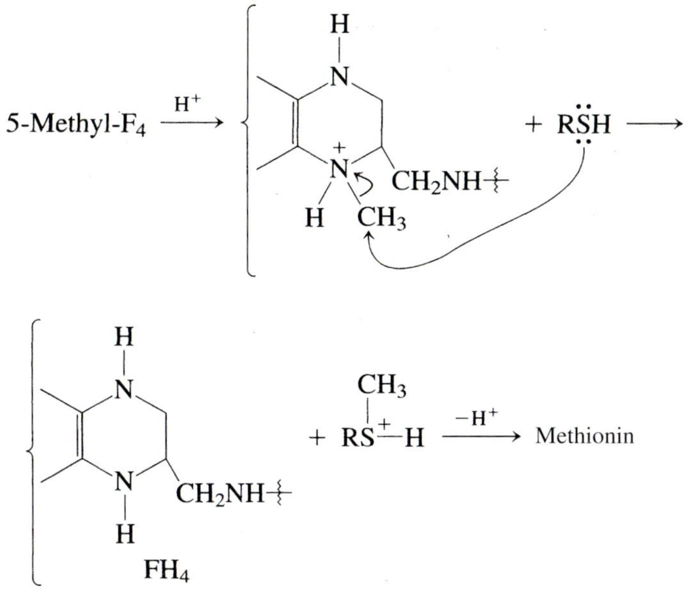

5-Methyl-F$_4$ $\xrightarrow{H^+}$ [Schema mit Iminium-Zwischenstufe, CH$_2$NH—, CH$_3$] + RSH $\longrightarrow$

[Schema mit FH$_4$ und CH$_2$NH—] + RS$^+$—H $\xrightarrow{-H^+}$ Methionin
$\quad\quad\quad\quad\quad\quad\quad$ |
$\quad\quad\quad\quad\quad\quad\quad$ CH$_3$

63. (a) Reaktion 1 ist ein S$_N$2-Prozess. Das S-Atom von Methionin verdrängt Triphosphat von der CH$_2$-Gruppe in ATP. Reaktion 2 verläuft ebenfalls nach S$_N$2. Das N-Atom von Norepinephrin verdrängt *S*-Adenosylhomocystein von einer CH$_3$-Gruppe, dadurch wird die entscheidende CH$_3$—N-Bindung in Adrenalin gebildet. Das ATP ermöglicht die zweite S$_N$2-Reaktion dadurch, dass es alles, was an die CH$_2$-Gruppe des Methionins gebunden ist, als eine große Abgangsgruppe abtrennt. Anders ausgedrückt ist *S*-Adenosylmethionin eine ausgefallenes biologisches Äquivalent zu CH$_3$I.

(b) Nein. Eine S$_N$2-Reaktion an CH$_3$ tritt nicht ein, weil die Abgangsgruppe (im Prinzip RS$^-$) schlecht ist.

(c) Einfach! Setzen Sie es mit einem Äquivalent CH$_3$I um! (In Wirklichkeit ist es nicht ganz so einfach – die Weiterreaktion des noch immer nucleophilen Epinephrin-Stickstoffatoms mit überschüssigem CH$_3$I muss sorgfältig vermieden werden.)

64. (a) Damit aus 2-Bromcyclohexanol ein Oxacyclopropan entstehen kann, muss das Molekül eine Konformation annehmen können, die eine „interne S$_N$2"-Substitution von der Rückseite zulässt. In dieser Konformation müssen Alkoxid und Br *anti* zueinander stehen, was nur mit dem *trans*-Isomer der Ausgangsverbindung möglich ist:

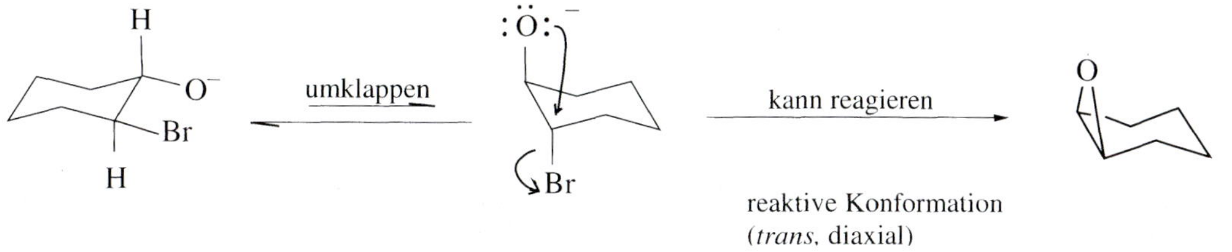

[Schema: trans-2-Bromcyclohexanolat $\xrightarrow{umklappen}$ reaktive Konformation (*trans*, diaxial) $\xrightarrow{kann\ reagieren}$ Oxacyclopropan]

Man vergleiche mit [cis-Isomer Schema] *cis*, schlecht.

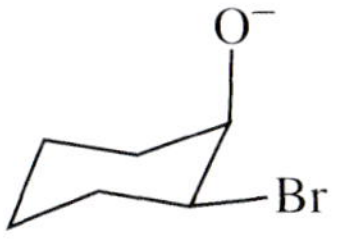

(b) 1. NaBH$_4$ (reduziert Keton zum Alkohol); 2. NaOH (bildet Alkoxid und bewirkt damit die interne Substitution von Br$^-$ unter Bildung von Oxacyclopropan).

(c) Im ersten Schritt muss β-OH gebildet werden, die neue Hydroxy-Gruppe steht *trans* zum ursprünglichen Br. Anderenfalls würde der zweite Schritt aus den in Teil (a) gegebenen Gründen nicht zu einem Oxacyclopropan führen. Beachten Sie, dass die β-OH- und α-Br-Gruppen wegen der natürlichen Gestalt der Steroid-Ringe automatisch diaxiale *trans*-Position einnehmen.

65. CH$_2$=CH–CH$_2$Cl $\xrightarrow{\text{HS}^-\text{ Na}^+}$ CH$_2$=CH–CH$_2$SH $\xrightarrow{\text{I}_2}$

CH$_2$=CH–CH$_2$-S-S-CH$_2$-CH=CH$_2$ $\xrightarrow{\text{äquivalente Stoffmenge H}_2\text{O}_2}$ Allicin

66. Von der in der Aufgabenstellung gegebenen allgemeinen Struktur lassen sich vier Diastereomere formulieren:

Ihre stabilsten Konformationen sehen wie folgt aus.

(a) Welche Reaktion bei der Umsetzung mit Base abläuft, wird in erster Linie von der Konfiguration der Chiralitätszentren des Substrats und der stabilsten Konformation des jeweiligen Isomers gesteuert. Die Hauptmöglichkeiten sind die E2-Reaktion und die Deprotonierung der OH-Gruppe mit nachfolgender intramolekularer Substitution. Damit eine intramolekulare Substitution (von der Rückseite, ähnlich wie S$_N$2) erfolgen kann, müssen die −Br- und die −OH-Gruppe *trans* und beide axial angeordnet sein:

Bei der Ausgangssubstanz zu dieser Reaktion handelt es also sich um Verbindung A.

Als nächstes suchen wir nach einem Substrat, das leicht unter Eliminierung zu dem in der Aufgabe dargestellten Enol reagiert.

Verbindung C ist identifiziert. Sie fragen sich vielleicht, warum die Base ausgerechnet vom Kohlenstoffatom ein Proton entfernt, obwohl das Molekül auch eine sehr viel acidere OH-Gruppe enthält. Denken Sie daran, dass Säure-Base-Reaktionen typischerweise schnell und reversibel ablaufen. Selbst wenn der oben gezeigte E2-Prozess nur selten stattfindet, unter den Reaktionsbedingungen ist er irreversibel und führt schließlich zum beobachteten Hauptprodukt.

Zu identifizieren sind noch die Verbindungen B und D, die beide langsamer reagieren: B zu einem Stereoisomer des von A gebildeten Oxacyclopropans und D zum gleichen Produkt wie C. Da beide in Erwägung gezogenen Reaktionstypen eine axiale Abgangsgruppe erfordern, ist es sinnvoll, die Sessel der verbleibenden Ausgangsverbindungen (in denen −Br gegenwärtig äquatorial ist) umzuklappen und zu prüfen, was wir erhalten.

Die obere Verbindung entspricht D, die untere B. Die verglichen mit A und C geringeren Reaktionsgeschwindigkeiten von B und D resultieren aus dem zusätzlichen Energieaufwand zum Umklappen des Rings in die weniger günstige Sesselkonformation, bevor die Reaktion ablaufen kann. Das Umklappen des Rings in B ist *sehr* ungünstig (3 Gruppen wandern in die axiale Position); es ist daher viel wahrscheinlicher, dass zuerst die OH-Gruppe deprotoniert wird.

(b) Die Umsetzung von sekundären und tertiären Halogenalkanen mit Silber-Ionen erzeugt die korrespondierenden Carbenium-Ionen. Ein kurzer Blick auf die von den Verbindungen A, C und D abgeleiteten Carbenium-Ionen bestätigt, dass sie vermutlich zu den gleichen Produkten führen, die auch bei der Umsetzung mit Base erhalten werden. Beachten Sie, dass die trigonal-planare Geometrie des Carbenium-Ions die Sesselform des Cyclohexanrings ein wenig verzerrt.

Frage: Warum die Konformation von D mit dem umgeklappten Ring wählen?
Antwort: Andernfalls sollte D dasselbe Produkt wie A ergeben.

(c) Die Umsetzung von B mit Silber-Ionen führt zu einem gänzlich anderen Ergebnis, nämlich zur Ringkontraktion und Bildung eines Aldehyds. Unsere Erklärung muss eine Begründung enthalten, warum weder ein Oxacyclopropan noch ein Cyclohexenol entstehen. Jede Antwort, die von einer der oben aufgeführten kationischen Zwischenstufen ausgeht, ist per definitionem falsch! Schauen Sie sich das Ergebnis der Reaktion von D in Teil (b) noch einmal an. Wären wir von der stabilsten Konformation von D ausgegangen, wäre das Kation identisch mit dem von A gewesen und hätte notwendigerweise zum gleichen Produkt geführt. Da das auftretende Produkt *nicht das gleiche ist, müssen sich auch die Zwischenstufen unterscheiden,* also muss der Ring vor der Abspaltung des Bromids umklappen. Was können wir daraus lernen? Anscheinend bevorzugt die durch Silber-Ionen beschleunigte Reaktion ein *axiales* Br. Die nähere Betrachtung der Reaktionen aus Teil (b) offenbart außerdem, dass in jedem Fall eine benachbarte *axiale* Gruppe mit dem Carbenium-Ion reagiert. Mit diesem Wissen kehren wir zurück zu Verbindung B. Untersuchen Sie die Struktur. Hier passiert etwas Seltsames. Wenn wir das Molekül in die alternative *all-axiale* Sesselkonformation bringen und mit Hilfe von Silber das Bromid entfernen, erhalten wir:

Diese Verbindung sollte augenblicklich zu dem Oxacyclopropan cyclisieren, das bei Umsetzung von B mit Base entsteht. *Da dies nicht geschieht,* müssen wir uns etwas anderes einfallen lassen. Wir wissen, dass diese Konformation ungünstig ist, über 16 kJ mol^{-1} energiereicher als die andere. Nach Tabelle 2-1 nehmen zu jeder beliebigen Zeit weniger als 0.1% der Moleküle (einer von Tausend) von B diese Konformation ein. Die Reaktion von B mit Silber-Ionen verläuft daher sehr wahrscheinlich über die *all-äquatoriale* Konformation und damit entgegengesetzt zu der offensichtlich bevorzugten Bromabspaltung durch Silber aus axialer Position. Aber es wäre immer noch falsch, einfach anzunehmen, dass Silber Br in dieser Konformation abspaltet, weil dadurch das gleiche Kation entstünde wie aus dem Isomer C, das zu Cyclohexenol weiterreagiert. Falls Sie es nicht bemerkt haben, wir haben gerade alle Carbenium-Ionen als mögliche Zwischenstufen ausgeschlossen. Was bleibt übrig? Silber kann zwar möglicherweise nicht die Bildung eines Kations durch Abspaltung eines äquatorialen Br beschleunigen, stattdessen erfolgt aber eine Umlagerung unter *gleichzeitiger* Br-Abspaltung und Umgehung eines kationischen Ringkohlenstoffs:

Noch zwei Punkte: Beachten Sie, dass diejenige Bindung des Cyclohexanrings wandert, die *anti* zu der zu spaltenden C−Br-Bindung steht (diese *anti*-Anordnung – Rückseitenangriff bei S$_N$2, der E2-Übergangszustand und nun diese Reaktion – taucht immer wieder auf, nicht wahr?). Außerdem befindet sich die positive Ladung im resultierenden Kation am hydroxysubstituierten Kohlenstoffatom und kann durch Resonanz mit den freien Elektronenpaaren des Sauerstoffatoms stabilisiert werden, was letzlich die treibende Kraft für diese Umlagerung ist.

10 | NMR-Spektroskopie zur Strukturaufklärung

17. Zur Beantwortung dieser Aufgabe müssen Sie den Unterschied zwischen **Frequenzen**, v (in s^{-1}), und **Wellenzahlen**, $\tilde{v}$, (in cm^{-1}) kennen. Abschnitt 10.2 zeigt den Zusammenhang: $v = c/\lambda$ und $\tilde{v} = 1/\lambda$, somit $v = c\tilde{v}$ oder $\tilde{v} = v/c$. Für AM-Radiowellen ($v = 10^6 \, s^{-1}$) ist $\tilde{v} = 10^6/(3 \times 10^{10}) \approx 3 \times 10^{-5} \, cm^{-1}$; für UKW-Rundfunk und Fernsehen ($v = 10^8 \, s^{-1}$): $\tilde{v} = 10^8/(3 \times 10^{10}) \approx 3 \times 10^{-3} \, cm^{-1}$. Sie befinden sich alle am rechten Ende der Grafik (Abb. 10-2) und sind gegenüber den meisten dort angegebenen Formen elektromagnetischer Strahlung sehr energiearm.

18. Die Umrechnungsformeln sind $\lambda = 1/\tilde{v}$ und $v = c/\lambda$ (Abschnitt 10.2).

(a) $\lambda = 1/(1050 \, cm^{-1}) = 9.5 \times 10^{-4} \, cm = 9.5 \, \mu m$

(b) $510 \, nm = 5.1 \times 10^{-5} \, cm$; $v = (3 \times 10^{10} \, cm \, s^{-1})/(5.1 \times 10^{-5} \, cm) = 5.9 \times 10^{14} \, s^{-1}$

(c) $6.15 \, \mu m = 6.15 \times 10^{-4} \, cm$; $\tilde{v} = 1/(6.15 \times 10^{-4} \, cm) = 1.63 \times 10^3 \, cm^{-1}$

(d) $v = c\tilde{v} = (3 \times 10^{10} \, cm \, s^{-1})(2.25 \times 10^3 \, cm^{-1}) = 6.75 \times 10^{13} \, s^{-1}$

19. Verwenden Sie $\Delta E = 119748/\lambda$ (Abschn. 10.2) und die Gleichungen $\lambda = 1/\tilde{v}$ und $\lambda = c/v$. Vergewissern Sie sich jedoch vor der Berechnung von ΔE, dass die Einheiten von λ in nm umgerechnet wurden!

(a) $\lambda = 1/750 = 1.33 \times 10^{-3} \, cm = 1.33 \times 10^4 \, nm$ (1 cm = 10^{-2} m und 1 nm = 10^{-9} m, somit 1 cm = 10^7 nm). Damit erhalten wir $\Delta E = (11.97 \times 10^4)/(1.33 \times 10^4) = 9 \, kJ \, mol^{-1}$.

(b) $\lambda = 1/2900 = 3.45 \times 10^{-4} \, cm = 3.45 \times 10^3 \, nm$.
Somit $\Delta E = (11.97 \times 10^4)/(3.45 \times 10^3) = 34.7 \, kJ \, mol^{-1}$.

(c) $\lambda = 350 \, nm$ (gegeben), somit $\Delta E = (11.97 \times 10^4)/350 = 341.7 \, kJ \, mol^{-1}$.

(d) $\lambda = 3 \times 10^{10}/20 = 1.5 \times 10^9 \, cm = 1.5 \times 10^{16} \, nm$.
Somit $\Delta E = (11.97 \times 10^4)/(1.5 \times 10^{16}) = 8 \times 10^{-12} \, kJ \, mol^{-1}$ (!)

(e) $\lambda = 3 \times 10^{10}/(4 \times 10^4) = 7.5 \times 10^5 \, cm = 7.5 \times 10^{12} \, nm$.
Somit $\Delta E = (11.97 \times 10^4)/(7.5 \times 10^{12}) = 1.6 \times 10^{-8} \, kJ \, mol^{-1}$.

(f) $\lambda = 3 \times 10^{10}/(87.25 \times 10^6) = 3.4 \times 10^3 \, cm = 3.4 \times 10^{10} \, nm$.
Somit $\Delta E = (11.97 \times 10^4)/(3.4 \times 10^{10}) = 3.5 \times 10^{-6} \, kJ \, mol^{-1}$.

(g) $\lambda = 7 \times 10^{-2} \, nm$, daher $\Delta E = (11.97 \times 10^4)/(7 \times 10^{-2}) = 1.7 \times 10^6 \, kJ \, mol^{-1}$.

20. Zur Berechnung von ΔE benötigt man nur den Wert von v. Verwenden Sie $\Delta E = 119748/\lambda$ zusammen mit $\lambda = c/v$.

(a) $\lambda = (3 \times 10^{10}\text{ cm s}^{-1})/(9 \times 10^7\text{ s}^{-1}) = 333\text{ cm} = 3.33 \times 10^9\text{ nm}$;
$\Delta E = (11.97 \times 10^4)/(3.33 \times 10^9) = 3.6 \times 10^{-5}\text{ kJ mol}^{-1}$.

(b) $\Delta E = 19.9 \times 10^{-5}\text{ kJ mol}^{-1}$.

21. (a)

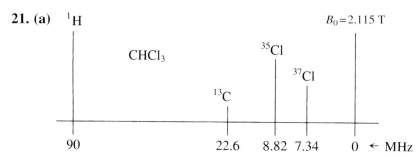

(b) Wie (a), aber ein Signal bei 84.6 MHz (^{19}F) anstatt bei 90 MHz (^{1}H).

(c) Dieses Spektrum zeigt alle Signale, die in (a) und (b) vorliegen. Darüber hinaus treten Signale für ^{79}Br und ^{81}Br auf (bei 22.5 bzw. 24.3 MHz). Bei 8.46 T liegen alle Linien bei Frequenzen, die viermal größer sind als die bei 2.115 T. Beispielsweise wird ein ^{1}H-Signal bei 360 MHz auftreten.

22. Für (c) würde das hochaufgelöste Spektrum im Bereich von 22.6 MHz **zwei** ^{13}C-Signale aufweisen, weil das Molekül zwei nicht identische Kohlenstoffatome enthält.

23. (a) Teilen Sie durch 90: $92/90 = 1.02$; $185/90 = 2.06$; $205/90 = 2.28$ ppm.

(b) Bei 60 MHz: $92 \times 60/90 = 61$ Hz; $185 \times 60/90 = 123$ Hz; $205 \times 60/90 = 137$ Hz.
Bei 360 MHz: $92 \times 360/90 = 368$ Hz; $185 \times 360/90 = 740$ Hz; $205 \times 360/90 = 820$ Hz.

(c)
$$\underset{\delta 2.06}{CH_3}-\underset{}{\overset{\overset{O}{\|}}{C}}-\underset{\delta 2.28}{CH_2}-\underset{\delta 1.02}{C(CH_3)_3}$$

24. Anmerkung der Übersetzerin: Diese Aufgabe ist identisch mit Aufgabe 23.

25. (a) $(CH_3)_2O$ — O ist elektronegativer als N, daher sind die Wasserstoffatome des Ethers weniger abgeschirmt.

(b) $CH_3\overset{\overset{O}{\|}}{C}OCH_3$ (↑ unter erstem CH_3) — Protonen an Kohlenstoffatomen in Nachbarschaft zu elektronegativen Atomen sind im Vergleich zu Protonen in Nachbarschaft zu funktionellen Gruppen mit Doppelbindung zu tiefem Feld verschoben (vgl. Tab. 10-2: Ketone 2.1–2.6, Ether 3.3–3.9).

(c) $CH_3CH_2CH_2OH$ (↑ unter CH_2 Mitte) — Näher am elektronegativen Atom.

(d) $(CH_3)_2S=O$ — Die elektronenziehende Natur des Schwefels wird durch Bindung an Sauerstoff verstärkt, wodurch die Wasserstoffatome im Sulfoxid stärker entschirmt werden als im Sulfid.

26. Die Anzahl der Signale entspricht der Zahl nichtäquivalenter Sätze von Wasserstoffatomen im Molekül. In den folgenden Antworten sind jedes nichtäquivalente Wasserstoffatom und jeder nichtäquivalente Satz von Wasserstoffatomen durch Indices a, b, c, usw. markiert.

(a) Drei – die Wasserstoffatome in *cis*-Stellung zu Br (H_b) unterscheiden sich von denen in *trans*-Position zu Br (H_c)

(b) Eins – alle vier Wasserstoffatome sind äquivalent

(c) Drei   **(d)** Zwei   **(e)** Drei

27. Die chemischen Verschiebungen wurden aus Werten der Tabelle 10-2 abgeschätzt; sie sind für benachbarte funktionelle Gruppen korrigiert und gelten nur angenähert.

(a) 2 Signale:

(b) 2 Signale:

(c) 3 Signale: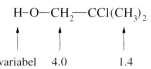

(d) 4 Signale:

(e) 2 Signale:

(f) 3 Signale:

(g) 4 Signale: CH$_3$—O—CH$_2$—CH$_2$—CH$_3$
           ↑   ↑   ↑   ↑
          3.4   3.8   1.7   1.0

(h) 2 Signale:

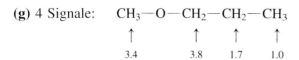

```
        CH₂
       /   \
    CH₂    C=O
    |      /
    |    CH₂
   1.5    |
         2.4
```

(i) 3 Signale: CH$_3$—CH$_2$—C(=O)H ← 9.5
                    ↑   ↑
                   1.2   2.0

(j) 4 Signale:

```
           3.4 →  CH₃O    CH₃
                   |       |
          CH₃—CH—C—CH₃  ← 0.9
               ↑    |
               ↑   CH₃
              1.4  4.0
```

28. Wie in der vorherigen Aufgabe sind die chemischen Verschiebungen Näherungswerte. Eingekastete chemische Verschiebungen sind zur Unterscheidung von Strukturen am besten geeignet. Die Integrationen stehen in Klammern. Mit einem Stern (*) markierte Signale sind komplizierter, da aufgrund eines chiralen Kohlenstoffatoms im Molekül Diastereotopie auftritt.

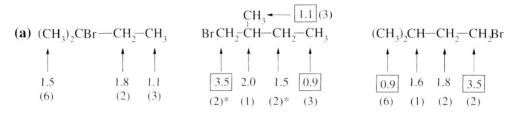

(a) (CH$_3$)$_2$CBr—CH$_2$—CH$_3$ BrCH$_2$—CH(CH$_3$)—CH$_2$—CH$_3$ (CH$_3$)$_2$CH—CH$_2$—CH$_2$Br

         1.5 1.8 1.1   3.5 2.0 1.5 0.9   0.9 1.6 1.8 3.5
         (6) (2) (3)   (2)* (1) (2)* (3)   (6) (1) (2) (2)

           CH$_3$ ← 1.1 (3)

Die Verbindungen lassen sich anhand ihrer NMR-Spektren leicht unterscheiden: Die erste hat im Gegensatz zu den beiden anderen keine Signale bei tieferem Feld als δ = 2, außerdem unterscheiden sie sich in der Zahl der Signale. Die mittlere Verbindung hat zwei nichtäquivalente Methylgruppen, während die letzte zwei identische Methylgruppen aufweist.

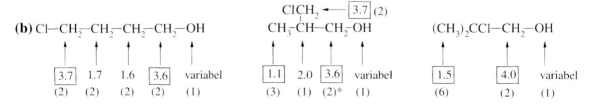

(b) Cl—CH$_2$-CH$_2$-CH$_2$-CH$_2$—OH   CH$_3$-CH(CH$_2$Cl)-CH$_2$—OH   (CH$_3$)$_2$CCl—CH$_2$—OH

         3.7 1.7 1.6 3.6 variabel   1.1 2.0 3.6 variabel   1.5 4.0 variabel
         (2) (2) (2) (2) (1)   (3) (1) (2)* (1)   (6) (2) (1)

                    ClCH$_2$ ← 3.7 (2)

Auch diese Verbindungen sind unterscheidbar. Anzahl und Integration der Signale bei tieferem Feld als δ = 3 unterscheidet die letzte Verbindung. Die anderen beiden unterscheiden sich dadurch, dass die eine ein Methylsignal im Bereich höherer Feldstärken aufweist, die andere dagegen nicht.

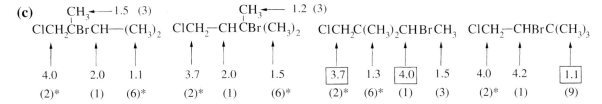

(c) CH₃←—1.5 (3)   CH₃←— 1.2 (3)

ClCH₂CBrCH—(CH₃)₂   ClCH₂—CHCBr(CH₃)₂   ClCH₂C(CH₃)₂CHBrCH₃   ClCH₂—CHBrC(CH₃)₃

4.0   2.0   1.1   3.7   2.0   1.5   3.7   1.3   4.0   1.5   4.0   4.2   1.1
(2)* (1)   (6)*   (2)* (1)   (6)*   (2)* (6)* (1)   (3)   (2)* (1)   (9)

Die letzten beiden Verbindungen lassen sich leicht identifizieren. Die letzte enthält drei äquivalente Methylgruppen, die ein einzelnes Signal der Intensität 9 liefern. Obwohl die übrigen drei Verbindungen alle vier Signale haben, besitzt nur die letzte zwei Signale bei tieferem Feld als $\delta = 3$ (mit einer Gesamtintegration von 3). Die ersten beiden Verbindungen lassen sich NMR-spektroskopisch schwer unterscheiden – sie haben beide die gleiche Zahl von Signalen mit den gleichen Integrationsverhältnissen. Die chemischen Verschiebungen unterscheiden sich nur geringfügig, und beide Spektren enthalten Komplikationen aufgrund diastereotoper Methyl- und Methylen-Gruppen (mit Stern markiert).

29. (a) Das Spektrum enthält zwei Signale bei $\delta = 1.1$ und $\delta = 3.3$ mit einem Integrationsverhältnis von 9:2. Da die Summenformel ($C_5H_{11}Cl$) elf Wasserstoffatome hat, muss das Signal bei $\delta = 1.1$ neun äquivalenten Wasserstoffatomen und das Signal bei $\delta = 3.3$ zwei äquivalenten Wasserstoffatomen entsprechen. Eine $(CH_3)_3C$-Gruppe enthält z. B. neun äquivalente Wasserstoffatome. Die beiden anderen Wasserstoffatome müssen sich an einem anderen einzelnen Kohlenstoffatom befinden, weil die $(CH_3)_3C$-Gruppe bereits vier der insgesamt fünf Kohlenstoffatome besitzt. Die Lage des Signals dieser beiden Wasserstoffatome im Bereich niedrigerer Feldstärken lässt vermuten, dass ihr Kohlenstoffatom an Cl gebunden ist. Damit:

$(CH_3)_3C—$, $—CH_2—$, $—Cl$ $\Longrightarrow$ $(CH_3)_3C-CH_2-Cl$
$\delta 1.1$ $\delta 3.3$ als plausible Struktur

(b) Ähnlich: Zwei Signale, $\delta = 1.9$ und 3.8 mit einem Integrationsverhältnis von 6 zu 2. Das Signal für sechs äquivalente Wasserstoffatome ist vermutlich auf zwei Methylgruppen zurückzuführen, die sich am selben Kohlenstoffatom befinden (CH_3-C-CH_3). Das Signal für die übrigen zwei Wasserstoffatome kann nur von einer $-CH_2-$Gruppe stammen, weil das Molekül nur vier Kohlenstoffatome enthält. Somit ist die Antwort:

CH_3-C-CH_3 , $-CH_2-$, 2 - Br $\Longrightarrow$
$\begin{array}{c}Br\\|\\CH_2\end{array}$ ← $\delta 3.8$
CH_3-C-CH_3
$\quad\ \ \, |$
$\quad\ \ \, Br$
$\delta 1.9$

30. (a) Das Spektrum hat zwei Signale im Intensitätsverhältnis 3:1. Da das Molekül acht Wasserstoffatome aufweist, muss es eine Gruppe von sechs äquivalenten Wasserstoffatomen und eine andere von zwei äquivalenten Wasserstoffatomen geben (6:2 = 3:1). Zwei äquivalente CH_3-Gruppen und eine CH_2-Gruppe decken den Formelinhalt bis auf zwei Sauerstoffatome ab. Das größere Signal bei $\delta = 3.3$ passt gut für Wasserstoffatome, die an einem sauerstoffgebundenen Kohlenstoffatom sitzen. Die Lage des kleinen Signals ($\delta = 4.4$) im Bereich niedriger Feldstärke spricht für die Verknüpfung des Kohlenstoffatoms mit mehr als einem Sauerstoffatom. Wir erhalten als Ergebnis

$$\text{CH}_3\text{-O-CH}_2\text{-O-CH}_3$$

$\delta 4.4$ (Mitte)
gleich, bei $\delta 3.3$ (äußere)

(b) Wieder zwei Signale, aber jetzt im Intensitätsverhältnis 9:1. Der gleichen Argumentation wie in (a) zufolge gibt es drei äquivalente CH$_3$-Gruppen, von denen jede mit einem Sauerstoffatom verbunden ist, und eine CH-Gruppe, die wegen ihrer chemischen Verschiebung zu tiefem Feld ($\delta = 4.9$) mit mehr als einem Sauerstoffatom verbunden ist. Die einzige damit in Einklang stehende Struktur ist demnach

$(\text{CH}_3\text{O})_3\text{CH}$

$\delta 3.3 \quad \delta 4.9$

(c) Zwei intensitätsgleiche Signale weisen auf zwei verschiedene Gruppen hin, von denen jede sechs äquivalente Wasserstoffatome trägt. Das Signal bei $\delta = 3.1$ könnte auf zwei äquivalente CH$_3$−O-Gruppen hinweisen, während das Signal bei $\delta = 1.2$ von zwei äquivalenten CH$_3$-Gruppen stammen könnte, die nicht mit Sauerstoff verbunden sind. Das alles zusammen ergibt C$_4$H$_{12}$O$_2$, d.h., es fehlt noch ein Kohlenstoffatom zur Summenformel des Moleküls (C$_5$H$_{12}$O$_2$). Das fünfte Kohlenstoffatom könnte zur Verknüpfung der anderen vier Gruppen dienen: (CH$_3$O)$_2$C(CH$_3$)$_2$ ist die Antwort.

Demgegenüber hat 1,2-Dimethoxyethan zwei Signale im Verhältnis 3:2 (=6:4), die beide in einem Bereich auftreten, der dafür spricht, dass sich die Wasserstoffatome an Kohlenstoffatomen befinden, die nur an ein **einziges** Sauerstoffatom gebunden sind, wie es die Struktur CH$_3$OCH$_2$CH$_2$OCH$_3$ verlangt.

31. (a) Wir haben zwei Signale in einem Intensitätsverhältnis von 3:1. Da die Formel zwölf Wasserstoffatome enthält, liegen neun äquivalente H-Atome vor (wegen der chemischen Verschiebung $\delta = 1.2$ zu hohem Feld aber nicht in Nachbarschaft zu einer funktionellen Gruppe) sowie drei weitere H-Atome in einer anderen chemischen Umgebung (in der Nähe einer funktionellen Gruppe wegen der chemischen Verschiebung von $\delta = 2.1$). Am einfachsten geht man von CH$_3$-Gruppen als Bestandteilen einer möglichen Struktur aus. Da das Molekül ein Keton ist, liegt auch eine CO-Gruppe vor. Bis jetzt haben wir:

CH$_3$ (3 ×)CH$_3$ CO

insgesamt also bisher C$_5$H$_{12}$O. Ein zusätzliches C-Atom wird noch benötigt, aber sonst nichts. Zeichnen wir diese Bruchstücke mit ihren Bindungen hin, so erhalten wir

–CH$_3$ –CH$_3$ –CH$_3$ –CH$_3$ $-\overset{\overset{\displaystyle O}{\|}}{C}-$ $-\overset{|}{\underset{|}{C}}-$

$\delta 2.1 \quad\quad\quad \delta 1.2$

Durch Verknüpfen der ersten CH$_3$-Gruppe mit der CO-Gruppe wird ihre chemische Verschiebung plausibel:

$$\text{CH}_3-\overset{\overset{\displaystyle O}{\|}}{C}-$$

Von den anderen drei CH$_3$-Gruppen kann keine direkt an CO gebunden sein, weil (1) die chemische Verschiebung nicht passt und (2) so nicht alle übrigen Bruchstücke unterzubringen sind. Darum knüpfen wir zunächst das einzelne C-Atom an:

$$CH_3-\underset{\|}{\overset{O}{C}}-\underset{|}{\overset{|}{C}}-$$

Nun bleibt nur noch die Verknüpfung des einzelnen C-Atoms mit den drei CH$_3$-Gruppen:

$$CH_3-\underset{\|}{\overset{O}{C}}-C(CH_3)_3. \quad \text{Das ist die Antwort.}$$

(b) Beide haben Signale im Verhältnis 3:1; wieder haben wir zwei Gruppen von Protonen mit neun bzw. drei H-Atomen. Wir wollen weiter annnehmen, dass die gleichen Bruchstücke vorliegen wie in Teil (a) sowie ein weiteres O-Atom. Ferner gehen wir davon aus, dass sich wieder drei CH$_3$-Gruppen an dem zusätzlichen Kohlenstoffatom befinden; d. h. wir haben die Bruchstücke:

$$-CH_3 \quad -C(CH_3)_3 \quad -\underset{\|}{\overset{O}{C}}- \quad -O-$$

Bei Isomer 1 liegt $-CH_3$ bei $\delta = 2.0$ und $-C(CH_3)_3$ bei $\delta = 1.5$. Die $-C(CH_3)_3$-Gruppe ist hier verglichen mit der im Keton in Teil (a) zu niedrigerem Feld verschoben.

Bei Isomer 2 liegt $-CH_3$ bei $\delta = 3.6$ verglichen mit dem Keton in (a) weit zu tiefem Feld verschoben, aber das Signal der $-C(CH_3)_3$-Gruppe liegt bei $\delta = 1.2$ fast genau wie bei dem Keton in (a). Die CH$_3$-Gruppe in Isomer 2 muss mit dem zusätzlichen Sauerstoffatom verbunden sein, der Rest des Moleküls stimmt mit dem Keton in Teil (a) überein. Die Verbindung ist ein Ester:

$$CH_3-O-\underset{\|}{\overset{O}{C}}-C(CH_3)_3$$

Das Isomer 1 hat das zusätzliche Sauerstoffatom auf der anderen Seite von CO, was die leichte Verschiebung der $-C(CH_3)_3$-Gruppe zu niedrigeren Feldstärken erklärt:

$$CH_3-\underset{\|}{\overset{O}{C}}-O-C(CH_3)_3$$

Diese Verbindung ist ebenfalls ein Ester.

32. (a) Diese Verbindung sollte vier Signale aufweisen, sie könnte daher zu den Spektren (ii) oder (iii) passen. Die Methylgruppe in diesem Molekül ist weit vom nächsten Cl-Atom entfernt und hat eine CH$_2$-Gruppe als Nachbarn, ihr Signal sollte daher ein Triplett (zwei Nachbarn, daher $N+1=3$) bei relativ hohem Feld (niedriger δ-Wert) sein. Die Antwort lautet daher (iii) mit dem Triplett bei $\delta = 1.0$ ppm.

(b) Die symmetrische Struktur sollte das NMR-Spektrum so vereinfachen, dass nur noch zwei Signale auftreten; (i) ist die Antwort.

(c) Vier Signale sind zu erwarten, aber anders als bei (a) ist hier die Methylgruppe näher an einem Cl-Atom und hat nur eine CH-Gruppe als Nachbarn. Ihr Signal sollte ein Dublett sein, das etwas zu tiefem Feld verschoben ist; (ii) ist das zugehörige Spektrum mit dem Dublett bei $\delta = 1.6$ ppm.

Beachten Sie, dass für die Zuordnung nicht jeder einzelne Peak analysiert werden musste. Die übrigen Signale können natürlich auch interpretiert werden:

(a) CH$_2$Cl hat CH als Nachbarn und gibt das Dublett bei $\delta = 3.6$ ppm; CHCl hat vier Nachbarn und liefert das Quintett bei $\delta = 3.9$ ppm; die CH$_2$-Gruppe bei C3 schließlich hat vier Nachbarn, zu ihr gehört das Quintett bei $\delta = 1.9$ ppm.

(b) Jede CH$_3$-Gruppe hat eine CH-Gruppe als Nachbarn, was zu dem Dublett bei $\delta = 1.5$ ppm führt; jede CHCl-Gruppe hat vier Nachbarn und ergibt das Quintett bei $\delta = 4.1$ ppm.

(c) CH$_2$Cl hat CH$_2$ als Nachbarn und liefert das Triplett bei $\delta = 3.6$ ppm; die CH$_2$-Gruppen bei C2 hat drei Nachbarn und ergibt das Quartett bei $\delta = 2.1$ ppm; CHCl hat fünf Nachbarn und führt zum Sextett bei $\delta = 4.2$ ppm.

33. Benutzen Sie die ($N+1$)-Regel: Zahl der Linien = Zahl der *N*achbarn $+$ 1.

(a) Das Signal für die CH$_3$-Gruppen bei $\delta = 0.9$ wird durch die beiden Wasserstoffatome an ihrer benachbarten CH$_2$-Gruppe in ein Triplett aufgespalten ($2+1=3$). Das Signal für die CH$_2$-Gruppen bei $\delta = 1.3$ wird durch die drei Wasserstoffatome an den benachbarten CH$_3$-Gruppen in ein Quartett aufgespalten ($3+1=4$). Obwohl jede CH$_2$-Gruppe auch die andere CH$_2$-Gruppe als Nachbarn hat, tritt zwischen ihnen keine Aufspaltung auf, weil sie aufgrund der Symmetrie äquivalent sind und die gleiche chemische Verschiebung haben. Kerne mit äquivalenter chemischer Verschiebung *ergeben miteinander keine nachweisbare Aufspaltung.*

(b) Das Signal für die CH$_3$-Gruppen bei $\delta = 1.5$ wird durch das einzelne Wasserstoffatom an der benachbarten CH-Gruppe in ein Dublett aufgespalten ($1+1=2$). Das Signal für die CH-Gruppe bei $\delta = 3.8$ wird durch die sechs Wasserstoffatome der benachbarten CH$_3$-Gruppen in ein Septett aufgespalten ($6+1=7$).

(c) Alle Signale sind Singuletts, da sich die CCl-Gruppe zwischen den CH$_3$-Gruppen und der CH$_2$-Gruppe befindet. Das Hydroxyproton führt nicht zur Abspaltung seiner Nachbarsignale.

(d) Dieses Spektrum wird unübersichtlicher, weil die drei CH$_3$-Gruppen nicht alle äquivalent sind und ihre Resonanzen bei etwa der gleichen chemischen Verschiebung, $\delta = 0.9$, auftreten. Das Signal für die beiden CH$_3$-Gruppen mit der benachbarten CH-Gruppe wird durch diese in ein Dublett aufgespalten. Das Signal für die dritte CH$_3$-Gruppe bei $\delta = 0.9$ wir durch seine benachbarte CH$_2$-Gruppe in ein Triplett aufgespalten. Das Dublett- und das Triplettsignal werden sich in dem Spektrum überlappen. Das Signal für die CH$_2$-Gruppe bei $\delta = 1.4$ wird durch die kombinierte Wirkung seiner benachbarten CH$_3$-Gruppe und der CH-Gruppe auf der anderen Seite in ein Quintett aufgespalten ($4+1=5$). Das Signal für die CH-Gruppe bei $\delta = 1.5$ wird schließlich neun Linien besitzen (ein Nonett), die aus der Aufspaltung durch insgesamt acht benachbarte Wasserstoffatome (zwei CH$_3$-Gruppen und eine CH$_2$-Gruppe) resultieren. Die beiden letzten Aufspaltungsmuster, das Quintett und das Nonett, überlappen ebenfalls, weil ihre chemischen Verschiebungen im Spektrum sehr ähnlich sind.

(e) Keine Aufspaltung. Nur Singuletts.

(f) Das Signal für die CH$_3$-Gruppen bei $\delta = 0.9$ wird durch die beiden Wasserstoffatome an ihrer benachbarten CH$_2$-Gruppe in ein Triplett aufgespalten. Das Signal für die CH$_2$-Gruppen bei $\delta = 1.3$ wird durch den gemeinsamen Effekt der benachbarten CH$_3$-Gruppe und der CH-Gruppe auf der anderen Seite in ein Quintett aufgespalten ($4+1=5$). Das Signal für die CH-Gruppe bei $\delta = 1.5$ wird ein Septett sein (7 Linien), das von der Aufspaltung durch die sechs Wasserstoffatome der drei benachbarten CH$_2$-Gruppen herrührt.

(g) Das Signal für die CH$_3$-Gruppe bei $\delta = 1.0$ wird durch die benachbarte CH$_2$-Gruppe in ein Triplett aufgespalten. Das Signal für die CH$_2$-Gruppe bei $\delta = 1.7$ wird durch die gemeinsame Wirkung seiner benachbarten CH$_3$-Gruppe und der CH$_2$-Gruppe auf der anderen Seite in ein Sextett aufgespalten (5 + 1 = 6). Das Signal für die CH$_2$-Gruppe bei $\delta = 3.8$ wird durch die benachbarte CH$_2$-Gruppe in ein Triplett aufgespalten. Das Signal für die CH$_3$-Gruppe bei $\delta = 3.4$ ist ein Singulett.

(h) Im einfachsten Fall wird das Signal für die CH$_2$-Gruppe bei $\delta = 1.5$ durch die gemeinsame Wirkung seiner beiden CH$_2$-Nachbarn in ein Quintett aufgespalten (4 + 1 = 5). Das Signal für die CH$_2$-Gruppen bei $\delta = 2.4$ wird durch die beiden benachbarte, einzelne CH$_2$-Gruppe in ein Triplett aufgespalten. Leider ist dieser Fall hier wahrscheinlich nicht so einfach: In cyclischen Verbindungen haben die Kopplungskonstanten (J-Werte) zwischen nichtäquivalenten cis-ständigen Wasserstoffatomen oft eine andere Größe als die J-Werte zwischen trans-ständigen Wasserstoffatomen. Wie in Abschnitt 10.8 besprochen wurde, führt dieses Phänomen normalerweise zu mehr Linien. Unter Berücksichtigung dieser Situation kann das Signal für die CH$_2$-Gruppe bei $\delta = 1.5$ durch gemeinsame Kopplung mit zwei benachbarten cis- und zwei benachbarten trans-Wasserstoffatomen in nicht weniger als neun Linien aufgespalten werden – ein „Triplett von Tripletts" ([2 + 1 = 3] × [2 + 1 = 3] = 9). Umgekehrt kann das Signal für die CH$_2$-Gruppen bei $\delta = 2.4$ durch unterschiedlich große Kopplungen mit den cis- und trans-Wasserstoffatomen der benachbarten CH$_2$-Gruppe in vier Linien aufspalten – ein „Dublett von Dubletts" ([1 + 1 = 2] × [1 + 1 = 2] = 4).

(i) Das Signal für die CH$_3$-Gruppe bei $\delta = 1.2$ wird durch die benachbarte CH$_2$-Gruppe in ein Triplett aufgespalten. Im einfachsten Fall wird das Signal für die CH$_2$-Gruppe bei $\delta = 2.0$ durch den gemeinsamen Effekt seiner CH$_3$-Nachbargruppe und der CH-Gruppe auf der anderen Seite (am Carbonyl-Kohlenstoffatom) in ein Quintett aufgespalten. Das Signal für die CH-Gruppe bei $\delta = 9.5$ wird durch seinen CH$_2$-Nachbarn in ein Triplett aufgespalten. Wie in Kapitel 17 beschrieben wird, sind Kopplungskonstanten zu H—C(=O)— Wasserstoffatomen kleiner als üblich und führen zu komplizierteren Aufspaltungsmustern mit mehr Linien als nach der einfachen (N+1)-Regel zu erwarten sind. Tatsächlich wird das Signal für die CH$_2$-Gruppe in ein Quartett von Dubletts aufgespalten.

(j) Die Signale bei $\delta = 0.9$ und $\delta = 3.4$ sind Singuletts (keine Nachbarn). Das Signal für die CH$_3$-Gruppe bei $\delta = 1.4$ wird durch die benachbarte CH-Gruppe in ein Dublett aufgespalten. Das Signal für die CH-Gruppe bei $\delta = 4.0$ wird durch die benachbarte CH$_3$-Gruppe in ein Quartett aufgespalten.

34. Die Vorgehensweise ist ähnlich wie bei Aufgabe 33. Nachfolgend ist in jeder Struktur neben jeder Gruppe von Wasserstoffatomen die Multiplizität ihres Signals (d. h. die Zahl der Linien, in die es aufgespalten ist) angegeben. Dabei wurden folgende Abkürzungen verwendet: s = Singulett, d = Dublett, t = Triplett, q = Quartett, quin = Quintett, sex = Sextett, sept = Septett, oct = Oktett und non = Nonett. Alle Multiplizitäten wurden durch Anwenden der (N+1)-Regel bestimmt.

(a) CH$_3$CCH$_2$CH$_3$ mit CH$_3$ (s), (q), (t), Br;   BrCH$_2$CHCH$_2$CH$_3$ mit CH$_3$ (d), (quin), (d), (oct), (t);   CH$_3$CHCH$_2$CH$_2$Br mit CH$_3$ (d), (non), (q), (t)

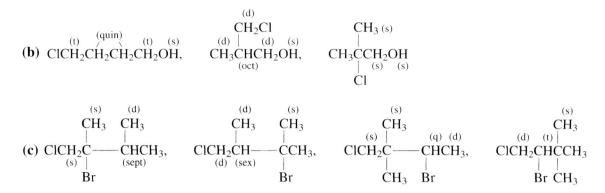

(b)
$\overset{(t)}{\text{ClCH}_2}\overset{(quin)}{\text{CH}_2}\overset{(t)}{\text{CH}_2}\overset{(s)}{\text{CH}_2\text{OH}}$, $\overset{(d)}{\text{CH}_3}\overset{(d)}{\underset{(oct)}{\text{CH}}}\overset{(s)}{\text{CH}_2\text{OH}}$ mit CH$_2$Cl (d) oben,   CH$_3$CCH$_2$OH mit CH$_3$ (s), Cl (s), CH$_2$OH (s)

(c) ClCH$_2$C(CH$_3$)(Br)—CH(CH$_3$)$_2$,   ClCH$_2$CH(CH$_3$)—C(CH$_3$)$_2$Br,   ClCH$_2$C(CH$_3$)$_2$—CH(CH$_3$)Br,   ClCH$_2$CH(Br)CH(CH$_3$)$_2$

35. In einigen Fällen lassen sich Signale mit ähnlichen chemischen Verschiebungen ohne zusätzliche Informationen wie Integrationswerte nicht eindeutig zuordnen.

(a)

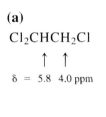

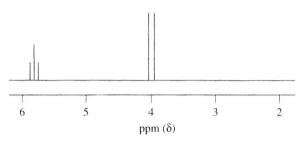

(b) CH$_3$CHBrCH$_2$CH$_3$

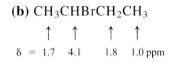

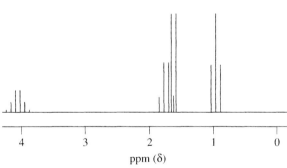

(c) CH$_3$CH$_2$CH$_2$COOCH$_3$

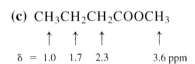

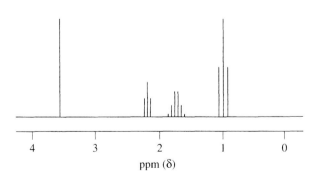

(d)

ClCH$_2$CHOHCH$_3$

↑   ↑   ↑   ↑

δ = 3.4   3.9   3.0   1.2 ppm

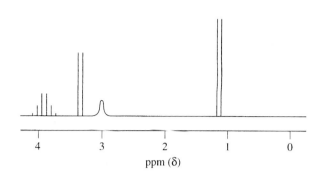

36. In der folgenden Antwort werden die Signale in abgekürzter Weise beschrieben, zudem werden mögliche Gruppen angegeben, denen sie entsprechen. Denken Sie an die *(N+1)*-Regel: *N* Nachbarprotonen spalten ein Signal in *N*+1 Linien auf!

(C) δ=0.9 (Triplett, 3 H):   **CH$_3$**, durch benachbartes CH$_2$ aufgespalten (2+1=3=Triplett)

       δ=1.3 (Singulett, 6 H):   **Zwei identische CH$_3$**, ohne benachbarte aufspaltende H

       δ=1.5 (Quartett, 2 H):   **CH$_3$**, durch benachbartes CH$_3$ aufgespalten (3+1=4=Quartett)

       δ=2.3 (Singulett, 1 H):   nicht aufgespaltenes **CH** oder **OH**; OH ist wahrscheinlicher, weil das Molekül ein Alkohol ist.

Man erhält insgesamt C$_4$H$_{12}$O. Um zu C$_5$H$_{12}$O zu gelangen, wird ein weiteres C benötigt; damit haben wir die Fragmente

CH$_3$—CH$_2$—　　CH$_3$—　　CH$_3$—　　—OH　　—C—
0.9   1.5 　　　　　　　1.3　　　　　　　2.3

Durch Verknüpfen der ersten vier Gruppen mit dem letzten isolierten C erhält man die richtige Antwort: 2-Methyl-2-butanol.

```
          CH3
           |
CH3CH2—C—OH
           |
          CH3
```

(D) δ=0.9 (Dublett, 6 H):   **Zwei identische CH$_3$**, beide durch benachbartes CH aufgespalten (1+1=2=Dublett)

       δ=1.3 (Singulett, 1 H):   höchstwahrscheinlich **OH** (das breite Singulett verrät es)

       δ=1.45 (Quartett, 2 H):   **CH$_2$**, aufgespalten durch drei benachbarte Wasserstoffatome (3+1=4=Quartett)

       δ=1.7 (Multiplett, 1 H):   **CH**, aufgespalten durch vielleicht 7 benachbarte Wasserstoffatome (acht Linien sind sichtbar; es könnte aber noch weitere, nicht sichtbare geben)

       δ=3.7 (Triplett, 2 H):   **CH$_2$**, durch ein benachbartes CH$_2$ aufgespalten (2+1=3=Triplett) und nach der chemischen Verschiebung zu urteilen direkt an O gebunden.

Diese fünf Gruppen ergeben zusammen C$_5$H$_{12}$O, damit haben wir alle Bruchstücke in klar getrennten Signalen gefunden. Die **CH**-Gruppe bei 1.7 wird vernünftigerweise als die Gruppe zugeordnet, die für die Aufspaltung des Signals bei 0.9 in ein Dublett verantwortlich ist. Die **CH₂**-Gruppe bei 3.7 wird vermutlich durch die andere **CH₂**-Gruppe bei 1.45 aufgespalten; diese wird aber durch einen dritten Nachbarn aufgespalten – das muss die **CH**-Gruppe sein. Wir können die Fragmente direkt zusammensetzen und erhalten 3-Methyl-1-butanol

$$\begin{array}{c} CH_3 \\ \diagdown \\ CH-CH_2-CH_2-OH \\ \diagup \\ CH_3 \end{array}$$
  0.9   1.7   1.45   3.7   1.3

(E) $\delta = 0.8$ (Triplett, 3 H):   **CH₃**, durch benachbartes CH₂ aufgespalten

    $\delta = 1.3$ (ein „Gebirge", 4 H):   ???

    $\delta = 1.5$ (Quintett? 2 H):   **CH₂**, durch vier (?) benachbarte Wasserstoffatome aufgespalten

    $\delta = 3.0$ (breites Singulett, 1 H):   wieder **OH**

    $\delta = 3.5$ (Triplett, 2 H):   **CH₂**, durch benachbartes CH₂ aufgespalten und an O gebunden

Die Summe der identifizierten Bruchstücke ergibt C_3H_8O. Nun sind Schlussfolgerungen nötig. Wir nehmen zunächst an, dass die CH₂-Gruppen mit den Signalen bei 1.5 und 3.5 miteinander verknüpft sind und sehen, ob wir damit weiterkommen. Die CH₃-Gruppe muss demnach an eine CH₂-Gruppe gebunden sein, die in dem Signal bei 1.3 steckt. Nun summieren sich die gefundenen Gruppen auf $C_4H_{10}O$. Es muss demnach eine weitere CH₂-Gruppe bei 1.3 versteckt sein. Was haben wir also?

CH_3-CH_2- $-CH_2-CH_2-OH$ $-CH_2-$
 0.8 1.3   1.5   3.5   3.0   1.3

Es gibt nur eine Möglichkeit, die Fragmente richtig zusammenzufügen, zu 1-Pentanol, $CH_3-CH_2-CH_2-CH_2-CH_2-OH$. Ist Ihnen im Übrigen aufgefallen, wie die chemischen Verschiebungen der OH-Gruppe dieser Verbindungen über den gesamten Bereich variieren? Das ist normal.

(F) $\delta = 0.9$ (Triplett, aber kein sehr gutes Beispiel, 3 H):   **CH₃** in Nachbarschaft zu CH₂

    $\delta = 1.2$ (Dublett, 3 H):   **CH₃** in Nachbarschaft zu CH

    $\delta = 1.4$ (breites Signal, 4 H):   ???

    $\delta = 2.3$ (Singulett, 1 H):   **OH**

    $\delta = 3.8$ (vier, vielleicht fünf Linien, 1 H):   **CH**, in Nachbarschaft zu O, durch mindestens drei, vielleicht vier benachbarte H-Atome aufgespalten

Wir wollen uns die Fragmente ansehen. Die CH₃-Gruppe bei 1.2 könnte an die CH-Gruppe bei 3.8 gebunden sein. Die CH₃-Gruppe bei 0.9 könnte mit einer CH₂-Gruppe aus dem Signal bei 1.4 verknüpft sein. Das ergibt insgesamt $C_4H_{10}O$, wir brauchen also eine weitere CH₂-Gruppe, deren Signal vermutlich auch bei 1.4 liegt. Die Fragmente sind also

CH₃—CH—OH   CH₃—CH₂—   —CH₂—
1.2   3.8 2.3   0.9   1.4   1.4

Durch Zusammenfügen erhalten wir 2-Pentanol.

$$\text{CH}_3\text{—CH}_2\text{—CH}_2\text{—}\overset{\overset{\displaystyle OH}{|}}{\underset{\underset{\displaystyle CH_3}{|}}{CH}}$$

Beachten Sie, dass in den beiden Spektren **E** und **F** sehr verzerrte Tripletts bei etwa 0.9 für CH₃-Gruppen auftraten, die neben CH₂-Gruppen stehen. Diese Verzerrung wird sehr häufig beobachtet; sie beruht darauf, dass die chemischen Verschiebungen der Methylgruppen ($\delta = 0.9$) und der Gruppen, die sie aufspalten ($\delta = 1.2$–1.8 in **E** und $\delta = 1.4$ in **F**), sehr nah nebeneinander liegen.

37. (a) Die Skizze zeigt typische Ethyl-Signale (Hochfeld-Triplett für CH₃ und Tieffeld-Quartett für CH₂) und ein durch die Verknüpfung mit zwei elektronegativen Atomen stark entschirmtes CH₂-Singulett (die im Spektrum angegebenen chemischen Verschiebungen entsprechen den tatsächlich auftretenden Werten).

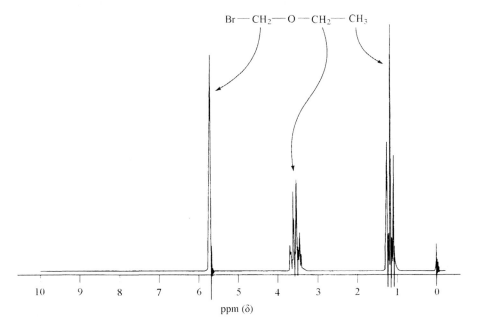

(b) Die Skizze zeigt ein Singulett für die Methylgruppe und zwei dicht nebeneinander liegende Tripletts für die $-CH_2-CH_2$-Gruppierung. Im tatsächliche Spektrum wäre die Aufspaltung wegen des kleinen Unterschieds der chemischen Verschiebungen für $-CH_2-CH_2-$ komplizierter (siehe Abschnitt 10.8). Hier wird dieser Effekt ausgeklammert und das ideale Spektrum erster Ordnung gezeigt.

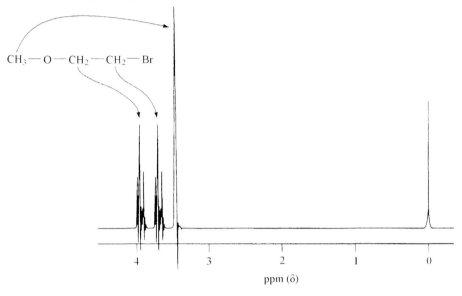

(c) Die Skizze sollte wie das Spektrum von $CH_3CH_2CH_2Br$ (Lehrbuch Abb. 10-27) aussehen. C2 ergibt ein Sextett (fünf Nachbarn), wenn man von etwa überall gleichen Kopplungskonstanten ausgeht.

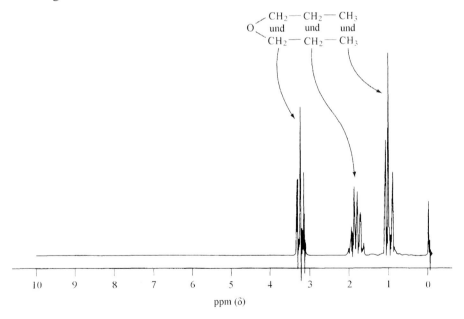

(d) Wie in (a) haben wir auch hier ein Signal mit relativ starker Tieffeldverschiebung, weil die Gruppe von zwei elektronegativen Atomen flankiert wird.

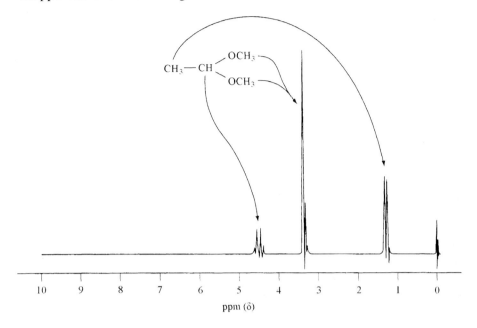

38. Zwei Signale, $\delta = 0.9$ (Dublett) und $\delta = 1.2–1.8$ (Multiplett) in einer Intensität von 12 H für das große Signal und 2 H für das kleine. Zwölf äquivalente Wasserstoffatome bedeuten wahrscheinlich vier äquivalente CH_3-Gruppen, die zusammen C_4H_{12} ergeben. Es muss also noch C_2H_2 untergebracht werden. Die einzige Struktur, die damit vereinbar ist (identische CH_3-Gruppen und Aufspaltung in ein Dublett) ist $(CH_3)_2CH-CH(CH_3)_2$, 2,3-Dimethylbutan.

Abbildung 10-22 im Lehrbuch zeigt das NMR-Spektrum von 2-Iodpropan, einem anderen Molekül mit der $(CH_3)_2CH$-Gruppe. Das Methyl-Signal ist wieder ein Dublett, aber das CH-Signal erscheint nun als sauber aufgelöstes Septett. Der größere Unterschied zwischen den chemischen Verschiebungen der beiden Signal-Gruppen in 2-Iodpropan führt im Spektrum nahezu zu Verhältnissen erster Ordnung, wenn man mit dem Spektrum von 2,3-Dimethylbutan vergleicht.

39. Das NMR-Spektrum des Produkts ähnelt weitgehend dem des tertiären Alkohols 2-Methyl-2-butanol (Aufgabe 36, Spektrum C), aber das Signal für die OH-Gruppe fehlt und die Summenformel enthält Br anstelle von OH. Bei dem Produkt handelt es sich um 2-Brom-2-methylbutan, die Signale im Spektrum werden ähnlich zugeordnet. Wie entsteht es? Natürlich durch Umlagerung!

40. Bei 60 MHz wird nur die CH$_2$-Gruppe in Nachbarschaft zu Cl ($\delta=3.5$) deutlich aufgelöst. Das stark verzerrte CH$_3$-Triplett ($\delta=0.9$) wird kaum von den anderen drei CH$_2$-Gruppen getrennt, die im Bereich $\delta=1.0$–2.0 überlappen. Bei 500 MHz ist die Trennung der Signale in Hertz soviel größer, dass das gesamte Spektrum praktisch aus Signalen erster Ordnung besteht: $\delta=0.92$ (Triplett, CH$_3$), 1.36 (Sextett, C4-CH$_2$), 1.42 (Quintett, C3-CH$_2$), 1.79 (Quintett, C2-CH$_2$), 3.53 (Triplett, C1-CH$_2$). Beachten Sie, wieviel enger die Multipletts bei 500 MHz erscheinen. In Wirklichkeit haben sich die Kopplungskonstanten nicht geändert. Bedenken Sie aber, dass bei 60 MHz der Abstand zwischen $\delta=0$ und $\delta=4$ nur 240 Hz beträgt, während bei 500 MHz die gleiche spektrale Breite von 4 ppm 2000 Hz entspricht! Darum scheinen sich bei 60 MHz die Aufspaltungen zwischen 6 und 8 Hz über einen viel größeren Bereich der chemischen Verschiebung zu erstrecken als bei 500 MHz.

41. Benachbarte nichtäquivalente Wasserstoffatome spalten einander auf. Wird ein Wasserstoffatom durch zwei oder mehr Wasserstoffatome aufgespalten, die selbst nicht äquivalent sind, können die Kopplungskonstanten dieser Aufspaltungen verschieden groß sein, wie das Spektrum von 1,1,2-Trichlorpropan deutlich macht (Abb. 10-25 und 10-26).

(a) H$_a$: Wenn die Kopplungskonstanten für die Aufspaltungen mit H$_b$ die gleichen sind wie mit H$_c$, erscheint H$_a$ als Quintett [($N+1$)-Regel für vier Nachbarn]. Wenn die J-Werte verschieden sind, wird das Signal ein Triplett von Tripletts sein (durch zwei verschiedenen Aufspaltungen – cis und trans – mit den beiden verschiedenen Sätzen von zwei Nachbarn). H$_b$: Die Aufspaltung durch das H$_c$ am selben Kohlenstoffatom ist größer als die Aufspaltung durch das H$_c$ am benachbarten Kohlenstoffatom oder durch H$_a$, das ebenfalls ein Kohlenstoffatom entfernt ist. Sehr wahrscheinlich wird ein Dublett (geminale Kopplungen) von Tripletts (vicinale Kopplungen) resultieren. H$_c$ wird analog aufgespalten.

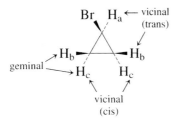

(b) Keine Aufspaltung

(c) H$_a$: Dublett von Dubletts, wenn die Aufspaltungen mit H$_b$ und H$_c$ nicht gleich sind; anderenfalls ein Triplett. H$_b$ und H$_c$: beide Dubletts (große geminale Kopplung) von Tripletts (kleine vicinale Kopplung zu H$_a$s).

(d) H$_a$: Dublett von Dubletts, wenn die Aufspaltungen mit cis- und trans-H$_b$s nicht gleich sind; anderenfalls ein Triplett. H$_b$ ebenso.

(e) Alle drei Signale sind Dubletts von Dubletts; H$_a$ kann als Triplett erscheinen, wenn die cis- und trans-Aufspaltungen (zu H$_c$ bzw. H$_b$) nicht gleich sind.

42. Bestimmen Sie, wie viele verschiedene Signale jedes Isomer hervorruft.

Pentane: C—C—C—C—C   3 Signale

C—C—C(—C)(—C)   4 Signale

C—C(—C)(—C)—C mit C unten   2 Signale

Sie können alle leicht durch ^{13}C-Spektroskopie identifiziert werden.

Hexane: C—C—C—C—C—C   3 Signale

C—C—C—C(—C)(—C)   5 Signale

C—C—C—C—C mit C unten   4 Signale*

(C)(C)C—C(C)(C)   2 Signale

C—C(—C)(—C)—C—C   4 Signale*

Die ^{13}C-Spektren von 3-Methylpentan und 2,2-Dimethylbutan sind ähnlich (mit Stern markiert), jede Verbindung hat vier verschiedene Kohlenstoff-Umgebungen. Die beiden Spektren müssen sich aber in ihren Signal**intensitäten** unterscheiden: 2,2-Dimethylbutan besitzt drei äquivalente CH$_3$-Gruppen, die ein außergewöhnlich intensives Signal ergeben.

43. Anmerkung: Die Antworten beziehen sich auf die Verbindungen der Aufgabe 27.

Die Antworten enthalten die Anzahl der Signale und (für die Spektren ohne Protonenentkopplung) die Aufspaltung durch die direkt gebundenen Wasserstoffatome ($N+1$-Regel). Bei den chemischen Verschiebungen handelt es sich um **angenäherte** Werte, die der Tabelle 10-6 entnommen wurden.

(a) 2 Signale: $\delta = 10$ (CH$_3$, q) und 20 (CH$_2$, t)

(b) 2 Signale: $\delta = 25$ (CH$_3$, q) und 45 (CHBr, d)

(c) 3 Signale: $\delta = 25$ (CH$_3$, q), 60 (CCl, s) und 65 (CH$_2$OH, t)

(d) 4 Signale: $\delta = 10$ (C4-CH$_3$, q), 15 (die übrigen CH$_3$, q), 25 (CH$_2$, t) und 30 (CH, d)

(e) 2 Signale: $\delta = 30$ (CH$_3$, q) und 50 (CNH$_2$, s)

(f) 3 Signale: $\delta = 10$ (CH$_3$, q), 25 (CH$_2$, t) und 30 (CH, d)

(g) 4 Signale: $\delta = 10$ (CH$_3$, q), 30 (CH$_2$, t), 60 (CH$_3$O, q) und 65 (CH$_2$O, t)

(h) 3 Signale: $\delta = 15$ (CH$_2$, t), 45 (CH$_2$ in Nachbarschaft zu C=O, t) und 200 (C=O, s)

(i) 3 Signale: $\delta = 15$ (CH$_3$, q), 40 (CH$_2$, t) und 200 (CHO, d)

(j) 5 Signale: $\delta = 15$ (3 CH$_3$s, q), 20 (anderes CH$_3$, q), 40 (C, s) 60 (CH$_3$O, q) und 80 (CHO, d)

44. Anmerkung: Die Antworten beziehen sich auf die Verbindungen der Aufgabe 28.

In jeder Gruppe werden die Verbindungen von links nach rechts betrachtet. Auch hier handelt es sich bei den chemischen Verschiebungen um **sehr grobe Schätzungen**, die auf den in Tabelle 10-6 angegebenen Daten und der Nähe von Kohlenstoffatomen zu elektronegativen Atomen basieren.

(a) Links: 4 Signale, $\delta = 15$ (CH_3), 25 (2 CH_3), 35 (CH_2), 50 (CBr)

      Mitte: 5 Signale, $\delta = 10$ (CH_3), 15 (CH_3), 25 (CH_2), 40 (CH_2Br), 45 (CH)

      Rechts: 4 Signale, $\delta = 10$ (2 CH_3), 30 (CH_2), 35 (CH_2Br), 40 (CH)

Ohne zusätzliche Informationen wären die erste und die dritte Verbindung anhand des Spektrums nur schwer zu unterscheiden.

(b) Links: 4 Signale, $\delta = 25$ (CH_2), 30 (CH_2), 40 (CH_2Cl), 60 (CH_2OH)

      Mitte: 4 Signale, $\delta = 20$ (CH_3), 35 (CH), 45 (CH_2Cl), 60 (CH_2OH)

      Rechts: 3 Signale, $\delta = 25$ (2 CH_3), 55 (CCl), 65 (CH_2OH)

Die erste und zweite Verbindung lassen sich nicht ohne weiteres unterscheiden.

(c) 1.   5 Signale, $\delta = 15$ (2 CH_3), 25 (CH_3), 45 (CH), 50 (CBr), 55 (CH_2Cl)

     2.   5 Signale, $\delta = 15$ (CH_3), 25 (2 CH_3), 45 (CBr), 50 (CH_2Cl), 55 (CH)

     3.   5 Signale, $\delta = 15$ (2 CH_3), 25 (CH_3), 40 (CHBr), 45 (C), 50 (CH_2Cl)

     4.   4 Signale, $\delta = 10$ (3 CH_3), 45 (CHBr), 50 (C), 55 (CH_2Cl).

Die ersten drei lassen sich praktisch nicht unterscheiden.

45. Anmerkung: Die Antworten beziehen sich auf die Verbindungen der Aufgaben 27 und 28.

Es gibt zwei Arten von DEPT-^{13}C-NMR-Spektren. Das DEPT-90-^{13}C-Spektrum enthält nur die Signale im Zusammenhang mit CH-Kohlenstoffatomen. Das DEPT-135-^{13}C-Spektrum zeigt hingegen für die Kohlenstoffatome in CH_3- und CH-Gruppen normale Peaks, für CH_2-Kohlenstoffatome inverse Peaks (Signale mit negativer Phase) und für vollständig substituierte (quartäre) Kohlenstoffatome überhaupt keine Signale. Beispielsweise wird das DEPT-90-^{13}C-Spektrum von Butan [Aufgabe 27(a)] keine Peaks aufweisen (das Molekül hat keine CH-Gruppen), während sein DEPT-135-Spektrum einen normalen Peak bei $\delta = 10$ (CH_3) und ein inverses Signal bei $\delta = 20$ (CH_2) enthalten wird. Ein weiteres Beispiel: Das DEPT-90-^{13}C-Spektrum von 3-Brom-1-chlor-2,2-dimethylbutan [das dritte Molekül in Aufgabe 28(c)] wird nur einen Peak bei $\delta = 40$ für die CHBr-Gruppe haben, die einzige CH-Gruppe im Molekül. Das zugehörige DEPT-135-Spektrum wird positive (normale) Signale bei $\delta = 15$, 25 und 40 für die CH_3- und CHBr-Gruppen und einen negativen (inversen) Peak bei $\delta = 50$ für die CH_2Cl-Gruppe aufweisen. Keines der DEPT-Spektren zeigt einen Peak für das quartäre Kohlenstoffatom, dessen Signal nur im gewöhnlichen ^{13}C-Spektrum bei $\delta = 45$ erscheint. Sehen Sie sich die übrigen Antworten zu den Aufgaben 27 und 28 an, um das Aussehen der zugehörigen DEPT-Spektren zu bestimmen.

46. (a) $(CH_3)_2CHCH(CH_3)_2$: Die einzige Verbindung, die nur zwei Signale zeigen sollte.

(b) 1-Chlorbutan: Die einzige mit genau vier Signalen.

(c) Cycloheptanon: Gleicher Grund wie bei b. (Man beachte die Symmetrie im Molekül).

(d) $CH_2=CHCH_2Cl$: Das einzige Beispiel mit Alken-Kohlenstoffatomen ($\delta = 100$–150 ppm).

47. (a) ^{13}C: Sieben verschiedene Kohlenstoff-Signale, davon sind sechs CH$_2$-Gruppen (weil sie im DEPT-135-Spektrum invertieren). ^{1}H: fünf Signale: $\delta = 0.6$ (breites Singulett, 1 H), 0.8 (Triplett, 3 H), 1.2 (breit, 8 H), 1.3 (Multiplett, 2H), 3.3 (Triplett, 2H). Die Signale bei 1.2 und 1.3 sind im Moment fast nutzlos, aber die anderen können als guter Ausgangspunkt dienen: Wir können —CH$_2$—(CH$_3$) ($\delta = 0.8$) und —CH$_2$—(CH$_2$)—OH ($\delta = 3.3$; das OH-Proton liegt bei $\delta = 0.6$) als Molekülfragmente vorschlagen. Diese Bruchstücke summieren sich zu C$_4$H$_{10}$O, sodass noch C$_3$H$_6$ unterzubringen ist. Das ^{1}H-NMR-Spektrum enthält keinen Hinweis auf irgendein anderes Signal für eine CH$_3$-Gruppe; tatsächlich geht aus dem ^{13}C-DEPT-Spektrum hervor, dass alle übrigen Kohlenstoffatome CH$_2$-Gruppen sind. Die Antwort muss daher **1-Heptanol** heißen. (Andere Möglichkeiten wie 3- oder 4-Methyl-1-hexanol würden im ^{1}H-NMR-Spektrum außer dem Methyl-Triplett noch ein Methyl-Dublett im Bereich $\delta = 0.9$ sowie im ^{13}C-DEPT-Spektrum einen weiteren nicht invertierten Peak für die zweite Methylgruppe aufweisen.)

(b) ^{13}C: Vier Signale für die acht Kohlenstoffatome, das Molekül muss **zweizählige Symmetrie** haben. Das DEPT-135-Spektrum invertiert zwei Signale, daher müssen vier Kohlenstoffatome zu CH$_2$-Gruppen in zwei symmetrieverwandten Paaren sein. ^{1}H: Vier unterscheidbare Signale, $\delta = 0.9$ (d, 6 H), 1.0–1.8 (Multiplett 6 H), 2.3 (breites Singulett 2 H), 3.4 (d, 4 H). Die Summe der Flächen ergibt 9, wenn man diesen Wert *verdoppelt*, erhält man die 18 Wasserstoffatome, die in der Formel enthalten sind. Ein Paar von Fragmenten lässt sich erkennen:

(2×) —CH—(CH$_3$) (2×) —CH—(CH$_2$)—OH
         0.9   3.4   2.3

Diese ergeben zusammen C$_8$H$_{16}$O$_2$, was zu einem Problem führt: Wenn man die beiden übrigen Wasserstoffatome mit zwei beliebigen CH-Gruppen verknüpft, ändert sich die Aufspaltung. Wir können versuchsweise die CH$_3$-Gruppen bei $\delta = 0.9$ und die CH$_2$-Gruppen bei $\delta = 3.4$ an **derselben** CH-Gruppe unterbringen. Das ergibt zwei CH$_3$—CH—CH$_2$—OH -Fragmente, die sich zu C$_6$H$_{14}$O$_2$ addieren. Es bleibt ein Rest C$_2$H$_4$, bei dem es sich einfach um zwei äquivalente CH$_2$-Gruppen handeln könnte. Damit erhält man

$$\text{HO—CH}_2\text{—CH(CH}_3\text{)—CH}_2\text{—CH}_2\text{—CH(CH}_3\text{)—CH}_2\text{—OH}$$

48. Eine Reihe von überlappenden scharfen Singuletts und Dubletts für die CH$_3$-Gruppen sind zwischen $\delta = 0.6$ und 1.1 zu erkennen. Die Signale der aromatischen Wasserstoffatome liegen zwischen $\delta = 7.2$ und 8.2. Drei weitere Signale können folgendermaßen interpretiert werden:

C$_6$H$_5$COO— (δ = 4.8 → H)
CH$_3$ etc.
H H (2.4) H (↑ 5.4)

Die CH$_2$-Gruppe bei $\delta = 2.4$ wird durch die benachbarte CH-Gruppe in ein Dublett aufgespalten. Diese CH-Gruppe verursacht das Signal bei $\delta = 4.85$, dessen komplexe Aufspaltung auf die beiden CH$_2$-Nachbarn zurückzuführen ist. Die Dehnung dieses Signals zeigt neun Linien. Wie lassen sie sich erklären? Sehen Sie sich Aufgabe 27(h) an: Das CH-Wasserstoffatom steht *trans*

162   10 NMR-Spektroskopie zur Strukturaufklärung

zu zwei seiner Nachbarn und *cis* zu den beiden anderen. Wie bei der früheren Aufgabe unterscheiden sich die *cis*- und die *trans*-Kopplungskonstanten im Ring. Durch Anwendung der in Abschnitt 10.8 besprochenen Analyse können wir versuchen, die Aufspaltung anhand von zwei aufeinander folgenden $(N+1)$-Schritten zu analysieren – ein Triplett (durch *trans*-Kopplung zu zwei der Nachbarn) von Tripletts (durch *cis*-Kopplung zu den beiden anderen):

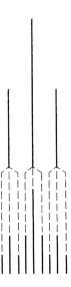

Das klappt nicht! Die so erhaltenen Intensitäten der Linien sind völlig anders! Was könnte falsch sein? Vielleicht unterscheiden sich auch zwei Kopplungskonstanten, von denen wir angenommen haben, dass sie gleich sind (z. B. die *cis*-*J*-Werte zu jeder Seite). Dann müssen wir nach einem Dublett von Dubletts für eben diese beiden Kopplungen an der Spitze des Tripletts für die anderen Kopplungen suchen. Also:

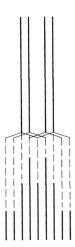

49. Das Spektrum zeigt das Vorliegen von zwei äquivalenten CH_3-Gruppen, die nicht aufgespalten sind und daher keine benachbarten H-Atome haben ($\delta=1.1$), eine dritte nicht aufgespaltene CH_3-Gruppe, die wegen ihrer chemischen Verschiebung ($\delta=1.6$) vermutlich an eine funktionelle Gruppe gebunden ist und ein Alken-H mit Hyperfeinstruktur (Triplett) ($\delta=5.3$). Da ein Signal im Bereich $\delta=3$–5 fehlt, kann das Alkohol-Kohlenstoffatom keine H-Atome tragen. Wir vergleichen diese Informationen mit dem vermuteten Molekülgerüst und erhalten als Antwort:

C—C ← 2 gleichwertige nicht aufgespaltene CH₃-Gruppen → CH₃ CH₃
 \\C/   \\C/
  | HO an C ohne Wasserstoff-Atome →   HO—C
  ⬡   ⬡
  | Alken-H mit Hyperfeinstruktur →   H—
  C ← nicht aufgespaltene CH₃-Gruppe an funktioneller Gruppe → CH₃

50. (a) CH₃—⬡—CH(CH₃)₂ , H ← δ 5

(b) CH₃—⬡=C(CH₃)₂ über eine H-Verschiebung:

CH₃—⬡(OSO₂R)—CH(CH₃)₂ → CH₃—⬡(⁺)(H)—CH(CH₃)₂ → CH₃—⬡—⁺C(CH₃)₂(H)
→ Produkt

(c) Man verfolge alle möglichen E1-Mechanismen bis zum ersten Produkt, mit D im Ausgangsmolekül:

CH₃—⬡(⁺H,D)—CH(CH₃)₂ —D-Verschiebung→ CH₃—⬡(H,D)(⁺)—CH(CH₃)₂

↓ −D⁺   ↓ −D⁺   ↓ −H⁺

CH₃—⬡(H)—CH(CH₃)₂ + CH₃—⬡(D)—CH(CH₃)₂

„Hauptprodukt" ist jetzt ein Gemisch dieser beiden Molekülarten

Diesen drei Reaktionswegen entsprechend enthält ein Teil des Hauptprodukts anstelle eines Alken-H ein Alken-D. Die Moleküle mit Alken-D ergeben **kein** ¹H-NMR-Signal bei $\delta=5$. Folglich wird die Intensität des Signals bei $\delta=5$ im Vergleich zu dem aus nicht deuteriertem Ausgangsmaterial erhaltenen Hauptprodukt vermindert.

Dieses Ergebnis beweist das Auftreten von H-Verschiebungen. Bis dahin waren einfache E1-Reaktionen angenommen worden.

51. Ordnen und notieren Sie zunächst die gegebenen Informationen. Es hilft wirklich!

A (C₄H₉BrO) + KOH → E (C₄H₈O); E zeigt 2 komplexe ¹H-NMR- und 2 ¹³C-NMR-Signale

B (C₄H₉BrO) + KOH → F (C₄H₈O); F zeigt 2 ¹H-NMR-Singuletts und 3 ¹³C-NMR-Signale

C (C₄H₉BrO) + KOH → G (C₄H₈O); G zeigt 2 komplexe ¹H-NMR- und 2 ¹³C-NMR-Signale

D (C₄H₉BrO) + KOH → G (C₄H₈O); C und D haben identische ¹H-NMR-Spektren

Die Ausgangssubstanzen können optisch aktiv sein; die Produkte sind es nicht.

Was können wir *mit Sicherheit* festhalten? Nun, wenn C und D zwei verschiedene Verbindungen sind, aber identische NMR-Spektren haben, müssen sie Enantiomere sein (denken Sie darüber nach). Wenn die Reaktion beider Verbindungen zu G führt, ist G entweder achiral oder eine *meso*-Verbindung. Nächste Frage. Mit welcher Art von chemischen Reaktionen haben wir es zu tun? Jede verläuft unter Verlust von HBr, aber normale Eliminierungsprozesse sind ausgeschlossen, da in allen ¹H-NMR-Spektren der Produkte die Signale für Alken-Wasserstoffatome im Bereich von $\delta = 4.6–5.7$ ppm fehlen. Intramolekulare Substitutionsreaktionen vom Williamson-Typ unter Bildung cyclischer Ether bewirken aber die gleiche Änderung bei der Summenformel (erinnern Sie sich an Abschnitt 9.6). Ein wenig „trial and error" sollte Sie davon überzeugen, dass die Bildung eines cyclischen Ethers die einzige Möglichkeit ist, über derartige Reaktionen zu Verbindungen der Summenformel C_4H_8O ohne Doppelbindung zu gelangen (Sie werden in Kapitel 11 einen systematischeren Weg kennen lernen, um zu diesem Schluss zu kommen). Zeichnen Sie also einige cyclische Ether mit der Summenformel C_4H_8O. Es gibt sechs:

1 2 3 4 5 6

Die Verbindungen 2 und 6 sind chiral; streichen Sie sie. Verbindung 3 müsste drei ¹H-NMR-Signale aufweisen, scheidet also ebenfalls aus. Bleiben drei übrig. Versuchen wir, sie mit den uns vorliegenden Daten in Einklang zu bringen. Verbindung 4 sollte im ¹H-NMR-Spektrum zwei Singuletts zeigen und besitzt drei nichtäquivalente Kohlenstoffatome, was auf F schließen lässt. Was könnte der Vorstufe B entsprechen? Ein geeigneter Bromoalkohol:

B   **F**

Wenden wir uns den verbleibenden möglichen Produkten zu: Die Verbindungen 1 und 5 sollten beide zwei komplexe ¹H-NMR- und zwei ¹³C-NMR-Signale aufweisen. Wie die folgende Reaktion zeigt, gibt es für Verbindung 1 nur eine mögliche Vorstufe; sie ist damit als E identifiziert:

A   **E**

Dagegen kann Verbindung 5 (die in der *meso*-Form vorliegt) aus zwei enantiomeren Vorstufen gebildet werden (wie Sie wissen, führt eine Substitution von der Rückseite her zur Inversion des angegriffenen Zentrums):

C   **G**   **D**

Eines der Vorläufermoleküle ist C, das andere D. Die chemischen Verschiebungen der Verbindungen E, F und G können direkt anhand der Tabellen 10-2 und 10-6 abgeschätzt werden. Die DEPT-Spektren sollten sich deutlich voneinander unterscheiden. E sollte im DEPT-90-Spektrum keine Peaks und im DEPT-135-Spektrum zwei Signale mit negativer Phase zeigen. F sollte kein DEPT-90-Signal haben, sein DEPT-135-Spektrum eine normale Absorption und ein Signal mit negativer Phase aufweisen. G schließlich sollte ein DEPT-90-Signal und zwei DEPT-135-Signale mit positver Phase zeigen.

11 | Alkene und Infrarot-Spektroskopie

20. (a) [Struktur: CH=CH-C(Cl)(Cl)-CH₂-CH₂-CH₃ mit zwei Cl an einem C] (b) [Struktur mit I und Br]

(c) HO-CH₂-CH₂-CH=CH-CH(CH₃)₂ (cis) (d) [Cycloheptenring mit Cl und Cl] (e) HO-CH₂-C(CH₃)=C(CH₃)-OCH₃

21. (a) *cis*- oder (Z)-2-Penten

(b) 3-Ethyl-1-penten

(c) *trans*- oder (E)-6-Chlor-5-hexen-2-ol

(d) (Z)-1-Brom-2-chlor-2-fluor-1-iodethen (die Prioritäten sind: I > Br an C-1 und Cl > F an C-2)

(e) (Z)-2-Ethyl-5,5,5-trifluor-4-methyl-2-penten-1-ol

(f) 1,1-Dichlor-1-buten

(g) (Z)-1,2-Dimethoxypropen

(h) (Z)-2,3-Dimethyl-3-hepten

(i) 1-Ethyl-6-methylcyclohexen (besser als 2-Ethyl-3-methylcyclohexen, weil die **erste** Zahl kleiner ist)

22. (a) $H_{gesättigt} = 8 + 2 - 1 = 9$; Ungesättigtheitsgrad $= (9-7)/2 = 1$, also ist eine π-Bindung oder ein Ring vorhanden. Die integrierten Intensitäten geben Auskunft über die Teilstücke:

$\delta = 1.9$ (s, 3H): **CH₃**, an eine ungesättigte funktionelle Gruppe gebunden

$\delta = 4.0$ (s, 2H): **CH₂**, höchstwahrscheinlich an Cl gebunden

$\delta = 5.0$ und 5.2 (Singuletts, jedes 1H): zwei Alken-Wasserstoffatome

Somit haben wir CH_3-, $-CH_2-Cl$ und C=C mit zwei H-Atomen verbunden.

Es gibt drei Möglichkeiten, die vier Gruppen mit der Doppelbindung zu kombinieren:

$$\begin{array}{c} CH_3 \\ \end{array}\!\!\!\!\!C\!\!=\!\!C\!\!\!\!\!\begin{array}{c} CH_2Cl \\ H \end{array} \quad , \quad \begin{array}{c} CH_3 \\ H \end{array}\!\!\!\!\!C\!\!=\!\!C\!\!\!\!\!\begin{array}{c} H \\ CH_2Cl \end{array} \quad \text{und} \quad \begin{array}{c} CH_3 \\ ClCH_2 \end{array}\!\!\!\!\!C\!\!=\!\!C\!\!\!\!\!\begin{array}{c} H \\ H \end{array}$$

In den beiden ersten Verbindungen sollten alle NMR-Signale beträchtliche Kopplungen aufweisen. Nur die dritte Verbindung hätte ein Spektrum, das so einfach ist wie Spektrum A (erinnern Sie sich, dass $=\text{C}\genfrac{}{}{0pt}{}{H}{H}$-Kopplungen typischerweise sehr klein sind, während *cis*- und *trans*-$H-C=C-H$-Kopplungen groß sind); sie ist die Antwort.

Arbeitsbuch Organische Chemie. Neil E. Schore
Copyright © 2006 WILEY-VCH Verlag GmbH & Co. KGaA, Weinheim
ISBN: 3-527-31526-8

(b) H$_{\text{gesättigt}}$ = 10 + 2 = 12; Ungesättigtheitsgrad = (12 − 8)/2 = 2, zwei π-Bindungen und/oder Ringe

Dem NMR-Spektrum entnehmen wir folgendes:

δ = 2.1 (s, 3H): **CH$_3$**, in Nachbarschaft zu einer ungesättigten funktionellen Gruppe

δ = 4.5 (d, 2H): **CH$_2$**, an Sauerstoff gebunden, durch ein H aufgespalten

δ = 5.3 und 5.9 (m, 2H und 1H): −**CH**=**CH$_2$**, das innere H-Atom bei tieferem Feld als die beiden anderen, typisch für eine terminale Ethenyl-Gruppe; die umfangreiche Aufspaltung des Signals δ = 5.9 ist ein Hinweis auf eine benachbarte CH$_2$-Gruppe [siehe Abbildung 11-11(B) im Lehrbuch]

Wir haben bisher die Teilstücke CH$_3$− und CH$_2$=CH−CH$_2$−O−, die zu C$_4$H$_8$O addieren, es fehlen noch ein C und ein O sowie eine weitere π-Bindung (ein Ring wäre unmöglich). Wir fügen ⟩C=O ein und erhalten als Lösung:

$$\text{CH}_3-\overset{\overset{\text{O}}{\|}}{\text{C}}-\text{O}-\text{CH}_2-\text{CH}=\text{CH}_2$$

(c) H$_{\text{gesättigt}}$ = 12 + 2 − 1 = 13; Ungesättigtheitsgrad = (13 − 11)/2 = 1, eine π-Bindung oder ein Ring.

δ = 1.1 (s, 9H): höchstwahrscheinlich **(CH$_3$)$_3$C** (eine *tert*-Butyl-Gruppe)

δ = 5.9 und 6.5 (Dubletts, jedes 1H): zwei Alken-H-Atome, die mit J = 14 Hz miteinander koppeln; charakteristisch für eine *trans*-Beziehung.

Die Struktur ist eindeutig:

$$\underset{H}{\overset{(CH_3)_3C}{\diagdown}}C=C\underset{I}{\overset{H}{\diagup}}$$

(d) Die gleiche Formel, also liegt wieder eine π-Bindung oder ein Ring vor.

δ = 0.9 (verzerrtes Triplett, 3H): **CH$_3$**, in Nachbarschaft zu CH$_2$

δ = 1.4 (Multiplett, 4H): 2 **CH$_2$**?

δ = 2.1 (m, 2H): **CH$_2$**, in Nachbarschaft zu einer funktionellen Gruppe (C=C?)

δ = 5.9 (d, 1H): Alken-**CH**, mit einer *trans*-Kopplung von 14 Hz

δ = 6.5 (m, 1H): die andere Alken-**CH**-Gruppe

Wir haben also die Fragmente:

$$\text{CH}_3-\underset{0.9}{} \quad (2\times)-\text{CH}_2-\underset{1.4}{} \quad -\text{CH}_2-\underset{2.1}{} \quad \underset{5.9}{\overset{6.5\ H}{\diagdown}}C=C\diagup \quad H \quad -I$$

Es gibt drei Kombinationsmöglichkeiten.

$$\text{CH}_3-\text{CH}_2-\text{CH}_2-\text{CH}_2\diagdown C=C \diagup^I_H \qquad \text{CH}_3-\text{CH}_2-\text{CH}_2\diagdown C=C\diagup^{CH_2-I}_H \qquad \text{CH}_3-\text{CH}_2\diagdown C=C\diagup^{CH_2-CH_2-I}_H$$

Es gibt jedoch keine CH$_2$-Gruppe, deren chemische Verschiebung so groß ist, dass man eine Verknüpfung mit Halogen annehmen könnte. Die zweite und dritte Struktur sind daher unwahrscheinlich. Demnach ist die erste Struktur, (*E*)-1-Iod-1-hexen, die Antwort.

(e) H$_{gesättigt}$=6+2−2=6; Ungesättigtheitsgrad=(6−4)/2=1, eine π-Bindung oder ein Ring.

δ=1.8 (Dublett, 3H): **CH₃**, in Nachbarschaft zu CH

δ=5.8 (Quartett, 1H): Alken-**CH**, in Nachbarschaft zu CH₃

Es fehlen nur noch ein C- und zwei Cl-Atome, wir kombinieren daher CH₃–CH=C⟨ mit den beiden Cl und erhalten als Antwort CH₃−CH=CCl₂.

23. Der Einschub zeigt 5 Linien für das Signal δ=6.5. Ist das vernünftig? Dieses Wasserstoffatom sollte durch die CH₂-Gruppe (in ein Triplett) und das anderen Alken-Wasserstoffatom (in ein Dublett) aufgespalten werden. Das ist auch der Fall, zufällig überlappen aber zwei der erwarteten sechs Linien:

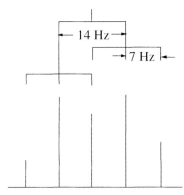

Auch im Signal δ=5.9 ist jede Linie des Dubletts um etwa 1 Hz zusätzlich in ein Triplett aufgespalten: Dies ist eine kleine „Fernkopplung" für −CH₂−C=C−H, die nur bei einer solch extremen Spreizung des Spektrums sichtbar wird.

24. (a) Ja: 1-Buten>*trans*-2-Buten (dessen Dipolmoment 0 sein sollte)

(b) Nein

(c) Ja: *cis*>*trans* (sollte wieder 0 sein)

25. Man benutze die verschiedenen Arten von Kohlenstoffatomen zusammen mit den chemischen Verschiebungen, um zwischen den Möglichkeiten zu wählen.

(a) H$_{gesättigt}$=8+2=10; Ungesättigtheitsgrad=(10−6)/2=2, zwei π-Bindungen und/oder Ringe. δ=30.2 (t) ist eine CH₂-Gruppe; δ=136.0 (d) ist ein Alken-CH. Beide zusammen ergeben nur C₂H₃, es müssen also jeweils zwei dieser Gruppen vorliegen. Zwei −CH₂− + −CH=CH− können nur zu Cyclobuten (1 π-Bindung und 1 Ring) kombinieren:

```
   CH═CH
   |   |
  H₂C──CH₂
```

(b) H$_{gesättigt}$=8+2=10; wieder Ungesättigtheitsgrad=(10−6)/2=2.

δ=18.2 (q) ist eine CH₃-Gruppe, die **nicht** an Sauerstoff gebunden ist; δ=134.9 (d) und 153.7 (d) sind Alken-CH-Gruppen; δ=193.4 (d) liegt in der C=O-Region und muss, weil es ein Dublett ist, eine −C(=O)−H-Gruppe sein. Die Antwort lautet daher CH₃–CH=CH–C(=O)–H (2 π-Bindungen). Die Informationen über das ¹³C-NMR-Spektrum reichen nicht aus, um die Stereochemie bestimmen zu können.

(c) $H_{gesättigt} = 8 + 2 = 10$; Ungesättigtheitsgrad $= (10-8)/2 = 1$.

$$\underset{CH_3}{\underset{\downarrow}{13.6}} - \underset{CH_2}{\underset{\downarrow}{25.8}} - \underset{CH}{\underset{\downarrow}{139.0}} = \underset{CH_2}{\underset{\downarrow}{112.1}}$$

Die Antwort ergibt sich unmittelbar aus den Arten der Kohlenstoffatome.

(d) $H_{gesättigt} = 10+2 = 12$; Ungesättigtheitsgrad $= (12-10)/2 = 1$. Diese Verbindung hat zwei CH$_3$-Gruppen ($\delta = 17.6$ und 25.4), eine CH$_2$-Gruppe, die so weit zu tieferem Feld ($\delta = 58.8$) verschoben ist, dass sie an ein Sauerstoffatom gebunden sein könnte, und zwei Alken-Kohlenstoffatome, von denen nur eins ($\delta = 125.7$) ein H-Atom trägt.

Wir haben: 2 CH$_3$–, –CH$_2$–O–, —CH=C$\diagup\diagdown$. Ein H-Atom ist noch nicht zugeordnet. Da es nicht mit einem der Kohlenstoffatome verbunden ist, muss es sich am Sauerstoff befinden. Daher lauten die möglichen Antworten:

$$\begin{array}{ccc}
\text{CH}_3\diagdown\quad\diagup\text{CH}_3 & \text{CH}_3\diagdown\quad\diagup\text{CH}_2\text{—OH} & \text{CH}_2\text{—OH}\diagdown\quad\diagup\text{CH}_3 \\
\text{C}=\text{C} & \text{C}=\text{C} & \text{C}=\text{C} \\
\text{H}\diagup\quad\diagdown\text{CH}_2\text{—OH} & \text{H}\diagup\quad\diagdown\text{CH}_3 & \text{H}\diagup\quad\diagdown\text{CH}_3
\end{array}$$

Ohne zusätzliche Informationen lässt sich nicht entscheiden, um welche Verbindung es sich tatsächlich handelt.

(e) Beachten Sie, dass es nur vier Signale gibt, aber fünf Kohlenstoffatome. Vorsicht!

$H_{gesättigt} = 10 + 2 = 12$; Ungesättigtheitsgrad $= (12-8)/2 = 2$.

$\delta = 15.8$ (t) und 31.1 (t) sind CH$_2$-Gruppen; $\delta = 103.9$ (t) ist ein Alken-CH$_2$, während $\delta = 149.2$ (s) ein Alken-Kohlenstoffatom ohne Wasserstoffatome ist.

Was haben wir bisher? Das Molekül hat das Strukturelement (CH$_2$=C$\diagup\diagdown$; um auf die Summenformel zu kommen, müssen noch drei Kohlenstoff- und sechs Wasserstoffatome ergänzt werden. Außerdem muss eine weitere Ungesättigtheit (ein Ring?) berücksichtigt werden. Da die Signale bei hohen Feldstärken Tripletts sind, kann es sich nur um CH$_2$-Gruppen handeln: insgesamt drei. CH$_2$=C$\diagup\diagdown$ lässt sich mit drei CH$_2$-Gruppen nur in folgender Weise kombinieren

$$\text{CH}_2=\text{C}\underset{(\text{CH}_2)}{\overset{(\text{CH}_2)}{\diagdown\diagup}}\text{CH}_2$$

Das Signal $\delta = 31.1$ gehört zu den beiden *äquivalenten* CH$_2$-Gruppen (eingekreist).

(f) $H_{gesättigt} = 14 + 2 = 16$; Ungesättigtheitsgrad $= (16-10)/2 = 3$ oder eine π-Bindung und **zwei** Ringe. Auch hier muss man vorsichtig sein: Wir haben vier Signale, aber **sieben** Kohlenstoffatome im Molekül. Bei höherem Feld gibt es zwei verschiedene Arten von CH$_2$-Gruppen ($\delta = 25.2$ und 48.5) und eine CH-Art ($\delta = 41.9$). Nur eine Art von Alken-Kohlenstoffatom ($\delta = 135.2$) tritt auf. Da eine Doppelbindung **zwei** Alken-Kohlenstoffatome verknüpft, muss dieses Signal zwei äquivalenten Alken-CH-Gruppen entsprechen: —CH=CH—. Wir haben also mindestens zwei CH$_2$-Gruppen, eine Alkan-CH- und eine —CH=CH—-Gruppe, insgesamt C$_5$H$_7$. Es fehlen also noch zwei Kohlenstoff- und drei Wasserstoffatome: Je eine weitere CH$_2$- und CH-Gruppe würden ausreichen, diese müssten im Hinblick auf das einfache NMR-Spektrum mit bereits identifizierten Gruppen äquivalent sein. Mit anderen Worten haben wir folgende Strukturelemente für das Molekül: zwei äquivalente —CH$_2$—, zwei äquivalente —CH, eine einzelne —CH$_2$— und die —CH=CH—-Gruppe, zusammen C$_7$H$_{10}$.

Wie fügen wir diese Stücke zusammen? Da durch Symmetriebeziehungen Gruppen äquivalent werden können, formulieren wir mit diesen Fragmenten symmetrische Anordnungen und verknüpfen sie nach der „Trial-and-Error"-Methode:

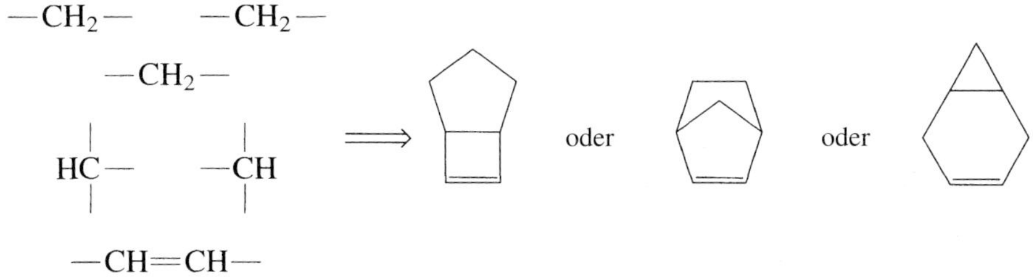

—CH₂—   —CH₂—
   —CH₂—
HC—   —CH   ⟹   [Bicyclus] oder [Norbornen] oder [Bicyclus]
   —CH=CH—

Alle drei Strukturen sind vernünftige Möglichkeiten (die zweite, Norbornen, ist die richtige).

26. $H_{gesättigt} = 10 + 2 = 12$; Ungesättigtheitsgrad = $(12-10)/2 = 1$.

(a) Die einzige Möglichkeit für fünf Kohlenstoffe äquivalent zu sein, liegt in der Ringbildung: [Cyclopentan] ist die Antwort.

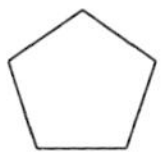

(b) Drei CH₃-Gruppen und —CH=C⟨CH₃ : CH₃—CH=C⟨CH₃/CH₃ ist die Antwort.

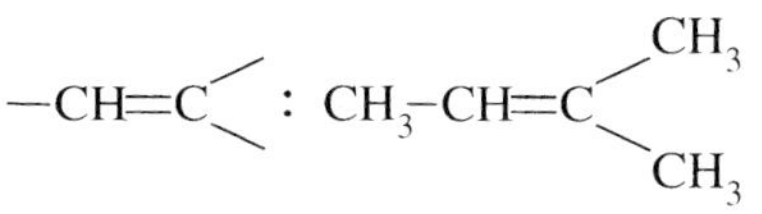

(c) Zwei CH₃, ein CH₂ und —CH=CH—: CH₃—CH₂—CH=CH—CH₃ ist die Antwort (die Stereochemie ist unklar).

27. Bei niedrigeren Wellenzahlen, weil die Schwingungsfrequenz **umgekehrt proportional** vom Quadrat der „reduzierten" Masse der an der Bindung beteiligten Atome abhängt. Darum zeigen Bindungen mit schwereren Atomen Schwingungsanregungen niedrigerer Energie. Typischerweise: $\tilde{\nu}_{C-Cl} \cong 700$ cm^{-1}, $\tilde{\nu}_{C-Br} \cong 600$ cm^{-1} und $\tilde{\nu}_{C-I} \cong 500$ cm^{-1}.

28. $10\,000\,000/\tilde{\nu} =$ nm

(a) 5813.95 nm   **(b)** 6060.61 nm   **(c)** 3030.30 nm   **(d)** 11235.96 nm

(e) 9090.91 nm   **(f)** 4424.78 nm

29. A-(b) (gesättigtes Alkan)

B-(d) (Alkoholbande bei 3300 cm^{-1})

C-(a) (Alkenbande bei 1640 cm^{-1} zusätzlich zur Alkoholbande)

D-(c) (Alkenbande bei 1665 cm^{-1}, aber keine Alkoholbande)

30. (i) Alken (1660) und Alkohol (3350) haben sich gebildet.

(ii) Nur das Alken (1670) entsteht.   **(iii)** Nur der Alkohol (3350) entsteht.

(a) Schlussfolgerungen: Isomer C ist vermutlich ein primäres Bromalkan, das in einen primären Alkohol übergeht (S$_N$2). Isomer B ist vermutlich ein tertiäres Bromalkan, das nur das Alken liefert (E2). Isomer A ist vermutlich ein sekundäres Bromalkan, das zu einem Gemisch von S$_N$2- und E2-Produkten führt.

(b) Möglichkeiten für A: CH₃CHBrCH₂CH₂CH₃, CH₃CHBrCH(CH₃)₂ oder CH₃CH₂CHBrCH₂CH₃

Möglichkeiten für B: (CH₃)₂CBrCH₂CH₃ (nur das tertiäre Isomer)

Möglichkeiten für C: CH₃CH₂CH₂CH₂CH₂Br, (CH₃)₂CHCH₂CH₂Br oder CH₃CH₂CH(CH₃)CH₂Br, vermutlich aber nicht (CH₃)₃CCH₂Br (für eine S$_N$2-Reaktion sterisch zu stark gehindert).

31. Ausschlussverfahren: Wir achten zunächst auf das *Fehlen* von Absorptionen in bestimmten Bereichen des Spektrums und schließen daraus, dass die zugehörigen funktionellen Gruppen in der gesuchten Verbindung nicht vorkommen. Es gibt also kein O—H (keine starke Bande um 3300 cm^{-1}), kein C=O (keine Absorption um 1700 cm^{-1}), kein C≡C—H (Banden nahe 2100 und 3300 cm^{-1}) und kein C=C (1680 cm^{-1}). Als einzige Möglichkeiten bleiben das Alkan und der Ether. Das Spektrum hat starke Banden zwischen 1000 und 1200 cm^{-1}, die ein deutlicher Hinweis auf das Vorliegen von C—O-Bindungen sind. Da solche Absorptionen in den Beispielspektren von Alkanen (vgl. Abb. 11-14 und 11-15) nicht vorkommen, muss der Ether ⟩O⟨ die richtige Antwort sein.

32. (a) C₇H₁₄; H$_{gesätt.}$ = 2(7) + 2 = 16; Grad der Ungesättigtheit = (16 − 14)/2 = 1

(b) C₃H₅Cl; H$_{gesätt.}$ = 2(3) + 2 − 1 (für Cl) = 7; Grad der Ungesättigtheit = (7 − 5)/2 = 1

(c) C₇H₁₂; H$_{gesätt.}$ = 2(7) + 2 = 16; Grad der Ungesättigtheit = (16 − 12)/2 = 2

(d) C₅H₆; H$_{gesätt.}$ = 2(5) + 2 = 12; Grad der Ungesättigtheit = (12 − 6)/2 = 3

(e) C₆H₁₁N; H$_{gesätt.}$ = 2(6) + 2 + 1 (für N) = 15; Grad der Ungesättigtheit = (15 − 11)/2 = 2

(f) C₅H₈O; H$_{gesätt.}$ = 2(5) + 2 = 12; Grad der Ungesättigtheit = (12 − 8)/2 = 2

(g) C₅H₁₀O; H$_{gesätt.}$ = 2(5) + 2 = 12; Grad der Ungesättigtheit = (12 − 10)/2 = 1

(h) C₁₀H₁₄; H$_{gesätt.}$ = 2(10) + 2 = 22; Grad der Ungesättigtheit = (22 − 14)/2 = 4

33. (a) H$_{gesätt.}$ = 2(7) + 2 = 16; Grad der Ungesättigtheit = (16 − 12)/2 = 2

(b) H$_{gesätt.}$ = 2(8) + 2 + 1 (für N) = 19; Grad der Ungesättigtheit = (19 − 7)/2 = 6

(c) H$_{gesätt.}$ = 2(6) + 2 − 6 (für die Cl) = 8; Grad der Ungesättigtheit = (8 − 0)/2 = 4

(d) H$_{gesätt.}$ = 2(10) + 2 = 22; Grad der Ungesättigtheit = (22 − 22)/2 = 0

(e) H$_{gesätt.}$ = 2(6) + 2 = 14; Grad der Ungesättigtheit = (14 − 10)/2 = 2

(f) H$_{gesätt.}$ = 2(18) + 2 = 38; Grad der Ungesättigtheit = (38 − 28)/2 = 5

34. Die unbekannte Verbindung enthält insgesamt zwei Ringe oder π-Bindungen. Das IR-Spektrum ist nützlich: Die bezeichneten Banden verraten, dass zumindest ein Grad der Ungesättigtheit auf eine C=C-Bindung zurückgeht. Ebenso ist die scharfe Bande bei 888 cm^{-1} ein Hinweis auf eine R₂C=CH₂-Gruppe. Können Sie entscheiden, ob die unbekannte Verbindung zwei Doppelbindungen oder eine Doppelbindung und einen Ring enthält? Die Hydrierung liefert C₇H₁₄: Dabei bleibt ein Grad der Ungesättigtheit erhalten, was die Existenz eines Rings in der ursprünglichen Verbindung nahelegt. Auch das ¹H-NMR-Spektrum spricht für diese Annahme: Die Integration des Alkenwasserstoff-Signals (bei δ = 4.8) ergibt 2 H. Daher kann die Struktur nur eine R₂C=CH₂-Gruppe enthalten. Was lässt sich noch aus dem ¹H-NMR-Spektrum ableiten? Das Alken-Signal ist ein Quintett (5 Linien). Auf der Grundlage der (N+1)-Regel können Sie versuchsweise eine Struktur entwerfen, in der vier äquivalente benachbarte H-Atome die Alkenwasserstoffatome aufspalten:

$$\begin{array}{c}-CH_2\\ \diagdown\\ C=CH_2\\ \diagup\\ -CH_2\end{array}$$

Diese Struktur passt zu dem Signalmuster, und die Kopplungskonstante $J=3$ Hz ist ebenfalls in Einklang mit einer Allylkopplung (Tabelle 11-2). Auch die beiden CH_2-Gruppen passen zu dem ^{1}H-NMR-Signal für vier H-Atome bei $\delta=2.2$. Damit haben wir vier Kohlenstoff- und sechs Wasserstoffatome erklärt, es verbleibt ein Rest von C_3H_6. Probieren Sie den einfachsten Weg und fügen zur Bildung eines Rings drei CH_2-Gruppen hinzu:

(Cyclohexyliden)=CH_2

Erklärt diese Struktur den Rest des Spektrums? Sie enthält zwei weitere äquivalente CH_2-Gruppen und die einzelne CH_2-Gruppe im Ring gegenüber der Doppelbindung, die zum ^{1}H-NMR-Spektrum passen, und auch das ^{13}C-NMR-Spektrum spiegelt mit fünf Peaks die Symmetrie wider. Dies ist tatsächlich die richtige Antwort.

35. Ein gesättigtes C_{60}-Alkan hat die Formel $C_{60}H_{122}$. Daher hat der „Buckyball" einen Grad der Ungesättigtheit von 122/2 = 61. Im hydrierten Produkt $C_{60}H_{36}$ beträgt der Grad der Ungesättigtheit (122 − 36)/2 = 43. Daher enthält C_{60} **mindestens** 61 − 43 = 18 π-Bindungen. (Wie Sie später sehen werden, sind es tatsächlich 30 π-Bindungen, aber nicht alle werden hydriert.)

36. Die beiden Reihenfolgen verlaufen gegensinnig, da sehr stabile Alkene energiearm sind und bei ihrer Hydrierung weniger Wärme frei wird als bei weniger stabilen Alkenen. Nachstehend sind die Stabilitätsreihenfolgen angegeben.

(a) $CH_2=CH_2 < (CH_3)_2C=CH_2 < (CH_3)_2C=C(CH_3)_2$ (zunehmende Substitution)

(b)

$$\underset{\text{(zwei große Gruppen }cis\text{)}}{\underset{(CH_3)_2CH}{H}\diagdown C=C\diagup\underset{CH(CH_3)_2}{H}} < \underset{\substack{\text{(eine kleine und eine}\\\text{große Gruppe }cis\text{)}}}{\underset{CH_3}{H}\diagdown C=C\diagup\underset{CH(CH_3)_2}{H}} < \underset{(trans)}{\underset{CH_3}{H}\diagdown C=C\diagup\underset{H}{CH(CH_3)_2}}$$

(c) [Decalin-Doppelbindungen, drei Strukturen] [ähnlich wie bei (a)]

(d) [drei Methylcyclopenten-Strukturen mit zunehmender Substitution] [ähnlich wie bei (a) und (c)]

(e) △ < ▢ < ⬡   (Ringspannung)

37. Im Allgemeinen sind die Alkene mit von links nach rechts abnehmender Stabilität aufgeführt.

(a) (trisubstituiert) > (disubstituiert) > (monosubstituiert)

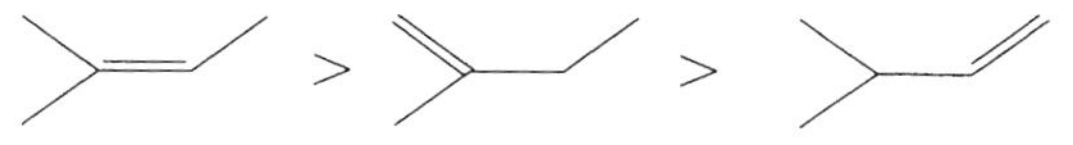

(b) (tetrasubstituiert) > (disubstituiert)

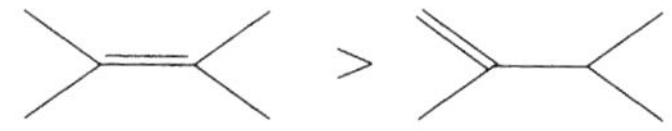

(c) (einzige Möglichkeit)

(d) (trisubstituiert) > (disubstituiert) ≈

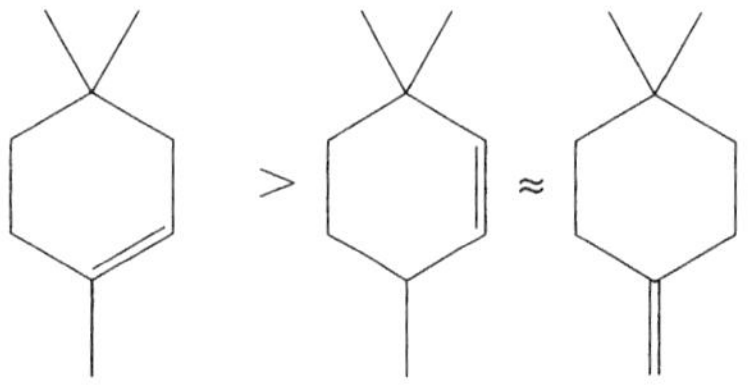

38.

$CH_3CH_2CH=CH_2$ (H)(CH_3)C=C(H)(CH_3) cis   (H)(CH_3)C=C(CH_3)(H) trans

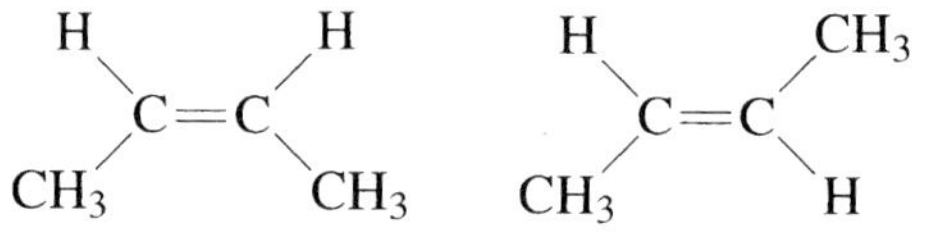

kleinste Menge   Hauptprodukt

39. Ein Halogenalkan der allgemeinen Struktur $R-CH_2-CHX-R'$ hat **zwei** Konformationen mit einem Wasserstoffatom in *anti*-Position zu X; eine ergibt als Produkt das *cis*-Alken, die andere das *trans*-Alken. Wir betrachten als Beispiel 2-Brombutan:

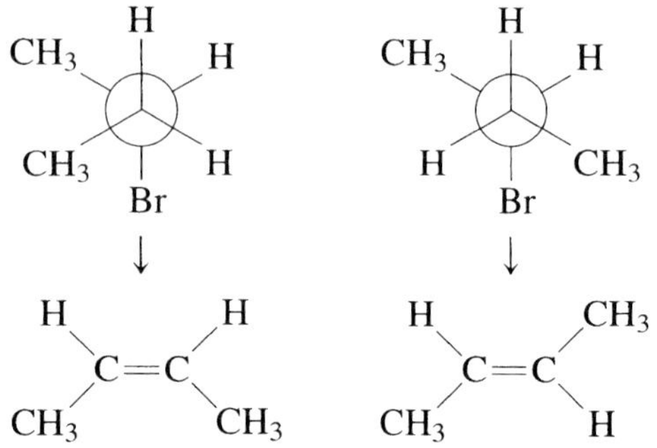

Ein Halogenalkan der allgemeinen Struktur $RR'CH-CHX-R''$ besitzt nur eine Konformation mit einem H-Atom *anti* zu X. Daher kann sich auch nur ein einziges Alken-Stereoisomer bilden. Seine Stereochemie hängt von der Konformation der beiden chiralen Kohlenstoffatome im Halogenalkan ab.

40. Das sterisch stärker gehinderte $(CH_3)_3CO^-K^+$ begünstigt die Abspaltung von Protonen an den nicht so engen „Enden" der Moleküle. Dabei entstehen weniger stabile Produkte. Eliminierungen mit Ethoxid begünstigen die Entstehung von stabileren Produkten.

Produkt mit $NaOCH_2CH_3$ in CH_3CH_2OH	Struktur der Ausgangsverbindung	Produkt mit $(CH_3)_3COK$ in $(CH_3)_3COH$
(a) $CH_3OCH_2CH_3$	CH_3Cl	$CH_3OC(CH_3)_3$
(b) $CH_3CH_2CH_2CH_2CH_2OCH_2CH_3$ + 1-Penten	$CH_3CH_2CH_2CH_2CH_2Br$	1-Penten
(c) *trans*- und *cis*-2-Penten	$CH_3CH_2CH_2CHBrCH_3$	1-Penten
(d) 1-Methylcyclohexen	1-Chlor-1-methylcyclohexan	Methylencyclohexan
(e) Ethylidencyclopentan	1-Brom-1-ethylcyclopentan Wait — Bromethylcyclopentan	Vinylcyclopentan
(f) (E)-3-Methyl-3-hepten	3-Chlor-3-methylheptan (bestimmte Konfiguration)	(R)-3-Ethyl-3-methyl-1-hexen
(g) (Z)-3-Methyl-3-hepten	(andere Konfiguration)	(S)-3-Ethyl-3-methyl-1-hexen
(h) (Z)-4-...		(R)-...

41. Die Energien der E2-Übergangszustände von 1-Brompropan und 2-Brompropan sind ähnlich, weil das gleiche Produkt entsteht (Propen). Daher haben die E2-Reaktionen dieser beiden Verbindungen ähnliche Geschwindigkeitskonstanten. Die konkurrierende S_N2-Reaktion verläuft jedoch bei dem primären 1-Brompropan schneller als beim sekundären 2-Brompropan. Eine insgesamt vernünftige Abschätzung ist, dass die tatsächliche E2-Geschwindigkeit für 1-Brompropan etwa in der Mitte zwischen den Geschwindigkeiten für Bromethan und 2-Brompropan liegt.

42.

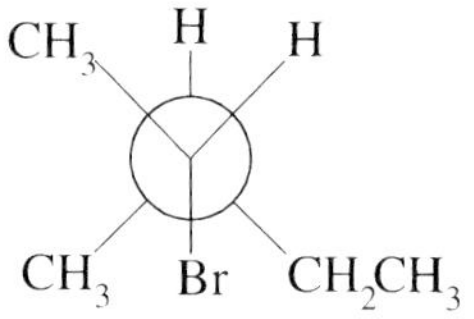

[Newman-Projektionen der vier Stereoisomere: 2R,3R; 2S,3S; 2R,3S; 2S,3R]

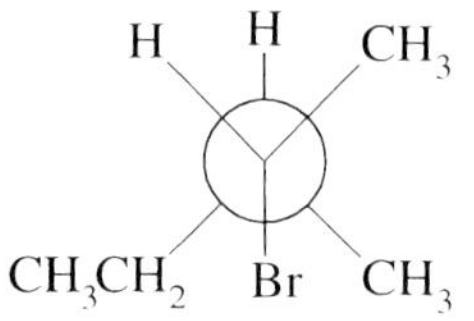

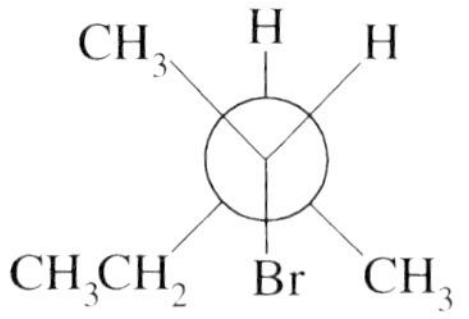

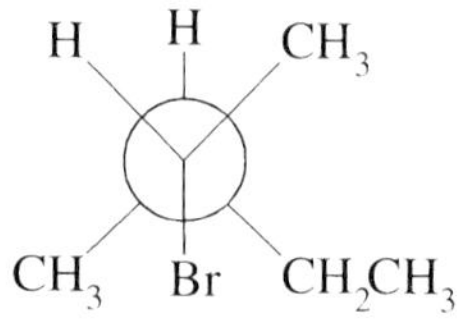

Dies sind vermutlich nicht die stabilsten Konformationen, da alle drei *gauche*-Wechselwirkungen zwischen Alkyl-Gruppen und/oder Brom aufweisen. Für das *R,R*-Isomer wäre eine bessere Konformation vermutlich

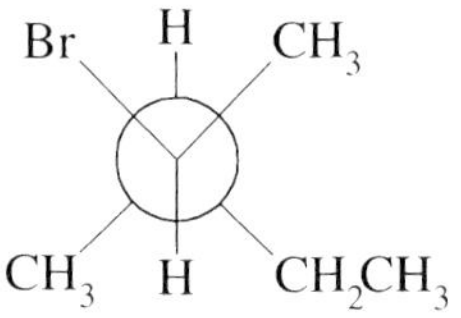

[Newman-Projektion mit Br, H, CH₃ vorne und CH₃, H, CH₂CH₃ hinten]

Die anderen sähen ähnlich aus.

43. Wir beziehen uns auf die Nummern der Aufgaben in Kapitel 7:

(22 b) $CH_3CH = C(CH_3)_2 > CH_2 = C(CH_3)CH_2CH_3$

(22 c) vergleichbare Mengen

(22 d) 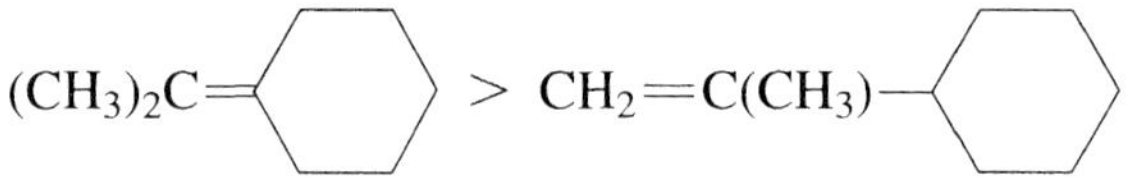 $(CH_3)_2C{=}\langle\text{Cyclohexyl}\rangle > CH_2 = C(CH_3){-}\langle\text{Cyclohexyl}\rangle$

Dies sind die einzigen Produktgemische von Eliminierungen in diesen Aufgaben.

44. Die Hauptprodukte für die Teile (a) bis (f) sind angegeben. Im Allgemeinen liefern höher substituierte Alkene die höchsten Ausbeuten.

(g) 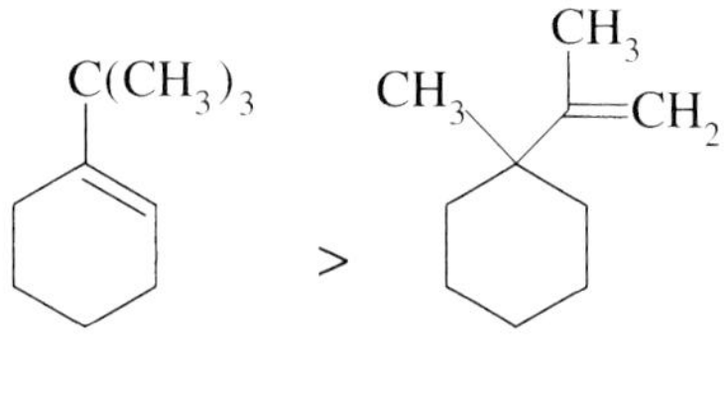 [1-tert-Butylcyclohex-1-en] > [Cyclohexyl-C(CH₃)=CH₂ mit CH₃]

(h) 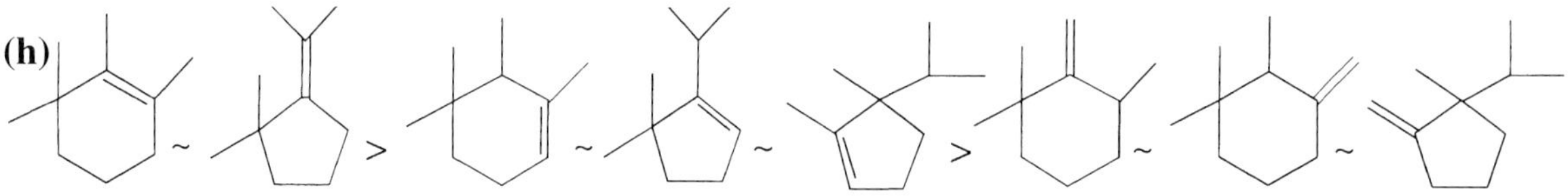 [Reihe von Alken-Strukturen in abnehmender Bevorzugung]

45. (a)

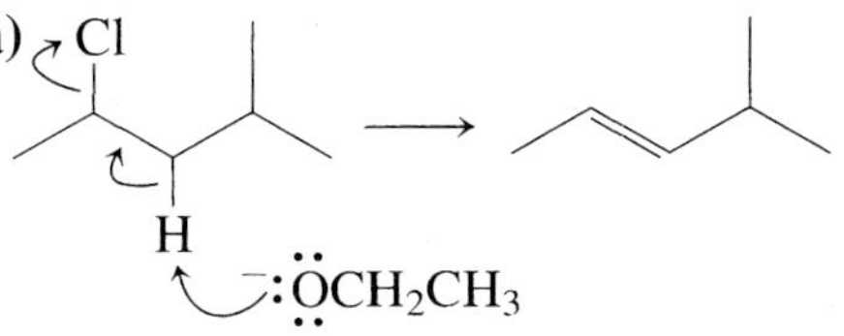

[Reaktionsschema: Chloralkan mit H und :ÖCH₂CH₃ als Base → Alken]

(b)

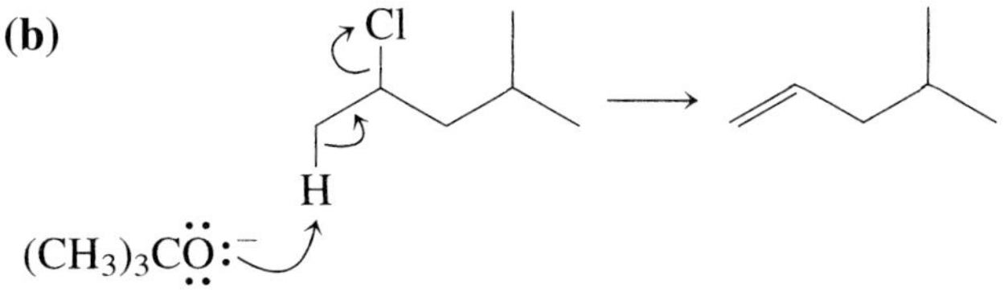

[Reaktionsschema: Chloralkan mit H und (CH₃)₃CÖ:⁻ als Base → Alken]

(c)

[Reaktionsschema mit HÖ:, H⁺, HÖH, Carbenium-Ion]

(Umlagerung eines Carbenium-Ions)

→ [Schema weiter] → (schließlich ein tertiäres Carbenium-Ion!) → (stabilstes Alken)

(noch einmal!)

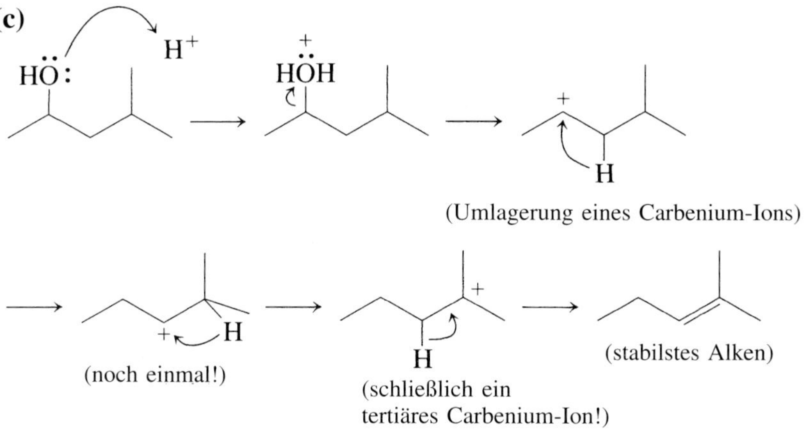

46. A würde zum tetrasubstituierten Alken führen

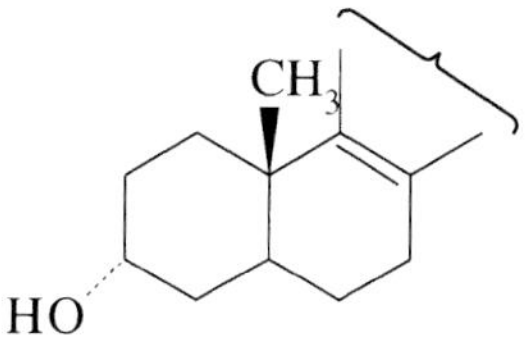

[Strukturformel eines Decalin-Derivats mit CH₃, HO und Doppelbindung]

B ergibt das in der Aufgabe gezeigte (trisubstituierte) Alken. Bei **C** liegt eine spezielle Situation vor.

47. Ähnlich, nur dass hier die stabilere *trans*-Decensäure bevorzugt vor dem *cis*-Isomer entstehen sollte.

48. Gegeben: (1) $C_2H_6 + 3.5\ O_2 \rightarrow 2\ CO_2 + 3\ H_2O \quad \Delta H° = -1559.4\ \text{kJ mol}^{-1}$

(2) $C_2H_4 + 3\ O_2 \rightarrow 2\ CO_2 + 2\ H_2O \quad \Delta H° = -1410.5\ \text{kJ mol}^{-1}$

(3) $H_2 + 0.5\ O_2 \rightarrow H_2O \quad \Delta H° = -285.7\ \text{kJ mol}^{-1}$

Damit soll $\Delta H°$ für die Reaktion $C_2H_4 + H_2 \rightarrow C_2H_6$ berechnet werden. Man addiert also die Gleichungen (2) und (3) und subtrahiert anschließend die Gleichung (1) (addiert sie umgekehrt):

$C_2H_4 + 3\ O_2 \rightarrow 2\ CO_2 + 2\ H_2O \qquad \Delta H° = -1410.5\ \text{kJ mol}^{-1}$
$+ [H_2 + 0.5\ O_2 \rightarrow H_2O \qquad \Delta H° = -285.7\ \text{kJ mol}^{-1}]$
$+ [2\ CO_2 + 3\ H_2O \rightarrow C_2H_6 + 3.5\ O_2 \qquad \Delta H° = +1559.4\ \text{kJ mol}^{-1}]$

Ergibt $C_2H_4 + H_2 \rightarrow C_2H_6 \qquad \Delta H° = -136.8\ \text{kJ mol}^{-1}$

Das ist ein vernünftiger Wert, der erwartungsgemäß größer ist als die Hydrierungswärmen höher substituierter (und stabilerer) Alkene. Mit der Beziehung „aufgewendete Energie − frei werdende Energie" erhält man $\Delta H° = (DH°_{\pi\text{-Bindung}} + DH°_{H-H}) - 2(DH°_{C-H})$ und daraus $DH°_{\pi\text{-Bindung}} = \Delta H° - DH°_{H-H} + 2(DH°_{C-H}) = (-136.8 \text{ kJ mol}^{-1}) - 435 \text{ kJ mol}^{-1} + 2(410 \text{ kJ mol}^{-1})$ $= 248.2 \text{ kJ mol}^{-1}$. Dieser Wert weicht von dem zuvor berechneten nicht zu sehr ab, wenn man berücksichtigt, dass er einen Fehler von etwa 10% aufweist; diese Abweichung beruht auf der Annahme, dass sich die Bindungsstärken der C–H- und C–C-σ-Bindungen beim Übergang von Ethen zu Ethan nicht ändern. Die Bindungsstärken ändern sich aber, wenn sich die Hybridisierung ändert.

49. 1-Methylcyclohexen enthält eine trisubstituierte Doppelbindung und ist daher stabiler als Methylencyclohexan, dessen Doppelbindung nur disubstituiert ist. Bei dreigliedrigen Ringen wirkt sich die Winkelspannung auf die Stabilitätsreihenfolge aus, da diese Geometrie die Bindungswinkel auf ewa 60° staucht: Diese Stauchung ist für sp^2-Kohlenstoffatome ungünstiger (sie bevorzugen 120°-Winkel) als für sp^3-Kohlenstoffatome (109°). 1-Methylcyclopropen mit zwei sp^2-Kohlenstoffatomen ist wesentlich gespannter als Methylcyclopropan, das nur ein sp^2-Kohlenstoffatom im Ring hat.

50. Zeichnen Sie jede Verbindung in einer Newman-Projektion mit Br und dem β-H-Atom in einer *anti*-Konformation:

(a)

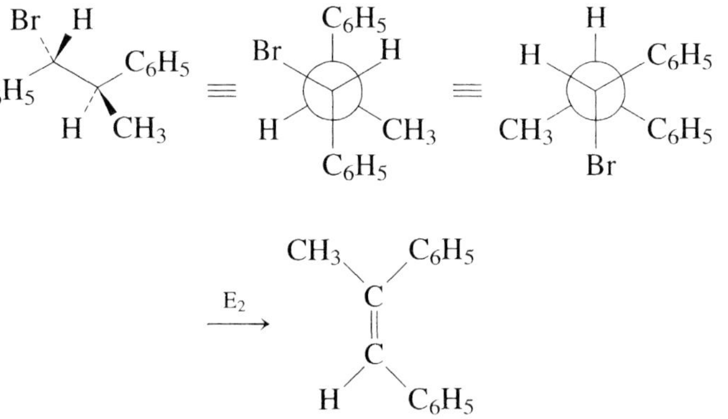

(b)

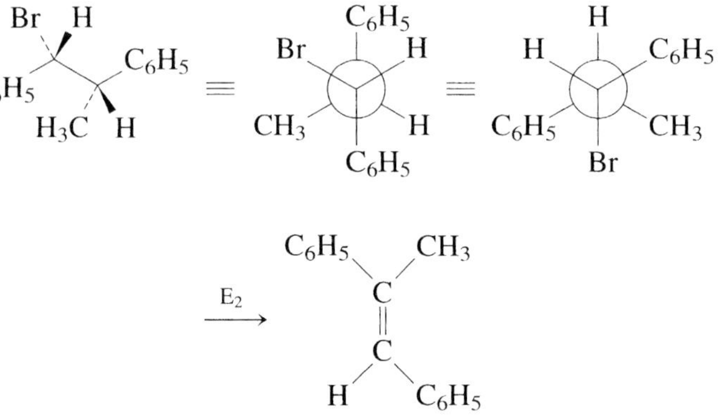

Bei (b) sollte die Eliminierung schneller ablaufen als bei (a), weil bei (b) die großen C_6H_5-Gruppen in der reaktiven Konformation *anti* zueinander stehen, während in (a) die C_6H_5-Gruppen in der reaktiven Konformation *gauche*-Positionen einnehmen müssen. Dies erfordert zusätzlichen Energieaufwand, dadurch steigt E_a und die Reaktionsgeschwindigkeit nimmt ab.

Aus der Arrhenius-Gleichung, $k_{(b)}/k_{(a)} = exp(-\Delta E_a/RT)$ erhält man mit $T = 298$ K: ln 50 = $-\Delta E_a/(8.314 \times 298)$ für die Differenz der E_a-Werte 9.7 kJ mol^{-1}.

51. Damit E2-Eliminierungen in Cyclohexanen ablaufen, müssen die Abgangsgruppe und das β-H-Atom, das abgespalten werden soll, 1,2-*trans*-**diaxial** zueinander stehen. Zeichnen Sie daher für jede Ausgangsverbindung zunächst die beiden möglichen Sessel-Konformationen und analysieren diejenige genauer, in der die C1-Abgangsgruppe axial steht:

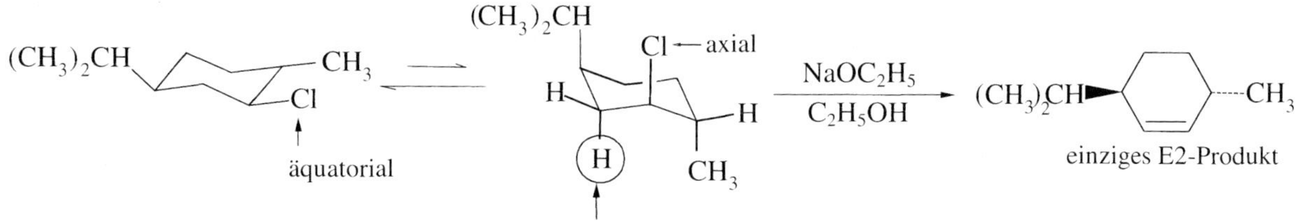

Dies ist das einzige H, das zum Cl *anti* ist – es ist daher auch das einzige, das in einem E2-Mechanismus entfernt werden kann.

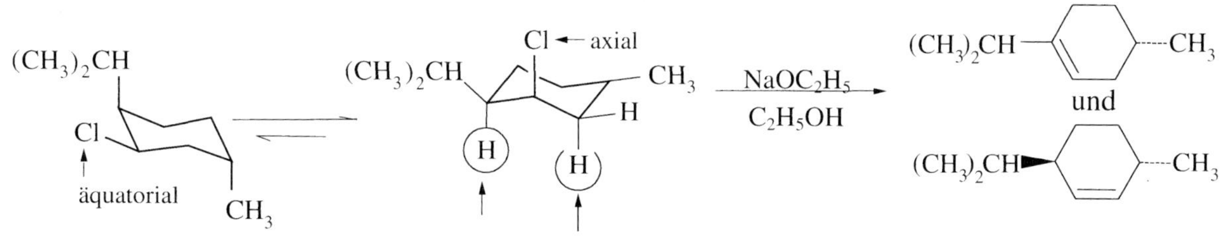

Hier stehen *zwei* H *anti* zu Cl und sind einer Eliminierung nach E2 zugänglich.

52. Ordnen Sie zunächst die Informationen, die Sie den Daten entnehmen können:

(i) Molekülformel: Der Grad der Ungesättigtheit ist 1.

(ii) ^{1}H-NMR: Es gibt drei Methylgruppen; zwei (bei $\delta = 1.63$ und 1.71 ppm) sind wahrscheinlich an Alkenylkohlenstoffatome gebunden, das Signal der dritten wird durch ein benachbartes Proton aufgespalten, wie in **CH$_3$**–CH. Dem Triplett bei $\delta = 3.68$ ppm entspricht wahrscheinlich eine –CH$_2$CH$_2$–O-Gruppe. Ein Alkenwasserstoffatom hat als Signal ebenfalls ein Triplett, das Molekül enthält also vermutlich eine RR′C′=**CH**–CH$_2$-Gruppierung.

(iii) ^{13}C-NMR: Es gibt Signale für ein Alkohol- und zwei Alkenkohlenstoffatome.

(iv) IR: C=C- und O–H-Streckschwingungen für Alken bzw. Alkohol sind erkennbar.

(v) Durch Oxidation verschwinden die folgenden Signale

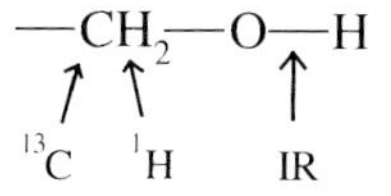

—CH$_2$—O—H
 ↑   ↑   ↑
^{13}C ^{1}H   IR

und werden durch IR- und ^{13}C-NMR-Signale für C=O ersetzt; diese Gruppe ist dem ^{1}H-NMR-Spektrum zufolge ein Aldehyd (Signal bei $\delta = 9.64$ ppm), wie er als Oxidationsprodukt eines primären Alkohols zu erwarten ist.

(vi) Die Hydrierung liefert das gleiche Produkt wie die Hydrierung von Geraniol. Wir fügen jetzt alle Indizien zusammen: Der letzte Hinweis führt uns zum Molekülgerüst:

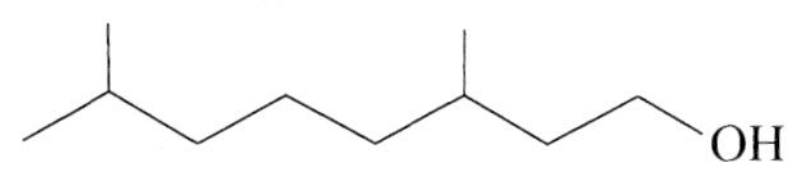

Sie müssen jetzt noch die richtige Position der Doppelbindung finden. Das ^{1}H-NMR-Spektrum zeigt nur ein Alkenylwasserstoffatom, die Doppelbindung muss daher trisubstituiert sein. Demzufolge gibt es nur drei mögliche Positionen:

180 11 Alkene und Infrarot-Spektroskopie

Hier hilft wieder das ^{1}H-NMR-Spektrum, es enthält nämlich **zwei** Signale für Methylgruppen in dem für die Bindung an ungesättigte funktionelle Gruppen charakteristischen Bereich. Die Doppelbindung muss daher zwischen C6 und C7 liegen, um mit dieser Beobachtung übereinzustimmen. Die Antwort lautet also

Diese Verbindung heißt Citronellol, sie wird zusammen mit Geraniol als öliger Extrakt aus Citronella gewonnen, einem wohlriechenden Gras aus Südasien. Das Öl wird schon lange als Insektenrepellent, zum Einreiben und in der Parfümerie verwendet.

53. Denken Sie daran, dass die IR-Spektroskopie nicht dazu dient, eine komplette Struktur im Detail aufzuklären, da jetzt hervorragende NMR-Methoden zur Verfügung stehen. Es genügt, wenn Sie die IR-Banden funktionellen Gruppen zuordnen.

(a) Campher hat eine funktionelle Gruppe, die C=O-Gruppe (Carbonyl); es ist eine einzelne IR-Bande im Bereich 1690–1750 cm^{-1} zu erwarten, wie sie in (d), 1738 cm^{-1}, gefunden wird.

(b) Menthol ist ein einfacher Alkohol; die einzelne Bande in (a) ist die erwartete O−H-Streckschwingung.

(c) Chrysanthemumsäureester enthält zwei funktionelle Gruppen, eine Alkenbindung, C=C, und eine C=O-Estergruppe; die Alkengruppe sollte zwei Banden ergeben, eine bei etwa 1650 cm^{-1}, die andere bei etwa 3080 cm^{-1}; die Esterbande ist im Bereich von 1740 cm^{-1} zu erwarten. Die Übereinstimmung mit (b) ist zwar nicht perfekt, es ist aber die richtige Antwort. Der Cyclopropanring beeinflusst die exakten Bandenlagen.

(d) Epiandrosteron enthält eine Alkohol- und eine Ketogruppe; (c) passt perfekt.

54.

Die *anti*-Eliminierung nach E2 an A durch Abspaltung des eingekreisten Wasserstoffatoms kann nur zum Alken B führen. Durch Überführung in das Iodderivat über eine S_N2-Inversion werden zwei (eingekreiste) Wasserstoffatome erhalten, die beide in *anti*-Eliminierungen abgespalten werden können, sodass ein Gemisch der Alkene B und C resultiert.

55. (a) Newman-Projektionen helfen hier:

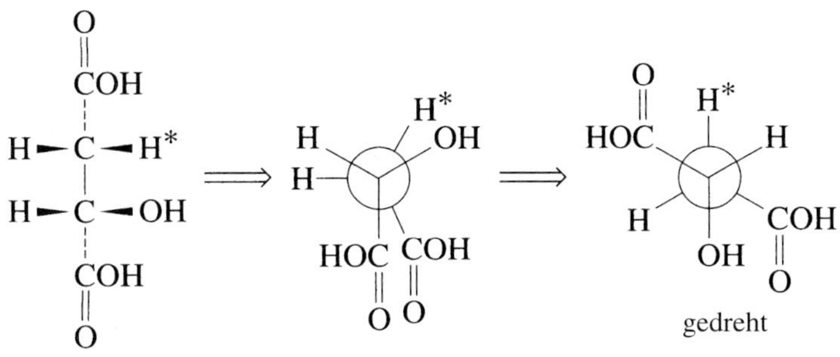

Äpfelsäure

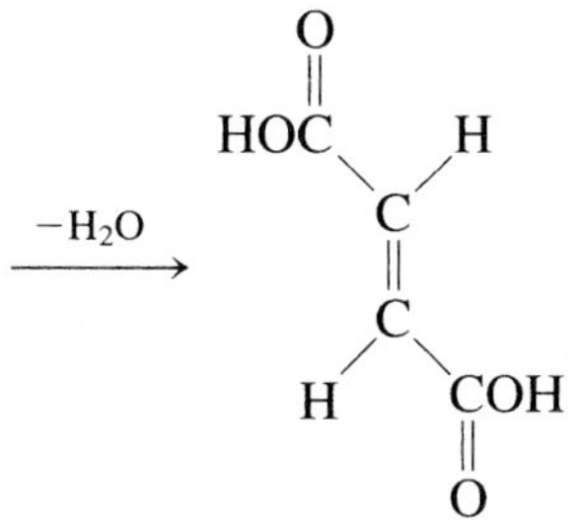

Fumarsäure

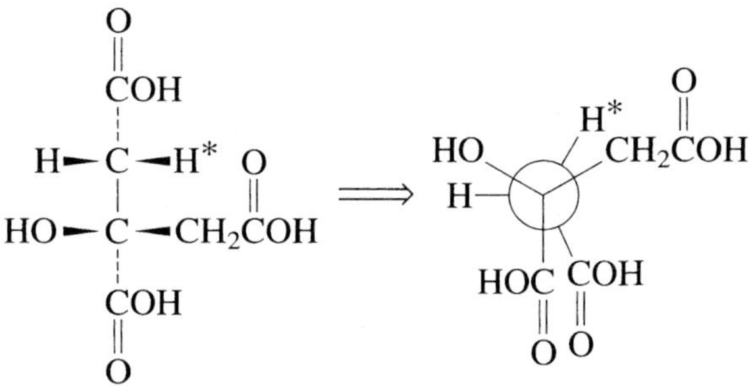

Citronensäure

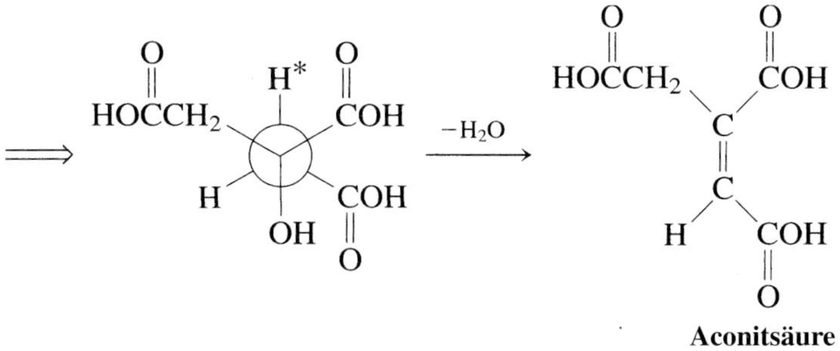

Aconitsäure

(b) Fumarsäure ist *E*-konfiguriert; Aconitsäure hat *Z*-Konfiguration.

(c) Äpfelsäure enthält bereits ein chirales Kohlenstoffatom, daher sind die Wasserstoffatome der CH$_2$-Gruppe diastereotop. Citronensäure enthält kein chirales Kohlenstoffatom (diese überraschende Behauptung sollten Sie überprüfen!). Wird jedoch eines der Wasserstoffatome der CH$_2$-Gruppe substituiert, werden das damit verbundene Kohlenstoffatom und das mittlere Kohlenstoffatom chiral. Tatsächlich liefert der Ersatz eines der Wasserstoffatome der CH$_2$-Gruppe ein Diastereomer des Produkts, das man bei Substitution des anderen Wasserstoffatoms erhält (ausprobieren!), diese Wasserstoffatome sind also auch diastereotop.

(d) Es gibt vier Stereoisomere der Isocitronensäure; da die beiden asymmetrischen Kohlenstoffatome nicht die gleichen Substituenten haben, gibt es kein achirales *meso*-Isomer. Zwei Isomere ergeben bei der Dehydratisierung über eine *anti*-Eliminierung (eingekreiste Gruppen werden abgespalten) *Z*-Aconitsäure.

56. Das chirale α-Kohlenstoffatom, das in allen vier Verbindungen 1a–1d gleich ist, besitzt *S*-Konfiguration. Das links davon stehende chirale Kohlenstoffatom hat die folgende absolute Konfiguration: **1a**, *R*; **1b**, *S*; **1c**, *R*; **1d**, *S*. Arbeiten Sie sich von der Stereochemie der Alkenfunktion rückwärts zu einer Newman-Projektion der Konfiguration vor, in der die (für E2) notwendige *anti*-Konformation vorliegt. Vergewissern Sie sich, dass das oben genannte chirale Kohlenstoffatom **exakt** so wie in der Formel des Substrats gezeichnet ist und Sie nicht aus Versehen seine absolute Konfiguration geändert haben. Bestimmen Sie nötigenfalls sowohl für die in der Aufgabenstellung angegebene Struktur (sie ist *S*-konfiguriert) als auch für Ihre Newman-Projektion die absolute Konfiguration – es sollte dieselbe sein!

Bestimmen Sie jetzt die Konfiguration des Kohlenstoffatoms, das die Hydroxygruppe trägt: Es ist *S*-konfiguriert.

12 | Die Reaktionen der Alkene

27. Vorsicht! Verwenden Sie $DH°$ von CH_3CH_2-X und nicht von CH_3-X aus Tabelle 3-1.

(a) $C_2H_4 + Cl_2 \rightarrow Cl-CH_2CH_2-Cl$

zugeführte Wärme: $272 + 243$; frei gewordene Wärme: 2×335;

$\Delta H° = 272 + 243 \ (2 \times 335) = -155 \text{ kJ mol}^{-1}$

(b) $C_2H_4 + IF \rightarrow I-CH_2CH_2-F;$ $\quad \Delta H° = 272 + 280 - (222 + 448) = -118 \text{ kJ mol}^{-1}$

(c) $C_2H_4 + IBr \rightarrow I-CH_2CH_2-Br;$ $\quad \Delta H° = 272 + 180 - (222 + 285) = -55 \text{ kJ mol}^{-1}$

(d) $C_2H_4 + HF \rightarrow H-CH_2CH_2-F;$ $\quad \Delta H° = 272 + 565 - (410 + 448) = -21 \text{ kJ mol}^{-1}$

(e) $C_2H_4 + HI \rightarrow H-CH_2CH_2-I;$ $\quad \Delta H° = 272 + 297 - (410 + 222) = -63 \text{ kJ mol}^{-1}$

(f) $C_2H_4 + BrCN \rightarrow Br-CH_2CH_2-CN;$ $\quad \Delta H° = 272 + 348 - (285 + 519) = -184 \text{ kJ mol}^{-1}$

(g) $C_2H_4 + HOCl \rightarrow HO-CH_2CH_2-Cl;$ $\quad \Delta H° = 272 + 251 - (385 + 335) = -197 \text{ kJ mol}^{-1}$

(h) $C_2H_4 + CH_3SH \rightarrow CH_3-SCH_2CH_2-H;$ $\quad \Delta H° = 272 + 368 - (251 + 410) = -21 \text{ kJ mol}^{-1}$

28. In allen Fällen bestimme man die Seite der Doppelbindung, die bei der Komplexbildung mit der Katalysatoroberfläche die geringste sterische Hinderung aufweist. Man addiere H_2 an diese Seite des Moleküls.

(a) H_2 addiert an die Seite, die der sperrigen $(CH_3)_2CH$-Gruppe gegenüber liegt:

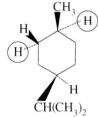

(b) Die Hydrierung erfolgt auf der der Methyl-Gruppe abgewandten Seite:

(c) Die Hydrierung erfolgt auf der exponierteren (Unter-)Seite des gefalteten Moleküls:

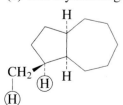

12 Die Reaktionen der Alkene

29. Mehr exotherm. Da weder Cyclohexan noch Cyclohexen eine nennenswerte Winkelspannung aufweisen, ist die Hydrierungswärme für Cyclohexen praktisch genauso groß wie für ein acyclisches disubstituiertes Alken. Cyclobutan und Cyclobuten sind hingegen beide gespannt, aber die Bindungswinkelstauchung ist im Alken größer ($120° - 90° = 30°$) als im Alkan ($109° - 90° = 19°$). Aufgrund der stärkeren Spannung von Cyclobuten ist der Energieunterschied zu Cyclobutan größer, sodass bei der Hydrierung mehr Energie frei gesetzt wird.

30.

	(i) Peroxidfreies HBr (Markovnikov-Addition)	(ii) HBr + Peroxide (Anti-Markovnikov-Addition)
(a)	2-Bromhexan	1-Bromhexan
(b)	2-Brom-2-methylpentan	1-Brom-2-methylpentan
(c)	2-Brom-2-methylpentan	3-Brom-2-methylpentan
(d)	3-Bromhexan	3-Bromhexan
(e)	Bromcyclohexan	Bromcyclohexan

Alle chiralen Verbindungen entstehen als racemische Gemische.

31. (a) 1,2-Dibromhexan

(b) 1,2-Dibrom-2-methylpentan

(c) 2,3-Dibrom-2-methylpentan

(d) (R,R)- und (S,S)-3,4-Dibromhexan. Die *anti*-Addition an eine *cis*-Verbindung ergibt ein racemisches Gemisch chiraler Produkte; ein *trans*-Substrat ergibt das *meso*-Isomer.

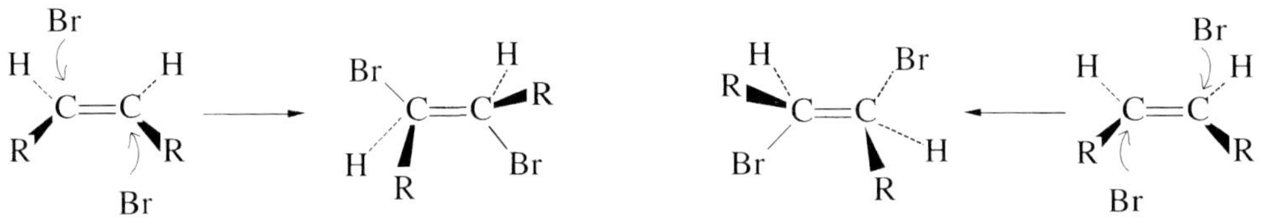

Racemisches Gemisch

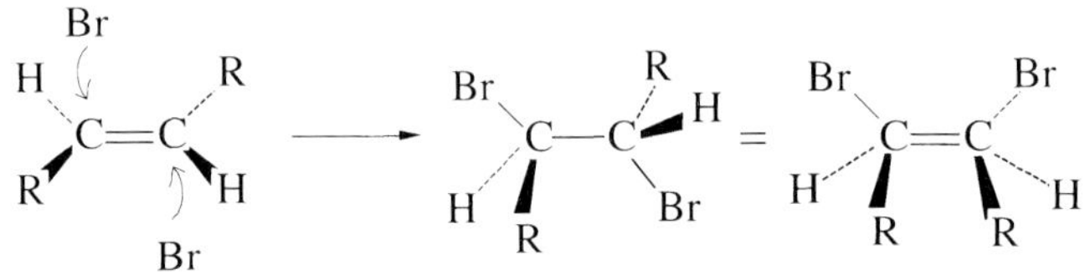

meso-Verbindung

(e) *trans*-1,2-Dibromcyclohexan

Alle Produkte in dieser Aufgabe (mit Ausnahme der *meso*-Verbindung) sind chiral; alle entstehen als racemische Gemische.

32.

H₂SO₄ + H₂O (Markovnikov-Hydratisierung)	BH₃, THF; dann NaOH, H₂O₂ (Anti-Markovnikov-Hydratisierung)
(a) 2-Hexanol	1-Hexanol
(b) 2-Methyl-2-pentanol	2-Methyl-1-pentanol
(c) 2-Methyl-2-pentanol	2-Methyl-3-pentanol
(d) 3-Hexanol	3-Hexanol
(e) Cyclohexanol	Cyclohexanol

Die Oxymercurierung-Demercurierung ergibt dieselben Produkte wie wässrige Schwefelsäure. Die aus diesen Substraten und H⁺ gebildeten Carbenium-Ionen neigen nicht besonders zu Umlagerungen. Alle chiralen Produkte entstehen als racemische Gemische.

33. (a) Heiße konzentrierte H_2SO_4 (b) Kalte wässrige H_2SO_4

(c) $NaOCH_2CH_3$ in CH_3CH_2OH (d) HCl in CCl_4

Additionen [Reaktionen (b) und (d)] sind normalerweise thermodynamisch begünstigt (Abschnitt 12.1). Damit Eliminierung eintritt, müssen Bedingungen geschaffen werden, unter denen die Gleichgewichte in die entgegengesetzte Richtung verschoben werden. In (a) wird das in der reversiblen E1-Reaktion gebildete Wasser durch die konzentrierte H_2SO_4 protoniert und so aus dem Gleichgewicht entfernt. Da keine guten Nucleophile vorhanden sind, verliert das Carbenium-Ion ein Proton unter Bildung des Alkens. In (c) induziert das stark basische Ethoxid-Ion die bimolekulare Eliminierung und neutralisiert das freigesetzte HCl unter Bildung von Ethanol und NaCl. Im Reaktionsgemisch gibt es keine Spezies, die elektrophil genug ist, um an das Alken zu addieren.

34. (a) $CH_3\overset{Cl}{\underset{|}{C}}CHCH_2SeCH_3$, Markovnikov-Addition; $CH_3Se^{\delta+}$ ist das Elektrophil.

(b) Das Se-Atom in CH_3SeCl ist elektrophil und hat freie Elektronenpaare. Es greift ein Alken genau wie ein Halogen unter Bildung eines verbrückten dreigliedrigen cyclischen Übergangszustands, eines so genannten Selenonium-Ions, an:

Das Halogenid-Ion öffnet den Ring durch rückseitigen Angriff, sodass eine *anti*-Addition resultiert.

35. Alle chiralen Produkte werden als racemische Gemische gebildet.

(a) Cyclohexan mit Cl und $CH_2CH_2CH_3$ am selben Kohlenstoff

(b) Fischer-Projektionen:

CH_2CH_3	CH_2CH_3
H—Cl	Cl—H
H—Cl	Cl—H
$CH_2CH_2CH_3$	$CH_2CH_2CH_3$

racemische Gemische

186 12 Die Reaktionen der Alkene

(c) 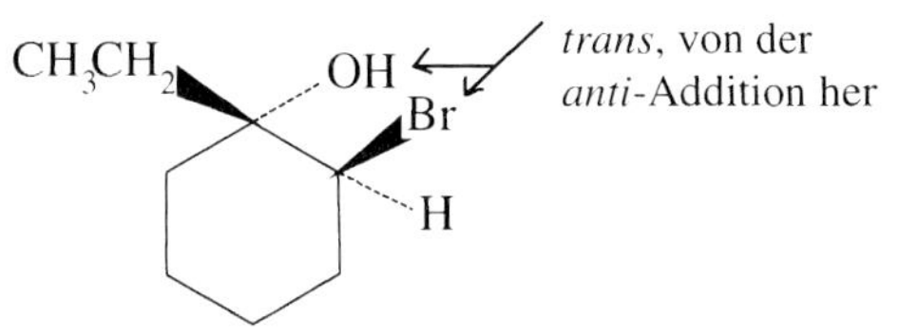 [trans, von der anti-Addition her]

(d)

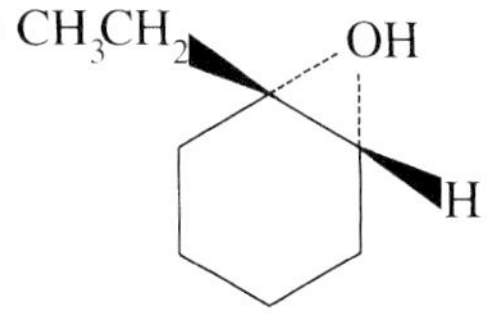

(e)  (vorwiegend), über [Blockiert Oberseite, sodass Hg von der Unterseite angreift]

Alle Produkte entstehen als racemische Gemische.

(f)

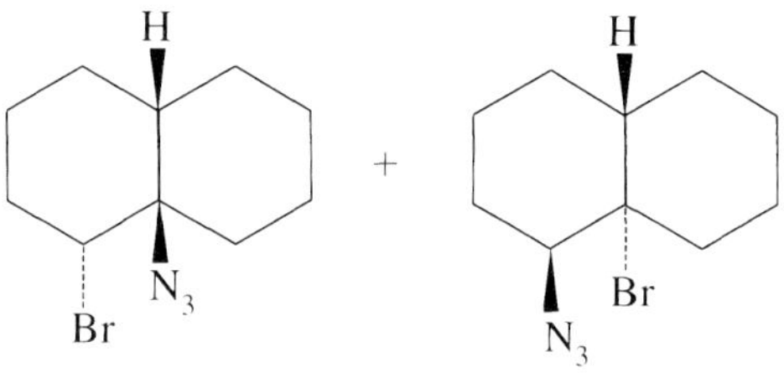

(g) 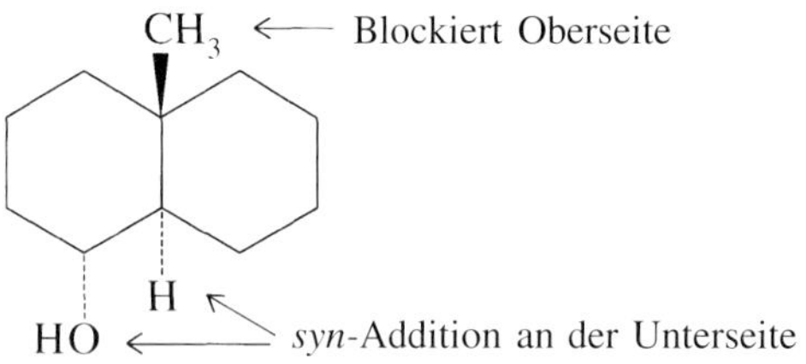 [Blockiert Oberseite] / syn-Addition an der Unterseite

Beachten Sie die Anti-Markovnikov-Regiochemie für Hydroborierungen.

36. Jedes Problem wird von einer kurzen Analyse möglicher Alternativen begleitet.

(a) Man benötigt eine Markovnikov-Addition von Wasser an $(CH_3)_2CHC\overset{\overset{OH}{\downarrow}}{H}=\overset{\overset{H}{\downarrow}}{C}H_2$ oder eine Anti-Markovnikov-Addition von Wasser an $(CH_3)_2\overset{\overset{H}{\downarrow}}{C}=\overset{\overset{OH}{\downarrow}}{C}HCH_3$. Beides ist machbar:

$(CH_3)_2CHCH=CH_2 \xrightarrow[\text{2. NaBH}_4,\text{ NaOH, H}_2\text{O}]{\text{1. Hg(OAc)}_2,\text{ H}_2\text{O}} (CH_3)_2CHCHOHCH_3$

$(CH_3)_2C=CHCH_3 \xrightarrow[\text{2. NaOH, H}_2\text{O}_2,\text{ H}_2\text{O}]{\text{1. BH}_3,\text{ THF}} (CH_3)_2CHCHOHCH_3$

(b) Man muss „Cl$^+$" und „(CH$_3$)$_2$CHO$^-$" an Propen addieren. Cl$_2$ dient als Quelle für „Cl$^+$", und (CH$_3$)$_2$CHOH liefert das Nucleophil:

$$CH_2=CHCH_3 \xrightarrow{Cl_2,\ (CH_3)_2CHOH,\ \text{Lösungsmittel}} ClCH_2CH(CH_3)OCH(CH_3)_2$$

(c) und (d) Br$_2$ muss an *cis*- oder *trans*-4-Octen addiert werden. Die Addition verläuft *anti*, daher ergibt *trans*-Octen die *meso*-Verbindung und *cis*-Octen ein Racemat.

CH$_3$CH$_2$CH$_2$\\C=C/H $\xrightarrow{Br_2}$ *meso*–CH$_3$CH$_2$CH$_2$CHBrCHBrCH$_2$CH$_2$CH$_3$
H/   \\CH$_2$CH$_2$CH$_3$

CH$_3$CH$_2$CH$_2$\\C=C/CH$_2$CH$_2$CH$_3$ $\xrightarrow{Br_2}$ *dl*–CH$_3$CH$_2$CH$_2$CHBrCHBrCH$_2$CH$_2$CH$_3$
H/   \\H

(e) Diese Synthese ist leichter – die Methyl-Gruppe von [Struktur] blockiert die Oberseite, sodass die Reaktion mit einer Peroxycarbonsäure von der Unterseite möglich wird:

[Struktur] $\xrightarrow[CH_2Cl_2]{MCPBA}$ [Struktur]

(f) Dies ist schwieriger. Wie lässt sich der Sauerstoff an der sterisch stärker gehinderten Seite anbringen? Das muss schrittweise erfolgen, wobei dem anfänglichen Angriff eines Elektrophils auf die weniger stark gehinderte Unterseite ein Inversionsschritt folgt. Verwenden Sie die allgemeine Synthesesequenz für Oxacyclopropane

Alken $\xrightarrow{X_2,\ H_2O}$ Halogenhydrin (*anti*-Addition) $\xrightarrow{\text{Base}}$ Oxacyclopropan (interne S$_N$2-Reaktion)

[Struktur] $\xrightarrow{Br_2,\ H_2O}$ [Struktur mit Br$^+$ an der Unterseite] → [Struktur mit Br und OH *trans*] $\xrightarrow[CH_3OH]{CH_3O^-\ Na^+}$ [Struktur mit O]

Br an der Unterseite   Br und OH *trans*

37. Reaktion (a) muss über eine Anti-Markovnikov-Addition an 1-Buten verlaufen. Zur Herstellung von 1-Buten durch Eliminierung braucht man eine sperrige Base:

$$CH_3CH_2CHBrCH_3 \xrightarrow{(CH_3)_3CO^-\ K^+,\ (CH_3)_3COH} CH_3CH_2CH=CH_2$$

Man kann HI nicht direkt nach Anti-Markovnikov addieren. Gezeigt ist eine indirekte Möglichkeit:

$$CH_3CH_2CH=CH_2 \xrightarrow{HBr,\ Peroxide} CH_3CH_2CH_2CH_2Br \xrightarrow{KI,\ DMSO\ (S_N2)} CH_3CH_2CH_2CH_2I$$

(b) und **(c)** Da die Dehydratisierung hauptsächlich zu *trans*-Alkenen führt, müssen Wege gefunden werden, um zwei OH-Gruppen entweder a*nti* (→ *meso*) oder *syn* (→ Racemat) zu addieren. Die *syn*-Addition ist einfach:

$$CH_3CHOHCH_2CH_3 \xrightarrow{H_2SO_4, \Delta} \begin{array}{c} CH_3 \quad H \\ \diagdown \quad \diagup \\ C=C \\ \diagup \quad \diagdown \\ H \quad CH_3 \end{array}$$

$$\xrightarrow[(syn)]{KMnO_4, H_2O, 0°C} \text{racemisches } CH_3CHOHCHOHCH_3$$

Die *anti*-Addition lässt sich ebenfalls leicht durchführen:

$$\begin{array}{c} CH_3 \quad H \\ \diagdown \quad \diagup \\ C=C \\ \diagup \quad \diagdown \\ H \quad CH_3 \end{array} \xrightarrow[CH_2Cl_2]{CH_3CO_3H} \begin{array}{c} O \\ \diagup \diagdown \\ CH_3-C-C-H \\ \diagup \quad \diagdown \\ H \quad CH_3 \end{array}$$

$$\xrightarrow[(\text{mit Inversion})]{H^+, H_2O} meso\text{-}CH_3CHOHCHOHCH_3$$

(d) Jede Doppelbindung erfordert unterschiedliche Reaktionen. Die Hydroborierung von ungehinderten Doppelbindungen ist sehr selektiv, daher lässt sich ein primärer Alkohol leicht herstellen. Danach kann die trisubstituierte Doppelbindung mit MCPBA in ein Oxacyclopropan überführt werden. Die Synthese wird durch die Oxidation zum Aldehyd beendet:

$$(CH_3)_2C=CHCH_2CH_2CH=CH_2 \xrightarrow[2.\ H_2O_2, HO^-]{1.\ BH_3, THF} (CH_3)_2C=CHCH_2CH_2CH_2CH_2OH$$

$$\xrightarrow[CH_2Cl_2]{MCPBA} (CH_3)_2\overset{O}{\overset{\diagup\diagdown}{C-CH}}CH_2CH_2CH_2OH$$

$$\xrightarrow{PCC, CH_2Cl_2} (CH_3)_2\overset{O}{\overset{\diagup\diagdown}{C-CH}}CH_2CH_2CH_2\overset{O}{\overset{\|}{C}}H$$

38. Die Ausgangsverbindung ist $CH_2=C(CH_3)CH_2CH_2CH_3$.

(a) $(CH_3)_2CHCH_2CH_2CH_3$ **(b)** $CH_2DCD(CH_3)CH_2CH_2CH_3$

(c) $HOCH_2CH(CH_3)CH_2CH_2CH_3$ **(d)** $(CH_3)_2CClCH_2CH_2CH_3$

(e) $(CH_3)_2CBrCH_2CH_2CH_3$ **(f)** $BrCH_2CH(CH_3)CH_2CH_2CH_3$

(g) $(CH_3)_2CICH_2CH_2CH_3$ (Peroxide haben keinen Einfluss auf die Addition von HI)

(h) und **(p)** $(CH_3)_2C(OH)CH_2CH_2CH_3$ **(i)** $ClCH_2CCl(CH_3)CH_2CH_2CH_3$

(j) $ICH_2CCl(CH_3)CH_2CH_2CH_3$ **(k)** $BrCH_2C(OCH_2CH_3)(CH_3)CH_2CH_2CH_3$

(l) $CH_3SCH_2CH(CH_3)CH_2CH_2CH_3$ **(m)** $CH_2\overset{O}{\overset{\diagup\diagdown}{-}}C(CH_3)CH_2CH_2CH_3$

(n) $HOCH_2C(OH)(CH_3)CH_2CH_2CH_3$ **(o)** $H_2C=O + CH_3\overset{O}{\overset{\|}{C}}CH_2CH_2CH_3$

(q) $(CH_3)_2C=CHCH_2CH_3$

39. Die Ausgangsverbindung ist

$$\begin{array}{c}CH_3CH_2\\ \diagdown\\ CH_3\diagup\end{array}C=C\begin{array}{c}H\\ \diagup\\ \diagdown CH_2CH_3\end{array}$$

Alle chiralen Produkte bilden sich als racemische Gemische.

(a) CH₃CH₂CH(CH₃)CH₂CH₂CH₃

(b) *syn*-Addition:
$$CH_3CH_2\overset{D\ \ D}{\underset{CH_3\ \ CH_2CH_3}{-C-C-}}H$$

(c) *syn:*
$$CH_3CH_2\overset{H\ \ OH}{\underset{CH_3\ \ CH_2CH_3}{-C-C-}}H$$

(d) CH₃CH₂CCl(CH₃)CH₂CH₂CH₃

(e) CH₃CH₂CBr(CH₃)CH₂CH₂CH₃

(f) CH₃CH₂CH(CH₃)CHBrCH₂CH₃ (Gemisch der Stereoisomeren)

(g) CH₃CH₂CI(CH₃)CH₂CH₂CH₃

(h) und **(p)** CH₃CH₂C(OH)(CH₃)CH₂CH₂CH₃

(i) *anti*-Addition:
$$CH_3CH_2\overset{Cl\ \ H}{\underset{CH_3\ \ Cl}{-C-C-}}CH_2CH_3$$

(j) *anti:*
$$CH_3CH_2\overset{Cl\ \ H}{\underset{CH_3\ \ I}{-C-C-}}CH_2CH_3$$

(k) *anti:*
$$CH_3CH_2\overset{CH_3CH_2O\ \ H}{\underset{CH_3\ \ Br}{-C-C-}}CH_2CH_3$$

(l) CH₃CH₂CH(CH₃)CH(SCH₃)CH₂CH₃ (Gemisch der Isomeren)

(m)
$$CH_3CH_2\overset{O}{\underset{CH_3\ \ CH_2CH_3}{-\overset{\diagup\diagdown}{C-C}-}}H$$

(n) *syn:*
$$CH_3CH_2\overset{OH\ OH}{\underset{CH_3\ \ CH_2CH_3}{-C-C-}}H$$

(o) CH₃CH₂COCH₃ + CH₃CH₂CHO

(q) Gemisch der *E*- + *Z*-Isomeren der Ausgangsverbindung sowie *E*- + *Z*-Isomere von CH₃CH=C(CH₃)CH₂CH₂CH₃ (das ebenfalls trisubstituiert ist)

40. Die Ausgangsverbindung ist ⟨cyclopentenyl⟩—CH₂CH₃

(a) cyclopentyl—CH₂CH₃

(b) cyclopentyl mit CH₂CH₃, --D, --D, H

(c) cyclopentyl mit CH₂CH₃, --H, --OH, H

(d) cyclopentyl mit CH₂CH₃, Cl

(e) Cyclopentan mit CH₂CH₃ und Br am selben C-Atom

(f) Cyclopentan mit CH₂CH₃ und Br an benachbarten C-Atomen (Isomerengemisch)

(g) Cyclopentan mit CH₂CH₃ und I am selben C-Atom

(h) und (p) Cyclopentan mit CH₂CH₃ und OH am selben C-Atom

(i) Cyclopentan mit CH₂CH₃, Cl (oben) und Cl, H am benachbarten C

(j) Cyclopentan mit CH₂CH₃, Cl und I, H am benachbarten C

(k) Cyclopentan mit CH₂CH₃, OCH₂CH₃ und Br, H am benachbarten C

(l) Cyclopentan mit CH₂CH₃ und SCH₃ an benachbarten C-Atomen (Isomerengemisch)

(m) Cyclopentan-Epoxid mit CH₂CH₃ und H

(n) Cyclopentan mit CH₂CH₃, OH und OH, H am benachbarten C

(o) $\overset{O}{\underset{\|}{H\text{C}}}CH_2CH_2CH_2\overset{O}{\underset{\|}{C}}CH_2CH_3$

(q) Gemisch von Ausgangsverbindung und Cyclopentyliden mit =CHCH₃ (beide sind trisubstituiert)

41. (a) Die anfängliche Protonierung an C1 führt zu einem sekundären Carbenium-Ion, das sich durch Hydridverschiebung zu einem stabileren tertiären Kation umlagern kann. Das Produkt ist ein tertiärer Alkohol.

$$\underset{CH_3}{\overset{CH_3}{>}}CH-CH=CH_2 + H^+ \longrightarrow CH_3-\underset{CH_3}{\overset{H}{\underset{|}{C}}}-\overset{+}{C}H-CH_3$$

$$\longrightarrow CH_3-\underset{CH_3}{\overset{+}{\underset{|}{C}}}-CH_2-CH_3 \xrightarrow[-H^+]{H_2O} CH_3-\underset{CH_3}{\overset{OH}{\underset{|}{C}}}-CH_2-CH_3$$

(b) Die Markovnikov-Hydratisierung verläuft ohne Umlagerung zu $\underset{CH_3}{\overset{CH_3}{>}}CH-\underset{}{\overset{OH}{\underset{|}{CH}}}-CH_3$

(c) Das Anti-Markovnikov-Produkt wird gebildet. $\underset{CH_3}{\overset{CH_3}{>}}CH-CH_2-CH_2OH$

42. (a) 1-Ethylcyclohexan-1-ol (b) 1-Cyclohexylethan-1-ol (c) 2-Cyclohexylethan-1-ol

43. (a) 1,2-Epoxyhexan und Hexan-1,2-diol

(b) (2R,3S)-2,3-Epoxyhexan und (2R,3R)-Hexan-2,3-diol (+ Enantiomer)

(c) cis-3,4-Epoxyheptan und (3R,4R)-Heptan-3,4-diol (+ Enantiomer)

(d) trans-2,3-Epoxypentan und meso-Pentan-2,3-diol (+ Enantiomer)

(e) 1,2-Epoxycyclohexan und trans-Cyclohexan-1,2-diol (+ Enantiomer)

44. (a) Hexan-1,2-diol (b) (+ Enantiomer) (c) (+ Enantiomer) (d) (+ Enantiomer) (e) cis-Cyclohexan-1,2-diol

45. (a) 1-(Methylthio)hexan (b), (c) (d) (e)

Radikalische Additionen verlaufen ohne besondere Stereoselektivität, weil die radikalischen Zwischenstufen um alle C—C-Bindungen frei drehbar sind.

46. Kettenstart

RÖ—ÖR ⟶ 2 RÖ·

RÖ· + H—SCH₃ ⟶ ROH + ·SCH₃

Kettenfortpflanzungsschritte

[Alken + ·SCH₃ ⟶ Radikal-SCH₃]

[Radikal-SCH₃ + H—SCH₃ ⟶ Produkt-SCH₃ + ·SCH₃]

47. Bei allen Reaktionen werden Cyclopropanringe gebildet. Achten Sie auf die Stereochemie! Bei all diesen Reaktionen bleibt die Stereochemie um die Doppelbindung erhalten.

(a) H, CH₃ / CCl₂ \ CH₂CH₃, H

(b) Cyclohexan-anelliertes Cyclopropan mit CH₃ und H

(c) H, CH₃ / △ \ H, H

(d) H, Ph / CBr₂ \ Ph, H

(e) H, H / △ \ H, CH₃ (mit Cyclopropylrest)

(f) 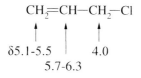 aus H₂C=CH—CH: mit Cyclopenten

48. (a) und (b). Ungesättigtheitsgrad (siehe Arbeitsbuch, Kapitel 11):

H$_{gesättigt}$ = 6+2−1 = 7; Ungesättigtheitsgrad = (7−5)/2 = 1, eine π-Bindung oder ein Ring. Wenn nötig, kann man Aufgabe 22(b) aus Kapitel 11 zu Rate ziehen. Die Antwort ist

CH₂=CH—CH₂—Cl

δ 5.1-5.5 ↑ (CH₂=), 5.7-6.3 (=CH—), 4.0 (CH₂Cl)

(c) Ja. Diese Größenordnung ist für eine Kopplung der ⟩C=C—C(H)(H)—-Struktur zu erwarten (vgl. Tab. 11-2).

(d) Dies ist eine weitreichende (Allyl-)Kopplung zwischen den entfernter liegenden Alken-Wasserstoffatomen und den Wasserstoffatomen der gesättigten CH₂-Gruppe: H₂C=C—CH₂—. Wegen der Entfernung zwischen den Wasserstoffatomen (daher „weitreichend") ist die Aufspaltung klein (vgl. wieder Tab. 11-2), und da **zwei** Alken-Wasserstoffatome die CH₂-Gruppe mit sehr ähnlichen J-Werten aufspalten, entstehen kleine Tripletts.

49. C$_3$H$_6$OCl$_2$: H$_{gesättigt}$ = 6 + 2 − 2 = 6; es handelt sich um gesättigte Verbindungen.

C$_3$H$_5$OCl: H$_{gesättigt}$ = 6 + 2 − 1 = 7; Ungesättigtheitsgrad = (7 − 5)/2 = 1, eine π-Bindung oder ein Ring für die Verbindung „NMR-D".

(a) Spektrum B: δ = 2.7 (s, 1 H): **OH**?

δ = 3.8 (d, 4 H): zwei äquivalente **CH$_2$**-Gruppen, die an O oder Cl gebunden sind und durch eine CH-Gruppierung aufgespalten werden

δ = 4.1 (quin, 1 H): **CH**, verbunden mit O oder Cl und durch 4 benachbarte H-Atome aufgespalten

Da zwei Cl-Atome vorhanden sind, aber nur ein O-Atom, müssen die beiden identischen CH$_2$-Gruppen an Cl gebunden sein. Wir erhalten also die Fragmente:

$$(2\times)-CH_2Cl \qquad -\overset{|}{\underset{|}{CH}}- \qquad -OH$$

Das macht insgesamt C$_3$H$_6$Cl$_2$O. Bei dem Molekül muss es sich daher um

$$Cl-CH_2-\overset{\overset{OH}{|}}{CH}-CH_2-Cl$$ handeln.

Spektrum C: δ = 2.0 (breites s, 1 H): **OH**

δ = 3.8 (d, 2 H): **CH$_2$**, mit O oder Cl verbunden und durch eine CH-Gruppe aufgespalten

δ = 3.9 (d, 2 H): **CH$_2$**, wie die vorherige, aber nicht äquivalent zu ihr

δ = 4.1 (m, 1 H): **CH**, mit O oder Cl verbunden und mit zahlreichen Aufspaltungen

Das Molekülgerüst ist wieder $-CH_2-\overset{|}{CH}-CH_2-$. Da es sich aber von B unterscheidet, muss es sich um $Cl-CH_2-\overset{\overset{Cl}{|}}{CH}-CH_2-OH$ handeln.

Spektrum D: Alle Signale erscheinen bei höheren Feldstärken als 5 ppm. Die Reaktion mit Base muss zu einem Oxacyclopropan und nicht zu einem Alken geführt haben:

δ = 2.7, 2.9 und 3.2 (Multipletts, je 1 H): drei **CH**?

δ = 3.6 (d, 2 H): **CH$_2$**, durch eine CH-Gruppe aufgespalten

Das ergibt vier Kohlenstoffatome, das Molekül enthält aber nur drei. Demnach müssen zwei der drei H-Atome mit der Resonanz bei höherem Feld an dasselbe Kohlenstoffatom gebunden sein. Wieder erhalten wir das Molekülgerüst $-CH_2-\overset{|}{CH}-CH_2-$ (C$_3$H$_5$), an das ein Cl- und ein O-Atom gebunden werden müssen: $\overset{O}{\overset{/\quad\backslash}{CH_2-CH}}-CH_2-Cl$

(b) Die elektrophile Addition von Cl$_2$ an die Doppelbindung in CH$_2$=CH−CH$_2$−Cl ergibt

$$CH_2-CH-CH_2-Cl$$
$$\underset{+}{\overset{\diagdown}{}Cl}$$

Der Angriff von Wasser würde normalerweise am mittleren sekundären Kohlenstoffatom erfolgen, das stärker kationisch sein sollte. Durch den induktiven Einfluss des anderen (elektronenziehenden) Cl-Atoms vermindert sich jedoch die Bevorzugung des sekundären Kations gegenüber dem primären, sodass ein Teil der Chloronium-Ionen am primären Kohlenstoffatom mit Wasser reagiert:

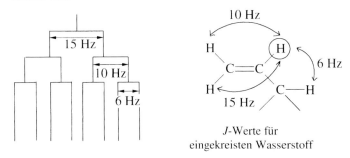

(c)

Reaction scheme showing HOCH₂—CH(C)—CH₂Cl ← (via H₂Ö:) CH₂—CH(Cl⁺)—CH₂Cl → (via H₂Ö:) ClCH₂—CH(ÖH)—CH₂Cl (B), both going down with Base to give intermediates leading to D.

50. (a) $H_{gesättigt} = 8 + 2 = 10$; Ungesättigtheitsgrad $= (10-8)/2 = 1$, eine π-Bindung oder ein Ring.

$\delta = 1.2$ (d, 3 H): **CH₃**, aufgespalten durch eine CH-Gruppe

$\delta = 1.5$ (breites s, 1 H): **OH** (IR bei 3360 cm⁻¹)

$\delta = 4.3$ (quin, 1 H): **CH**, aufgespalten durch 4 Wasserstoffatome, an O gebunden

$\delta = 5.0 - 6.0$: endständiges Alken, $-\text{CH}=\text{CH}_2$ (IR bei 945, 1015, 1665 und 3095 cm⁻¹)

Als einzige Möglichkeit ergibt sich für das Molekül CH₂=CH—CH(OH)—CH₃

(b) Die im Bereich höherer Feldstärken liegenden Signale sind oben zugeordnet. Die Zuordnungen für die Alken-Gruppierung sind folgende:

```
5.0 →  H         H  ← 5.9
         \      /
          C = C
         /      \
5.2 →  H
```

(c) Die Aufspaltungen im Bereich höherer Feldstärken sind in Teil (a) zugeordnet worden. Das Wasserstoffatom bei 5.9 zeigt ein Muster aus acht Linien, das durch Kopplungen mit **drei nichtäquivalenten Wasserstoffatomen** hervorgerufen wird, wobei jede eine **andere** Kopplungskonstante hat:

Splitting tree diagram showing 15 Hz, 10 Hz, and 6 Hz couplings, and structural diagram with J-values: 10 Hz, 6 Hz, 15 Hz around the circled H.

J-Werte für eingekreisten Wasserstoff

51. OH ist durch Cl ersetzt worden:

CH₂=CH—CH(Cl)—CH₃   (Folgende Reaktion ist abgelaufen: ROH + SOCl₂ → RCl + HCl + SO₂).

Spektrum F: Bei der Reaktion handelt es sich um eine einfache Hydrierung unter Bildung von 2-Chlorbutan:

CH$_3$—CHCl—CH$_2$—CH$_3$
↑ ↑ ↑ ↑
1.5(d) 3.9 1.7 1.0(t)
        (sex) (m)

(Das komplexe Signal bei $\delta = 1.7$ wird durch das benachbarte Chiralitätszentrum hervorgerufen.)

52. Die Ozonolyse spaltet Doppelbindungen: C=C → C=O+O=C. Um das Alken zu ermitteln, aus dem durch Ozonolyse zwei Carbonyl-Verbindungen entstanden sind, kehren Sie den Vorgang in Gedanken um und verknüpfen die Carbonylkohlenstoffatome wieder: C=O+O=C → C=C.

(a) Wenn bei der Ozonolyse nur eine einzige Carbonylverbindung entsteht, heißt das, dass der Alken-Vorläufer symmetrisch aus zwei gleichen „Hälften" aufgebaut war. 2-Buten, CH$_3$CH=CHCH$_3$, lautet daher die Antwort. Das *cis*- und das *trans*-Isomer ergeben die gleichen Ozonolyseprodukte, zwei Moleküle CH$_3$CHO.

(b) 2-Penten, CH$_3$CH=CHCH$_2$CH$_3$. Wieder spielt die Stereochemie bei der Ozonolyse von Alkenen zu Carbonylverbindungen keine Rolle.

(c) 2-Methylpropen, (CH$_3$)$_2$C=CH$_2$

(d) [Strukturformel: CH$_3$CH$_2$ und CH$_3$ an einem C, CH$_3$ und H am anderen C einer Doppelbindung] (oder Stereoisomere) **(e)** [Cyclopentan mit =C(CH$_2$CH$_3$)(H)]

53. Nehmen Sie an, dass chirale Produkte als racemische Gemische entstehen.

(a) Die am besten zu knüpfende Bindung ist: CH$_3$CH$_2$C(=O)—CH(CH$_3$)$_2$

Sie müssen das endständige Kohlenstoffatom des einen Propens mit dem mittleren Kohlenstoffatom des anderen verbinden und dementsprechend funktionalisieren.

CH$_3$CH=CH$_2$ $\xrightarrow{\text{HCl}}$ CH$_3$CHClCH$_3$ $\xrightarrow{\text{Mg, (CH}_3\text{CH}_2)_2\text{O}}$ CH$_3$CH(MgCl)CH$_3$

CH$_3$CH=CH$_2$ $\xrightarrow[\text{2. H}_2\text{O}_2\text{, HO}^-]{\text{1. BH}_3\text{, THF}}$ CH$_3$CH$_2$CH$_2$OH

$\xrightarrow{\text{PCC, CH}_2\text{Cl}_2}$ CH$_3$CH$_2$CHO

CH$_3$CH$_2$CH(OH)—CH(CH$_3$)$_2$ $\xrightarrow{\text{CrO}_3\text{, CH}_2\text{Cl}_2}$ Produkt

(b) Analyse: $CH_3CH_2CH_2-\overset{Cl}{\underset{|}{CH}}-CH_2CH_2CH_3$

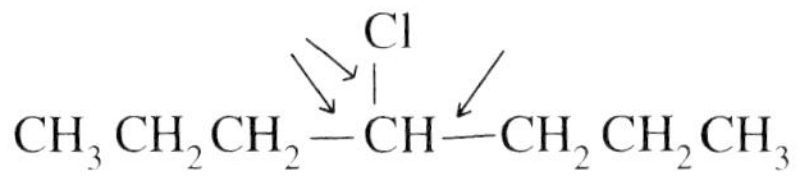

Das Endprodukt ist durch Umsetzung eines geeigneten Reagenzes wie $SOCl_2$ mit 4-Heptanol zugänglich. Dieser Alkohol kann wiederum durch Grignard-Synthese hergestellt werden. Hier ist das retrosynthetische Schema.

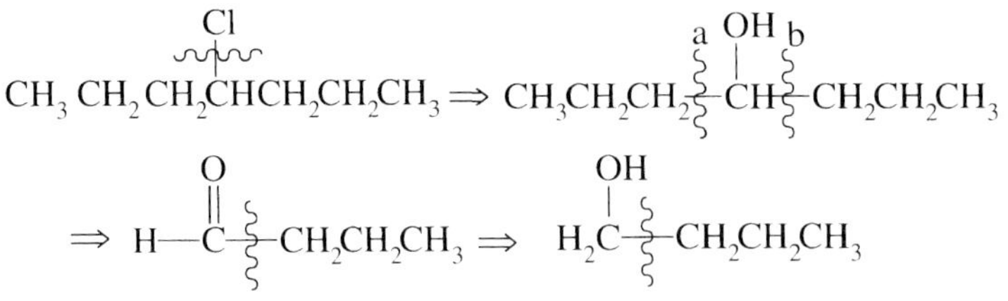

$$CH_3CH_2CH_2\overset{Cl}{\underset{|}{CH}}CHCH_2CH_2CH_3 \Rightarrow CH_3CH_2CH_2\overset{a}{\underset{}{\underset{|}{\overset{OH}{CH}}}}\overset{b}{\underset{}{-CH_2CH_2CH_3}}$$

$$\Rightarrow H-\overset{O}{\underset{||}{C}}-CH_2CH_2CH_3 \Rightarrow H_2\overset{OH}{\underset{|}{C}}-CH_2CH_2CH_3$$

Die Synthese endet wie erwähnt recht einfach: Die OH-Gruppe in 4-Heptanol wird mit $SOCl_2$ durch Cl ersetzt. Um die Bindungen „a" und „b" knüpfen zu können, müssen Sie $CH_3CH_2CH_2MgBr$ herstellen. Das erfordert eine **Anti-Markovnikov**-Addition an Propen. Wenn Sie rückwärts arbeiten, bedeutet Bindung „a" die Addition dieses Grignard-Reagenzes an einen Aldehyd. Woher kommt der Aldehyd? Er muss durch **Oxidation** eines primären Alkohols mit PCC entstehen. Der Alkohol wiederum stammt aus der Bildung von Bindung „b" durch Addition desselben Grignard-Reagenzes an Formaldehyd. Wir haben also zuerst

$$CH_3CH=CH_2 \xrightarrow{\text{HBr, Peroxid}} CH_3CH_2CH_2Br \xrightarrow{\text{Mg, }(CH_3CH_2)_2O} CH_3CH_2CH_2MgBr$$

und dann

$$CH_3CH_2CH_2MgBr \xrightarrow{\begin{array}{l}1.\ H_2C=O, (CH_3CH_2)_2O\\ 2.\ H^+, H_2O\\ 3.\ PCC, CH_2Cl_2\end{array}} CH_3CH_2CH_2CHO$$

$$\xrightarrow{\begin{array}{l}1.\ CH_3CH_2CH_2MgBr,\\ \ \ \ (CH_3CH_2)_2O\\ 2.\ H^+, H_2O\end{array}} CH_3CH_2CH_2-\underset{\underset{OH}{|}}{CH}-CH_2CH_2CH_3 \xrightarrow{SOCl_2} \text{Produkt}$$

(c) Hier müssen Sie etwas „extrapolieren". Sie müssen sich überlegen, wie Sie eine Methyl- und eine OH-Gruppe an die Doppelbindung eines Alkens addieren können. Erinnern Sie sich an Abschnitt 9.9: Danach werden Oxacyclopropanringe durch Grignard-Reagenzien unter Bildung von Alkoholen geöffnet. Die Alkylgruppe der Organometallverbindung geht dabei an das der funktionellen Alkoholgruppe benachbarte Kohlenstoffatom.

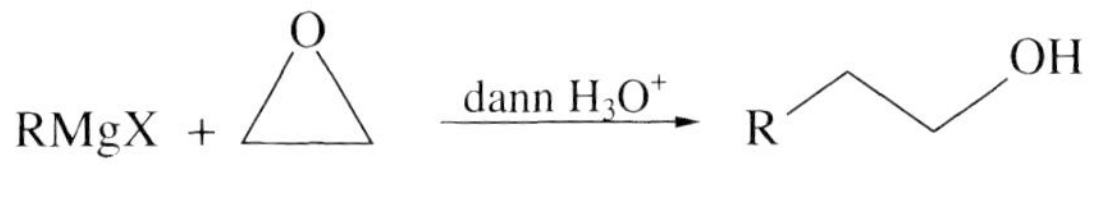

$$RMgX + \overset{O}{\triangle} \xrightarrow{\text{dann } H_3O^+} R\diagup\!\!\!\diagdown\!\!\!\diagup OH$$

Wenn Sie überlegen, dass das Oxacyclopropan aus einem Alken hergestellt wurde, enthält das Endprodukt eine Alkoholgruppe und eine R-Gruppe an den Enden der ursprünglichen Doppelbindung, und damit genau das, was Sie haben wollten. Wenden sie dieses Verfahren hier auf das von Cyclohexen abgeleiteten Oxacyclopropan als Ausgangsverbindung an:

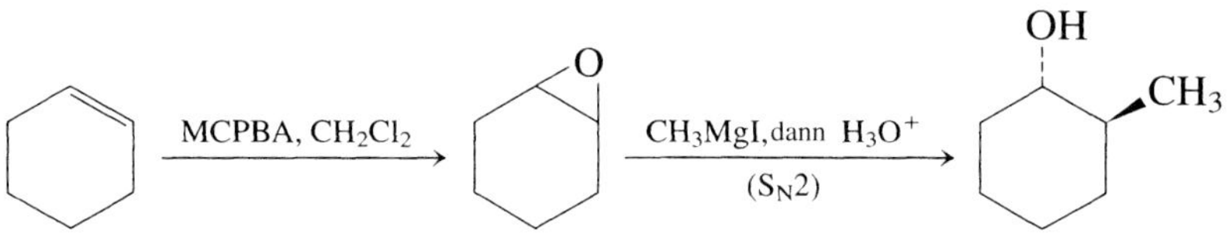

Cyclohexen $\xrightarrow{MCPBA, CH_2Cl_2}$ Cyclohexen-Epoxid $\xrightarrow[(S_N2)]{CH_3MgI, \text{dann } H_3O^+}$ 2-Methylcyclohexanol (OH, CH_3)

Eine häufige (und ganz falsche) Antwort auf ähnliche Aufgaben ist die folgende: Ein(e) Student(in) will an ein Alken Halogen und Wasser unter Bildung eines 2-Halogenoalkohols anlagern. Anschließend will er/sie diese Verbindung mit einem Organometallreagenz umsetzen, um das Halogen durch eine Alkylgruppe zu ersetzen. Diese Reaktionssequenz „funktioniert" nicht, denn (1) würde die OH-Gruppe des Halogenalkohols die Organometallverbindung augenblicklich zerstören und (2), selbst wenn (1) nicht einträte, würden Grignard- und Organolithiumverbindungen **mit Halogenalkanen keine C−C-Bindungen** bilden. Benutzen Sie die Oxacyclopropanmethode!

54. Zunächst muss die Reaktion [Cyclopentan] $\xrightarrow{\text{Br}_2, h\nu}$ [Brom-Cyclopentan] erfolgen; Sie müssen zuerst das Alkan funktionalisieren, bevor Sie irgendetwas anderes tun! Anmerkung: In späteren Teilen dieser Aufgabe werden Moleküle verwendet, die in vorherigen Teilen hergestellt wurden.

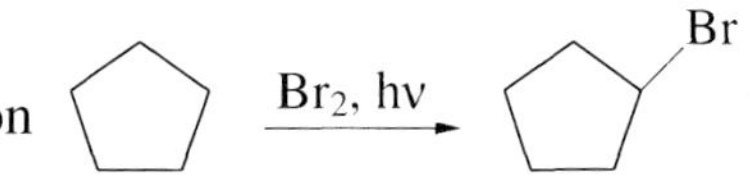

(a) 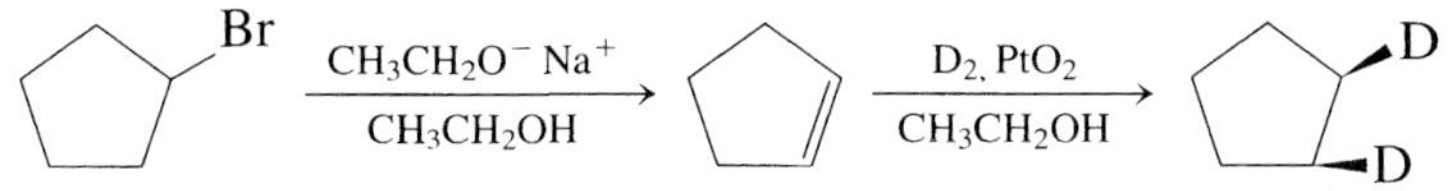 [Brom-Cyclopentan] $\xrightarrow[\text{CH}_3\text{CH}_2\text{OH}]{\text{CH}_3\text{CH}_2\text{O}^- \text{Na}^+}$ [Cyclopenten] $\xrightarrow[\text{CH}_3\text{CH}_2\text{OH}]{\text{D}_2, \text{PtO}_2}$ [cis-1,2-D₂-Cyclopentan]

(b) 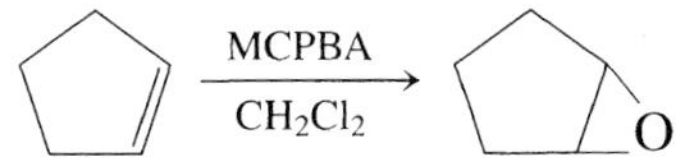 [Cyclopenten] $\xrightarrow[\text{CH}_2\text{Cl}_2]{\text{MCPBA}}$ [Cyclopentenoxid]   (Halt! Wenn Sie nicht auf diesen Syntheseschritt gekommen sind, sollten Sie versuchen, die Aufgabe von hier an selbst zu lösen, bevor Sie sich den Rest der Antwort ansehen.)

Der Rest:

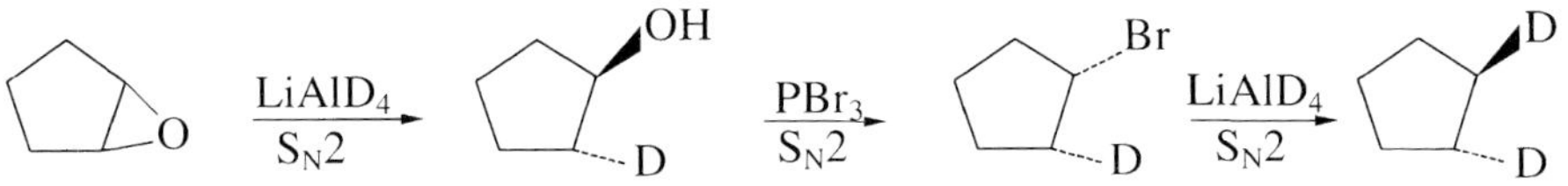

[Epoxid] $\xrightarrow[\text{S}_\text{N}2]{\text{LiAlD}_4}$ [trans-2-D-Cyclopentanol] $\xrightarrow[\text{S}_\text{N}2]{\text{PBr}_3}$ [trans-1-Br-2-D-Cyclopentan] $\xrightarrow[\text{S}_\text{N}2]{\text{LiAlD}_4}$ [trans-1,2-D₂-Cyclopentan]

(c) [Cyclopenten] $\xrightarrow[(anti)]{\text{CH}_3\text{CH}_2\text{SCl}}$ [trans-1-SCH₂CH₃-2-Cl-Cyclopentan]

(d) [Brom-Cyclopentan] $\xrightarrow[(\text{CH}_3\text{CH}_2)_2\text{O}]{\text{Mg}}$ [Cyclopentyl-MgBr] $\xrightarrow[(\text{CH}_3\text{CH}_2)_2\text{O}]{\text{HCHO}}$ [Cyclopentyl-CH₂OH] $\xrightarrow[(\text{CH}_3)_3\text{COH}]{\begin{array}{c}1.\ \text{PBr}_3 \\ 2.\ (\text{CH}_3)_3\text{CO}^- \text{K}^+\end{array}}$ [Methylen-Cyclopentan]

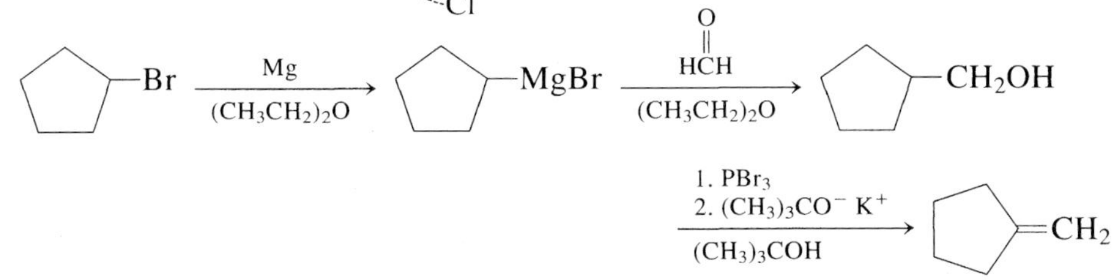

(e) 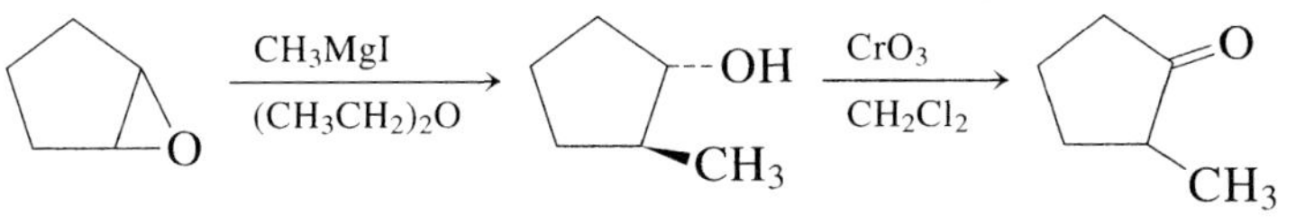 [Epoxid] $\xrightarrow[(\text{CH}_3\text{CH}_2)_2\text{O}]{\text{CH}_3\text{MgI}}$ [trans-2-Methyl-Cyclopentanol] $\xrightarrow[\text{CH}_2\text{Cl}_2]{\text{CrO}_3}$ [2-Methyl-Cyclopentanon]

(f) 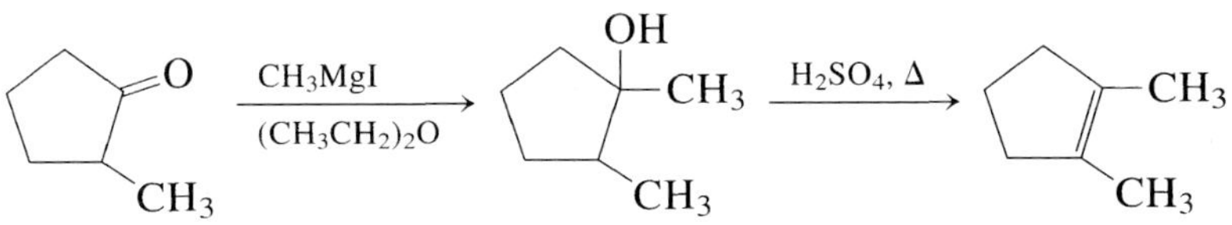 [2-Methyl-Cyclopentanon] $\xrightarrow[(\text{CH}_3\text{CH}_2)_2\text{O}]{\text{CH}_3\text{MgI}}$ [1,2-Dimethyl-Cyclopentanol] $\xrightarrow{\text{H}_2\text{SO}_4, \Delta}$ [1,2-Dimethyl-Cyclopenten]

(g) 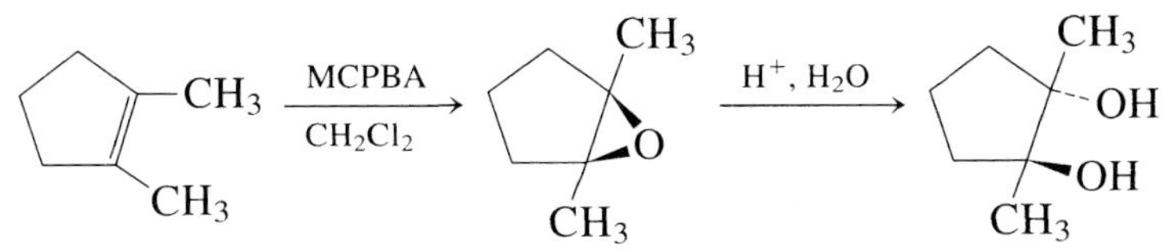 [1,2-Dimethyl-Cyclopenten] $\xrightarrow[\text{CH}_2\text{Cl}_2]{\text{MCPBA}}$ [1,2-Dimethyl-Epoxid] $\xrightarrow{\text{H}^+, \text{H}_2\text{O}}$ [1,2-Dimethyl-1,2-Cyclopentandiol]

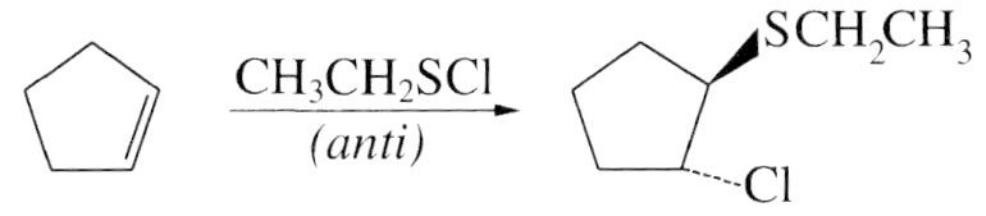

55. (a) CH$_3$OCH$_2$CH$_2$CH(OCH$_3$)CH$_3$ (Markovnikov-Ethersynthese)

(b) 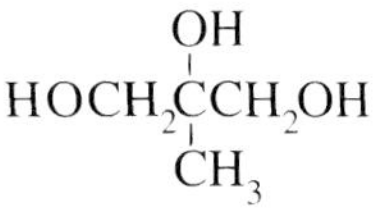 HOCH$_2$C(OH)(CH$_3$)CH$_2$OH (Oxacyclopropan → Ringöffnung)

(c) Umlagerung:

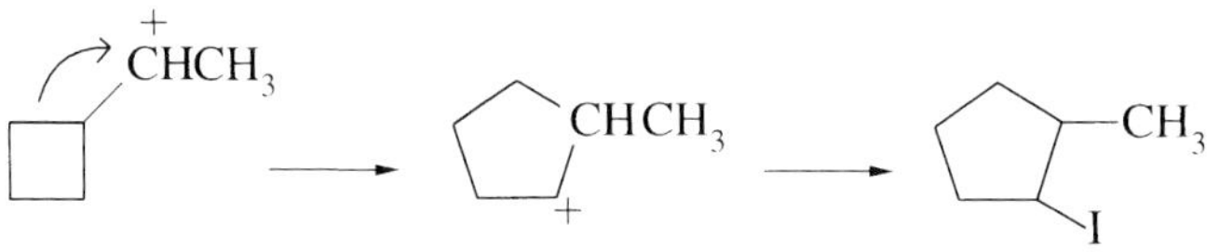

[Cyclobutyl-CH$^+$CH$_3$ → Cyclopentyl-CH$_3$ (Kation) → Cyclopentan mit CH$_3$ und I in Nachbarstellung]

(Ringspannung aufgehoben)

Das Produkt ist ein *cis/trans*-Gemisch.

(d) 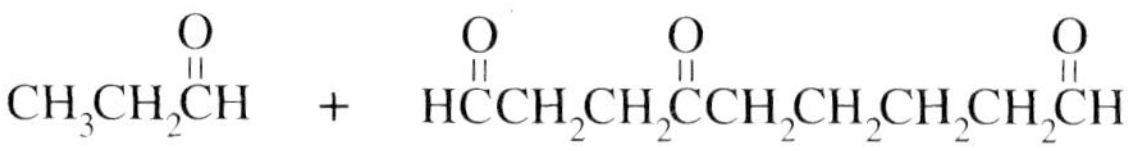 CH$_3$CH$_2$CHO + OHC-CH$_2$-CH$_2$-CO-CH$_2$-CH$_2$-CH$_2$-CHO

(e) Addiert als Br$^+$ $^-$CN in *anti*-Position:

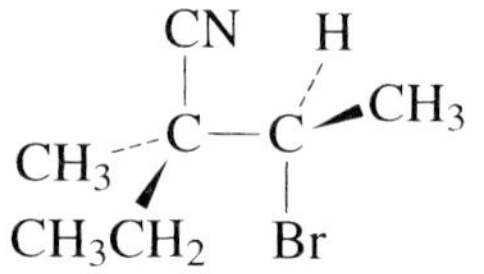

[CH$_3$, CH$_3$CH$_2$, CN, Br an C–C, mit H und CH$_3$]

(f)

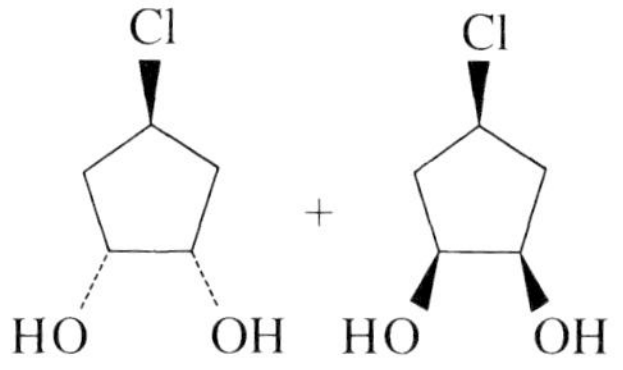

[Zwei Cyclopentan-Strukturen mit Cl oben und zwei OH-Gruppen unten (Stereoisomere)]

(g) 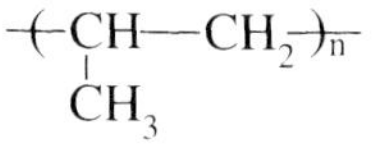 –(CH(CH$_3$)–CH$_2$)$_n$– („Polypropylen")

(h) Lewis-Struktur: CH$_2$=CH–N$^+$(=O)(O$^-$) Das positive N-Atom bedeutet, dass die NO$_2$-Gruppe elektronenziehend ist. Daher sollte dieses Alken in Gegenwart einer Base genau wie Sekundenkleber (Abschnitt 12.15) leicht polymerisieren. Das Polymer hat die Struktur –(CH$_2$–CH(NO$_2$))$_n$–.

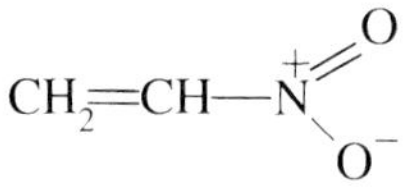

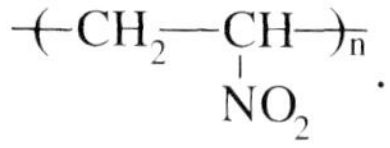

56. (a) H$_{gesätt.}$ = 14 + 2 = 16; Grad der Ungesättigtheit = (16 – 14)/2 = eine π-Bindung oder ein Ring. Stellen Sie erst den Mechanismus auf, der Sie zu einer vernünftigen Struktur führt:

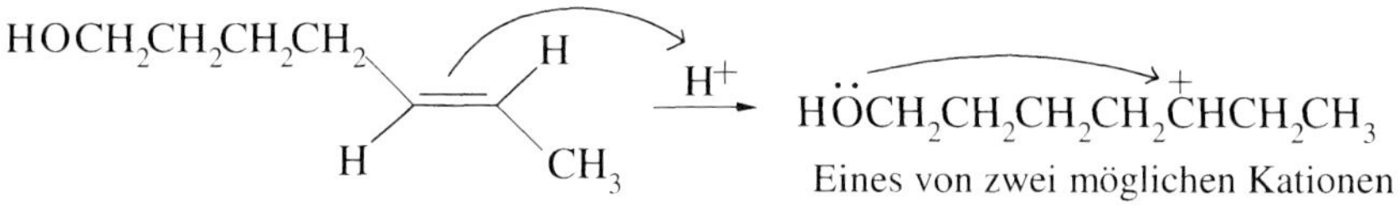

HOCH$_2$CH$_2$CH$_2$CH$_2$–CH=CH–CH$_3$ $\xrightarrow{H^+}$ HOCH$_2$CH$_2$CH$_2$CH$_2$CH$^+$CH$_2$CH$_3$

Eines von zwei möglichen Kationen

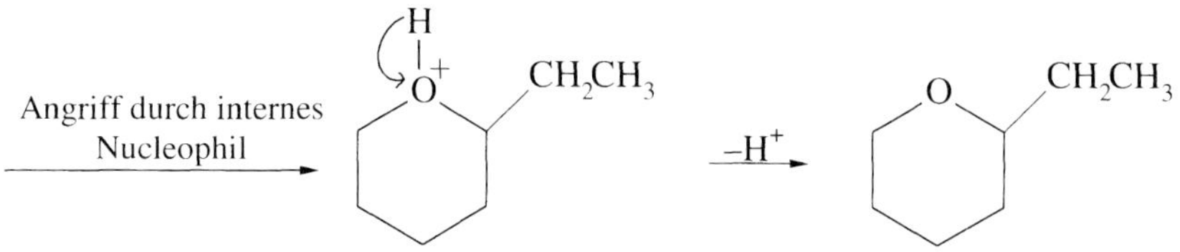

Angriff durch internes Nucleophil → [Tetrahydropyran-O$^+$H mit CH$_2$CH$_3$-Substituent] $\xrightarrow{-H^+}$ [2-Ethyltetrahydropyran]

(b) H$_{gesätt.}$ = 14+2−1 = 15; Grad der Ungesättigtheit = (15−13)/2 = eine π-Bindung oder ein Ring; IR: keine Doppelbindungen, keine OH-Gruppen.

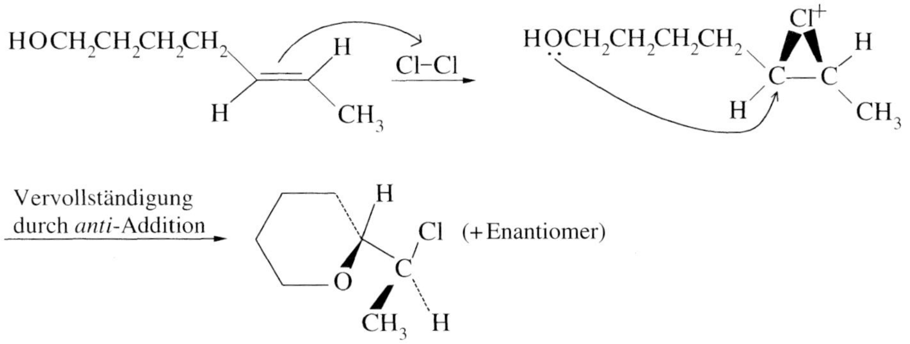

57. Einwirkung von Wärme oder Licht führt zur Dissoziation I$_2$ → 2 I•; anschließend kann sich folgende Reaktion abspielen.

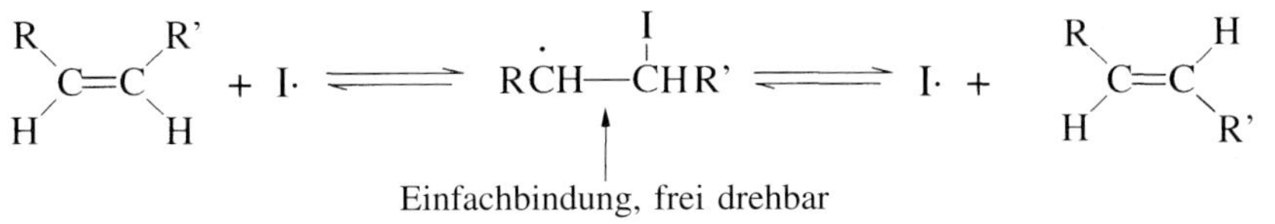

Einfachbindung, frei drehbar

Bedenken Sie: Die I$_2$-Addition ist endotherm, weil C−I-Bindungen schwach sind (DH° = ca. 220 kJ mol^{-1}). Daher greift nach der Addition eines I-Radikals kein zweites an; die schwache C−I-Bindung wird einfach unter Rückbildung der π-Bindung gespalten.

58. H$_{gesättigt}$ = 20+2 = 22; Ungesättigtheitsgrad = (22−18)/2 = 2, zwei π-Bindungen und/oder Ringe. Da im IR-Spektrum die Bande der C=C-Streckschwingung fehlt, müssen zwei Ringe vorliegen. Das ^{13}C-NMR-Spektrum zeigt nur sieben Signale: Das Produkt muss eine größere Symmetrie haben als die Ausgangssubstanz. Beachten Sie auch die **zwei** Signale für an Sauerstoff gebundene Kohlenstoffatome (δ = 69.6 und 73.5), obwohl die Formel nur **ein** Sauerstoffatom enthält. Der einzig mögliche Schluss daraus ist, dass das Produkt eine **Ether**gruppe C−O−C enthält. Wie? Überlegen Sie mechanistisch.

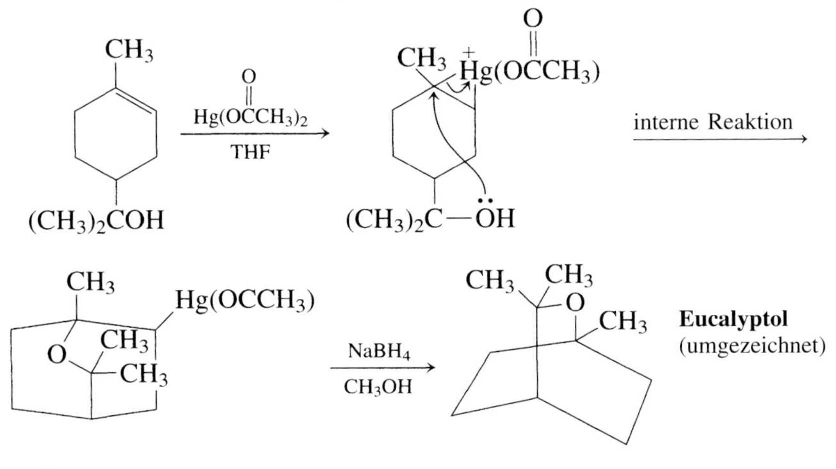

Eucalyptol (umgezeichnet)

Im Übrigen ist Eucalyptol nur ein anderer Name für Cineol (Kap. 2, Aufg. 38).

59. Ähnliche Situation wie in Aufgabe 37 (d):

(a) [Struktur: 4-(1-Hydroxymethylethyl)-1-methylcyclohexen mit CH₂OH]

BH₃ bevorzugt niedriger substituierte Doppelbindungen wegen ihrer geringeren sterischen Hinderung.

(b) [Epoxid-Struktur mit exocyclischer =CH₂ Gruppe]

Elektrophile Agenzien wie MCPBA bevorzugen höher substituierte Doppelbindungen, weil sie nucleophiler (elektronenreicher) sind und ihre Alkylgruppen zur Stabilisierung von Carbenium-Ionen und Carbenium-Ionen-ähnlichen Übergangszuständen beitragen.

60. Ein „Straßenkarten"-Aufgabe. Ordnen Sie die gegebenen Informationen und arbeiten Sie sich schrittweise zu den Antworten vor:

$$\begin{array}{c}CH_3\\CH_3\end{array}\!\!\!\!>\!\!=\!\!<\!\!\!\!CH_2Br \xrightarrow[\text{2. }\triangle\!\!-CH_3]{\text{1. Mg, }(CH_3CH_2)_2O} \begin{array}{c}CH_3\\CH_3\end{array}\!\!\!\!>\!\!=\!\!<\!\!\!\!CH_2CH_2\overset{OH}{\underset{|}{CH}}CH_3$$

I

$$\xrightarrow{PCC, CH_2Cl_2} \begin{array}{c}CH_3\\CH_3\end{array}\!\!\!\!>\!\!=\!\!<\!\!\!\!CH_2CH_2\overset{O}{\overset{\|}{C}}CH_3 \xrightarrow[\text{3. PCC, CH}_2\text{Cl}_2]{\substack{\text{1. BH}_3\text{, THF}\\\text{2. H}_2\text{O}_2\text{, HO}^-}} (CH_3)_2CH\overset{O}{\overset{\|}{C}}CH_2CH_2\overset{O}{\overset{\|}{C}}CH_3$$

J   **H**

Wie verhält es sich nun mit Verbindung **G**? Für $C_{10}H_{16}$ ist $H_{\text{gesättigt}} = 20 + 2 = 22$; Ungesättigtheitsgrad $= (22 - 16)/2 = 3$, drei π-Bindungen und/oder Ringe. Da **G** nur zwei Kohlenstoffatome mehr als **H** enthält, müssen sie beide Doppelbindungen zu den beiden Carbonyl-Kohlenstoffatomen von **H** ausbilden (beachten Sie, dass **G keinen Sauerstoff** enthält, daher müssen die Sauerstoffatome in **H** durch die Ozonolyse von Doppelbindungen in **G** entstanden sein). Am besten lassen sich all diese Informationen auf folgende Weise in Einklang bringen:

$$(CH_3)_2CH\overset{O}{\overset{\|}{C}}CH_2CH_2\overset{O}{\overset{\|}{C}}CH_3 \Longleftarrow (CH_3)_2CH\overset{C}{\overset{\|}{C}}CH_2CH_2\overset{C}{\overset{\|}{C}}CH_3 \Longleftarrow (CH_3)_2CH\overset{H\ \ \ \ H}{\overset{C\!\!=\!\!C}{}}CH_2CH_2\overset{}{\overset{C\!\!=\!\!C}{}}CH_3$$

H, $C_8H_{14}O_2$ Dies ist $C_{10}H_{14}$ – es benötigt zwei weitere Wasserstoffe   Dies muß **G** sein

Die Antwort lautet **G** = [Struktur: 1-Methyl-4-isopropyl-1,3-cyclohexadien] , diese Verbindung ist α-Terpinen (Exkurs 11-3).

61.

62. $H_{gesättigt} = 30 + 2 = 32$; Ungesättigtheitsgrad $= (32-24)/2 = 4$, vier π-Bindungen und/oder Ringe.

Aus Reaktion (1) geht hervor, dass zwei π-Bindungen vorliegen (bei der Hydrierung werden nur zwei H_2 addiert), daher müssen zwei Ringe vorhanden sein.

Bei der Reaktion (2) bilden sich zwei Bruchstücke: Methanal (CH_2O) und das gezeigte Triketon mit der Formel $C_{14}H_{22}O_3$. Beide zusammen enthalten alle Kohlenstoff- und Wasserstoffatome von Caryophyllen. Die Sauerstoffatome stammen aus der Ozonolyse. Jetzt muss nur noch herausgefunden werden, wie die vier Carbonyl-Kohlenstoffatome ursprünglich in zwei Alken-Doppelbindungen verknüpft waren.

Reaktion (3) liefert die Antwort auf diese Frage. Die Hydroborierung überführt eine der Doppelbindungen von Caryophyllen in einen Alkohol. Die anschließende Ozonolyse spaltet die andere Doppelbindung unter Bildung des gezeigten Diketoalkohols. Wenn wir von dieser Struktur aus den Weg zurückverfolgen, können wir folgendes schreiben:

vor der Ozonolyse   vor der Hydroborierung
                         $= C_{15}H_{24}$!

Ungeklar ist nur noch, ob die Doppelbindung im Neunring cis- oder trans- (genauer Z- oder E-)Konfiguration hat – möglich wäre beides. Dies ist in der Tat der Unterschied zwischen Caryophyllen (E-Isomer) und Isocaryophyllen (Z-Isomer):

Caryophyllen · Isocaryophyllen

Beachten Sie, dass sich die Hydroborierung der unteren Doppelbindung zwar nicht auf die E/Z-Konfiguration auswirkt, dass aber nach Spaltung der anderen Alken-Doppelbindung durch Ozonolyse identische Produkte erhaltenen werden.

63. Wie üblich gehe man davon aus, dass sich ein **racemisches** Produkt bildet.

(a) Dieser Teil ist einfach: Mit MCPBA entsteht stereospezifisch das erforderliche Oxacyclopropan mit der gleichen Z-Geometrie wie im ursprünglichen Alken. Diese Verbindung ist auch über eine Halogenhydrin-Basensequenz zugänglich.

(b) Die Reaktion mit CH_3MgCl ist zwar nicht stereoselektiv, führt aber direkt zum benötigten Oxacyclopropan:

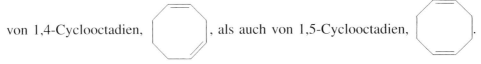

64. (a) Bis(1,2-dimethylpropyl)boran („Disiamylboran") ist das Hydroborierungsprodukt von 2-Methyl-2-buten . Normalerweise kann ein Boranmolekül wegen der sterischen Hinderung nur zwei Moleküle eines trisubstituierten Alkens addieren, sodass eine B−H-Bindung für die Addition an ein drittes Alken frei bleibt. 9-BBN entsteht sowohl durch Hydroborierung von 1,4-Cyclooctadien, , als auch von 1,5-Cyclooctadien, .

(b) Die chirale Umgebung der freien B−H-Bindung hat zur Folge, dass die Addition an die beiden Seiten der Alken-Doppelbindung sterisch unterschiedlich stark gehindert ist. Durch Addition an die eine der beiden Seiten entsteht das Enantiomer des Produkts, das bei der Addition an die andere Seite gebildet wird; daher werden die beiden Enantiomere zu ungleichen Anteilen erhalten. Bei der Oxidation des Borans entsteht außerdem der von Pinen abgeleitete Alkohol

13 | Alkine

Die Kohlenstoff-Kohlenstoff-Dreifachbindung

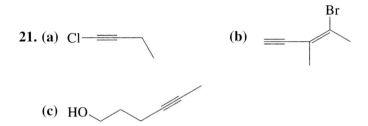

21. (a) (b) (c)

22. (a) 3-Chlor-3-methyl-1-butin

(b) 2-Methyl-3-butin-2-ol

(c) 4-Propyl-5-hexin-1-ol

(d) *trans*-3-Penten-1-in

(e) *E*-5-Methyl-4-(1-methylbutyl)-4-hepten-2-in

(f) *cis*-1-Ethenyl-2-ethinylcyclopentan

23. Bindungstärken: Ethin > Ethen > Ethan. Für die C−H-Bindung in Ethin wird ein *sp*-Orbital des Kohlenstoffatoms genutzt, das am besten mit dem 1*s*-Orbital des Wasserstoffatoms überlappt. Durch den ausgeprägten *s*-Charakter (50%) werden die Bindungselektronen vom Kohlenstoffkern stark angezogen und näher zum Kohlenstoffatom verschoben. Dadurch nimmt die Polarität der Bindung in der gleichen Reihenfolge wie oben zu: $^{\delta-}C-H^{\delta+}$ ist in Ethin am stärksten. Die stärkere Polarität der Bindung im Ethin erhöht aber auch die Acidität des Wasserstoffatoms (die ebenso wie die Stabilität der konjugierten Base, des Ethinyl-Anions, auf Hybridisierungseffekte zurückzuführen ist).

Es mag paradox erscheinen, dass die stärkste C−H-Bindung gleichzeitig diejenige ist, die am leichtesten zu deprotonieren ist. Man bedenke jedoch, dass sich Bindungsstärken auf die homolytische Spaltung (zu C• und H•) beziehen, Aciditäten hingegen auf die heterolytische Spaltung (zu C$^-$ und H$^+$).

24. In Propin sollten die Bindungsstärke am größten und die Bindungslänge am kürzesten sein, was wiederum eine Folge des *sp*-Orbitals (50% *s*-Charakter) an C2 ist.

25. In Analogie zu Alkinen, Alkenen und Alkanen unterscheiden sich die drei Verbindungen durch die Hybridisierung am Stickstoffatom. Die Säurestärken ändern sich in der gleichen Richtung:

$CH_3C \equiv NH^+ > CH_3CH = NH_2^+ > CH_3CH_2NH_2^+$

26. Die Reihenfolge der Stabilitäten ist Cyclopenten > 1,4-Pentadien > 1-Pentin. Cyclopenten hat die meisten σ-Bindungen, die im Allgemeinen stärker sind als π-Bindungen. 1,4-Pentadien und 1-Pentin haben beide zwei π-Bindungen, aber das Alkin ist energiereicher. Beachten Sie

(Abschn. 13.2), dass die Hydrierungswärmen für Alkine 272–293 kJ mol^{-1}, d. h. 136–146 kJ mol^{-1} pro π-Bindung betragen, während diese Werte für Alkene zwischen 113 und 126 kJ mol^{-1} liegen (Abschn. 11.7).

27. (a) 3-Heptin > 1-Heptin (intern stabiler als terminal)

(b) Die Stabilität nimmt von links nach rechts ab. Die beiden ersten sind Isomere von Propinylcyclopentan, für sie gilt die Regel „intern stabiler als terminal". Die letzte Verbindung, Cyclooctin, ist zwar ein internes Alkin, aber wegen der Ringspannung weniger stabil als die beiden anderen. Anhand eines Modells wird klar, dass die Alkinkohlenstoffatome keine Bindungswinkel von 180° aufweisen können. Diese Verbindung wurde tatsächlich hergestellt, sie ist aber nicht sehr stabil und hat eine Spannungsenergie von mehr als 84 kJ mol^{-1}.

28. Für jede Verbindung wird der Grad der Ungesättigtheit berechnet.

(a) $H_{gesätt.} = 12 + 2 = 14$; Grad der Ungesättigtheit $= (14-10)/2 = 2$ π–Bindungen oder Ringe. Das NMR-Spektrum gleicht dem einer Ethylgruppe: **CH$_3$** (t, $\delta = 1.0$) in Nachbarschaft zu **CH$_2$** (q, $\delta = 2.0$). Weil das Molekül 10 H-Atome enthält, müssen zwei äquivalente Ethylgruppen vorliegen. Zwei CH$_3$CH$_2$— addieren zu C$_4$H$_{10}$. Es fehlen noch zwei C-Atome. Wir verknüpfen sie über eine Dreifachbindung und erhalten so den Ungesättigtheitsgrad 2 (2 π–Bindungen):

2 CH$_3$CH$_2$— und C≡C— ⇒ CH$_3$CH$_2$—C≡C—CH$_2$CH$_3$

(b) $H_{gesätt} = 14 + 2 = 16$; Grad der Ungesättigtheit $= (16-12)/2 = 2$ π-Bindungen oder Ringe.

IR: terminales —C≡CH. NMR:

$\delta = 0.9$ (t, 3 H) ⇒ **CH$_3$**, in Nachbarschaft zu CH$_2$

$\delta = 1.3$ (m, 4 H) ⇒ ?

$\delta = 1.5$ (quin, 2 H) ⇒ **CH$_2$**, mit CH$_2$-Gruppen auf beiden Seiten

$\delta = 1.7$ (t, J klein, H) ⇒ Aha! Wie wäre es mit

Aufgespalten durch

H—C≡C—CH$_2$— (Vergleiche mit Abbildung 13-5.)

$\delta = 2.2$ (m, 2 H) ⇒ Vielleicht diese CH$_2$-Gruppe?

Bis jetzt haben Sie CH$_3$—CH$_2$— und —CH$_2$—C≡CH, macht zusammen C$_5$H$_8$. Sie brauchen noch C$_2$H$_4$. Die einfachste Möglichkeit ist CH$_3$CH$_2$CH$_2$CH$_2$CH$_2$C≡CH, 1-Heptin.

(c) $H_{gesätt} = 10 + 2 = 12$; Grad der Ungesättigtheit $= (12-8)/2 = 2$ π–Bindungen oder Ringe. IR: —C≡C-Streckschwingung bei 2100 cm^{-1}, die breite Bande zwischen 3200 und 3500 cm^{-1} lässt —O—H vermuten; NMR: Wir betrachten zuerst die Signale mit den einfachsten Aufspaltungsmustern:

$\delta = 1.8$ (breites s, 1 H) ⇒ **OH**, das **breite** Singulett verrät es

$\delta = 3.7$ (t, 2 H) ⇒ **CH$_2$**, in Nachbarschaft zu OH (das geht aus der chemischen Verschiebung hervor) und auch in Nachbarschaft zu einer weiteren CH$_2$-Gruppe (ersichtlich aus der Aufspaltung zum Triplett)

$\delta = 1.9$ (t, 1 H) ⇒ **C≡CH** (die enge Aufspaltung ist typisch), „Fernkopplung" mit CH$_2$ auf der anderen Seite der Dreifachbindung.

Was wissen wir bis jetzt? Wir haben herausbekommen, dass das Molekül die beiden Fragmente HO—CH$_2$—CH$_2$— und —CH$_2$—C≡CH enthält. Wenn wir sie addieren, erhalten wir C$_5$H$_8$O; es bleibt also kein Rest und wir fügen die beiden Stücke einfach zusammen: HO—CH$_2$—CH$_2$—CH$_2$—C≡CH. Die beiden mittleren CH$_2$-Gruppen sind für die beiden Signalgruppen verantwortlich, deren Deutung wir wegen ihrer Kompliziertheit gar nicht erst versucht haben. Versuchen Sie selbst herauszufinden, warum sie so aussehen wie sie aussehen.

29. ≡C—H eines terminalen Alkins hat $\tilde{\nu}_{C-H} \sim 3300 \text{ cm}^{-1}$.

(a) D—C≡CCH$_2$CH$_2$CH$_2$CH$_2$CH$_2$C≡C—D   (b) C≡C—D ($\tilde{\nu}_{C-D}$)

(c) Vor der Reaktion entspricht m_1 H (Masse = 1) und m_2 C$_9$H$_{11}$ (Masse = 119). Formulieren Sie das Hookesche Gesetz als $\tilde{\nu}^2 = k^2 f(m_1 + m_2)/m_1 m_2$ um. Damit erhalten wir $(3300)^2 = k^2 f(120/119)$ oder $k^2 f = 1.1 \times 10^7$. Weil k und f als konstant angenommen werden, benutzen wir diesen Wert für kf^2, um $\tilde{\nu}^2$ für das Produkt vorherzusagen. Jetzt entspricht m_1 D (Masse = 2), somit ist $\tilde{\nu}^2 = (1.1 \times 10^7)(122/240) = 5.6 \times 10^6$ und der vorhergesagte Wert für $\tilde{\nu}_{C-D} = 2366 \text{ cm}^{-1}$. Die Abweichung von etwa 10% ist typisch und geht auf Änderungen von k und f zurück.

30. (a) CH$_3$CH$_2$CH(CH$_3$)C≡CH   (b) CH$_3$OCH$_2$CH$_2$CH$_2$C≡CCH$_3$
  (nach wässriger Aufarbeitung)

(c)

(R = CH$_3$CHCH$_2$—)

(d) Entgegengesetzt zur *meso*-Verbindung erhält man

(e) Das Z-Produkt aus Aufgabe (d), weil die verbleibenden H- und Cl-Atome (eingekreist) in der für eine zweite *anti*-Eliminierung günstigen *trans*-Position stehen.

31. (a) *trans*-3-Octen entsteht wie in Abschnitt 13.6 beschrieben über zwei aufeinander folgende Ein-Elektronen-Reduktionen:

(b) Bei der Reduktion einer Dreifachbindung mit Natrium in flüssigem Ammoniak wird die *trans*-Konfiguration der normalerweise resultierenden Doppelbindung in den beiden ersten Schritten des Mechanismus bestimmt. Die Anlagerung eines Elektrons führt zum Alkin-Radikalanion, in dem die beiden Substituenten an den ursprünglichen Alkin-Kohlenstoffatomen entweder die *cis*- oder die *trans*-Position einnehmen können. Bei der Reduktion eines acyclischen Alkins ist das *trans*-Radikalanion stabiler, weil es sterisch weniger gehindert ist als das *cis*-Isomer. Geht man jedoch von Cyclooctin aus, ist das Umgekehrte der Fall: Das *cis*-Radikalanion ist stabiler, weil Winkel-, Torsions- und andere Spannungseffekte insgesamt die Energie des *trans*-Isomers erhöhen:

206   13 Alkine – Die Kohlenstoff-Kohlenstoff-Dreifachbindung

Das *cis*-Cyclooctenyl-Radikal entsteht bevorzugt und wird schließlich durch ein zweites Elektron weiter zu *cis*-Cyclooocten reduziert.

32. Alle Produkte wurden nach wässriger Aufarbeitung erhalten.

(a) $CH_3CH_2C{\equiv}CCH_3$

(b)

$\begin{array}{c}CH_3\\CH_3\end{array}C{=}C\begin{array}{c}CH(CH_3)_2\\H\end{array}$ (über E2; das Halogenalkan ist für eine S_N2-Reaktion sterisch zu stark gehindert)

(c) [1-(1-Propinyl)cyclohexan-1-ol structure: HO, C≡CCH₃ on cyclohexane]

(d) [cyclopentyl-CH(OH)-C≡CCH₃]

(e) $CH_3\overset{OH}{\overset{|}{C}H}{-}CH_2{-}C{\equiv}CCH_3$

(f) [decalin system with CH₃ ← blockiert die Oberseite, HO and CH₃C≡C substituents, H]

33. Das Verfahren (d) ergibt als einziges die gewünschte Verbindung in hoher Ausbeute. Die Methoden (b) und (c) liefern zwar auch die Zielverbindung, aber zusammen mit regioisomeren Alkinen. Die Methode (e), die S_N2-Reaktion eines sekundären Halogenids mit einem basischen Nucleophil, ist zwar in gewissem Umfang durchführbar, liefert aber auch erhebliche Mengen des E2-Produkts. Das Verfahren (a) ist völlig unsinnig.

34. In den meisten Fällen ist die gegebene Antwort nur eine von mehreren zutreffenden Möglichkeiten.

(a) $HC{\equiv}CLi \xrightarrow{CH_3CH_2CH_2Br,\ DMSO} HC{\equiv}CCH_2CH_2CH_3 \xrightarrow[2.\ CH_3CH_2Br,\ DMSO]{1.\ NaNH_2,\ NH_3}$ Produkt

(b) $HC{\equiv}CLi\ +\ CH_3CH_2\overset{O}{\overset{\|}{C}}CH_2 \longrightarrow$ Produkt

(c) Man erhält die Dreifachfachbindung mit einem Kohlenstoffatom Abstand zum Hydroxysubstituierten C-Atom durch Ringöffnung eines Oxacyclopropans mit einem Alkinyl-Anion.

HC≡CLi + H₂C—CHCH₃ (mit O epoxid) ⟶ Produkt

(d) Die Reaktion des basischen Alkinyl-Anions mit einem tertiären Halogenid würde zur Eliminierung führen. Man verwendet stattdessen ein tertiäres Grignard-Reagenz und knüpft die erforderliche C—C-Bindung durch Addition an einen Aldehyd. Über eine Sequenz aus Eliminierung, Halogenierung und doppelter Dehydrohalogenierung entsteht anschließend die Dreifachbindung.

$(CH_3)_3CCl \xrightarrow[\text{2. CH}_3\text{CHO}]{\text{1. Mg}} (CH_3)_3CCHCH_3\text{(OH)} \xrightarrow[\text{2. LDA, THF}]{\text{1. PBr}_3} (CH_3)_3CCH=CH_2 \xrightarrow[\text{2. NaNH}_2, NH_3]{\text{1. Br}_2, CCl_4} \text{Produkt}$

35. Die Priorität von D ist höher als die von H, aber niedriger als die aller anderen Substituenten. Wir haben folgende Struktur:

CH₃C≡C—C(CH₂CH₃)(D)(H) — Pfeil zeigt auf die C—CH(Et) Bindung

Die am besten zu knüpfende Bindung ist markiert (Pfeil). Man könnte das chirale Produkt aus dem chiralen Halogenalkan synthetisieren:

(S)-D-C(CH₂CH₃)(H)—Br + LiC≡CCH₃ $\xrightarrow[\text{DMSO}]{S_N 2}$ Produkt

36. **(a)** (CH₃)(D)C=C(D)(H) **(b)** (CH₃)(D)C=C(D)(H) *[Isomer]* **(c)** CH₃CI=CH₂

(d) CH₃CI₂CH₃ **(e)** (CH₃)(Br)C=C(Br)(H) **(f)** (CH₃)(Cl)C=C(I)(H)

(g) CH₃CCl₂CHI₂ **(h)** CH₃COCH₃ **(i)** CH₃CH₂CHO

(j) CH₃C≡C—C≡CCH₃

37. In den nachfolgenden Strukturen ist R = Cyclohexyl.

(a) (R)(D)C=C(R)(D) **(b)** (R)(D)C=C(D)(R) **(c)** RCI=CHR (*E* und *Z*)

(d) RCI₂CH₂R **(e)** (R)(Br)C=C(Br)(R) **(f)** (R)(Cl)C=C(I)(R)

(g) RCCl₂CI₂R + RCClICCIR **(h)** und **(i)** RCOCH₂R

(j) keine Reaktion mit internen Alkinen

38. Hier bedeutet „racemisch" ein racemisches Gemisch der *R,R*- und *S,S*-Stereoisomere.

$$\underset{D}{\overset{R}{>}}C=C\underset{D}{\overset{R}{<}} \qquad \underset{D}{\overset{R}{>}}C=C\underset{R}{\overset{D}{<}}$$

(a) *meso*-RCHDCHDR   **(a)** *racemisches* RCHDCHDR

(b) *racemisches* RCDBrCDBrR   **(b)** *meso*-RCDBrCDBrR

(c) *racemisches* R–C(D)(H)–C(D)(R)(OH)   **(c)** *racemisches* R–C(D)(H)–C(R)(D)(OH)

(d) R–C(D)(–O–)C(D)(R) (Epoxid)   **(d)** R–C(D)(–O–)C(R)(D) (Epoxid)

(e) *meso*- R–C(D)(OH)–C(D)(R)(OH)   **(e)** *racemisches* R–C(D)(OH)–C(R)(D)(OH)

39. Die einzige Vorstufe, die hohe Ausbeuten liefert, ist 3-Heptin (g): Seine Hydrierung über Lindlar-Katalysator führt mit guter Ausbeute und Selektivität zu *cis*-3-Hepten. Eliminierungen von 3-Chlorheptan (a) mit Base oder von 3-Heptanol (d) mit Säure sind die schlechtesten Möglichkeiten, weil in beiden Fällen Gemische der Regio- und Stereoisomeren von *cis*- und *trans*-2- und -3-Heptenen entstehen. Analoge Eliminierungen von 4-Chlorhepten (b) und 4-Heptanol (e) verlaufen besser, weil keine Regioisomere entstehen: Es können sich nur *cis*- und *trans*-Hepten bilden. Die doppelte Eliminierung aus 3,4-Dichlorheptan (c) ergibt hauptsächlich 3-Heptin (g), als Nebenprodukte werden andere ungesättigte Regioisomere erhalten. Die Addition von Chlor an *trans*-3-Hepten führt zu 3,4-Dichlorheptan.

40. **(a)** $CH_3CH_2C\equiv CH \xrightarrow[\text{2. HBr}]{\text{1. HCl}}$ Produkt

(b) $CH_3CH_2CH_2CH_2C\equiv CH \xrightarrow{\text{2 HI}}$ Produkt

(c) $CH_3C\equiv CCH_3 \xrightarrow{\text{Na, NH}_3} \underset{H}{\overset{CH_3}{>}}C=C\underset{CH_3}{\overset{H}{<}} \xrightarrow{Br_2}$ Produkt

(d) $CH_3C\equiv CCH_3 \xrightarrow{\text{H}_2\text{, Pd-BaSO}_4\text{, Chinolin}} \underset{H}{\overset{CH_3}{>}}C=C\underset{H}{\overset{CH_3}{<}} \xrightarrow{Br_2}$ Produkt

(e) $CH_3C\equiv CCH_3 \xrightarrow{\text{HBr}} \underset{H}{\overset{CH_3}{>}}C=C\underset{CH_3}{\overset{Br}{<}} \xrightarrow{Cl_2, CCl_4}$ Produkt
hauptsächlich

(f) $CH_3CH_2CH_2C\equiv CCH_2CH_3 \xrightarrow{\text{HgSO}_4, \text{H}_2\text{SO}_4, \text{H}_2\text{O}}$ Produkt

(g) $HC\equiv CCH(OH)CH_3 \xrightarrow{\text{H}_2\text{, Pd-BaSO}_4\text{, Chinolin, CH}_3\text{CH}_2\text{OH}} H_2C=CHCH(OH)CH_3 \xrightarrow[\text{2. H}_2\text{O}_2, \text{HO}^-]{\text{1. BH}_3\text{, THF}}$ Produkt

(h) ![cyclopentyl]–C≡CH + HB(cyclohexyl)₂ —THF→ cyclopentyl-CH=CH-B(cyclohexyl)₂ (cis) —H₂O₂, ⁻OH→ Produkt

(i) cyclohexanone —1. HC≡CLi; 2. H⁺, H₂O, Δ→ 1-ethynylcyclohexene —H₂, Pd-BaSO₄, Chinolin→ Produkt

41. Die Formulierung Ca²⁺ ⁻:C≡C:⁻ für ein Calciumsalz des Ethins ist in Einklang mit seiner Reaktion mit Wasser, bei der HC≡CH entsteht. Man könnte die Verbindung auch „Calciumacetylid" oder vielleicht auch „Ethindiylcalcium" nennen, wobei sich „di" auf das zweifach deprotonierte Ethin bezieht.

42. HC≡CLi ←LiNH₂— CH≡CH —HBr (1 Äquivalent)→ CH₂=CHBr —Mg→ CH₂=CHMgBr

(left branch): 1. 6-methylhept-5-en-2-one; 2. H⁺, H₂O → tertiary alcohol with alkyne

(right branch): 1. heptan-2-one; 2. H⁺, H₂O → tertiary alcohol with vinyl group

H₂, Lindlar-Katalysator connecting the two products

43. decalin-diol with CHClCH₃ group —(CH₃)₃CO⁻K⁺, (CH₃)₃COH→ decalin with vinyl group

—1. Br₂, CCl₄; 2. NaNH₂, NH₃→ decalin with ethynyl group —PCC, CH₂Cl₂→ Produkt

44. RCH₂OH —1. CH₃–C₆H₄–SO₂Cl, py*; 2. NaI, HMPA→ RCH₂I —LiC≡CH, DMSO→ RCH₂C≡CH

—1. (cyclohexyl)₂BH,** THF; 2. H₂O₂, HO⁻→ RCH₂CH₂CHO —1. NaBH₄, CH₃OH; 2. PBr₃→ RCH₂CH₂CH₂Br

—1. Mg, THF; 2. CH₃CCH₃ (O)→ RCH₂CH₂CH₂C(OH)(CH₃)CH₃ —H₂SO₄, Δ→ RCH₂CH₂CH=C(CH₃)₂ ≡ Bergamoten

* R ist sterisch so stark gehindert, dass diese spezielle Sequenz (Tosylat → Iodid) notwendig ist, damit die S_N2-Reaktion mit dem Alkinyl-Anion ablaufen kann.
** Die sterisch ungehinderte Dreifachbindung wird sehr viel schneller hydroboriert, als die gehinderte (trisubstituierte) Doppelbindung in der R-Gruppe.

45. Ausgehend von den Produkten der Ozonolyse verfolgt man den Reaktionsweg rückwärts:

$$2\ HCHO + CH_3\overset{O}{\underset{\|}{C}}-\overset{O}{\underset{\|}{C}}H \xleftarrow[\text{2. Zn, H}^+, H_2O]{1.\ O_3} \text{muss entstanden sein aus } CH_3-\overset{CH_2}{\underset{\|}{C}}-\overset{CH_2}{\underset{\|}{C}}-H.$$

Sehen wir uns nun die Spektren an: Das IR-Spektrum zeigt Banden bei 1615 cm^{-1} (C=C) und bei 2110 cm^{-1} (C≡C). Beachten Sie auch die Absorptionen bei 3100 cm^{-1} und 3300 cm^{-1}, die Alkenyl- bzw. Alkinyl-C−H-Bindungen zugeordnet werden können. Das NMR-Spektrum zeigt vier Arten von Wasserstoffatomen, deren Signale das Intensitätsverhältnis 3:1:1:1 haben. Das unbekannte Molekül enthält insgesamt sechs Wasserstoffatome, vermutlich eine CH$_2$-Gruppe (δ = 1.9), ein Alkinyl-Wasserstoffatom (δ = 2.7) und zwei Alkenyl-Wasserstoffatome (δ = 5.2 und 5.3).

Lassen sich diese Informationen mit den Ergebnissen der Ozonolyse verknüpfen? Durch Hydrierung der unbekannten Verbindung entsteht der oben gezeigte Kohlenwasserstoff mit der Summenformel C$_5$H$_8$. Die gesuchte Verbindung muss demnach die Summenformel C$_5$H$_6$ haben. Wir haben bisher die Fragmente CH$_3$−, −C≡C− sowie zwei Alkenyl-Wasserstoffatome identifiziert, das macht insgesamt C$_3$H$_6$; es fehlen also noch zwei Kohlenstoffatome. Die Antwort ist

$$CH_3-\overset{\overset{CH_2}{\|}}{C}-C\equiv C-H$$

Das mögliche Isomer CH$_3$−CH=CH−C≡C−H kann nicht die richtige Antwort sein, weil (i) durch Hydrierung über Lindlar-Katalysator anstatt des oben gezeigten verzweigten Diens das geradkettige Dien CH$_3$−CH=CH−CH=CH$_2$ entstehen würde und (ii) im NMR-Spektrum Spin-Spin-Kopplungen auftreten würden (z. B. wäre das Methyl-Signal ein Dublett).

46.

47.

48. A Die Vorschrift zur Herstellung eines Sulfonats (ein anorganischer Ester):

B Umsetzung einer C=C-Doppelbindung zu einem Oxacyclopropan: Hierfür kann MCPBA oder eine andere Peroxycarbonsäure verwendet werden.

C Ähnlich wie A:

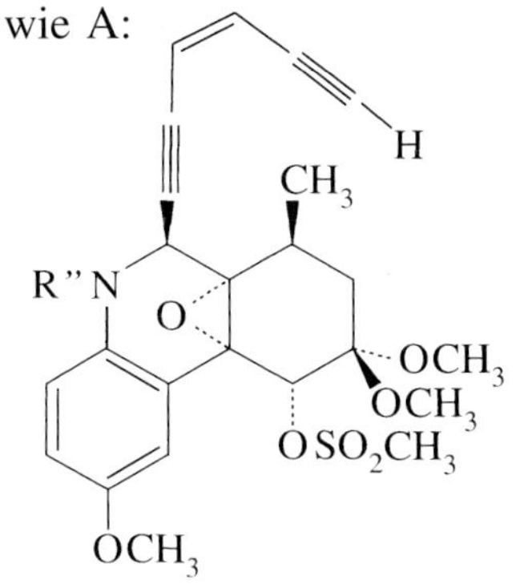

D Eine alternative Oxacyclopropan-Synthese:

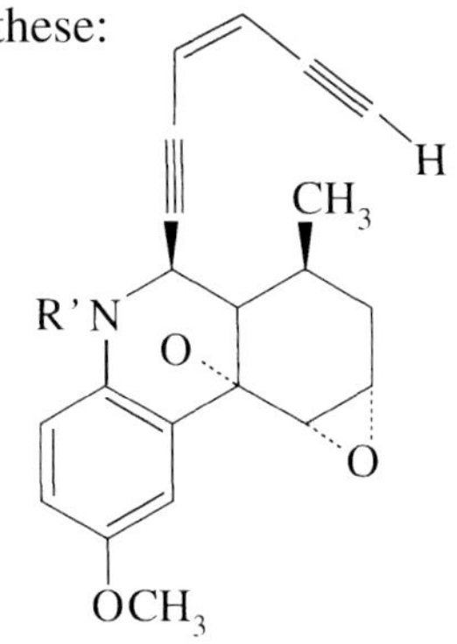

Der Modellstudie zufolge ist die Addition an eine Carbonylgruppe einer einfachen Substitutionsreaktion zum Aufbau des gewünschten mittelgroßen Rings überlegen. Es wäre daher vernünftig, eine Umsetzung ähnlich der folgenden zu versuchen:

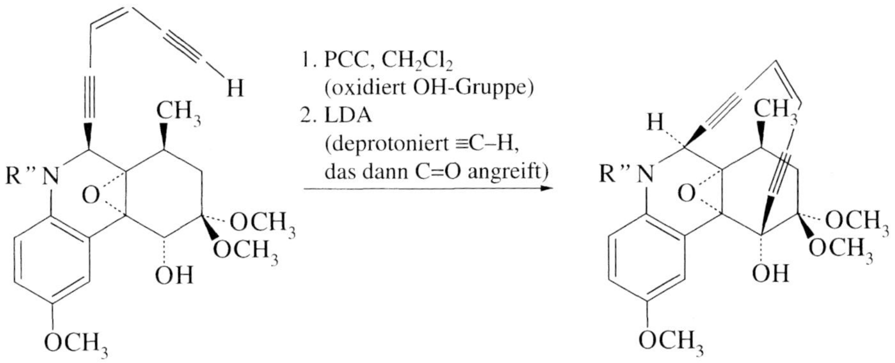

1. PCC, CH$_2$Cl$_2$ (oxidiert OH-Gruppe)
2. LDA (deprotoniert ≡C–H, das dann C=O angreift)

14 | Delokalisierte π-Systeme und ihre Untersuchung durch UV-VIS-Spektroskopie

28. und 29. Resonanzformen, die den Hauptbeitrag leisten, sind gekennzeichnet.

(a) [structures showing resonance forms with equal contributions] gleiche Beiträge

(b) [structures showing resonance forms] Hauptbeitrag (Ladung am sekundären Kohlenstoffatom)

(c) [decalin-type structures with resonance]

(d) [cyclopentadienyl anion resonance]

(e) [cyclopentadienyl anion full resonance set] Alle Beiträge sind gleich

30. (a) $[CH_3\dot{C}HCH=CH_2 \longleftrightarrow CH_3CH=CH\dot{C}H_2]$

(b) [methylcyclohexadienyl anion resonance structures] or [alternative resonance structures]

(c) [methylcyclopentadienyl cation resonance]

31. Radikale: Allyl > tertiär > sekundär > primär

Kationen: Tertiär > Allyl ≈ sekundär > primär

Die Hyperkonjugation, die für die Reihenfolge tertiär > sekundär > primär zumindest teilweise verantwortlich ist, spielt offenbar bei den Kationen eine größere Rolle als bei den Radikalen. Dieser Effekt ist so stark, dass die tertiären Kationen stabiler sind als die resonanzstabilisierten Allyl-Kationen (umgekehrte Reihenfolge wie bei Radikalen).

32. (a) (CH$_3$)$_2$CHCBr–CH=CH$_2$, (CH$_3$)$_2$CHC=CHCH$_2$Br
            | |
           CH$_3$ CH$_3$

(b) [Cyclohexen mit CH$_3$ und OH an sp^3-C] , [Cyclohexenol mit CH$_3$ und OH]

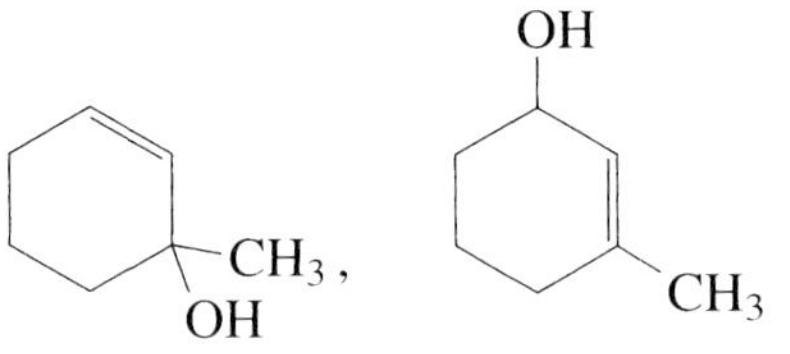

(c) [Cyclopentan mit OCH$_2$CH$_3$ und CH=CH$_2$] , [Cyclopentyliden=CHCH$_2$OCH$_2$CH$_3$]

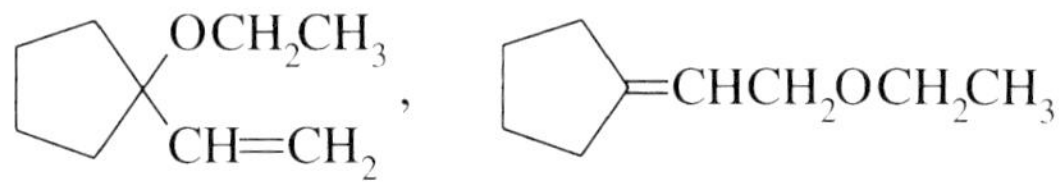

(d) [Cyclohexan mit OC(=O)CH$_3$ und C(=CH$_2$)CH$_3$] , [Cyclohexyliden mit CH$_3$ und CH$_2$OC(=O)CH$_3$]

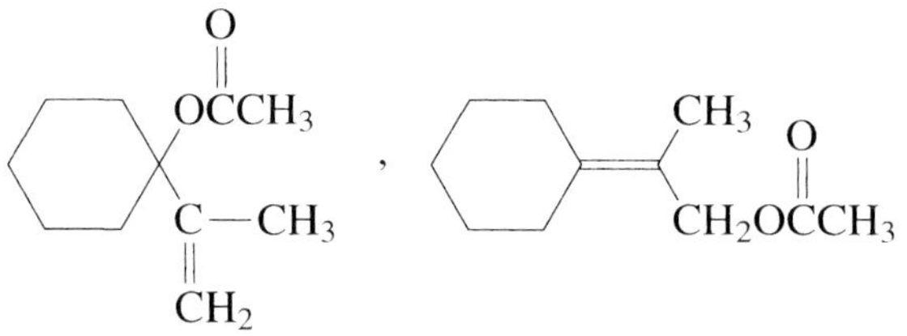

(e) Andere Reaktion! S$_N$2- statt S$_N$1-Bedingungen:

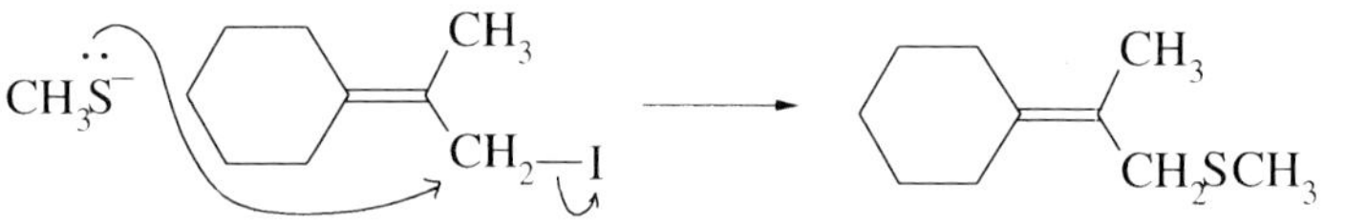

CH$_3$S$^-$ [greift CH$_2$–I Gruppe an Cyclohexyliden an] → [Cyclohexyliden mit CH$_3$ und CH$_2$SCH$_3$] ist das einzige Produkt

(f) Intramolekulare Variante:

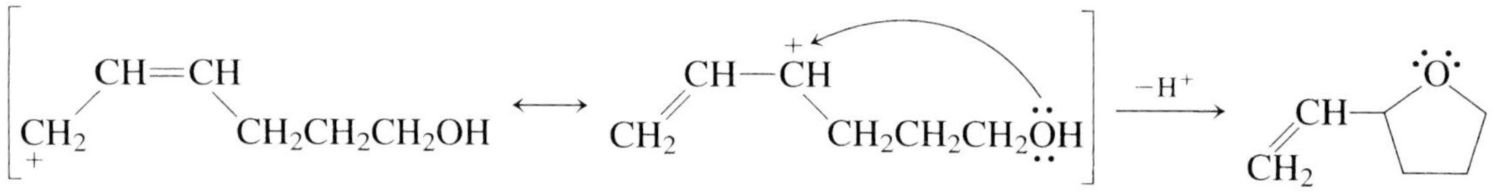

[CH$_2$=CH–CH(+)–CH$_2$CH$_2$CH$_2$OH ↔ (+)CH$_2$–CH=CH–CH$_2$CH$_2$CH$_2$ÖH] $\xrightarrow{-H^+}$ [Tetrahydrofuran mit =CH$_2$ exocyclisch]

Wieder bildet sich nur ein Produkt; die Bindungsknüpfung am anderen Ende würde den mehr gespannten siebengliedrigen Ring liefern.

14 Delokalisierte π-Systeme und ihre Untersuchung durch UV-VIS-Spektroskopie

33. (a)

[Reaction scheme showing protonation of (CH₃)₂CH-C(CH₃)=CH-CH₂OH by H⁺ to give the oxocarbenium ion (CH₃)₂CH-C(CH₃)=CH-CH₂-OH₂⁺, then loss of water giving a resonance-stabilized allyl cation with two resonance structures, each reacting with Br⁻ to give Produkt.]

(c)

[Reaction scheme: 1-vinyl-1-bromocyclopentane ionizes to an allyl cation (two resonance structures), each attacked by HOCH₂CH₃, giving oxonium intermediates that lose H⁺ to give Produkt.]

(e), (f) siehe Antworten zu Aufgabe 32.

34. (i) tertiär > Allyl ≈ sekundär >> primär (Reihenfolge der Stabilitäten der Kationen)

(ii) Allyl > primär > sekundär >> tertiär

35. S$_N$1-Reaktivität: e (Allyl und tertiär) > a (Allyl und sekundär) > d (bildet das gleiche Kation wie e, erfordert aber Ionisierung am primären Kohlenstoffatom, darum langsamer) > c > b > f (entsprechend der Reihenfolge der Stabilitäten ihrer Kationen).

S$_N$2-Reaktivität: Sterische Hinderung überwiegt, daher f > b > d > a > e

36. S$_N$2-Reaktivitäten: Aus Abschnitt 14.3 des Lehrbuchs geht hervor, dass Allylhalogenide in S$_N$2-Substitutionen etwa 100-mal reaktiver sind als die entsprechenden Nichtallylderivate. Demzufolge sind alle primären Allylchloride (b, c, d und f) reaktiver als ein gesättigtes primäres Halogenid – selbst die verzweigte Verbindung (c) besitzt höhere Reaktivität, weil die Verzweigung die Reaktivität nur um einen Faktor von etwa 20 senkt (Tab. 6-9). Das sekundäre Allylderivat (a) wird ähnliche, vielleicht etwas geringere Reaktivität aufweisen als ein gesättigtes Chloralkan: Da die Reaktivität sekundärer Derivate etwa 100-mal niedriger ist als die primärer Verbindungen (Tab. 6-8), wird die höhere Reaktivität aufgrund des Allylsystem durch die sterische Hinderung infolge der höheren Substitution in etwa aufgehoben. Sowohl allylische als auch gesättigte tertiäre Chloralkane sind gegenüber S$_N$2-Reaktionen ziemlich inert.

S$_N$1-Reaktivitäten: Richten Sie sich nach den Stabilitäten der Kationen und der Position der Abgangsgruppe. Danach reagiert (e) am schnellsten, gefolgt von einem gesättigten tertiären

216   14 Delokalisierte π-Systeme und ihre Untersuchung durch UV-VIS-Spektroskopie

Chloralkan. Es folgen (a) und danach die primären Allylderivate (vermutlich in der Reihenfolge d, c, b und f), die ähnliche Reaktivität haben wie das gesättigte sekundäre System. Gesättigte primäre Halogenide reagieren nicht nach dem S_N1-Mechanismus.

37. Man formuliere alle möglichen Allylisomere und achte auch auf die Stereochemie.

(a) [four cyclohexene structures with CH₃, OH, CH₃CH₂, H substituents]

(b) [four cyclohexene structures with CH₃CH₂, CH₃, Br substituents]

(c)
$$CH_3CH_2\underset{Br}{\overset{CH_3}{\underset{|}{\overset{|}{C}}}}-CH=CH_2 \text{ (racemisch)} \qquad CH_3CH_2\overset{CH_3}{\underset{|}{C}}=CHCH_2Br$$

(d) $[CH_3\bar{C}HCH=CHCH_2CH_3 \longleftrightarrow CH_3CH=CH\bar{C}HCH_2CH_3]$ Li⁺

(e) $\underset{|}{\overset{CH_3CHOH}{|}}CH_3CHCH=CHCH_2CH_3 + \underset{|}{\overset{CH_3CHOH}{|}}CH_3CH=CHCHCH_2CH_3$ (Alle möglichen Stereoisomere für jede Struktur)

(f) $(CH_3)_2C=CH\underset{CH_3}{\overset{SCH_3}{\diagdown C \diagup_H}}$

38. [Two reaction schemes showing cyclohexenyl-MgCl reacting with D-OD/−DO⁻ to give deuterated methylcyclohexenes]

39. [Reaction scheme: cyclohexene → (CH₃CH₂CH₂CH₂Li, TMEDA / THF) → cyclohexenyllithium → (1. CH₃COCH₃, THF; 2. H⁺, H₂O) → 2-(cyclohex-2-enyl)propan-2-ol

or

cyclohexene → (NBS, hν, CCl₄) → 3-bromocyclohexene → (Li, THF) → cyclohexenyllithium]

(Grignard-Reagenz ist auch möglich)

14 Delokalisierte π-Systeme und ihre Untersuchung durch UV-VIS-Spektroskopie   217

40. (a) *cis*-2-*trans*-5-Heptadien oder (2*E*,5*Z*)-2,5-Heptadien   **(b)** 2,4-Pentadien-1-ol

(c) (5*S*, 6*S*)-5,6-Dibrom-1,3-cyclooctadien   **(d)** 4-Ethenylcyclohexen

41. CH$_2$=CH–$\overset{\overset{H}{|}\leftarrow}{C}$H–CH=CH$_2$, 1,4-Pentadien, hat die schwächste C−H-Bindung (Pfeil); diese Bindung gehört gleichzeitig zu **zwei** Allylsystemen ($DH° \approx 297$ kJ mol^{-1}) und wird daher am schnellsten bromiert. Weil nur eine sehr schwache C−H-Bindung gelöst werden muss, ist E_a für den ersten Fortpflanzungsschritt wesentlich kleiner als bei 1,3-Pentadien, in dem die stärkere C−H-Bindung einer Methylgruppe aufgespalten werden muss. Beide ergeben jedoch identische Produktgemische, weil sich aus jedem die **gleichen** Radikale bilden:

$\overset{\cdot\cdots\cdots\cdots\cdots\cdots\cdots}{CH_2-CH-CH-CH-CH_2} \equiv$

[ĊH$_2$–CH=CH–CH=CH$_2$ ⟷ CH$_2$=CH–ĊH–CH=CH$_2$ ⟷ CH$_2$=CH–CH=CH–ĊH$_2$]

42. Wir haben Ihnen diese Frage bewusst jetzt gestellt, damit Sie sich Zeit lassen und die richtige Antwort herausfinden können, statt sie in einer Prüfung vielleicht falsch zu beantworten.

Sehen Sie sich Abbildung 14-7 im Lehrbuch an. Bei höherer Temperatur liegt ein Gleichgewichtsgemisch vor, weil soviel Energie vorhanden ist, dass sich die Moleküle von jeden Ort auf der Reaktionskoordinate zu jedem anderen Ort auf ihr „bewegen" können. Anders ausgedrückt wandeln sich alle drei Spezies – die beiden Produkte und das intermediäre Allyl-Kation – rasch ineinander um, ihre relativen Anteile werden zu jedem gegeben Zeitpunkt von ihren relativen thermodynamischen Stabilitäten bestimmt.

Bei einer Abkühlung würden sich die Umwandlungsprozesse verlangsamen, da weniger Moleküle über genügend Energie verfügen würden, um die Aktivierungsschwellen zu überwinden. Dies würde sich hauptsächlich auf die Umwandlung der beiden Produktmoleküle in das intermediäre Carbenium-Ion auswirken, weil die Aktivierungsbarrieren für diese Prozesse am höchsten sind. Demzufolge blieben die bei höherer Temperatur bestehenden Produktverhältnisse der thermodynamischen Reaktionskontrolle bei Abkühlung des Reaktionsgemischs weitgehend unverändert (eingefroren).

43. CH$_2$=CH–CH=CH–CH$_3$ $\xrightarrow{H^+}$ CH$_3$–$\overset{+}{C}$H–CH=CH–CH$_3$ Allyl-Kation, an beiden Enden sekundär
  (1) konjugiertes Dien   (2)

CH$_2$=CH–CH$_2$–CH=CH$_2$ $\xrightarrow{H^+}$ CH$_2$=CH–CH$_2$–$\overset{+}{C}$H–CH$_3$ normales sekundäres Kation
  (3) isoliertes Dien   (4)

(1) ist stabiler als (3), und (2) ist stabiler als (4):

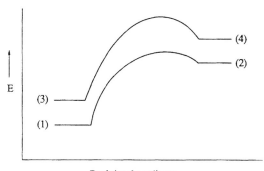

Reaktionskoordinate ⟶

Die Reaktion (1)+H⁺ → (2) verläuft schneller und gibt das stabilere Kation. Anmerkung: Wenn im Text gesagt wird, dass Allyl- und sekundäres Kation energetisch ähnlich sind, bezieht sich das auf die Bildung des einfachsten Allyl-Kations, $\overset{+}{C}H_2-CH=CH_2$, das an beiden Enden primär ist. Erwartungsgemäß erhöhen zusätzliche Alkylgruppen an Allyl-Kationen deren Stabilität und erleichtern ihre Bildung.

44. Gehen Sie davon aus, dass in jedem Falle 1,2- und 1,4-Addition eintritt. Beachten Sie, dass bei den 1,2-Additionen in (b) und (c) *anti*-Konformationen zu erwarten sind, ähnlich wie bei Additionen an normale Alkene.

(a) [Struktur] die 1,2- und 1,4-Produkte sind identisch: [Struktur] das gleiche wie [Struktur] !)

(b) [Struktur] und [Struktur]   (c) [Struktur] und [Struktur]

(d) [Struktur]   (aus 1,2- und 1,4-Addition)

45. Die Addition des Elektrophils erfolgt stets an C1 und führt zum besten Allyl-Kation. Das Produkt der 1,2-Addition ist zuerst angegeben.

(a) $CH_3-CHI-CH=CH-CH_3$ (*cis* und *trans*)

(b) $BrCH_2-CHOH-CH=CH-CH_3$ und $BrCH_2-CH=CH-CHOH-CH_3$ (*cis* und *trans*)

(c) $ICH_2-CHN_3-CH=CH-CH_3$ und $ICH_2-CH=CH-CHN_3-CH_3$ (*cis* und *trans*)

(d) $CH_3-CH(OCH_2CH_3)-CH=CH-CH_3$ (*cis* und *trans*)

46. (a) $(CH_3)_2\underset{I}{C}-CH=CH-CH_3$ (*cis* und *trans*) und $(CH_3)_2C=CH-\underset{I}{C}H-CH_3$

(b), (c). Die gleichen Antworten wie in Aufgabe 45, aber mit einer zusätzlichen Methylgruppe an C2.

(d) $(CH_3)_2\underset{OCH_2CH_3}{C}-CH=CH-CH_3$ (*cis* und *trans*) und $(CH_3)_2C=CH-\underset{OCH_2CH_3}{C}H-CH_3$

14 Delokalisierte π-Systeme und ihre Untersuchung durch UV-VIS-Spektroskopie   219

47. (a)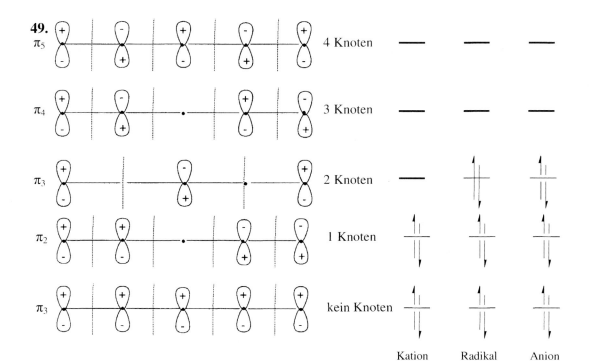

(b) $\underset{\mid}{\overset{D}{\mid}}\ \underset{\mid}{\overset{I}{\mid}}$ CH₂—CH—CH=CH—CH₃   CH₃—CH—CH=CH—CH₂ (with I above first CH and D above last CH₂)

(b) $\text{CH}_2\text{—}\overset{D}{\underset{|}{\text{CH}}}\text{—}\overset{I}{\underset{|}{\text{CH}}}\text{—CH=CH—CH}_3$ $\text{CH}_3\text{—}\overset{I}{\underset{|}{\text{CH}}}\text{—CH=CH—}\overset{D}{\underset{|}{\text{CH}}}\text{—CH}_2$

(c) $\text{CH}_2\text{—}\overset{D}{\underset{|}{\underset{\text{CH}_3}{\overset{|}{\text{C}}}}}\text{—CH=CH—CH}_3$ $\text{CH}_2\text{—}\underset{\text{CH}_3}{\overset{|}{\text{C}}}\text{=CH—}\overset{I}{\underset{|}{\text{CH}}}\text{—CH}_3$ (with D on CH₂ and I above C; second: D on CH₂ end)

Mit DI lässt sich leicht zwischen der 1,2- und der 1,4-Addition an das cyclische Dien der Aufgabe 44 und das unverzweigte acyclische Dien der Aufgabe 45 unterscheiden.

48. (e) [CH₂=CH—$\overset{+}{\text{CH}}$—CH=CH₂ ⟷ $\overset{+}{\text{CH}}_2$—CH=CH—CH=CH₂ ⟷

CH₂=CH—CH=CH—$\overset{+}{\text{CH}}_2$] > (d) [CH₃—$\overset{+}{\text{CH}}$—CH=CH—CH₃ ⟷

CH₃—CH=CH—$\overset{+}{\text{CH}}$—CH₃] (sekundäres Allyl-Kation an beiden Enden)

(a) $\overset{+}{\text{CH}}_2$—CH=CH₂ > (c) > (b)

49.

π₅ 4 Knoten

π₄ 3 Knoten

π₃ 2 Knoten

π₂ 1 Knoten

π₃ kein Knoten

                        Kation   Radikal   Anion

14 Delokalisierte π-Systeme und ihre Untersuchung durch UV-VIS-Spektroskopie

Vgl. die Antwort zu Aufgabe 48 (e) bezüglich der Resonanzstrukturen des Kations und die Antwort zu Aufgabe 41 bezüglich der Resonanzstrukturen des Radikals.

50. $(CH_3)_2C=CH-CH_2-\ddot{O}H \xrightarrow{H^+} (CH_3)_2C=CH-CH_2-\overset{+}{O}H_2$

$\xrightarrow{-H_2O}$ $\underset{CH_2}{\overset{H}{|}}-\underset{C}{\overset{CH_3}{|}}=CH-\overset{+}{C}H_2 \xrightarrow{-H^+}$ Produkt

$\underset{CH_2}{\overset{H}{|}}-\underset{C}{\overset{CH_3}{|}}=CH-CH_2-Cl \xrightarrow{\overset{-}{\ddot{N}}[CH(CH_3)_2]_2}$ Produkt

51. Aus dem intermediären Kation kann ein beliebiges Allyl-Wasserstoffatom abgespalten werden (Pfeile):

$\downarrow -H^+$

52. (a) [Butadien] + [Fumaronitril-artig mit CN-Gruppen]   **(b)** [Cycloheptadien] + [Methylvinylketon]

(c) [Dimethylen-Cyclohexan mit CH$_3$] + [Dimethylmaleat]

14 Delokalisierte π-Systeme und ihre Untersuchung durch UV-VIS-Spektroskopie   221

53. Beachten Sie den Hinweis auf Abschnitt 14.8 und bedenken Sie, dass Alkene mit elektronenziehenden Gruppen besonders gute Dienophile in Diels-Alder-Reaktionen sind.

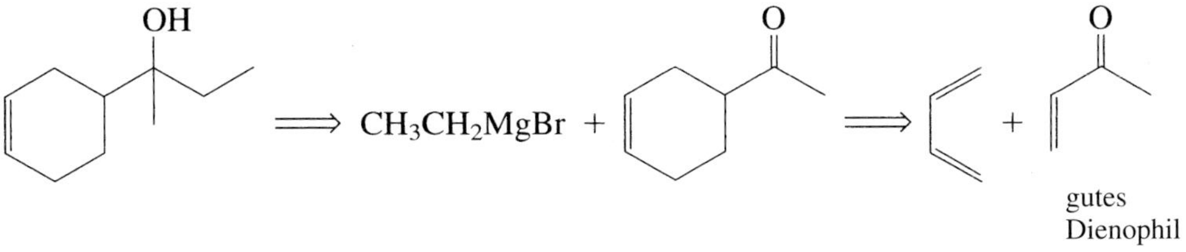

Die Synthese würde demnach folgendermaßen ablaufen:

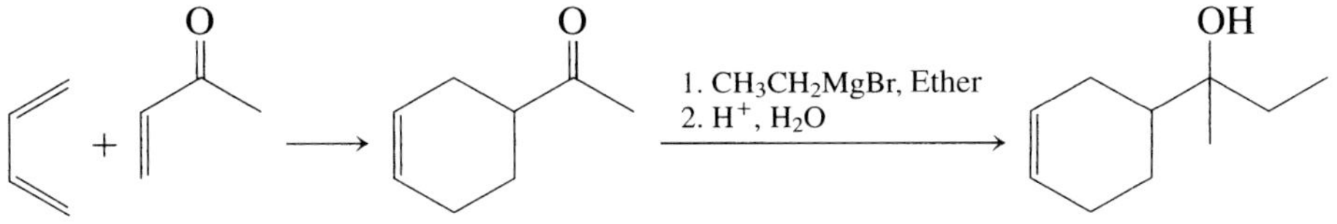

54. (a)

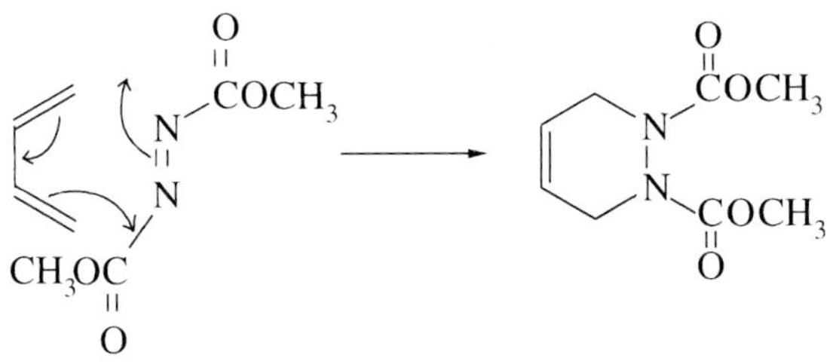

(b)

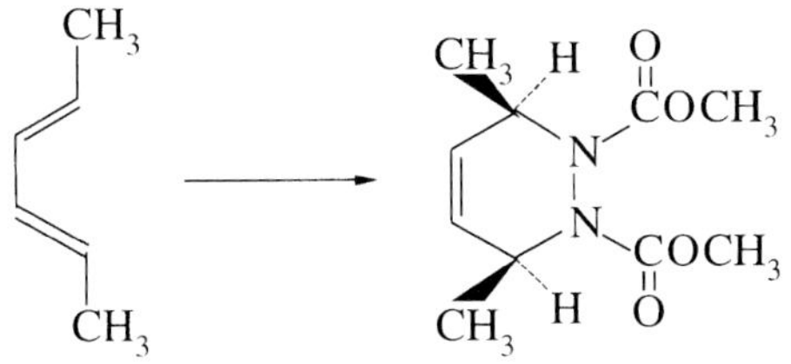

(c)

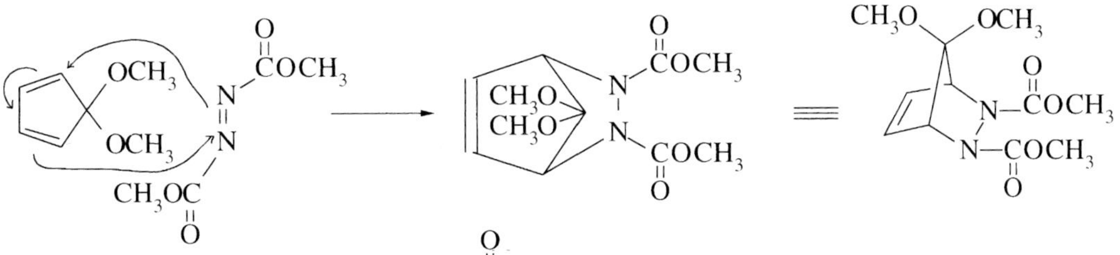

(d)

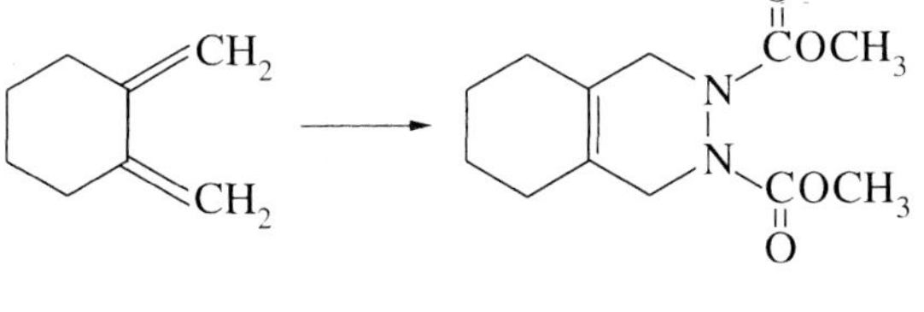

55. Das Dien A hat eine ähnliche Struktur wie 1,3-Cyclohexadien, das in Diels-Alder-Cycloadditionen gut reagiert (Tab. 14-1). In B sind die Enden des Diens jedoch in einer „Zickzack"-Konformation („s-trans" genannt) festgelegt. Dadurch stehen die endständigen Kohlenstoffatome zu weit auseinander, um an die beiden Alken-Kohlenstoffatome eines Dienophils binden zu können. Abbildung 14-8 zeigt das in einer Diels-Alder-Reaktion wirksame Dien in seiner „U"-förmigen Konformation („s-cis" genannt), in der die endständigen Kohlenstoffatome nahe zusammen stehen. Diene (wie B), die diese Konformation nicht erreichen können, gehen mit Dieonophilen keine Diels-Alder-Reaktionen ein.

56. Es sind alles elektrocyclische Reaktionen. Für Systeme mit sechs Elektronen verlaufen thermische elektrocyclische Reaktionen disrotatorisch. Wechselt man von thermischen zu photochemischen Reaktionen oder ändert die Anzahl der Elektronen um ±2, so wechselt die Rotationsrichtung (z. B. von disrotatorisch nach conrotatorisch).

(a) Photochemischer Ringschluss eines 1,3-Diens (4 Elektronen).
[Der Mechanismus ist disrotatorisch (Abbildung 14-10), auch wenn dieses spezielle Dien nicht an den beiden Enden substituiert ist, was nötig wäre, um den disrotatorischen Verlauf direkt nachweisen zu können.]

(b) Die photochemische Ringöffnung eines Cyclohexadiens (6 Elektronen) verläuft **conrotatorisch**.

(c) Die thermische Ringöffnung eines Cyclobutens (4 Elektronen) verläuft **conrotatorisch**.

(d) Der thermische Ringschluss eines Hexatriens (6 Elektronen) ist **disrotatorisch**.

57. (a), **(b)**, **(c)**, **(d)**, **(e)**, **(f)**

58.

14 Delokalisierte π-Systeme und ihre Untersuchung durch UV-VIS-Spektroskopie 223

(a) [Reaktionsschema mit Carbokation-Zwischenstufen, die zu Limonen führen]

→ Limonen

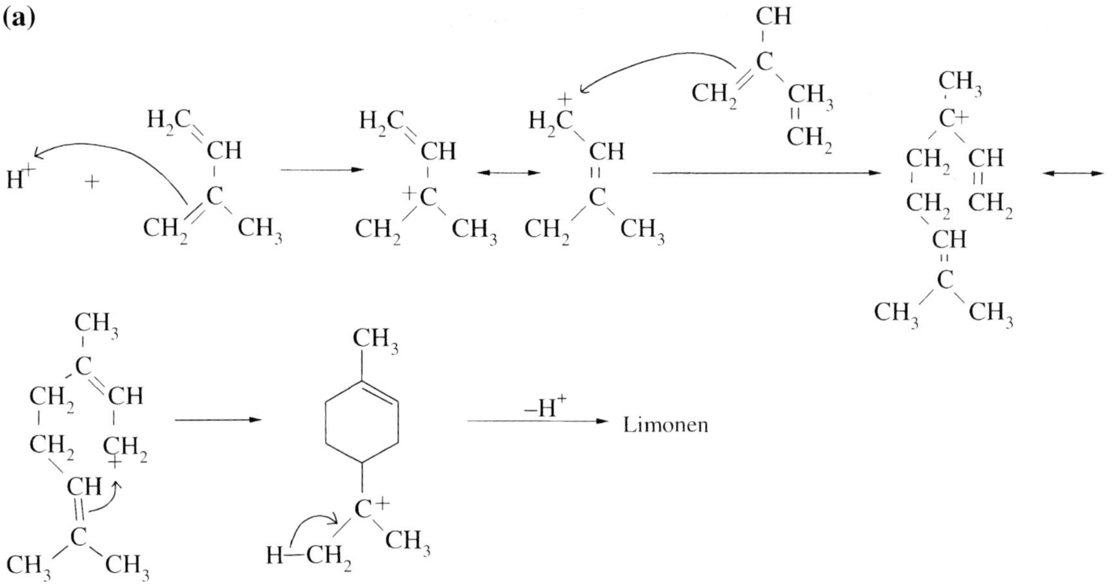

Beachten Sie, dass bei beiden Additionen ein Allyl-Kation entsteht, das an einem Ende tertiär ist.

(b) [Schema Diels-Alder-artige Cycloaddition] → Limonen über eine konzentrierte Cycloadditionsreaktion nach Diels-Alder.

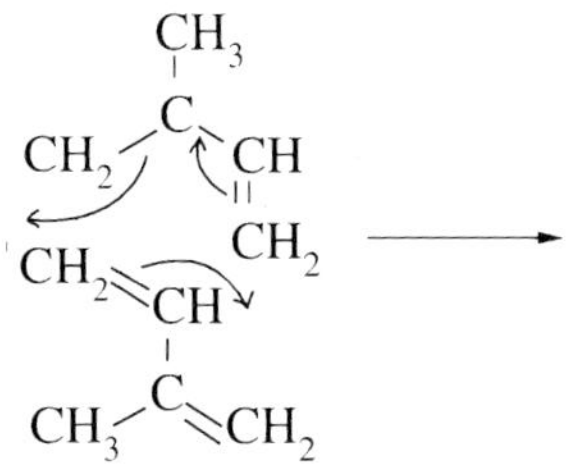

59. [Reaktionsschema] → Limonen

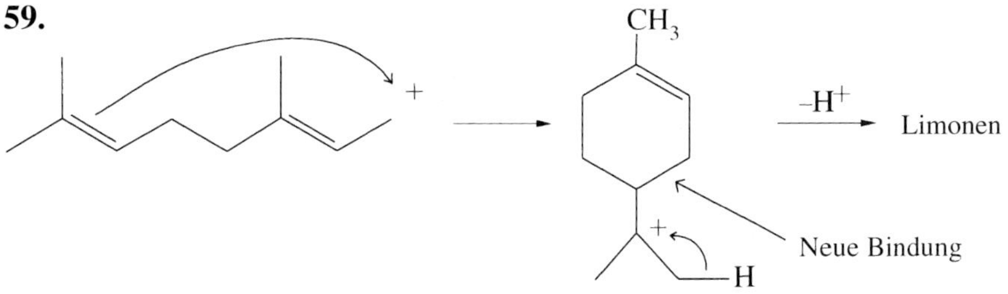

Neue Bindung

Alternativ: [Schema] → Pinen

Neue Bindung

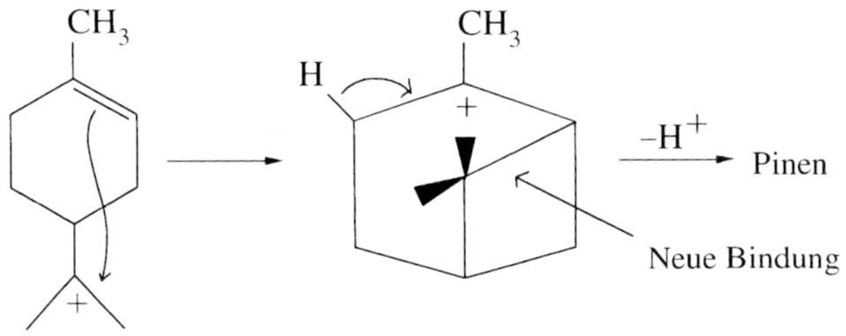

60. In jedem Fall wird ein Elektron aus dem höchsten besetzten Molekülorbital (n oder π) in das niedrigste unbesetzte Molekülorbital (z. B. π*) angehoben. Benutzen Sie Indices, wenn mehr als ein Orbital eines bestimmten Typs vorliegt. **(a)** π → n (alternativ $\pi_1 \to \pi_2$); **(b)** n → π* (alternativ $\pi_2 \to \pi_3$); **(c)** n → π*; **(d)** n → π* (genauer n → π_3*); **(e)** n → π* (alternativ $\pi_3 \to \pi_4$*); **(f)** $\pi_3 \to \pi_4$*.

61. Diese Moleküle enthalten nur σ- und n-Elektronen, ihre niedrigsten unbesetzten Molekülorbitale sind σ^*-Orbitale. Da die Energieabstände zwischen diesen Orbitalen groß sind, wird nur UV-Strahlung mit kürzeren Wellenlängen als 200 nm absorbiert.

62. $1.95(2 \times 10^{-4}) = 9750$; $0.008/(2 \times 10^{-4}) = 40$

63.
$$CH_2=CH-MgBr + CH_3CCH_3 \xrightarrow[H^+, H_2O]{\text{dann}} CH_2=CH-C(CH_3)_2 \underset{OH}{} \quad \delta 1.3, \delta 2.4, \delta 4.8\text{-}6.2$$

Die neue Verbindung könnte durch Ionisierung des Allylalkohols unter längerer Einwirkung von Säure gebildet werden:

$$CH_2=CH-C(CH_3)_2-\overset{+}{O}H_2 \rightleftharpoons [CH_2=CH-\overset{+}{C}(CH_3)_2 \longleftrightarrow \overset{+}{C}H_2-CH=C(CH_3)_2] \xrightarrow[-H^+]{H_2\ddot{O}:} HOCH_2-CH=C(CH_3)_2$$

1.70 und 1.79; 5.45 (Triplett); 4.10 (Dublett)

64. [Reaktionsschema zur Bildung von Bisabolen und Cadinen aus Farnesol über Protonierung, Cyclisierung und H-Verschiebungen]

14 Delokalisierte π-Systeme und ihre Untersuchung durch UV-VIS-Spektroskopie   225

65. Das Produkt der 1,2-Addition entsteht unter kinetischer Kontrolle durch Angriff des Nucleophils an der inneren Position des intermediären Allyl-Kations, an der die Konzentration der positiven Ladung am höchsten ist. Das Produkt der 1,4-Addition enthält eine interne Doppelbindung und ist dadurch thermodynamisch stabiler.

66.

Dieses Beispiel veranschaulicht mehrere charakteristische Merkmale der Cycloaddition. Es reagiert nur die methylsubstituierte Doppelbindung. Die methoxysubstituierte Doppelbindung ist zu elektronenreich (siehe Übung 14-14), um konkurrieren zu können. Die *cis*-Ringfusion konserviert die Stereochemie der Doppelbindung im Dienophil. Außerdem werden weitere Cycloadditionen von zusätzlichem Dien an das Produkt gehemmt, weil keine der Doppelbindungen des Produkts elektronenarm genug ist, um mit merklicher Geschwindigkeit zu reagieren.

67. Der entscheidende Reaktionsschritt ist der Ringschluss eines 1,3-Butadiens zu einem Cyclobuten. Um die beiden Enden des Diens so zusammenzubringen, dass die zentrale Bindung in Dewar-Benzol gebildet werden kann, muss die Rotationsweise disrotatorisch sein; anderenfalls entstünde ein unmöglich gespanntes Produkt, in dem zwei Cyclobutenringe miteinander *trans*-verknüpft sind. Der disrotatorische Ringschluss eines 1,3-Diens ist ein photochemisch gestützter Prozess (eine Photocyclisierung; siehe Abb. 14-10). Die Beständigkeit dieses speziellen substituierten Dewar-Benzols gegenüber der Rückreaktion durch Ringöffnung zum entsprechenden Benzol ist teilweise darauf zurückzuführen, dass zwei tertiäre Alkylgruppen nur ungern benachbarte (d.h. *ortho*-) Positionen am planaren Benzolring einnehmen. Da Dewar-Benzole stark gekrümmt sind (bauen Sie ein Modell!), behindern sich die benachbarten *tert*-Butylgruppen in der vorliegenden Verbindung nicht.

15 | Benzol und Aromatizität

Elektrophile aromatische Substitution

32. (a) 3-Chlorbenzolcarbonsäure, *m*-Chlorbenzoesäure

(b) 1-Methoxy-4-nitrobenzol, *p*-Nitroanisol

(c) 2-Hydroxybenzolcarbaldehyd, *o*-Hydroxybenzaldehyd

(d) 3-Aminobenzolcarbonsäure, *m*-Aminobenzoesäure

(e) (4-Ethyl-2-methylphenyl)amin, 4-Ethyl-2-methylanilin

(f) 1-Brom-2,4-dimethylbenzol

(g) 4-Brom-3,5-dimethoxybenzolol (ein Name, den allerdings niemand verwendet), 4-Brom-3,5-dimethoxyphenol

(h) 2-Phenylethanol

(i) 3-Ethanoylphenanthren, 3-Acetylphenanthren

33. (a) 1,2,4,5-Tetramethylbenzol

(b) 4-Hexyl-1,3-benzoldiol

(c) 2-Methoxy-4-(2-propenyl)phenol

34. (a) Der Name ist in Ordnung; (IUPAC: 2-Chlorbenzolcarbaldehyd).

(b) Die Nummerierung ist nicht korrekt; richtig ist 1,3,5-Benzoltriol.

(c) Der Name ist falsch. Man darf nie *o*, *m*, *p* neben Zahlenangaben verwenden; die Verbindung heißt 1,2-Dimethyl-4-nitrobenzol.

(d) [Struktur: Benzolring mit COOH oben und CH(CH₃)₂ unten (meta)]

Der Name ist in Ordnung. [IUPAC: 3-(1-Methylethyl)-benzolcarbonsäure].

(e) [Struktur: Benzolring mit NH₂ und zwei Br (3,4-Position)]

Falsche Zahlen; 3,4-Dibromanilin oder 3,4-Dibromphenylamin.

(f) CH₃O—[Benzolring mit NO₂]—COCH₃

Nur Zahlen verwenden: 4-Methoxy-3-nitroacetophenon oder 1-(4-Methoxy-3-nitrophenyl)ethanon.

35. Benzol wäre um etwa 126 kJ mol^{-1} energiereicher, somit wäre $\Delta H_{\text{Verbr.}} = -3426$ kJ mol^{-1}.

36. [Struktur: Naphthalin mit H$_8$, H$_1$, H$_5$, H$_4$ markiert; H$_1$: $\delta = 7.86$; H$_2$: $\delta = 7.49$]

Die Wasserstoffatome an C1, C4, C5 und C8 sind entschirmt, weil sie sich näher am **anderen** Benzolring im Molekül befinden. Auf sie wirken die entschirmenden Effekte von drei π-Elektronenringströmen: der Ringstrom des Gesamtmoleküls (i), der Ringstrom des eigenen Benzolrings (ii) und der Ringstrom des **benachbarten** Benzolrings (iii):

(i) (ii) (iii)

Die Wasserstoffatome an C2, C3, C6 und C7 sind zu weit entfernt, als dass sie durch den Ringstrom des anderen Benzolrings signifikant beeinflusst werden.

37. Ja. Da Cyclooctatetraen als ein Molekül ohne besondere Stabilisierung wie Aromatizität beschrieben wird, sollte bei der Hydrierung seiner vier Doppelbindungen etwa viermal so viel Energie frei werden wie bei der Hydrierung einer Doppelbindung. Den angegebenen Werten zufolge trifft das in etwa zu.

38. Regel: Aromatizität erfordert (i) (4n+2) π-Elektronen, die sich (ii) in einem vollständigen, nicht unterbrochenen Kreis von *p*-Orbitalen aufhalten.

(a) Nicht aromatisch (3 π-Elektronen).

(b) Aromatisch (der Benzolring ist intakt; die zusätzliche Doppelbindung ist unwichtig, da sie nicht zum Ring gehört).

(c) Nicht aromatisch (das gesättigte Kohlenstoffatom ist sp^3-hybridisiert und unterbricht den Kreis der *p*-Orbitale; in diesem Fall ist die Anzahl der π-Elektronen irrelevant).

(d) Aromatisch (10 π-Elektronen; hier hat der sp^3-Kohlenstoffatom Brückenfunktion und unterbricht den Kreis der *p*-Orbitale nicht).

(e) Nicht aromatisch (12 π-Elektronen: falsche Anzahl).

(f) Nicht aromatisch (9 π-Bindungen = 18 π-Elektronen wären zwar in Ordnung, aber durch die Ladung −2 erhöht sich die Gesamtzahl der Elektronen um 2 auf 20: falsche Anzahl).

(g) Nicht aromatisch (die gesättigten Kohlenstoffatome der Brückenköpfe unterbrechen den Kreis).

39. (a) Das UV-Spektrum spricht für das Vorliegen eines Benzolrings.

^{13}C-NMR: Drei Signale, das Molekül muss demnach symmetrisch sein.

^{1}H-NMR: Zwei Signalgruppen gleicher Intensität.

Wenn wir uns die drei möglichen Dibrombenzole anschauen, ist die Antwort klar:

p:
^{13}C: 2 Arten von Kohlenstoffatomen
^{1}H: alle äquivalent

m:
4 Arten von Kohlenstoffatomen
3 Arten von Wasserstoffatomen

o: ← Das *ortho*-Isomer ist die Antwort.
3 Arten von Kohlenstoffatomen
2 Arten von Wasserstoffatomen

Das IR-Spektrum (Einzelbande bei 745 cm^{-1}) ist in Einklang mit dieser Antwort.

(b) ^{1}H-NMR: Vier Benzol-Wasserstoffatome (davon eins völlig anders als die anderen drei), CH$_3$O− (δ=3.7) IR: *meta*-disubstituiertes Benzol. Somit ist die Antwort

(c) ^{1}H-NMR: zwei Benzol-Wasserstoffatome, drei CH$_3$-Gruppen (davon zwei äquivalent – nur **zwei** Quartetts im ^{13}C-NMR). Auch im ^{13}C-NMR-Spektrum treten nur vier Signale für Benzol-Kohlenstoffatome auf, das Molekül besitzt also eine gewisse Symmetrie. Durch Ausprobieren erhält man die Antwort:

40. (a) Ja, das ist möglich. Aus der Antwort zu Aufgabe 39 (a) geht hervor, dass jedes Substitutionsmuster eine charakteristische Anzahl von ^{13}C-Signalen für die Ringkohlenstoffatome liefert. Wenn man das Signal für die beiden äquivalenten Methoxy-Kohlenstoffatome mitrechnet, sind für das *para*-Isomer drei, für das *meta*-Isomer fünf und für das *ortho*-Isomer vier ^{13}C-Peaks zu erwarten.

(b) Nachstehend sind die zehn möglichen Isomere und für jedes Isomer die Zahl der ^{13}C-NMR-Signale (Ring-Kohlenstoffatome + Methoxy-Kohlenstoffatome; diese sind nicht mehr unbedingt äquivalent) angegeben.

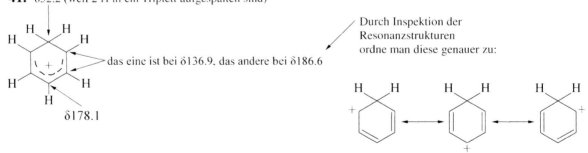

41. δ52.2 (weil 2 H in ein Triplett aufgespalten sind)

das eine ist bei δ136.9, das andere bei δ186.6

δ178.1

Durch Inspektion der Resonanzstrukturen ordne man diese genauer zu:

In den Resonanzstrukturen treten an nur drei Kohlenstoffatomen positive Ladungen auf: Diese sollten am meisten entschirmt sein. Das erklärt die chemische Verschiebung von δ = 178.1 für das „untere" Kohlenstoffatom. Das Signal bei δ = 186.6 entspricht daher den beiden positivierten Kohlenstoffatomen an den Enden des delokalisierten Systems:

δ186.6

somit ist dieses δ136.9

42. (a) Chlorbenzol **(b)** 1,2,3,4,5,6-Hexatritiobenzol als Endprodukt (vgl. Übung 15-22)

(c) Iodbenzol $\Delta H° = DH°(ICl) + DH°(C_6H_5-H) - DH°(C_6H_5-I) - DH°(HCl)$
$= -209 + 465 - 272 - 431 = -29$ kJ mol^{-1}, kaum exotherm!

(d) Nitrobenzol   **(e)** tert-Butylbenzol (Friedel-Crafts-Alkylierung mit dem $(CH_3)_3C^+$-Kation)

(f) Vorsicht!

$(CH_3)_3CCH(H)-CH_2-\overset{+}{Cl}-\overset{-}{AlCl_3}$ $\xrightarrow{\text{H-Verschiebung}}$

$(CH_3)_2\overset{CH_3}{\underset{}{C}}-\overset{+}{CH}-CH_3$ $\overset{-}{AlCl_4}$ $\xrightarrow{\text{CH}_3\text{-Verschiebung}}$

$(CH_3)_2\overset{+}{C}-CH(CH_3)_2$ $\xrightarrow{C_6H_6}$ $(CH_3)_2CH-\underset{CH_3}{\overset{CH_3}{\underset{|}{\overset{|}{C}}}}-[\text{C}_6\text{H}_5\text{H}]^+$ $\xrightarrow{-H^+}$ $(CH_3)_2CH-\underset{CH_3}{\overset{CH_3}{\underset{|}{\overset{|}{C}}}}-C_6H_5$

(g) 1,1,4,4-Tetramethyltetralin   **(h)** 4-Methylbenzophenon

43. (c) $I-Cl: \curvearrowright FeCl_3 \longrightarrow I\overset{+}{-}Cl-\overset{-}{FeCl_3}$ $\xrightarrow{-FeCl_4^-}$ [I-Cyclohexadienyl-Kation] $\xrightarrow{-H^+}$ Iodbenzol

(f) steht in der Antwort zu Aufgabe 42.

44. Dies ist ein doppeltes Problem: Woraus soll C$_6$D$_6$ hergestellt werden, und wie soll das geschehen? Das Lehrbuchkapitel liefert kein praktisches Verfahren zum Aufbau von Benzolringen aus Nichtbenzolverbindungen, es bietet aber Methoden zum Austausch von Gruppen an Benzolringen – die elektrophile aromatische Substitution. Unser Ziel ist die Verknüpfung jedes Kohlenstoffatoms mit einem Deuteriumatom, D. Als mögliches Elektrophil kommt das Deuterium-Ion D$^+$ in Frage. Wie wir in Abschnitt 15.10 gesehen haben, sind Wasserstoff-Ionen, H$^+$, elektrophil genug, um Benzolringe anzugreifen (in dem Fall Benzolsulfonsäure, wobei die $-SO_3H$-Gruppe durch $-H$ substituiert wurde). Wir können daher erwarten, dass sich D$^+$ ähnlich verhält und Benzolsulfonsäure unter Austausch der $-SO_3H$-Gruppe gegen $-D$ angreift. Das ist tatsächlich der Fall, aber ist dies auch der beste Lösungsweg? Die Reaktion in Abschnitt 15.10 wurde vorgestellt um zu zeigen, wie man die $-SO_3H$-Gruppe entfernt. Müssen wir aber zuerst diese Gruppe haben, um H durch D ersetzen zu können? Aus Abschnitt 15.10 geht hervor, dass D$^+$ einen Benzolring elektrophil angreifen kann. Daher ist anzunehmen, dass es auch Benzol selbst angreifen kann:

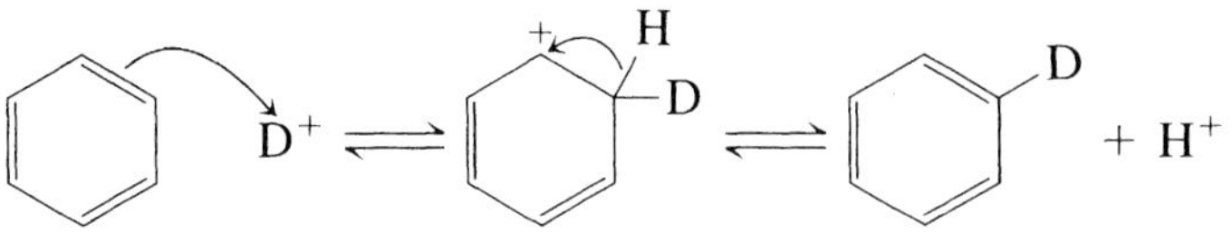

Von links nach rechts gesehen, haben wir ein H-Atom durch ein D-Atom ersetzt. Die Reaktion ist aber ein Gleichgewicht, das wir auf die rechte Seite ziehen müssen. Die Lösung des Problems besteht darin, Benzol mit einem großen Überschuss einer sauren Lösung zu behandeln, die D$^+$ anstelle von H$^+$ enthält, z. B. verdünnte D$_2$SO$_4$ in D$_2$O. Entsprechend der obigen Gleichung verläuft die Reaktion bis zum Gleichgewichtszustand, in dem die meisten C−H-Bindungen von Benzol durch C−D-Bindungen ersetzt sind. Dieser Vorgang wird mehrmals wiederholt, wobei das partiell deuterierte Benzol jedes Mal mit frischer D$_2$SO$_4$/D$_2$O-Lösung behandelt wird, bis der Restanteil H auf ein akzeptables Maß gesunken ist (normalerweise weit unter 1%).

45. Suchen Sie ein geeignetes elektrophiles Atom und stellen Sie einen vernünftigen Mechanismus auf:

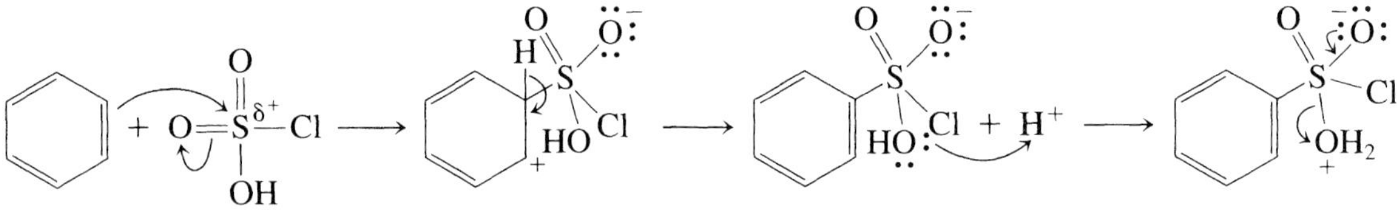

OH muss in eine Abgangsgruppe überführt werden

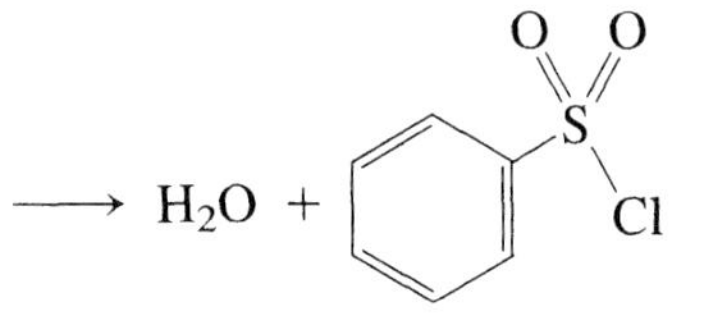

H$_2$O reagiert anschließend mit überschüssiger ClSO$_3$H unter Bildung von H$_2$SO$_4$ und HCl. (Anmerkung: Dies ist nur einer von mehreren möglichen Mechanismen).

46. Der Mechanismus entspricht einer zweifachen Friedel-Crafts-Alkylierung.

47. (a) Gehen Sie mechanistisch vor und sehen Sie sich danach an, ob Ihre Ergebnisse zu den Daten passen.

(b)

48.

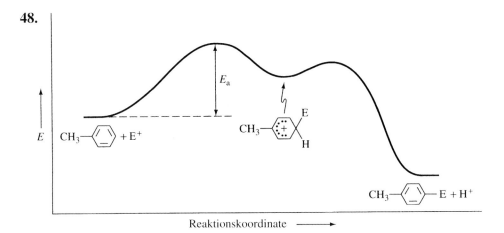

Für die Reaktion von Methylbenzol sollte die Aktivierungsenergie niedriger sein als für die Reaktion von Benzol ($E_a^{MB} < E_a^B$), und das intermediäre Kation sollte stabiler sein.

49. (a) $C_6H_5CHOHCH_3$ (b) $C_6H_5CH_2CH_2OH$

50. Für (a) und (b) ist mehr als ein Syntheseweg möglich: Eine Methode beruht auf der Friedel-Crafts-Alkanoylierung (Acylierung) mit einem Alkanoylchlorid, eine andere auf der Addition einer Grignard-Verbindung an einen Aldehyd oder ein Keton. Wenn Ihnen nur einer der beiden Wege eingefallen ist, versuchen Sie jetzt noch, eine weitere Antwort zu finden, bevor Sie sich die Lösungen ansehen.

(c) Friedel-Crafts-Alkylierungen neigen zur Bildung umgelagerter Produkte. Verwenden Sie eine Sequenz aus Alkanoylierung und Reduktion.

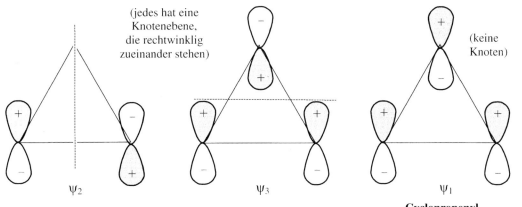

51. Cyclooctatetraen ist nicht resonanzstabilisiert; seine Doppelbindungen reagieren, als seien sie isoliert und nicht konjugiert. Das ist auch tatsächlich der Fall. Aufgrund der Geometrie des Moleküls (das **nicht** planar ist; siehe Abbildung 15-16) überlappen die Doppelbindungen nicht zu konjugierten Systemen. Daher tritt **keine** Resonanz ein:

Die beiden hier abgebildeten Strukturen sind tatsächlich **verschiedene** Verbindungen, nämlich 1,2-Dimethylcyclooctatetraen und 1,8-Dimethylcyclooctatetraen.

52. (a) Zeichnen Sie die Molekülorbitale ensprechend Abbildung 15-4 setzen Sie die **Knoten** in Ihrer Darstellung auf gleiche Weise.

Cyclopropenyl
ψ_2 und ψ_3 in Cyclopropenyl sind entartete Orbitale.

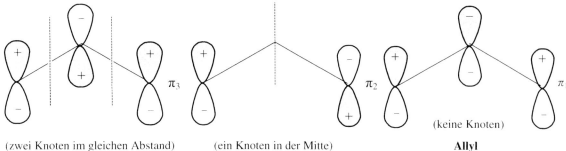

(zwei Knoten im gleichen Abstand)   (ein Knoten in der Mitte)   **Allyl**

(b) Zwei Elektronen sind am besten. Sie füllen das ψ_1-Orbital des Cyclopropenylsystems und sind gegenüber den Elektronen im π_1-Orbital des Allylsystems stabilisiert. Elektronen in ψ_2- oder ψ_3-Orbitalen der Cyclopropenylgruppe sind gegenüber den π_2-Elektronen des Allylsystems destabilisiert. Das Cyclopropenyl- und das Allylsystem mit zwei Elektronen (beide sind Kationen) haben folgende Lewis-Strukturen:

(c) Ja! Die Elektronen im Cyclopropenyl-Kation sind **ringförmig** delokalisiert, das System ist **stabiler** als das beste acyclische Analogon, das 2-Propenyl(Allyl)-Kation.

53. Das Molekül hat mehrere Positionen, die sich für eine Protonierung eignen, wobei besonders das Lewis-basische Carbonyl-Sauerstoffatom ungewöhnlich ist: Bei seiner Protonierung entsteht ein resonanzstabilisiertes Kation, und eine der Resonanzformen kann als substituiertes Cyclopropenyl-Kation und damit als **aromatisches** Derivat aufgefasst werden (Aufg. 52). Tatsächlich ist dieses Kation mit den zusätzlichen Phenylsubstituenten bemerkenswert stabil.

54. Das Kation erhält man durch Abspalten von zwei Elektronen aus dem neutralen Dien:

Das π-Systems des Rings enthält also insgesamt zwei π-Elektronen. Damit ist es gemäß der Hückel-Regel aromatisch. Das MO-Diagramm sieht folgendermaßen aus:

15 Benzol und Aromatizität   237

55. Abbildung 15-8 veranschaulicht das durch den Ringstrom eines aromatischen Moleküls erzeugte lokale Magnetfeld. Wie in Abschnitt 15.4 beschrieben wird, verstärkt B_{lokal} außerhalb des Rings das äußere Feld B_0, was zur Entschirmung der Protonen am äußeren Rand führt. Dagegen weist B_{lokal} im **Inneren** des Rings in die **entgegengesetzte** Richtung und verringert dadurch die Gesamtfeldstärke in diesem Bereich. In großen aromatischen Ringen können sich innerhalb des Rings aus zirkulierenden π-Elektronen Wasserstoffatome befinden; diese sind stark abgeschirmt, sodass die äußere Feldstärke B_0 erhöht werden muss, um Resonanz zu erzeugen. Ihre NMR-Signale sollten daher zu hohem Feld (nach rechts) verschoben sein.

(a) Die Struktur von [18]Annulen (Abschn. 15.6) zeigt zwölf Wasserstoffatome außerhalb des Rings (blau), die ähnlich entschirmt sind wie die von Benzol. Die inneren sechs H-Atome (grün) sind so stark abgeschirmt, dass ihr Signal bei nahezu 3 ppm höherem Feld als das Referenzsignal von $(CH_3)_4Si$ erscheint

(b) Ja. Die acht Wasserstoffatome an der Peripherie des π-Systems zeigen ähnliche Entschirmung wie in Benzol, während die beiden Wasserstoffatome an der Brücke über den Ring ähnlich abgeschirmt sind wie die im „Innern" des [18]Annulenrings.

56. Struktur **(i)** enthält vier *cis*- und drei *trans*-Doppelbindungen; Struktur **(ii)** enthält drei *cis*- und vier *trans*-Doppelbindungen. Dem NMR-Spektrum zufolge liegen vier „innere" und zehn „äußere" Wasserstoffatome vor, was nur mit Struktur (ii) übereinstimmt:

i
3 „innere" und 11 „äußere"
Wasserstoffatome

ii
4 „innere" und 10 „äußere"
Wasserstoffatome

57. $AlCl_3$ ist die Lewis-Säure und Benzol das Nucleophil. Abschnitt 9.9 zufolge verlaufen säurekatalysierte Ringöffnungen von Oxacyclopropanen regiochemisch nach dem S_N1- (stabilstes Carbenium-Ion), stereochemisch aber nach dem S_N2-Mechanismus (nucleophiler Angriff von der Rückseite).

einziges Produkt

58. Wie wäre es mit einer einfachen elektrophilen Substitution? Hg^{2+} in $Hg(OCCH_3)_2$ mit O doppelt gebunden an C, ist elektrophil.

$$C_6H_6 + Hg(OOCCH_3)_2 \longrightarrow C_6H_5-Hg-OOCCH_3 + CH_3COOH$$

59. (a) In Analogie zur Reaktion von Alkylhalogeniden wie RCl mit AlCl$_3$ könnte man auch eine Reaktion zwischen HCl und AlCl$_3$ erwarten. Nach Abschnitt 15.12 kann RCl auf zwei Arten reagieren: primäre RCl bilden Lewis-Säure-Lewis-Base-Komplexe, während sekundäre und tertiäre RCl zu Carbenium-Ionen ionisiert werden. Da HCl bekanntlich leicht zu ionisieren ist, kann man davon ausgehen, dass die Reaktion mit AlCl$_3$ unter Ionisierung erfolgt: HCl + AlCl$_3$ → H$^+$ + AlCl$_4^-$. Lösungen ionischer Verbindungen sind elektrisch leitfähig.

(b) Die größten chemischen Verschiebungen gehören zu C1, C3 und C5, was auch vernünftig ist, da genau diese Atome in den drei Resonanzstrukturen des Kations die positive Ladung tragen und somit am stärksten entschirmt sein sollten. C2 und C4 zeigen die für Benzolkohlenstoffatome üblichen chemischen Verschiebungen. Wie für diese Struktur zu erwarten ist, liegt die chemische Verschiebung von C6 in dem für sp^3-hybridisierte Kohlenstoffatome typischen Bereich.

(c) Die Tabelle verdeutlicht zwei Effekte: Erstens: Jede zusätzliche Methylgruppe am Ring erhöht die Geschwindigkeit der aromatischen Substitution signifikant. Diese Beobachtung ist einfach zu erklären: Methylgruppen sind elektronenschiebend und sollten das intermediäre Carbenium-Ion der Reaktion durch positive Induktion stabilisieren und dadurch zu einem energieärmeren Übergangszustand für das Carbenium-Ion führen. Zweitens: Je zwei Isomere mit der *gleichen Zahl* von Methylgruppen, aber *unterschiedlichem Substitutionsmuster* haben verschiedene Reaktionsgeschwindigkeiten. Bei den Dimethylbenzolen ist dieser Effekt eher klein – der Faktor beträgt ungefähr zwei – und hat sterische Gründe: Die Carbenium-Ionen sind in jedem Molekül ähnlich stabilisiert. In 1,4-Dimethylbenzol befindet sich jedoch jede Position in Nachbarschaft zu einer Methylgruppe, während bei der Substitution von 1,2-Dimethylbenzol an den Positionen 4 oder 5 die sterische Wechselwirkung mit einer benachbarten CH$_3$-Gruppe vermieden wird. Der drastische Unterschied der Reaktionsgeschwindigkeiten der beiden tetrasubstituierten Benzole ist damit zu erklären, dass die Substitution am 1,2,3,5-Isomer über eine Zwischenstufe verläuft, in der alle drei positiv geladenen Positionen tertiär sind. Im 1,2,3,4-Isomer hat dagegen keine Zwischenstufe mehr als zwei tertiäre Positionen mit positiver Ladung.

(d) Am besten wird das Salz formuliert als [Cyclohexadienyl-Kation mit H und CH$_2$CH$_3$ am sp^3-C, H$_3$C, CH$_3$, CH$_3$ Substituenten] BF$_4^-$. Beim Erhitzen wird HBF$_4$ eliminert und das neutrale tetrasubstituierte Benzol gebildet. Warum ist das Salz stabil, solange es nicht erhitzt wird? Bauen Sie ein Modell. Das sp^3-Kohlenstoffatom positioniert die voluminöse Ethylgruppe außerhalb der Ebene der Methylgruppen zu beiden Seiten. Infolge der Deprotonierung wandert die Ethylgruppe in dieselbe Ebene wie diese Methylgruppen und erfährt dadurch sterische Hinderung. Die Aromatizität des Benzols reicht aus, um diesen ungünstigen sterischen Effekt thermodynamisch auszugleichen, er ist aber an der ungewöhnlich hohen Aktivierungsbarriere für die Deprotonierung und Aromatisierung klar erkennbar.

16 | Elektrophiler Angriff auf Benzolderivate

Substituenten kontrollieren die Regioselektivität

27. Reihenfolge **abnehmender** Reaktivität; der Kürze wegen sind nur die Substituenten angegeben.

(a) $-CH_3 > -CH_2Cl > -CHCl_2 > -CCl_3$ (elektronegative Cl-Atome positivieren den Kohlenstoff, die elektronenziehenden und desaktivierenden induktiven Effekte werden immer stärker).

(b) $-O^-Na^+ > -OCH_3 > -O\overset{O}{\overset{\|}{C}}CH_3$ (Resonanzaktivatoren; die Reihenfolge wird durch die Verfügbarkeit freier Elektronenpaare am Sauerstoff bestimmt, weil sie als Resonanzdonoren den Ring zur Stabilisierung der kationischen Zwischenstufe aktivieren. Das negativ geladene Sauerstoffatom ist der beste Donor, das neutrale Sauerstoffatom im Ether der zweitbeste und das Sauerstoffatom des Esters der schwächste, da dieses an ein positiviertes Carbonyl-Kohlenstoffatom gebunden ist, das die Elektronen vom Ring wegzieht.

(c) $-CH_2CH_3 > -CH_2CCl_3 > -CH_2CF_3 > -CF_2CH_3$ (auch hier induktive Effekte, zusätzlich unterschiedliche Abstände zum Ring).

28. Aktiviert in (c), (d), (e), (g)

29. (a) p-Xylol > p-Toluolsäure > Terephthalsäure

(b) Tetralin > α-Tetralon > 1,4-Tetralindion

In jeder Verbindungsgruppe ist der Benzolring mit zwei Alkylsubstituenten am stärksten aktiviert, der Ring mit zwei Carbonylgruppen ist am stärksten desaktiviert, während der Ring mit einem Carbonylsubstituenten die Mittelposition einnimmt.

30. In 1,3-Dimethylbenzol verstärken sich die aktivierenden und dirigierenden Effekte der beiden Methylsubstituenten gegenseitig: Beide dirigieren den nachfolgenden elektrophilen Angriff an die Positionen 4 und 6 des Rings. Beispielsweise befindet sich die Position 4 in *ortho*-Stellung zur C3-Methylgruppe und in *para*-Stellung zur C1-Methylgruppe und ist damit für die folgende Substitution doppelt aktiviert. In 1,2- und in 1,4-Dimethylbenzol (*o*- und *p*-Xylol) diri-

240 16 Elektrophiler Angriff auf Benzolderivate

gieren die beiden Methylgruppen an verschieden Kohlenstoffatome des Rings. So dirigiert die Methylgruppe an C1 in 1,2-Dimethylbenzol an die Positionen 4 und 6, während die Methylgruppe an C2 an die Positionen 3 und 5 dirigiert.

Eine andere Betrachtungsweise geht von dem intermediären Kation aus, das durch Angriff an C4 von 1,3-Dimethylbenzol entsteht: Es hat *zwei* Resonanzbeiträge, in denen das kationische Kohlenstoffatom Methyl-substituiert ist:

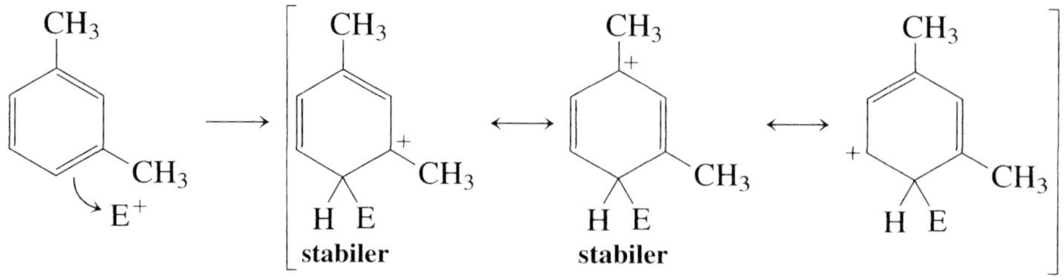

Dieses Kation ist daher energieärmer, und die mit seiner Bildung verbundene Aktivierungsbarriere ist geringer. Es bildet sich daher relativ schnell. Dagegen ist keins der durch elektrophilen Angriff auf 1,2- oder 1,4-Dimethylbenzol erhaltenen Kationen durch mehr als eine Methylgruppe direkt stabilisiert. Sie sind alle energiereicher, und ihre Bildung erfordert die Überwindung einer höheren Aktivierungsschwelle.

31. (a), 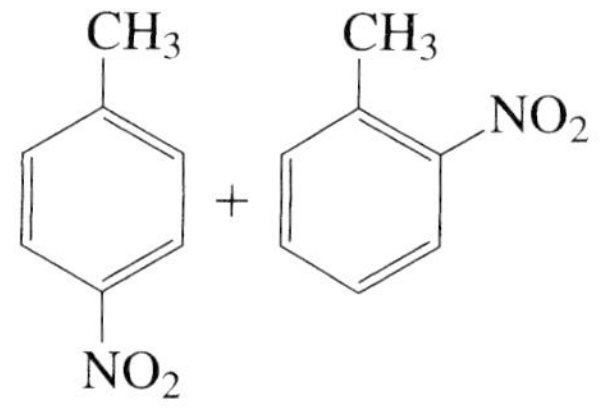 (b), 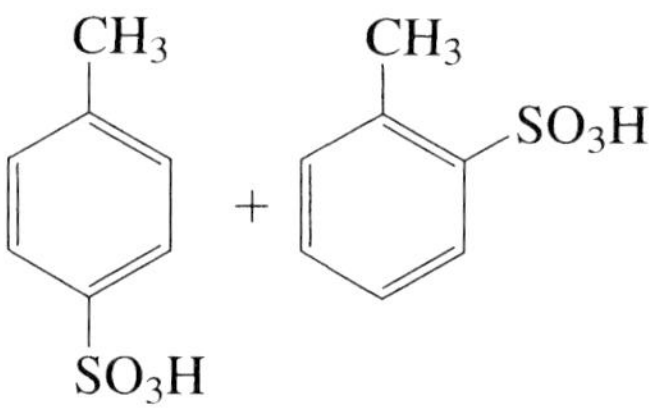 (c), 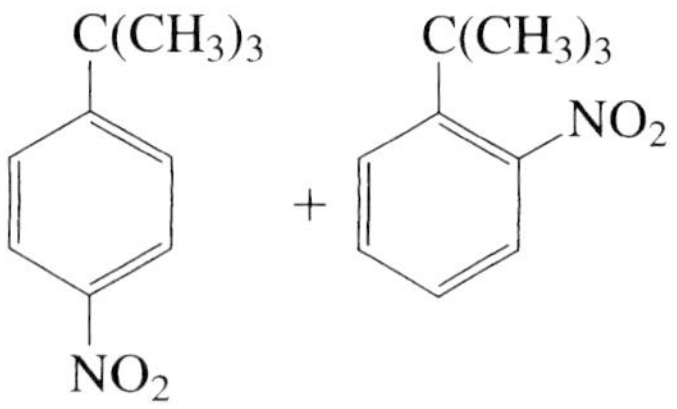 (d)

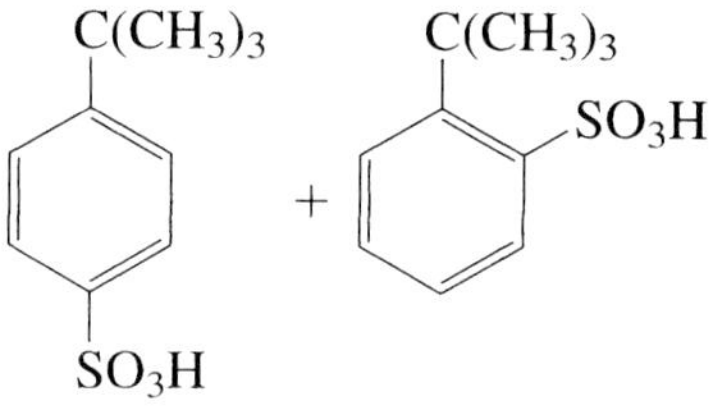

Durch den Wechsel von einem kleinen (Methyl-) zu einem räumlich sehr anspruchsvollen (1,1-Dimethylethyl-)Substituenten wird die *ortho*-Substitution sterisch sehr stark gehemmt. Die Reaktionen (c) und (d) liefern nahezu ausschließlich *para*-disubstituierte Produkte.

32. (a), (b), 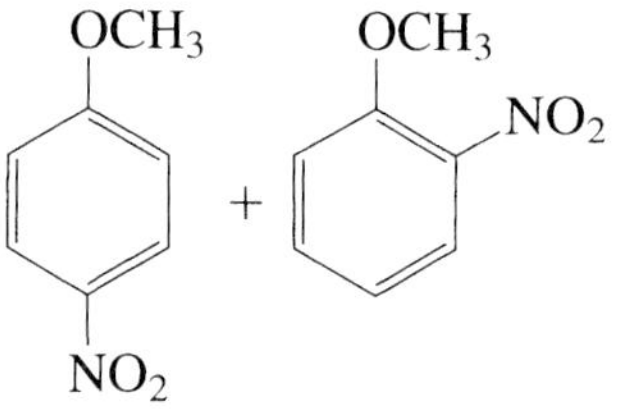 (c),  (d)

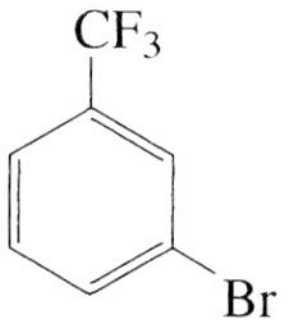

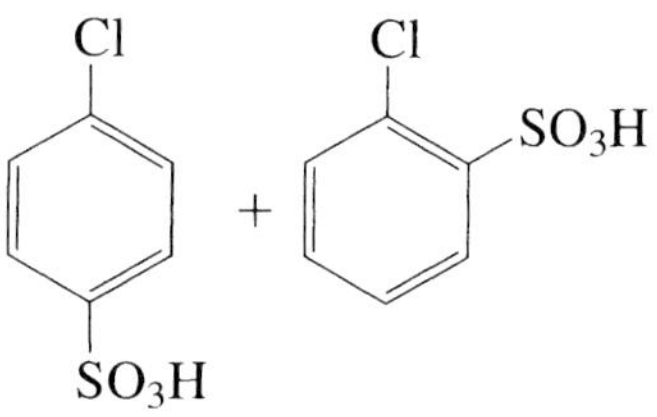

33. *ortho*-Angriff:

[Reaktionsschema mit drei Resonanzformen, die dritte besonders schlecht]

para-Angriff:

[Reaktionsschema mit drei Resonanzformen, die mittlere besonders schlecht]

meta-Angriff

[Reaktionsschema mit drei Resonanzformen]

Es gibt keine Resonanzformen mit + in Nachbarschaft zum positivierten Schwefel

34. Die Aussage ist richtig. Alle *meta*-dirigierenden Gruppen desaktivieren den gesamten Ring durch induktiven Elektronenabzug. Die Desaktivierung ist an den *ortho*- und *para*-Positionen durch Resonanz am stärksten (siehe z. B. die Antwort zu Aufgabe 33). Die *meta*-Substitution erfolgt nur, weil sich die Desaktivierung in dieser Position am wenigsten auswirkt.

35. Wenn *ortho*- und *para*-Produkte gleichzeitig gebildet werden, überwiegt im Allgemeinen das *para*-Produkt.

(a) 4-N(CH$_3$)$_2$-C$_6$H$_4$-COCH$_3$ + 2-(CH$_3$)$_2$N-C$_6$H$_4$-COCH$_3$

(b) 4-Cl-C$_6$H$_4$-Br + 2-Cl-C$_6$H$_4$-Br

(c) 3-NO$_2$-C$_6$H$_4$-COCH$_2$CH$_3$

(d) 4-CH(CH$_3$)$_2$-C$_6$H$_4$-SO$_3$H + 2-(CH$_3$)$_2$CH-C$_6$H$_4$-SO$_3$H

(e) 4-OCH$_3$-C$_6$H$_4$-SO$_2$Cl + 2-OCH$_3$-C$_6$H$_4$-SO$_2$Cl

(f) 4-CH$_3$CONH-C$_6$H$_4$-I + 2-CH$_3$CONH-C$_6$H$_4$-I

242   16 Elektrophiler Angriff auf Benzolderivate

36. Die Orientierung der Reaktion wird durch den stärker aktivierenden (oder weniger desaktivierenden) Substituenten (durch Pfeil gekennzeichnet) bestimmt. Auch hier kann man davon ausgehen, dass das *para*-Produkt überwiegt, wenn *ortho*- und *para*-Substitution stattfinden können.

(a) [Struktur: 4-Chlor-3-nitrotoluol und 2-Chlor-5-nitrotoluol]

(b) [Struktur: 5-Chlor-2-methylbenzolsulfonsäure]

(c) [Strukturen: 2-Ethyl-5-nitrobenzoesäure und 2-Ethyl-3-nitrobenzoesäure]

(d) [Strukturen: N-(2-Brom-5-methylphenyl)acetamid + N-(4-Brom-3-methylphenyl)acetamid]

(e) [Struktur: 3-Brom-5-acetylbenzolsulfonsäure]
(beide dirigieren nach *meta*)

(f) [Struktur: 4-Methyl-2-methoxy-6-nitrobenzolsulfonsäure]

(g) [Strukturen: Dinitroindan-Derivate]
hierzu *para* / hierzu *ortho*
Der gesättigte Ring ist nichts Besonderes. Betrachten Sie ihn einfach wie zwei Alkylgruppen.

(h) [Struktur: N-(2-Chlor-4-nitrophenyl)acetamid]

(i) Keine Reaktion (Friedel-Crafts-Reaktionen laufen nicht mit Ringen ab, die *meta*-dirigierende Gruppen enthalten: Der Ring ist zu stark desaktiviert).

37. (a) Aktivierungseffekte sind additiv. 1,3-Dimethylbenzol (*m*-Xylol) unterscheidet sich von dem 1,2- und dem 1,4-Isomer, weil es das **einzige** Isomer mit Ringpositionen ist, die von **beiden** Methylsubstituenten aktiviert werden. Die elektrophile Substitution an C2, C4 und C6 (äquivalent mit C4) ergibt intermediäre Kationen, deren positive Ladungen zu den beiden Methyl-substituierten Positionen im Ring delokalisiert werden. Für den Angriff an C4 stellt sich das so dar:

[Reaktionsschema: m-Xylol + E⁺ → drei Grenzstrukturen des Resonanzhybrids]

Die wichtigsten Grenzstrukturen des Resonanzhybrids

Die Kationen sind stabiler, die zu ihnen führenden Übergangszustände energieärmer, und sie bilden sich schneller. Die Substitution erfolgt hauptsächlich an C4/6 (C2 ist aufgrund der flankierenden Methylgruppen eine sterisch gehinderte Position).

Überzeugen Sie sich selbst davon, dass die elektrophile Substitution an den *ortho*- und *para*-Isomeren nicht zu solchen doppelt stabilisierten intermediären Kationen führen kann.

(b) Drei Methylgruppen, aber die gleiche Vorgehensweise: Suchen Sie nach Positionen, die doppelt oder dreifach aktiviert sind. Bestimmen Sie dazu in jeder Struktur die Zahl der Methylgruppen in *ortho*- oder *para*-Stellung zu jeder offenen Position.

Das letzte Isomer sollte am reaktivsten gegenüber elektrophilen Reagenzien sein: Jede freie Position ist aktiviert, indem sie zu *allen drei* Methylgruppen in *ortho*- oder *para*-Position steht. Übrigens ist der Reaktivitätsunterschied zwischen dem 1,3,5-Trimethylbenzol und den beiden anderen Isomeren recht groß; die Reaktionsgeschwindigkeit ist etwa 200-mal höher.

38. Friedel-Crafts-Reaktionen werden anschließend mit wässriger Säure aufgearbeitet.

(a) 1. CH_3CH_2Cl, $AlCl_3$; 2. CH_3COCl, $AlCl_3$

(b) 1. HNO_3, H_2SO_4; 2. Cl_2, $FeCl_3$

(c) 1. CH_3COCl, $AlCl_3$; 2. SO_3, H_2SO_4

Die umgekehrte Reihenfolge ist nicht möglich, da in Gegenwart der SO_3H-Gruppe keine Friedel-Crafts-Reaktion stattfindet.

(d) 1. HNO_3, H_2SO_4; 2. HCl, Zn(Hg); 3. SO_3, H_2SO_4, Δ; 4. CF_3CO_3H

(e) 1. Cl_2, $FeCl_3$; 2. Überschuss konzentrierte HNO_3, H_2SO_4, Δ.

(f) 1. Br_2, $FeBr_3$; 2. HNO_3, H_2SO_4, *para*- von *ortho*-Produkt trennen;

3. HCl, Zn(Hg) (bildet Br—⟨ ⟩—NH_2); 4.Cl_2, $CHCl_3$, 0°C

(Monochlorierung in *ortho*-Stellung zu NH_2; siehe Abschn. 16.3; 5. CF_3CO_3H.

(g) 1. Br_2, $FeBr_3$; 2. SO_3, H_2SO_4 (blockiert *para*-Stellung); 3. Cl_2, $FeCl_3$; 4. H_2O, Δ.

(h) 1. CH_3Cl, $AlCl_3$; 2. SO_3, H_2SO_4; 3. Überschuss Br_2, $FeBr_3$; 4. H_2O, Δ.

39. Anisol $\xrightarrow{Cl_2, CHCl_3, 0°}$ 4-Chloranisol $\xrightarrow{Mg, THF}$ 4-CH_3O-C_6H_4-MgCl $\xrightarrow{\text{1. HCHO}\\ \text{2. } H^+, H_2O}$ Anisalkohol

40. (a) Das NMR-Spektrum zeigt zwei Gruppen von aromatischen Wasserstoffatomen im Intensitätsverhältnis 2:3, die IR-Banden bei 685 und 735 cm^{-1} sprechen für ein monosubstituiertes Benzol. Nach dieser Analyse ist die einzige logische Antwort Brombenzol C_6H_5Br,

⟨⟩—Br, das aus Benzol mit Br_2 und $FeBr_3$ erhalten wird.

(b) Das NMR-Spektrum zeigt drei aromatische Wasserstoffatome, ein Triplett für ein H-Atom und ein Dublett für zwei H-Atome; dieses Aufspaltungsmuster würde man für drei benachbarte Wasserstoffatome an einem Ring erwarten, wobei die beiden endständigen äquivalent sind: CH—CH—CH. Außerdem haben wir noch ein breites Signal für zwei H-Atome bei $\delta = 4.5$ ppm, das zusammen mit den beiden IR-Banden bei 3382 und 3478 cm^{-1} auf eine NH_2-Gruppe schließen lässt. Wenn wir die Atome addieren, erhalten wir sechs Kohlenstoffatome für den Benzolring, fünf Wasserstoffatome und ein Stickstoffatom. Die einzige dazu passende Formel ist $C_6H_5Br_2N$. Durch Verknüpfen von NH_2 mit dem Benzolring und Anbringen der beiden Br-Atome in Nachbarstellung dazu erhalten wir die zu den Daten passende Antwort: 2,6-Dibrombenzolamin.

(c) Wieder liegt eine NH_2-Gruppe vor, aber das NMR-Spektrum zeigt nun ein kompliziertes Muster für vier aromatische Wasserstoffatome. Das IR-Spektrum hilft weiter: Die Bande bei 745 cm^{-1} liegt im Bereich für *ortho*-disubstituierte Ringe. Die Antwort ist 2-Brombenzolamin: C_6H_6BrN.

(d) Ähnlich wie (c), aber aus dem NMR- (zwei Dubletts, je 2 H) und dem IR-Spektrum (820 cm^{-1}) geht hervor, dass es sich um das *para*-Isomer handelt: 4-Brombenzolamin,

Br—⟨⟩—NH_2

Synthese (es wird angenommen, dass *ortho/para*-Gemische leicht getrennt und die *para*-Produkte in guter Ausbeute isoliert werden können):

16 Elektrophiler Angriff auf Benzolderivate   245

A $\xrightarrow{\substack{1.\ HNO_3,\ H_2SO_4 \\ 2.\ H_2-Ni}}$ D

A $\xrightarrow{SO_3,\ H_2SO_4}$ [4-Bromobenzenesulfonsäure, hauptsächlich] $\xrightarrow{\substack{1.\ HNO_3,\ H_2SO_4 \\ 2.\ H_2-Ni}}$ [2-Bromo-4-sulfoanilin] $\xrightarrow[\text{entfernt SO}_3\text{H}]{H_2O,\ \Delta}$ C

A $\xrightarrow{\text{wieder}}$ C $\xrightarrow[\substack{\text{blockiert para-} \\ \text{Position zum Amin}}]{SO_3,\ H_2SO_4}$ [2-Bromo-4-sulfoanilin] $\xrightarrow{Br_2,\ FeBr_3}$ [2,6-Dibrom-4-sulfoanilin] $\xrightarrow[\text{entfernt SO}_3\text{H}]{H^+,\ H_2O,\ \Delta}$ B

41. Naphthalin + 2 H$_2$ $\xrightarrow{Pd/C}$ Tetralin

Obwohl Naphthalin aromatisch ist, kann es Additionsreaktionen wie diese eingehen. Die Addition erfolgt so, dass ein aromatischer Benzolring intakt bleibt.

42. Die vorhandenen Gruppen dirigieren die Reaktion so, dass sie an dem am stärksten aktivierten (oder am wenigsten desaktivierten) Ring stattfindet.

(a) [1,3-Dimethyl-4-nitronaphthalin]

(b) [1-Methoxy-2-nitro-5-chlornaphthalin] (Hauptprodukt; [1-Methoxy-4-nitro-5-chlornaphthalin] ist sterisch gehindert)

(c) [1,7-Dinitronaphthalin mit Pfeilen auf Positionen 3 und 5]

246 16 Elektrophiler Angriff auf Benzolderivate

Zwei Möglichkeiten: C3 *(meta* zu C1-NO$_2$) und C5 *(meta* zu C7-NO$_2$). Bei sonst gleichen Verhältnissen wird die Substitution in Nachbarschaft zu einer Ringverknüpfungsstelle bevorzugt, weil dabei in der Zwischenverbindung ein Benzolring intakt bleibt. Daher erfolgt die Nitrierung an C5.

(d) [Struktur: Naphthalin mit Cl an C1, Cl an C7, NO$_2$ an C4]   Gründe: *para* zu C1, Nachbarschaft zu einem Ringverknüpfungspunkt und verhältnismäßig ungehindert.

43. (a) [1-Chlornaphthalin]   (b) [1-Nitro-2-methoxynaphthalin]   (siehe unten)

(c) [4-Methyl-1-naphthalinsulfonsäure]   (d) [1-Naphthoyl-propionsäure] + [2-Naphthoyl-propionsäure]

(e) [5-Brom-2-nitronaphthalin] + [8-Brom-2-nitronaphthalin]

Bei (b) ist die Substitution an C1 begünstigt, weil die wichtigste Resonanzform für das intermediäre Kation einen Benzolring mit intaktem 6-π-Elektronensystem hat (Struktur unten links), die dem durch Substitution an C3 gebildeten Kation fehlt (unten rechts).

[Resonanzstruktur links mit H, NO$_2$ an C1 und +OCH$_3$ an C2]   vs.   [Resonanzstruktur rechts mit +OCH$_3$ an C2 und H, NO$_2$ an C3]

44. 1-Naphthalinsulfonsäure ist das Produkt der *kinetisch* kontrollierten Reaktion: Es entsteht schneller, weil die zu seiner Bildung führende kationische Zwischenstufe stabiler ist und demnach über einen Reaktionsweg mit niedrigerer Aktivierungsschwelle gebildet wird. 1-Naphthalinsulfonsäure selbst ist aber instabiler als 2-Naphthalinsulfonsäure, da die Sulfonsäuregruppe im 1-Isomer durch das Wasserstoffatom an C8 sterisch gehindert wird:

sterische Hinderung ↓
[Struktur von 1-Naphthalinsulfonsäure mit H an C8 und O=S(=O)OH an C1]

Diese Tatsache hätte aber keinerlei Bedeutung, wenn nicht die *Sulfonierung reversibel* wäre. Bei höherer Temperatur kann daher Desulfonierung des unter kinetischer Kontrolle gebildeten Produkts an C1 und die (langsamere) Sulfonierung an C2 stattfinden, sodass schließlich das stabilere Produkt 2-Naphthalinsulfonsäure erhalten wird.

45. läuft wegen der hohen Nucleophilie des Schwefelatoms bevorzugt ab.

46. Aufgrund des *induktiven* Effekts des elektronegativen Sauerstoffatoms wirkt die Methoxy-Gruppe *elektronenziehend*. Der wesentlich stärkere Resonanzeffekt bewirkt eine starke Aktivierung der *ortho*- und *para*-Positionen, hat aber **keine direkte Wirkung** auf die *meta*-Stellung (vergleiche die ähnlichen Resonanzstrukturen von Anilin). Der desaktivierende induktive Effekt überwiegt in den *meta*-Positionen.

47. Vergleiche die Antwort zu Aufgabe 36 (g). Der gesättigte sechsgliedrige Ring ist nichts Besonderes. Betrachten Sie ihn einfach wie zwei benachbarte Alkylsubstituenten am Benzolring. Beispielsweise kann der Kohlenwasserstoff, von dem in (a) ausgegangen wird, genauso behandelt werden, als wäre er 1,2-Dimethylbenzol (*o*-Xylol).

(c) Jede Position ist *meta* zu einer der CF$_2$-Gruppen.

In (d) und (e) tritt Monosubstitution am stärker aktivierten oder weniger desaktivierten Ring ein.

48. Lewis-Struktur: —N̈=Ö:. Das freie Elektronenpaar am N-Atom begünstigt die *ortho*- und *para*-Substitution über folgende Resonanzstrukturen:

ortho: [Resonanzstrukturen mit ortho-Angriff] *para:* [Resonanzstrukturen mit para-Angriff]

Die —NO-Gruppe wirkt jedoch durch den induktiven Effekt des Stickstoffatoms elektronenziehend. Wie bei den Halogen-Substituenten ist dieser desaktivierende induktive Effekt im Mittel stärker als der Resonanzeffekt, daher wird Nitrosobenzol insgesamt desaktiviert, selbst wenn die Substitution (wegen des Resonanzeffekts) bevorzugt an den *ortho*- und *para*-Stellungen erfolgt.

49. Das Elektrophil:

$$:\ddot{O}=N—\ddot{O}:^{-} \xrightarrow{2\,H^+} :\ddot{O}=N—\ddot{O}H_2^{+} \xrightarrow{-H_2O} [:\ddot{O}=\overset{+}{N} \longleftrightarrow :O≡N:^{+}]$$

Nitrosonium-Ion

Dann:

[Reaktionsschema: Phenol + NO⁺ → para-Nitrosophenol und ortho-Nitrosophenol]

50. [Reaktionsschema: Styrol + H⁺ → Kation → Addition eines weiteren Styrolmoleküls]

An dieser Stelle hat das System zwei Möglichkeiten: ein weiteres Styrolmolekül zu addieren und die Polymerisation fortzusetzen oder den Ring durch intramolekulare Friedel-Crafts-Reaktion zu schließen.

Polymerisation:

Friedel-Crafts-Reaktion:

17 | Aldehyde und Ketone: Die Carbonylgruppe

19. (a) 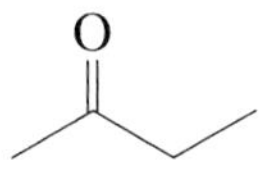 2-Butanon (b) 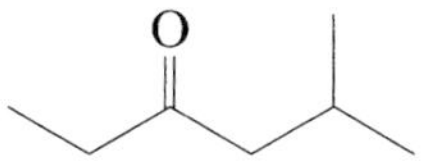 5-Methyl-3-hexanon (c) 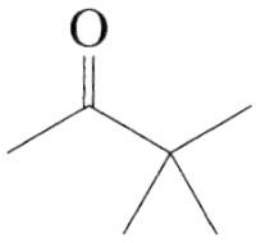 3,3-Dimethyl-2-butanon (d) 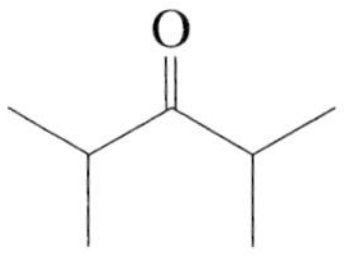 2,4-Dimethyl-3-pentanon (e) 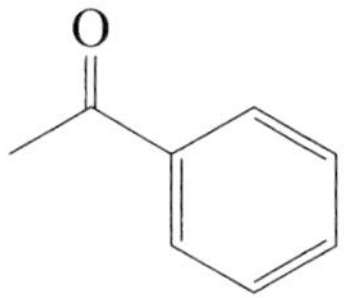 1-Phenylethanon (f) 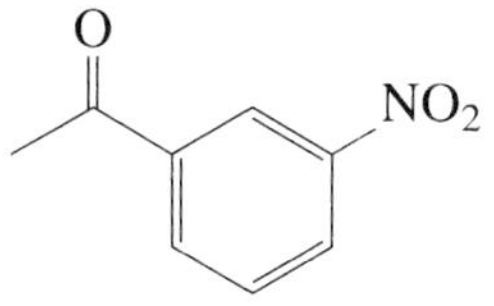 1-(3-Nitrophenyl)ethanon

20. (a) 2,4-Dimethyl-3-pentanon (b) 4-Methyl-3-phenylpentanal

(c) 3-Buten-2-on (d) *trans*-4-Chlor-3-butenal

(e) 4-Brom-2-cyclopentenon

(f) *cis*-2-Ethanoyl-3-phenylcyclohexanon (*cis*-2-Acetyl-3-phenylcyclohexanon)

21. Grad der Ungesättigtheit für $C_8H_{12}O$: $H_{gesättigt} = 16 + 2 = 18$;
Ungesättigtheitsgrad $= (18-12)/2 = 3$ π-Bindungen und/oder Ringe.

(a) ^{13}C-NMR: Das Molekül enthält $\mathrm{C{=}O}$ ($\delta = 198.6$) und $\mathrm{C{=}C}$ ($\delta = 139.8$ und 140.7).

^1H-NMR: Charakteristisch sind $\delta = 2.15$ (s, 3 H) für $CH_3\overset{O}{\overset{\|}{C}}{-}$ und $\delta = 6.78$ (t, 1 H) für $\mathrm{C{=}C}\begin{smallmatrix}CH_2{-}\\H\end{smallmatrix}$. Beachten Sie, dass weitere Alken-Wasserstoffatome fehlen. Beginnen wir also mit den jetzt bekannten Bruchstücken:

$CH_3{-}\overset{O}{\overset{\|}{C}}{-}$ und $\mathrm{C{=}C}\begin{smallmatrix}CH_2{-}\\H\end{smallmatrix}$, macht zusammen C_5H_6O.

Wir benötigen noch drei weitere Kohlenstoffatome, sechs Wasserstoffatome sowie einen weiteren Grad der Ungesättigtheit, der ein Ring sein muss. Man kann einfach eine Probestruktur aufstellen, indem man mit drei CH_2-Gruppen zum sechsgliedrigen Ring ergänzt und die Ethanoyl-Gruppe anknüpft:

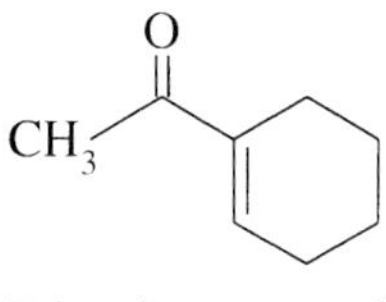

Dies ist zwar nicht die einzig mögliche Antwort, es ist aber tatsächlich die Verbindung, die die angegebenen Spektren liefert.

(b) ^{13}C-NMR: Eine C=O-Gruppe (δ=193.2) und **zwei** C=C-Gruppen (δ=129.0, 135.2, 146.7 und 152.5).

^{1}H-NMR: Die Carbonyl-Gruppe ist ein **Aldehyd** (δ=9.56 für $-\overset{\overset{O}{\|}}{C}-H$), und am anderen Ende haben wir $\underset{\delta 0.94}{CH_3} - \underset{\delta 1.48}{CH_2} - \underset{\delta 2.21}{CH_2} -$. Das ergibt zusammen C$_4H_8$O, es fehlt also noch C$_4H_4$. Alle vier fehlenden H-Atome sind Alken-Wasserstoffatome (δ=5.8–7.1), bei denen es sich im einfachsten Fall um zwei $-$CH=CH-Gruppen handelt. Daraus ergibt sich

$$CH_3CH_2CH_2CH=CHCH=CH\overset{\overset{O}{\|}}{C}H$$

22. Es handelt sich jeweils um eine konjugierte Carbonyl-Verbindung, die eine intensive UV-Absorptionsbande bei λ_{max} >200 nm liefert. Das erste Spektrum passt mit einer $\pi \to \pi^*$-Absorption bei 232 nm und der n $\to \pi^*$-Absorption der Carbonyl-Gruppe bei 308 nm zu:

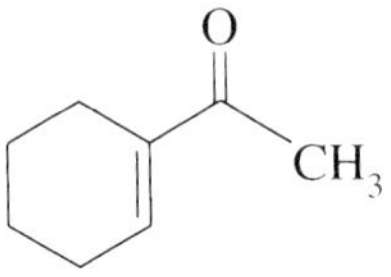

[Struktur: Cyclohexenyl-methylketon]

Das zweite Spektrum gehört mit der längerwelligen Bande bei 272 nm, die der $\pi \to \pi^*$-Absorption des ausgedehnteren konjugierten Systems entspricht, zu dem Dien-Aldehyd.

23. (a) CrO$_3$, H$_2$SO$_4$, Propanon oder MnO$_2$, CH$_2$Cl$_2$ (besser)

(b) PCC, CH$_2$Cl$_2$ **(c)** 1. O$_3$, CH$_2$Cl$_2$; 2. Zn, CH$_3$COOH, H$_2$O

(d) HgSO$_4$, H$_2$O, H$_2$SO$_4$ **(e)** wie (d)

(f) 1. 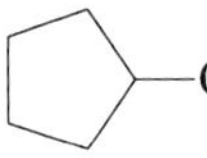 [Cyclopentyl]−COCl, AlCl$_3$ 2. H$^+$/H$_2$O

24. (a) $CH_3CH_2CH_2\overset{\overset{O}{\|}}{C}H + H\overset{\overset{O}{\|}}{C}H$ **(b)** 2 [Cyclohexanon]

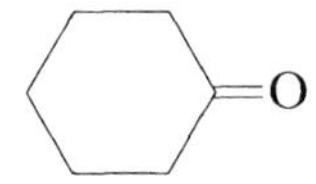

(c) $H\overset{\overset{O}{\|}}{C}CH_2CH_2CH_2\overset{\overset{O}{\|}}{C}H$ **(d)** 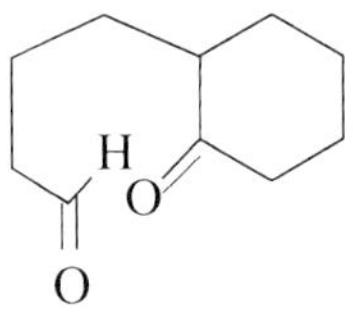 [Bicyclisches Diketon]

25. (a) Fragen Sie „Wie elektrophil ist das betreffende Kohlenstoffatom?":

$(CH_3)_2C=\overset{+}{O}H > (CH_3)_2C=O > (CH_3)_2C=NH$ Die Reihenfolge von Keton und Imin wird durch die Elektronegativität bestimmt.

(b) $CH_3\overset{\overset{O}{\|}}{C}\overset{\overset{O}{\|}}{C}\overset{\overset{O}{\|}}{C}CH_3 > CH_3\overset{\overset{O}{\|}}{C}\overset{\overset{O}{\|}}{C}CH_3 > CH_3\overset{\overset{O}{\|}}{C}CH_3$ Benachbarte Carbonylgruppen erhöhen ihre Reaktivität gegenseitig durch Verstärkung des δ^+-Charakters ihrer jeweiligen Kohlenstoffatome.

(c) BrCH$_2$CHO > CH$_3$CHO > BrCH$_2$COCH$_3$ > CH$_3$COCH$_3$ Aldehyde sind reaktiver als Ketone; Halogensubstituenten erhöhen die Reaktivität.

17 Aldehyde und Ketone: Die Carbonylgruppe

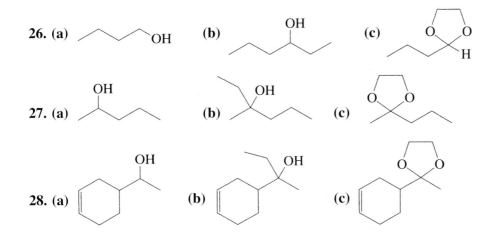

29. (a) Das Produkt steht im Gleichgewicht mit der Ausgangsverbindung.

(b) (nur Säure katalysiert die Acetalbildung)

30. (a) In Säure:

In Base:

(b) In Säure:

$$\text{:O:} \curvearrowleft H^+ \quad\quad \overset{+}{:}\text{O} \curvearrowleft H$$

$$\underset{H}{\overset{\|}{C}}\!-\!CH_2CH_2CH_2CH_2OH \longrightarrow \underset{H}{\overset{\|}{C}}\!-\!CH_2CH_2CH_2CH_2\overset{..}{\underset{..}{O}}H \longrightarrow \text{(Pyranring mit } \overset{HO}{\underset{H}{}} \text{ und } \overset{+}{O}\!-\!H) \longrightarrow \text{(Pyranring mit } \overset{HO}{\underset{H}{}} \text{ und O)}$$

In Base:

$$\underset{H}{\overset{O\curvearrowleft}{\overset{\|}{C}}}\!-\!CH_2CH_2CH_2CH_2\overset{..}{\underset{..}{O}}\!:^- \longrightarrow \text{(Pyranring mit } \overset{O^-}{\underset{H}{}} \text{)} \longrightarrow \text{(Pyranring mit } \overset{HO}{\underset{H}{}} \text{)}$$

31.

$$CH_3CH_2CH_2\overset{\overset{\displaystyle O:}{\|}}{CH} \underset{\longleftarrow}{\overset{BF_3}{\longrightarrow}} CH_3CH_2CH_2\overset{\overset{\displaystyle \overset{+}{O}\overline{B}F_3}{\|}}{CH} \overset{H\overset{..}{\underset{..}{S}}CH_3}{\longrightarrow} CH_3CH_2CH_2\underset{\underset{\displaystyle H\!-\!\overset{+}{S}\!-\!CH_3}{|}}{\overset{\displaystyle O\!-\!\overline{B}F_3}{\overset{|}{CH}}} \xrightarrow{-H^+}$$

$$CH_3CH_2CH_2\underset{\underset{\displaystyle SCH_3}{|}}{\overset{\displaystyle :\overset{..}{O}\overline{B}F_3}{\overset{|}{CH}}} \xrightarrow{H^+} CH_3CH_2CH_2\underset{\underset{\displaystyle SCH_3}{|}}{\overset{\displaystyle H\overset{+}{O}\!-\!\overline{B}F_3}{\overset{|}{CH}}} \xrightarrow{-HO\overline{B}F_3}$$

$$CH_3CH_2CH_2\underset{\underset{\displaystyle SCH_3}{|}}{\overset{+}{CH}} \xrightarrow{H\overset{..}{\underset{..}{S}}CH_3} CH_3CH_2CH_2\underset{\underset{\displaystyle SCH_3}{|}}{\overset{\displaystyle H\!-\!\overset{+}{S}\!-\!CH_3}{\overset{|}{CH}}} \xrightarrow{-H^+} \text{Produkt}$$

32. (a) **Keton**hydrate enthalten **nicht** die für eine glatte Weiteroxidation erforderliche Gruppierung $\mathrm{H\!-\!\underset{|}{\overset{|}{C}}\!-\!OH}$. Bei einer Weiteroxidation des Ketons müsste eine Kohlenstoff-Kohlenstoff-Bindung gespalten werden, ein schwierigerer Vorgang (vgl. die Baeyer-Villiger-Oxidation; Abschn. 17.13).

(b) Man überlege sich, was in dem Gemisch vorliegt, wenn einem Alkohol CrO_3 hinzugefügt wird. Neben einem Überschuss von **nicht umgesetztem Alkohol** finden wir etwas Aldehyd, der sich durch Oxidation gebildet hat. Welche Reaktion kann zwischen Aldehyden und Alkoholen ablaufen?

$$RCH_2OH \;+\; R\overset{\overset{\displaystyle O}{\|}}{C}R \;\rightleftharpoons\; RCH_2O\!-\!\underset{\underset{\displaystyle H}{|}}{\overset{\overset{\displaystyle OH}{|}}{C}}\!-\!R \quad\quad \text{Bildung eines Halbacetals}$$

Welches Produkt ist bei der Reaktion des Halbacetals mit CrO_3 zu erwarten? Besitzt das Halbacetal eine oxidierbare Gruppierung? Ja:

$$RCH_2O\!-\!\boxed{\underset{\underset{\displaystyle H}{|}}{\overset{\overset{\displaystyle OH}{|}}{C}}}\!-\!R \xrightarrow{CrO_3} RCH_2O\overset{\overset{\displaystyle O}{\|}}{C}R \quad\quad \text{Es entsteht ein Ester.}$$

17 Aldehyde und Ketone: Die Carbonylgruppe

(c) (1) C₆H₅–CH₂CH₂CHO — Geeignete Methode zur Oxidation von primären Alkoholen zu Aldehyden

(2) C₆H₅–CH₂CH₂COCH₂CH₂CH₂–C₆H₅ — Halbacetal entsteht und wird oxidiert; tatsächliche Ausbeute: 54%

33. (a) [Mechanismus: Cyclopentanon mit OH-Seitenkette wird durch H⁺ protoniert, intramolekularer Angriff des Alkohol-Sauerstoffs am Carbonyl-C, Deprotonierung liefert Produkt (ein bicyclisches Halbacetal).]

(b) [Mechanismus mit zwei Hydroxy-Seitenketten, Protonierung, intramolekularer Angriff, dann zweite Alkohol-Addition und Deprotonierung zum bicyclischen Acetal.]

(c) Siehe die Abschnitte 17.6 und 17.7 im Lehrbuch.

34. Eine doppelte Iminbildung. Derartige Reaktionen können ohne Katalyse ablaufen, aber eine nicht zu starke Säure wirkt im Allgemeinen förderlich. Für die erste Kondensation wird der Mechanismus detailliert gezeigt, für die zweite in abgekürzter Form.

256   17 Aldehyde und Ketone: Die Carbonylgruppe

35.

36. (a)
$$\xrightarrow{HOCH_2CH_2OH} CH_3CCH_2CH_2CH_2OH \xrightarrow[\substack{1.\ PBr_3 \\ 2.\ Mg,\ THF \\ 3.\ CH_3CCH_3}]{}$$

(with the dioxolane protecting group on the ketone)

$$CH_3CCH_2CH_2CH_2C(CH_3)_2OH \xrightarrow[\substack{1.\ H^+,\ H_2O \\ 2.\ LiAlH_4}]{} \text{Produkt}$$

(b) $\xrightarrow{CrO_3,\ H_2O,\ H_2SO_4}$ 3-Pentanon $\xrightarrow[CH_3CH_2OH]{H^+,\ C_6H_5NH_2}$ Produkt

(c) $\xrightarrow{2\ PCC,\ CH_2Cl_2}$ 1,5-Pentandial $\xrightarrow{H_2O}$ Produkt, über

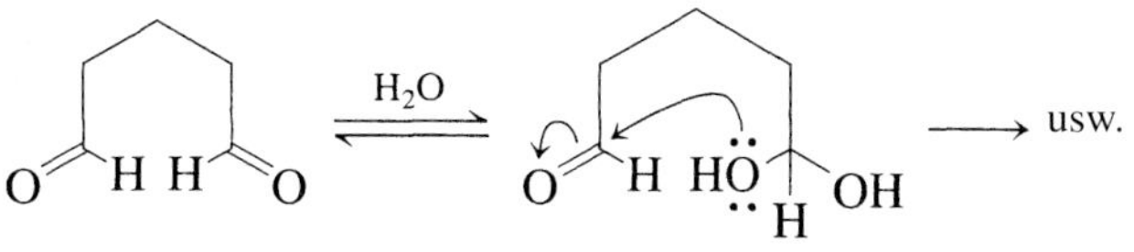

[Struktur: OHC-CH₂-CH₂-CH₂-CHO] $\underset{H_2O}{\rightleftharpoons}$ [cyclische Halbacetal-Zwischenstufe] $\longrightarrow$ usw.

(d) 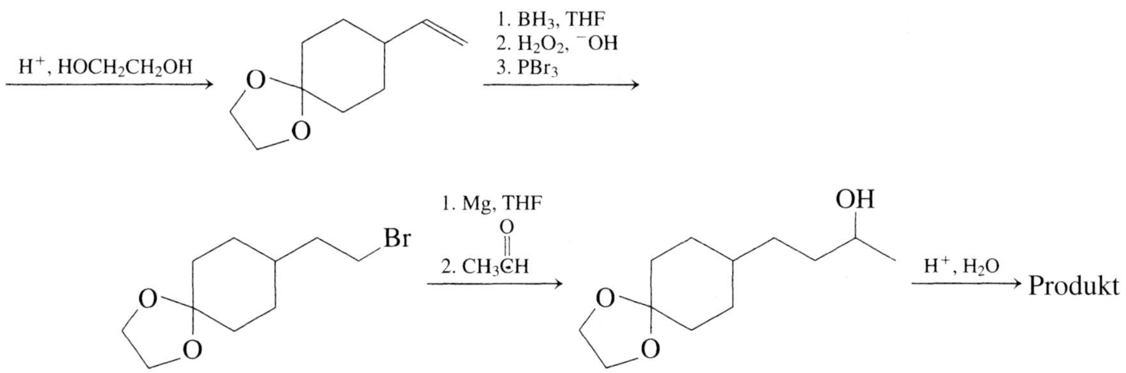 $\xrightarrow{H^+,\ HOCH_2CH_2OH}$ [Dioxolan-Spiroverbindung mit Vinylgruppe] $\xrightarrow{\begin{array}{l}1.\ BH_3,\ THF\\ 2.\ H_2O_2,\ {}^-OH\\ 3.\ PBr_3\end{array}}$

[Bromethyl-Dioxolan-Spiroverbindung] $\xrightarrow{\begin{array}{l}1.\ Mg,\ THF\\ 2.\ CH_3\overset{O}{\overset{\|}{C}}H\end{array}}$ [Hydroxypropyl-Dioxolan-Spiroverbindung] $\xrightarrow{H^+,\ H_2O}$ Produkt

37. Erwartungsgemäß sollten sich die Absorptionsbanden dieser Hydrazone mit zunehmender Ausdehnung der Konjugation zu längeren Wellenlängen verschieben – genau wie bei den Ausgangsketonen. Daher:

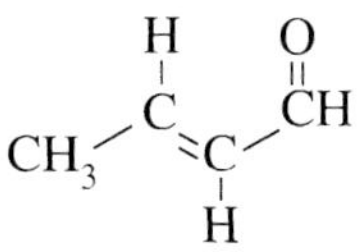

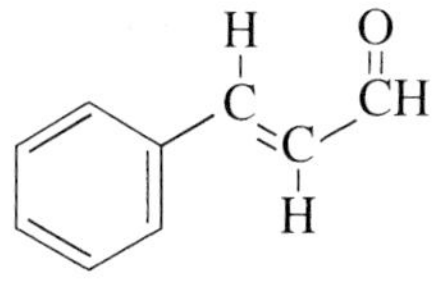

$CH_3CH_2CH_2\overset{O}{\overset{\|}{C}}H$ $CH_3\underset{H}{\overset{H}{\underset{|}{\overset{|}{C}}}}=C\overset{O}{\overset{\|}{C}}H$ $C_6H_5\underset{H}{\overset{H}{\underset{|}{\overset{|}{C}}}}=C\overset{O}{\overset{\|}{C}}H$

Hydrazon λ_{max} 358 nm   Hydrazon λ_{max} 377 nm   Hydrazon λ_{max} 394 nm
(gelb)   (orange)   (rot)
Flasche 2   Flasche 1   Flasche 3

38. (a) H_2NNH_2, H_2O, HO^-, Δ (Wolff-Kishner-Reduktion der beiden Carbonylgruppen)

(b) H_2, Pd-C, CH_3CH_2OH (selektive Reduktion des Alkens)

(c) $LiAlH_4$, $(CH_3CH_2)_2O$ (selektive Reduktion des Aldehyds)

(d) H^+, Cycloheptanon (Bildung eines ungewöhnlichen Acetals, mehr nicht)

39. (a) $CH_3\overset{O}{\overset{\|}{C}}H\ +\ (C_6H_5)_3P=CHCH_2CH(CH_3)_2\ \xrightarrow[THF]{(1)}$

Produkt $\xleftarrow[THF]{(2)}\ CH_3CH=P(C_6H_5)_3\ +\ H\overset{O}{\overset{\|}{C}}CH_2CH(CH_3)_2$

(b) Cyclohexan-1,2-dicarbaldehyd + Ylid $\xrightarrow[\text{THF}]{(1)}$ Bis-Ylid-Zwischenprodukt + Aceton $\xrightarrow[\text{THF}]{(2)}$ Produkt

40. Es gibt nur drei mögliche Ketone: 2-Heptanon, 3-Heptanon und 4-Heptanon. Es geht also um die Zuordnung.

$$CH_3CH_2CH_2CH_2CH_2COCH_3 \text{ (2-Heptanon)} \xrightarrow{\text{Baeyer-Villiger}}$$

$CH_3CH_2CH_2CH_2CH_2OCOCH_3$ (Hauptprodukt, durch Wanderung von primärem Alkyl) + $CH_3CH_2CH_2CH_2CH_2COOCH_3$ (Nebenprodukt, durch Wanderung von Methyl)

$$CH_3CH_2CH_2CH_2COCH_2CH_3 \text{ (3-Heptanon)} \xrightarrow{\text{Baeyer-Villiger}}$$

$CH_3CH_2CH_2CH_2OCOCH_2CH_3$ + $CH_3CH_2CH_2CH_2COOCH_2CH_3$
Zwei Produkte in ungefähr gleichen Mengen (beide durch Wanderung primärer Alkylgruppen)

$$CH_3CH_2CH_2COCH_2CH_2CH_3 \text{ (4-Heptanon)} \longrightarrow CH_3CH_2CH_2OCOCH_2CH_2CH_3$$
Nur ein Produkt (das Ausgangsketon ist symmetrisch)

Verbindung A muss 4-Heptanon sein; B ist 2-Heptanon; C ist 3-Heptanon.

41. (a) $CH_3CH_2CH_2CH_2CH_2CH$ (cyclisches Acetal, 1,3-Dioxolan) **(b)** 1-Hexanol

(c) $CH_3CH_2CH_2CH_2CH_2CH=NOH$ **(d)** Hexan

(e) $CH_3CH_2CH_2CH_2CH_2CH=CHCH_2CH(CH_3)_2$ (E und Z)

(f) $CH_3CH_2CH_2CH_2CH=CH-N\text{(Pyrrolidin)}$ **(g)** Hexansäure + Ag-Metall

(h) Hexansäure **(i)** 2-Hydroxyheptannitril $\left(\text{über } \overset{O}{\underset{\|}{RCH}} \rightarrow \overset{OH}{\underset{|}{RCHCN}}\right)$

42. (a) Spiro-1,3-dioxolan mit Cycloheptan **(b)** Cycloheptanol

(c) 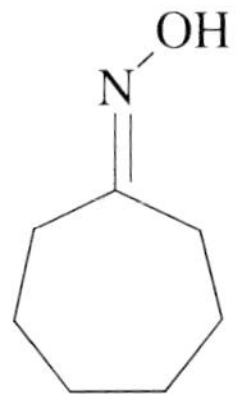 [cycloheptanone oxime, =N-OH]

(d) Cycloheptan

(e) 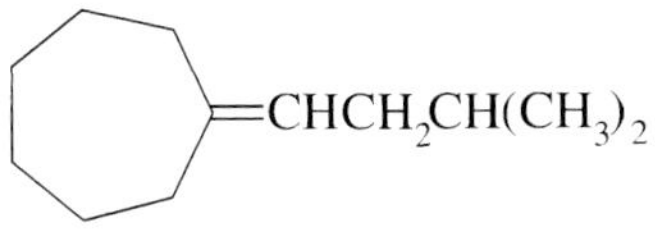 [cycloheptylidene=CHCH$_2$CH(CH$_3$)$_2$]

(f) 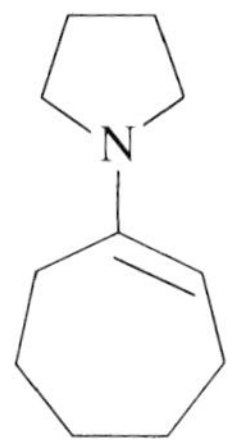 [1-pyrrolidinyl-cycloheptene]

(g) und **(h)** keine Reaktion (diese Reaktionen gehen nur Aldehyde ein).

(i) 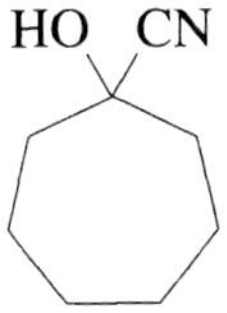 [1-hydroxy-1-cyano-cycloheptane, HO, CN]

43.

[Mechanism: Phenyl-C(=N-NH$_2$)-CH$_3$ + HO:⁻ ⇌ (+HOH/+H$_2$O) resonance structures with N=N and NH, then H-OH abstraction ⇌]

[Phenyl-CH(N=N-H)-CH$_3$ + HO:⁻ ⇌ (+HOH/+H$_2$O) Phenyl-CH(N=N:⁻)-CH$_3$ → Irreversible Abspaltung von N$_2$ → Phenyl-C⁻H-CH$_3$ → (H-OH)]

→ Phenyl-CH$_2$CH$_3$ + ⁻OH

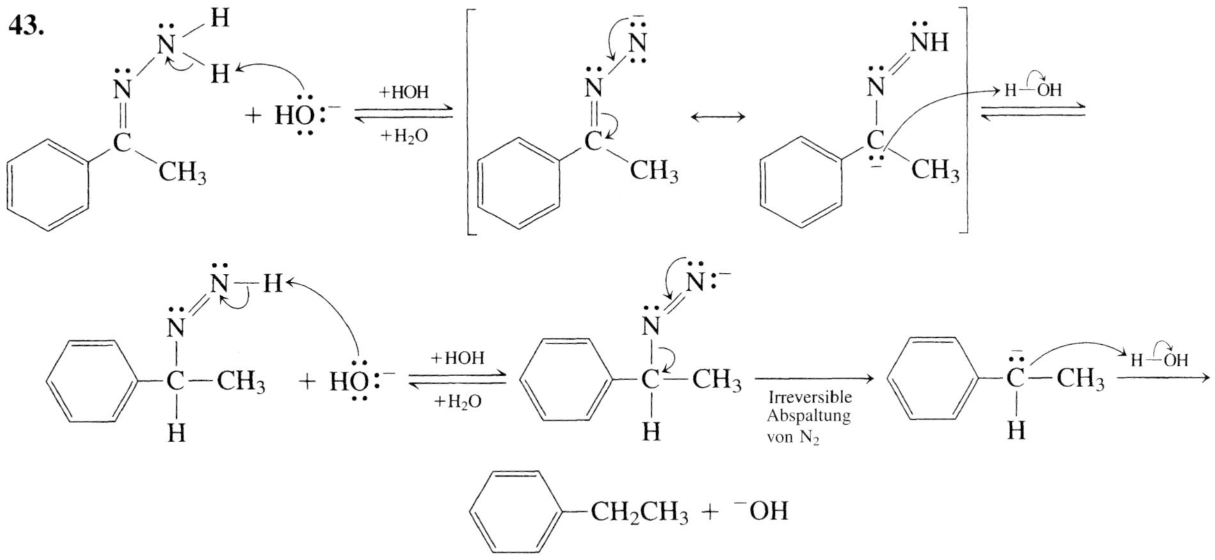

44. Die Reaktion läuft unter sauren Bedingungen ab.

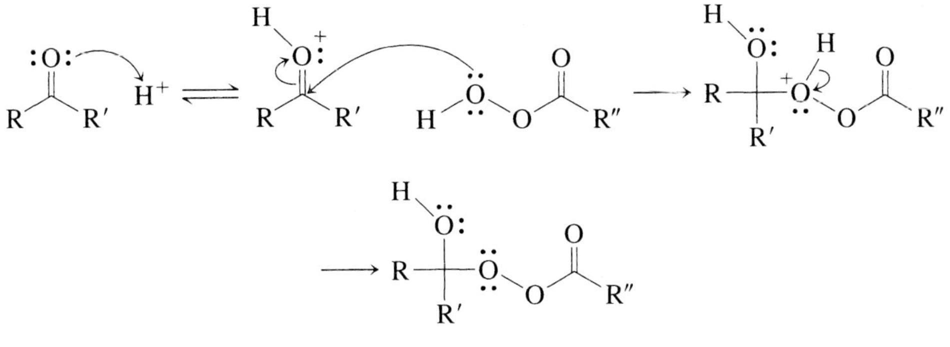

[Mechanism: R-C(=O)-R' + H⁺ ⇌ R-C(=⁺OH)-R' + H-O(-H)-O-C(=O)-R'' → R-C(OH)(R')-⁺O(H)-O-C(=O)-R''

→ R-C(OH)(R')-O-C(=O)-R'']

45.

[Reaktionsschema: Bicyclisches Keton + HO—OCR → tetraedrisches Zwischenprodukt mit Wanderung → Lacton + HOCR]

Vgl. die Lösung zu Aufgabe 44.

46. In jedem Fall wird das O-Atom auf einer der beiden Seiten des Carbonyl-Kohlenstoffatoms eingeführt. Um das bevorzugte Produkt zu ermitteln, schlagen Sie in Abschnitt 17.13 die dort gegebenen Informationen über das Wanderungsverhalten nach. In den folgenden Antworten ist die **erste** Struktur bevorzugt.

(a) Cyclohexyl-H-OC(O)CH₃ und Cyclohexyl-H-C(O)OCH₃

(b) 6-Methyl-δ-valerolacton und 3-Methyl-δ-valerolacton

(c) (CH₃)₂CHO—C(O)—CH₂CH(CH₃)₂ und (CH₃)₂CH—C(O)—OCH₂CH(CH₃)₂

(d) [Bicyclisches Lacton mit O neben Brückenkopf] und [Bicyclisches Lacton mit C=O neben Brückenkopf]

(e) C₆H₅OC(O)CH₃   C₆H₅C(O)OCH₃

47. (a) Ansatz: Sie müssen CH₃MgI mit einer Keto-Carbonylgruppe umsetzen, daher muss zunächst der Aldehyd geschützt werden.

[Reaktionsschema:
4-Hydroxycyclohexancarbaldehyd —HOCH₂CH₂OH, H⁺→ 1,3-Dioxolan-geschütztes Derivat —PCC, CH₂Cl₂→ 4-Oxo-cyclohexyl-dioxolan —1. CH₃MgI, (CH₃CH₂)₂O; 2. H⁺, H₂O→ 1-Methyl-4-formylcyclohexan-1-ol]

(b) Vorsicht! Auch hier ist es ratsam, die Aldehydgruppe zu schützen, weil sie nicht mit den Methoden zur Entfernung der Alkoholfunktion vereinbar ist. Hier ist eine Möglichkeit:

[Reaktionsschema: 4-Hydroxycyclohexancarbaldehyd → Acetal-Schutz mit HOCH₂CH₂OH, H⁺ → 1. PBr₃, 2. Mg, (CH₃CH₂)₂O → Grignard-Reagenz (H MgBr) → H⁺, H₂O → Cyclohexancarbaldehyd]

und danach:

[Reaktionsschema: 1. CH₃MgI, (CH₃CH₂)₂O; 2. H⁺, H₂O → 1-Cyclohexylethanol → CrO₃, H₂SO₄, H₂O → 1-Cyclohexylethanon (Methylcyclohexylketon)]

Ebenso gut verläuft die Oxidation des Alkohols zum Keton mit nachfolgender Wolff-Kishner-Reduktion.

(c) Das „Zielmolekül" ist ein Halbacetal. Formulieren Sie es in der offenen Form, (d.h. als acyclisches Isomer):

[Strukturformel: cyclisches Halbacetal ⇌ offene Form HO–CH₂CH₂CH₂–C(=O)–CH₃]

Die Synthese der offenen Form führt automatisch zur Bildung des gewünschten Produkts. Zunächst wird die Alkohol-Funktion geschützt, danach:

$$\text{ClCH}_2\text{CH}_2\text{CH}_2\text{OH} \xrightarrow{\text{H}^+,\ \text{CH}_2=\text{C}(\text{CH}_3)_2} \text{ClCH}_2\text{CH}_2\text{CH}_2\text{OC}(\text{CH}_3)_3 \xrightarrow[\text{2. CH}_3\text{CHO}]{\text{1. Mg, (CH}_3\text{CH}_2)_2\text{O}}$$

$$\underset{\underset{\text{OH}}{|}}{\text{CH}_3\text{CHCH}_2\text{CH}_2\text{CH}_2\text{OC}(\text{CH}_3)_3} \xrightarrow{\text{PCC, CH}_2\text{Cl}_2} \text{CH}_3\overset{\overset{\text{O}}{\|}}{\text{C}}\text{CH}_2\text{CH}_2\text{CH}_2\text{OC}(\text{CH}_3)_3 \xrightarrow{\text{H}^+,\ \text{H}_2\text{O}}$$

$$\text{CH}_3\overset{\overset{\text{O}}{\|}}{\text{C}}\text{CH}_2\text{CH}_2\text{CH}_2\text{OH} \rightleftharpoons \text{Produkt}$$

48. Die Antwort ist wirklich nicht so schwer: In Cyclopropanon ist die Bindungswinkelspannung größer als im zugehörigen Halbacetal. Warum? Das Carbonyl-Kohlenstoffatom strebt sp^2-Hybridisierung und damit Bindungswinkel von 120° an. Eingebunden in den Dreiring mit einem Bindungswinkel von annähernd 60° erfährt es eine Spannung, die einer Bindungswinkelstauchung von 120°−60°=60° entspricht. Dagegen strebt das Halbacetal-Kohlenstoffatom

262   17 Aldehyde und Ketone: Die Carbonylgruppe

nur die Tetraedergeometrie mit Bindungswinkeln von 109° an. Die auf dieses Atom wirkende Spannung ist daher kleiner und entspricht einer Stauchung von 109°−60°=49°. Ähnlichen Situationen sind wir bereits bei der relativen Reaktionsträgheit von Cyclopropan gegenüber der radikalischen Halogenierung (Kap. 4, Aufg. 19) und bei den langsamen S_N2-Substitutionen an Halogencyclopropanen (Kap. 6, Aufg. 51) begegnet.

49. Bei pH < 2 ist das Stickstoffatom in NH_2OH protoniert ($^+NH_3OH$), somit fehlt das nucleophile Atom. Bei pH = 4 liegt das N-Atom überwiegend frei vor, aber die Lösung ist noch sauer genug, um die Elektrophilie einiger Carbonyl-Gruppen durch Protonierung zu erhöhen $\overset{\diagdown}{\underset{\diagup}{C}}=\underset{+}{O}H$. Bei pH > 7 sind keine Carbonyl-Gruppen protoniert, darum sinkt die Geschwindigkeit auf die von freiem NH_2OH, das nichtaktivierte $\overset{\diagdown}{\underset{\diagup}{C}}=O$-Gruppen angreift.

50. Arbeiten Sie ausgehend von der Strukturinformation rückwärts.

$$\underset{}{CH_3\overset{O}{\overset{\|}{C}}CH_2CH_2CH_2\overset{CH_3}{\overset{|}{CH}}-\overset{O}{\overset{\|}{C}}OH} \xleftarrow{Cr^{6+}, H_2O}$$

$$\underset{\text{Keto-aldehyd}}{CH_3\overset{O}{\overset{\|}{C}}CH_2CH_2CH_2\overset{CH_3}{\overset{|}{CH}}-\overset{O}{\overset{\|}{C}}H} \xleftarrow[\text{2. Zn, } CH_3\overset{O}{\overset{\|}{C}}OH]{\text{1. } O_3, CH_2Cl_2} \quad \mathbf{H}$$

$$\xleftarrow{H_2SO_4, \Delta} \quad \mathbf{F \ und \ G} \quad \xleftarrow[\text{2. } H^+, H_2O]{\text{1. LiAlH}_4 \ (CH_3CH_2)_2O}$$

$$\mathbf{D} \quad \xrightarrow[\text{THF}]{CH_2P(C_6H_5)_3} \quad \mathbf{E}$$

Anmerkung: F und G müssen **sekundäre** Alkohole sein, weil sie durch eine Reduktion mit LiAlH$_4$ (in diesem Fall eines Ketons) entstanden sind. Die Methyl-Gruppen in D müssen *cis*-ständig sein. Hätten sie *trans*-Positionen, würde aus der Reduktion mit LiAlH$_4$ nur ein einziges Produkt hervorgehen.

51. Die sich aus jeder Einzelinformation ergebenden Folgerungen sind angegeben.

(i) Coprostanol ist ein Alkohol und **J** ist ein Keton.

(ii) [Struktur: in Frage kommender Teil des Cholesterins] $\xrightarrow[\text{(weniger gehindert)}]{\text{H}_2, \text{Pt} \atop \text{sollte von der Unterseite her addieren}}$ [Struktur: **K**, ein Stereoisomer von Coprostanol] $\xrightarrow{\text{Jones}}$ [Struktur: **L**, ein Stereoisomer von **J**]

Demnach ist **J** wahrscheinlich

[Struktur mit CH₃, O, H]

An dieser Stelle stereoisomer mit **L**

(iii) Cholesterin $\xrightarrow{\text{Cr}^{6+}, \text{Propanon}}$ [Struktur **M**] $\xrightarrow{\text{H}_2, \text{Pt}, \text{CH}_3\text{CH}_2\text{OH}}$ wieder **L**

Das sollte man aufgrund der Information in (ii) erwarten. Was ist also Coprostanol? Da es bei Oxidation mit dem Jones-Reagenz **J** ergibt, muss es einer der beiden folgenden Alkohole sein

[Zwei Strukturen] oder [Struktur]

Tatsächlich sind beide bekannt, sie heißen 3β- und 3α-Coprostanol.

52. (a) Das UV-Spektrum lässt auf ein **konjugiertes** Keton schließen (vergleichen Sie mit den UV-Daten der Verbindungen in Übung 17-3 und von 3-Buten-2-on in Abschnitt 17.3). Verbindung **N** könnte also folgendermaßen entstehen:

[Struktur **M**] $\xrightarrow{\text{H}^+, \text{CH}_3\text{CH}_2\text{OH}}$ [Struktur **N**]

(b) **N** $\xrightarrow{\text{H}_2, \text{Pd}, \text{CH}_3\text{CH}_2\text{OH}}$ [Struktur **J**]   Das ist in der Tat merkwürdig, denn H₂ addiert in diesem speziellen Fall an die **stärker gehinderte** Oberseite.

264 17 Aldehyde und Ketone: Die Carbonylgruppe

(c) Das Hydrazon bildet sich auf die übliche Weise (Abschn. 17.9). Also:

[Reaktionsmechanismus: Bildung eines Allyl-Anions, das an C5 protoniert ist]

53. Die wichtigste Frage ist, welche Carbonylgruppe bevorzugt mit Methanol reagiert. Den Informationen aus Abschnitt 17.6 zufolge sollte die Aldehydgruppe reaktiver sein. Schlagen Sie daher als Arbeitshypothese ein Produkt mit einer Acetal-Funktion vor, die durch Additon von Methanol an das Aldehyd-Kohlenstoffatom entsteht, und prüfen Sie, ob das NMR-Spektrum damit übereinstimmt.

Ein Schlüssel zur Lösung ist das fehlende Signal für ein Formyl-(Aldehyd-)Wasserstoffatom im Bereich $\delta = 9.5-10$ des Spektrums. Der Reaktionsmechanismus entspricht exakt dem in Abschnitt 17.7 des Lehrbuchs.

18 | Enole und Enone

α,β-ungesättige Alkohole, Aldehyde und Ketone

28. (a) CH$_3$C(H$_2$)CC(H$_2$)CH$_3$ (mit O oben) (b) C(H$_3$)CC(H)(CH$_3$)$_2$ (mit O oben) (c) [Cyclohexanon mit H$_3$C und CH$_3$ an α-Positionen, H markiert]

(d) [Cyclohexanon mit H$_3$C und CH$_3$, H markiert] (e) [Cyclohexanon mit zwei H links, CH$_3$/CH$_3$ rechts] (f) [Cyclohexyl-CHO mit H markiert]

(g) (CH$_3$)$_3$CCH (mit O) — unterstrichenes C (h) (CH$_3$)$_3$CC(H$_2$)CH (mit O)

29. (a) (i) CH$_3$CH=CCH$_2$CH$_3$ mit OH
    (ii) [CH$_3$C̄HCCH$_2$CH$_3$ (mit O) ⟷ CH$_3$CH=CCH$_2$CH$_3$ (mit Ö$^-$)]

Im Folgenden wird nur noch eine der Enolat-Resonanzstrukturen formuliert.

(b) (i) CH$_2$=CCH(CH$_3$)$_2$ mit OH, CH$_3$C=C(CH$_3$)$_2$ mit OH (ii) ¯CH$_2$CCH(CH$_3$)$_2$ mit O, CH$_3$CC̄(CH$_3$)$_2$ mit O

(c) (i) [Cyclohexen mit OH, CH$_3$ an C1 und CH$_3$ keilförmig an C6] (ii) [Cyclohexanon mit CH$_3$¯ und CH$_3$ keilförmig]

(d) wie (c) – die stereochemische Isomerie geht verloren, da das α-Kohlenstoffatom sp^2-hybridisiert wird.

(e) (i) [Cyclohexen-OH mit H, CH$_3$, CH$_3$] (ii) [Cyclohexanon mit H¯, CH$_3$, CH$_3$]

(f) (i) [Cyclohexan=CH mit OH] (ii) [Cyclohexyl-C̄H mit O]

(g) Es ist keins möglich (keine α-Wasserstoffatome!)

(h) (CH$_3$)$_3$CCH=CH mit OH   (ii) (CH$_3$)$_3$CCC̄HCH mit O

30. (a) Ersetzen Sie **alle** α-Wasserstoffatome durch D; z. B.

$$CH_3CH_2\overset{O}{\underset{\|}{C}}CH_2CH_3 \quad \text{ergibt} \quad CH_3CD_2\overset{O}{\underset{\|}{C}}CD_2CH_3,$$

Cyclohexanon mit 2,2-(CH₃)₂ ergibt Cyclohexanon mit 6,6-D₂ und 2,2-(CH₃)₂, und

$$(CH_3)_3C\overset{O}{\underset{\|}{C}}H_2CH \quad \text{ergibt} \quad (CH_3)_3C\overset{O}{\underset{\|}{C}}D_2CH.$$

Korrektur:

$$(CH_3)_3CCH_2\overset{O}{\underset{\|}{C}}H \quad \text{ergibt} \quad (CH_3)_3CCD_2\overset{O}{\underset{\|}{C}}H.$$

(Beachten Sie, dass das Aldehyd-Wasserstoffatom **nicht** ersetzt wird – es ist **nicht** acid.)

(b) Bedingungen für die Einführung eines **einzelnen** α-Halogenatoms. Man erhält der Reihe nach:

(a) $CH_3CHBr\overset{O}{\underset{\|}{C}}CH_2CH_3$

(b) ein Gemisch von $CH_3\overset{O}{\underset{\|}{C}}CBr(CH_3)_2$ und $BrCH_2\overset{O}{\underset{\|}{C}}CH(CH_3)_2$

(c), (d) 2-Brom-2,6-dimethylcyclohexanon (Aus dem *cis*- oder dem *trans*-Keton entsteht ein Gemisch von Stereoisomeren)

(e) 6-Brom-2,2-dimethylcyclohexanon (f) 1-Brom-cyclohexancarbaldehyd

(g) keine Reaktion (h) $(CH_3)_3CCHBr\overset{O}{\underset{\|}{C}}H$

(c) Unter diesen Bedingungen werden alle α-Wasserstoffatome durch Cl ersetzt.

31. (a) Ein Äquivalent Br₂ im Lösungsmittel Ethansäure (Essigsäure, CH₃CO₂H).

(b) Überschuss von Cl₂ in wässriger Base.

(c) Ein Äquivalent Cl₂ in Ethansäure.

32.

[Mechanismus: Cyclohexanon + H⁺ → protoniertes Cyclohexanon → Enol → Reaktion mit SO₂Cl₂ → α-Chlor-protoniertes Cyclohexanon + SO₂ + Cl⁻ → 2-Chlorcyclohexanon (−H⁺)]

33. (a) 2-Ethylcyclohexanon (b) Cyclohexanon + CH₃CH=CH₂ (E2) (c) 2-Isobutylcyclohexanon

(d) Cyclohexanon + CH₂=C(CH₃)₂   (wieder E2: sekundäre und tertiäre Halogenalkane reagieren mit stark basischen Enolat-Anionen unter Eliminierung)

34. In beiden Fällen handelt es sich um die Reaktionsfolge Aldehyd → Enamin → Alkylierung. Die neue Kohlenstoff-Kohlenstoff-Bindung ist mit einem Pfeil markiert.

(a) $(CH_3)_2C=CHCH_2-CH_2CHO$ (über $CH_2=CH-N\text{(Pyrrolidin)}$)

(b) $C_6H_5-CH_2-CH(C_6H_5)CHO$ (über $C_6H_5-CH_2-Br$ + $C_6H_5-CH=CH-N\text{(Pyrrolidin)}$, S_N2-Reaktion)

35. Als Beispiel dient Cyclohexanon: Bevor die Reaktion zwischen Cyclohexanon-Enolat und Iodmethan vollständig abgelaufen ist, besteht das Gemisch aus

CH₃I, Cyclohexanon-Enolat und 2-Methylcyclohexanon

Unter diesen Bedingungen kann zwischen Cyclohexanon-Enolat und 2-Methylcyclohexanon eine Säure-Base-Reaktion stattfinden, die zu den beiden möglichen Enolatformen von Methylcyclohexanon führt:

268   18 Enole und Enone – α,β-ungesättige Alkohole, Aldehyde und Ketone

Die Reaktion dieser neuen Enolate mit CH₃I führt zu doppelt alkylierten Produkten.

Die Verwendung von Enaminen verringert dieses Problem, da sie weniger reaktiv und selektiver als Enolat-Ionen sind.

36. Ja. Enamine (neutral) sind viel weniger basisch als Enolate (anionisch) und neigen deutlich weniger zu E2-Eliminierungen.

37. Benutzen Sie den Katalysator! Dann ist es einfach:

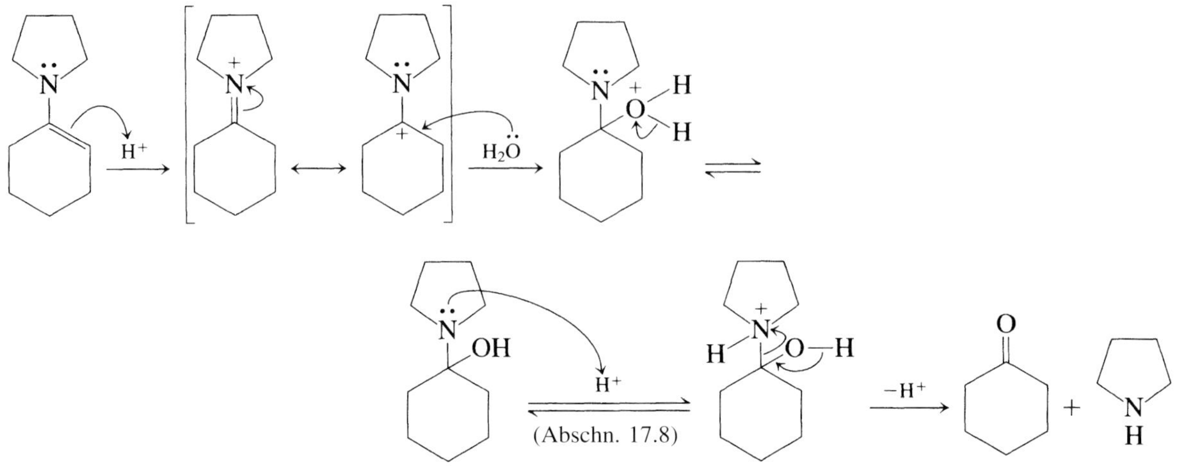

38. Die Richtung des nucleophilen Angriffs und die neue Bindung im Produkt (Pfeil) sind angegeben. Es entsteht zunächst eine Hydroxycarbonylverbindung, die durch Dehydratisierung in das Enon überführt wird; beide sind gezeigt.

(a)

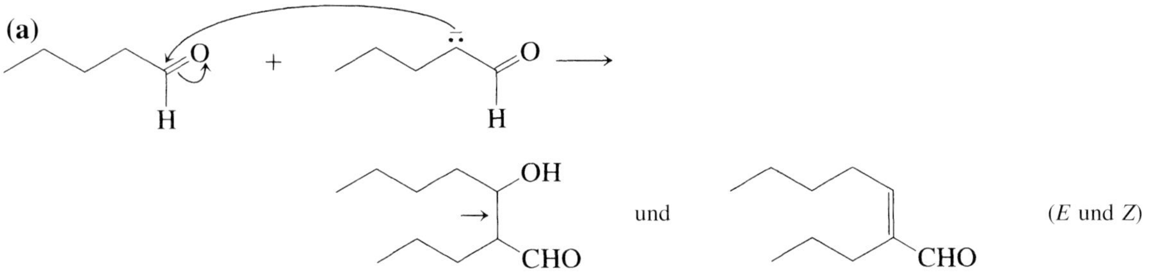

(b)

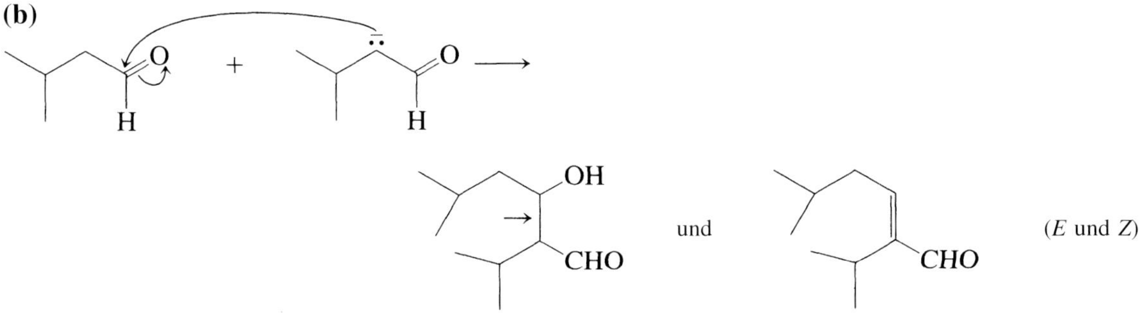

18 Enole und Enone – α,β-ungesättigte Alkohole, Aldehyde und Ketone   269

(c)

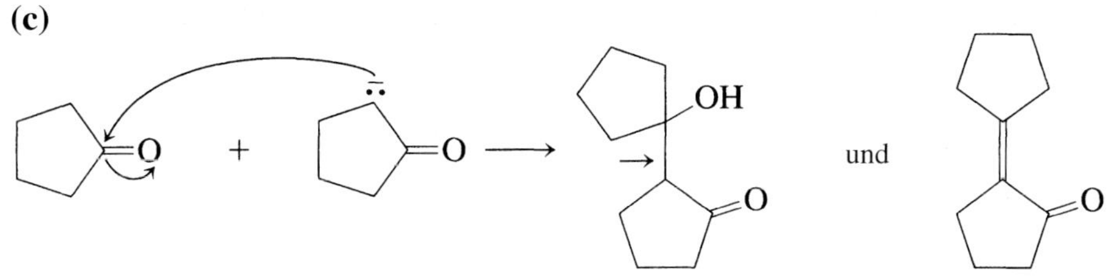

39. Die Richtung des nucleophilen Angriffs und die neue Bindung im Produkt (Pfeil) sind angegeben. Es entsteht zunächst eine Hydroxycarbonylverbindung, die durch Dehydratisierung in das Enon überführt wird; beide sind gezeigt.

(a)

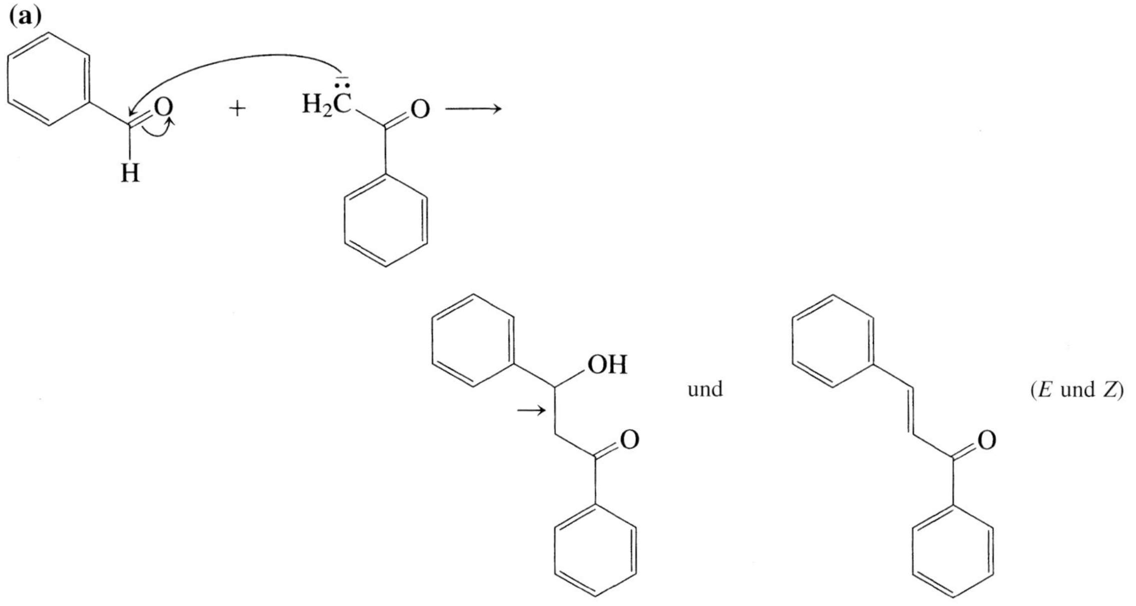

(b)

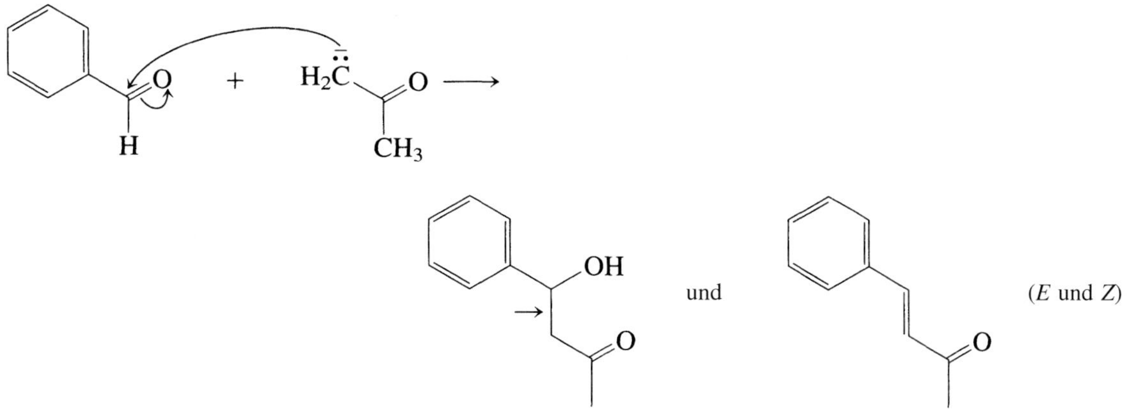

(E und Z)

(c)

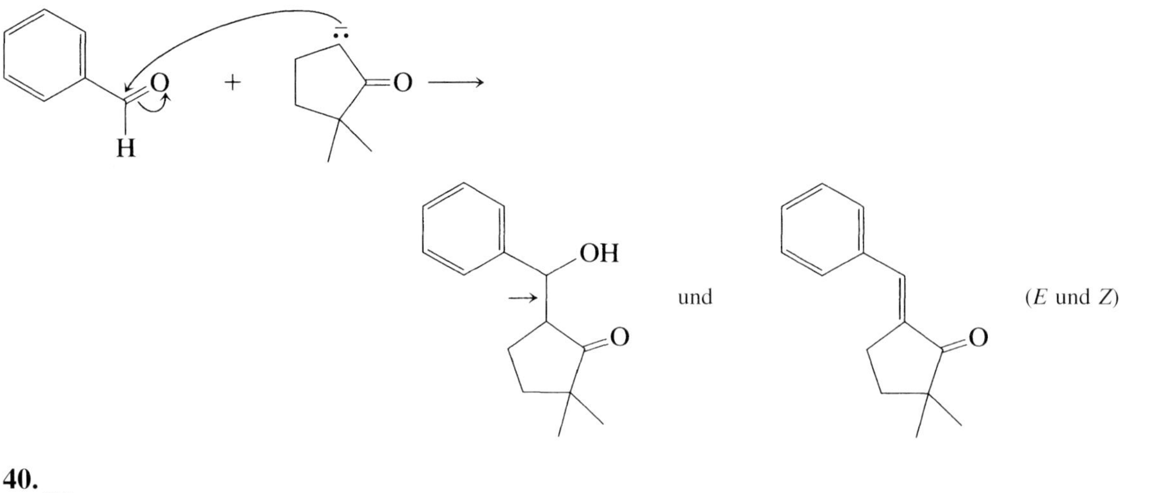
H
O
O
OH
und
(E und Z)

40.

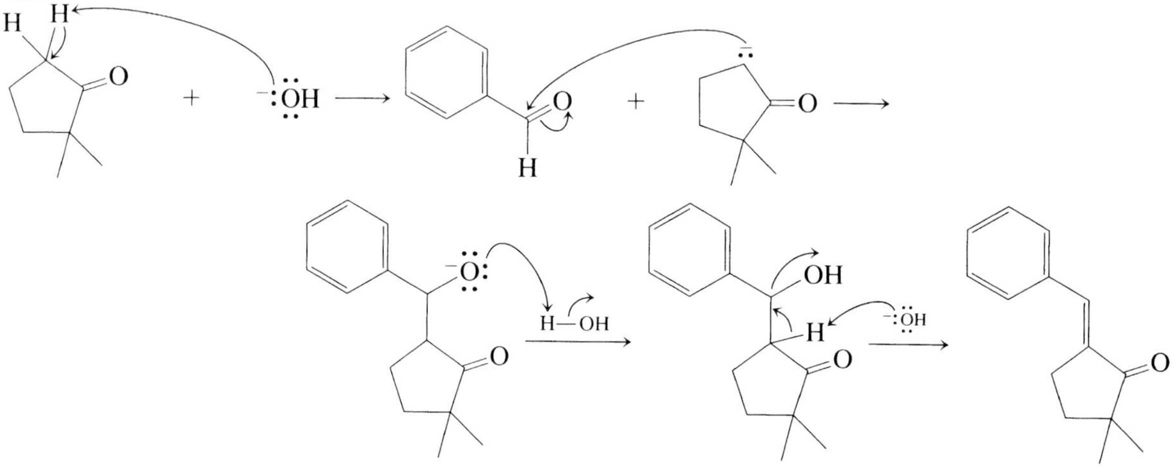
H
H
O
:OH
H—OH
OH
H

41. Aldol-Additionen. Die Richtung des nucleophilen Angriffs und die neue Bindung im Produkt (Pfeil) sind angegeben.

(a) 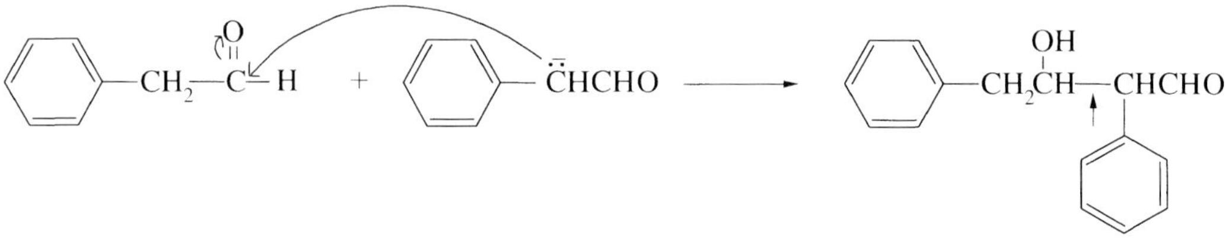
CH2—C—H
CHCHO
OH
CH2CH—CHCHO

(b) 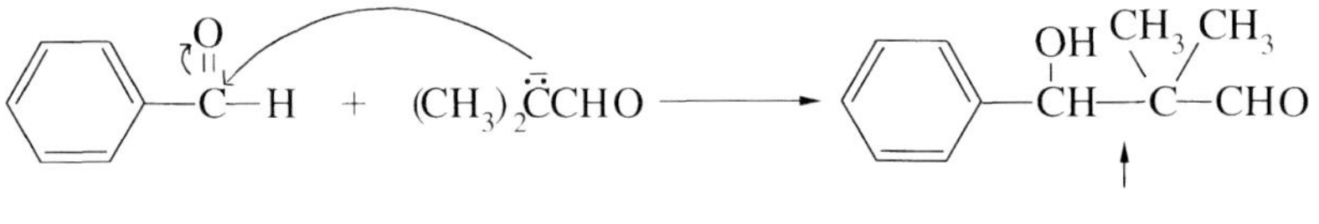
C—H
(CH3)2CCHO
OH CH3 CH3
CH—C—CHO

(c) 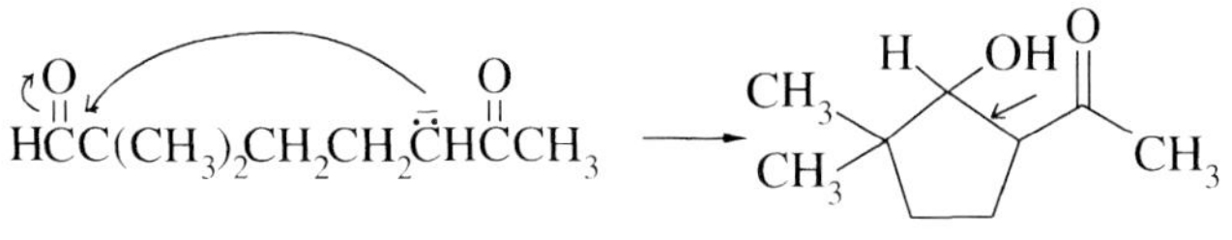
HCC(CH3)2CH2CH2CHCCH3
CH3
CH3
H
OH
CH3

18 Enole und Enone – α,β-ungesättige Alkohole, Aldehyde und Ketone

(d)

[Struktur: Bicyclisches System mit CHO-Gruppen, das zu einem verbrückten bicyclischen Produkt mit H und OH reagiert]

42. und 43. (a) $\overset{\alpha}{C}H_3CHO + CH_3CH_2\overset{\alpha}{C}H_2CHO$

$$CH_3-\underset{\underset{}{|}}{\overset{\overset{OH}{|}}{CH}}-CH_2-CHO \qquad CH_3CH_2CH_2-\underset{\underset{CH_2CH_3}{|}}{\overset{\overset{OH}{|}}{CH}}-CH-CHO$$

$$CH_3-\underset{\underset{CH_2CH_3}{|}}{\overset{\overset{OH}{|}}{CH}}-CH-CHO \qquad CH_3CH_2CH_2-\overset{\overset{OH}{|}}{CH}-CH_2-CHO$$

Keine dieser Verbindungen entsteht als Hauptprodukt, die erste kann aber in etwas höherer Ausbeute erhalten werden als die anderen, weil sie sterisch weniger gehindert ist.

(b) $(CH_3)_3\overset{\alpha}{C}CHO \;+\; \overset{\alpha}{C}H_3-\overset{\overset{O}{\|}}{C}-C_6H_5$

keine α-Wasser-
stoffatome

$(CH_3)_3C-\overset{\overset{OH}{|}}{CH}-CH_2-\overset{\overset{O}{\|}}{C}-C_6H_5 \qquad CH_3-\overset{\overset{OH}{|}}{\underset{\underset{C_6H_5}{|}}{C}}-CH_2-\overset{\overset{O}{\|}}{C}-C_6H_5$

Hauptprodukt

sehr wenig
(Keton + Keton)

(c) $C_6H_5-\overset{\overset{O}{\|}}{C}-H \;+\; \overset{\alpha}{C}H_3-\overset{\overset{O}{\|}}{C}-\overset{\alpha}{C}H_2CH_3$

keine α-Wasser-
stoffatome

$C_6H_5-\overset{\overset{OH}{|}}{CH}-CH_2-\overset{\overset{O}{\|}}{C}-CH_2CH_3 \qquad C_6H_5-\overset{\overset{OH}{|}}{CH}-\underset{\underset{CH_3}{|}}{CH}-\overset{\overset{O}{\|}}{C}-CH_3$

Hauptprodukt

$CH_3CH_2-\underset{\underset{CH_3}{|}}{\overset{\overset{OH}{|}}{C}}-CH_2-\overset{\overset{O}{\|}}{C}-CH_2CH_3 \qquad CH_3CH_2-\underset{\underset{CH_3}{|}}{\overset{\overset{OH}{|}}{C}}-\underset{\underset{CH_3}{|}}{CH}-\overset{\overset{O}{\|}}{C}-CH_3$

sehr wenig von beiden
(Keton + Keton)

44. Wichtig ist die retrosynthetische Analyse: Um die durch die Kondensationsreaktion geknüpfte Bindung zu bestimmen, müssen Sie die Aldol-Gruppierung identifizieren:

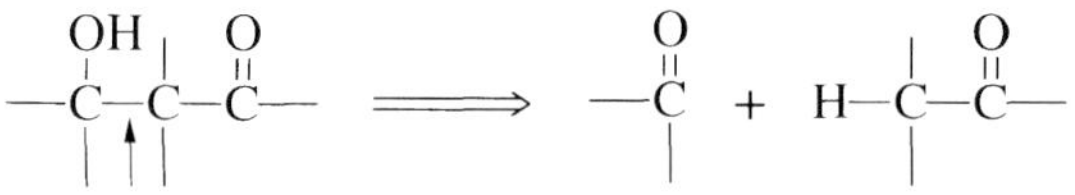

$$-\underset{|}{\overset{OH}{\underset{|}{C}}}-\underset{|}{\overset{O}{\underset{|}{C}}}-\overset{O}{\underset{\|}{C}}- \Longrightarrow -\underset{|}{\overset{O}{\underset{\|}{C}}} + H-\underset{|}{C}-\overset{O}{\underset{\|}{C}}-$$

das ist die neue Bindung   diese sind die Vorläufer

(a) 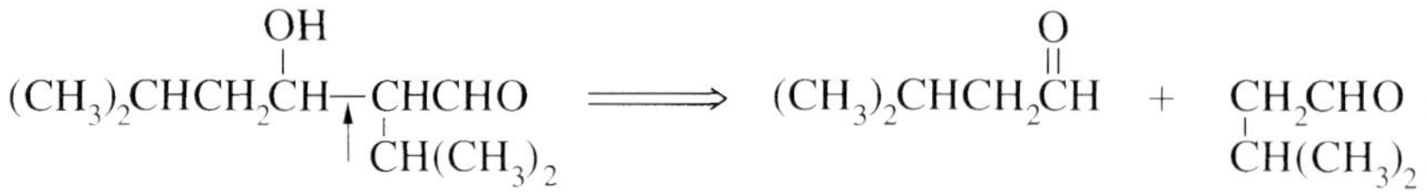 $(CH_3)_2CHCH_2\underset{|}{\overset{OH}{\underset{|}{CH}}}\!-\!\underset{CH(CH_3)_2}{CHCHO} \Longrightarrow (CH_3)_2CHCH_2\overset{O}{\underset{\|}{CH}} + \underset{CH(CH_3)_2}{CH_2CHO}$ zwei identische Aldehyd-Moleküle

Die Antwort ist $2\;(CH_3)_2CHCH_2CHO \xrightarrow{NaOH,\;H_2O} $ Produkt

(b) 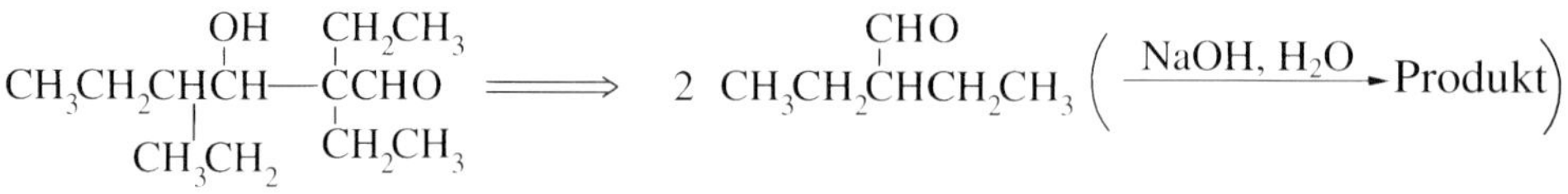 $CH_3CH_2\underset{CH_3CH_2}{\overset{OH}{\underset{|}{CH}}}CH\!-\!\underset{CH_2CH_3}{\overset{CH_2CH_3}{\underset{|}{C}}}CHO \Longrightarrow 2\;CH_3CH_2\underset{CH_2CH_3}{\overset{CHO}{\underset{|}{CH}}}CH_2CH_3 \left(\xrightarrow{NaOH,\;H_2O} \text{Produkt}\right)$

(c) $(CH_3)_3C\underset{CH_3CH_2CH_2CH_2}{\overset{OH}{\underset{|}{CH}}}\!-\!CHCHO \Longrightarrow \underset{\text{nicht enolisierbar}}{(CH_3)_3C\overset{O}{\underset{\|}{CH}}} + CH_3CH_2CH_2CH_2CH_2CHO$

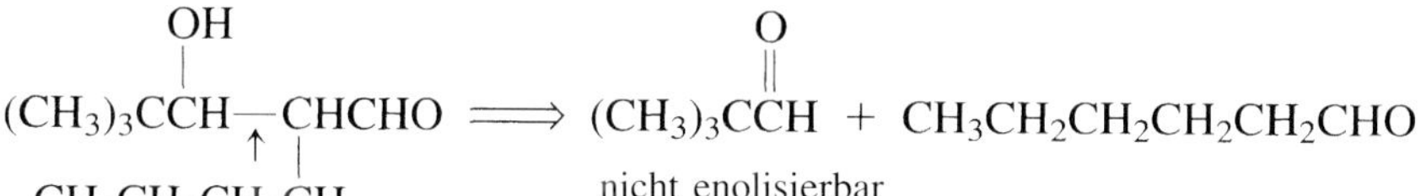

Eine gemischte Aldol-Addition: Diese Reaktion läuft am besten mit einem Überschuss $(CH_3)_3CCHO$ ab, um die Selbstkondensation von zwei Hexanal-Molekülen zu unterdrücken.

(d) 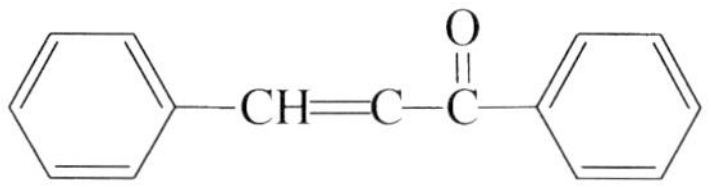 Ph–CH=C–C(=O)–Ph ist das Dehydratisierungsprodukt, das sich ableitet von

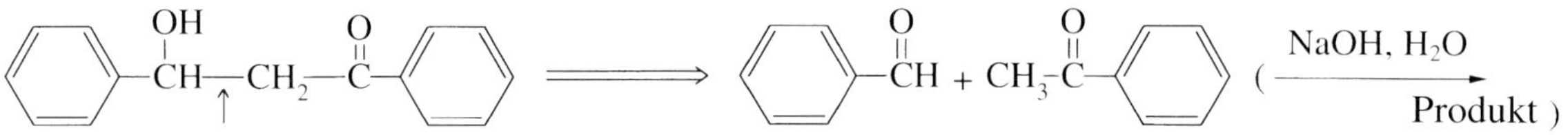

Ph–CH(OH)–CH$_2$–C(=O)–Ph $\Longrightarrow$ Ph–CHO + CH$_3$–C(=O)–Ph $\left(\xrightarrow{NaOH,\;H_2O} \text{Produkt}\right)$

Eine sehr gute gemischte Aldolreaktion, weil der Aldehyd nicht enolisierbar ist und das Keton nicht mit sich selbst kondensiert (ungünstiges Gleichgewicht). Beachten Sie, wie die retrosynthetische Analyse eines α,β-ungesättigten Ketons oder Aldehyds zur Aldol-Addition führt:

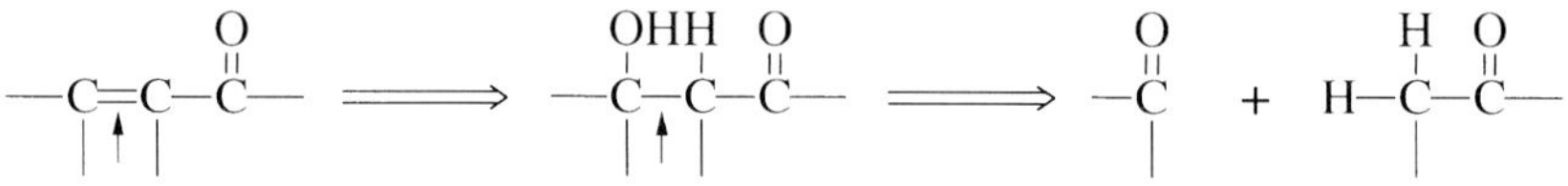

$$-\underset{|}{C}=\underset{|}{C}-\overset{O}{\underset{\|}{C}}- \Longrightarrow -\underset{|}{\overset{OH}{\underset{|}{C}}}-\underset{|}{\overset{H}{\underset{|}{C}}}-\overset{O}{\underset{\|}{C}}- \Longrightarrow -\overset{O}{\underset{\|}{C}}- + H-\underset{|}{\overset{H}{\underset{|}{C}}}-\overset{O}{\underset{\|}{C}}-$$

(e) Gehen Sie nach obigem **Schema** vor:

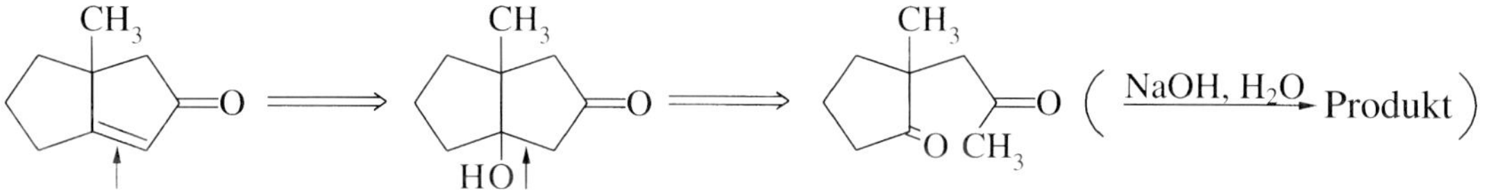

[Bicyclisches Enon mit CH$_3$-Gruppe] $\Longrightarrow$ [bicyclisches Keton mit OH] $\Longrightarrow$ [Cyclopentan mit CH$_3$ und COCH$_3$-Gruppe] $\left(\xrightarrow{NaOH,\;H_2O} \text{Produkt}\right)$

(f) 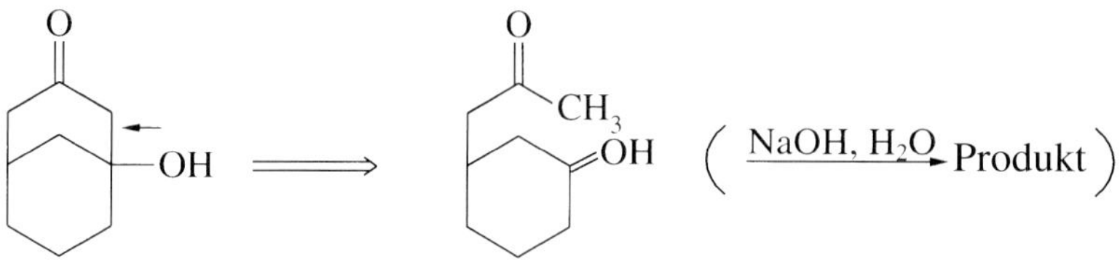 [Bicyclisches Keton mit OH] $\Longrightarrow$ [Cyclohexan mit COCH$_3$ und OH] $\left(\xrightarrow{NaOH,\;H_2O} \text{Produkt}\right)$

18 Enole und Enone – α,β-ungesättige Alkohole, Aldehyde und Ketone

45. Da sich hierbei keine Enolate als Zwischenverbindungen herstellen lassen, muss man nach einer Alternative suchen – einem neutralen Enol, das ähnlich nucleophil ist wie ein Enamin:

$$\left[\ce{>C=C<} \overset{\curvearrowleft}{\ddot{O}H} \longleftrightarrow \ce{>\overset{-}{\ddot{C}}-C<}\overset{+}{\ddot{O}H} \right] \quad \text{im Vergleich zu} \quad \left[\ce{>C=C<} \overset{\curvearrowleft}{NR_2} \longleftrightarrow \ce{>\overset{-}{\ddot{C}}-C<}\overset{+}{NR_2} \right]$$

Welche Rolle spielt die Säure? Wie Sie bereits wissen (Abschnitt 17.5), kann eine Säure Additionsreaktionen von Carbonyl-Verbindungen durch Reaktion mit dem Sauerstoffatom katalysieren, wodurch ein besseres Elektrophil entsteht. Damit haben wir folgenden Mechanismus (für Ethanal als Beispiel):

$$\ce{CH_3-\overset{:\ddot{O}:}{\underset{\|}{C}}-H} \xrightarrow{H^+} \ce{CH_3-\overset{\overset{+}{\ddot{O}H}}{\underset{\|}{C}}-H} \xrightarrow{CH_2=CH-\ddot{O}H} \ce{CH_3-\overset{:\ddot{O}H}{\underset{|}{CH}}-CH_2-\overset{:\ddot{O}H}{\underset{\|}{C}}-H} \xrightarrow{-H^+} \text{Produkt}$$

46. Alle genannten ungesättigten Aldehyde sind durch eine Aldolreaktion nur schwer zugänglich, weil ihre Synthese die Kondensation von je zwei Aldehyden erfordert, die beide α-Wasserstoffatome besitzen und daher auf mehrere Arten zu Produktgemischen kondensieren können. Nur das Keton, 3-Octen-2-on, ist ein vernünftiges Aldolprodukt, das durch Kreuzkondensation von Pentanal mit Aceton (Propanon) hergestellt werden kann. Mit einem Überschuss Aceton, das nicht leicht selbstkondensiert, ist die Kreuzkondensation gegenüber der Selbstkondensation von zwei Aldehydmolekülen begünstigt:

$$\ce{CH_3CH_2CH_2CH_2CHO} + \underset{\text{Überschuss}}{\ce{CH_3COCH_3}} \rightarrow \ce{CH_3CH_2CH_2CH_2CH=CHCOCH_3}$$

47. Cyclohexenon-Gerüst: **(a)** Cyclohexanon **(b)** 2-Cyclohexenol

(c) 2,3-Dichlorcyclohexanon

(d) 4-Cyanocyclohexanon

(e) 1-Methyl-2-cyclohexen-1-ol

(f) 3-Butylcyclohexanon

(g) Semicarbazon des Cyclohex-2-enons

(h) 2-Allyl-3-butylcyclohexanon (im ersten Schritt wird ein Enolat gebildet, das dann alkyliert wird)

$$\ce{CH_3CH=C<^{CH_2CH_2CH_3}_{CHO}} \quad : \quad \textbf{(a)} \ \ce{CH_3CH_2\underset{\underset{CHO}{|}}{CH}CH_2CH_2CH_3}$$

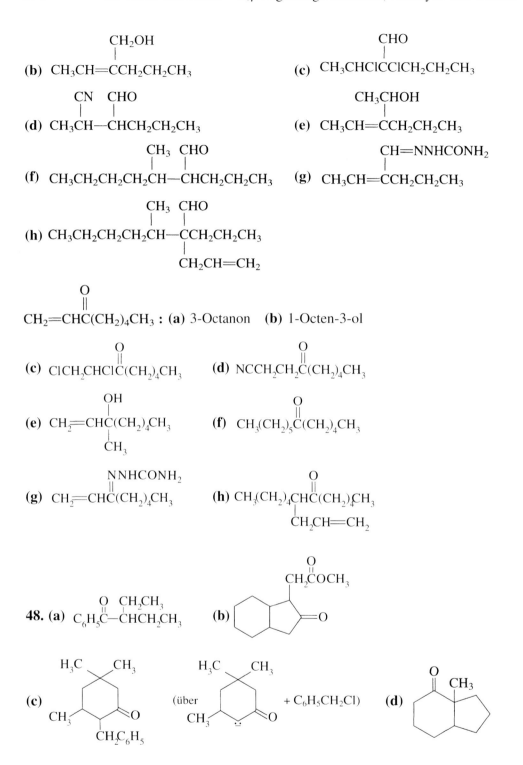

18 Enole und Enone – α,β-ungesättige Alkohole, Aldehyde und Ketone   275

(c), (d)

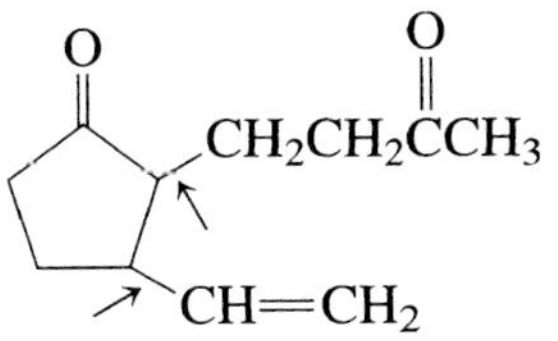

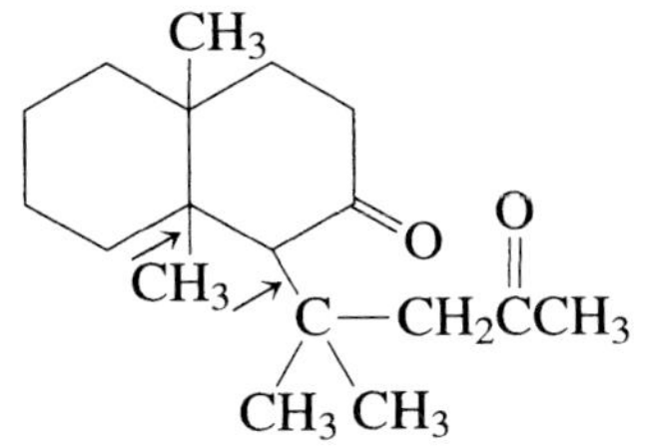

(e) Intramolekulare Aldol-Additionen führen zu

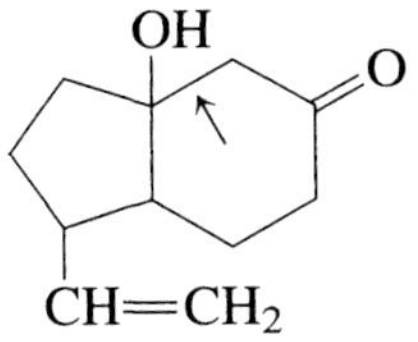

aus (c) und 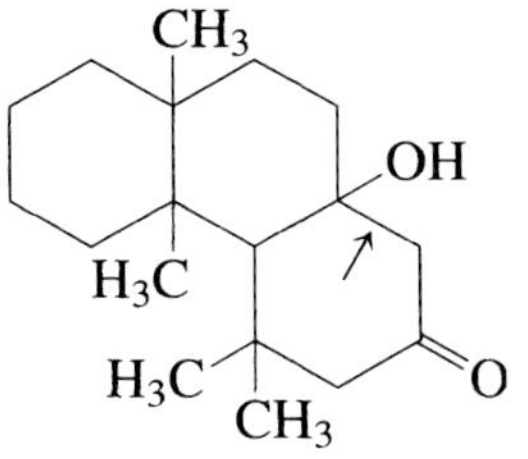   aus (d)

50. Robinson-Anellierungen (Michael-Addition und nachfolgende Aldolreaktion).

(a), (b), 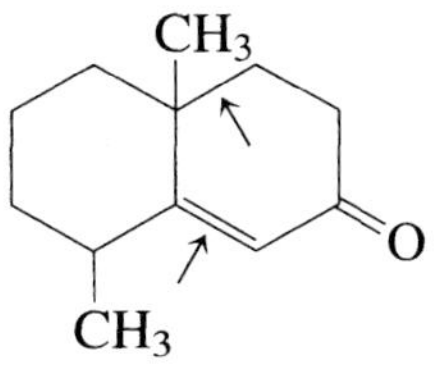 (c)

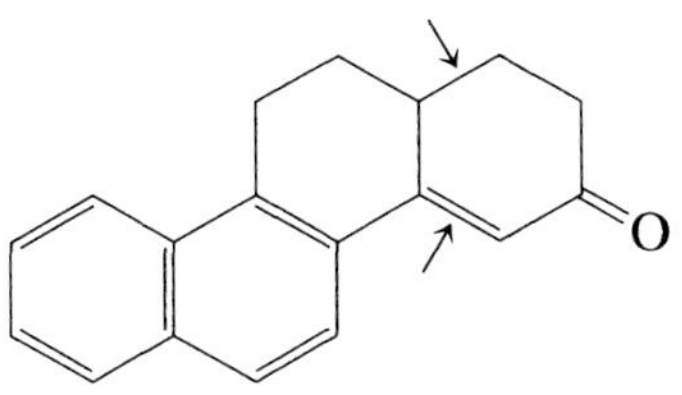

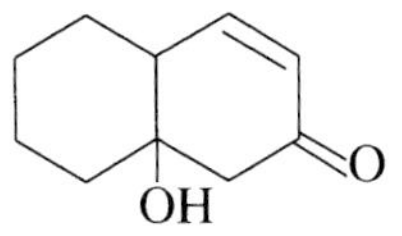

(d)

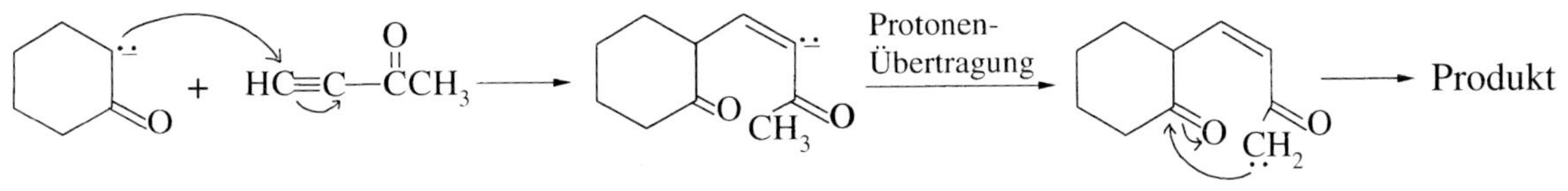

Erhitzen unterstützt in (a) und (b) die Dehydratisierung zum α,β-ungesättigten Keton.

51. Retrosynthetisch

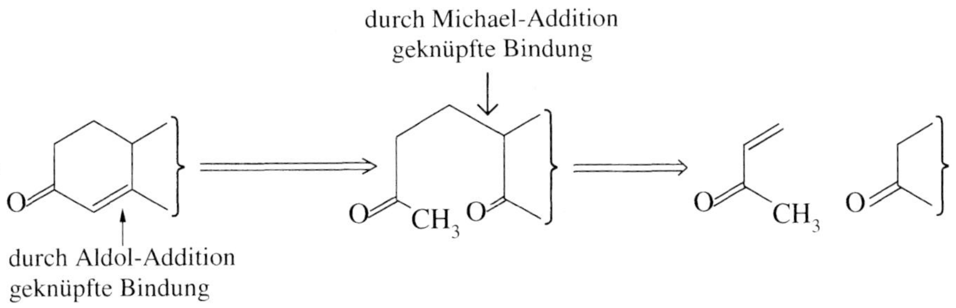

durch Aldol-Addition geknüpfte Bindung

durch Michael-Addition geknüpfte Bindung

(a) NaOH, H₂O

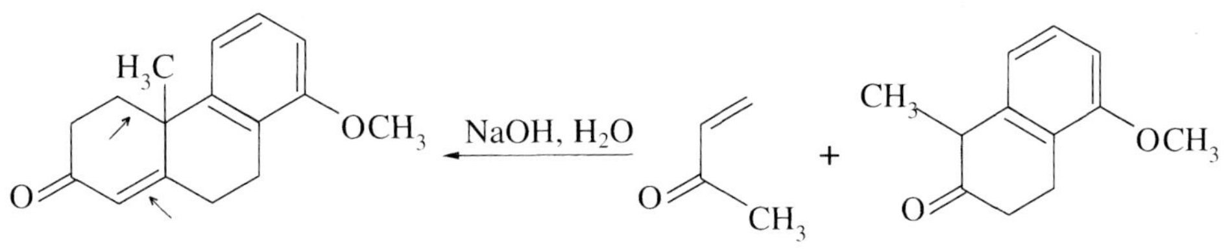

(b) NaOCH₂CH₃, CH₃CH₂OH

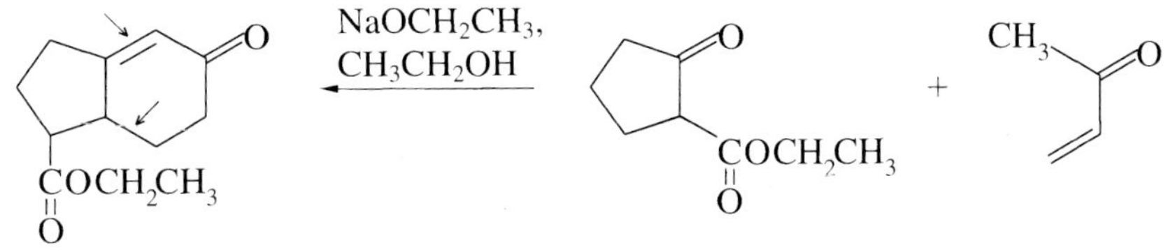

276 18 Enole und Enone – α,β-ungesättige Alkohole, Aldehyde und Ketone

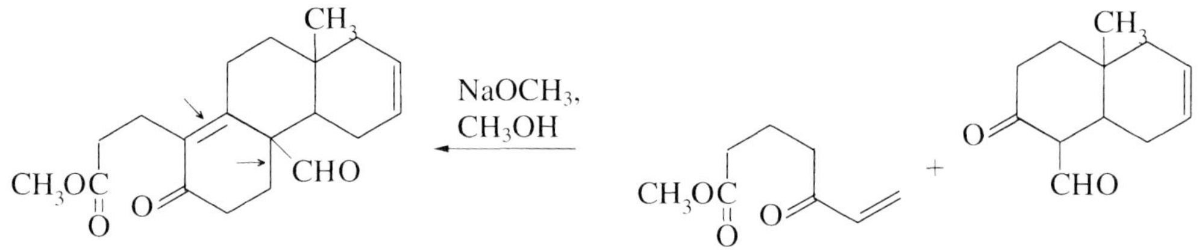

Es ist zwar nur eine Kleinigkeit, aber durch Verwendung von NaOH, H_2O in (b) und (c) würden die Estergruppen zu Carbonsäuren ($-CO_2H$) hydrolysiert. Dies wird mit NaOR, ROH (R entspricht der Alkylgruppe des Esters) vermieden (Kapitel 20).

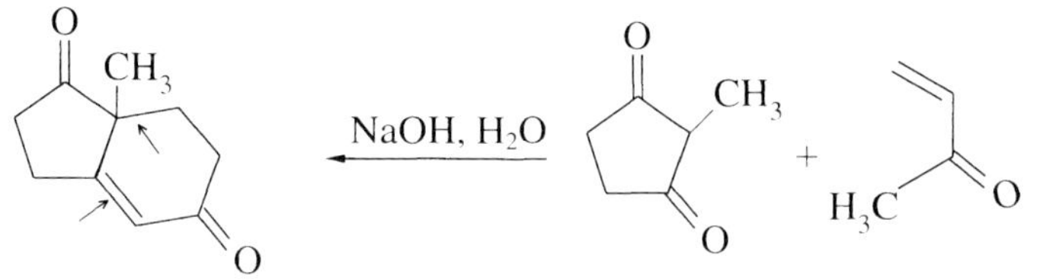

52. Nein! Die Carbonyl-Gruppe ändert den Mechanismus:

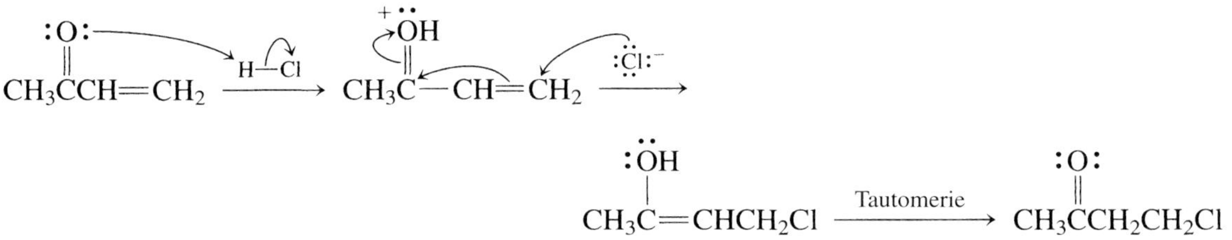

Die Protonierung erfolgt am Sauerstoff- und nicht am Kohlenstoffatom, das Ergebnis **sieht aus** wie eine Anti-Markovnikov-Addition, in Wirklichkeit ist es eine 1,4-Addition.

53. Berechnen Sie zuerst den Grad der Ungesättigtheit!

(a) $H_{gesättigt} = 10 + 2 = 12$; Ungesättigtheitsgrad $= (12 - 10)/2 = 1$ π-Bindung oder Ring.

UV: $n \to \pi^*$-Absorption der Carbonylgruppe.

NMR: $CH_3-C(=O)-CH_2-$ und $-CH_2-CH_3$
  2.1   2.3   0.9(t)
  (3H)   (2H)   (3H)

Diese Zuordnungen sind klar und ergeben als Antwort 2-Pentanon, $CH_3COCH_2CH_2CH_3$ (A). Das Sextett bei $\delta = 1.5$ entspricht der C4-CH_2-Gruppe.

(b) $H_{gesättigt} = 10 + 2 = 12$; Ungesättigtheitsgrad $= (12 - 8)/2 = 2$ π-Bindungen und/oder Ringe.

UV: $\pi \to \pi^*$-Absorption von α,β-ungesättigter Carbonylgruppe bei 220 nm.

NMR: $CH_3-C(=O)-$ ist eindeutig zuzuordnen. Ebenso zwei Alken-Wasserstoffatome ($\delta = 5.8 - 6.9$)
  2.1
  (3H)

und weitere drei H-Atome bei $\delta = 1.9$ ($CH_3-?$). Da das UV-Spektrum auf eine Konjugation hinweist, gibt es drei Möglichkeiten:

18 Enole und Enone – α,β-ungesättige Alkohole, Aldehyde und Ketone   277

$$\underset{H}{\overset{CH_3}{C}}=\underset{\underset{O}{\overset{\|}{C}-CH_3}}{\overset{H}{C}} \qquad \underset{CH_3}{\overset{H}{C}}=\underset{\underset{O}{\overset{\|}{C}-CH_3}}{\overset{H}{C}} \qquad \underset{H}{\overset{H}{C}}=\underset{\underset{O}{\overset{\|}{C}-CH_3}}{\overset{CH_3}{C}}$$

Davon kommt die letzte nicht in Frage, weil das Signal bei $\delta=1.9$ stark aufgespalten ist, was auf ein $\underset{H}{\overset{CH_3}{C}}=$ -Fragment schließen lässt. In der Alken-Region spricht die starke Aufspaltung des Signals bei $\delta=6.0$ (etwa 15 Hz) für *trans*-ständige Alken-Wasserstoffatome, daher ist die **erste** der drei Möglichkeiten die Verbindung B. Beachten Sie das Dublett von Quartetts für das Signal bei $\delta=6.7$, das aus der Aufspaltung eines Alken-H-Atoms durch ein zweites Alken-Wasserstoffatom und eine Methylgruppe resultiert.

(c) $H_{gesättigt}=12+2=14$; Ungesättigtheitsgrad $=(14-12)/2=1$ π-Bindung oder Ring.

UV: $\pi \rightarrow \pi^*$-Absorption eines einfachen Alkens.

NMR: Anhand ihrer chemischen Verschiebungen und der Aufspaltungen lassen sich

$$\underset{\underset{0.8\,(t,\,3\,H)}{\uparrow}}{CH_3-CH_2-} \quad \text{und} \quad CH_2=\underset{\underset{2.0\,(t,\,2\,H)}{\uparrow}}{\overset{\overset{CH_3 \leftarrow 1.7\,(s,\,3\,H)}{|}}{C}}\!\!\underset{CH_2-CH_2-}{}$$

(zwei s, je 1 H)

identifizieren. Wir erhalten insgesamt C_7H_{14}, sodass eine CH_2-Gruppe in beiden Fragmenten enthalten sein muss. Wenn wir das berücksichtigen, ergibt sich als Antwort für C

$$CH_2=\overset{\overset{CH_3}{|}}{\underset{\underset{1.5\,(Sextett,\,2H)}{\uparrow}}{C}}\!\!{-}CH_2CH_2CH_3.$$

(d) Ebenfalls ein Ungesättigtheitsgrad von 1. UV: $\pi \rightarrow \pi^*$-Absorption eines nichtkonjugierten Ketons. NMR: $\underset{\underset{CH_3}{\diagup}}{\overset{CH_3 \leftarrow}{\diagdown}}CH- \leftarrow 0.9\,(d,\,6\,H)$ und $CH_3-\underset{\underset{2.1\,(s,\,3\,H)}{\uparrow}}{\overset{\overset{O}{\|}}{C}}\!\!-$ ergeben zusammen $C_5H_{10}O$.

Zur Summenformel fehlt nur noch eine CH_2-Gruppe, die als Dublett bei $\delta=2.3$ erscheint; fügen Sie sie zwischen die beiden obigen Teilstücke ein und Sie erhalten die Antwort:

$(CH_3)_2CH-CH_2-\overset{\overset{O}{\|}}{C}-CH_3$ ist D.

Das Signal für die CH-Gruppe (neun Linien!) erscheint an der Basis des CH_3-Singuletts bei $\delta=2.1$.

(e) $A + CH_2=P(C_6H_5)_3 \xrightarrow{THF} C$ **(f)** $B + (CH_3)_2CuLi \xrightarrow{THF} D$

(g) $B + H_2, Pd-C \xrightarrow{CH_3CH_2OH} A$

54. (a)

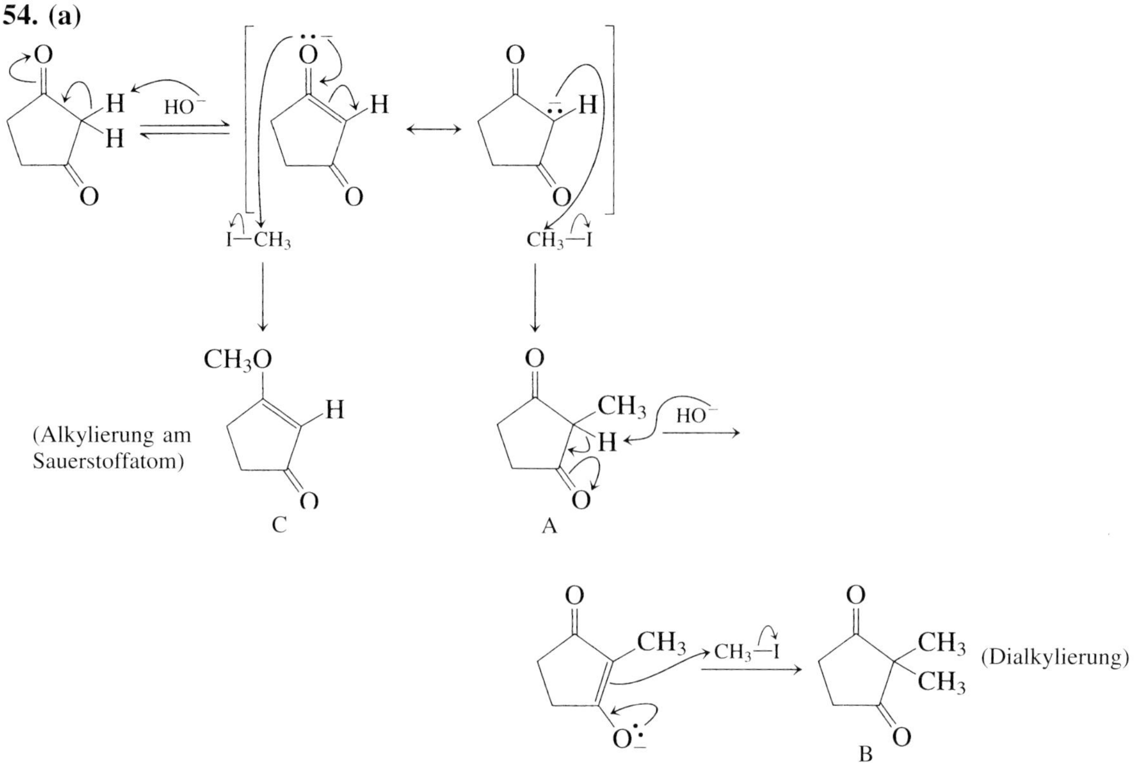

(Alkylierung am Sauerstoffatom)

C   A

(Dialkylierung)

B

(b)

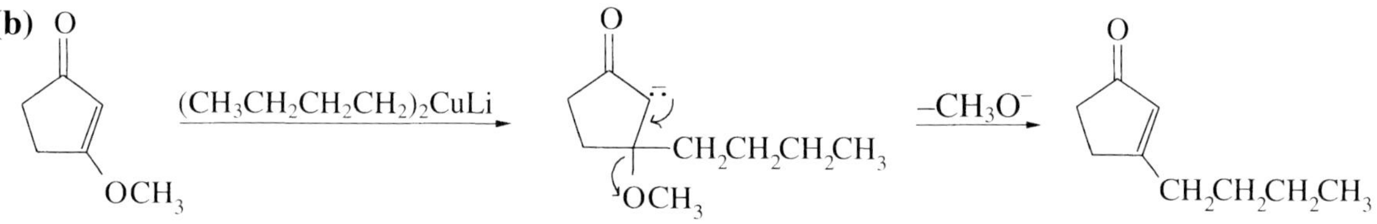

Die in Nachbarschaft zum Enolat vorhandene Abgangsgruppe lenkt die Reaktion in Richtung der Eliminierung.

55. (a) Die Deprotonierung in Allyl-Stellung liefert ein konjugiertes, enolatähnliches Anion (s. Abschn. 18.11):

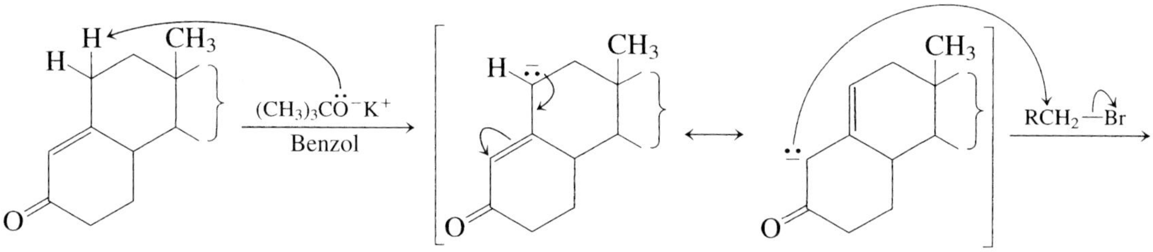

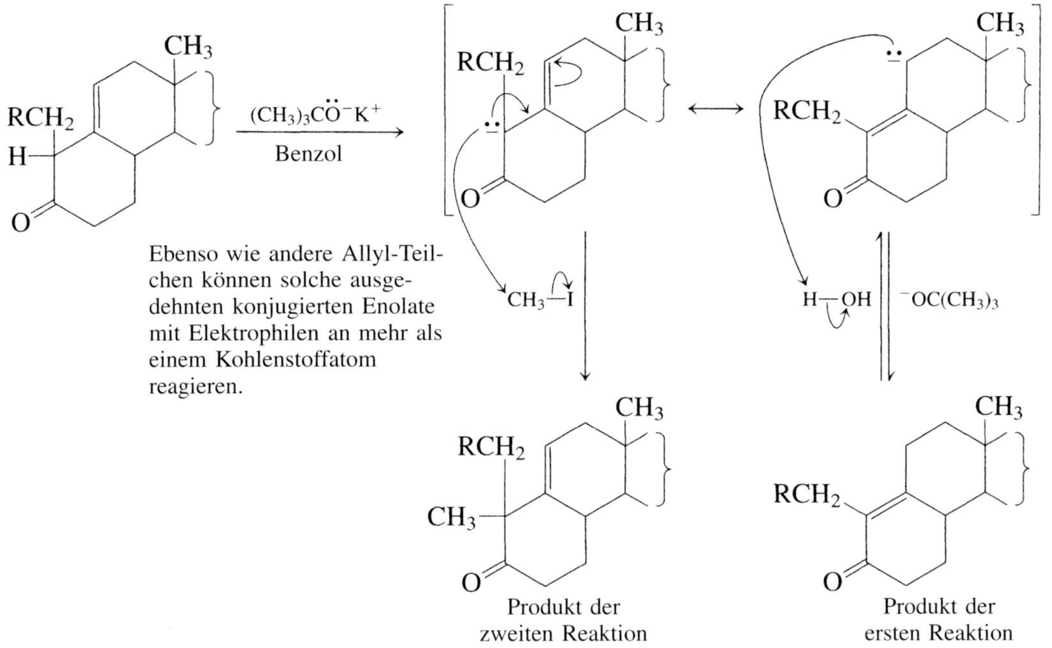

18 Enole und Enone – α,β-ungesättige Alkohole, Aldehyde und Ketone   279

Ebenso wie andere Allyl-Teilchen können solche ausgedehnten konjugierten Enolate mit Elektrophilen an mehr als einem Kohlenstoffatom reagieren.

Produkt der zweiten Reaktion

Produkt der ersten Reaktion

(b) H$^+$, H$_2$O und nachfolgende Oxidation mit Cr^{6+} ergibt:

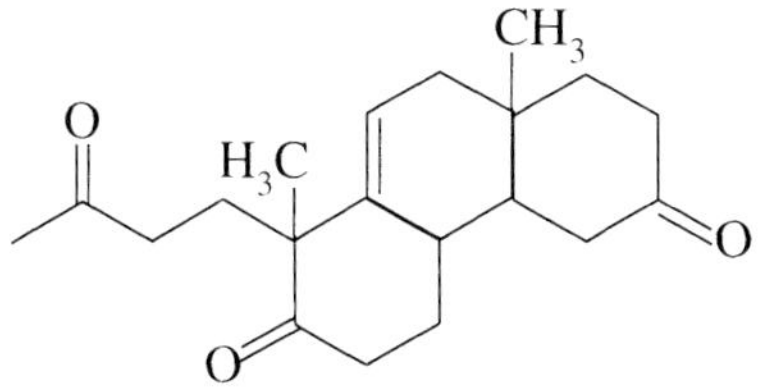

Jetzt kann eine Aldol-Addition erfolgen:

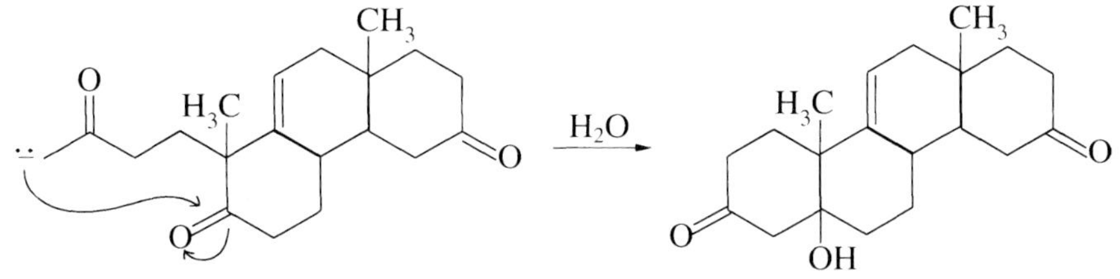

56. Untersuchen Sie die Bindungen, die sich in jedem Schritt gebildet haben. Können Sie jeweils die nucleophilen und elektrophilen Kohlenstoffatome bestimmen? Dann haben Sie den Schlüssel: Wenn Sie eins der Atome, das eine neue Bindung eingeht, als Nucleophil identifizieren können ('a'), dann **muss** das andere elektrophil ('b') sein.

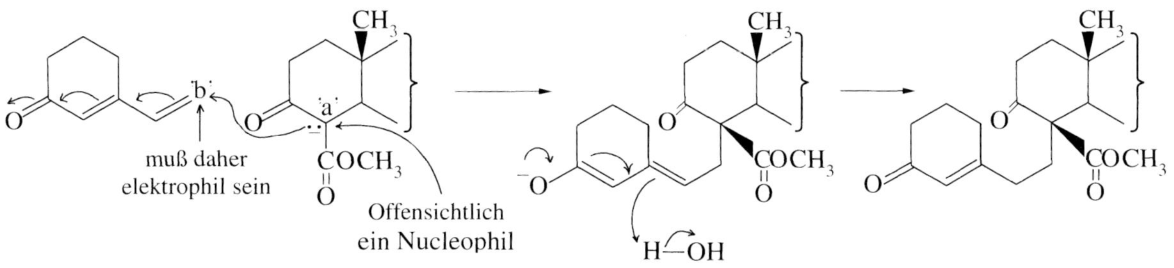

muß daher elektrophil sein

Offensichtlich ein Nucleophil

280 18 Enole und Enone – α,β-ungesättige Alkohole, Aldehyde und Ketone

Bei dieser Variante der nucleophilen Addition an ein ungesättigtes Keton ist das Keton doppelt ungesättigt (α, β, γ, δ), es handelt sich daher um eine *1,6-Addition*. Das entstandene Enolat wird am δ-Kohlenstoffatom protoniert und geht in ein α,β-ungesättigtes Keton über. In der zweiten Reaktion wird mit einer Base ein allylisches Proton abgespalten, dabei bildet sich ein *ausgedehntes* Enolat.

Bei dieser Variante der Aldol-Addition befindet sich das nucleophile Zentrum am γ-Kohlenstoffatom eines α,β-ungesättigten Ketons und nicht – wie bei einem einfachen Enolat – am α-Kohlenstoffatom eines gesättigten Ketons.

57. Man verfolge den Weg zurück.

(b) Nutzen Sie den **Hinweis**! Bestimmen Sie die Kohlenstoffatome von [cyclohexanon mit isopropenyl] in Ihrem Zielmolekül:

18 Enole und Enone – α,β-ungesättige Alkohole, Aldehyde und Ketone   281

58. (a) $CH_3CH_2\overset{\overset{O}{\|}}{C}CH=CH_2$, NaOH, H_2O (Robinson-Anellierung)

(b) Genau die gleichen Reagenzien wie bei (a), aber hier ist das Nucleophil das α-Kohlenstoffatom des ausgedehnten Enolats, das durch Deprotonierung des α,β-ungesättigten Ketons in Allyl-Stellung erhalten wird:

[Strukturformel] → usw.

(c) 1. Li, NH_3 (reduziert die Doppelbindung und liefert Enolat), 2. CH_3I

(d) 1. H_2, Pd (reduziert die C=C-Bindung), 2. $NaBH_4$ (reduziert C=O), 3. H^+, H_2O (hydrolysiert das Acetal), 4. $CH_3\overset{\overset{O}{\|}}{C}Cl$ (verestert den neu gebildeten Alkohol)

(e) 1. Cl_2, CH_3COOH (chloriert das Keton in α-Stellung), 2. K_2CO_3, H_2O (eliminiert HCl unter Bildung des α,β-ungesättigten Ketons)

59. (a) Es handelt sich um die Umwandlung $RCH_2\overset{+}{N}H_3 \longrightarrow R\overset{\overset{O}{\|}}{C}H$. Ein vernünftiger Reaktionsweg verliefe über die Oxidation der CH_2-Gruppe:

$RCH_2\overset{+}{N}H_3 \xrightarrow{[O]} RCH(OH)\overset{+}{N}H_3 \xrightarrow{-NH_3} R\overset{\overset{O}{\|}}{C}H$

(Vgl. Abschn. 17.9 bezüglich des Gleichgewichts zwischen Aldehyd und Halbaminal)

(b) Ähnlich: Ph–$CH_2CH(CH_3)NH_2$ $\xrightarrow{[O]}$ Ph–$CH_2C(CH_3)(OH)NH_2$ $\xrightarrow[-NH_3]{H^+}$ Ph–$CH_2\overset{\overset{O}{\|}}{C}CH_3$

60. Bei kinetischer Kontrolle wird die sterisch anspruchsvolle Base das Keton bevorzugt am leichter zugänglichen unsubstituierten α-Kohlenstoffatom deprotonieren. Bei thermodynamischer Kontrolle ist jedoch das rechts stehende Enolat-Ion mit der vierfach substituierten Doppelbindung stabiler (Abschnitt 11.7). Unter der Bedingung B kann das im Überschuss vorhandene Keton Enolat-Ionen reversibel protonieren, sodass sich über diesen Mechanismus ein Enolat-Gleichgewicht einstellt. Da unter der Bedingung A die Base stets im Überschuss vorliegt, erreicht das neutrale Keton nie die zur Einstellung des Enolat-Gleichgewichtes signifikante Konzentration. Ihr Diagramm der potenziellen Energie sollte eine niedrigere Aktivierungsbarriere für die Bildung des instabilen energiereicheren „kinetischen" Enolats (das linke Produkt in der Aufgabenstellung) aufweisen.

19 | Carbonsäuren

21. (a) 2-Chlor-4-methylpentansäure   **(b)** 2-Ethyl-3-butensäure

(c) *E*-2-Brom-3,4-dimethyl-2-pentensäure   **(d)** Cyclopentylethansäure

(e) *trans*-2-Hydroxycyclohexancarbonsäure   **(f)** *E*-2-Chlorbutendisäure

(g) 2,4-Dihydroxy-6-methylbenzolcarbonsäure   **(h)** 1,2-Benzoldicarbonsäure

(i) $H_2NCH_2CH_2CH_2COOH$

(j) Fischer-Projektion: COOH oben, CH₃—H, CH₃—H, COOH unten

(k) $CH_3\overset{O}{\underset{\|}{C}}COOH$

(l) Cyclohexan mit CHO und COOH (trans)

(m) Ph(CH₃)C=CH(COOH)

(n) Naphthalin-1,8-dicarbonsäure (CO₂H, CO₂H)

22. Benzoesäure (COOH) > Benzylalkohol (CH₂OH) > Benzaldehyd (CHO) > Toluol (CH₃)

Die Reihenfolge ist für die Siedepunkte und für die Löslichkeit in Wasser gleich. Die Säure bildet die stärksten Wasserstoffbrücken-Bindungen und hat daher den höchsten Siedepunkt (249 °C), weil sie über Wasserstoffbrücken gebundene Dimere bildet. Der Alkohol, der ebenfalls Wasserstoffbrücken-Bindungen bilden kann, folgt mit 205 °C, an dritter Stelle steht der polare Aldehyd (178 °C) und zuletzt der fast unpolare Kohlenwasserstoff (115 °C). Für die Löslichkeiten gelten ähnliche Überlegungen mit der Ausnahme, dass sich die Säure und der Alkohol bezüglich ihrer Wasserlöslichkeit ziemlich ähneln, weil beide mit H₂O Wasserstoffbrücken-Bindungen bilden können.

23. (a) Reihenfolge wie angegeben;   **(b)** umgekehrte Reihenfolge als die angegebene

(c) $CH_3CH_2CHClCO_2H > CH_3CHClCH_2CO_2H > ClCH_2CH_2CH_2CO_2H$;

(d) Reihenfolge wie angegeben;

(e) 2,4-Dinitrobenzoesäure > 4-Nitrobenzoesäure > unsubstituierte Benzoesäure > 4-Methoxybenzoesäure

24. (a) $H_{sätt.} = 14 + 2 = 16$; Grad der Ungesättigtheit $= (16-12)/2 = 2$ π-Bindungen und/oder Ringe. Vergleichen Sie mit der Abbildung 19-3. Die Verbindung ist eine Carbonsäure ($\tilde{v} = 1704$ und 3040 cm^{-1}).

(b) Für **B** ist $H_{sätt.} = 12 + 2 = 14$; Grad der Ungesättigtheit $= (14-10)/2 = 2$ π-Bindungen und/oder Ringe. Das ^{13}C-NMR-Spektrum (drei Signale) deutet auf eine zweizählige Molekülsymmetrie mit zwei Paaren äquivalenter Alkylkohlenstoffatome und einem Paar äquivalenter Alkenkohlenstoffatome. Das ^{1}H-NMR-Spektrum enthält zwei Signale im gleichen Hochfeldbereich (je 4 H) und ein Alkensignal (2 H). Wir haben somit die Teilstücke

—CH$_2$— ↕ äquivalent ↕ —CH$_2$— ↑ 1.6

—CH$_2$— ↕ äquivalent ↕ —CH$_2$— ↑ 2.0

＞CH‖CH＜ äquivalent ↑ 5.7

die einfach zu Cyclohexen zusammengesetzt werden!

Dann ist **C** = Cyclohexanol, $\delta = 69.5$ (^{13}C) (über Oxymercurierung-Demercurierung)

D = Cyclohexanon, $\delta = 208.5$ (^{13}C) ($\tilde{v}_{C=O} = 1715$ cm^{-1})

E = Methylencyclohexan ($\tilde{v}_{C=C} = 1649$ cm^{-1} und $\tilde{v}_{C=CH_2} = 888$ cm^{-1}) (durch Wittig-Reaktion)

F = Cyclohexylmethanol, 3.4 (d) ($\tilde{v}_{O-H} = 3328$ cm^{-1}) (über Hydroborierung-Oxidation)

A = Cyclohexancarbonsäure (CO$_2$H)

(c) Für **G** ist $H_{sätt.} = 16 + 2 = 18$; Grad der Ungesättigtheit $= (18-14)/2 = 2$ π-Bindungen und/oder Ringe.

IR: $\tilde{v} = 1742$ cm^{-1} ist C=O, sehr wahrscheinlich ein Ester wegen des hohen Werts und der vielen Sauerstoffatome in der Summenformel.

19 Carbonsäuren   285

NMR: Nur drei Signale, deren Integration das Verhältnis 4:4:6 ergibt. Das Molekül muss symmetrisch sein und Fragmente wie 2 CH$_3$—O— (δ=3.7), 2 —CH$_2$–$\overset{\overset{O}{\|}}{C}$—? ($\delta$=2.4) und zwei weitere äquivalente —CH$_2$-Gruppen (δ=1.7) enthalten. Die Aufspaltung zwischen den Hochfeldsignalen legt die Vermutung nahe, dass die —CH$_2$-Gruppen miteinander verbunden sind, daher ist eine vernünftige Antwort:

$$\begin{array}{l}\text{CH}_3\text{—O—}\overset{\overset{O}{\|}}{\text{C}}\text{—CH}_2\text{—CH}_2\\ \text{CH}_3\text{—O—}\underset{\underset{O}{\|}}{\text{C}}\text{—CH}_2\text{—CH}_2\end{array}\Bigg|$$

(d) [cyclohexene] $\xrightarrow[\text{2. Zn, H}^+, \text{H}_2\text{O}]{\text{1. O}_3, \text{CH}_2\text{Cl}_2}$ [dialdehyde CHO, CHO] $\xrightarrow{\text{Na}_2\text{Cr}_2\text{O}_7, \text{H}_2\text{SO}_4, \text{H}_2\text{O}}$ [diacid CO$_2$H, CO$_2$H] $\xrightarrow{\text{H}^+, \text{CH}_3\text{OH}}$ G

(e) Wie wäre

[cyclohexanol-OH] $\xrightarrow[\text{2. Mg}]{\text{1. PBr}_3, (\text{CH}_3\text{CH}_2)_2\text{O}}$ [cyclohexyl-MgBr] $\xrightarrow[\text{2. H}^+, \text{H}_2\text{O}]{\text{1. CO}_2, (\text{CH}_3\text{CH}_2)_2\text{O}}$ [cyclohexyl-CO$_2$H]

(f) [cyclohexyl-CO$_2$H] $\xrightarrow[(\text{CH}_3\text{CH}_2)_2\text{O}]{\text{LiAlH}_4}$ [cyclohexyl-CH$_2$OH] $\xrightarrow[\text{2. K}^+{}^-\text{OC(CH}_3)_3]{\text{1. PBr}_3}$ [methylenecyclohexane =CH$_2$] $\xrightarrow[\text{2. Zn, H}^+, \text{H}_2\text{O}]{\text{1. O}_3, \text{CH}_2\text{Cl}_2}$

[cyclohexanone] $\xrightarrow[(\text{CH}_3\text{CH}_2)_2\text{O}]{\text{LiAlH}_4}$ [cyclohexanol-OH] $\xrightarrow{\text{H}_2\text{SO}_4, \Delta}$ [cyclohexene]

25. (a) (CH$_3$)$_2$CHCH$_2$COCl   (Alkanoylchlorid)

(b) (CH$_3$)$_2$CHCH$_2$$\overset{\overset{O}{\|}}{\text{C}}$—O—$\overset{\overset{O}{\|}}{\text{C}}CH_3$ (gemisches Anhydrid)

(c) [cyclopentyl]—CO$_2$CH$_2$CH$_3$ (Ethylester)

(d) CH$_3$O—[C$_6$H$_4$]—COO$^-$ $^+$NH$_4$ (Ammoniumsalz)

(e) CH$_3$O—[C$_6$H$_4$]—CO$_2$NH$_2$ (Carbonsäureamid)

(f) [phthalic anhydride]   (cyclisches Anhydrid)

26. Wie aus Abschnitt 19.8 hervorgeht, können Carbonsäuren mit Alkanoylchloriden zu Anhydriden reagieren. Wird eine der Carbonsäuregruppen von 1,4- oder 1,5-Dicarbonsäuren in ein Halogenid überführt, so kann dieses mit der anderen Säurefunktion intramolekular unter Bildung eines cyclischen Anhydrids reagieren. Beispielsweise so:

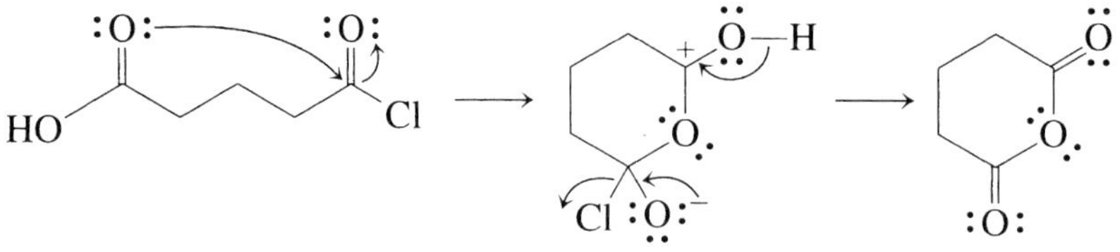

Überrascht es Sie, dass zur Ringbildung das Sauerstoffatom der Carbonylgruppe und nicht das der Carboxy-OH-Gruppe verwendet wurde? Welches Sauerstoffatom ist basischer (und demzufolge nucleophiler)? Informieren Sie sich in Abschnitt 19.4 des Lehrbuchs.

27. (a) $Na_2Cr_2O_7$, H_2O, H_2SO_4 **(b)** 1. NaCN, H_2O, H_2SO_4, 2. H^+, H_2O, Δ

(c) 1. Mg, $(CH_3CH_2)_2O$, 2. CO_2, 3. H^+, H_2O

(d) 1. NaCN, DMSO, 2. KOH, H_2O, Δ, 3. H^+, H_2O, Δ

(e) 1. $SOCl_2$ (bildet Alkanoylchlorid), 2. Zugabe eines weiteren Mols der Ausgangssäure, Δ

(f) $(CH_3)_2CHOH$, H^+ **(g)** CH_3COOH, Δ

28. (a) $CH_3(CH_2)_5Br$

Entweder: 1. Mg, $(CH_3CH_2)_2O$ 2. CO_2 3. H^+, H_2O

Oder: 1. NaCN, DMF 2. KOH, H_2O 3. H^+, H_2O, Δ → Produkt

(b) $CH_3CH=CH_2$ $\xrightarrow{Cl_2, H_2O}$ CH_3CHCH_2Cl (OH) $\xrightarrow{\text{1. NaCN, DMF; 2. KOH, } H_2O\text{; 3. } H^+, H_2O, \Delta}$ Produkt

(Wenn Sie hier anfangen, ist das auch in Ordnung)

(c) $(CH_3)_3CCl$ $\xrightarrow{\text{1. Mg, } (CH_3CH_2)_2O\text{; 2. } CO_2\text{; 3. } H^+, H_2O}$ Produkt

29. (a) Die Veresterung soll durch Säurekatalyse erfolgen. Somit:

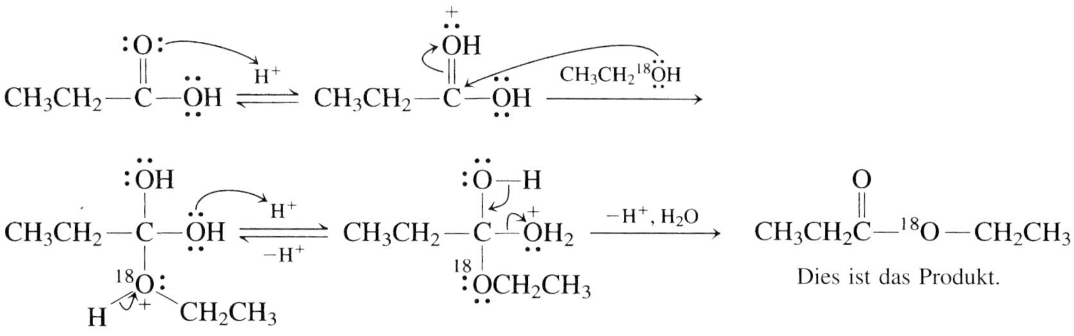

Dies ist das Produkt.

(b)

$$R-\overset{\overset{\ddot{O}:}{\|}}{C}-\ddot{O}R' \xrightleftharpoons{H^+} R-\overset{\overset{+\ddot{O}H}{\|}}{C}-\ddot{O}R' \xrightleftharpoons{H_2{}^{18}O} R-\overset{\overset{\ddot{O}H}{|}}{\underset{\underset{H}{\overset{18}{\ddot{O}}-H}}{C}}-\ddot{O}R' \xrightleftharpoons[-H^+]{H^+}$$

Zwischenstufe 2

$$R-\overset{\overset{\ddot{O}-H}{|}}{\underset{\underset{\ddot{O}-H}{{}^{18}}}{C}}-\overset{+}{\ddot{O}}R \xrightleftharpoons{-H^+, H_2O} R-\overset{\overset{\ddot{O}:}{\|}}{C}-{}^{18}\ddot{O}H$$

Alternativ könnte die Zwischenverbindung 2 an der nicht markierten OH-Gruppe statt an der OR'-Gruppe protoniert werden:

$$R-\overset{\overset{H\ddot{O}:}{|}}{\underset{\underset{+}{{}^{18}\ddot{O}H_2}}{C}}-\ddot{O}R' \rightleftharpoons R-\overset{\overset{+\ddot{O}H_2}{|}}{\underset{\underset{}{{}^{18}\ddot{O}-H}}{C}}-\ddot{O}R' \xrightarrow{-H^+, H_2O} R-\overset{\overset{{}^{18}\ddot{O}:}{\|}}{C}-\ddot{O}R' \text{ (!)}$$

In diesem Fall ist ^{18}O das Carbonylsauerstoffatom des Esters. Die Hydrolyse dieses Esters nach dem oben angegebenen Mechanismus ergibt als Produkt

$$R-\overset{\overset{{}^{18}O}{\|}}{C}-{}^{18}OH \, !$$

30. (a) $CH_3CH_2\overset{\overset{O}{\|}}{C}Cl$ (b) $CH_3CH_2\overset{\overset{O}{\|}}{C}Br$ (c) $CH_3CH_2\overset{\overset{O}{\|}}{C}O\overset{\overset{O}{\|}}{C}CH_2CH_3$

(d) $CH_3CH_2\overset{\overset{O}{\|}}{C}OCH(CH_3)_2$ (e) $CH_3CH_2\overset{\overset{O}{\|}}{C}O^- \ H_3\overset{+}{N}CH_2-\text{C}_6\text{H}_5$ (f) $CH_3CH_2\overset{\overset{O}{\|}}{C}NHCH_2-\text{C}_6\text{H}_5$

(g) $CH_3CH_2CH_2OH$ (h) $CH_3\overset{\overset{Br}{|}}{C}HCO_2H$

31. (a) ⬠—COCl (b) ⬠—COBr

(c) ⬠—$\overset{\overset{O}{\|}}{C}$—O—$\overset{\overset{O}{\|}}{C}$—CH$_2CH_3$ (d) ⬠—$\overset{\overset{O}{\|}}{C}$—O—CH(CH$_3$)$_2$

(e) ⬠—$\overset{\overset{O}{\|}}{C}$—O$^-$ C$_6$H$_5$—CH$_2$NH$_3^+$ (ein Salz)

(f) ⬠—$\overset{\overset{O}{\|}}{C}$—NH—CH$_2$—C$_6H_5$

(g) 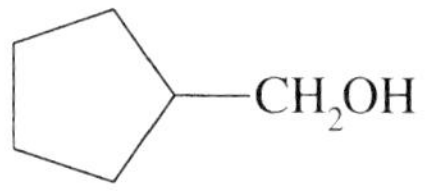 [Cyclopentyl]—CH$_2$OH **(h)**  [Cyclopentyl mit CO$_2$H und Br]

32. 1. LiAlH$_4$, (CH$_3$CH$_2$)$_2$O (bildet 1-Pentanol); 2. KBr, H$_2$SO$_4$, Δ; 3. KCN, DMSO (bildet 1-Cyanopentan); 4. KOH, H$_2$O, Δ; 5. H$^+$, H$_2$O, Δ.

33. (a) SOCl$_2$ **(b)** H$^+$, CH$_3$OH   **(c)** H$^+$, 2-Butanol

(d) Alkanoylchlorid aus (a)   **(e)** CH$_3$NH$_2$ (über das Ammoniumsalz), Δ

(f) LiAlH$_4$, (CH$_3$CH$_2$)$_2$O   **(g)** Br$_2$, P als Katalysator

34. Gehen Sie wie üblich mechanistisch vor. Die erste Zwischenstufe sollte das cyclische Bromonium-Ion sein:

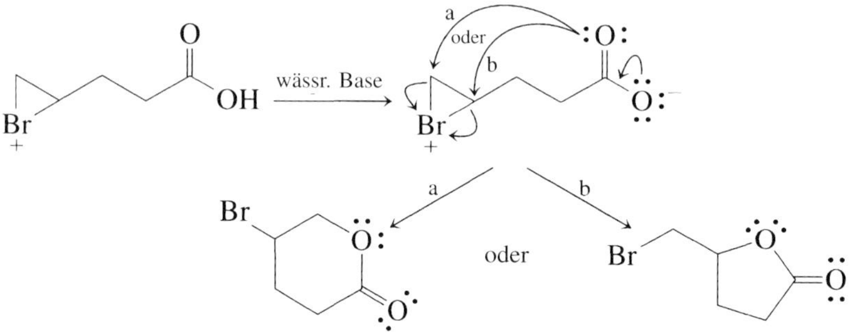

Durch Addition von Br$_2$ an die Doppelbindung entsteht zunächst ein cyclisches Bromonium-Ion, aus dem die gezeigten Bromlactone durch intramolekularen Angriff eines Carboxylat-Sauerstoffatoms auf eines der Kohlenstoffatome des Rings gebildet werden (Abschn. 12.6). Dabei sollte sich der fünfgliedrige Ring aus zwei Gründen bevorzugt bilden. Zum einen erfolgt der Angriff eines Nucleophils auf ein Bromonium-Ion im Allgemeinen am höher substituierten Kohlenstoffatom (das positiver polarisiert ist, siehe wieder Abschnitt 12.6). Zum anderen bilden sich Fünfringe schneller als Sechsringe (Abschn. 9.6), was den geringen thermodynamischen Vorteil kompensiert, den Sechsringe haben.

35. (a) CH$_3$CH$_2$CH$_2$COOH $\xrightarrow[\text{P als Katalysator}]{\text{Br}_2}$ CH$_3$CH$_2$CHBrCOOH   (über CH$_3$CH$_2$CH=CBr(OH)

CH$_3$CH$_2$CH=C(OH)—Br + Br—Br ⟶ CH$_3$CH$_2$CHBrCBr(=O) $\xrightleftharpoons{\text{Austausch}}$)

dann CH$_3$CH$_2$CHBrCOOH + :NH$_3$ $\xrightarrow[\text{S}_N2]{-\text{Br}^-}$ CH$_3$CH$_2$CH(NH$_3^+$)COOH $\xrightarrow{-\text{H}^+}$ Produkt

(b) 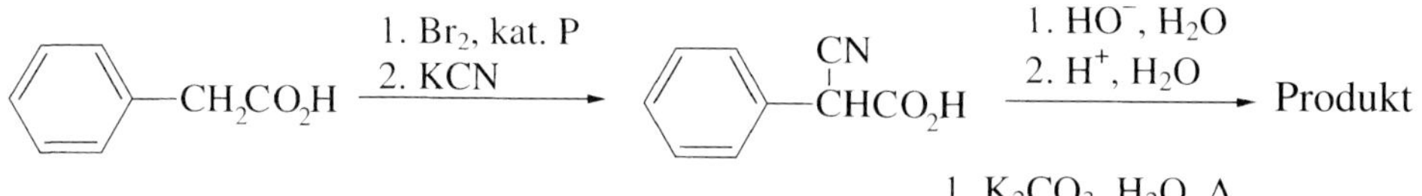 [Phenyl]—CH$_2$CO$_2$H $\xrightarrow[\text{2. KCN}]{\text{1. Br}_2, \text{kat. P}}$ [Phenyl]—CH(CN)CO$_2$H $\xrightarrow[\text{2. H}^+, \text{H}_2\text{O}]{\text{1. HO}^-, \text{H}_2\text{O}}$ Produkt

(c) CH$_3$CH$_2$CH(CH$_3$)CH$_2$CH$_2$COOH $\xrightarrow[\text{P als Katalysator}]{\text{Br}_2}$ dann $\xrightarrow[\text{2. H}^+, \text{H}_2\text{O}]{\text{1. K}_2\text{CO}_3, \text{H}_2\text{O}, \Delta}$ Produkt

(d) CH$_3$COOH $\xrightarrow[\text{P als Katalysator}]{\text{Br}_2}$ BrCH$_2$COOH $\xrightarrow[\text{2. I}_2]{\text{1. Überschuß KSH}}$ Produkt

(e) BrCH$_2$COOH + (CH$_3$CH$_2$)$_2$NH ⟶ Produkt

(f) CH$_3$CH$_2$COOH $\xrightarrow{\text{1. Br}_2\text{, P als Katalysator} \atop \text{2. (C}_6\text{H}_5\text{)}_3\text{P}}$ Produkt

36. Hierbei gibt es keinen Trick! Der Mechanismus ist bis auf geringe Unterschiede fast genau der gleiche wie in Abschnitt 19.12. Weil von einem Alkanoylhalogenid ausgegangen wird, ist Schritt 1 unnötig. Schritt 2 (Enolisierung) läuft ab wie beschrieben. Der dritte Schritt benötigt Cl$_2$, das in geringer Konzentration aus NCS gebildet wird, oder auf gleiche Weise aus NBS gebildetes Br$_2$, oder I$_2$. Der vierte Schritt des Mechanismus entfällt, weil nur Alkanoylhalogenide vorliegen und keine Carbonsäuren.

37. Der direkteste Weg beginnt mit dem nucleophilen Angriff eines Moleküls Säure auf die Carbonylgruppe eines Alkanoylhalogenids. Da die Hell-Volhard-Zelinsky-Reaktion unter sauren Bedingungen abläuft, kann eine Protonierung der Carbonylsauerstoffatome erfolgen und die Addition unterstützen. Beachten Sie, dass im nachfolgenden Mechanismus das Carbonylsauerstoffatom der Säure und nicht OH als angreifendes Nucleophil dargestellt ist. Warum? Das Intermediat ist genau wie bei der Protonierung von Carbonsäuren resonanzstabilisiert (Abschnitt 19.4).

Das Bromid-Ion wird aus dem ersten tetraedrischen Intermediat unter Bildung eines sehr reaktiven Anhydrids eliminiert, in dem beide Carbonylsauerstoffatome protoniert sind. Die erneute Addition des Bromid-Ions kann nun entweder am selben Carbonyl-Kohlenstoffatom erfolgen, wodurch die Ausgangsstoffe zurückgebildet werden, oder unter Austausch am anderen. Dieser Weg ist thermodynamisch begünstigt, weil das 2-Bromalkanoylbromid durch den elektronenziehenden induktiven Effekt des α-Bromsubstituenten an dem bereits sehr elektronenarmen Alkanoylhalogenid-Kohlenstoffatom destabilisiert ist.

38. Acidität: $\underset{\underset{}{}}{CH_3\overset{\overset{O}{\|}}{C}OH}$ > $CH_3\overset{\overset{O}{\|}}{C}NH_2$ > $CH_3\overset{\overset{O}{\|}}{C}CH_3$. Die am stärksten aciden Wasserstoffatome in $CH_3\overset{\overset{O}{\|}}{C}NH_2$ befinden sich am Stickstoffatom. Die Reihenfolge der Aciditäten wird durch die Elektronegativitäten bestimmt. Es gibt zwei Protonierungsmöglichkeiten: Die Protonierung an N führt zu $CH_3\overset{\overset{O}{\|}}{C}\overset{+}{N}H_3$, die an O zu $\left[CH_3\overset{\overset{\overset{+}{O}H}{\|}}{C}\ddot{N}H_2 \longleftrightarrow CH_3\overset{\overset{OH}{|}}{C}=\overset{+}{N}H_2 \right]$.

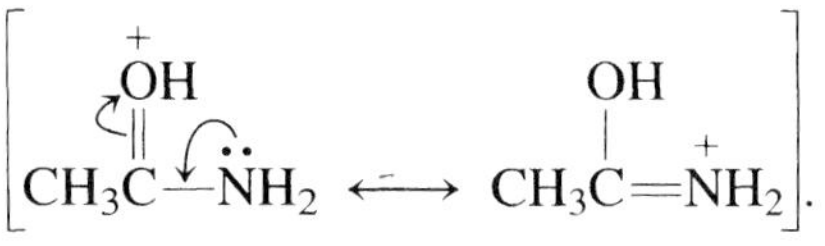

Die Resonanzstabilisierung begünstigt die Protonierung an O.

39. Siehe Aufgabe 32 in Kapitel 17.

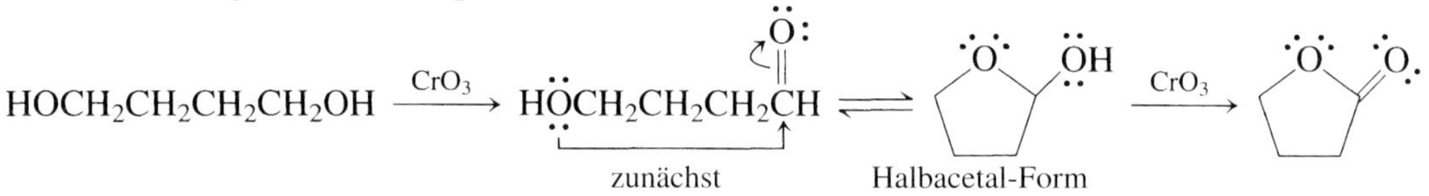

$HOCH_2CH_2CH_2CH_2OH \xrightarrow{CrO_3} H\ddot{O}CH_2CH_2CH_2\overset{\overset{\ddot{O}:}{\|}}{C}H \rightleftarrows$ [Halbacetal-Form] $\xrightarrow{CrO_3}$ [γ-Butyrolacton]

zunächst   Halbacetal-Form

40. (a)

$CH_3CH_2\ddot{O}H + Cl-\overset{\overset{:\ddot{O}:}{\|}}{C}-Ph \xrightarrow{Addition}$

$CH_3CH_2-\overset{+}{\underset{H}{\ddot{O}}}-\overset{\overset{:\ddot{O}:^-}{|}}{\underset{Cl}{C}}-Ph \xrightarrow{-H^+} CH_3CH_2-\ddot{O}-\overset{\overset{:\ddot{O}:^-}{|}}{\underset{Cl}{C}}-Ph \xrightarrow{H^+}$

$CH_3CH_2-\ddot{O}-\overset{\overset{:\ddot{O}H}{|}}{\underset{Cl}{C}}-Ph \xrightarrow[Eliminierung]{-Cl^-}$

tetraedrische
Zwischenstufe

$CH_3CH_2-\ddot{O}-\overset{\overset{+\ddot{O}H}{\|}}{C}-Ph \longrightarrow CH_3CH_2-\ddot{O}-\overset{\overset{:\ddot{O}:}{\|}}{C}-Ph$

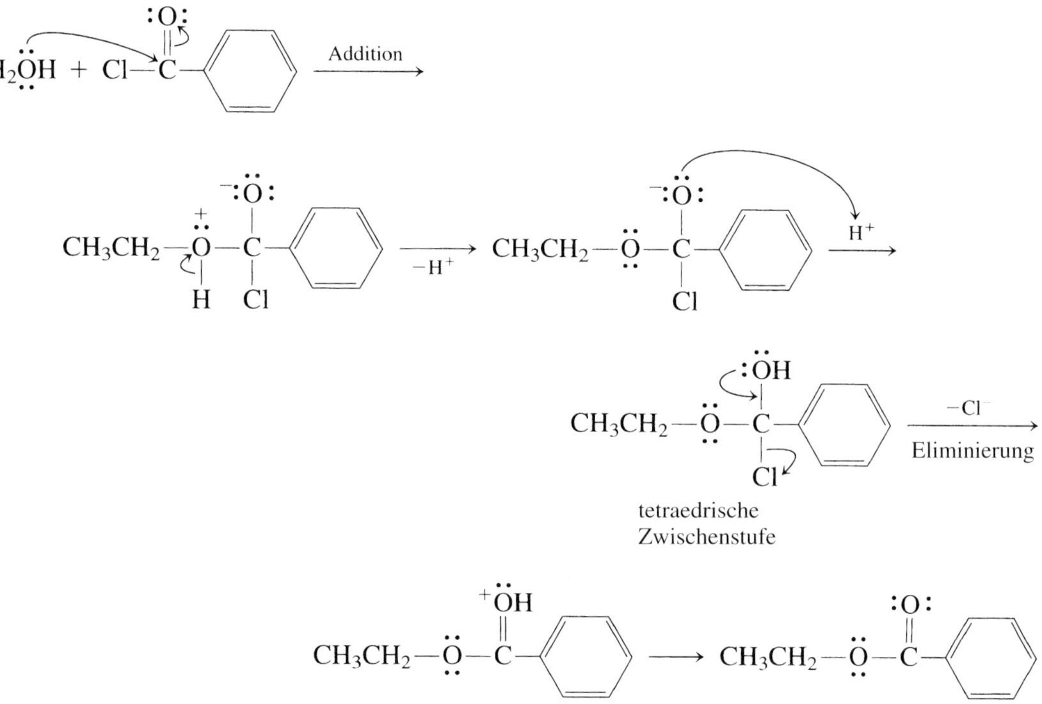

(b)

$$CH_3-\underset{\underset{\ddot{N}H_2}{|}}{\overset{\overset{:\ddot{O}:}{\|}}{C}} \underset{\text{Aufgabe 38}}{\overset{\longrightarrow H^+}{\rightleftharpoons}} CH_3-\underset{\underset{\ddot{N}H_2}{|}}{\overset{\overset{:\overset{+}{O}H}{\|}}{C}} + H_2\ddot{\underset{..}{O}} \longrightarrow$$

$$CH_3-\underset{\underset{:\ddot{N}H_2}{|}}{\overset{\overset{:\ddot{O}H}{|}}{\underset{|}{C}}}-\overset{+}{\underset{H}{\ddot{O}}}\overset{H}{:} \longrightarrow CH_3-\underset{\underset{\ddot{N}H_2}{|}}{\overset{\overset{:\ddot{O}H}{|}}{\underset{|}{C}}}-\ddot{\underset{..}{O}}H + H^+ \rightleftharpoons$$

$$CH_3-\underset{\underset{+\overset{|}{N}H_3}{|}}{\overset{\overset{:\ddot{O}-H}{|}}{\underset{|}{C}}}-\ddot{\underset{..}{O}}H \longrightarrow \ddot{N}H_3 + CH_3\overset{\overset{:\overset{+}{O}-H}{\|}}{C}-\ddot{\underset{..}{O}}H \xrightarrow{-H^+} CH_3\overset{\overset{:O:}{\|}}{C}\ddot{\underset{..}{O}}H$$

41. H = [bicyclic structure with C=O and CH₂CH=C(CH₃)₂ substituent, H stereochemistry shown]
(Alkylierung an der weniger sterisch gehinderten Unterseite)

I = [bicyclic structure with dioxolane ketal and CH₂CH=C(CH₃)₂ substituent]

J = [bicyclic structure with dioxolane ketal and CH₂COOH substituent]

K = [bicyclic structure with OH and CH₂COOH substituent] (über das Keton)

L = [tricyclic lactone structure] ein Lacton ($\tilde{v}_{C=O}$ = 1770 cm^{-1}).

42. (a) Halogenalkane sind im Allgemeinen kaum wasserlöslich (zu große Polaritätsdifferenz). Das Reaktionsgemisch ist heterogen, sodass die Reaktionsteilnehmer nicht gut vermischt werden. Darüber hinaus bildet Wasser ebenfalls Wasserstoffbrücken-Bindungen zum Nucleophil, was auch nicht hilfreich ist.

(b) Essigsäure ist ein besseres Lösungsmittel für das Halogenalkan, das System ist daher homogen, und die reagierenden Moleküle können besser miteinander vermischt werden.

(c) Natriumdodecanoat ist eine Seife und löst sich in Wasser unter Bildung von *Micellen*. Die weniger polaren inneren Bereiche von Micellen sind gute Lösungsmittel für Moleküle niedriger Polarität wie die Halogenalkane. Das Iodbutan löst sich **in den Micellen** und befindet sich daher in enger Nachbarschaft zu den nucleophilen Carboxylat-Gruppen, sodass die S$_N$2-Reaktion ablaufen kann.

43. Man geht von der gegebenen Struktur aus und arbeitet vorwärts und rückwärts. Die erste Reaktion sieht wie eine Aldol-Reaktion aus.

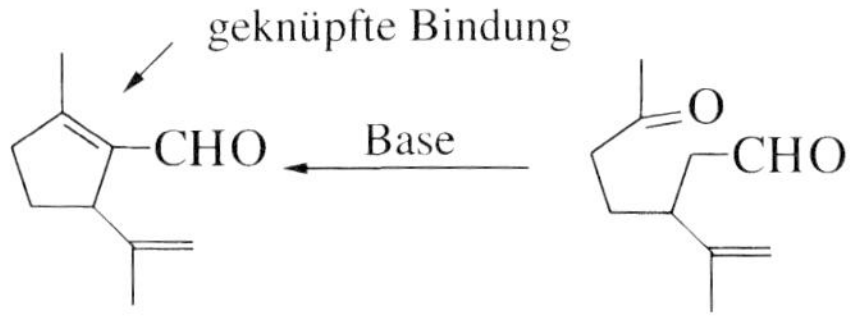
geknüpfte Bindung
CHO
Base
O
CHO

muß M sein.

Dann **N** = 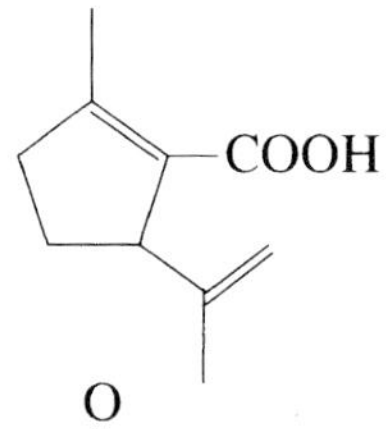
COOH

O = 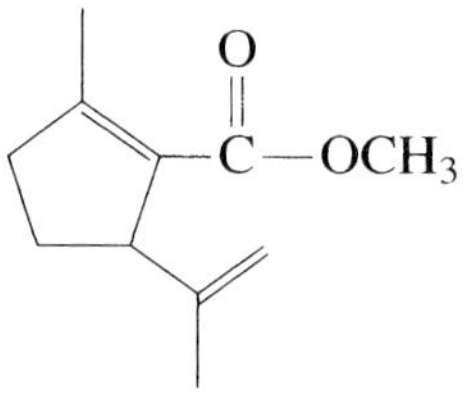
O
C—OCH3

P = 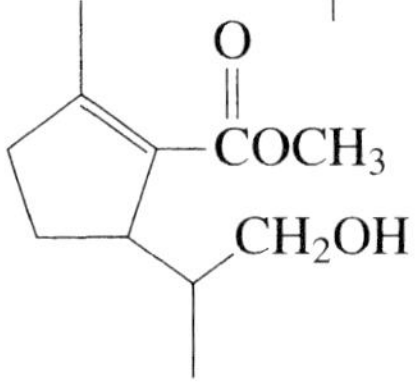
O
COCH3
CH2OH

(Beachten Sie, dass nur das am wenigsten gehinderte Alken hydroboriert wird.)

Neonepetalacton = 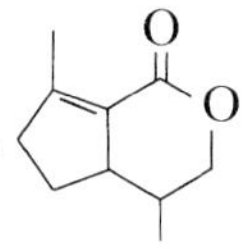
O
O

44.

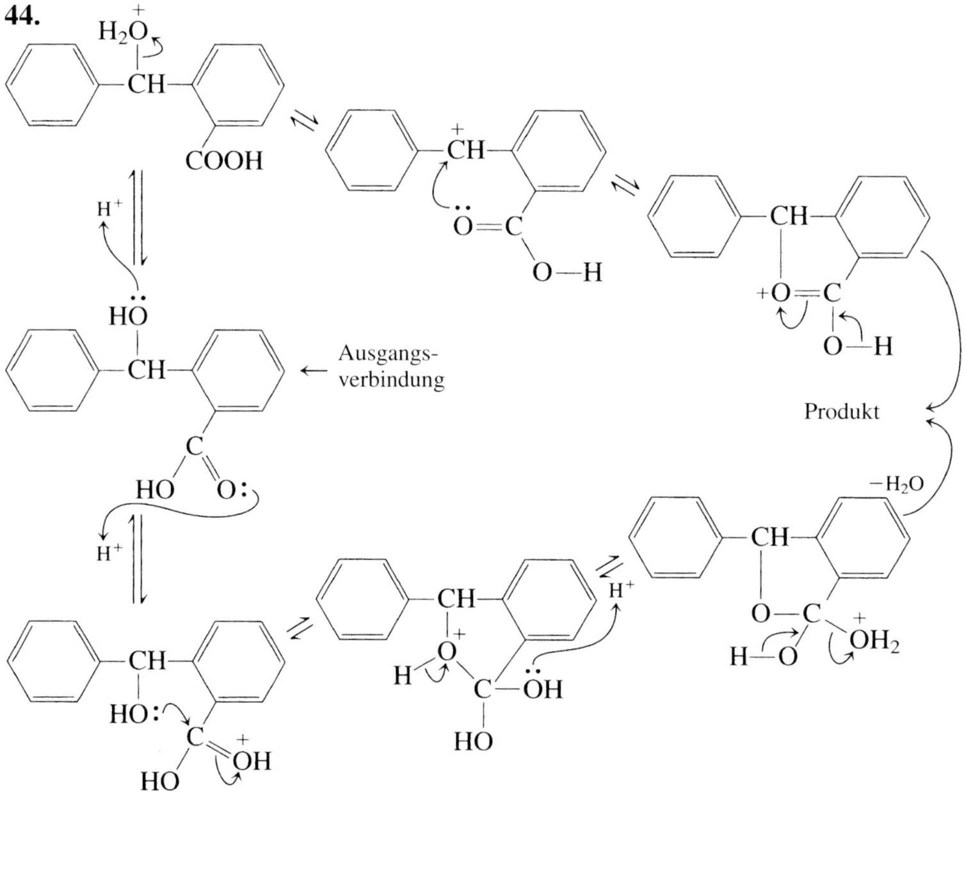
H2O
CH
COOH
H+
HO
Ausgangs-
verbindung
Produkt
−H2O
O—H
H+

Der obere Mechanismus ist eine S_N1-Reaktion mit dem Alkohol, der untere die Additions-Eliminierungsreaktion an der Carboxy-Gruppe – eine „Standardprozess": Durch Markierung des **Alkohols** mit ^{18}O kann man beide unterscheiden. Im oberen Mechanismus wird ^{18}O abgespalten, im unteren Mechanismus bleibt es dagegen erhalten.

45. $CH_3C\equiv CH$ $\xrightarrow{\begin{array}{l}1.\ CH_3(CH_2)_3Li,\ THF,\ Hexan,\ -30\ °C\\ 2.\ CO_2,\ 0\ °C\\ 3.\ H^+,\ H_2O\end{array}}$ $CH_3C\equiv CCOOH$
Propin   98 %
                                                                                               2-Butinsäure

46. Identifizieren Sie zunächst die Kohlenstoffatome im Produkt, die denen der Ausgangsverbindung entsprechen. Beide haben eine Methylgruppe (*a*) und ein Carboxy-Kohlenstoffatom (*b*), die wir als Bezugspunkte wählen.

In der Struktur des Produkts (oben rechts) müssen die Kohlenstoffatome *c* und *d* diejenigen sein, die in einer Cyclisierungsreaktion miteinander verknüpft werden. In der Ausgangssubstanz entsprechen sie einer Methylen- und einer Ketogruppe. Da die Methylengruppe in *α*-Stellung zu einer weiteren Ketogruppe steht, wissen wir, dass die benötigte Bindung über eine Aldolkondensation geknüpft werden kann.

Um den Benzolring zu erhalten, müssen jetzt nur noch die beiden Ketogruppen enolisiert werden. Dieser Schritt ist durch Bildung des aromatischen Zustands begünstigt. Die Hydrolyse des Thioesters liefert schließlich die freie Säure.

47. Der erste Teil des Problems ist nur eine geringfügige Erweiterung der Frage in Aufgabe 34: Durch die Verlängerung der Carbonsäurekette von fünf auf sechs Kohlenstoffatome kommt der stereochemische Aspekt hinzu. Auch hier zeigt sich der kinetische Vorteil bei der Bildung eines Fünfrings gegenüber der eines Sechsrings. Die Stereochemie resultiert aus dem rückseitigen Angriff des Carboxylat-Sauerstoffatoms an das intermediär gebildete Bromonium-Ion (haben Sie ein Modell gebaut?!). Die zweite Reaktion ist eine doppelte Veresterung. Zunächst wird die Carboxygruppe eines Moleküls durch die Hydroxygruppe eines zweiten verestert und anschließend die Zwischenstufe (mittlere Struktur) in das Lacton überführt. Beide Prozesse folgen dem in Abschnitt 19.9 beschriebenen säurekatalysierten Mechanismus.

20 | Derivate von Carbonsäuren und Massenspektrometrie

34. (a) 3-Methylbutanoyliodid **(b)** 1-Methylcyclopentancarbonylchlorid

(c) 2,2,2-Trifluoracetanhydrid **(d)** Propionsäure-Benzoesäure-Anhydrid

(e) Ethyl-2,2-dimethylpropanoat **(f)** *N*-Phenylacetamid

(g) $\text{CH}_3\text{CH}_2\text{CH}_2\overset{\overset{\text{O}}{\|}}{\text{C}}\text{OCH}_2\text{CH}_2\text{CH}_3$

(h) $\text{CH}_3\text{CH}_2\overset{\overset{\text{O}}{\|}}{\text{C}}\text{OCH}_2\text{CH}_2\text{CH}_2\text{CH}_3$

(i) $\text{C}_6\text{H}_5-\overset{\overset{\text{O}}{\|}}{\text{C}}\text{OCH}_2\text{CH}_2\text{Cl}$

(j) $\text{C}_6\text{H}_5-\overset{\overset{\text{O}}{\|}}{\text{C}}\text{N}(\text{CH}_3)_2$

(k) $\text{CH}_3\text{CH}_2\text{CH}_2\text{CH}_2\overset{\overset{\text{CH}_3}{|}}{\text{CH}}\text{CN}$

(l) Cyclopentyl-CN

35. Die Stärke einer Säure steht im Zusammenhang mit der Fähigkeit ihrer konjugierten Base, die nach Abspaltung des Protons verbliebene negative Ladung aufzunehmen (Abschn. 2.2). Wie aus Abschnitt 20.1 hervorgeht, nimmt die Acidität der *α*-Wasserstoffatome von Carbonsäurederivaten in der Reihenfolge Carboxamid (schwächste Säure) < Ester < Anhydrid < Alkanoylhalogenid (stärkste Säure) zu. **(a)** Wir wissen (Abschn. 18.1), dass die Delokalisierung der negativen Ladung eines Enolats vom *α*-Kohlenstoffatom zur Carbonylgruppe durch Resonanz teilweise für die Acidität der *α*-Wasserstoffatome verantwortlich ist. Die Resonanzdonorwirkung eines freien Elektronenpaars von L in $\text{R}\overset{\overset{\text{O}}{\|}}{\text{C}}\text{L}$ an die Carbonylgruppe konkurriert im Wesentlichen mit einer möglichen Donorwirkung vom deprotonierten *α*-Kohlenstoffatom. Diese Effekte führen insgesamt zur Destabilisierung des anionischen Enolats. Daher nimmt die Acidität des *α*-Wasserstoffatoms mit zunehmendem Resonanzdonorvermögen von L ab. **(b)** Mit steigender Elektronegativität von L sollte die Stabilisierung der negativen Ladung der Enolatgruppe durch Induktion entsprechend zunehmen, was auch beobachtet wird.

36. (a) Acetylchlorid (Cl ist größer als F, die Bindungen zu ihm sind länger).

(b) $\text{CH}_2(\text{COCH}_3)_2$ (Wasserstoffatome in *α*-Stellung zur Ketogruppe sind acider als die *α*-ständigen Wasserstoffatome von Estergruppen).

(c) Imid. (Das freie Elektronenpaar am N-Atom verteilt sich im Resonanzhybrid auf zwei Carbonyl-Gruppen, daher verringert es ihre Elektrophilie nicht so stark wie das N-Atom in einem Amid. Das Verhältnis zwischen Imid und Amid ist ähnlich wie das zwischen Anhydrid und Ester.)

(d) Ethenylacetat $\text{CH}_3\overset{\overset{\text{O}}{\|}}{\text{C}}-\ddot{\text{O}}-\text{CH}=\text{CH}_2 \longleftrightarrow \text{CH}_3\overset{\overset{\text{O}}{\|}}{\text{C}}-\overset{+}{\text{O}}=\text{CH}-\overset{-}{\ddot{\text{C}}}\text{H}_2$

(Die Resonanz **vermindert** den „Elektronendruck" vom Sauerstoffatom auf das Carbonyl-Kohlenstoffatom. Der Beitrag der Resonanzstruktur $CH_3\overset{O^-}{\underset{|}{C}}=\overset{+}{O}-CH=CH_2$ ist weniger wichtig, dadurch ist die C=O-Doppelbindung stärker und die Streckschwingungsfrequenz der Carbonyl-Gruppe wird auf etwa 1760 cm^{-1} erhöht).

37. (a) Decahydronaphthalen-2-yl-NHC(=O)CH$_3$ + Decahydronaphthalen-2-yl-NH$_3^+$ Cl$^-$

(b) $CH_3(CH_2)_4\overset{O}{\underset{\|}{C}}C_6H_5$

(c) $(CH_3)_3C\overset{O}{\underset{\|}{C}}H$

(d) $C_6H_5-CH_2O\overset{O}{\underset{\|}{C}}CH_2CH_2\overset{O}{\underset{\|}{C}}OCH_2-C_6H_5$

(e) Bicyclisches System mit CH$_3$, CH$_3$, CH=O Gruppen

38.

$H_3C-\overset{\overset{\curvearrowleft}{\ddot{O}:}}{\underset{Cl}{C}}$ + $H\ddot{O}CH_2CH_2CH_3$ ⟶ $H_3C-\underset{\underset{H}{\overset{+}{\underset{\ddot{}}{O}}}-CH_2CH_2CH_3}{\overset{:\ddot{O}:^-}{\underset{|}{C}}}-Cl$ ⟶

$H_3C-\underset{\underset{\underset{H}{\curvearrowleft}}{\overset{+}{O}:-CH_2CH_2CH_3}}{\overset{:O:}{\underset{\|}{C}}}$ ⟶ $H_3C-\underset{\ddot{O}CH_2CH_2CH_3}{\overset{:O:}{\underset{\|}{C}}}$

39. Bei dieser und der nächsten Aufgabe soll mit wässriger Säure aufgearbeitet werden.

(a) $CH_3\overset{O}{\underset{\|}{C}}OCH(CH_3)_2$ + $CH_3\overset{O}{\underset{\|}{C}}OH$

(b) $CH_3\overset{O}{\underset{\|}{C}}NH_2$ + $CH_3\overset{O}{\underset{\|}{C}}OH$

(c) $(C_6H_5)_2\underset{CH_3}{\overset{OH}{\underset{|}{C}}}$ + $CH_3\overset{O}{\underset{\|}{C}}OH$

(d) 2 CH_3CH_2OH

40. (a) $(CH_3)_2CHO\overset{O}{\underset{\|}{C}}CH_2CH_2\overset{O}{\underset{\|}{C}}OH$

(b) $HO\overset{O}{\underset{\|}{C}}CH_2CH_2\overset{O}{\underset{\|}{C}}NH_2$

(c) $HO\overset{O}{\underset{\|}{C}}CH_2CH_2\underset{C_6H_5}{\overset{OH}{\underset{|}{C}}}C_6H_5$

(d) $HOCH_2CH_2CH_2CH_2OH$

41.

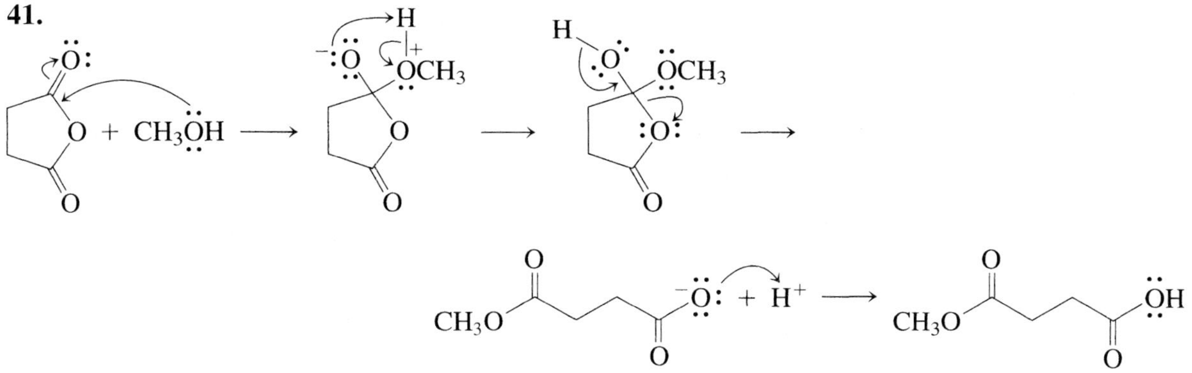

[Mechanism: succinic anhydride + CH₃OH → tetrahedral intermediate with –O⁻ and ⁺OCH₃(H) → proton transfer intermediate with OH and OCH₃ → ring-opened product]

CH₃O–C(O)–CH₂CH₂–C(O)–O:⁻ + H⁺ ⟶ CH₃O–C(O)–CH₂CH₂–C(O)–ÖH

42. (a) CH₃CH₂CH₂CH₂CO₂H (b) CH₃CH₂CH₂CH₂C(O)OCH₂CH₂CH(CH₃)₂

(c) CH₃CH₂CH₂CH₂C(O)N(CH₂CH₃)₂   (d) CH₃CH₂CH₂CH₂C(OH)(CH₃)CH₃

(e) CH₃CH₂CH₂CH₂CH₂OH   (f) CH₃CH₂CH₂CH₂CHO

43. (a) CH₃CH(OH)CH₂CH₂CO₂H   (b) CH₃CH(OH)CH₂CH₂C(O)OCH₂CH₂CH(CH₃)₂

(c) CH₃CH(OH)CH₂CH₂C(O)N(CH₂CH₃)₂   (d) CH₃CH(OH)CH₂CH₂C(OH)(CH₃)CH₃

(e) CH₃CH(OH)CH₂CH₂CH₂OH

(f) CH₃CH(OH)CH₂CH₂CHO, bildet das cyclische Halbacetal

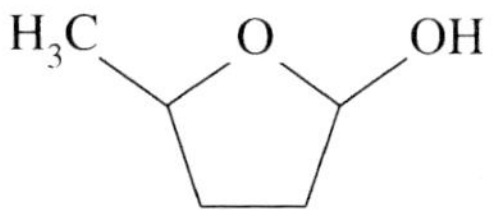

[Structure: tetrahydrofuran ring with H₃C– and –OH substituents]

44. (a) β-methyl-β-propiolactone (4-membered ring, α,β labeled, H₃C on β)

(b) β-ethyl β-propiolactone (4-membered ring, CH₃CH₂– substituent)

(c) δ-valerolactone (6-membered ring with α, β, γ, δ labels)

(d) β-propiolactam (4-membered ring with NH, α, β labels)

(e) 3-methyl-δ-valerolactam (6-membered ring with CH₃ on α-carbon, β, γ, δ labels, NH)

(f) N-methyl-γ-butyrolactam (5-membered ring, N–CH₃, α, β, γ labels)

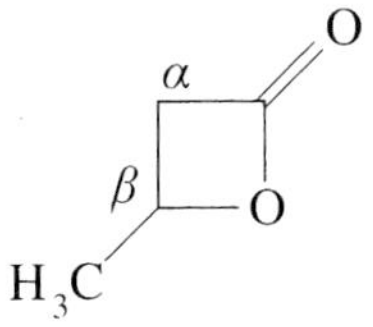

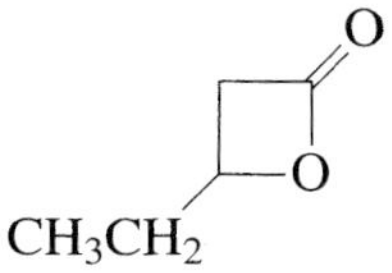

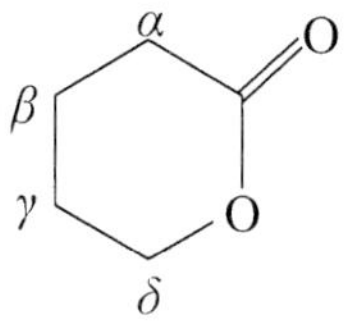

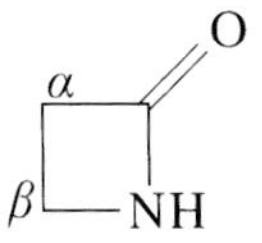

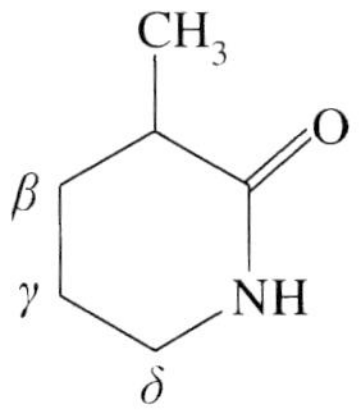

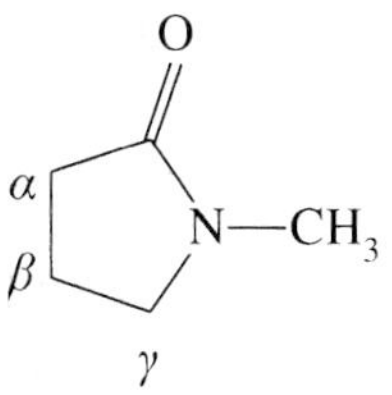

45.

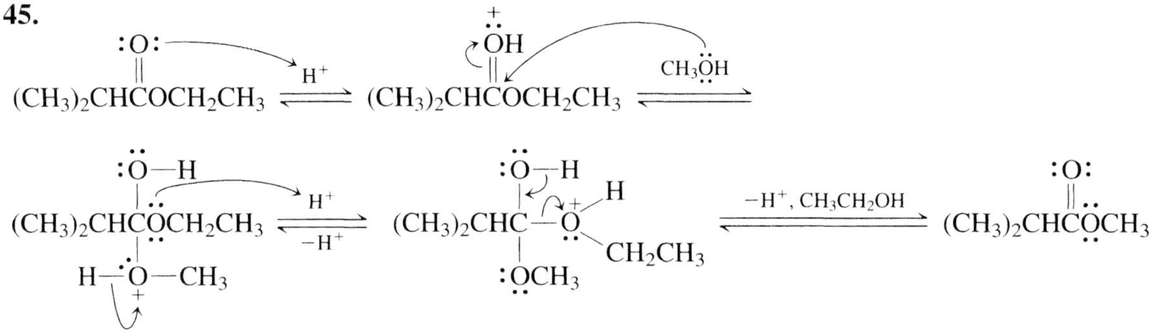

$(CH_3)_2CHCOCH_2CH_3$ $\xrightarrow{H^+}$ $(CH_3)_2CH\overset{+}{C}(OH)OCH_2CH_3$ $\xrightleftharpoons{CH_3\ddot{O}H}$

$(CH_3)_2CH\underset{H-\overset{+}{O}-CH_3}{\overset{\ddot{O}-H}{C}}OCH_2CH_3$ $\xrightleftharpoons[-H^+]{H^+}$ $(CH_3)_2CH\underset{:\ddot{O}CH_3}{\overset{\ddot{O}-H}{C}}\overset{+}{O}\underset{CH_2CH_3}{H}$ $\xrightleftharpoons{-H^+, CH_3CH_2OH}$ $(CH_3)_2CHC(=O)\ddot{O}CH_3$

46.

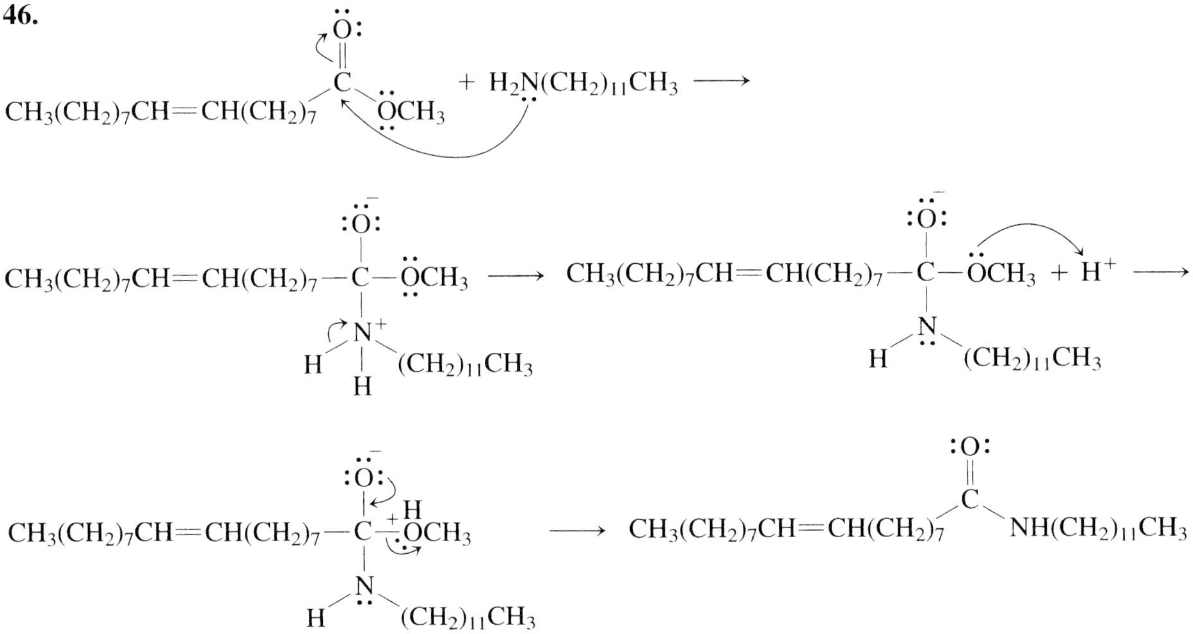

$CH_3(CH_2)_7CH=CH(CH_2)_7-C(=\ddot{O})-\ddot{O}CH_3 + H_2\ddot{N}(CH_2)_{11}CH_3 \longrightarrow$

$CH_3(CH_2)_7CH=CH(CH_2)_7-\underset{\underset{H}{\overset{+}{N}}-(CH_2)_{11}CH_3}{\overset{:\ddot{O}:^-}{\underset{|}{C}}}-\ddot{O}CH_3 \longrightarrow CH_3(CH_2)_7CH=CH(CH_2)_7-\underset{\underset{H}{N}-(CH_2)_{11}CH_3}{\overset{:\ddot{O}:^-}{\underset{|}{C}}}-\ddot{O}CH_3 + H^+ \longrightarrow$

$CH_3(CH_2)_7CH=CH(CH_2)_7-\underset{\underset{H}{N}-(CH_2)_{11}CH_3}{\overset{:\ddot{O}:^-}{\underset{|}{C}}}-\overset{+H}{\ddot{O}}CH_3 \longrightarrow CH_3(CH_2)_7CH=CH(CH_2)_7-C(=O)-NH(CH_2)_{11}CH_3$

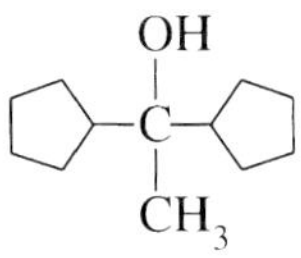

47. (a) cyclohexane fused with cyclobutane, both bridgehead carbons bearing COOH groups (cis)

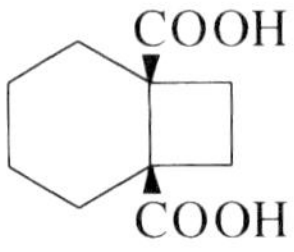

(b) CH_3 and H on one carbon with OH; CH_3CH_2 and H on adjacent carbon; then $CH_2C(=O)NHCH(CH_3)_2$

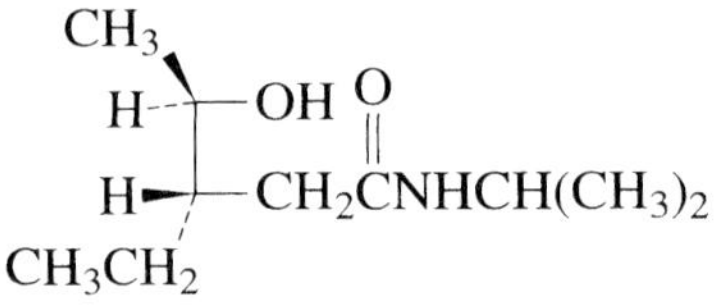

(c) $(C_5H_9)_2C(OH)(CH_3)$ (nach H^+, H_2O)

(d) $C_6H_5-C(CH_3)_2-C(=O)-OCH_2CH_3$

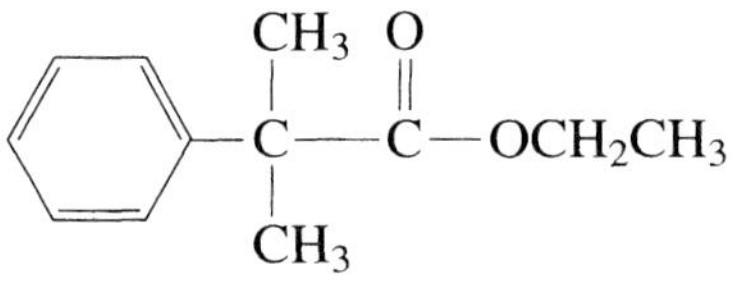

(e) cyclohexyl-CHO

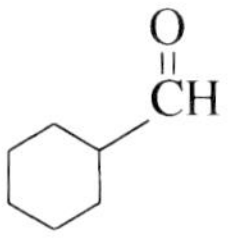

20 Derivate von Carbonsäuren und Massenspektrometrie 299

48.

CH₃COCH₃ + :NH₃ ⟶ CH₃C(−Ö:⁻)(⁺NH₃)−ÖCH₃ → → (siehe Aufg. 46)

CH₃C(−Ö:⁻)(:NH₂)−ÖCH₃(H)⁺ ⟶ CH₃CNH₂ + CH₃ÖH

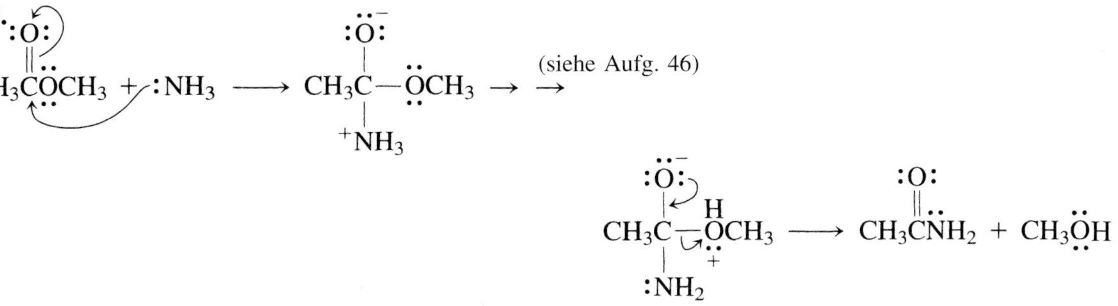

49. Pentanamid liefert (a) Pentansäure, (e) Pentanamin und (f) Pentanal;

N,N-Dimethylpentanamid ergibt für (a) und (f) dieselben Produkte, während die Reduktion mit LiAlH₄ in diesem Fall zu N,N-Dimethylpentanamin, CH₃CH₂CH₂CH₂CH₂N(CH₃)₂, führt.

50.

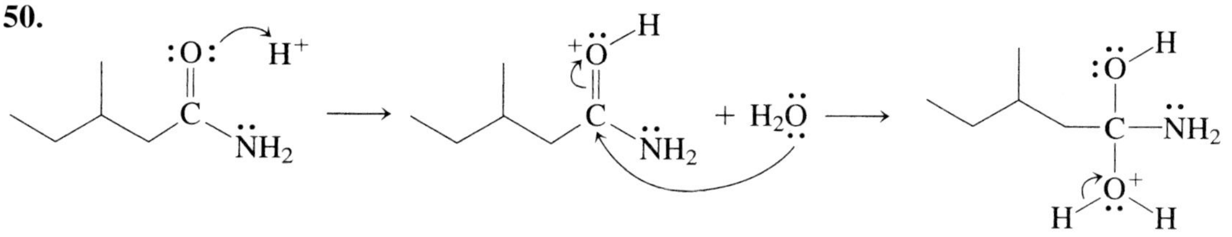

[Mechanismus: Protonierung des Amids mit H⁺, dann Addition von H₂O zum tetraedrischen Zwischenprodukt]

51. (a) (CH₃CH₂CH₂CH₂)₂CuLi; dann H⁺, H₂O; **(b), (d)** LiAlH₄, (C-

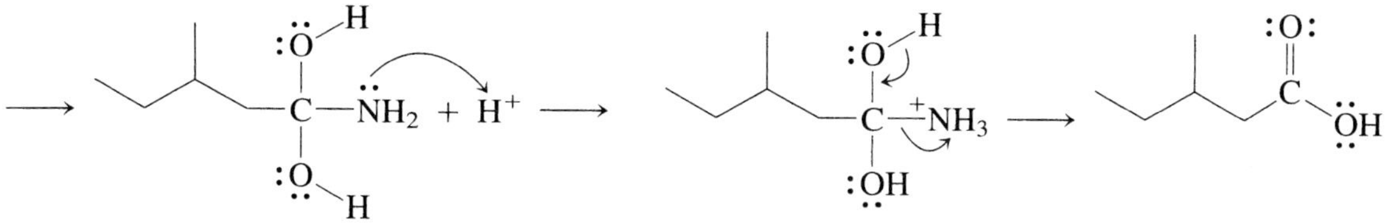

[Fortsetzung des Mechanismus zur Hydrolyse des Amids zur Carbonsäure]

H₃CH₂)₂O; dann H⁺, H₂O;

(c) LiAl[OC(CH₃)₃]H; dann H⁺, H₂O; **(e), (f)** CH₃CH₂CH₂MgBr, (CH₃CH₂)₂O; dann H⁺, H₂O.

52. (a) [Polyamid-Struktur: (−NH−(CH₂)₆−NH−CO−(CH₂)₄−CO−)ₙ]

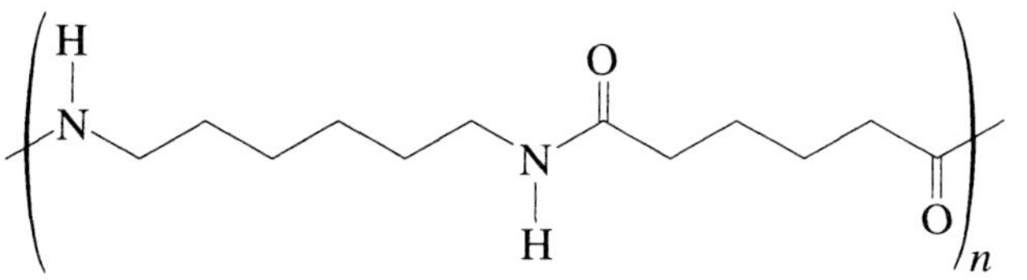

(b) N≡C−(CH₂)₄−C≡N $\xrightarrow{H_2, PtO_2}$ H₂N−(CH₂)₆−NH₂

N≡C−(CH₂)₄−C≡N $\xrightarrow{H^+, H_2O}$ HOOC−(CH₂)₄−COOH

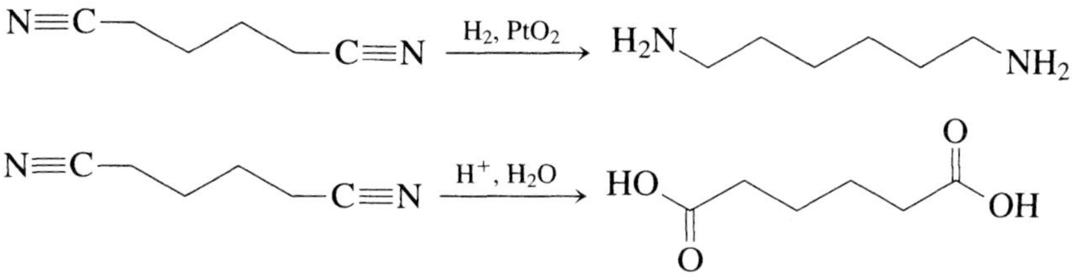

(c)

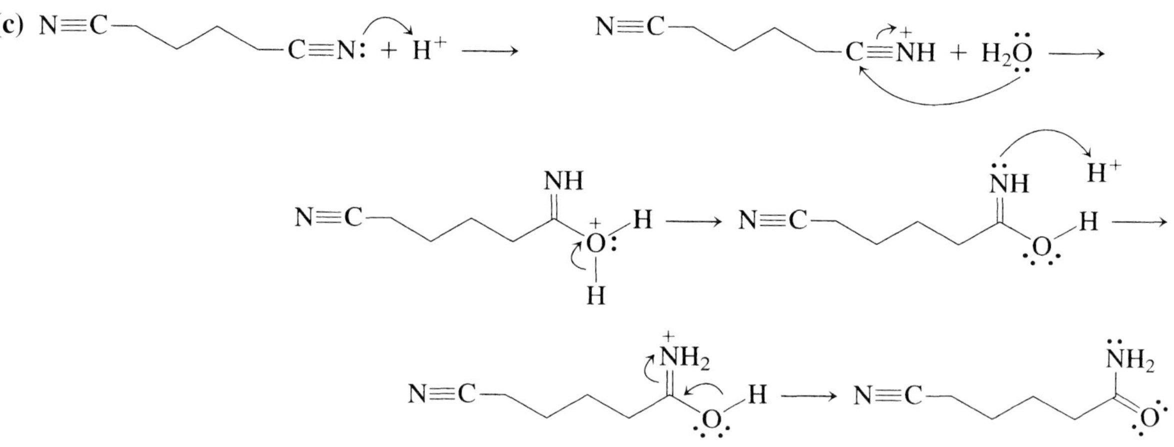

Setzen Sie den Mechanismus fort wie in Aufgabe 50 und wiederholen Sie ihn an der zweiten Nitrilgruppe.

53. In **i** und **ii** sind die α-Wasserstoffatome am stärksten acid. Der Isomerisierungsmechanismus verläuft über eine Deprotonierung mit anschließender Reprotonierung.

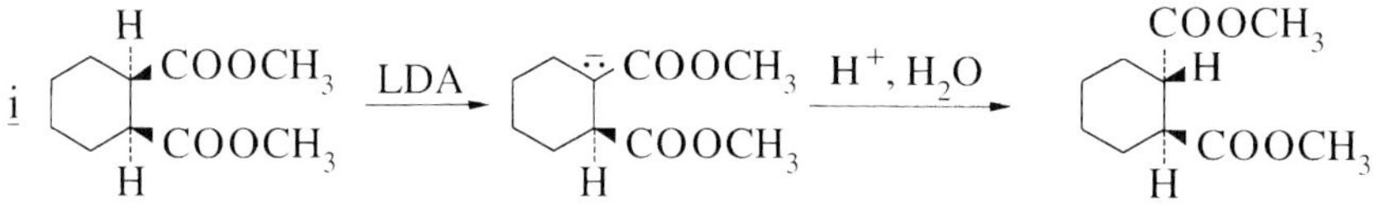

(ähnlich bei **ii**).

In **iii** befinden sich die Wasserstoffatome mit der höchsten Acidität am Stickstoffatom. Da die α-Wasserstoffatome nicht abgespalten werden, beobachtet man auch keine Isomerisierung.

54. Die Reaktionsmechanismen entsprechen der Amidbildung beziehungsweise der Hofmann-Umlagerung. Bei der Bildung von Phthalimid sind nur die Protonenübertragungen gezeigt, die auf dem Reaktionsweg zum Produkt auftreten.

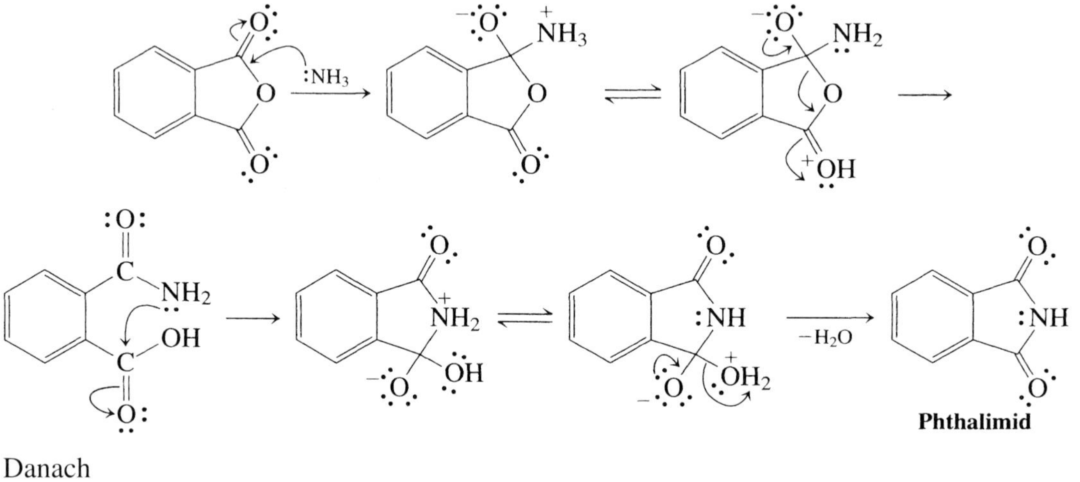

Phthalimid

Danach

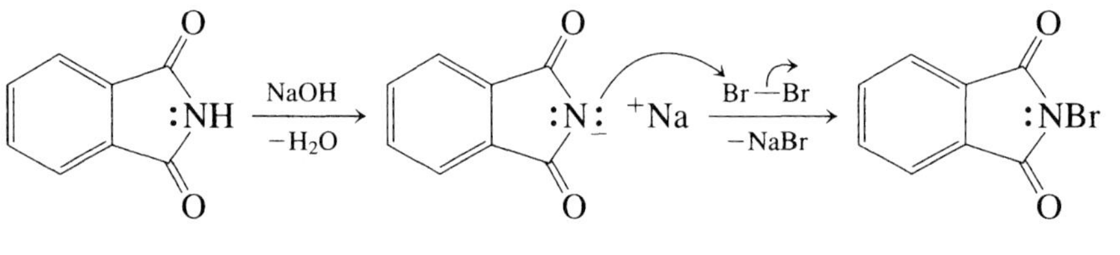

Was nun? Am N-Atom gibt es kein Wasserstoffatom mehr, wie können Sie dann zu einem intermediären *N*-Halogenamidat gelangen, das sich zum benötigten Acylnitren zersetzen kann?

[Strukturformeln: N-Halogenamidat (R–C(=O)–N̄Br) → (−Br⁻) → Acylnitren (R–C(=O)–N:)]

Die Antwort: Die Reaktion läuft in **stark basischem** Milieu ab, verwenden Sie daher Hydroxid für die Additions-Eliminierungsreaktion.

[Reaktionsschema mit Phthalimid-Struktur: Angriff von OH⁻ auf C=O, tetraedrisches Zwischenprodukt, Ringöffnung unter Abspaltung von Br⁻]

Jetzt liegen Sie richtig.
Machen Sie genau so weiter,
wie in Abschnitt 20.7 beschrieben.

[Weiteres Reaktionsschema: Nitren → Isocyanat (N=C=O) → (siehe Übung 20-20) → Anthranilsäure (2-Aminobenzoesäure)]

55. Selbsterklärend.

56. Aus **i**: 1. $SOCl_2$, 2. $(CH_3)_2NH$ (bildet das Säureamid), 3. $LiAlH_4$, $(CH_3CH_2)_2O$, dann H^+, H_2O.

Aus **ii**: 1. $SOCl_2$, 2. NH_3, 3. Cl_2, NaOH (Hofmann-Umlagerung, unter CO_2-Abspaltung entsteht das einfache Amin), 4. 2 Mol CH_3I, NaOH (S_N2-Methylierungen des Amin-Stickstoffatoms). Beachten Sie, dass **ii** ein Kohlenstoffatom mehr hat, das bei der Hofmann-Umlagerung abgespalten wird.

57. Die dipolaren Resonanzstrukturen, die die C=O-Bindung der Carbonylgruppe schwächen und die Frequenz ihrer Streckschwingung verringern, sind bei kleinen Ringen wegen der höheren Spannung, die ein zweites sp^2-Atom hervorruft, weniger bedeutend.

[Resonanzstrukturen eines β-Lactons]

sehr gepannt,
relativ unbedeutende
Resonanzform

58. (a) Keine gute Idee. Restliches Hexanoylchlorid wird in Hexansäure überführt, die einen Geruch hat wie ein alter Stall an einem heißen Tag.

(b) Die Glasgeräte werden mit einem Alkohol, zum Beispiel Ethanol, ausgewaschen. Durch Reaktion mit Hexanoylchlorid entsteht der Ester Ethylhexanoat, der wie frisches Obst riecht. Viel besser.

59. Mit H⁺ und CH₃OH umsetzen! Der Methylester oben rechts bleibt ein Methylester, weil das einzige, für einen Angriff der Carbonyl-Gruppen in Frage kommende Nucleophil Methanol ist. Das Ethanoat unten links wird hingegen zu Methylethanoat umgeestert, wobei der Steroidalkohol frei wird.

$$CH_3\overset{O}{\overset{\|}{C}}-O-Steroid \xrightarrow{H^+, CH_3OH} CH_3\overset{O}{\overset{\|}{C}}-O-CH_3 + HO-Steroid$$

60. Baeyer-Villiger-Reaktion und anschließende Hydrolyse des Esters.

61. Es gibt mehrere praktikable Möglichkeiten. Eine davon nutzt eine Reaktion aus diesem Kapitel (das tatsächlich verwendete Verfahren) und ist nachstehend gezeigt.

62. 1. (CH₃)₂NH, Δ (überführt in das *N,N*-Dimethylcarboxamid), 2. LiAlH₄, (CH₃CH₂)₂O (ergibt das Amin), 3. H⁺, H₂O.

63. Achten Sie auf die Stereochemie.

Die Deprotonierung am α-Kohlenstoffatom ermöglicht die Isomerisierung zum stabileren äquatorialen Isomer

64.

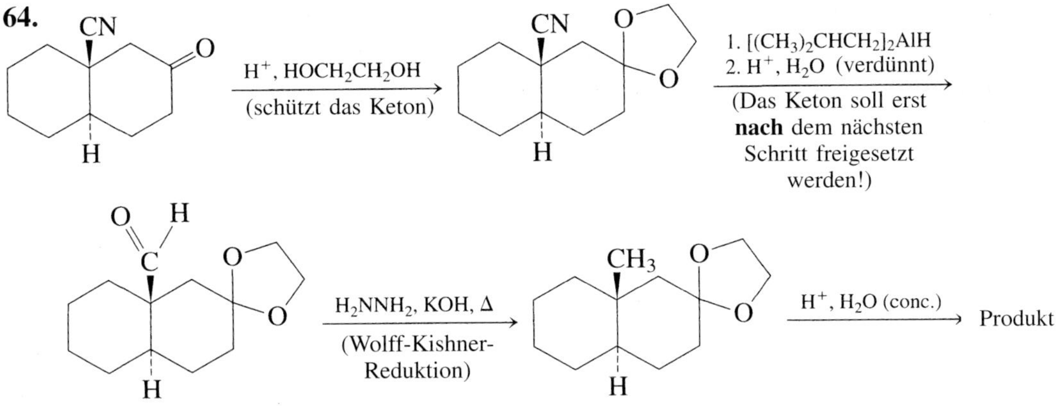

[Reaktionsschema: Ausgangsverbindung mit CN-Gruppe und Keton wird zunächst mit H⁺, HOCH₂CH₂OH (schützt das Keton) umgesetzt, dann mit 1. [(CH₃)₂CHCH₂]₂AlH, 2. H⁺, H₂O (verdünnt) (Das Keton soll erst **nach** dem nächsten Schritt freigesetzt werden!), dann mit H₂NNH₂, KOH, Δ (Wolff-Kishner-Reduktion), anschließend H⁺, H₂O (conc.) → Produkt]

65. Hauptpeaks: m/z 43 $(CH_3CH_2CH_2)^+$ aus M − Br
                m/z 41 $(CH_2CH=CH_2)^+$ aus M − HBr − H

Kleinere Peaks: m/z 109 $(CH_2CH_2{}^{81}Br)^+$ aus M − CH₃
                  m/z 107 $(CH_2CH_2{}^{79}Br)^+$ aus M − CH₃
                  m/z 42 $(CH_3CH=CH_2)^+$ aus M − HBr
                  m/z 29 $(CH_3CH_2)^+$ aus M − Br − CH₂
                  m/z 28 $(CH_2=CH_2)^+$ aus M − Br − CH₃
                  m/z 27 $(CH_2=CH)^+$ aus M − Br − CH₃ − H

66. Notieren Sie zunächst die Massen der markantesten Ionen jedes Massenspektrums. Versuchen Sie danach vorherzusagen, wie die einzelnen Alkane höchstwahrscheinlich fragmentieren, und orientieren Sie sich dabei an der bevorzugten Bildung von stabileren anstatt von weniger stabilen Carbenium-Ionen. Die drei Verbindungen sind Konstitutionsisomere und haben alle die Summenformel C_6H_{14} und eine Molmasse von 86.

Spektrum A hat einen Basispeak bei m/z = 57 (C_4H_9) sowie weitere signifikante Ionen mit m/z = 56, 41, 29 (C_2H_5) und 27. Der Molekül-Peak bei m/z = 86 ist schwach.

In Spektrum B liegt der Basispeak ebenfalls bei m/z = 57 (C_4H_9). Der Peak bei m/z = 43 (C_3H_7) ist größer als in Spektrum A, der bei m/z = 29 (C_2H_5) dagegen kleiner. Das Signal des Molekül-Ions ist intensiver.

Spektrum C hat einen Basispeak bei m/z = 43 (C_3H_7). Das Signal des Molekül-Ions ist schwach, in diesem Spektrum fällt aber m/z = 71 (C_5H_{11}) auf.

Betrachten Sie nun die drei Strukturen sowie die Bindungen, die im jeweiligen Molekül-Ion sehr wahrscheinlich aufgebrochen werden:

Hexan: $[CH_3CH_2\text{—}CH_2\text{—}CH_2\text{—}CH_2CH_3]^{+\bullet}$ ⟶ $\begin{cases} CH_3CH_2^+ \ (m/z = 29) \\ CH_3CH_2CH_2^+ \ (m/z = 43) \\ CH_3CH_2CH_2CH_2^+ \ (m/z = 57) \end{cases}$

Am günstigsten ist eine Fragmentierung zwischen den CH₂-Gruppen (vermeidet die Bildung eines Methyl-Kations), aber da auch im besten Fall nur primäre – und nicht sehr stabile – Kationen erhalten werden, ist die Fragmentierung insgesamt weniger wahrscheinlich. Dazu scheint Spektrum B mit seinem herausragenden Molekül-Ion am besten zu passen.

2-Methylpentan: $[CH_3\text{—}\underset{\underset{CH_3}{|}}{CH}\text{—}CH_2CH_2CH_3]^{+\bullet}$ ⟶ $\begin{cases} [CH_3CHCH_3]^+ \ (m/z = 43) \\ [CH_3CH_2CH_2CHCH_3]^+ \ (m/z = 71) \end{cases}$

Die Fragmentierung wird hauptsächlich um die CH-Gruppe unter Bildung sekundärer Kationen erfolgen. Die beste Übereinstimmung besteht mit Spektrum C.

3-Methylpentan: $[\text{CH}_3\text{CH}_2\overset{\uparrow}{-}\underset{|}{\overset{\text{CH}_3}{\text{CH}}}\overset{\uparrow}{-}\text{CH}_2\text{CH}_3]^{+\cdot} \longrightarrow [\text{CH}_3\text{CH}_2\text{CHCH}_3]^+$ ($m/z = 57$)

Die Fragmentierung erfolgt an den markierten Bindungen und liefert hauptsächlich das *sec*-Butyl-Kation und in geringerem Umfang das Ethyl-Kation ($m/z = 29$). Dazu passt am besten Spektrum A.

Eine typische Eigenschaft der Massenspektrometrie sind Umlagerungen und andere Fragmentierungsarten als Folge der hohen Energie, die auf die Moleküle übertragen wird. Glücklicherweise sind die aus solchen Prozessen hervorgehenden Ionen im Spektrum normalerweise nicht vorherrschend.

67. Die Verbindung ist gesättigt (siehe Abschn. 11.6). Versuchen Sie es mit der allgemeinen Regel, dass intensive Fragmentpeaks normalerweise entweder auf die Abspaltung relativ stabiler neutraler Teilchen oder auf die Bildung relativ stabiler Kationen zurückzuführen sind.

So entspricht der intensive Peak mit m/z 73 für das Isomer C $(M-15)^+$ oder der Abspaltung von CH_3. Die Wahrscheinlichkeit dafür ist sehr groß, wenn das übrige Fragment ein sehr stabiles Kation ist, zum Beispiel

$$\left[\begin{array}{c}\text{CH}_3\\|\\\text{CH}_3\text{CH}_2-\text{C}-\text{OH}\\|\\\text{CH}_3\end{array}\right]^{+\cdot} \longrightarrow \text{CH}_3\text{CH}_2\overset{+}{\underset{|}{\text{C}}}\text{OH} + \text{CH}_3\cdot$$
$$\underset{\text{CH}_3}{}$$

m/z 73
Kation, stabilisiert durch
freies Elektronenpaar am
Sauerstoff

Der Basispeak des Spektrums liegt bei m/z 59; das entspricht $(M-29)^+$ oder dem Verlust von CH_3CH_2.

$$\left[\begin{array}{c}\text{CH}_3\\|\\\text{CH}_3\text{CH}_2\text{+}\text{C}-\text{OH}\\|\\\text{CH}_3\end{array}\right]^{+\cdot} \longrightarrow (\text{CH}_3)_2\overset{+}{\text{C}}\text{OH} + \text{CH}_3\text{CH}_2\cdot$$
$$m/z\ 59$$

Insgesamt spricht vieles dafür, dass es sich bei Isomer C, wie gezeigt, um 2-Methyl-2-butanol handelt.

Isomer B weist ebenfalls den aus der Abspaltung von CH_3 resultierenden Peak bei m/z 73 auf. Sein Basispeak (m/z 45) entspricht dem Verlust von 43 oder $CH_3CH_2CH_2$. Diese Peaks sind für 2-Pentanol zu erwarten.

$$\left[\text{CH}_3\text{CH}_2\text{CH}_2\overset{b}{-}\overset{\text{OH}}{\underset{|}{\text{CH}}}\overset{a}{-}\text{CH}_3\right]^{+\cdot}\begin{array}{c}\nearrow\\\\\searrow\end{array}\begin{array}{l}\text{CH}_3\text{CH}_2\text{CH}_2\overset{+}{\underset{|}{\text{CH}}}\overset{\text{OH}}{} + \text{CH}_3\cdot\\m/z\ 73\\\\\text{CH}_3\overset{\text{OH}}{\underset{+}{\text{C}}}\text{-H} + \text{CH}_3\text{CH}_2\cdot\\m/z\ 45\end{array}$$

Beide Fragmentierungen liefern Kationen, die durch ein freies Elektronenpaar des Sauerstoffatoms resonanzstabilisiert sind. In der Tat ist dies die richtige Antwort.

Isomer A verliert **weder CH₃ noch CH₃CH₂** (keine Peaks bei *m/z* 73 oder 59). Daher kommt die Struktur eines tertiären oder sekundären Alkohols nicht in Frage (jedes Beispiel, das Sie hierfür formulieren können, müsste diese Fragmentierungen zeigen). Wie wäre es mit einem primären Alkohol? Die starken Fragmentpeaks könnten Hinweise geben. Das Signal *m/z* 70 entspricht der Abspaltung von Wasser und ist wenig hilfreich, wenn man davon absieht, dass es (CH₃)₃CCH₂OH als Antwort ausschließt, da dieses wegen fehlender β-Wasserstoffatome nicht dehydratisieren kann. Damit bleiben für A drei Möglichkeiten übrig:

$$CH_3CH_2CH_2CH_2CH_2OH, \quad CH_3CH_2\underset{|}{\overset{CH_3}{C}}HCH_2OH \quad und \quad CH_3\underset{|}{\overset{CH_3}{C}}HCH_2CH_2OH$$

Die vorliegenden Daten passen in der Tat recht gut zu den ersten beiden Strukturen (aus der dritten lässt sich schwer ein Fragment mit *m/z* 42 erhalten). Wenn Sie soweit gekommen sind, haben Sie sich wacker geschlagen! (Übrigens entspricht das Spektrum von Isomer A der Verbindung 1-Pentanol).

68. (a) MS: M⁺• von 128 bestätigt auch die Summenformel C₈H₁₆O.

H$_{gesättigt}$ = 16 + 2 = 18; Ungesättigtheitsgrad = (18 − 16)/2 = 1 π-Bindung oder Ring.

IR, UV: Es scheint die C=O-Gruppe eines Ketons vorzuliegen.

NMR: CH₃–CH₂– und CH₃–C(=O)–CH₂–CH₂– sind wahrscheinliche Teilstücke, die zusammen
    δ 0.9(t)   δ 2.0(s) δ 2.2(t)

C₆H₁₂O ergeben; es fehlt nur noch C₂H₄. Ist 2-Octanon eine vernünftige Antwort?

MS: Basispeak *(m/z 43)* entspricht $\left[CH_3\overset{O}{\overset{\|}{C}}\right]^+$; der nächstgrößere, *m/z* 58, ist in Einklang mit der *McLafferty-Umlagerung*:

$$\left[CH_3CH_2CH_2-CH\underset{CH_2}{\overset{H}{\underset{|}{\diagdown}}}\overset{O}{\underset{CH_3}{\diagup C}}\right]^{+\bullet} \longrightarrow CH_3CH_2CH_2CH=CH_2 + \left[CH_2=\underset{|}{\overset{OH}{C}}CH_3\right]^{+\bullet}$$

2-Octanon   *m/z* = 58

Diese Antwort scheint vernünftig zu sein.

(b) MS: M⁺• von 136 bestätigt C₁₀H₁₆ als Summenformel (das Doppelte der empirischen Formel).

H$_{gesättigt}$ = 20 + 2 = 22; Ungesättigtheitsgrad = (22 − 16)/2 = 3 π-Bindungen und/oder Ringe.

IR, UV: Eine oder vielleicht zwei Alken-Doppelbindungen ($\tilde{v}_{C=C}$ bei 1646 und 1680 cm⁻¹), davon mindestens eine des Typs $\underset{R}{\overset{R}{\diagdown}}C=C\underset{H}{\overset{H}{\diagup}}$ ($\tilde{v}_{Bindung}$ bei 888 cm⁻¹).

¹H-NMR: wahrscheinlich liegen $\diagdown\!\!\!\!\!\diagup$C=CH₂ sowie davon getrennt $\diagdown\!\!\!\!\!\diagup$C=C$\diagdown\!\!\!\!\!\diagup$H vor. Die einzigen
                                           ↑   ↑
                                         δ4.6   δ5.3

noch für eine Auswertung in Frage kommenden Signale liegen bei $\delta = 1.6 - 1.7$; hierbei könnte es sich um zwei allylische CH₃-Gruppen handeln (CH₃—C=C$\diagdown$ -Teilstücke). Das NMR-Spektrum ist nicht sehr hilfreich, wir können aber zumindest Teilstücke formulieren:

$\diagdown\!\!\!\!\!\diagup$C=CH₂, $\diagdown\!\!\!\!\!\diagup$C=C$\diagdown\!\!\!\!\!\diagup$H, zwei CH₃-Gruppen an Doppelbindungen.

Es müssen noch vier C-Atome und sieben H-Atome untergebracht werden. Die ¹³C-Daten müssten bedeutend aufschlussreicher sein, wir wollen aber sehen, welche Informationen das Massenspektrum bietet.

MS: Sehen Sie sich die Fragmente an. Die Abspaltung von 15 bestätigt das Vorliegen einer oder mehrerer CH₃-Gruppen. Die beiden anderen Hauptfragmentierungen führen zu den Fragmenten m/z 95 + m/z 41 und zu zwei m/z 68. Wir beginnen mit dem leichtesten, m/z 41 = C₃H₅, das der

Kombination —C(CH₃)=CH₂ (nach den obigen NMR-Daten) entsprechen könnte. Die Fragmente mit m/z 68 entsprechen jeweils der **Hälfte** des ursprünglichen Moleküls oder C₅H₈. Ein vernünftiger Strukturvorschlag für C₅H₈ ergibt sich durch Anfügen von C₂H₃ oder H₂C=CH— an —C(CH₃)=CH₂ unter Bildung von CH₂=CH—C(CH₃)=CH₂ (Isopren). Allmählich sieht die Sache bekannt aus. Könnte das Molekül ein **Dimer** von Isopren sein, das vielleicht durch Diels-Alder-Reaktion entstanden ist?

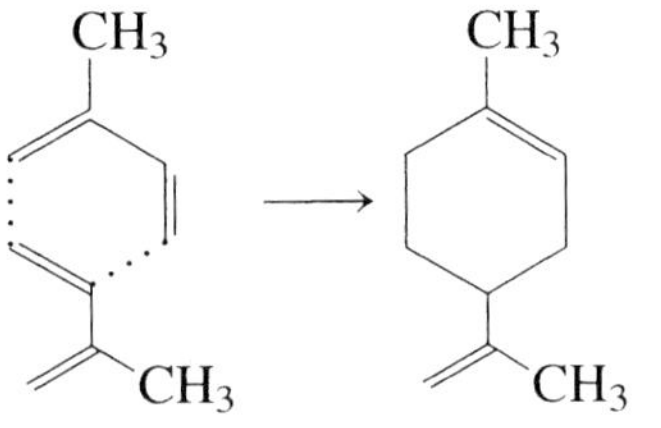

(Limonen?)

Das ist tatsächlich die Antwort (siehe Aufgabe 58 in Kapitel 14). Versuchen Sie selbst, die ¹³C-NMR-Daten mit der Struktur in Einklang zu bringen.

69. (a) Sammeln Sie die Informationen und überlegen Sie, welche Schlüsse Sie daraus ziehen können. Fangen Sie mit dem Molekül-Ion an. Da es sich um einen einzelnen Peak handelt, sind Cl oder Br ausgeschlossen: Sie würden zwei Peaks im Abstand von zwei Masseneinheiten ergeben. Der Wert ist eine gerade Zahl, daher kann kein einzelnes N-Atom vorliegen (siehe Übung 20-27; bei einer geraden Massenzahl muss die Anzahl der Stickstoffatome null oder gerade sein). Die IR-Absorption liegt nahe an dem für Ester charakteristischen Bereich, Sie sollten daher zunächst annehmen, dass das Molekül ein Ester ist und nur C, H und O enthält.

Die exakte Masse liefert Ihnen mit einem bisschen Arbeit die Molekülformel. Die Esterfunktion enthält zwei Sauerstoffatome, ziehen Sie daher deren Masse (2 × 15.9949) von der Masse des Stamm-Ions ab und versuchen Sie, die übrige Masse durch eine Kombination von Kohlenstoff- und Wasserstoffatomen auszudrücken:

116.0837
−(2 × 15.9949)
84.0939

Die einzige vernünftige Kombination von C und H mit der Masse 84 ist C_6H_{12}. Passt sie **genau**? (6 × 12) + (12 × 1.00783) = 84.0940 – das ist in der Tat so. (Wäre das nicht der Fall gewesen, hätten Sie weitere Möglichkeiten mit Sauerstoff, zum Beispiel C_5H_8O usw. untersuchen müssen). Die Molekülformel ist $C_6H_{12}O_2$ mit einem Ungesättigtheitsgrad von 1 für die Carbonylgruppe des Esters.

Sehen Sie sich jetzt das Protonen-NMR-Spektrum an. Sie haben folgende Absorptionen:

δ = 1.0–1.3: Möglicherweise überlappende Signale, gesamte Integration von 9 H

δ = 2.2: Quartett, Integration von 2 H; deutet auf eine CH_3-CH_2-Gruppe, die wegen der leicht entschirmten Position im Spektrum wahrscheinlich an ein Carbonyl-Kohlenstoffatom gebunden ist.

δ = 5.0: Ein Septett (siehe die vergrößerte Aufzeichnung), Integration von 1 H; sieben Linien lassen auf zwei benachbarte Methylgruppen schließen; die chemische Verschiebung deutet auf die Verknüpfung mit Sauerstoff: $(CH_3)_2CH-O-$

Haben Sie die Antwort? Ja: $CH_3CH_2\overset{\overset{O}{\|}}{C}-OCH(CH_3)_2$

Stimmen die übrigen Daten damit überein? Die Hochfeldregion des NMR-Spektrums kann nun folgendermaßen interpretiert werden: Ein großes Dublett für die Methylgruppen der $CH(CH_3)_2$-Gruppe überlappt mit einem Peak eines kleineren Tripletts, das von der Ethyl-CH_3-Gruppe herrührt. Wie sieht es mit dem Massenspektrum aus? Der Basispeak bei m/z = 57 resultiert aus einer Art α-Spaltung der C−O-Esterbindung unter Bildung des sehr stabilen Acylium-Ions $CH_3CH_2C\equiv O^+$. Versuchen Sie, möglichst viele der anderen Fragmente zuzuordnen.

(b) In diesem Fall sehen Sie zwei Stamm-Ionen gleicher Intensität, die zwei Masseneinheiten voneinander getrennt sind; es ist also ein Bromatom vorhanden. Etwa die Hälfte der Moleküle enthält ^{79}Br und hat die Molekülmasse 180; die andere Hälfte enthält ^{81}Br mit m/z = 182. Auch hier lässt das IR-Spektrum erkennen, dass es sich um einen Ester handelt.

Ziehen Sie von einer der beiden exakten Massen die Masse des zugehörigen Br-Isotops und die der beiden Sauerstoffatome der Esterfunktion ab:

179.9886
−78.9183
101.0703
−(2 × 15.9949)
69.0805

Die einzige vernünftige Kombination von C und H mit einer Masse von 69 ist C_5H_9. Seine exakte Masse beträgt: (5 × 12) + (9 × 1.00783) = 69.0705. Die Molekülformel ist $C_5H_9O_2Br$ mit einem Grad der Ungesättigtheit von 1, der Carbonylgruppe des Esters.

Sie können jetzt direkt zum NMR-Spektrum übergehen, versuchen Sie aber zuerst, möglichst viele Informationen aus den massenspektrometrischen Daten zu gewinnen. Der Basis-Peak hat m/z = 29; dafür sind Ihnen in diesem Kapitel zwei Möglichkeiten begegnet, $CH_3CH_2^+$ und $HC\equiv O^+$. Ein Paar von Peaks bei m/z = 107 und 109 deutet auf ein Br-haltiges Fragment. Welches könnte es sein? Wenn Sie die Atommasse des jeweiligen Br-Isotops abziehen, erhalten Sie 28, was C_2H_4 oder CO entsprechen könnte. Sie können deshalb als mögliche Strukturen für das 107/109-Fragment CH_3CHBr^+ und $BrC=O^+$ formulieren. Aus den IR-Daten wissen Sie, dass es sich um einen Ester handelt und nicht um ein Alkanoylhalogenid, die erste Möglichkeit ist daher einleuchtender. Jetzt kommen Sie der richtigen Antwort schon sehr nahe. Schauen Sie sich nun das ^{1}H-NMR-Spektrum an. Es hat folgende Absorptionen:

$\delta = 1.3$: Triplett, Integration von 3 H; eine CH_3-CH_2-Gruppe

$\delta = 1.8$: Dublett, Integration von 3 H; eine CH_3-CH-Gruppe

$\delta = 4.1-4.5$: Multiplett, Integration von 3 H; hierbei muss es sich wegen der CH_2- und CH-Gruppen, deren Existenz die beiden vorstehenden Signalen belegen, um überlappende Multipletts (Quartetts) handeln! Da diese Protonen stark entschirmt sind, gehen wir davon aus, dass eine dieser Gruppen mit dem Sauerstoffatom des Esters und die andere mit Brom verknüpft ist. Welche ist womit verbunden? Wenn Sie CH_3-CH_2- mit Brom verbinden, erhalten Sie CH_3CH_2Br, Bromethan. Das geht nicht, weil es keine Möglichkeit mehr gibt, die übrigen Atome unterzubringen. Verbinden Sie daher CH_3-CH_2- mit dem Sauerstoff und CH_3-CH- mit Brom und Sie erhalten die richtige Antwort:

$$CH_3CH_2-O-\underset{\underset{Br}{|}}{\overset{\overset{O}{\|}}{C}}-CHCH_3$$

70. Erste Reaktion: Das „gemischte" Anhydrid kann zwei verschiedene Acylium-Ionen freisetzen.

Zweite Reaktion: Ein Ester kann ebenfalls als Quelle für das Acylium-Ion dienen.

Aber was kann sonst noch passieren? Was ist das für ein Produkt C mit der Formel C_8H_{10}? Schauen Sie sich das NMR-Spektrum an: fünf Benzol-Wasserstoffatome und CH_2- und CH_3-Gruppen bei hohem Feld – das sieht nach Ethylbenzol aus! Wie kann das sein? Das durch die Lewis-Säure komplexierte Sauerstoffatom ist eine gute Abgangsgruppe, sodass wir Folgendes postulieren können:

was natürlich weiterreagieren und eine weitere Acylierung eingehen kann unter der Bildung von **D**.

Dritte Reaktionssequenz:

PhCO-CH$_2$CH$_2$-CO$_2$H $C_{10}H_{10}O_3$

Ph-CH$_2$CH$_2$CH$_2$-CO$_2$H $C_{10}H_{12}O_2$

Ph-CH$_2$CH$_2$CH$_2$-COCl $C_{10}H_{11}ClO$

α-Tetralon $C_{10}H_{10}O$

21 | Amine und ihre Derivate

Stickstoffhaltige funktionelle Gruppen

22. (a) 3-Hexanamin, 3-Aminohexan   **(b)** *N*-Methyl-2-propanamin, 2-(Methylamino)propan

(c) 2-Chlorbenzolamin, *o*-Chloranilin   **(d)** *N*-Methyl-*N*-propylbenzolamin, *N*-Methyl-*N*-propylanilin

(e) *N*,*N*-Dimethylmethanamin (übliche Bezeichnung: Trimethylamin), *N*,*N*-Dimethylaminomethan

(f) 4-(Dimethylamino)-2-butanon (einzige vernünftige Bezeichnung)

(g) 6-Chlor-*N*-cyclopentyl-*N*,5-dimethyl-1-hexanamin (die Ziffern beziehen sich auf Substituenten an der Stammkette Hexan); 1-Chlor-6-(*N*-cyclopentyl-*N*-methylamino)-2-methylhexan

(h) *N*,*N*-Diethyl-2-propen-1-amin, 3-(*N*,*N*-Diethylamino)-1-propen.

23. (a) [Cyclohexenyl-N(CH₃)₂ structure]   **(b)** C₆H₅—CH₂CH₂NHCH₂CH₃

(c) HOCH₂CH₂NH₂   **(d)** [3-chloroaniline structure]

24. (a) 21 bis 29 kJ mol^{-1}, die für die Inversion benötigte Aktivierungsenergie.

(b) Das Methyl-Anion ist isoelektronisch mit Ammoniak und wie dieses tetraedisch gebaut (sp^3-hybridisiert). Das Methylradikal und das Methyl-Kation sind mit einem bzw. zwei Elektronen weniger in der trigonal-planaren Konfiguration stabiler. Durch Umhybridisierung und Nutzung von sp^2-Orbitalen in den σ-Bindungen werden die Bindungen stärker, wobei ein einfach besetztes bzw. ein leeres *p*-Orbital „übrigbleibt". Für das Anion oder für Ammoniak ist die sp^2-Hybridisierung weniger gut geeignet, weil zwei Elektronen in einem nicht hybridisierten *p*-Orbital ohne weitere stabilisierende Einflüsse ziemlich ungünstig sind: Diese Elektronen sind relativ weit vom Kern entfernt und werden daher von ihm kaum angezogen.

25. Die ungeraden Massen lassen vermuten, dass jede Verbindung ein einzelnes Stickstoffatom enthält. Die Gesamtzahl der Wasserstoffatome erhält man aus dem NMR-Spektrum, somit kann man die Anzahl der Kohlenstoffatome aus der Differenz ermitteln: *m/z* 129 = 14 (ein N-Atom) + 19 (19 H-Atome) + Masse der Kohlenstoffatome. Masse der Kohlenstoffatome = 96, also acht Kohlenstoffatome; die unbekannten Verbindungen haben die Summenformel C₈H₁₉N. Ungesättigtheitsgrad (siehe Abschn. 11.6): H$_{gesättigt}$ = 16 + 2 + 1 (für N) = 19; die Verbindungen sind gesättigt.

312   21 Amine und ihre Derivate – Stickstoffhaltige funktionelle Gruppen

NMR von A CH_3-CH_2- und $-CH_2-CH_2-NH_2$
              ↑   ↑   ↑
            δ0.9(t)   δ2.7(t)   δ2.3

Beachten Sie, dass das Signal bei $δ=2.7$ **nicht** durch die $-NH_2$-Wasserstoffatome aufgespalten wird (ebenso wie bei Alkoholen). Aus den Aufspaltungen lässt sich gut die Anzahl der benachbarten Wasserstoffatome erkennen.

MS: *m/z* 30 für das $[\overset{+}{C}H_2-\overset{..}{N}H_2 \leftrightarrow CH_2=\overset{+}{N}H_2]$-Fragment. Es bleibt nur noch C_4H_8 einzufügen, und die einfachste Annahme ist, dass $CH_3(CH_2)_7NH_2$ (1-Octanamin) vorliegt. Andere Isomere würden zusätzliche Methyl-Signale im NMR-Spektrum nahe $δ=0.9-1.0$ zeigen.

NMR von B $(CH_3)_3C-$ $2 CH_3-$
              ↑   ↑
            1.0(s)   1.2
         wahrscheinlich   außerdem zwei äquivalente
                                 Methylgruppen

Vielleicht eine CH_2- und eine NH_2-Gruppe? (Signale bei $δ=1.3$ und 1.4).

MS: *m/z* 114 ist $[M-CH_3]^+$, 72 ist $[M-(CH_3)_3C]^+$ und 58 höchstwahrscheinlich ein Iminium-Ion. Bevor Sie aus diesen Angaben eine Struktur aufstellen, sollten Sie beachten, dass bei $δ=2.7$ – einem Bereich, in dem man Signale für $\overset{(H)}{\underset{|}{-C}}-N\overset{/}{\underset{\backslash}{}}$ erwarten würde – *keine* NMR-Signale auftreten. Daher ist das Stickstoffatom höchstwahrscheinlich an ein **tertiäres** Kohlenstoffatom gebunden. Mögliche Teilstücke sind:

$(CH_3)_3C-$, $2 CH_3-$, $-CH_2-$, $-\underset{|}{\overset{|}{C}}-NH_2$ ← tertiär

Alle Atome der Summenformel sind vorhanden und ergeben zusammengesetzt die richtige Antwort:

$(CH_3)_3C-CH_2-\underset{\underset{CH_3}{|}}{\overset{\overset{CH_3}{|}}{C}}-NH_2$

Bei dem Fragment *m/z* 58 handelt es sich daher um $[(CH_3)_2C=NH_2]^+$.

26. Bei der Lösung dieser Aufgaben denke man stets an die Formel $C_6H_{15}N$.

(a) ^{13}C-NMR: Das Signal $δ=23.7$ könnte einer oder mehreren *äquivalenten* CH_3-Gruppen und das Signal bei $δ=45.3$ einer oder mehreren äquivalenten $\overset{\backslash}{\underset{/}{C}}H$–Einheiten (aufgrund der chemischen Verschiebung an N gebunden) entsprechen. IR: Ein **sekundäres** Amin, $-NH-$. Da keine anderen Signale vorhanden sind, knüpfen wir soviele dieser Gruppen wie nötig an und erhalten als Antwort:

$\underset{CH_3}{\overset{CH_3}{\backslash}}C\underset{}{\overset{H}{-N-}}C\underset{CH_3}{\overset{CH_3}{/}}$

(b) ^{13}C-NMR: Hier haben wir nur CH_3- und $-CH_2$-Gruppen (letztere an N gebunden). IR: Ein **tertiäres** Amin, also $(CH_3CH_2)_3N$.

21 Amine und ihre Derivate – Stickstoffhaltige funktionelle Gruppen 313

(c) ^{13}C-NMR: CH$_3$-Gruppen, −CH$_2$-Gruppen, die **nicht** an N gebunden sind, sowie **N-gebundene** −CH$_2$-Gruppen. IR: **Sekundäres** Amin. Die Antwort ist damit CH$_3$CH$_2$CH$_2$NHCH$_2$CH$_2$CH$_3$

(d) ^{13}C-NMR: Eine CH$_3$- und fünf −CH$_2$-Gruppen. IR: **Primäres** Amin (−NH$_2$). Bei dieser Verbindung handelt es sich um CH$_3$(CH$_2$)$_5$NH$_2$.

(e) ^{13}C-NMR: Zwei verschiedene Arten von CH$_3$-Gruppen, eine ($\delta = 38.7$) an N gebunden; außerdem ein quartäres N-gebundenes C-Atom ($\delta = 53.2$). IR: Ein **tertiäres** Amin. Unter Berücksichtigung der Summenformel C$_6$H$_{15}$N können wir das Molekül konstruieren:

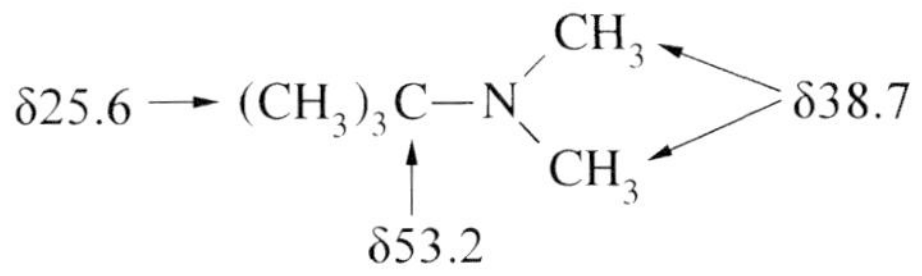

$$\delta 25.6 \longrightarrow (CH_3)_3C-N\underset{\underset{\delta 53.2}{\uparrow}}{\overset{CH_3}{\diagup}}\!\!\!\!\!\diagdown_{CH_3} \longrightarrow \delta 38.7$$

27. Vergleichen Sie mit dem Spektrum von (CH$_3$CH$_2$)$_3$N in Abbildung 21.5. Suchen Sie in jeder Teilaufgabe nach wichtigen Fragmenten der C⫫C−N -Spaltung zu Iminium-Ionen.

(a) *m/z* 72 ist wichtig, es entspricht [M-29]$^+$ oder dem Verlust von CH$_3$CH$_2$−. Das einzige Amin aus Aufgabe 26, das leicht eine Ethyl-Gruppe abspalten kann, ist

CH$_3$CH$_2$−⫶−CH$_2$−NH−CH$_2$CH$_2$CH$_3$ [siehe (c)]. Das ist auch die Antwort.

(b) *m/z* 86 ist ziemlich groß und entspricht dem Verlust von CH$_3$−. Drei Amine in Aufgabe 26 könnten leicht CH$_3$− abspalten: (a), (b) und (e). *N,N*-Diethylethanamin (Triethylamin, b) scheidet aus, weil sein Massenspektrum (Abbildung 21.5) nicht passt. Der Peak *m/z* 58 entspricht dem Verlust von 43 oder C$_3$H$_7$. Das ist leicht mit der Formel von (a) zu vereinbaren:

(CH$_3$)$_2$CH−⫶−NH−CH(CH$_3$)$_2$ (die korrekte Antwort), aber nicht mit dem Amin (e).

28. Die fragliche Base (nennen wir sie „B^1") ist stärker. Wenn ihre konjugierte Säure (B^{1}H$^+$) einen hohen pK_a-Wert hat, dann ist diese Säure schwach; folglich ist die zugehörige konjugierte Base stark. Hier ist die entsprechende Gleichung:

B^1:   +   B^{2}H$^+$ ⇌   B^{1}H$^+$ +   B^2:
stärkere Base   *(stärkere Säure)*   *schwächere Säure*   *(schwächere Base)*
                                         (höherer pK_a)

29. (a) Auf der linken. NH$_3$ und $^-$OH sind schwächere Säuren bzw. Basen als H$_2$O und NH$_2^-$.

(b) Auf der linken. CH$_3$NH$_2$ ist eine schwächere Base als $^-$OH, und H$_2$O ist eine schwächere Säure als CH$_3$NH$_3^+$.

(c) Auf der rechten. CH$_3$NH$_2$ ist eine stärkere Base (siehe Lehrbuch Abschn. 21.4) als (CH$_3$)$_3$N.

30. (a) Schwächere Basen, weil das freie Elektronenpaar am N-Atom durch Resonanz beansprucht wird:

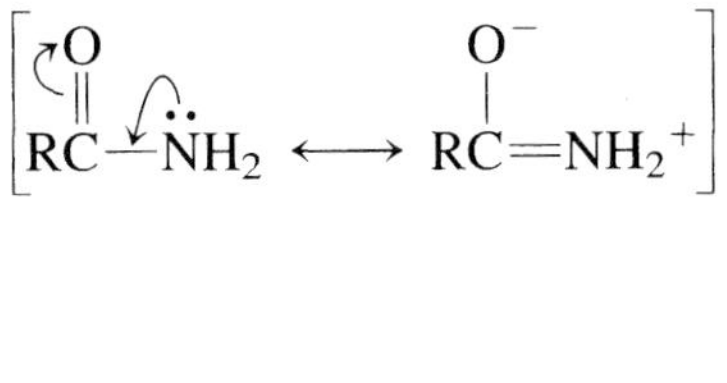

$$\left[\begin{array}{c} \overset{O}{\underset{\|}{RC}}-\ddot{N}H_2 \longleftrightarrow RC=NH_2^+ \\ \overset{|}{\underset{}{O^-}} \end{array} \right]$$

Stärkere Säuren, weil die konjugierte Base sowohl durch den induktiven Effekt der Carbonylgruppe als auch durch Resonanz stabilisiert ist:

$$RCNH_2 \rightleftharpoons H^+ + \left[RC\overset{O}{\underset{\|}{-}}\ddot{N}H^- \longleftrightarrow R\overset{O^-}{\underset{|}{C}}=NH \right]$$

(b) Wie bei den Carboxamiden, aber wegen der beiden Carbonyl-Gruppen sowohl hinsichtlich der Acidität als auch der Basizität in stärkerem Ausmaß.

(c) Etwas schwächere Basen aufgrund von Resonanz:

$$\overset{\diagdown}{\underset{\diagup}{C}}=C-\ddot{N}\overset{\diagup}{\underset{\diagdown}{}} \longleftrightarrow \overset{\diagdown}{\underset{\diagup}{\ddot{C}}}-C=\overset{+}{N}\overset{\diagup}{\underset{\diagdown}{}}$$

Nicht acid, weil das Stickstoffatom kein H-Atom besitzt.

(d) Schwächere Basen und stärkere Säuren, aus den gleichen Gründen wie bei den Carboxamiden unter (a) angegeben.

31. Protonieren Sie in jedem Falle das doppelt gebundene Stickstoffatom, um ein resonanzstabilisiertes Kation zu erhalten:

Kation aus DBN (für DBU ähnlich)

Guadinin

Die Resonanzstabilisierung der konjugierten Säuren erhöht die Basenstärken.

32. (a) Überhaupt nicht. Diese Reaktion **addiert ein Kohlenstoffatom** (die CN⁻-Gruppe) unter Bildung von 1-Pentanamin.

(b) Überhaupt nicht. S_N2-Reaktionen mit tertiären Halogenalkanen sind nicht möglich.

(c) Gut.

(d) Schlecht. Es kann eine Weiteralkylierung erfolgen zu $\left(\text{cyclopentyl-CH}_2\text{CH}_2\text{CH}_2 \right)_2 NCH_3$.

(e) Schlecht. Das Halogenalkan ist zwar primär, aber stark verzweigt und reagiert nicht gut in S_N2-Reaktionen.

(f), (g) Gut.

(h) Schlecht. Viergliedrige Ringe sind gespannt und bilden sich schwer. Für einen Fünf- oder Sechsring käme die Methode durchaus in Frage.

21 Amine und ihre Derivate – Stickstoffhaltige funktionelle Gruppen 315

(i) Überhaupt nicht. Die gezeigte Reaktion eignet sich für einen Benzolring, aber nicht für ein Cyclohexanderivat.

(j) Gut.

33. Grignard-Reaktionen und Umsetzungen mit LiAlH$_4$ werden in (CH$_3$CH$_2$)$_2$O als Lösungsmittel durchgeführt und mit wässriger Säure aufgearbeitet.

(a) 1. NaN$_3$, DMSO, 2. LiAlH$_4$.

(b) Sie müssen einen Umweg wählen: Fügen Sie ein Kohlenstoffatom hinzu und entfernen Sie es später wieder!

$$(CH_3)_3CCl \xrightarrow[\text{2. CO}_2]{\text{1. Mg}} (CH_3)_3CCOH \xrightarrow[\text{2. NH}_3]{\text{1. SOCl}_2} (CH_3)_3CCNH_2 \xrightarrow[\text{(Hofmann-Umlagerung)}]{\text{2. Br}_2,\text{ NaOH}} (CH_3)_3CNH_2$$

(d) 1. NaN$_3$, 2. LiAlH$_4$ (bildet primäres Amin), 3. H$_2$C=O [bildet Imin; verwenden Sie nur ein Äquivalent, um eine Dimethylierung zu vermeiden (Aufg. 47)]), 4. NaBH$_3$CN, CH$_3$CH$_2$OH (vervollständigt die reduktive Aminierung). Beachten Sie, dass die CH$_3$-Gruppe als **Methanal** mit einem nachfolgenden Reduktionsschritt eingeführt wird.

(e) wie bei (b).

(h) Es gibt keinen einfachen Weg zur Verbesserung der Situation.

(i) Gehen Sie von ⟨Ph⟩—Br aus und stellen Sie Br—⟨Ph⟩—NH$_2$ über die angegebenen Reaktionen her. Anschließend wird der Ring mit H$_2$, Pd (Abschnitt 15.2) langsam hydriert.

34. CH$_3$CH$_2$NH$_2$, (CH$_3$CH$_2$)$_2$NH, (CH$_3$CH$_2$)$_3$N und (CH$_3$CH$_2$)$_4$N$^+$.

35. Stellen Sie Pseudoephedrin durch reduktive Aminierung von Phenylpropanolamin her. Verwenden Sie wie in der Antwort zu Aufgabe 33(d) vorgeschlagen ein Äquivalent H$_2$C=O, um eine **Di**methylierung zu vermeiden.

$$RNH_2 \xrightarrow{H_2C=O,\ NaBH_3CN} RNHCH_3$$

36. Sekundär (allgemeine Struktur RR′NH)

(a) 1. CH$_3$CH$_2$NH$_2$, H$^+$; 2. NaBH$_3$CN, CH$_3$CH$_2$OH

(b) 1. NaN$_3$, DMF; 2. LiAlH$_4$, THF; 3. CH$_3$CHO, H$^+$; 4. NaBH$_3$CN, CH$_3$CH$_2$OH

(c) 1. SOCl$_2$; 2. NH$_3$; 3. Br$_2$, NaOH, H$_2$O; 4. CH$_3$CHO, H$^+$; 5. NaBH$_3$CN, CH$_3$CH$_2$OH.

37. (a) Es gibt viele Möglichkeiten! Brombutan + Azid, danach Reduktion mit LiAlH$_4$ *oder* Brompropan + Cyanid, danach LiAlH$_4$ *oder* Brombutan + Phthalimidsalz, anschließend Hydrolyse.

(b) Stellen Sie aus Iodmethan und Azid oder Phthalimidsalz zuerst Methanamin her (analog zu den Synthesen von Butanamin in a), das Sie anschließend mit Butanal in einer reduktiven Aminierung umsetzen:

$$CH_3I \xrightarrow[\text{2. LiAlH}_4]{\text{1. N}_3^-} CH_3NH_2 \xrightarrow[\text{2. NaBH}_3\text{CN, pH}=3]{\text{1. CH}_3CH_2CH_2CHO} CH_3NHCH_2CH_2CH_2CH_3$$

(c) Stellen Sie Butanamin her wie in (a) und führen Sie anschließend eine doppelte reduktive Aminierung mit einem Überschuss Formaldehyd (Methanal) und NaBH$_3$CN durch. Das ist die beste Methode zur Herstellung jedes tertiären *N,N*-Dimethylamins (siehe Aufg. 47).

38. (a) 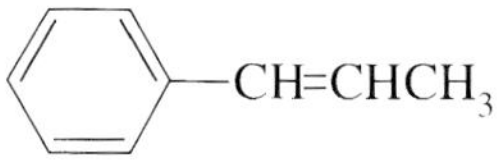 C$_6$H$_5$—CH=CHCH$_3$ (*Z* und *E*)   **(b)** 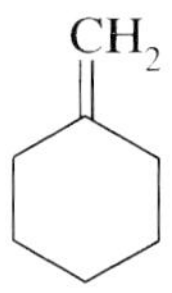 Methylencyclohexan und 1-Methylcyclohexen

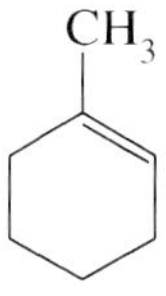

(c) Erster Zyklus: CH$_2$=CH(CH$_2$)$_3$N(CH$_3$)$_2$, CH$_3$CH=CH(CH$_2$)$_2$N(CH$_3$)$_2$ und

CH$_3$CHCH$_2$CH=CH$_2$
          |
     N(CH$_3$)$_2$

Zweiter Zyklus: CH$_2$=CHCH$_2$CH=CH$_2$ und CH$_3$CH=CHCH=CH$_2$

(d) 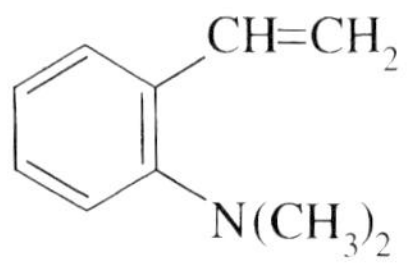 2-(N,N-Dimethylamino)styrol (ortho-CH=CH$_2$, N(CH$_3$)$_2$ am Benzolring)

(e) Erster Zyklus: vier N-Methyl-Piperidin/Tetrahydropyridin-Isomere mit Vinyl- bzw. endocyclischen Doppelbindungen

Zweiter Zyklus: fünf N,N-Dimethyl-substituierte Aminoalken-Isomere

Dritter Zyklus: zwei offenkettige Diene

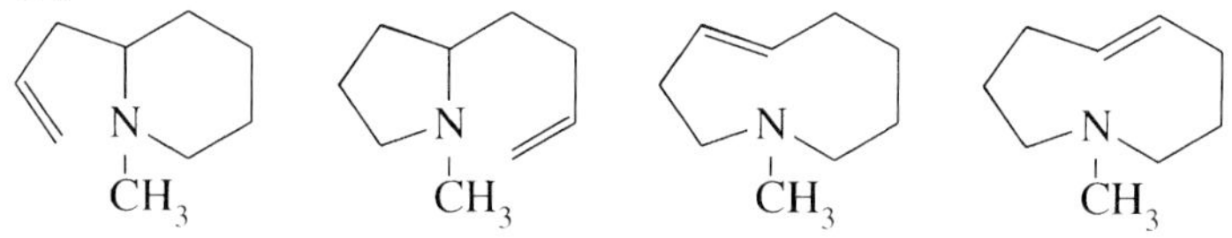

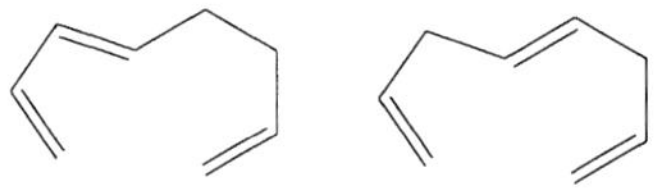

39. Die Reaktion findet unter *sauren* Bedingungen statt.

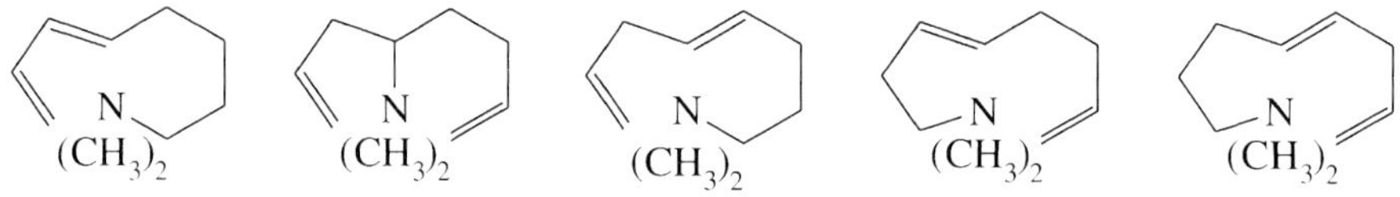

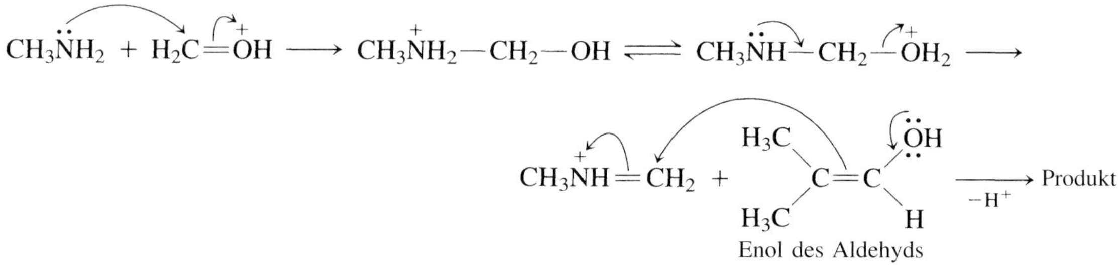

CH$_3$N̈H$_2$ + H$_2$C=Ö⁺H ⟶ CH$_3$N⁺H$_2$—CH$_2$—OH ⇌ CH$_3$N̈H—CH$_2$—Ö⁺H$_2$ ⟶

CH$_3$N⁺H=CH$_2$ + (H$_3$C)$_2$C=C(OH)(H) $\xrightarrow[-H^+]{}$ Produkt

Enol des Aldehyds

40. Tropinon ist ein tertiäres Amin. Die Alkylierung des Stickstoffatoms kann entweder von „links" oder von „rechts" erfolgen (siehe Pfeile), sodass stereoisomere Produkte erhalten werden.

(a) [Reaktionsschema: Tropinon + C₆H₅CH₂Br →(S_N2) zwei stereoisomere quartäre Ammoniumsalze mit Br⁻, A und B]

(b) Diastereomere (sie sind nicht spiegelbildlich zueinander).

(c) Wo gibt es in A und B acide Wasserstoffatome? An den Kohlenstoffatomen in α-Stellung zur Keton-Carbonylgruppe.

[Mechanismus-Schema: Deprotonierung mit Base, Eliminierung/1,4-Addition zum Enon C, Konfigurationsumkehr am N und erneute Addition zum stereoisomeren Produkt]

Deprotonierung und Eliminierung ergeben das Enon C. Das freie Amin kann nun wieder unter Rückbildung des ursprünglichen Ketons addieren, oder es kann zunächst die Konfiguration am Stickstoffatom umkehren und dann addieren, wodurch das stereoisomere Produkt entsteht (CH₃- und C₆H₅CH₂-Gruppe tauschen ihre Plätze).

41. (a)

$HOCH_2CH_2NH_2$ —(Überschuß an CH_3I, S_N2-Reaktion)→ $HOCH_2CH_2N^+(CH_3)_3$ I^- —(interne S_N2-Reaktion)→

[Epoxidbildung: protoniertes Oxiran] + $(CH_3)_3N:$ ⟶ Oxiran + $(CH_3)_3NH^+$ I^- ⟶ Endprodukte

318   21 Amine und ihre Derivate – Stickstoffhaltige funktionelle Gruppen

(b) Verfolgen Sie die Reaktionen zurück.

$$\underset{\substack{C_6H_5 \diagup\hspace{-0.3em}\overset{O}{\triangle}\hspace{-0.3em}\diagdown H \\ H\quad CH_3}}{} \xleftarrow{\text{interne } S_N 2\text{-Reaktion}} \underset{\substack{HO\; CH_3 \\ C_6H_5\text{—}\overset{|}{\underset{|}{C}}\text{—}\overset{|}{\underset{|}{C}}\text{-H} \\ H\quad \overset{+}{N}(CH_3)_3}}{} \xleftarrow{\substack{\text{Überschuss} \\ CH_3I}} \underset{\substack{HO\; CH_3 \\ C_6H_5\text{—}\overset{|}{\underset{|}{C}}\text{—}\overset{|}{\underset{|}{C}}\text{-H} \\ H\quad NHCH_3 \\ \textbf{Ephedrin}}}{}$$

$$\underset{\substack{H \diagup\hspace{-0.3em}\overset{O}{\triangle}\hspace{-0.3em}\diagdown H \\ C_6H_5\quad CH_3}}{} \xleftarrow{\text{ähnlich}} \underset{\substack{HO\; CH_3 \\ H\text{—}\overset{|}{\underset{|}{C}}\text{—}\overset{|}{\underset{|}{C}}\text{-H} \\ C_6H_5\quad NHCH_3 \\ \textbf{Pseudoephedrin}}}{}$$

Ephedrin und Pseudoephedrin sind Diastereomere!

42. Identifizieren Sie die funktionelle Einheit, die durch die Mannich-Reaktion aufgebaut wird.

Die relevanten Bindungen sind in den nachstehenden Antworten hervorgehoben.

(a) $CH_3\overset{O}{\overset{\|}{C}}CH_2\text{—}CH_2\text{—}N(CH_2CH_3)_2 \xleftarrow{\substack{1.\;HCl \\ 2.\;HO^-}} CH_3\overset{O}{\overset{\|}{C}}CH_3 + CH_2\text{=}O + HN(CH_2CH_3)_2$

(b) [Indanon-Struktur mit $CH_2\text{—}N(CH_3)_2$] $\xleftarrow{\substack{1.\;HCl \\ 2.\;HO^-}}$ [Indanon] $+ CH_2\text{=}O + HN(CH_3)_2$

(c) $H_2N\text{—}\underset{\underset{CH_3}{|}}{CH}\text{—}CN \longleftarrow NH_3 + CH_3CHO + HCN$

Hier haben wir ein anderes Nucleophil, das Cyanid-Ion.

(d) $CH_3CH_2CH_2\overset{O}{\overset{\|}{C}}\underset{\underset{CH_2CH_3}{|}}{CH}\text{—}CH_2\text{—}N(CH_3)_2 \xleftarrow{\substack{1.\;HCl \\ 2.\;HO^-}}$

$CH_3CH_2CH_2\overset{O}{\overset{\|}{C}}CH_2CH_2CH_3 + CH_2\text{=}O + HN(CH_3)_2$

(e) $CH_3\overset{O}{\overset{\|}{C}}CH_2\text{—}CH_2\text{—}\underset{\underset{CH_3}{|}}{N}\text{—}CH_2\text{—}CH_2\overset{O}{\overset{\|}{C}}CH_3 \xleftarrow{\substack{1.\;HCl \\ 2.\;HO^-}} 2\,CH_3\overset{O}{\overset{\|}{C}}CH_3 + 2\,CH_2\text{=}O + H_2NCH_3$

In diesem Beispiel laufen zwei Mannich-Reaktionen ab. Beachten Sie das **primäre** Amin und das Vorliegen von je **zwei** Mol Methanal und Propanon.

43. Eine doppelte Mannich-Reaktion, ähnlich wie in Aufgabe 42 (e).

[Reaktionsmechanismus mit Strukturformeln]

nach Protonen-Übertragungen → −H$_2$O → Propanon-Enol

Erste Mannich-Reaktion −H$^+$ → Protonen-Übertragungen → −H$_2$O →

nach der Enolisierung → −H$^+$ zweite Mannich-Reaktion → Tropinon

44.

[Cyclopentanon] $\xrightarrow[\text{Mannich-Reaktion}]{\substack{1.\ CH_2=O,\ (CH_3)_2NH,\\ HCl,\ CH_3CH_2OH\\ 2.\ NaOH,\ H_2O}}$ [Cyclopentanon mit CH$_2$N(CH$_3$)$_2$] $\xrightarrow[\text{Hofmann-Eliminierung}]{\substack{1.\ CH_3I\\ 2.\ Ag_2O,\ H_2O,\ \Delta}}$ [Cyclopentanon mit =CH$_2$]

Die Sequenz aus Mannich-Reaktion und Hofmann-Eliminierung ist ein nützliches Syntheseverfahren für α,β-ungesättigte Ketone.

45. (a) Alle möglichen Produkte von [Cyclohexan mit CH$_3$CH+]!

Also [CH$_3$CHCl-Cyclohexan], [CH$_3$CHOH-Cyclohexan], [CH$_2$=CH-Cyclohexan], [CH$_3$CH=Cyclohexan],

und, nach Wasserstoffverschiebung zu [Cyclohexan mit CH$_3$CH$_2$ und +]

[CH$_3$CH$_2$-Cyclohexan mit Cl], [CH$_3$CH$_2$-Cyclohexan mit OH], [CH$_3$CH$_2$-Cyclohexen]

(b)

$$\underset{\underset{NO}{|}}{\underset{N}{\bigcirc}}$$

46. Betrachten Sie zunächst, was bei der Reaktion von 2-Methyl**oxa**cyclopropan mit einem Überschuss HCl zu erwarten ist: Hierbei sollte eine S_N1-ähnliche Verknüpfung des Chlorid-Ions mit dem **höher** substituierten Kohlenstoffatom des Rings begünstigt sein, während in der Aufgabenstellung das Gegenteil der Fall ist.

$$\underset{CH_3}{\overset{O}{\triangle}} \xrightarrow{\text{Überschuss HCl}} HO\underset{CH_3}{\overset{Cl}{\diagdown}}$$

Durch Protonierung wird aus einem Sauerstoffatom eine ausgezeichnete Abgangsgruppe, weil die alkoholische $-OH$-Gruppe eine sehr schwache Base ist. Dadurch erhält das *höher* substituierte Ring-Kohlenstoffatom eines Oxacyclopropans ähnliche Eigenschaften wie ein Carbenium-Ion und wird durch Nucleophile bevorzugt angegriffen. Warum sollte sich die Stickstoffverbindung anders verhalten? Gehen wir Schritt für Schritt mechanistisch vor. Die Sequenz beginnt mit der Protonierung des Stickstoffatoms:

$$\underset{CH_3}{\overset{H-N:}{\triangle}} \quad H^+ \longrightarrow \underset{CH_3}{\overset{H\overset{+}{N}H}{\triangle}}$$

Das Stickstoffatom ist eine schlechtere Abgangsgruppe als das Sauerstoffatom: Sehen wir uns nach der Protonierung die Abspaltung einer Aminogruppe an, die erheblich basischer ist als ein Alkohol. So verläuft die Ringöffnung eines Azacyclopropans selbst in saurem Medium nicht nach einem S_N1-Mechanismus oder über ein Carbenium-Ion, sondern es überwiegt ein S_N2-Prozess, dessen Regiochemie durch die bevorzugte Substitution am **weniger** substituierten Kohlenstoffatom bestimmt wird:

$$Cl^- \quad \underset{CH_3}{\overset{H\overset{+}{N}H}{\triangle}} \longrightarrow Cl\underset{CH_3}{\overset{NH_2}{\diagdown}}$$

Die Protonierung des Stickstoffatoms durch den Säureüberschuss liefert das Endprodukt.

47. Sie müssen den Reaktionsmechanismus **zweimal** anwenden. Die erste reduktive Aminierung bildet ein sekundäres Amin mit einer Methylgruppe am Stickstoffatom. In Übereinstimmung mit dem Schema in Abschnitt 21.6 kann eine zweite reduktive Aminierung unter Bildung des dimethylierten Endprodukts ablaufen.

Zunächst findet die (reversible) Iminbildung statt:

$$CH_2=O + H_2NR \longrightarrow CH_2=NR + H_2O$$

Danach entsteht durch Reduktion das sekundäre Amin:

$$NaBH_3CN + CH_2=NR \longrightarrow CH_3-NHR$$

Ein weiteres Molekül CH$_2$=O reagiert unter Bildung eines Iminium-Ions:

CH$_2$=O + HN(CH$_3$)R ⟶ CH$_2$=$\overset{+}{\text{N}}$(CH$_3$)R + HO$^-$

Dieses wird anschließend zum Endprodukt, einem dimethylierten Amin, reduziert:

NaBH$_3$CN + CH$_2$=$\overset{+}{\text{N}}$(CH$_3$)R ⟶ (CH$_3$)$_2$NR

48.

49. IR: Sekundäres Amin.

NMR: $\underset{\underset{\delta 0.9(t)}{\uparrow}}{CH_3-CH_2-}$ und $-CH_2-\underset{\underset{\delta 2.7(t)}{\uparrow}}{CH_2}-\underset{\underset{\delta 1.3(s)}{\uparrow}}{N}-\underset{\underset{\delta 3.0(m)}{\uparrow}}{CH}\diagup\diagdown$ können identifiziert werden.

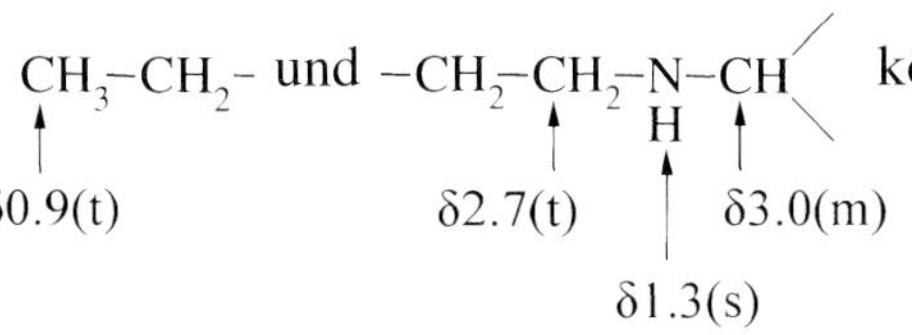

Das Molekül enthält insgesamt 17 Wasserstoffatome.

MS: m/z 127 − 17 (H-Atome) − 14 (N-Atome) = 96 oder 8 Kohlenstoffatome, somit $C_8H_{17}N$.

$H_{gesättigt} = 16 + 2 + 1 = 19$; Ungesättigtheitsgrad $= (19 − 17)/2 = 1$ π-Bindung oder Ring.

MS: Basispeak ist $[M-43]^+$, d.h. Verlust von C_3H_7, vielleicht $\underbrace{CH_3-CH_2-CH_2-}_{\text{aus NMR}}$.

Ergebnisse der Hofmann-Eliminierung: Verknüpfen Sie N auf verschiedene Weise mit den Alken-Kohlenstoffatomen, um ein vernünftiges Ergebnis zu erhalten. Nur Strukturen, die bei der Eliminierung 1,4- **und** 1,5-Octadien liefern können, kommen weiter in Betracht:

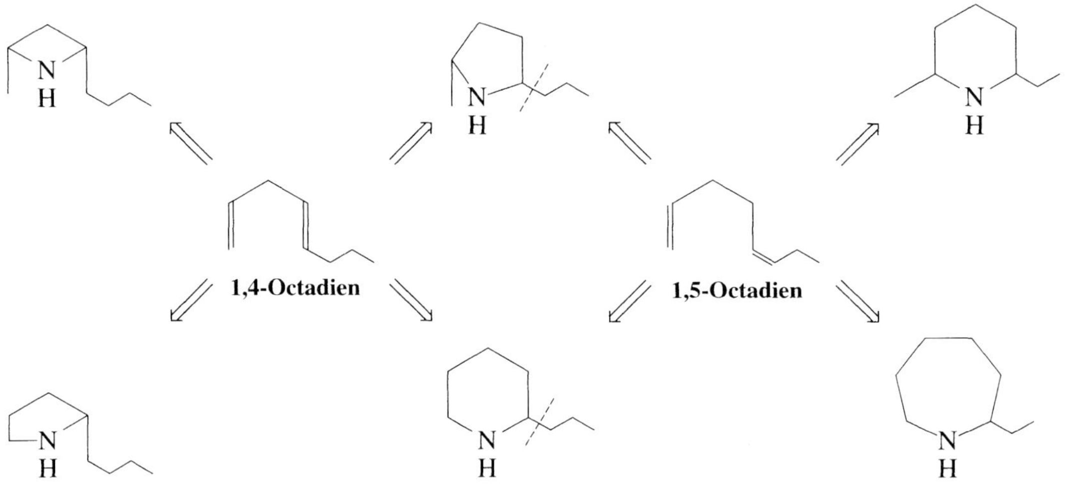

1,4-Octadien   **1,5-Octadien**

Nicht gut. Ergibt   Arbeiten Sie mit diesen   Nicht gut. Ergibt
kein 1,5-Dien   kein 1,4-Dien

Die beiden Strukturen in der Mitte sollten im MS C_3H_7 abspalten (gestrichelte Linien). Die obere Struktur passt jedoch nicht zum NMR-Spektrum: Sie dürfte nur zwei H-Atome an den mit N verbundenen Kohlenstoffatomen haben. Zudem sollte im MS ein starker $[M-15]^+$-Peak auftreten (Verlust von CH_3), der aber fehlt. Darüber hinaus sollte sie ein anderes Hofmann-Produkt liefern: 2,4-Octadien. Die einzig mögliche richtige Struktur ist daher

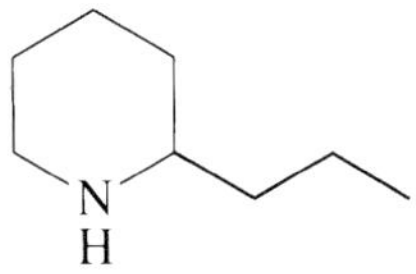

50. Verfolgen Sie die Synthese zurück; achten Sie darauf, alle 15 Kohlenstoffatome in ihrer Antwort zu berücksichtigen.

(a)

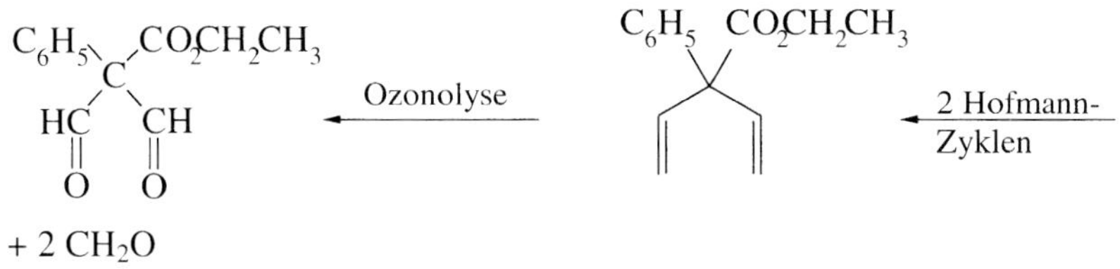

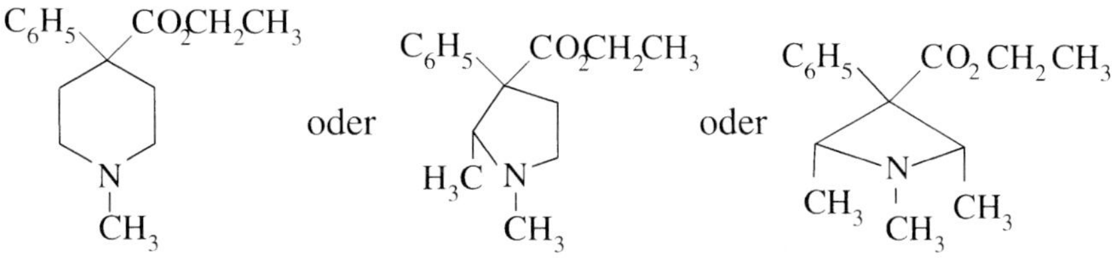

$$\underset{\substack{HC\ \ CH\\ \parallel\ \ \parallel\\ O\ \ O\\ +\ 2\ CH_2O}}{C_6H_5\diagdown\diagup CO_2CH_2CH_3} \xleftarrow{\text{Ozonolyse}} \underset{\substack{\\ \\ }}{\underset{C_6H_5 \quad CO_2CH_2CH_3}{\diagup}} \xleftarrow{\text{2 Hofmann-Zyklen}}$$

Mögliche Produkte der 2 Hofmann-Zyklen:

- 6-Ring: 4-Phenyl-4-(ethoxycarbonyl)-1-methylpiperidin
- 5-Ring: entsprechendes Pyrrolidin mit N-CH₃ und zusätzlicher CH₃-Gruppe
- 4-Ring: Azetidin mit N,N-Dimethylgruppen

(Die zusätzliche CH₃-Gruppe am Stickstoff wird benötigt, um zur richtigen Summenformel zu gelangen). Eine Aussage darüber, welche der drei Strukturen zutrifft, ist aber noch nicht möglich.

(b) Wichtiger Hinweis:

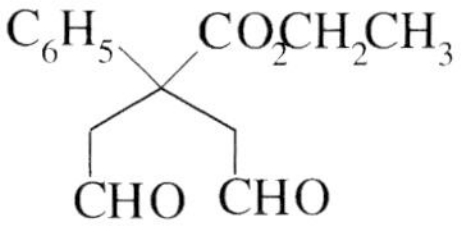

$$\underset{CHO\ \ CHO}{C_6H_5\diagdown\diagup CO_2CH_2CH_3}\ \text{kann in Pethidin überführt werden.}$$

Es ist daher sehr wahrscheinlich, dass Pethidin das **Sechsring**-Amin ist, weil es wie im Folgenden gezeigt leicht aus dem Dialdehyd zugänglich ist:

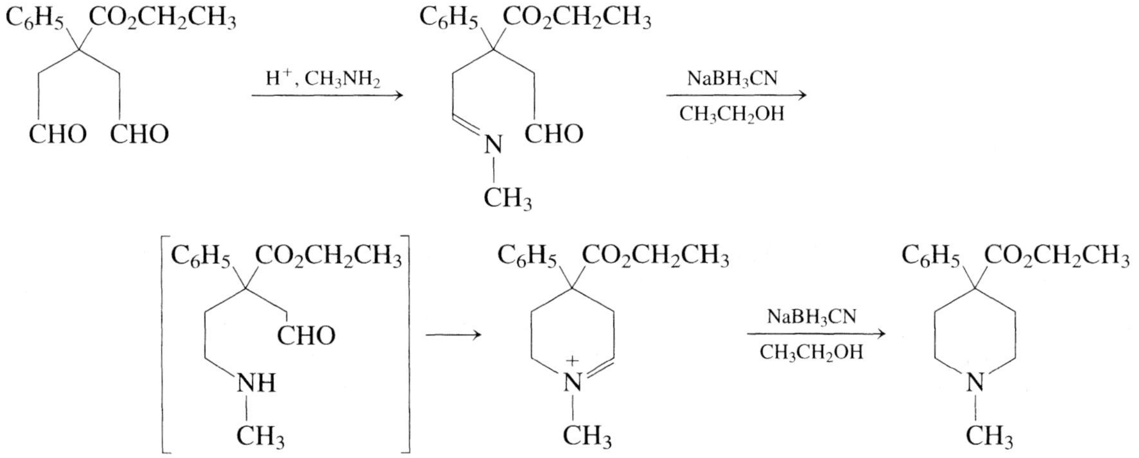

Dialdehyd $\xrightarrow{H^+,\ CH_3NH_2}$ cyclisches Iminiumaldehyd $\xrightarrow[CH_3CH_2OH]{NaBH_3CN}$ [offenkettiges Aminoaldehyd-Zwischenprodukt] → cyclisches Iminium-Ion $\xrightarrow[CH_3CH_2OH]{NaBH_3CN}$ Pethidin (N-Methylpiperidin-Derivat)

Diese Reaktionssequenz wird in einem Schritt durch Zusammenmischen von Amin, Dialdehyd und NaBH₃CN durchgeführt. Die Synthese des Dialdehyds:

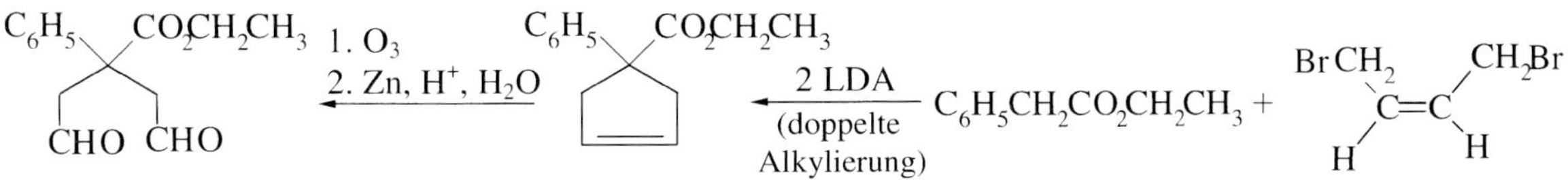

$$\underset{CHO\ \ CHO}{C_6H_5\diagdown\diagup CO_2CH_2CH_3} \xleftarrow[2.\ Zn,\ H^+,\ H_2O]{1.\ O_3} \text{Cyclopenten-Derivat} \xleftarrow[\text{(doppelte Alkylierung)}]{2\ LDA}\ C_6H_5CH_2CO_2CH_2CH_3\ +\ \underset{H\ \ \ \ \ \ \ H}{\overset{BrCH_2\diagdown\ \ \diagup CH_2Br}{C=C}}$$

51. $H_{gesättigt} = 22 + 2 + 1(N) = 25$; Ungesättigtheitsgrad $= (25-21)/2 = 2$ π-Bindungen und/oder Ringe.

IR: Keine N−H-Bindungen, das Amin ist demnach tertiär.

NMR: Zwei unterschiedliche $CH_3-CH\diagup$ -Gruppen ($\delta = 1.2$ und 1.3); eine nicht aufgespaltene CH_3- Gruppe (vielleicht am N-Atom?).

Verfolgen Sie nun die Synthese zurück.

Verbinden Sie jetzt das Stickstoffatom in **A** mit jedem der Alken-Kohlenstoffatome, um mögliche Strukturen vor der Hofmann-Eliminierung aufzustellen:

Die Methyl-Signale im NMR-Spektrum lassen sich nur mit der zweiten Struktur vereinbaren, diese ist die richtige.

52.

Die elektrophile Substitution ist in der Tat auch eine weitere Variante der Mannich-Reaktion, wobei der elektronenreiche Benzolkern als Nucleophil wirkt.

53. (a) Der Katalysator ist ein Salz und sollte daher eine gewisse Löslichkeit in Wasser besitzen. Da er mehrere Kohlenwasserstoffsubstituenten am Stickstoffatom trägt, sollt er auch in Decan bis zu einem gewissen Grad löslich sein.

(b) Das ionische Salz NaCN ist in Decan nahezu unlöslich. Die Konzentration des nucleophilen Cyanid-Ions ist in der Lösung daher äußerst gering und die S_N2-Reaktion entsprechend langsam.

(c) Das Ammonium-Kation kann in der wässrigen Phase das Gegen-Ion (Chlorid gegen Cyanid) austauschen und beim Übergang in die Decan-Phase Cyanid mitnehmen. Auf diese Weise kann das Cyanid in Decan signifikante Konzentrationen erreichen und eine S_N2-Reaktion mit Chloroctan eingehen.

22 | Chemie der Substituenten am Benzolring

30. (a) [Ph-CHClCH₃] (b) [1-Bromo-1,2,3,4-tetrahydronaphthalene with H and Br at C1]

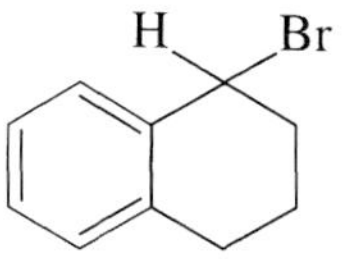

31. Radikalreaktionen: Kettenstart, Kettenfortpflanzung und Kettenabbruch (auf den wir hier nicht eingehen).

KETTENSTART:

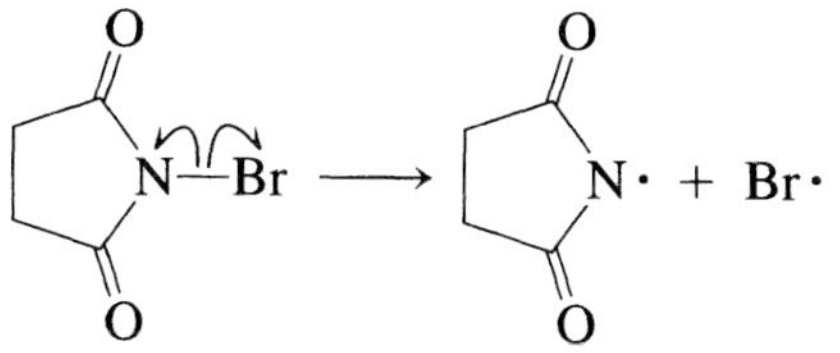

Succinimid-N–Br ⟶ Succinimid-N• + Br•

KETTENFORTPFLANZUNG:

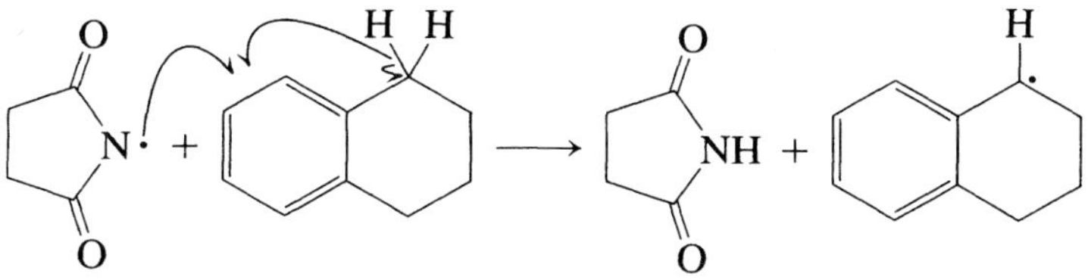

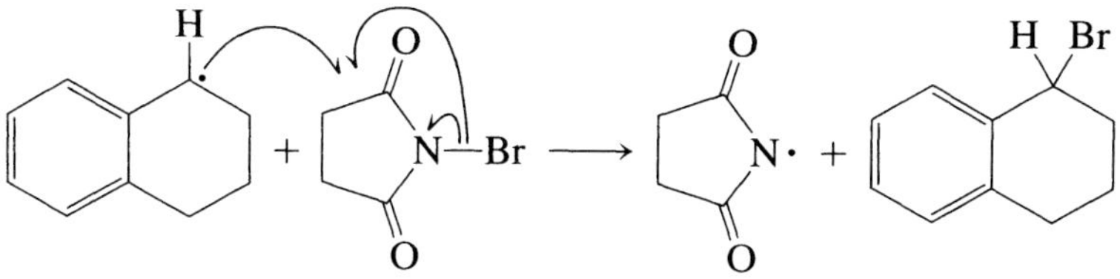

Succinimid-N• + Tetralin (H H am C1) ⟶ Succinimid-NH + Tetralin-1-yl-Radikal

Tetralin-1-yl-Radikal + Succinimid-N–Br ⟶ Succinimid-N• + 1-Brom-tetralin

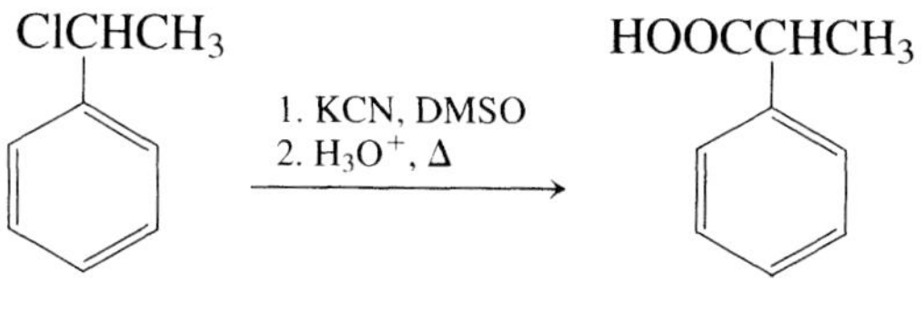

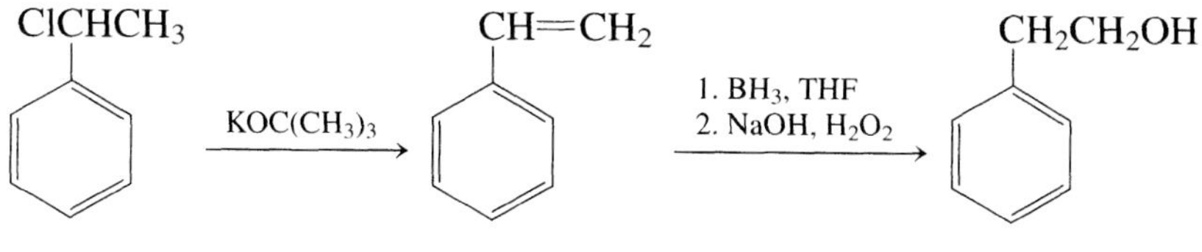

32. (a) Ph-CH₂CH₃ $\xrightarrow{\text{Cl}_2 \text{ (1 Äquivalent), } h\nu}_{\text{(Aufgabe 30a)}}$ Ph-CHClCH₃

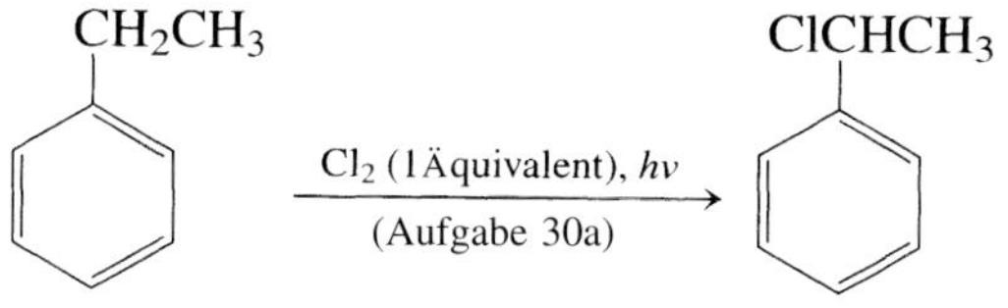

(b) Ph-CHClCH₃ $\xrightarrow[\text{2. H}_3\text{O}^+, \Delta]{\text{1. KCN, DMSO}}$ Ph-CH(CH₃)COOH

(c) Ph-CHClCH₃ $\xrightarrow{\text{KOC(CH}_3)_3}$ Ph-CH=CH₂ $\xrightarrow[\text{2. NaOH, H}_2\text{O}_2]{\text{1. BH}_3, \text{THF}}$ Ph-CH₂CH₂OH

(d) [Styrol] →(MCPBA) [Styroloxid]

33. [Reaktionsschemata mit Resonanzstrukturen für Benzylchlorid, 4-Methoxybenzylchlorid und 4-Nitrobenzylchlorid; beim Nitro-Derivat ist eine Resonanzstruktur als "schlecht" markiert]

Das aus Chlormethylbenzol (Benzylchlorid, oben) erhaltene Kation ist durch vier Resonanzstrukturen stabilisiert. Das Kation von 1-(Chlormethyl)-4-methoxybenzol (4-Methoxybenzylchlorid, Mitte) ist stabiler aufgrund eines zusätzlichen Resonanzbeitrags, in dem ein freies Elektronenpaar am Sauerstoffatom in den Ring delokalisiert wird (dritte Lewis-Struktur von rechts). Das Kation von 1-(Chlormethyl)-4-nitrobenzol (4-Nitrobenzylchlorid, unten) ist am wenigsten stabil, weil der Beitrag der Resonanzstruktur mit der +-Ladung in Nachbarschaft zur elektronenziehenden Nitrogruppe gering ist.

34. [Benzylradikal-Resonanzstrukturen; links: Produkt ist aromatisch (Benzyl); rechts: nicht aromatisch (para)]

35. In jedem Fall lassen sich zahlreiche Resonanzstrukturen zeichnen. Beide Spezies sind Resonanzhybride, die durch Delokalisierung der Ladung (im Kation) bzw. des einzelnen Elektrons (im Radikal) sehr stark stabilisiert sind. Für das Radikal sind nachstehend drei Resonanzstrukturen gezeigt. Wie viele mehr können Sie zeichnen?

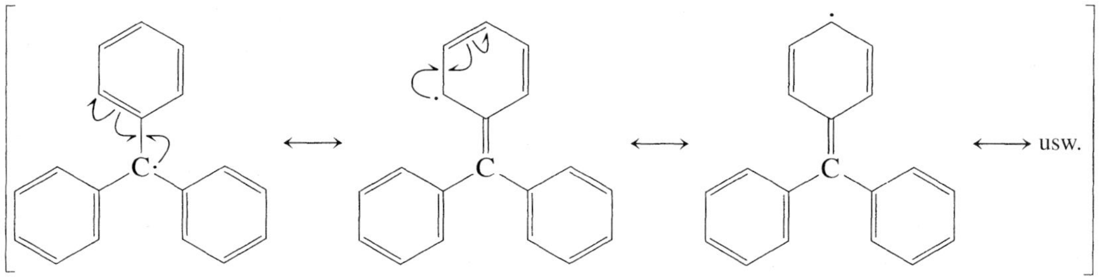

36. (a) BrCH₂CH₂CH₂—C₆H₄—CH₂OH. In einer nucleophilen Substitution ist die Benzyl-Stellung am reaktivsten.

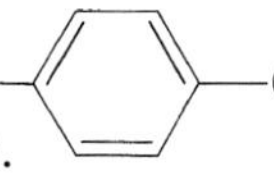

(b) 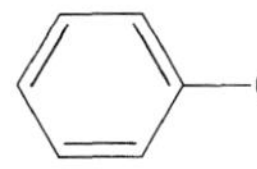 C₆H₅—CH₂COOH

(c) Indan-1-yliden=CH(C₆H₅) (E und Z) über Indan-1-yl-Li →(C₆H₅CHO) 1-(1-Hydroxy-1-phenylmethyl)indan →(−H₂O) Produkt

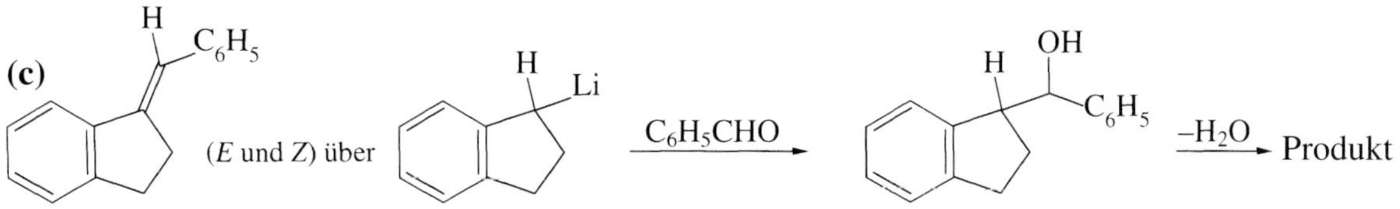

37.

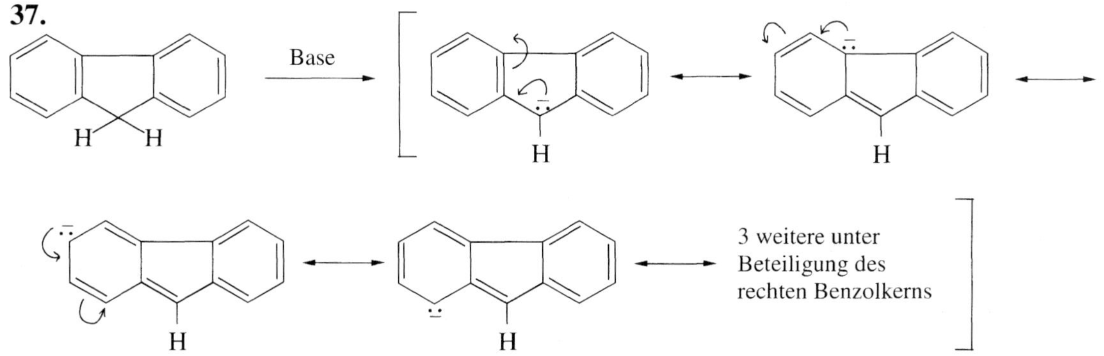

Sieben Resonanzstrukturen verleihen diesem Carbanion eine besonders hohe Stabilität. Mit 14 π-Elektronen in einer ununterbrochenen Schleife aus p-Orbitalen ist es außerdem aromatisch.

38. (a) Eine Lösung, vielleicht ein bisschen umständlich:

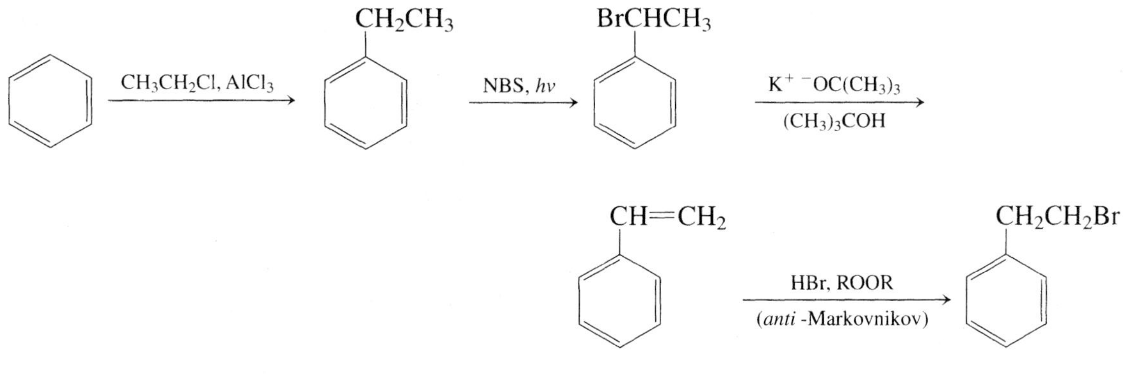

C₆H₆ →(CH₃CH₂Cl, AlCl₃) C₆H₅CH₂CH₃ →(NBS, hν) C₆H₅CHBrCH₃ →(K⁺ ⁻OC(CH₃)₃, (CH₃)₃COH) C₆H₅CH=CH₂ →(HBr, ROOR, anti-Markovnikov) C₆H₅CH₂CH₂Br

(b) [Toluol] →(Cl₂, FeCl₃)→ [4-Chlortoluol] →(Na₂Cr₂O₇, H₂SO₄, Δ)→ [4-Chlorbenzoesäure] →(1. SOCl₂, 2. NH₃)→ Produkt

(c) [Toluol] →(KMnO₄, HO⁻, Δ)→ [Benzoesäure] →(SOCl₂)→ [Benzoylchlorid] →(C₆H₅–CH₃, AlCl₃)→ [4-Methylbenzophenon] →(Na₂Cr₂O₇, H₂SO₄)→ [4-Benzoylbenzoesäure] →(CH₃OH, H⁺)→ Produkt

(d) [Toluol] →(SO₃, H₂SO₄)→ [p-Toluolsulfonsäure] →(2 Br₂, FeBr₃)→ [3,5-Dibrom-4-methylbenzolsulfonsäure] →(H₂O, Δ)→ [2,6-Dibromtoluol] →(Na₂Cr₂O₇, H₂SO₄)→ Produkt

39. Am reaktivsten sind Verbindungen mit NO₂-Gruppen in *ortho*- und *para*-Stellung zur Abgangsgruppe.

1-Brom-2,4-dinitrobenzol > 1-Brom-3,4-dinitrobenzol > 1-Brom-2-nitrobenzol (enger benachbart, daher größerer induktiver Effekt) > 1-Brom-4-nitrobenzol > 1-Brom-3-nitrobenzol

40. Stark elektronenziehende Gruppen wie NO₂ in *ortho*- oder *para*-Stellung zu einer möglichen Abgangsgruppe begünstigen die nucleophile aromatische Substitution über den *Additions-Eliminierungs*-Mechanismus. Ohne diese Gruppen in den genannten Positionen ist der Mechanismus über ein Benz-in bevorzugt.

(a) 2,4-Dinitrophenylhydrazin-Derivat (NHNH₂, 2-NO₂, 4-NO₂)

(b) CH₃O-, Cl-, 2,4-Dinitrobenzol (Cl *ortho/para* zu den NO₂-Gruppen wird besonders leicht substituiert)

(c) 4-(N,N-Diethylamino)toluol + 3-(N,N-Diethylamino)toluol (Benz-in-Mechanismus)

22 Chemie der Substituenten am Benzolring 331

41. 1. CH$_3$COCl (bildet das Amid und verringert die Aktivierung des Rings; dadurch wird die Bromierung im nächsten Schritt so gesteuert, dass nur ein Br-Atom und nicht drei an den Ring gebunden werden; 2. Br$_2$, CHCl$_3$; 3. KOH, H$_2$O, Δ (hydrolysiert das Amid wieder zum Benzolamin).

(b) 1. CF$_3$CO$_3$H, CH$_2$Cl$_2$; 2. Cl$_2$, FeCl$_3$.

(c) KCN (nucleophile aromatische Substitution).

(d) 1. H$^+$, H$_2$O, Δ.

42.

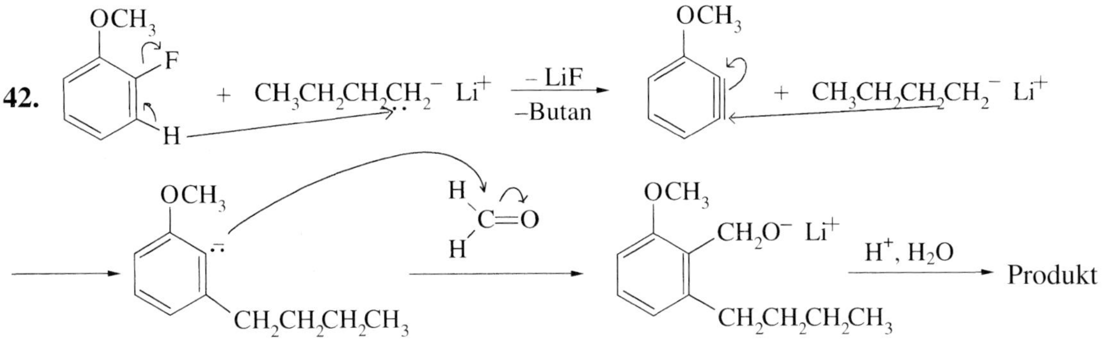

Im ersten Schritt spaltet das stark basische Butyllithium HF unter Bildung von Benz-in ab. Ein zweites Mol Butyllithium addiert als Nucleophil an Benz-in. Die Ursache für die Richtung der Addition wird in der Antwort zu Übung 22-12 erklärt.

43. Bei nucleophilen aromatischen Substitutionsreaktionen, die nach dem Additions-Eliminierungs-Mechanismus verlaufen, ist der *Additions*schritt geschwindigkeitsbestimmend. Fluor ist das elektronegativste und demnach das am stärksten elektronenziehende Halogen. Daher senkt Fluor die Energie des Übergangszustands für die nucleophile Addition mehr als die anderen Halogene und stabilisiert das resultierende Anion durch den induktiven Effekt am stärksten. Es trifft zwar zu, dass F$^-$ die bei weitem schlechteste Abgangsgruppe unter den Halogenid-Ionen ist, aber der Austritt der Abgangsgruppe erfolgt *nach* der geschwindigkeitsbestimmenden Addition und verläuft schnell, weil er von der Wiederherstellung der Aromatizität des Benzolrings profitiert. In Kapitel 25 werden wir sogar noch schlechtere Abgangsgruppen als diese kennen lernen, die unter Bildung aromatischer Ringe abgestoßen werden.

44.

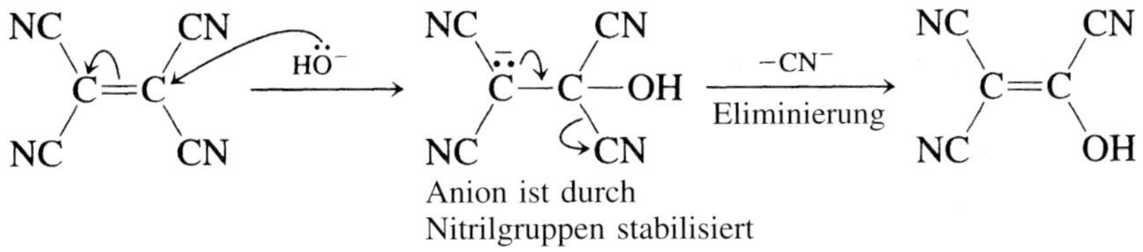

45. (a)

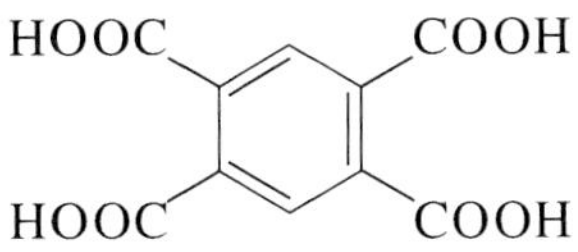

332 22 Chemie der Substituenten am Benzolring

(b) [2-Naphthol] (über [Naphthalenon-Tautomer],

das Produkt der Alkoholkondensation von [Benzol mit CHO und CH₂COCH₃ Substituenten])

(c) [Benzol mit COOH, NO₂, COOH Substituenten: 2-Nitroterephthalsäure]

46. (c) (die $-SO_3H$-Gruppe ist eine sehr starke Säure) **>(b)>(e)>(f)>(d)>(a)**. Carbonsäuren sind saurer als die meisten Phenole, und elektronenziehende Gruppen verstärken die Acidität von Phenolen.

47. (a) Toluol $\xrightarrow{SO_3, H_2SO_4}$ p-Toluolsulfonsäure $\xrightarrow{NaOH, \Delta}$ Produkt

(b) Phenol $\xrightarrow[2. \text{Überschuß Br}_2]{1. H_2SO_4}$ 2,6-Dibrom-4-sulfonsäurephenol $\xrightarrow{H_2O, \Delta}$ Produkt

(c) Phenol $\xrightarrow{H_2SO_4}$ 4-Hydroxybenzolsulfonsäure $\xrightarrow{NaOH, \Delta}$ Hydrochinon

$\xrightarrow[H_2SO_4]{HNO_3,}$ 2-Nitro-4-sulfonsäurephenol $\xrightarrow{H_2O, \Delta}$ 2-Nitrophenol $\xrightarrow[CH_3CH_2OH]{H_2, Ni}$ 2-Aminophenol $\xrightarrow{NaNO_2, HCl, H_2O}$ Brenzcatechin

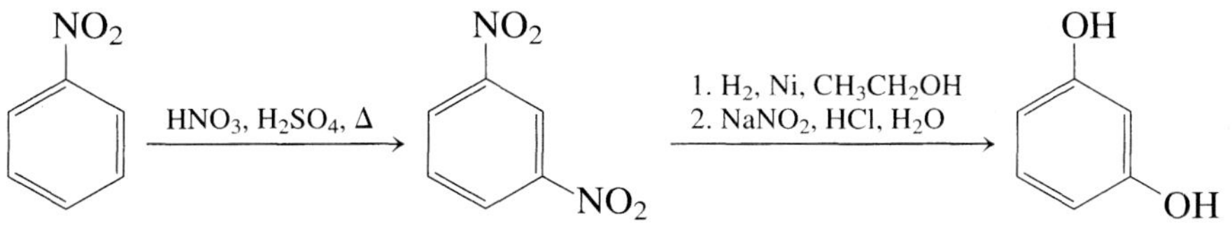

22 Chemie der Substituenten am Benzolring

(Reaktionsschemata:)

Nitrobenzol → (HNO₃, H₂SO₄, Δ) → 1,3-Dinitrobenzol → (1. H₂, Ni, CH₃CH₂OH; 2. NaNO₂, HCl, H₂O) → Resorcin (1,3-Dihydroxybenzol)

(d) Chlorbenzol → (Überschuß HNO₃, H₂SO₄, Δ) → 1-Chlor-2,4-dinitrobenzol → (NaOH, H₂O, Δ; Nucleophile aromatische Substitution) → 2,4-Dinitrophenol

→ (Cl₂, FeCl₃) → 2-Chlor-4,6-dinitrophenol

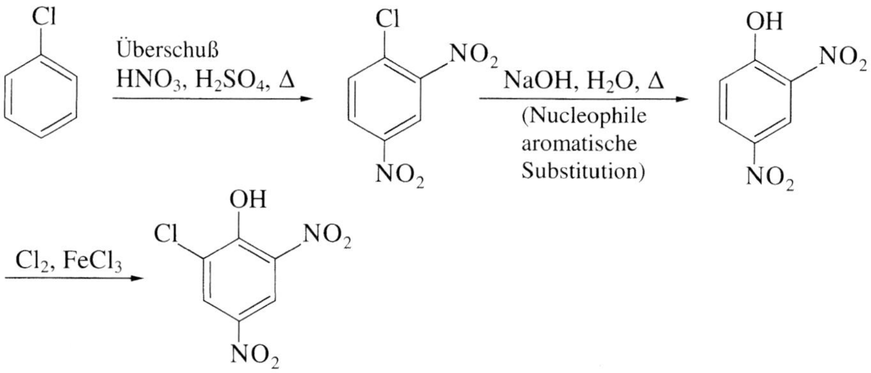

48. (a)

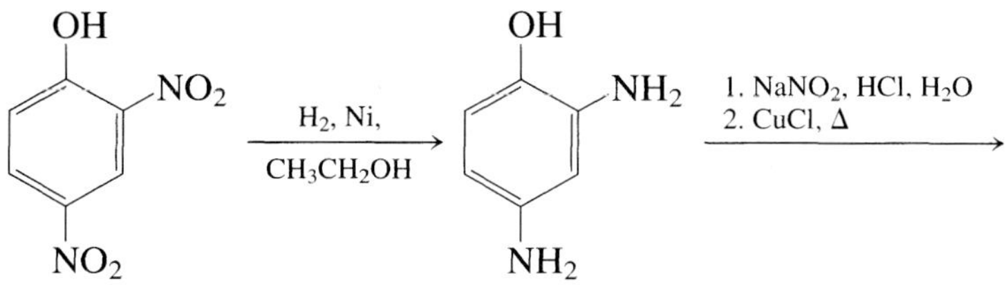

2,4-Dinitrophenol [aus Aufgabe 47(d)] → (H₂, Ni, CH₃CH₂OH) → 2,4-Diaminophenol → (1. NaNO₂, HCl, H₂O; 2. CuCl, Δ) →

2,4-Dichlorphenol → (1. NaOH, CH₃CH₂OH; 2. ClCH₂COOCH₃; Williamson-Ethersynthese) → Methyl-(2,4-dichlorphenoxy)acetat → (NaOH, H₂O) → 2,4-D

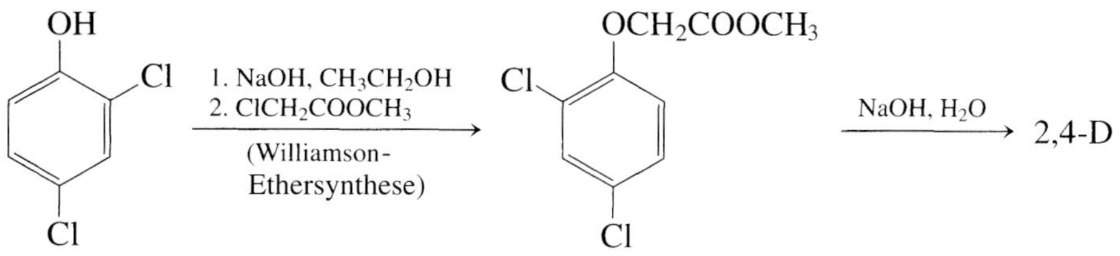

(b)

Benzol → (1. SO₃, H₂SO₄; 2. NaOH, Δ) → Phenol → (1. NaOH, CH₃CH₂OH; 2. CH₃CH₂Br) →

Phenylethylether → (1. HNO₃, H₂SO₄; 2. H₂, Ni, CH₃CH₂OH) → 4-Ethoxyanilin → (CH₃COCOCH₃, Δ) → Produkt

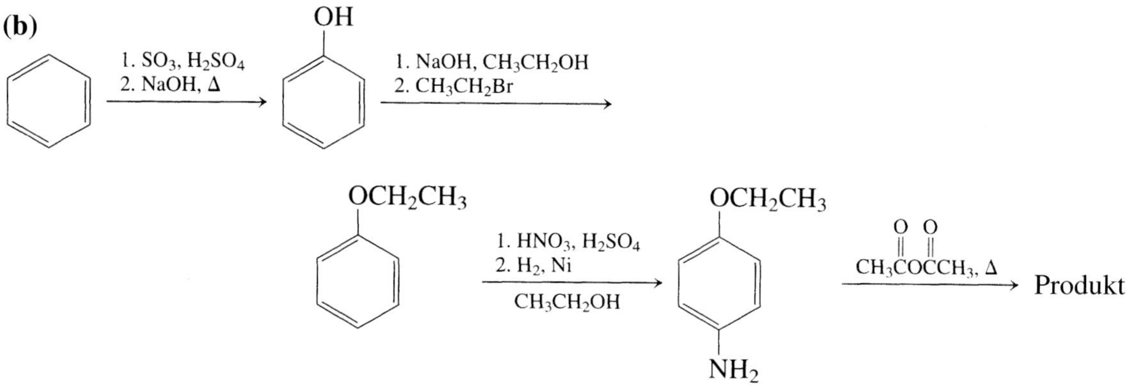

(c)

[Benzol] →(1. HNO₃, H₂SO₄; 2. Br₂, FeBr₃)→ [3-Bromnitrobenzol] →(1. Fe, HCl; 2. NaNO₂, HCl; 3. H₂O, Δ; 4. Br₂, CCl₄, 0 °C)→ [3,4-Dibromphenol] →(CO₂, Druck, KHCO₃, H₂O)→ [4,5-Dibrom-2-hydroxybenzoesäure] →(CH₃COCH₂COCH₃, H⁺, Δ)→ Produkt

49. (a) 5-Brom-2-chlorphenol **(b)** 4-(Hydroxymethyl)phenol
(c) 2,4-Dihydroxybenzolsulfonsäure **(d)** 2-Phenoxyphenol
(e) 2-Methylthio-2,5-cyclohexadien-1,4-dion

50. (a) [2,5-Diallyl-1,4-dihydroxybenzol] über eine doppelte Claisen-Umlagerung aus: [1,4-Bis(allyloxy)benzol]

(b) Schritt für Schritt:

[Allylvinylether cycloheptene] →Δ→ [2-(2-methylallyl)cycloheptanone] →(1. O₃; 2. Zn)→ [2-(2-oxopropyl)cycloheptanone] →(NaOH, Δ, Aldol)→ [bicyclic enone]

(c) [Tetrachloro-ortho-benzoquinone]   **(d)** [2,6-Dimethyl-1,4-benzochinon]

(e) Das Thiol wird leicht oxidiert, wahrscheinlich ist daher die Redoxreaktion

→ [Hydrochinon] + CH₃CH₂SSCH₂CH₃

Eine andere Möglichkeit ist die Konjugataddition ⟶ [Struktur: Benzolring mit zwei OH-Gruppen und SCH₂CH₃]

(f) [Struktur: bicyclisches Dion mit H-Atomen]

51. Aspirin ist ein *Phenyl*ester, und Phenylester sind aus zwei Gründen erheblich hydrolyseempfindlicher als gewöhnliche Ester: Die Delokalisierung eines freien Elektronenpaars vom Phenol-Sauerstoffatom zur Carbonylgruppe (Esterresonanz, Abschn. 20.1) ist vermindert, weil dieses freie Elektronenpaar auch in Resonanz mit dem Benzolring tritt. Daraus resultiert eine stärkere Positivierung des Carbonyl-Kohlenstoffatoms, die den nucleophilen Angriff erleichtert. Der zweite Grund ist thermodynamisch bedingt: Das Gleichgewicht Phenol + Carbonsäure ⇌ Phenolester begünstigt die Ausgangsverbindungen (Abschn. 22.5). Daher hydrolysieren wässrige Aspirinlösungen bei Raumtemperatur ziemlich rasch zu Salicylsäure und Essigsäure.

[Strukturformel: Aspirin (2-Acetoxybenzoesäure) $\xrightarrow{-H_2O}$ Salicylsäure + CH_3COOH]

52. [Strukturformel: Metol (4-(Methylamino)phenol)] + 2 AgBr* $\xrightarrow{\text{(lichtinduziert)}}$ [Strukturformel: Chinonimin] + 2 Ag + 2 HBr

Metol

53. (a) Benzolringe, die nur Alkylsubstituenten enthalten, werden durch Nucleophile oder Radikale kaum angegriffen. Als einzige Möglichkeit kommt ein elektrophiler Angriff in Frage.

(b) Die Bildung des Oxacyclopropans verläuft vermutlich über den säurekatalysierten elektrophilen Angriff eines Reagenzes wie H_2O_2 (aus O_2 gebildet) am Benzolring.

[Mechanismus: R-substituierter Benzolring mit D + HO-⁺OH₂ → Zwischenstufen mit Carbenium-Ion → Oxacyclopropan-Ring]

Das schließlich erhaltene Phenol entsteht vermutlich durch Umkehrung der letzten beiden Schritte. Der Oxacyclopropan-Ring kann sich immer wieder schließen, aber das Carbenium-Ion kann auch anders weiterreagieren und unter Wanderung von D das umgelagerte aromatische Produkt ergeben.

Natürlich kann im letzten Schritt auch D⁺ abgespalten werden, wodurch das deuteriumfreie Phenol entsteht.

54. (a) Maleinsäureanhydrid, Δ (Diels-Alder) (b) H_2, Pd/C, CH_3CH_2OH

(c) cis-1,2-Bis(hydroxymethyl)cyclohexan

(d) cis-1,2-Cyclohexandicarbaldehyd

Wie geht es nun weiter? Verfolgen Sie vom Produkt aus den Weg **zurück**:

(f) ← Δ / Cope-Umlagerung — cis-1,2-Divinylcyclohexan ← 2 $CH_2=P(C_6H_5)_3$, zweimal Wittig-Reaktion — (e) ← (d)

55. Die in einem S_N2-Übergangszustand normale Anordnung eines „Rückseitenaustauschs" ist bei einem Kohlenstoffatom im Benzolring unmöglich zu erreichen. Es gibt in der Tat keinerlei Hinweise, die für einen einstufigen S_N2-Mechanismus am Benzol-Kohlenstoffatom sprechen.

Der S_N1-Mechanismus erfordert die Bildung eines Carbenium-Ions. Wir wissen bereits (Abschn. 13.9), dass Alkenylhalogenide keine Substitutionsreaktionen eingehen. Der S_N2-Mechanismus ist aus dem gleichen Grund wie dem oben genannten für Benzolverbindungen ungeeignet. Außerdem sind Alkenyl-Kationen sehr energiereich, weil die Platzierung einer positiven Ladung auf einem sp^2-hybridisierten Kohlenstoffatom äußerst ungünstig ist. Das gleiche Problem tritt auch bei Benzol auf: Das Phenyl-Kation ist sehr energiereich und bildet sich nur schwer, weil es ein sp^2-hybridisiertes, positiv geladenes Kohlenstoffatom enthält.

Warum ist ein sp^2-hybridisiertes, positiv geladenes Kohlenstoffatom so ungünstig? Denken Sie an die Grundlagen der Hybridisierung. Hybridorbitale kombinieren die Eigenschaften der beteiligten einfachen Atomorbitale. Ein besetztes s-Orbital hat die maximale Elektronendichte in der Nähe des Atomkerns, wo die Anziehung zwischen dem positiven Kern und den negativen Elektronen am größten ist. p-Orbitale haben hingegen eine Knotenebene am Atomkern; die Elektronen in p-Orbitalen werden daher weniger stark festgehalten und leichter abgespalten. Besteht die Möglichkeit, entweder ein p-Orbital oder ein s-Orbital unbesetzt zu lassen, so wird ein kationisches Atom ausnahmslos das s-Orbital mit Elektronen besetzen und das p-Orbital frei lassen.

22 Chemie der Substituenten am Benzolring

Alle Carbenium-Ionen, denen wir seit Kapitel 7 begegnet sind, hatten unbesetzte *p*-Orbitale, die aus der Spaltung einer Bindung mit einem *sp³*-Orbital stammten, das 1/4 *s*- und 3/4 *p*-Charakter hat:

sp³-hybridisiert   *sp²*-hybridisiert
                        unbesetztes *p*-Orbital

Ein *sp²*-Orbital hat 1/3 *s*- und 2/3 *p*-Charakter, also mehr *s*- und weniger *p*-Charakter. Durch den Austritt einer Abgangsgruppe würde es unbesetzt und positiv geladen, was nicht nur wegen seines größeren partiellen *s*-Charakters ungünstigt ist, sondern auch, weil bei Benzolverbindungen und Alkenen keine räumliche Änderung zu einer günstigeren Orbitalanordnung stattfinden kann.

56.

(eine Möglichkeit)

Es ist noch nicht ganz geklärt, ob tatsächlich ein Phenyl-Kation an Reaktionen wie dieser beteiligt ist. Alternativ kommt ein Additions-Eliminierungs-Mechanismus (Abschn. 22.4) in Frage, allerdings fehlen kinetische Beweise dafür, dass der Substitutionsprozess nicht bimolekular, sondern unimolekular ist. Eine andere Möglichkeit ist radikalischer Prozess, der durch Reduktion des Phenyldiazonium-Kations zum Radikal mit Iodid als Reduktionsmittel initiiert wird. Dieser Mechanismus ist wahrscheinlicher, weil er einen unimolekularen, geschwindigkeitsbestimmenen Fortpflanzungsschritt hat, nämlich die Abspaltung von N_2 aus dem Phenyldiazo-Radikal zum Phenyl-Radikal, das sich wesentlich leichter bildet als das Phenyl-Kation.

Der genaue Mechanismus der Bildung von Iodbenzol aus dem Diazonium-Kation ist zwar nicht bekannt, aber das Phenyl-Kation ist keine *unmögliche* Zwischenstufe. Es wird immer noch wahrscheinlichste Zwischenstufe der Bildung von Phenol aus Arendiazoniumsalzen und heißem Wasser (Abschn. 22.4) angesehen. Darüber hinaus weiß man, dass Diazonium-Kationen ihr gebundenes N_2 mit gasförmigem N_2 austauschen (durch Untersuchungen mit Isotopen nachgewiesen), – ein direkter Hinweis darauf, dass eine reversible Dissoziation von N_2 unter Zurücklassen eines Phenyl-Kations stattfinden kann. Dieses System ist ein Beispiel für das recht komplizierte Verhalten einer scheinbar einfachen Verbindung.

57. Überlegen Sie, in welcher Weise Benzoldiazoniumsalze als Zwischenprodukte hier von Nutzen sein könnten.

22 Chemie der Substituenten am Benzolring

(a)

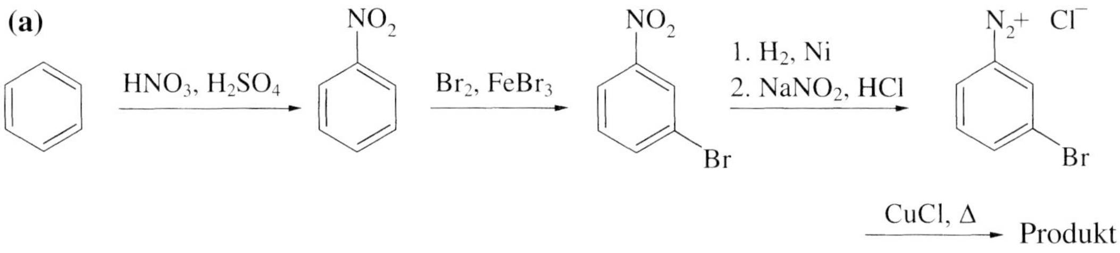

benzene →[HNO₃, H₂SO₄]→ nitrobenzene →[Br₂, FeBr₃]→ 3-bromnitrobenzene →[1. H₂, Ni; 2. NaNO₂, HCl]→ 3-bromobenzenediazonium chloride →[CuCl, Δ]→ Produkt

(b)

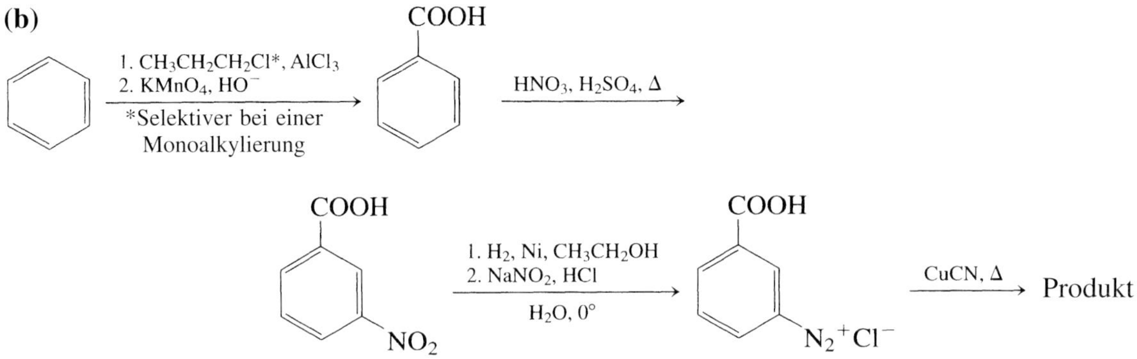

benzene →[1. CH₃CH₂CH₂Cl*, AlCl₃; 2. KMnO₄, HO⁻]→ Benzoesäure →[HNO₃, H₂SO₄, Δ]→

*Selektiver bei einer Monoalkylierung

3-Nitrobenzoesäure →[1. H₂, Ni, CH₃CH₂OH; 2. NaNO₂, HCl, H₂O, 0°]→ 3-(Diazonium)benzoesäure →[CuCN, Δ]→ Produkt

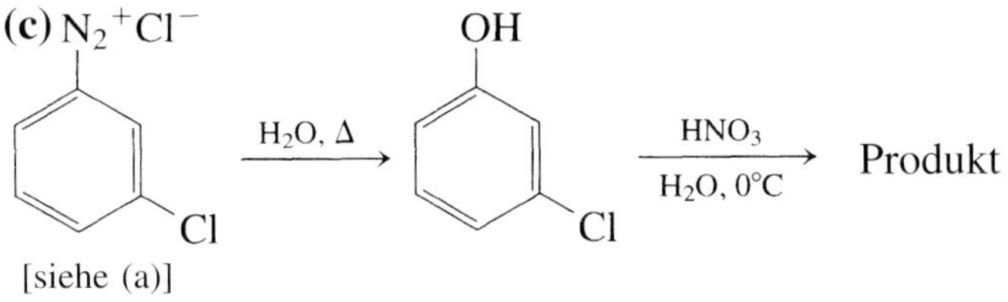

(c) 3-Chlorbenzoldiazoniumchlorid [siehe (a)] →[H₂O, Δ]→ 3-Chlorphenol →[HNO₃, H₂O, 0°C]→ Produkt

(d)

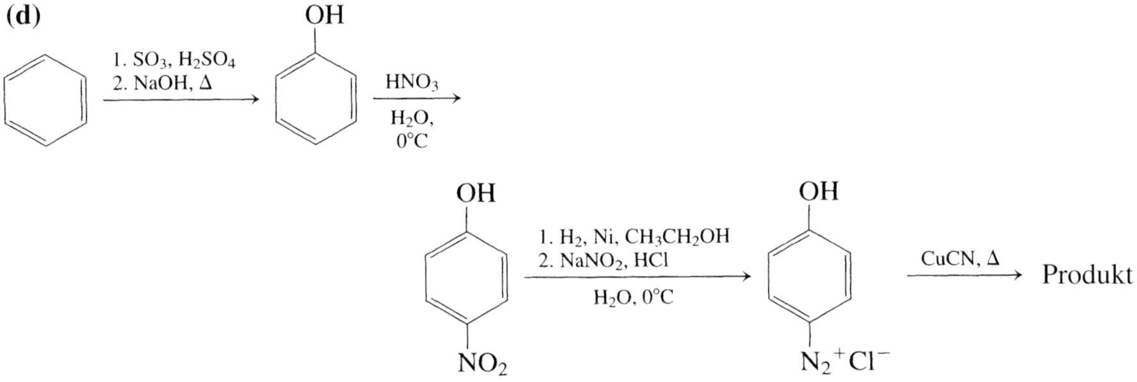

benzene →[1. SO₃, H₂SO₄; 2. NaOH, Δ]→ Phenol →[HNO₃, H₂O, 0°C]→ 4-Nitrophenol →[1. H₂, Ni, CH₃CH₂OH; 2. NaNO₂, HCl, H₂O, 0°C]→ 4-Hydroxybenzoldiazoniumchlorid →[CuCN, Δ]→ Produkt

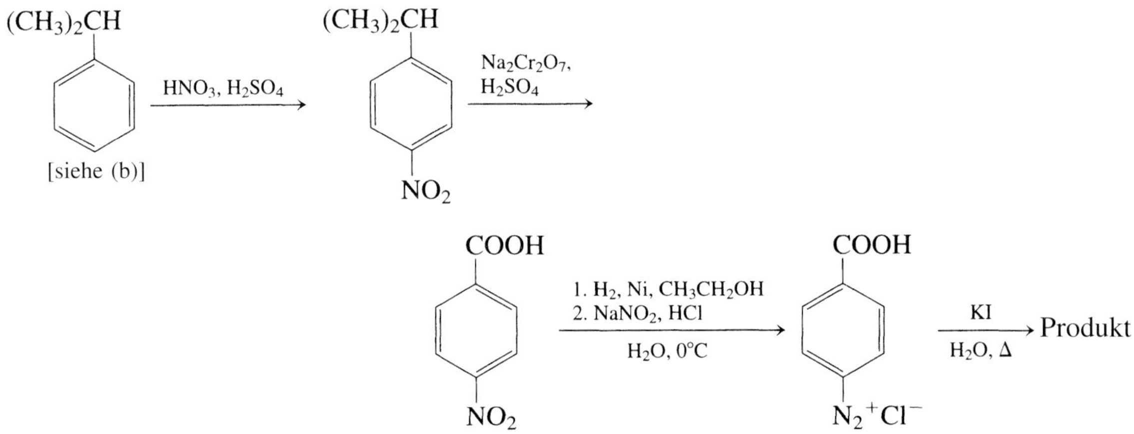

(e) Cumol (CH₃)₂CH-C₆H₅ [siehe (b)] →[HNO₃, H₂SO₄]→ 4-Nitrocumol →[Na₂Cr₂O₇, H₂SO₄]→ 4-Nitrobenzoesäure →[1. H₂, Ni, CH₃CH₂OH; 2. NaNO₂, HCl, H₂O, 0°C]→ 4-(Diazonium)benzoesäure →[KI, H₂O, Δ]→ Produkt

Beachten Sie den ersten Schritt: Die Nitrierung von Methylbenzol liefert hauptsächlich das *ortho*-Produkt, während die größere Alkylgruppe die *para*-Substitution begünstigt.

(f)

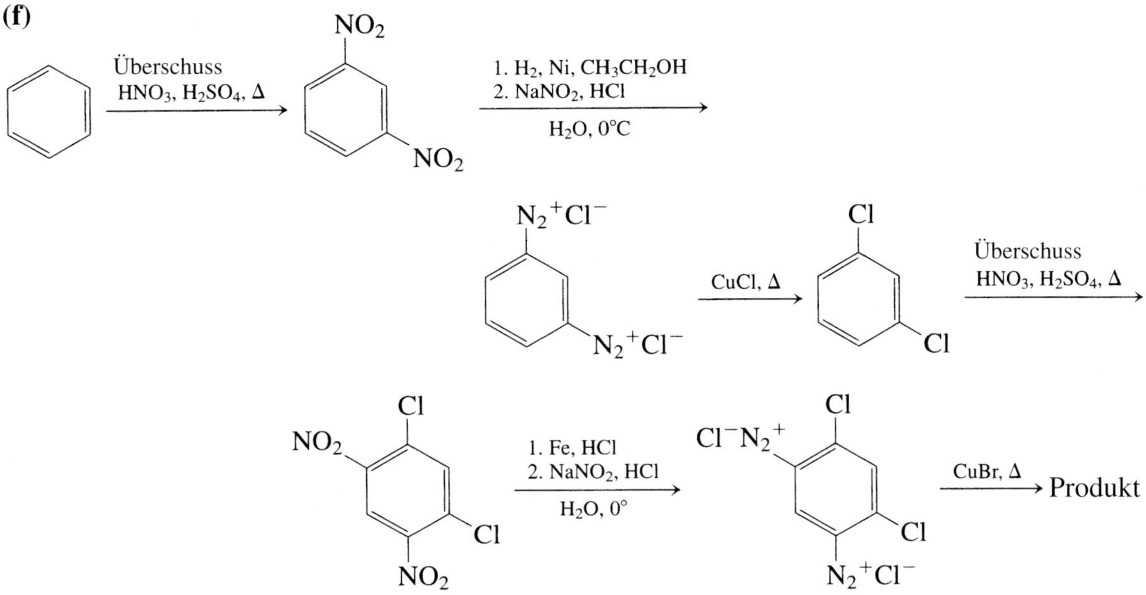

[Reaktionsschema: Benzol → (Überschuss HNO₃, H₂SO₄, Δ) → 1,3-Dinitrobenzol → (1. H₂, Ni, CH₃CH₂OH; 2. NaNO₂, HCl, H₂O, 0°C) → 1,3-Bis(diazonium)chlorid → (CuCl, Δ) → 1,3-Dichlorbenzol → (Überschuss HNO₃, H₂SO₄, Δ) → 1,4-Dichlor-2,5-dinitrobenzol → (1. Fe, HCl; 2. NaNO₂, HCl, H₂O, 0°) → Bis-Diazoniumsalz → (CuBr, Δ) → Produkt]

(g) [siehe (a)]

Anilin → (Br₂, H₂O) → 2,4,6-Tribromanilin → (NaNO₂, HCl, H₂O, 0°C) → 2,4,6-Tribrombenzoldiazoniumchlorid → (1. CuCN, Δ; 2. H⁺, H₂O, Δ) → Produkt

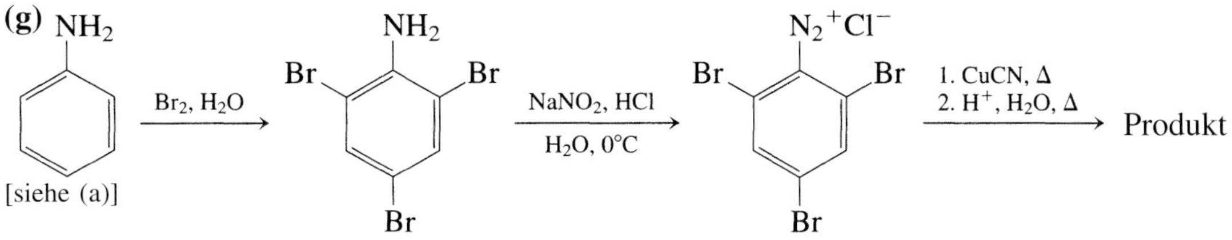

58. (a) HO—⟨Ring⟩(OH)—N=N—⟨Ring⟩—SO₃H

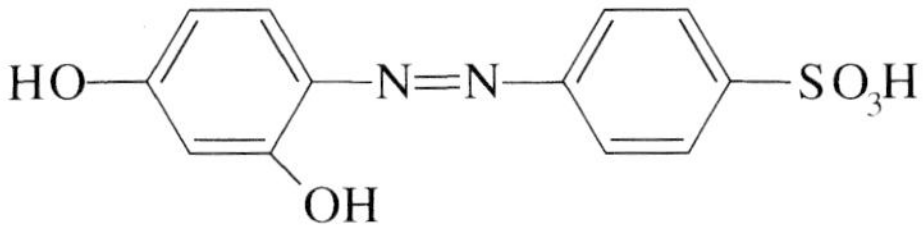

(b) ⟨Ring⟩(SO₃H)—N=N—⟨Ring⟩—NH—⟨Ring⟩

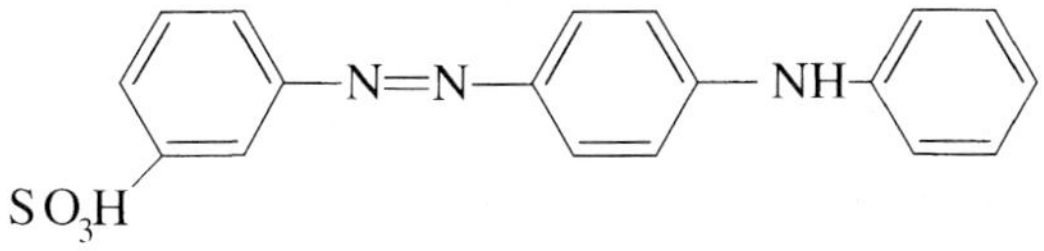

(c) HO—⟨Naphthalin⟩—N=N—⟨Ring⟩—SO₃H   Wenn möglich erfolgt die Diazokupplung im Allgemeinen in *para*-Stellung zur aktivierenden Gruppe.

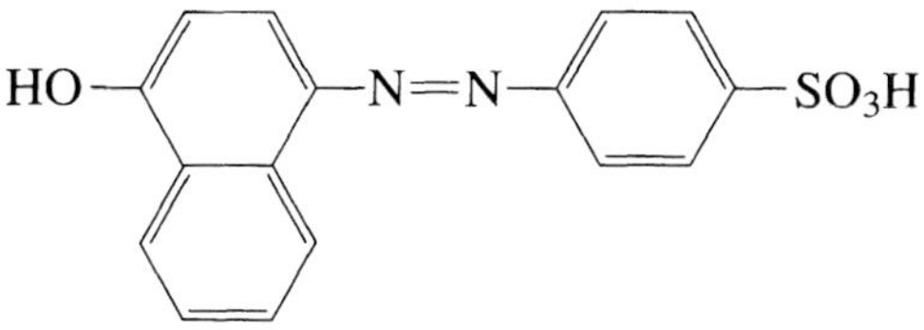

59. (a) (CH₃)₂N—C₆H₄—   +   ⁺N₂—C₆H₄—SO₃⁻

(b) 2 [naphthalene with SO₃⁻Na⁺ at position 1 and NH₂ at position 4]   +   ⁺N₂—C₆H₄—C₆H₄—N₂⁺

Beachten Sie, dass der Benzolring in der Kupplungsreaktion stets durch OH-, NH₂- oder ähnliche Gruppen stark aktiviert ist.

(c) NH₂—C₆H₃(NH₂)—   +   ⁺N₂—C₆H₄—SO₂NH₂

60. (a)

Lipid—O·
oder
Lipid—O—O·   +   [2,6-di-tert-butyl-4-methylphenol]   ⟶

Lipid—OH
oder
Lipid—O—OH   +   [2,6-di-tert-butyl-4-methylphenoxy radical]

(b) Beginnen Sie mit dem Lipidhydroperoxid der Linolsäure, das in Abschnitt 22.9 in der Reaktion unter „Fortpflanzungsschritt 2" dargestellt ist. Bilden Sie das Alkoxy-Radikal und enden Sie mit einer β-Spaltung.

CH₃(CH₂)₄—CH(OOH)—CH=CH—CH=CH—R' $\xrightarrow{-\cdot OH}$

CH₃(CH₂)₄—CH(O·)—CH=CH—CH=CH—R'   ⟶   H—C(=O)—CH=CH—CH=CH—R'   +   CH₃(CH₂)₄·

Das CH₃(CH₂)₄·-Radikal spaltet aus einem reaktiven Wasserstoffdonor, beispielsweise einem anderen Lipidmolekül, ein Wasserstoffatom ab und geht in Pentan über.

61. Man kann an verschiedenen Stellen anfangen; gehen Sie Schritt für Schritt vor.

1. Grad der Ungesättigtheit (Kapitel 11).

Urushiol I, $H_{sätt.} = 42 + 2 = 44$; Grad der Ungesättigtheit $= (44-36)/2 = 4$ π-Bindungen oder Ringe
Urushiol II, Grad der Ungesättigtheit $= (44-34)/2 = 5$ π-Bindungen oder Ringe

2. Urushiol II enthält nur eine Doppelbindung, die leicht hydriert wird. Die vier Ungesättigtheitsgrade in Urushiol I sind entweder Ringe oder schwer zu hydrierende π-Bindungen (wie die in einem Benzolring).

3. Urushiol II enthält das Fragment $CH_3CH_2CH_2CH_2CH_2CH_2CH=CHR$

   Teil von Aldehyd A

4. Die Synthese von Aldehyd A wird gezeigt. Hier sind die Strukturen der Zwischenprodukte.

B: 4-Methoxy-3-nitrobenzolsulfonsäure (OCH₃, NO₂, SO₃H)
C: 2-Nitroanisol (OCH₃, NO₂)
D: 2-Methoxyphenol (OCH₃, OH)
E: 2,3-Dimethoxybenzoesäure (OCH₃, OCH₃, COOH)

(COOH wird über eine Kolbe-Schmitt-Synthese eingeführt)

F: 2,3-Dimethoxybenzaldehyd (OCH₃, OCH₃, CHO)

$\xrightarrow{C_6H_5CH_2O(CH_2)_6CH=P(C_6H_5)_3, THF}$ Wittig-Reaktion

→ Aren mit CH=CH(CH₂)₆OCH₂C₆H₅

$\xrightarrow[CH_3CH_2OH]{\text{Überschuß } H_2, Pd/C}$

→ Aren mit (CH₂)₈OH (Doppelbindung reduziert und „Benzyl"-Gruppe entfernt)

$\xrightarrow[CH_2Cl_2]{PCC}$ Aldehyd A mit (CH₂)₇CHO

Wenn Sie jetzt zu Schritt 3 zurückgehen, können Sie sich zu der Struktur von Urushiol II „zurückarbeiten".

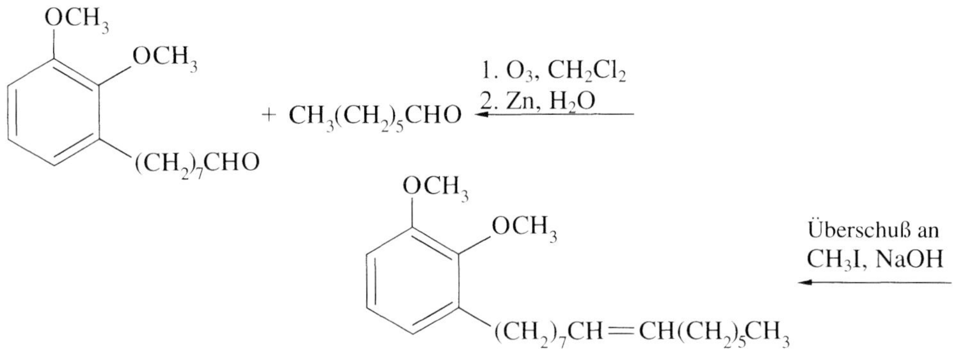

Dimethylurushiol II

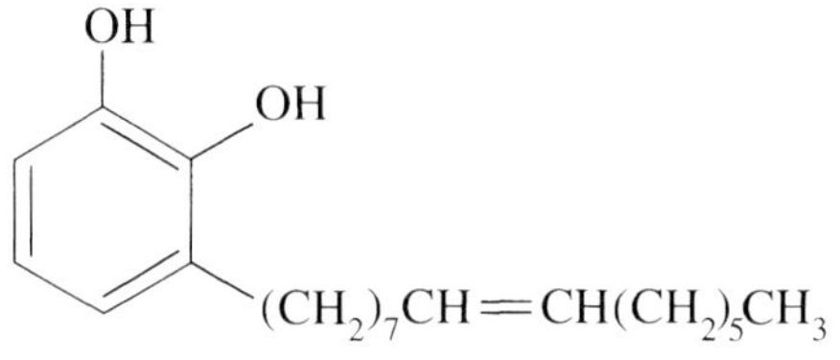

Urushiol II

Die erneute Betrachtung von Schritt 2 ergibt, dass Urushiol I die folgende Struktur hat:

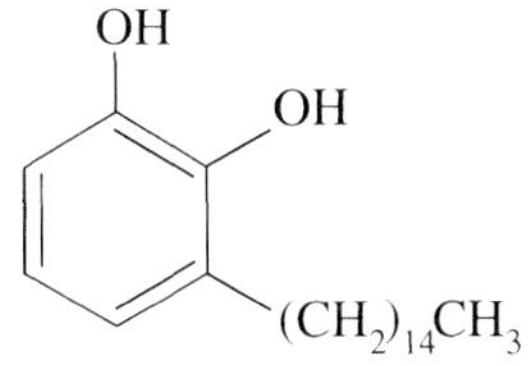

62. Die erste Frage ist mit Ja zu beantworten: Ein Benzyl-Kohlenstoffatom wird oxidiert. Für die zweite Frage lautet die Antwort aus zwei Gründen: Schwerer. Erstens ist das Amin eine reaktive und oxidationsempfindliche funktionelle Gruppe und müsste geschützt werden. Zweitens wäre die Bildung eines neuen Chiralitätszentrums in ausschließlich der richtigen Konfiguration schwierig, selbst wenn ein racemisches Produktgemisch problemlos in seine Enantiomeren getrennt werden könnte.

63.

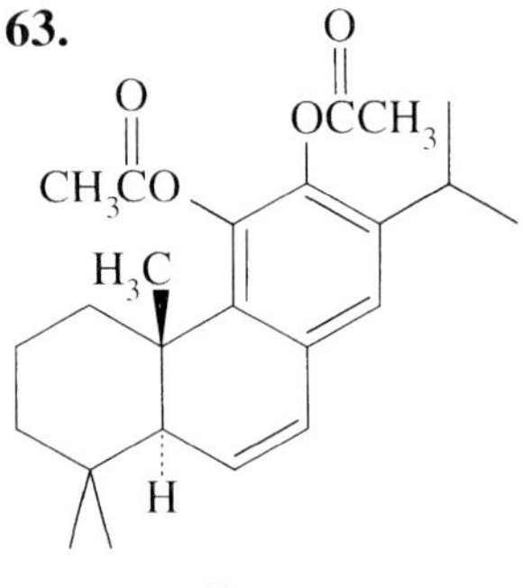

B

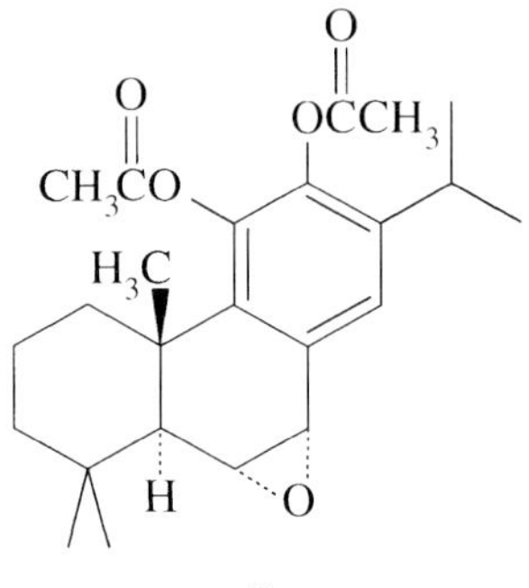

C

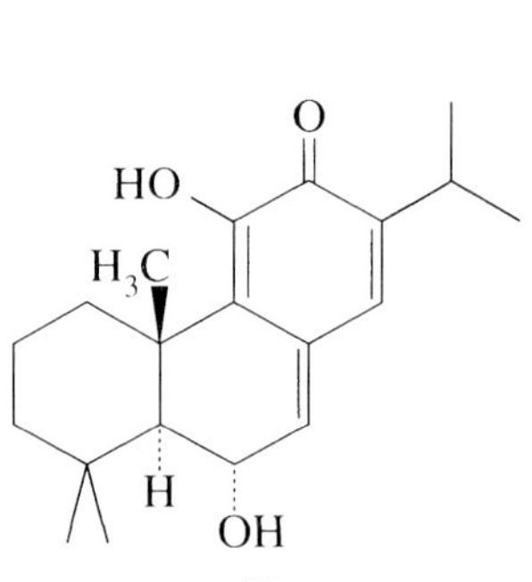

D

23 | β-Dicarbonylverbindungen und Acylanion-Äquivalente

24. Es handelt sich um Claisen-Kondensationen. Die Teilaufgaben **(a)**, **(b)** und **(c)** gehen von zwei gleichen Molekülen aus, **(d)** und **(e)** sind intramolekulare Reaktionen und die übrigen gekreuzte Kondensationen. Knüpfen Sie die neue Kohlenstoff-Kohlenstoff-Bindung (markiert) zwischen dem Carbonyl-Kohlenstoffatom des einen Esters und dem a-Kohlenstoffatom des anderen.

(a) $CH_3CH_2CH_2\overset{O}{\overset{\|}{C}}-\underset{\underset{CH_3CH_2}{|}}{CH}\overset{O}{\overset{\|}{C}}OCH_2CH_3$

(b) $C_6H_5CH(CH_3)CH_2\overset{O}{\overset{\|}{C}}-\underset{\underset{C_6H_5CHCH_3}{|}}{CH}\overset{O}{\overset{\|}{C}}OCH_2CH_3$

(c) Ungünstiges Gleichgewicht: Das Claisen-Produkt ist nicht stabil, daher wird keine Reaktion beobachtet.

(d) Cyclopentanon mit C(=O)OCH$_2$CH$_3$ in α-Position

(e) 2-Methylcyclohexanon mit C(=O)OCH$_2$CH$_3$ in α-Position

CH$_3$ und COCH$_2$CH$_3$ an einem Cyclohexanon (dieses andere mögliche Produkt ist nicht stabil und wird nicht isoliert)

(f) $H\overset{O}{\overset{\|}{C}}-\underset{\underset{C_6H_5}{|}}{CH}\overset{O}{\overset{\|}{C}}OCH_2CH_3$

(g) $C_6H_5\overset{O}{\overset{\|}{C}}-\underset{\underset{CH_3CH_2}{|}}{CH}\overset{O}{\overset{\|}{C}}OCH_2CH_3$

(h) Bicyclisches Diketon mit zwei COCH$_2$CH$_3$ Gruppen

(i) Naphthalin-Derivat mit zwei C(=O)OCH$_2$CH$_3$ Gruppen

25. Der zweite Ester, $(CH_3)_2CHCOCH_3$ (mit C=O), muss im Überschuss vorliegen, weil (1) seine Claisen-Kondensation mit sich selbst kein stabiles Produkt bildet und (2) er bevorzugt mit den Enolat-Ionen des ersten Esters reagiert. Nebenreaktion (Kondensation des ersten Esters mit sich selbst):

$$2\ CH_3CH_2CO_2CH_3 \xrightarrow{NaOCH_3,\ CH_3OH} CH_3CH_2\overset{O}{\overset{\|}{C}}\underset{\underset{CH_3}{|}}{CH}CO_2CH_3$$

26. Gehen Sie ähnlich vor wie bei Aufgabe 24. „Claisen" bedeutet 1. NaOCH$_2$CH$_3$, CH$_3$CH$_2$OH; 2. H$^+$, H$_2$O

(a) cyclopentyl-CH$_2$C(O)—CH(cyclopentyl)CO$_2$CH$_2$CH$_3$ ←(Claisen)— 2 cyclopentyl-CH$_2$CO$_2$CH$_2$CH$_3$

(b) C$_6$H$_5$C(O)—CH(C$_6$H$_5$)CO$_2$CH$_2$CH$_3$ ←(Claisen)— C$_6$H$_5$CO$_2$CH$_2$CH$_3$ + C$_6$H$_5$CH$_2$CO$_2$CH$_2$CH$_3$

(c) 2-methyl-6-(ethoxycarbonyl)cyclohexanone ←(Claisen)— CH$_3$CH(CO$_2$CH$_2$CH$_3$)–(CH$_2$)$_3$–CH$_2$CO$_2$CH$_2$CH$_3$ [Aufg. 24(e)!]

(d) HC(O)—C(H)(—)—CH$_2$CO$_2$CH$_2$CH$_3$ ←(Claisen)— HCCO$_2$CH$_2$CH$_3$ + CH$_3$CO$_2$CH$_2$CH$_3$

(e) C$_6$H$_5$C(O)—CH(—)—CC$_6$H$_5$(O) ←(Claisen)— C$_6$H$_5$CO$_2$CH$_2$CH$_3$ + CH$_3$CC$_6$H$_5$(O)
(Keton + Ester-Variante)

(f) CH$_3$CH$_2$OC(O)—CH$_2$—COCH$_2$CH$_3$ ←(Claisen)— CH$_3$CH$_2$OC(O)OCH$_2$CH$_3$ + CH$_3$CO$_2$CH$_2$CH$_3$
(Carbonat + Ester-Variante)

(g) cyclopropyl-C(O)—CH$_2$—CCH$_3$(O) ←(Claisen)— cyclopropyl-CO$_2$CH$_2$CH$_3$ + CH$_3$CCH$_3$(O)
(Ester + Keton)

(h) cycloheptanone mit CHO-Substituent ←(Claisen)— offenkettig mit CO$_2$CH$_2$CH$_3$ und CHO
(intramolekular, Ester + Aldehyd)

27. HC(O)—CH$_2$CH(O) $\Longrightarrow$ HCO$_2$CH$_2$CH$_3$ + CH$_3$CH(O)? Nicht sehr wahrscheinlich, weil die Aldol-Addition von 2 CH$_3$CHO eine wichtige Konkurrenzreaktion wäre.

28. Analyse: CH$_3$CCH-R(O, R') $\Longrightarrow$ CH$_3$C(O)—C(R)(R')—CO$_2$CH$_2$CH$_3$ $\Longrightarrow$ CH$_3$CCH$_2$CO$_2$CH$_2$CH$_3$(O)
Ausgangssubstanz für jede Synthese

Das Lösungsmittel für jede Reaktion in dieser und der folgenden Aufgabe kann Ethanol sein.

(a) R = —CH$_2$CH(CH$_3$)$_2$, R' = H: 1. NaOCH$_2$CH$_3$; 2. (CH$_3$)$_2$CHCH$_2$Br; 3. NaOH, H$_2$O; 4. H$^+$, H$_2$O, Δ.

(b) R = R' = —CH$_2$CH$_2$CH$_2$—: 1. 2 Äquiv. NaOCH$_2$CH$_3$; 2. BrCH$_2$CH$_2$CH$_2$Br; 3. NaOH, H$_2$O; 4. H$^+$, H$_2$O, Δ.

(c) R = —CH$_2$C$_6$H$_5$, R' = —CH$_2$CH=CH$_2$: 1. NaOCH$_2$CH$_3$; 2. C$_6$H$_5$CH$_2$Br; 3. NaOCH$_2$CH$_3$; 4. CH$_2$=CHCH$_2$Br; 5. NaOH, H$_2$O; 6. H$^+$, H$_2$O, Δ.

(d) R = —CH$_2$CH$_3$, R' = —CH$_2$CO$_2$CH$_2$CH$_3$: 1. NaOCH$_2$CH$_3$; 2. BrCH$_2$CO$_2$CH$_2$CH$_3$; 3. NaOCH$_2$CH$_3$; 4. CH$_3$CH$_2$Br; 5. NaOH, H$_2$O; 6. H$^+$, H$_2$O, Δ (decarboxyliert nur —COOH am α-Kohlenstoffatom des Ketons); 7. CH$_3$CH$_2$OH, H$^+$ (überführt die andere —COOH-Gruppe wieder in den Ethylester)

29. Allgemeines Schema:

$$\begin{array}{c} R \\ R' \end{array}\!\!CH\text{–}COOH \;\Longrightarrow\; \begin{array}{c} R \\ R' \end{array}\!\!CH\!\!\begin{array}{c} CO_2CH_2CH_3 \\ CO_2CH_2CH_3 \end{array} \;\Longrightarrow\; CH_2\!\!\begin{array}{c} CO_2CH_2CH_3 \\ CO_2CH_2CH_3 \end{array} \quad \text{Ausgangsverbindung}$$

(a) 1. NaOCH$_2$CH$_3$; 2. CH$_3$CH$_2$CH$_2$CH$_2$I; 3. NaOCH$_2$CH$_3$; 4. C$_6$H$_5$—CH$_2$Br (vollendet die erforderlichen Alkylierungen); 5. NaOH, H$_2$O (hydrolysiert die Ester); 6. H$^+$, H$_2$O, Δ (Decarboxylierung).

(b) 1. NaOCH$_2$CH$_3$; 2. (CH$_3$)$_2$CHCH$_2$I; 3. NaOCH$_2$CH$_3$; 4. CH$_3$I (vollendet Alkylierungen); 5. NaOH, H$_2$O; 6. H$^+$, H$_2$O, Δ.

(c) 1. NaOCH$_2$CH$_3$; 2. BrCH$_2$CO$_2$CH$_2$CH$_3$ [Alkylierung, überführt in CH$_3$CH$_2$O$_2$CCH$_2$CH(CO$_2$CH$_2$CH$_3$)$_2$]; 3. NaOH, H$_2$O; 4. H$^+$, H$_2$O, Δ.

(d) 1. 2 Äquiv. NaOCH$_2$CH$_3$; 2. o-C$_6$H$_4$(CH$_2$Br)$_2$; 3. NaOH, H$_2$O; 4. H$^+$, H$_2$O, Δ.

30. (a) 2-Methyl-1,3-cyclopentandion + CH$_2$=CHCCH$_3$ (O) →[Katalytische Mengen NaOCH$_2$CH$_3$ / CH$_3$CH$_2$OH (Michael-Addition)] Produkt

(b) 2-Cyclohepten-1-on + CH$_2$(CO$_2$CH$_2$CH$_3$)$_2$ →[Katalytische Mengen NaOCH$_2$CH$_3$ / CH$_3$CH$_2$OH] Produkt

(c) 2-Cyclopenten-1-on + CH$_3$CCH$_2$CO$_2$CH$_2$CH$_3$ →[Katalytische Mengen NaOCH$_2$CH$_3$ (Michael) / CH$_3$CH$_2$OH] 3-(1-Oxo-...)cyclopentanon mit CH(COCH$_3$)(CO$_2$CH$_2$CH$_3$)-Seitenkette →[1. NaOH, H$_2$O; 2. H$^+$, H$_2$O, Δ; –CO$_2$] Produkt

31. Dies ist eine Möglichkeit, die Aufgabe zu erledigen:

[Mechanismus: Kohlensäure H₂CO₃ mit Wasser als Base, Übergang zu CO₂ + H₂O (H-gebunden)]

32. (a) [Mechanismus: Kohlensäurehalbester ROC(O)OH mit Wasser → ROH-Addukt und CO₂]

(c) [Mechanismus: Carbaminsäure H₂N–C(O)–OH mit Wasser → H₂N–H und CO₂]

(b), (d) Keine Reaktion, da eine O–H-Bindung erforderlich ist (vgl. die obigen Mechanismen).

33.

$$(CH_3CH_2O_2C)_2CH_2 \xrightarrow[-CH_3CH_2OH]{^-OCH_2CH_3} (CH_3CH_2O_2C)_2\overset{..}{C}H^- + CH_2=CHCCH_3 \overset{*}{\rightleftharpoons}$$

$$(CH_3CH_2O_2C)_2CHCH_2\overset{..}{C}HCOCH_3 \xrightarrow{\overset{H}{\underset{CH(CO_2CH_2CH_3)_2}{|}}}$$

$$(CH_3CH_2O_2C)_2CHCH_2CH_2COCH_3 + \overset{..}{C}H(CO_2CH_2CH_3)_2$$
(Produkt)   (wird regeneriert und reagiert erneut)

Der mit einem Stern (*) markierte Reaktionsschritt ist reversibel und hat in Wirklichkeit eine ungünstige Gleichgewichtslage, weil das Produkt (ein einfaches Keton-Enolat) ein weniger stabiles Anion ist als das doppelt stabilisierte Malonat-Anion. Der nächste Schritt, die Reaktion mit weiterem Malonester unter Bildung eines neuen Malonat-Anions, verschiebt jedoch das Gleichgewicht in Richtung des Produkts. Die Reaktion benötigt nur katalytische Mengen an Base, weil das Malonat in diesem letzten Schritt regeneriert wird.

34. Arbeiten Sie rückwärts. Achten Sie auf die Kohlenstoff-Kohlenstoff-Bindungen, die im Verlauf der Sequenz geknüpft werden (Pfeile).

(a) [Schema: 3-Methylcyclohex-2-enon ← NaOH, H₂O, Δ (Aldol) ← 2,6-Heptandion ← H⁺, H₂O, Δ ← Ethyl-2-acetyl-5-oxohexanoat ← 1. NaOCH₂CH₃, 2. CH₂=CHCOCH₃ ← Acetessigester (CH₃COCH₂CO₂CH₂CH₃) ← 1. NaOCH₂CH₃, 2. H⁺, H₂O ← 2 CH₃CO₂CH₂CH₃]

Wie? Erwägen Sie eine Michael-Addition von Acetessigester.

(b) [Schema einer Robinson-Anellierung: Bicyclisches Enon ← NaOH, H₂O, Δ (Aldol-Addition) ← Diketon ← 1. NaOH, 2. CH₂=CHCOCH₃ (Michael) ← 2-Methyl-1,3-cyclohexandion]

(Eine Robinson-Anellierung)

[weiter: ← 1. NaOH, 2. CH₃I (Alkylierung) ← 1,3-Cyclohexandion ← 1. NaOCH₂CH₃, 2. H⁺, H₂O (Claisen) ← Ethyl-6-oxoheptanoat ← H⁺, CH₃CH₂OH (erneute Ester-Bildung) ← 6-Oxoheptansäure ← 1. NaOH, H₂O, 2. H⁺, H₂O, Δ, –CO₂ ← Diethyl-substituiertes Intermediat ← 1. NaOCH₂CH₃, 2. CH₂=CHCOCH₃ (Michael) ← CH₂(CO₂CH₂CH₃)₂]

(c) Die gleiche Reaktionssequenz wie bei (b), aber die beiden Michael-Additionen an CH₂=CHCOCH₃ werden durch zwei Alkylierungen mit BrCH₂COCH₃ ersetzt.

35. (a) $(CH_3)_2CH-\underset{O}{\overset{}{C}}-\underset{OH}{\overset{}{CH}}-CH(CH_3)_2$ (b) $C_6H_5-\underset{O}{\overset{}{C}}-\underset{OH}{\overset{}{CH}}-C_6H_5$

(c) cyclohexyl–C(O)–CH(OH)–cyclohexyl   (d) $C_6H_5CH_2-\underset{O}{\overset{}{C}}-\underset{OH}{\overset{}{CH}}-CH_2C_6H_5$

36. (a) 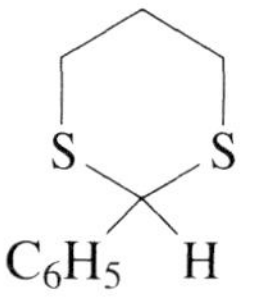 [1,3-dithiane with C₆H₅ and H at C-2] **(b)** 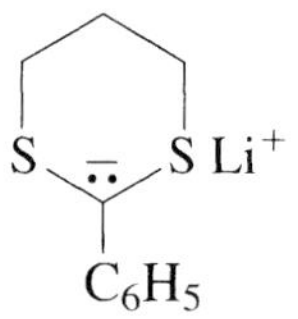 [1,3-dithianyl lithium with C₆H₅ at C-2]

In der gleichen Reihenfolge wie in Aufgabe 35:

(a) $C_6H_5-\underset{\text{O}}{\overset{\text{O}}{C}}-\underset{\text{OH}}{CH}-CH(CH_3)_2$ (b) $C_6H_5-\underset{\text{O}}{\overset{\text{O}}{C}}-\underset{\text{OH}}{CH}-C_6H_5$ (das gleiche Produkt!)

(c) 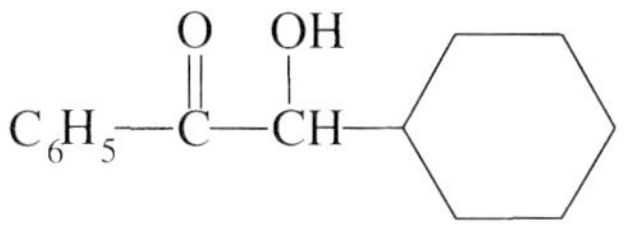 $C_6H_5-\underset{\text{O}}{\overset{\text{O}}{C}}-\underset{\text{OH}}{CH}-\text{Cyclohexyl}$ (d) $C_6H_5-\underset{\text{O}}{\overset{\text{O}}{C}}-\underset{\text{OH}}{CH}-CH_2C_6H_5$

37. (a) Verbindung A: IR: Keton- und Alkohol-Gruppen (ein Amin kommt nicht in Frage, weil die Molekülmasse **geradzahlig** ist).

NMR: $CH_3-CH\diagup$, $CH_3-\overset{O}{\overset{\|}{C}}-$, $-OH$. Die Struktur ist $CH_3\underset{OH}{CH}-\overset{O}{\overset{\|}{C}}-CH_3$. ($C_4H_8O_2$)

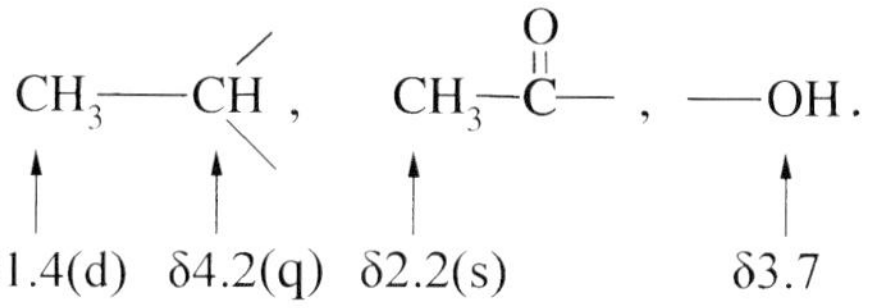

δ 1.4(d)   δ 4.2(q)   δ 2.2(s)   δ 3.7

Verbindung B: Die Molekülmasse wird um zwei Einheiten kleiner, daher lautet die Summenformel jetzt vermutlich $C_4H_6O_2$. IR: Nur ein Keton-Signal. NMR: Alle H-Atome sind äquivalent. MS: Das Molekül zerfällt glatt in zwei Hälften mit m/z 43, d.h. C_2H_3O-Fragmente. Sie lassen sich am einfachsten als $CH_3-\overset{O}{\overset{\|}{C}}-$ interpretieren, damit ist das Molekül $CH_3-\overset{O}{\overset{\|}{C}}-\overset{O}{\overset{\|}{C}}-CH_3$.

(b) Oxidation. Bei der Verarbeitung zu Butter wird Sahne mit Luft vermischt, sodass O_2 mit dem Ketoalkohol A zum Diketon B reagieren kann.

(c) Sie können A durch Reaktion von Acetaldehyd mit katalytischen Mengen *N*-Dodecyl-thiazoliumsalz (Abschn. 23.4) synthetisieren. Die anschließende Oxidation liefert B.

(d) Das Diketon ist konjugiert.

38. Addition an die Carbonylgruppe:

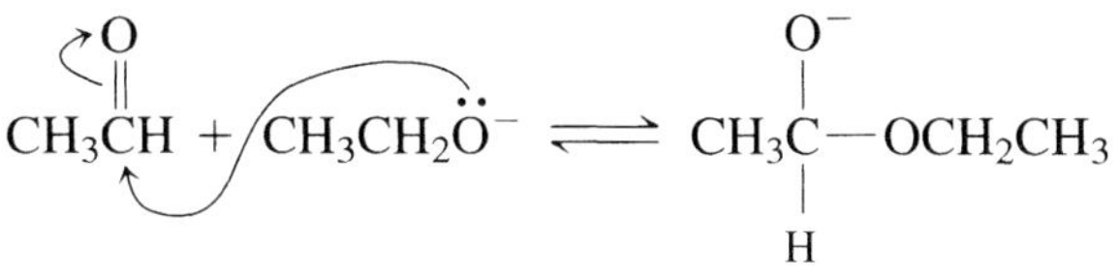

$CH_3\overset{O}{\overset{\|}{CH}} + CH_3CH_2\ddot{\overset{..}{O}}^- \rightleftharpoons CH_3\underset{H}{\overset{O^-}{\overset{|}{C}}}-OCH_2CH_3$

Deprotonierung des α-Kohlenstoffatoms:

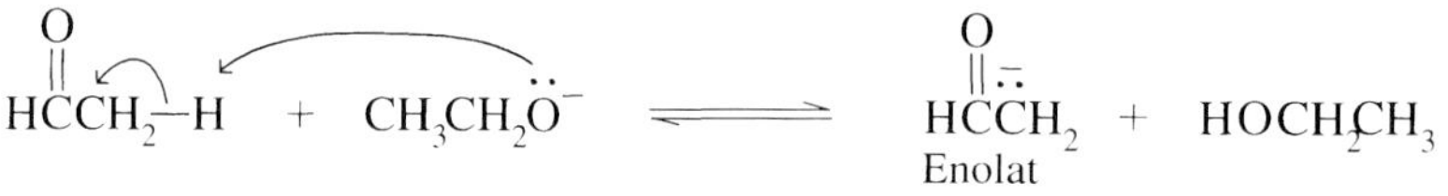

$H\overset{O}{\overset{\|}{C}}CH_2-H + CH_3CH_2\ddot{\overset{..}{O}}^- \rightleftharpoons H\overset{O}{\overset{\|}{C}}\overset{..}{\overset{..}{C}}H_2 + HOCH_2CH_3$
                                       Enolat

Durch Deprotonierung des Aldehydkohlenstoffatoms entsteht $CH_3\overset{O}{\overset{\|}{C}}:^-$. Es ist ein viel schwächeres Anion als das Enolat, weil sich das Elektronenpaar in einem sp^2-Orbital befindet und nicht

23 β-Dicarbonylverbindungen und Acylanion-Äquivalente

resonanzstabilisiert werden kann. Mit den beiden oben gezeigten begünstigten Reaktionsschritten kann die Deprotonierung der —CH-Gruppe (mit C=O) einfach **nicht konkurrieren**.

39. Erste Reaktionssequenz: 1. $HCO_2CH_2CH_3$, $NaOCH_2CH_3$, CH_3CH_2OH; 2. H^+, H_2O (gekreuzte Claisen-Kondensation, Ester + Keton).

Zweite Reaktionssequenz: 1. NaOH; 2. CH_3I.

Dritte Reaktionssequenz: 1. $CH_3\overset{O}{\overset{\|}{C}}CH_3$, NaOH; 2. H^+, H_2O, Δ. Diese Sequenz ist eine doppelte Aldol-Kondensation:

[Strukturschema: Ausgangsverbindung $\xrightarrow{\text{Base}}$ Zwischenprodukt $\xrightarrow{-2\,H_2O}$ Produkt]

Letzte Reaktion: 1. $(CH_3)_2CuLi$; 2. H^+, H_2O (1,4-Addition).

40. Die Acetessigestersynthese von Ketonen eignet sich nur für **Methyl**ketone:

$$CH_3\overset{O}{\overset{\|}{C}}-CHRR' \quad \text{aus} \quad CH_3\overset{O}{\overset{\|}{C}}-CH_2CO_2CH_2CH_3$$

Für andere Ketone muss der passende 3-Ketoester über eine Claisen-Kondensation hergestellt werden.

(a) $CH_3CH_2\overset{O}{\overset{\|}{C}}CH_2CH_3 \xleftarrow{\substack{1.\,NaOH,\,H_2O \\ 2.\,H^+,\,H_2O,\,\Delta}} CH_3CH_2\overset{O}{\overset{\|}{C}}\underset{CH_3}{\overset{|}{C}}HCO_2CH_2CH_3 \xleftarrow[\text{(Aufgabe 26)}]{\text{Claisen}} 2\,CH_3CH_2CO_2CH_2CH_3$

(b) Ph–CO–CH(CH₃)CH₂CH₂CH₃ $\xleftarrow{\substack{1.\,NaOH,\,H_2O \\ 2.\,H^+,\,H_2O,\,\Delta}}$ Ph–CO–C(CH₃)(CH₂CH₂CH₃)–$CO_2CH_2CH_3$

$\xleftarrow{\substack{1.\,NaOCH_2CH_3 \\ 2.\,CH_3I}}$ Ph–CO–CH(CH₂CH₂CH₃)–$CO_2CH_2CH_3$ $\xleftarrow{\substack{\text{gekreuzte} \\ \text{Claisen-} \\ \text{Kondensation}}}$ Ph–$CO_2CH_2CH_3$ + $CH_3(CH_2)_4COCH_2CH_3$

(c) Cyclopentanon–$CH_2CH=CH_2$ $\xleftarrow{\substack{1.\,NaOH,\,H_2O \\ 2.\,H^+,\,H_2O,\,\Delta}}$ Cyclopentanon–C($CO_2CH_2CH_3$)($CH_2CH=CH_2$) $\xleftarrow{\substack{1.\,NaOCH_2CH_3 \\ 2.\,BrCH_2CH=CH_2}}$

Cyclopentanon–$CO_2CH_2CH_3$ $\xleftarrow{\substack{\text{Dieckmann} \\ \text{-Kondensation}}}$ $CO_2CH_2CH_3$–(CH₂)₃–$CO_2CH_2CH_3$

(d)

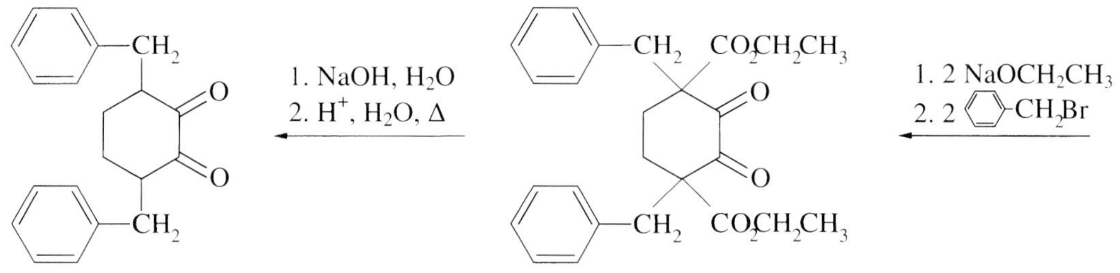

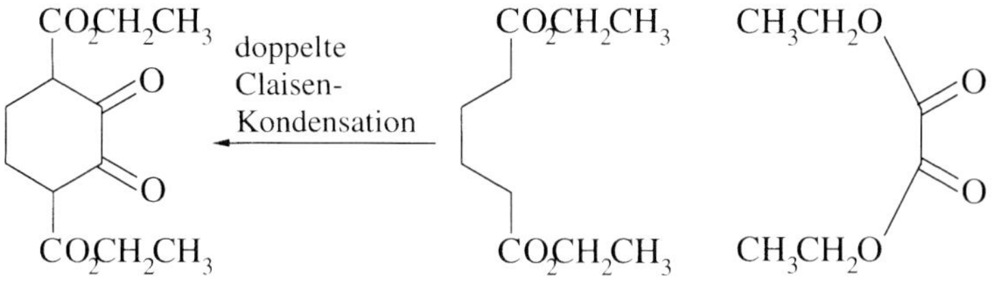

[Reaktionsschema: 3,6-Dibenzylcyclohexan-1,2-dion ← 1. NaOH, H₂O; 2. H⁺, H₂O, Δ ← tetrasubstituiertes Zwischenprodukt mit zwei CH₂Ph und zwei CO₂CH₂CH₃ Gruppen ← 1. 2 NaOCH₂CH₃; 2. 2 PhCH₂Br ← Cyclohexan-1,2-dion mit zwei CO₂CH₂CH₃ Gruppen an den α-Positionen ← doppelte Claisen-Kondensation ← Diethyloxalat + Diester (offene Kette)]

41. Wenn nicht anders angegeben, werden die Reaktionen in Ethanol als Lösungsmittel durchgeführt.

Cyclopentanon

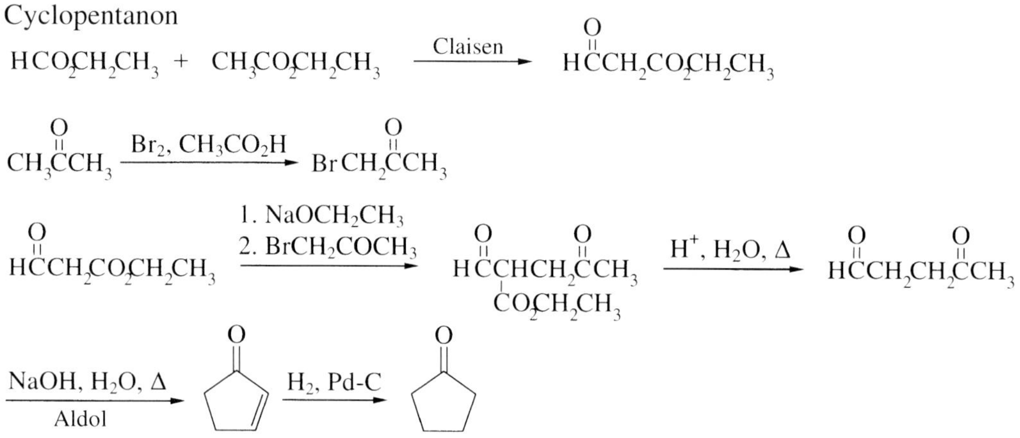

$$HCO_2CH_2CH_3 + CH_3COCH_2CH_3 \xrightarrow{Claisen} HC(O)CH_2CO_2CH_2CH_3$$

$$CH_3CCH_3 \xrightarrow{Br_2, CH_3CO_2H} BrCH_2CCH_3$$

$$HCCH_2CO_2CH_2CH_3 \xrightarrow[\text{2. BrCH}_2COCH_3]{\text{1. NaOCH}_2CH_3} HCCHCH_2CCH_3 \xrightarrow{H^+, H_2O, \Delta} HCCH_2CH_2CCH_3$$
$$\qquad\qquad\qquad\qquad\qquad CO_2CH_2CH_3$$

$$\xrightarrow[Aldol]{NaOH, H_2O, \Delta} \text{Cyclopentenon} \xrightarrow{H_2, Pd\text{-}C} \text{Cyclopentanon}$$

Cyclohexanon

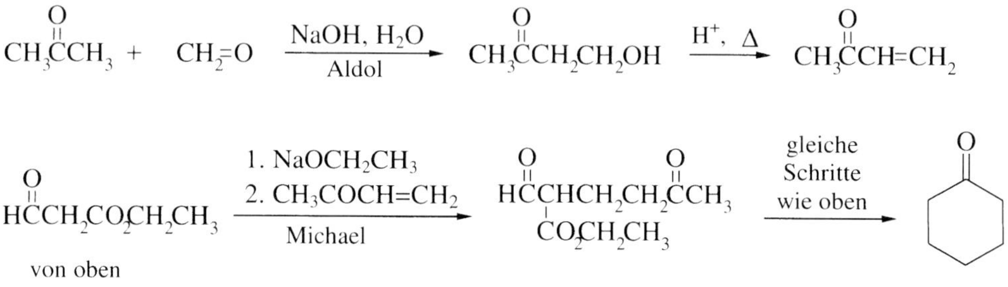

$$CH_3CCH_3 + CH_2=O \xrightarrow[Aldol]{NaOH, H_2O} CH_3CCH_2CH_2OH \xrightarrow{H^+, \Delta} CH_3CCH=CH_2$$

$$\underset{\text{von oben}}{HCCH_2CO_2CH_2CH_3} \xrightarrow[Michael]{\text{1. NaOCH}_2CH_3 \atop \text{2. CH}_3COCH=CH_2} HCCHCH_2CH_2CCH_3 \xrightarrow[\text{wie oben}]{\text{gleiche Schritte}} \text{Cyclohexanon}$$
$$\qquad\qquad\qquad\qquad\qquad CO_2CH_2CH_3$$

42.

43. Diese sind nicht so einfach. Schauen Sie sich die Antwort für Teil **(a)** an, wenn Sie sie nicht verstanden haben, und versuchen Sie dann erneut **(b)** und **(c)**. Retrosynthetische Bindungsbrüche sind halbfett markiert.

(c)

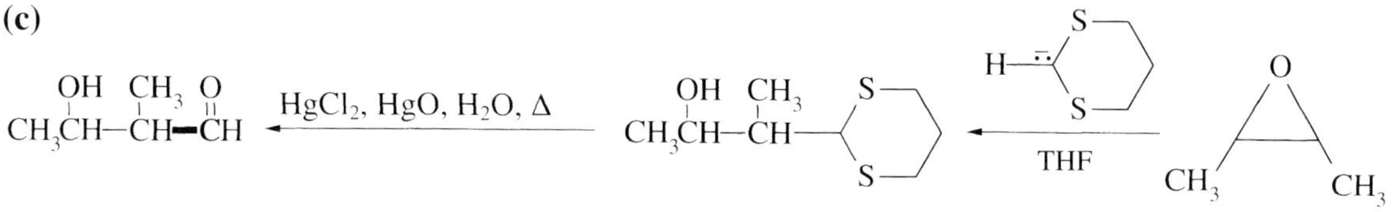

44. Bestimmen Sie die zu knüpfende Bindung. Das Ergebnis sieht nach der 1,4-Addition eines Alkanoylanion-Äquivalents an das α,β-ungesättigte Lacton aus:

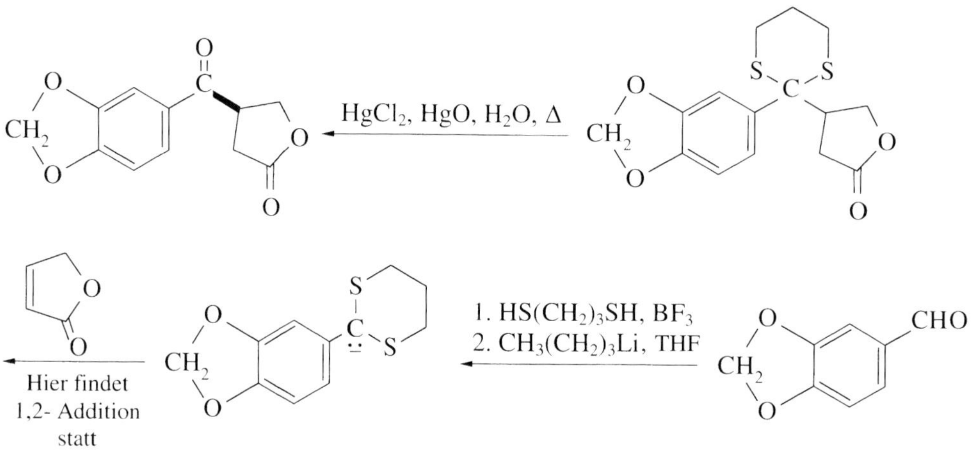

Hier findet 1,2- Addition statt

45. (a) Beachten Sie, dass die Sequenz mit der Umsetzung der Ausgangsverbindung mit *zwei* Äquivalenten einer starken Base beginnt. Dies führt zur Bildung eines Dianions, das durch die folgende Lewis-Struktur wiedergegeben werden kann:

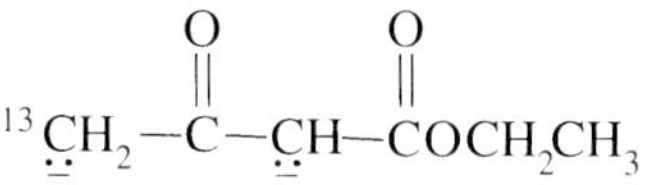

Das terminale (^{13}C) der beiden negativ geladenen Kohlenstoffatome ist basischer und somit nucleophiler, da die Ladung nur durch eine benachbarte Carbonylgruppe stabilisiert wird. Die übrige Sequenz vollendet die Synthese eines Ketons aus einem β-Ketoester.

(b) Der Versuch, ein β-Dicarbonyl-Anion mit einem tertiären Halogenalkan zu alkylieren (ein S_N2-Prozess) schlägt fehl, stattdessen erfolgt eine E2-Eliminierung (Lehrbuch, Abschnitt 7.9).

Zusatzfrage: Der Schlüssel zur Lösung ist, dass *drei* Äquivalente einer starken Base benötigt werden. Die beiden ersten deprotonieren die CH$_2$-Gruppe des β-Ketoamids und die NH-Gruppe. Und das dritte Basenäquivalent? Es führt zur Eliminierung von HCl aus dem Benzolring unter Bildung eines Benz-ins, an das das Ketoamid-Carbanion addiert:

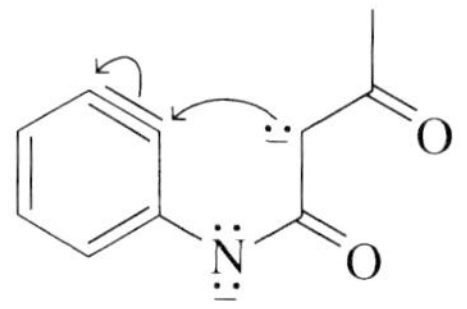

24 | Kohlenhydrate

Polyfunktionelle Naturstoffe

30. Sie erhalten 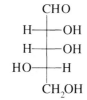 Diese Verbindung ist das Spiegelbild (Enantiomer) von D-**Lyxose**. (Abb. 24-1). Daher handelt es sich bei diesem Zucker um L-**Lyxose**, ein **Diastereomer** von D-Ribose.

31. (a) D-Aldopentose (nur **ein** Chiralitätszentrum!)

(b) L-Aldohexose   **(c)** D-Ketoheptose

32.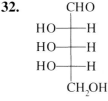

L-Ribose

Systematischer Name:
(2S,3S,4S)-2,3,4,5-Tetrahydroxypentanal

L-Glucose

Systematischer Name:
(2S,3R,4S,5S)-2,3,4,5,6-Pentahydroxyhexanal

33. Für diese Aufgabe sollte man die Abschnitte 5.5 und 5.6 wiederholen.

(a) L-Glycerinaldehyd   **(b)** D-Erythrulose   **(c)** ganz einfach D-Glucose (auf dem Kopf stehend!)

(d) L-Xylose   **(e)** D-Threose

34. Bauen Sie nötigenfalls Modelle!

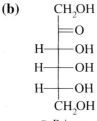

(a) D-Altrose   (b) D-Psicose

(c)
```
        CHO
   HO---|---H
    H---|---OH
   HO---|---H
    H---|---OH
       CH₂OH
      D-Idose
```

(d)
```
       CH₂OH
        ‖
        O
   HO---|---H
   HO---|---H
   HO---|---H
       CH₂OH
      L-Psicose
```

35. Vorsicht – (b) und (c) sind L-Zucker.

(a) α-Furanose, β-Furanose

(b) α-Furanose, β, α-Pyranose, β

(c) α-Furanose, β

(d) α-Furanose, β, α-Pyranose, β

(e) α-Furanose, β, α-Pyranose, β

24 Kohlenhydrate – Polyfunktionelle Naturstoffe

36. Nein. Da alle Halbacetale sind, können ihre α- und β-Anomere glatt ineinander übergehen.

37. (a), (b), (c), (d)

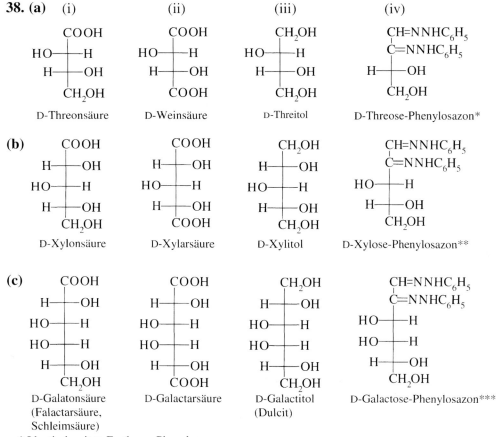

(d) ist ungewöhnlich, denn die —CH$_2$OH-Gruppe nimmt zwangsweise eine axiale Lage ein, damit alle vier OH-Gruppen äquatorial stehen können.

38. (a)

(i) D-Threonsäure
(ii) D-Weinsäure
(iii) D-Threitol
(iv) D-Threose-Phenylosazon*

(b)

(i) D-Xylonsäure
(ii) D-Xylarsäure
(iii) D-Xylitol
(iv) D-Xylose-Phenylosazon**

(c)

(i) D-Galatonsäure (Falactarsäure, Schleimsäure)
(ii) D-Galactarsäure
(iii) D-Galactitol (Dulcit)
(iv) D-Galactose-Phenylosazon***

* Identisch mit D-Erythrose-Phenylosazon
** Identisch mit D-Lyxose-Phenylosazon
*** Identisch mit D-Talose-Phenylosazon

39. (a) D-Gulose (Abb. 24-1) **(b)** L-Allose (alle OH-Gruppen auf der **linken** Seite)

40. (a) Arabinose und Lyxose. Ribitol (Adonit) und Xylitol sind *meso*-Verbindungen.

(b)

```
    CH₂OH              CH₂OH           CH₂OH
    ‖                  |               |
    O              H—|—OH          HO—|—H
    |      NaBH₄       |               |
HO—|—H    ——————→  HO—|—H     +   HO—|—H
    |                  |               |
 H—|—OH            H—|—OH          H—|—OH
    |                  |               |
 H—|—OH            H—|—OH          H—|—OH
    CH₂OH              CH₂OH           CH₂OH
  D-Fructose       D-Glucitol (D-Sorbitol)   D-Mannitol
```

An C2 entsteht ein neues Chiralitätszentrum, sodass zwei diastereomere Alditole gebildet werden. Dagegen verläuft die Reduktion einer Aldose einfacher, weil kein neues Chiralitätszentrum entsteht und daher nur ein einziges Produkt gebildet werden kann.

41. (a) und **(d)**, beide sind nämlich noch Halbacetale. In **(b)** und **(c)** ist die OH-Gruppe an C1 von Glucose in $-OCH_3$ überführt worden, das Molekül ist nun ein Acetal und kann keine Mutarotation eingehen.

(e) ebenfalls mit einer Acetal-, statt einer Halbacetal-Gruppe an C1.

42. (a) Das Sauerstoffatom an C1 von Aldopyranosen ist kein einfaches Alkohol-Sauerstoffatom, sondern gehört zu einem Halbacetal. Es kann daher auf die gleiche Weise methyliert werden wie sich ein Halbacetal in ein Acetal überführen lässt: mit Methanol und Säure über ein stabilisiertes Carbenium-Ion.

(b) In diesem Fall gehört das Sauerstoffatom an C1 zu einem Acetal und nicht zu einem einfachen Methylether. Ähnlich wie in (a) genügt für die Hydrolyse verdünnte wässrige Säure, da als Zwischenprodukt das gleiche stabilisierte Carbenium-Ion entsteht wie oben (der Mechanismus verläuft genau umgekehrt wie oben gezeigt).

(c) Vier Methylglycoside sind möglich (siehe die Strukturen von Fructofuranose und Fructopyranose in Abschnitt 24.2).

24 Kohlenhydrate – Polyfunktionelle Naturstoffe

Methyl
α-D-Fructofuranosid   β   Methyl α-D-Fructopyranosid   β

43. Arabinose (als *β*-Pyranose) bildet ein doppeltes Acetal (Abschn. 24.8). Auch Ribose verhält sich so, weil in ihrer *α*-Pyranoseform alle vier Hydroxy-Gruppen *cis*-Stellungen einnehmen:

α-D-Ribopyranose. CH_3COCH_3, H^+

Xylose und Lyxose haben nur ein Paar benachbarter *cis*-Hydroxygruppen, daher bilden sie spontan nur Monoacetale.

α-D-Xylopyranose CH_3COCH_3, H^+

β-D-Lyxopyranose CH_3COCH_3, H^+

44. (i) Der Zucker hat sieben Kohlenstoffatome und ist eine *Ketose*, weil durch Einwirken von HIO_4 ein Mol CO_2 entsteht (siehe die ähnliche Reaktion von D-Fructose, Abschnitt 24.5). Der Zucker hat zwei $-CH_2OH$-Gruppen (Bildung von 2 Mol Methanal) und vier $-CHOH$-Gruppen (Bildung von 4 Mol Methansäure).

(ii) Da der Zucker das gleiche Osazon bildet wie eine **Aldose**, muss sich seine Keto-Gruppe an C2 befinden. Wir haben daher bis jetzt die folgende Teilstruktur:

CH$_2$OH
|=O
CHOH ⎫
CHOH ⎬ Stereochemie unbekannt
CHOH ⎭
H—OH ← D-Zucker
CH$_2$OH

(iii) und (v) ergeben folgende Informationen:

```
    CHO                    CHO                 CHO
    CHOH                   CHOH          H─────OH  ← ⎤ Wir wissen jetzt, dass diese
    CHOH    Ruff    →      CHOH    Ruff  H─────OH  ←  ⎦ Kohlenstoff-Atome in den
    CHOH                   CHOH          H─────OH       Zuckern B, A und
    CHOH                   H─────OH           CH₂OH     D-Sedoheptulose eine
    H─────OH               CH₂OH                        R-Konfiguration haben.
    CH₂OH
  Aldoheptose A         Aldohexose B          D-Ribose
```

Aus (iv) erfahren wir:

```
    CHO                    COOH                COOH
    CHOH                   CHOH    ← Dieses Kohlenstoff-  →  HO─────H
    H─────OH   HNO₃, H₂O, Δ   H─────OH     Atom muss        H─────OH
    H─────OH   ────────→    H─────OH      S-orientiert sein  H─────OH
    H─────OH               H─────OH                          H─────OH
    CH₂OH                  COOH                              COOH

  Aldohexose B       Diese Verbindung soll              sonst wäre das
                     optisch aktiv sein.                Produkt meso
```

Mit diesen Informationen können Sie zur Aufgabenstellung zurückkehren und die Frage beantworten: Die Chiralitätszentren in D-Sedoheptulose müssen 3S, 4R, 5R und 6R. sein.

```
    CH₂OH
    ══O
  HO─────H
  H─────OH    D-Sedoheptulose
  H─────OH
  H─────OH
    CH₂OH
```

45. Es bilden sich zwei Aldoheptosen. Die Reaktion mit HNO₃ überführt eine von ihnen in eine optisch aktive Dicarbonsäure, die andere in eine inaktive *meso*-Verbindung.

```
    CHO                COOH              CHO                COOH
  HO─────H           HO─────H          H─────OH           H─────OH
  HO─────H           HO─────H          HO─────H           HO─────H
  HO─────H  HNO₃  →  HO─────H    ;     HO─────H   HNO₃ →  HO─────H
  HO─────H           HO─────H          HO─────H           HO─────H
  H─────OH           H─────OH          H─────OH           H─────OH
    CH₂OH              COOH              CH₂OH              COOH
                   optisch aktiv                             meso
```

46. (a)

[Reaktionsschema: Furanose-Form mit Protonierung der Ring-O, Öffnung zu offenkettiger Ketose-Form (HO-CH₂, C=O, CH₂OH), dann Reprotonierung zu Pyranose-Form (beide Anomere)]

nach Protonierung (beide Anomere)

[Pyranose-Struktur mit CH₂OH, HO, OH, OH]

(b) [Sesselkonformation mit OH, O, CH₂OH, OH, HO, HO] (drei äquatoriale und zwei axiale Substituenten)

(c) 3.4 kJ mol^{-1} (Tab. 2-1)

(d) Ein Beispiel für ein „gewichtetes Mittel": $[α]_{Gemisch} = X_A[α]_A + X_B[α]_B$, mit X = Stoffmengenanteil jeder Komponente. Wenn A = Pyranose und B = Furanose ist, erhält man $-92° = (0.8)(-132°) + (0.2)[α]_B$ und $[α]_B = +68°$.

47. Reduzierend: **(a)**, **(b)**, **(c)**, **(e)**, **(f)**, **(h)**, **(i)** und **(j)** (alle haben Halbacetal-Gruppen).

48. Ja. In der Formel (Abschnitt 24.11) befindet sich rechts unten eine Halbacetal-Gruppe:

[Gleichgewicht zwischen zwei Ringstrukturen mit HO, OH, H Substituenten]

49. Trehalose muss **(d)** sein, der einzige gezeigte nichtreduzierende Zucker. Turanose ist **(b)**, der einzige Zucker mit einer Ketose (untere Hälfte). Sophorose ist **(a)** (die obere Hälfte ist ein α-Anomer, die untere ein β-Anomer). Zucker **(c)** besteht aus zwei Aldosen, die an C4 epimer sind.

50. In der nachstehend gezeigten Struktur sind die drei Kohlenhydrat-Bausteine mit A, B und C bezeichnet. Zeichnen Sie jedes Monosaccharid separat und drehen Sie es anschließend so, dass Sie eine gebräuchlichere Darstellung erhalten, die sich mit den Ihnen bekannten Monosacchariden vergleichen lässt.

A ist einfach β-D-Glucopyranose (nach 180°-Drehung um die horizontale Achse).

B ist wieder β-D-Glucopyranose (nach 120°-Drehung (1/3-Drehung) um die vertikale Achse).

C ist ebenfalls β-D-Glucopyranose. Steviosid enthält drei Moleküle Glucose.

51. Die Hydroxygruppe an C1 ist nach der Protonierung die beste Abgangsgruppe, weil ein resonanzstabilisiertes Carbenium-Ion entsteht.

52. (a) Aldol-Additionen! Nachstehend sind abgekürzte Mechanismen gezeigt. Zu weiteren Einzelheiten siehe gegebenenfalls Abschnitt 18.6.

→ D-Sorbose und D-Fructose (isomer an C-4, dem neu entstandenen Chiralitätszentrum)

→ Dendroketose

24 Kohlenhydrate – Polyfunktionelle Naturstoffe   361

(b) Der Hinweis soll Sie veranlassen, an Enolat-Anionen zu denken. Glycerinaldehyd und 1,3-Dihydroxypropanon werden in wässriger basischer Lösung leicht über Enolate und Enole **ineinander umgewandelt**:

$$\begin{array}{c}CH_2OH\\|\\C=O\\|\\CH_2OH\end{array} \xrightleftharpoons{HO^-} \left[\begin{array}{c}\ddot{C}HOH\\|\\C=O\\|\\CH_2OH\end{array} \longleftrightarrow \begin{array}{c}CHOH\\||\\C-\ddot{O}^-\\|\\CH_2OH\end{array}\right] \xrightleftharpoons[-HO^-]{H-OH} \begin{array}{c}HC-O-H\\||\\C-OH\\|\\CH_2OH\end{array} \xrightleftharpoons{HO^-}$$

Enolat   Enol

$$\left[\begin{array}{c}HC=\ddot{O}^-\\||\\C-OH\\|\\CH_2OH\end{array} \longleftrightarrow \begin{array}{c}HC=O\\|\\:C-OH\\|\\CH_2OH\end{array}\right] \xrightleftharpoons{H-OH} \begin{array}{c}CHO\\|\\CHOH\\|\\CH_2OH\end{array}$$

Enolat

Geht man daher von einer basischen Lösung einer dieser Verbindungen aus, erhält man schnell ein Gemisch von beiden, und die in (a) genannten Reaktionen können ablaufen. Diese Aldose ⇌ Ketose-Umwandlung gilt allgemein. Beispielsweise werden Glucose und Fructose durch wässrige Base ineinander überführt.

53. (a) Br_2, H_2O.

(b) siehe Antwort zu Aufgabe 38 b.

(c) CH_3OH, H^+

(d) Ester der Säure aus Teil b: $-COOCH_3$ oben.

(e) bildet das Amid: $-CONH_2$ oben. Danach:

$$\begin{array}{c}CONH_2\\H-\!\!\!-OH\\HO-\!\!\!-H\\H-\!\!\!-OH\\CH_2OH\end{array} \xrightarrow[\text{Abbau}]{Br_2,\ NaOH\atop \text{Hofmann-}} CO_2 + \begin{array}{c}NH_2\\H-\!\!\!-OH\\HO-\!\!\!-H\\H-\!\!\!-OH\\CH_2OH\end{array} \xrightarrow[-NH_3]{\Delta} \begin{array}{c}CHO\\HO-\!\!\!-H\\H-\!\!\!-OH\\CH_2OH\end{array}$$

(e)   (f)   **D-Threose** (g)

Das Hydroxyamin (f) geht bei Erhitzen unter Ammoniak-Abspaltung glatt in den Aldehyd über. Mit dieser Reaktionsfolge gelingt – genau wie bei den Abbau-Verfahren von Wohl und Ruff – die Abspaltung von C1 aus einer Aldose unter Bildung einer neuen Aldose mit einem Kohlenstoffatom weniger.

54. (a) CH_3OH, H^+ **(b)**
$$\begin{array}{|c|}\hline CH_3O-\!\!\!-H\\H-\!\!\!-OH\\HO-\!\!\!-H\\H-\!\!\!-OH\\H-\!\!\!\!\\CH_2OH\\\hline\end{array}O$$

(c)
$$\begin{array}{|c|}\hline CH_3O-\!\!\!-H\\H-\!\!\!-OH\\HO-\!\!\!-H\\H-\!\!\!-OH\\H-\!\!\!\!\\COOH\\\hline\end{array}O$$

(d)
$$\begin{array}{c}CHO\\H-\!\!\!-OH\\HO-\!\!\!-H\\H-\!\!\!-OH\\H-\!\!\!-OH\\COOH\end{array}$$

Wie Sie sehen, handelt es sich bei der von Fischer synthetisierten Gulose um das L-Enantiomer (Hydroxygruppe an C5 auf der linken Seite).

55. Das γ-Lacton der D-Glucuronsäure ist 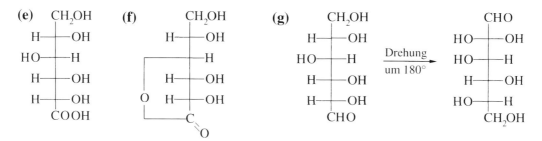 und das γ-Lacton der L-Gulonsäure wurde bereits gezeigt [Antwort zu Aufgabe 54(f)].

(a) NaBH$_4$

(b) [Fischer-Projektion mit CH$_2$OH oben, H—OH, HO—H, H—OH, C5=O, CH$_2$OH unten]

(c) [Furanose-Ring mit OH, CH$_2$OH, OH, HOH$_2$C, HO]

(d) 1. 2 Äquiv. CH$_3$COCH$_3$, H$^+$; 2. KMnO$_4$ (oxidiert den ungeschützten primären Alkohol zur Carbonsäure)

(e) H$_2$O, H$^+$ (hydrolysiert die Acetale)

(f) Δ (−H$_2$O)

56. Gehen Sie anhand der konkreten Struktur von D-Lactose aus Abschnitt 24.11 vor.

(a) Unter schwach sauren Bedingungen werden Acetalbindungen gespalten. Sie wissen, über welche Art von funktioneller Gruppe die beiden Monosaccharide miteinander verknüpft sind, aber nicht, an welchem Kohlenstoffatom die Sauerstoffatome der Acetalfunktion sitzen.

(b) Das Experiment sollte zeigen, ob der „unbekannte" Zucker reduzierend wirkt. Es ist ein reduzierender Zucker, was beweist, dass in einer der beiden Monosaccharid-Einheiten noch eine Halbacetal-Funktion vorliegt. (Anderfalls gliche er Saccharose, in der die beiden anomeren Kohlenstoffatome über ein Acetal-Sauerstoffatom miteinander verbunden sind.)

(c) Die vollständige Methylierung [mit (CH$_3$)$_2$SO$_4$] aller freien OH-Gruppen gefolgt von einer Hydrolyse unter schwach sauren Bedingungen verschafft in diesem Fall Klarheit. Die Galactose-Einheit addiert vier Methylgruppen, Glucose dagegen nur drei. Daher muss das anomere Kohlenstoffatom von Galactose zu der Acetalgruppe gehören, die beide Monosaccharide verknüpft.

(d) und **(e)**. Durch Vergleich des Tri-*O*-methylglucose-Produkts aus der Methylierungs-Hydrolyse-Sequenz mit bekannten Verbindungen könnte man feststellen, dass die Hydroxygruppen an C4 und C5 nicht methyliert wurden und demnach eine von beiden an der acetalischen Disaccharidbindung beteiligt sein muss und der andere Teil des cyclischen Halbacetals ist, wobei wir aber nicht wissen, welche von beiden welche ist. Wir müssen eine andere chemische Reaktion nutzen, um den Halbacetalring zu öffnen und die an ihm beteiligte Hydroxygruppe zu bestimmen. Wir kennen eine solche Reaktion: In Abschnitt 24.4 haben wir gelernt, dass Aldosen (die in Form von cyclischen Halbacetalen vorliegen) in Wasser durch Brom an C1 zu (acyclischen) Aldonsäuren oxidiert werden. Ausgehend von Lactose sollten wir somit folgende Verbindung erhalten:

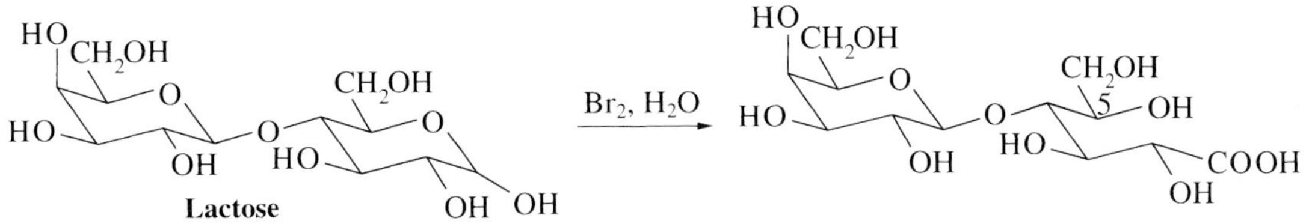

Die Oxidation setzt die am cyclischen Halbacetal beteiligte Hydroxygruppe frei, greift aber die Acetalbindung des Disaccharids nicht an. Jetzt kann die Hydroxygruppe des ehemaligen Halbacetals an C5 in der konkreten Struktur (siehe oben) methyliert werden. Nach schonender saurer Hydrolyse belegen das Vorliegen einer Methoxygruppe an C5 und einer freien OH-Gruppe an C4 eindeutig, dass die Disaccharidverknüpfung über die Hydroxygruppe an C4 der Glucose erfolgt und diese als Pyranosering mit dem an C5 gebundenen Sauerstoffatom vorliegt.

25 | Heterocyclen

Heteroatome in cyclischen organischen Verbindungen

24. (a) Epoxid mit zwei C₆H₅-Gruppen (b) β-Lactam (c) 1,3-Oxathiolan (d) 2-Butanoyl-1,3-dithian

(e) 2-Methanoylfuran oder Furan-2-carbaldehyd (f) *N*-Methylpyrrol oder 1-Methylpyrrol

(g) Chinolin-4-carbonsäure (h) 2,3-Dimethylthiophen

25. (a) *trans*-2-Hydroxy-1,2,3,4-tetrahydronaphthalin (b) 1-(Ethoxymethyl)-1-(methylamino)cyclohexan

(c) Etwas kompliziert, gehen Sie daher nach folgendem Mechanismus vor.

$$CH_3\text{-C}(OCH_2CH_3)(CH_3)\text{-O-CH}_3 \xrightarrow{H^+} \cdots \xrightarrow{H_2O, -H^+} CH_3\overset{O}{C}CH_2\overset{OH}{C}CH_3 + CH_3CH_2\ddot{O}H$$

26. (a) am reaktivsten gegenüber nucleophilen Agenzien → (β-Lactam-Ring) $\xrightarrow{\text{Protein}-\ddot{N}H_2}$ Angriff des Protein-NH₂ am Carbonyl-C des β-Lactams

$\xrightarrow{\text{Ringöffnung hebt die Spannung auf}}$ „Penicilloyl-Protein"

(b) Penicillinsäure-Struktur (mit HOOC–CH– und offenem Ring): wird über einen analogen Mechanismus mit H₂O als Nucleophil gebildet. Dem Produkt Penicillinsäure fehlt der gespannte Azacyclobutanon-Ring, der für die Reaktion mit bakteriellem Protein erforderlich ist. Es besitzt daher keinerlei antibiotische Eigenschaften.

27. Benutzen Sie die Lewis-Säuren zur Aktivierung der Ringsauerstoffatome in (a) und (b).

(a)

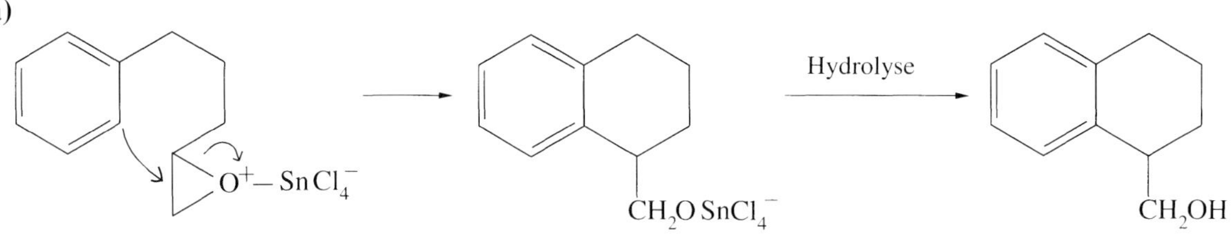

(Eine Art Friedel-Crafts-Reaktion)

(b)

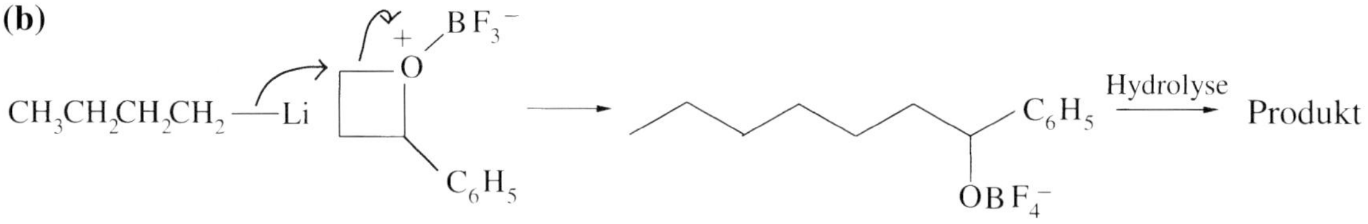

$CH_3CH_2CH_2CH_2$—Li

(c) Verwenden Sie die Lewis-Säure zur Aktivierung des Anhydrids und Bildung eines Acylium-Kations, ähnlich wie im ersten Schritt der Friedel-Crafts-Alkanoylierung.

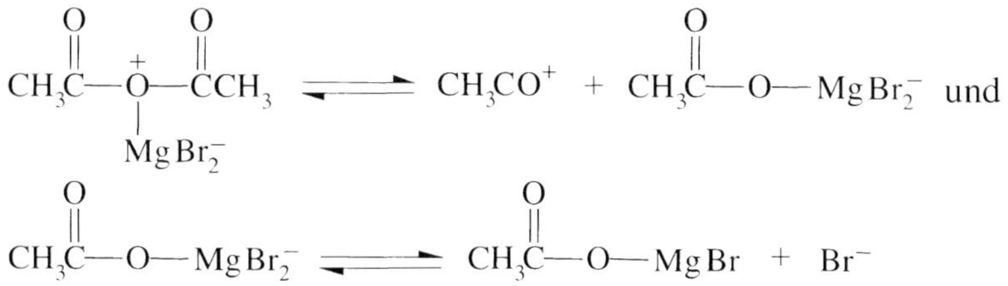

$$CH_3\overset{O}{\overset{\|}{C}}-\overset{+}{O}-\overset{O}{\overset{\|}{C}}CH_3 \rightleftharpoons CH_3CO^+ + CH_3\overset{O}{\overset{\|}{C}}-O-MgBr_2^- \quad \text{und}$$
$$\overset{|}{MgBr_2^-}$$

$$CH_3\overset{O}{\overset{\|}{C}}-O-MgBr_2^- \rightleftharpoons CH_3\overset{O}{\overset{\|}{C}}-O-MgBr + Br^-$$

Danach überführt das Acylium-Ion das Ethersauerstoffatom in eine gute Abgangsgruppe und ermöglicht die S_N2-Substitution durch Bromid.

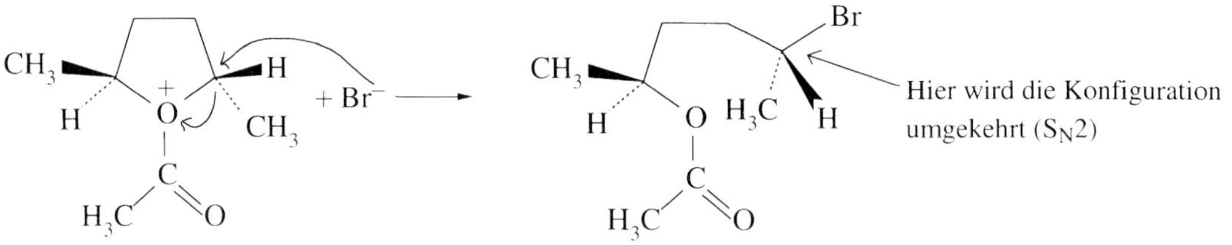

Hier wird die Konfiguration umgekehrt (S_N2)

28. Die Reihenfolge der Basizitäten verläuft umgekehrt wie die Reihenfolge der Aciditäten der konjugierten Säuren (pK_a-Werte sind unter den Strukturen angegeben).

Basen

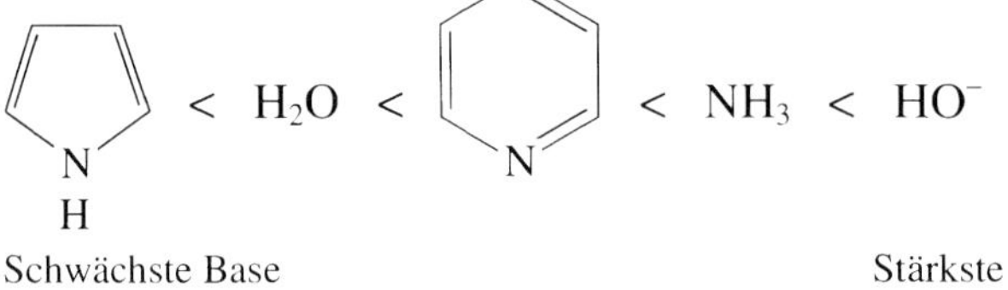

Pyrrol < H_2O < Pyridin < NH_3 < HO^-

Schwächste Base　　　　　　　Stärkste Base

Konjugierte Säuren

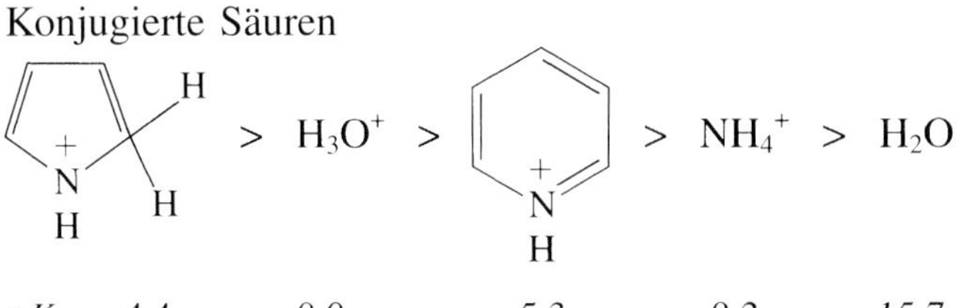

protoniertes Pyrrol > H_3O^+ > protoniertes Pyridin > NH_4^+ > H_2O

$pK_a = -4.4$　　0.0　　5.3　　9.2　　15.7
Stärkste Säure　　　　　　　　　　　　Schwächste Säure

25 Heterocyclen – Heteroatome in cyclischen organischen Verbindungen   367

29.

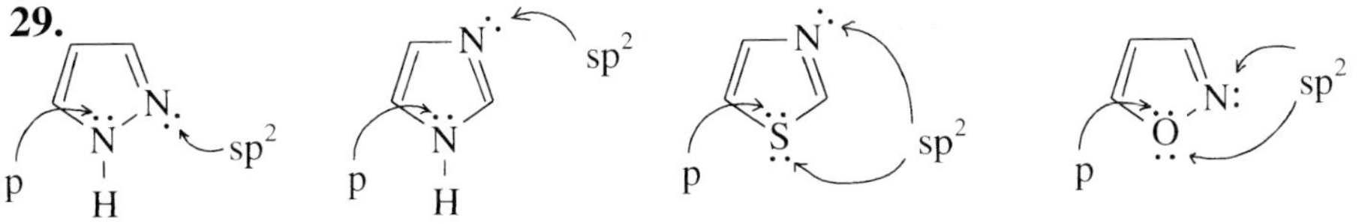

Alle haben zwei Doppelbindungen sowie ein freies Elektronenpaar in einem *p*-Orbital = 6 π-Elektronen, demnach sind **alle** aromatisch. Alle haben am Stickstoffatom sp^2-hybridisierte freie Elektronenpaare, die nicht zum aromatischen π-System gehören und daher als Lewis-Base wirken können. Pyrrol hat kein sp^2-hybridisiertes freies Elektronenpaar, daher sind **alle** oben stehenden Verbindungen stärkere Basen als Pyrrol.

30. (a) **(b)**

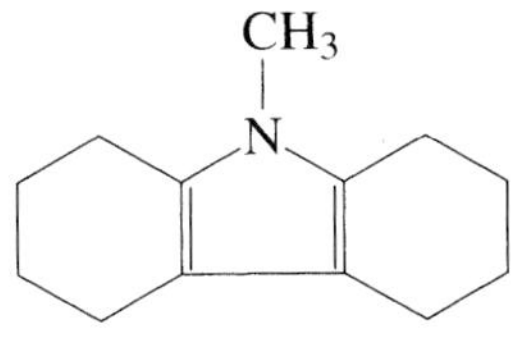

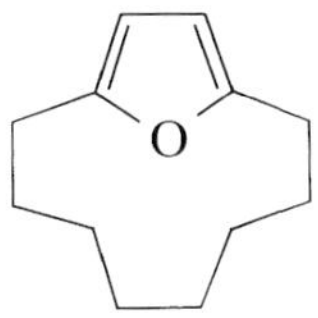

31. Abgekürzter Mechanismus:

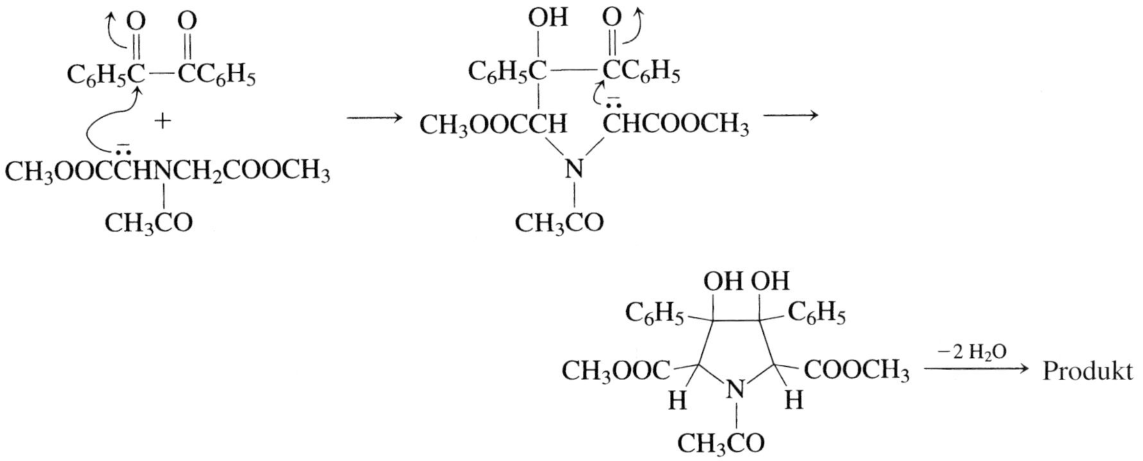

Synthese:

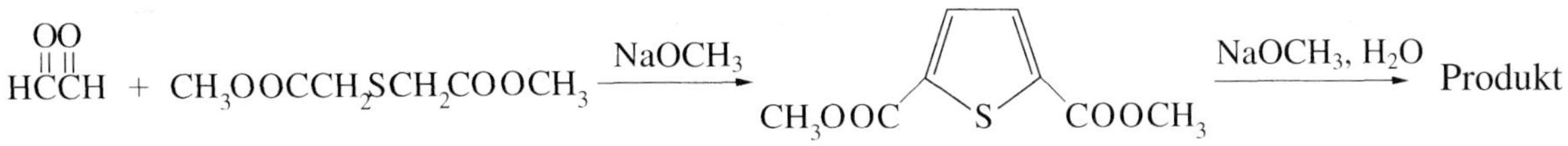

$$\text{HC(O)CH(O)} + \text{CH}_3\text{OOCCH}_2\text{SCH}_2\text{COOCH}_3 \xrightarrow{\text{NaOCH}_3} \text{CH}_3\text{OOC–}\underset{\text{S}}{\text{[Thiophen]}}\text{–COOCH}_3 \xrightarrow{\text{NaOCH}_3, \text{H}_2\text{O}} \text{Produkt}$$

32. Drei Faktoren gilt es zu berücksichtigen: (1) die diesen Verbindungen eigene Präferenz für eine Substitution an C2 statt an C3, (2) ihre im Vergleich zu Benzol viel größere Reaktivität und (3) die dirigierenden Einflüsse von Substituenten (die auf die gleiche Weise wirken wie bei Benzol). Diese Aufgaben sind nicht ganz einfach!

(a) Zwei unterschiedlich wirkende Präferenzen:

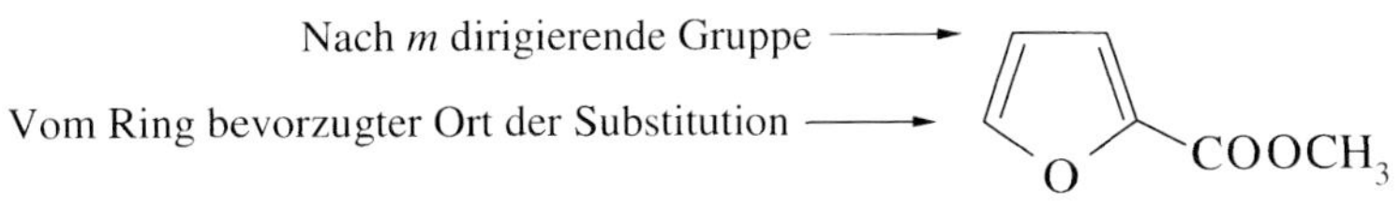

Nach *m* dirigierende Gruppe ⟶
Vom Ring bevorzugter Ort der Substitution ⟶

daher muss in diesem Fall mit einem Gemisch gerechnet werden:

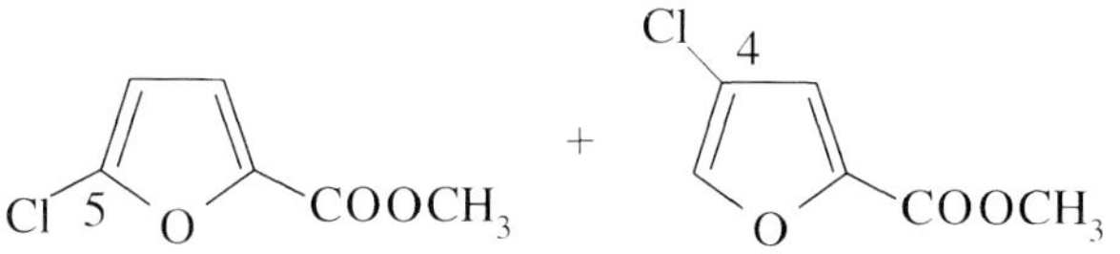

[Strukturen: 5-Chlor-furan-2-carbonsäuremethylester + 4-Chlor-furan-2-carbonsäuremethylester]

Die erste Verbindung ist tatsächlich das Hauptprodukt; der nach C5 dirigierende Effekt des aktivierenden Ring-Sauerstoffatoms überwiegt gegenüber dem Einfluss der mäßig desaktivierenden, nach C4 dirigierenden $-COOCH_3$-Gruppe.

(b) Einfacher:

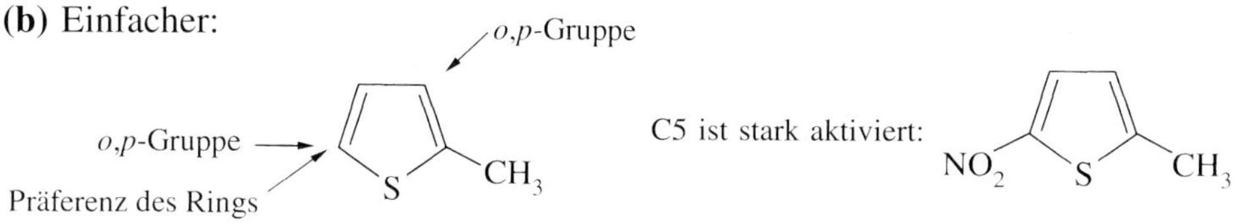

[Struktur: 2-Methylthiophen mit o,p-Gruppe-Markierungen und "Präferenz des Rings"]   C5 ist stark aktiviert: [Struktur: 2-Methyl-5-nitrothiophen]

(c) Verzwickt. Bei einem Benzolring würde die Friedel-Crafts-Reaktion in Gegenwart einer $-COCH_3$-Gruppe überhaupt nicht ablaufen. Hier kann sie stattfinden, weil der Heterocyclus viel reaktiver ist. Der Keton-Substituent wird während der Reaktion durch $AlCl_3$ komplexiert, wodurch er allerdings noch stärker desaktivierend und *meta*-dirigierend wirkt. Insgesamt erfolgt die langsame Bildung von

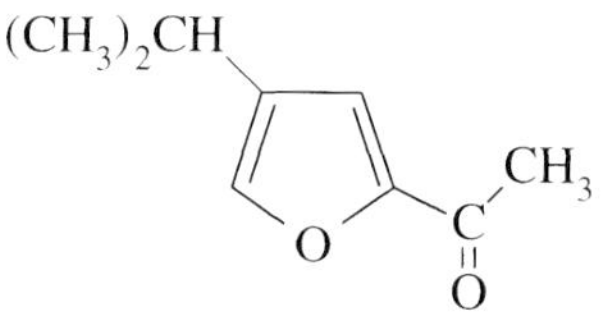

[Struktur: 4-Isopropyl-2-acetylfuran]

(d) Einfach:

[Struktur: 3-Brom-thiophen mit Markierungen o,p-Gruppe, Ringpräferenz, C1 ist doppelt bevorzugt] → [Struktur: 2,3-Dibromthiophen]

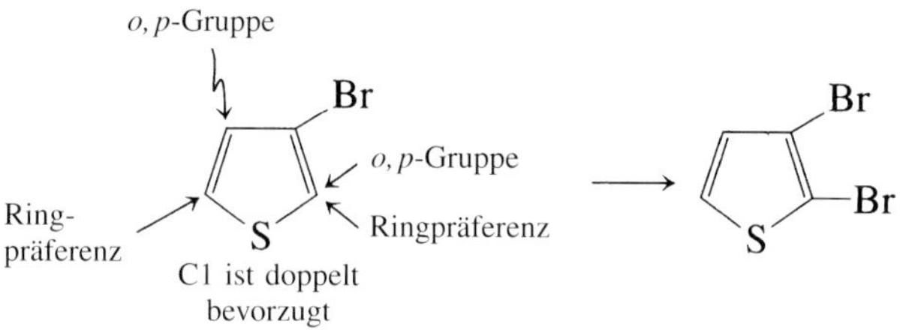

(e) Jetzt müssen Sie ganz von vorn anfangen! Vergleichen Sie einen Angriff an C2

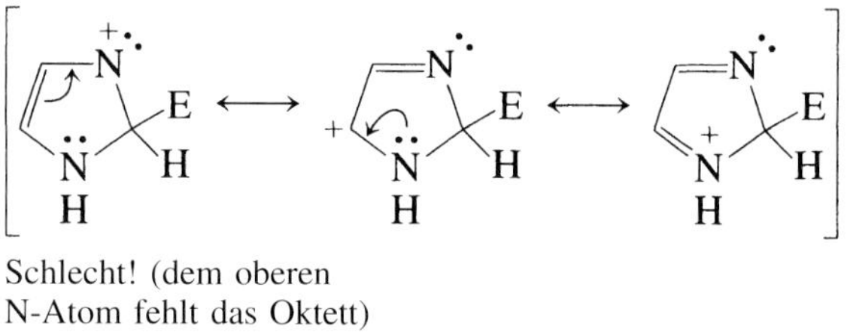

[Resonanzstrukturen des Imidazol-Angriffs an C2]

Schlecht! (dem oberen N-Atom fehlt das Oktett)

mit einem Angriff an C4

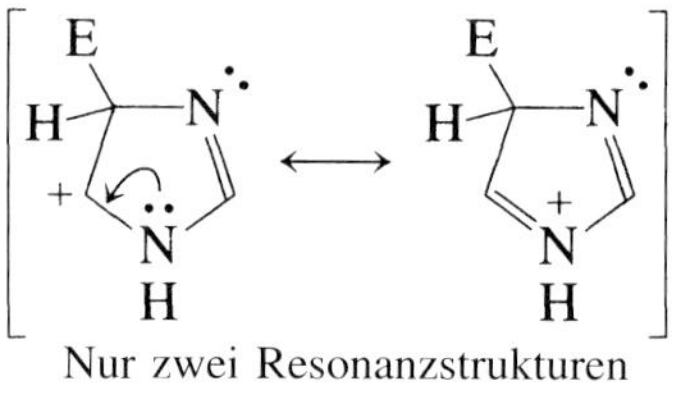

[Resonanzstrukturen des Imidazol-Angriffs an C4]

Nur zwei Resonanzstrukturen

25 Heterocyclen – Heteroatome in cyclischen organischen Verbindungen

und einem Angriff an C5

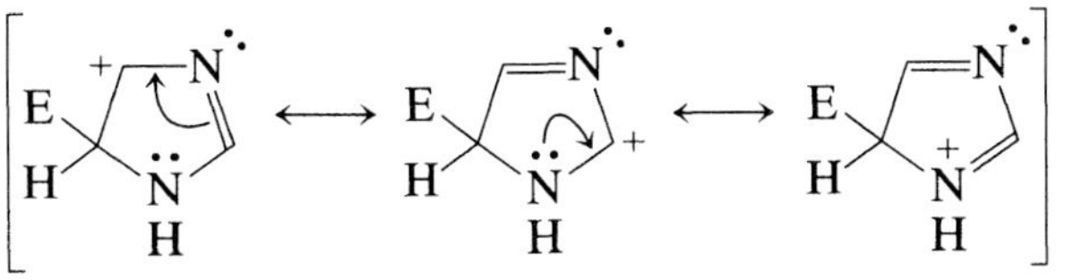

Drei gute Resonanzstrukturen

C4 kommt nicht in Frage (nur zwei Resonanzstrukturen für das Kation). Schließen Sie als nächstes den Angriff an C2 aus, weil er zu einem Elektronensextett und einer positiven Ladung an einem der elektronegativen Stickstoffatome führt. Demnach ist C5 der Ort, an dem ein typisches Elektrophil angreift. In diesem speziellen Beispiel wird das Hauptprodukt jedoch durch Diazokupplung an C2 gebildet, weil unter den **basischen** Bedingungen das Imidazol-**Anion** angegriffen wird und die Reaktion an C2 ein symmetrisches Zwischenprodukt mit zwei äquivalenten Resonanzstrukturen liefert.

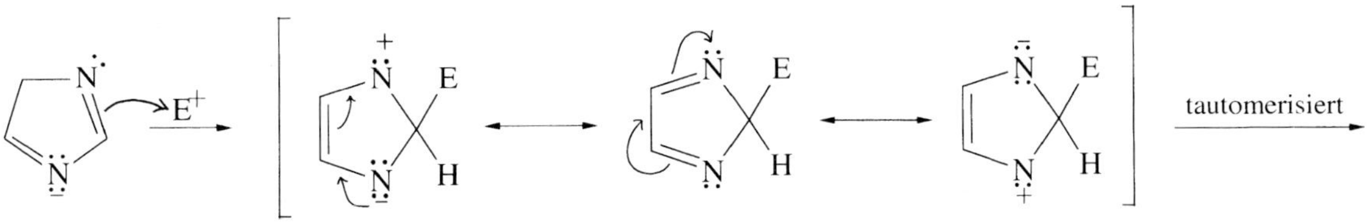

$E = C_6H_5N_2^+$

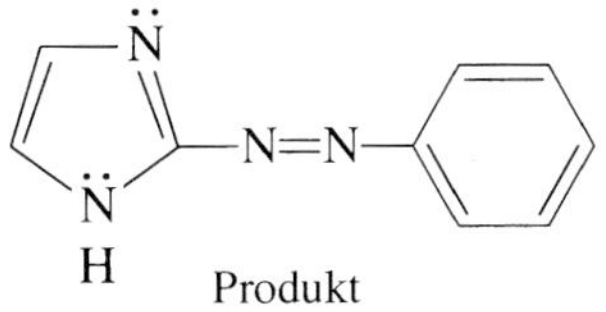

33. (a), 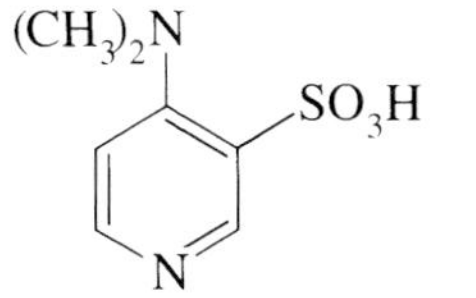 (b) Diels-Alder: (c), 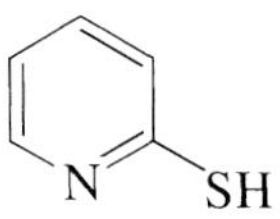 (d) $CH_3CH_2CH_2CH_2\overset{O}{\underset{\|}{C}}C_6H_5$ (über ...), (e)

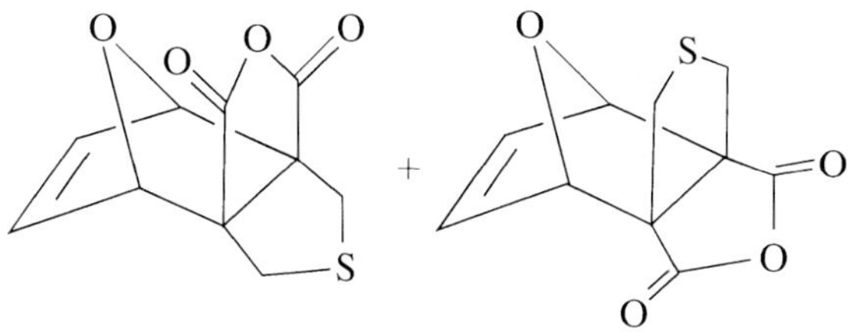

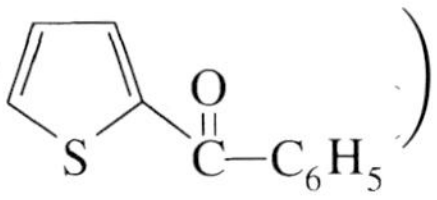

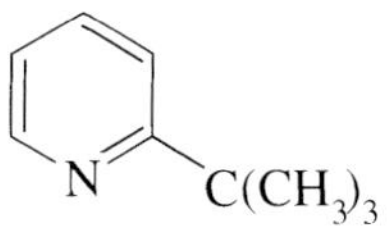

34. (a) 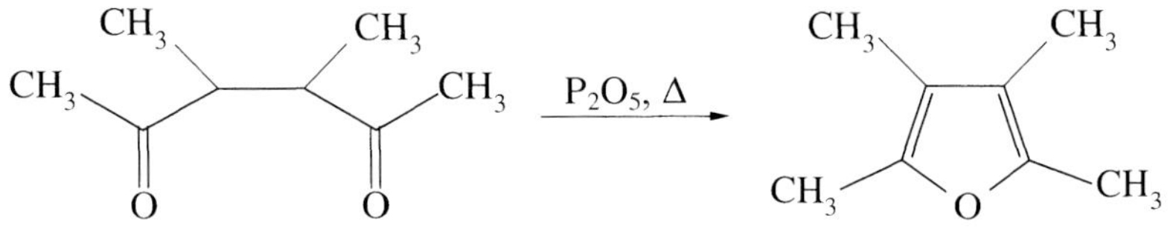 [reaction scheme with P_2O_5, Δ]

(b) Hantzsch:

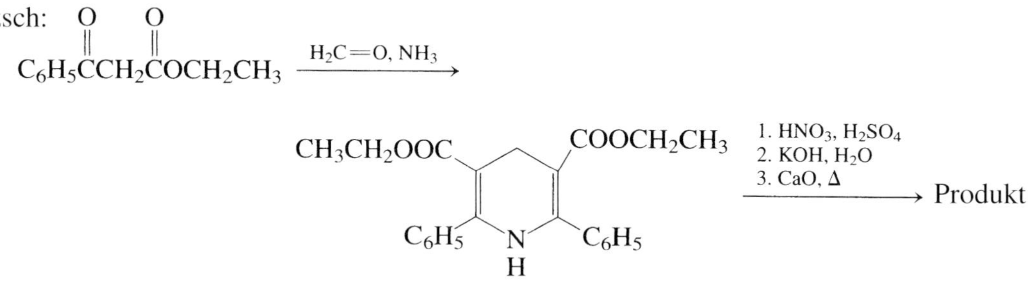

$$C_6H_5\overset{O}{\overset{\|}{C}}CH_2\overset{O}{\overset{\|}{C}}OCH_2CH_3 \xrightarrow{H_2C=O,\ NH_3}$$

[3,5-Bis(ethoxycarbonyl)-2,6-diphenyl-1,4-dihydropyridin] $\xrightarrow[\text{3. CaO, }\Delta]{\substack{1.\ HNO_3,\ H_2SO_4 \\ 2.\ KOH,\ H_2O}}$ Produkt

(c) Paal-Knorr:

$$H\overset{O}{\overset{\|}{C}}CH-CH\overset{O}{\overset{\|}{C}}H \atop \underset{CH_3}{|}\ \underset{CH_3}{|} \xrightarrow{NH_3} \text{Produkt}$$

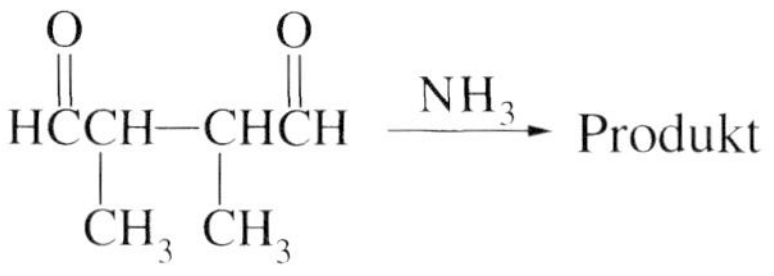

(d)

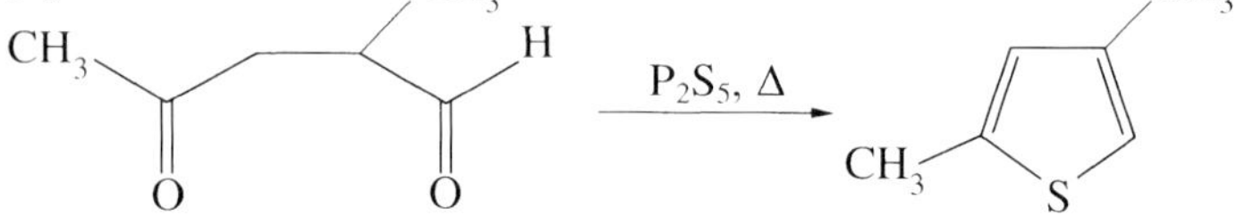

2-Methyl-4-oxopentanal mit P_2S_5, Δ → 2,4-Dimethylthiophen

35.

$$CH_3\overset{O}{\overset{\|}{C}}CH_3$$

Diethylmalonat + Diethylmalonat $\xrightarrow[\text{doppelte Claisen-Kondensation}]{NaOCH_2CH_3,\ CH_3CH_2OH}$

Zwischenprodukt $\xrightarrow[-H_2O\ \text{(mit Esterhydrolyse)}]{HCl,\ \Delta}$ 4-Oxo-4H-pyran-2,6-dicarbonsäure (HOOC–Pyranon–COOH)

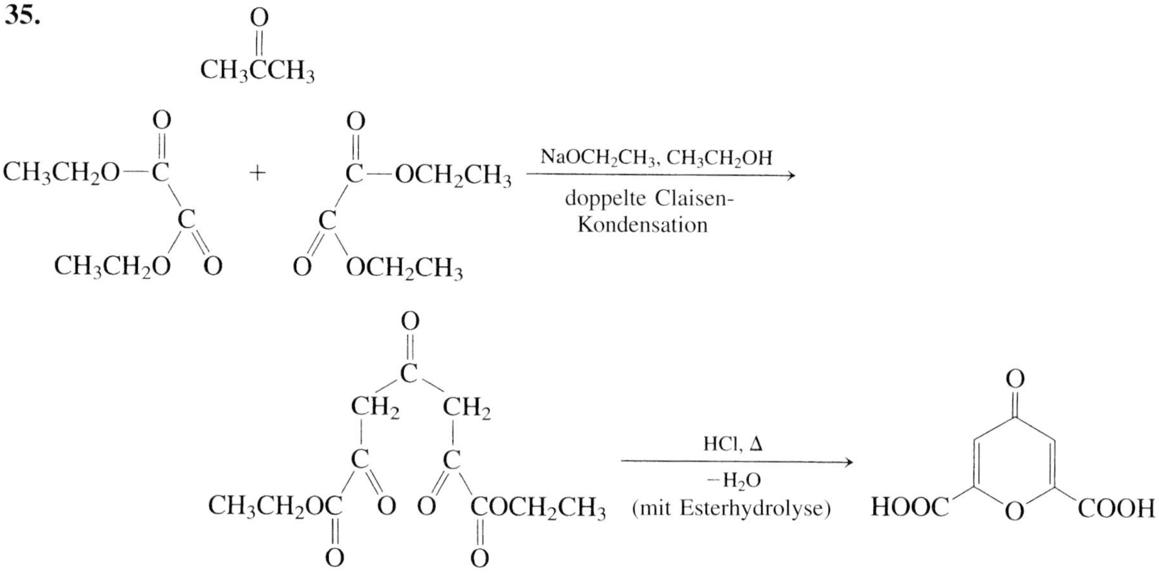

Vergleichen Sie die Synthese von Furanen etc. aus 1,4-Diketonen.

25 Heterocyclen – Heteroatome in cyclischen organischen Verbindungen

36. Durch Protonierung von Ketonen und Aldehyden können Elektrophile entstehen, die aromatische Substitutionen eingehen können:

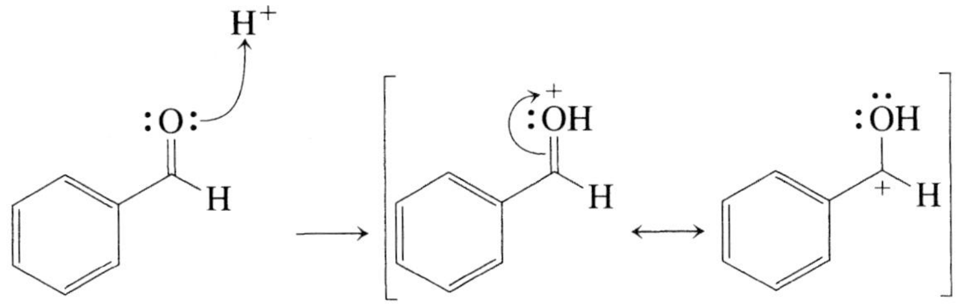

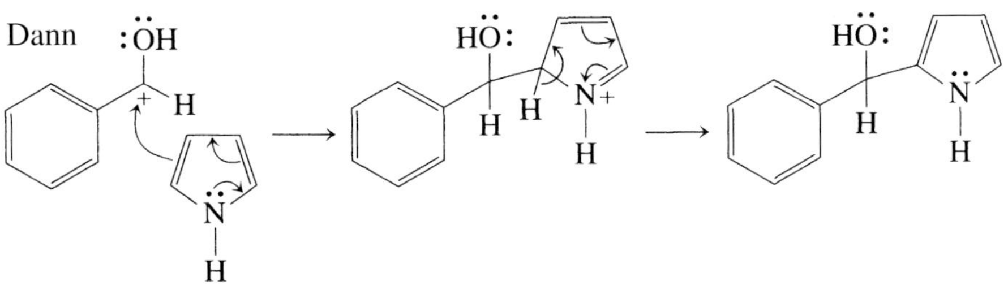

Dann

Im Anschluss daran wird die Hydroxygruppe protoniert und abgespalten. Das so gebildete Carbenium-Ion kann einen zweiten Pyrrolring unter Substitution angreifen:

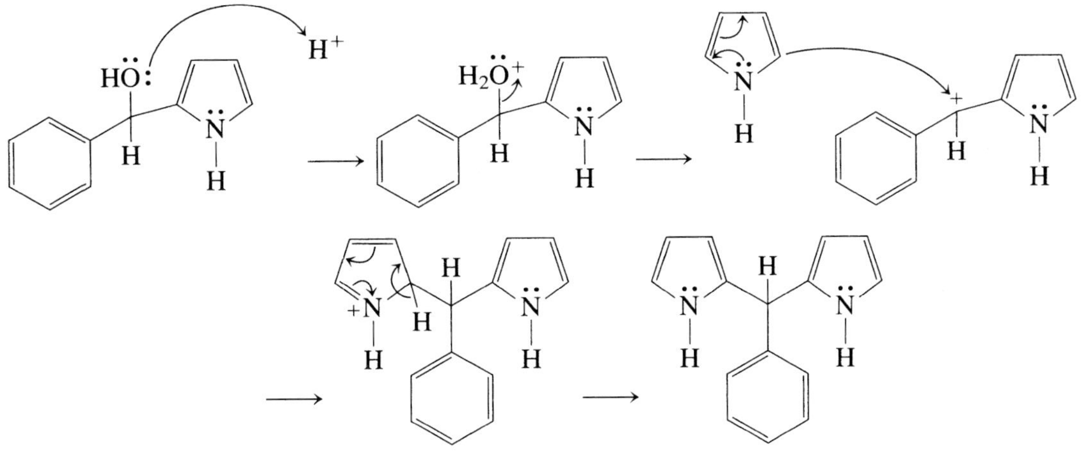

37. Eine Sechs-Elektronen-Cycloaddition führt direkt zum Produkt:

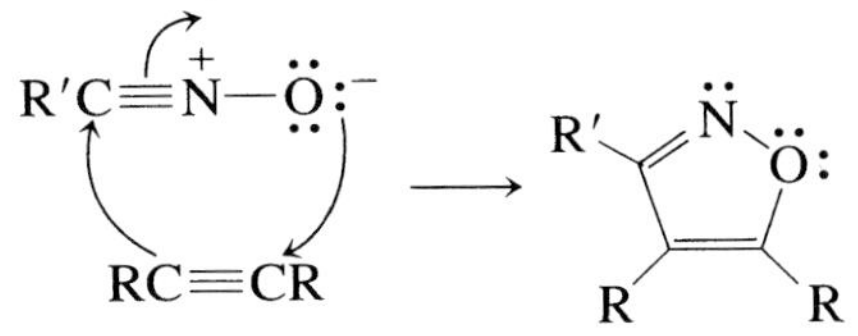

38. (a) H_2, Pt

(b) Schrittweise, zuerst Ringöffnung des Azacyclopropans, anschließend intramolekulare Amid-(Lactam-)Bildung.

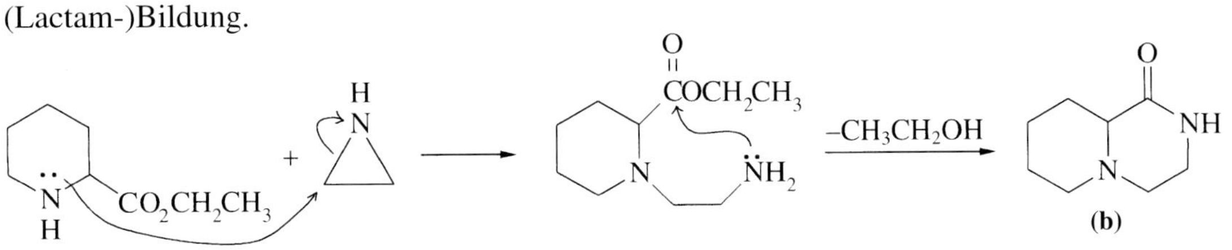

(c) 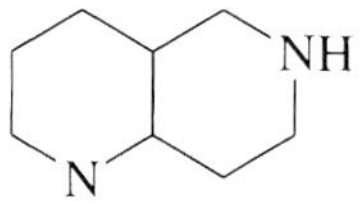 [structure: decahydro-1,6-naphthyridine]

39.

[Aniline] →(CH₃CCl, py)→ [Acetanilide] →(ClSO₃H)→ [4-Acetamidobenzenesulfonyl derivative, NHCOCH₃ para to SO₂–] ...↓ SOCl₂

(Kapitel 15, Aufgabe 45)

[Pyridine] →(1. NaNH₂, NH₃; 2. H⁺, H₂O)→ [2-Aminopyridine] → [2-pyridyl-NH-SO₂-C₆H₄-NHCOCH₃]

$\xrightarrow{\text{HO}^-, \text{H}_2\text{O}, \Delta}$ Produkt

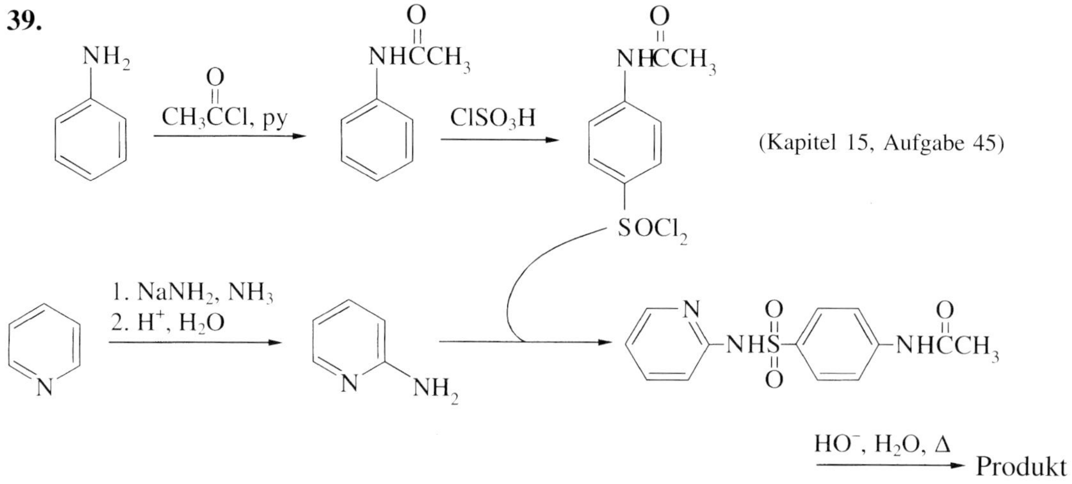

40. Die Reaktion mit einem aktivierten Derivat der Ethansäure, z. B. ihrem Anhydrid, würde zum Produkt führen.

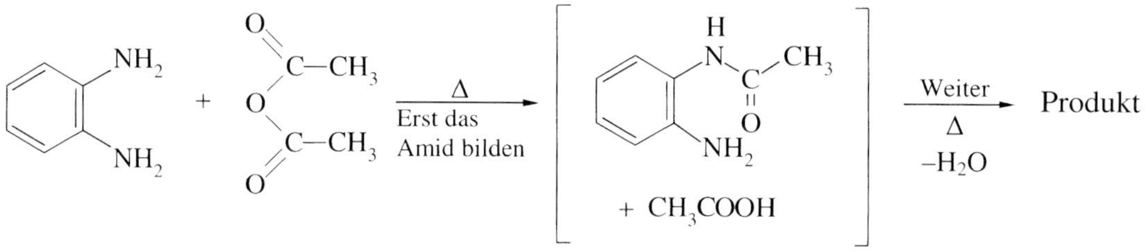

[o-Phenylenediamine] + (CH₃CO)₂O $\xrightarrow[\text{Erst das Amid bilden}]{\Delta}$ [o-H₂N-C₆H₄-NHCOCH₃ + CH₃COOH] $\xrightarrow[-\text{H}_2\text{O}]{\text{Weiter } \Delta}$ Produkt

41. (a) 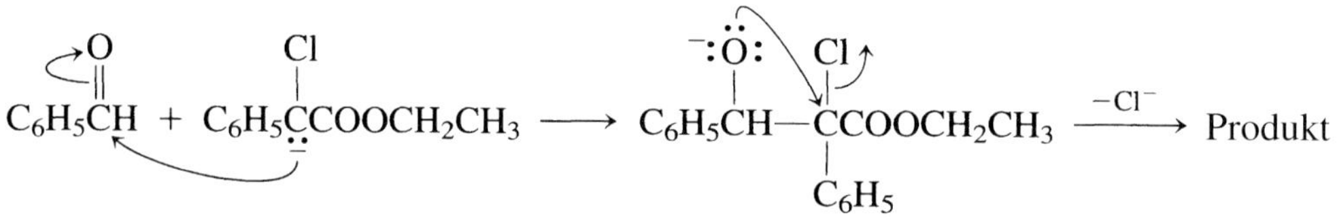 $C_6H_5\overset{\curvearrowleft O}{\overset{\|}{C}H}$ + $C_6H_5\underset{..}{\overset{Cl}{\underset{|}{C}}}COOCH_2CH_3$ ⟶ $C_6H_5CH-\underset{C_6H_5}{\overset{:\ddot{O}:^-\;\;Cl\uparrow}{\underset{|}{C}}}COOCH_2CH_3$ $\xrightarrow{-Cl^-}$ Produkt

(b) 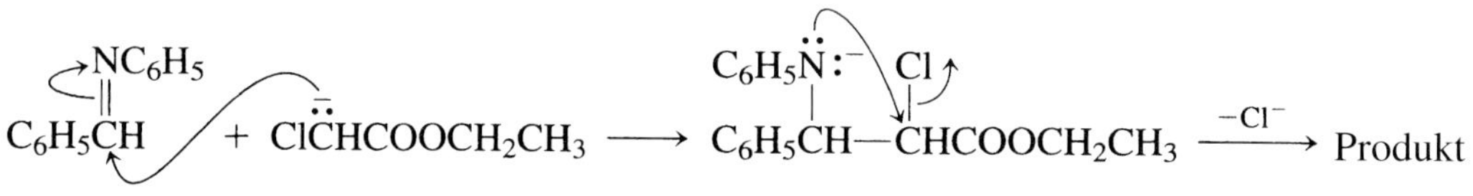 $C_6H_5\overset{\curvearrowleft NC_6H_5}{\overset{\|}{C}H}$ + $Cl\ddot{C}HCOOCH_2CH_3$ ⟶ $C_6H_5CH-\overset{C_6H_5\ddot{N}:^-\;\;Cl\uparrow}{\underset{|}{C}H}COOCH_2CH_3$ $\xrightarrow{-Cl^-}$ Produkt

25 Heterocyclen – Heteroatome in cyclischen organischen Verbindungen

42. (a) 1,3-Dibrom-5,5-dimethyl-1,3-diaza-2,4-cyclopentandion

(b) Mechanistisch gesehen haben wir folgenden Ablauf:

$$\underset{CH_3}{\overset{CH_3}{C}}=\underset{CH_3}{\overset{CH_3}{C}} \xrightarrow{\text{"Br}^+\text{"}} \underset{CH_3}{\overset{CH_3}{C}}\overset{\overset{+}{Br}}{-}\underset{CH_3}{\overset{CH_3}{C}} \xrightarrow{H\ddot{O}OH} \underset{OOH}{\overset{Br}{(CH_3)_2C-C(CH_3)_2}} \xrightarrow[-AgBr]{Ag^+}$$

i

$$\underset{H\ddot{O}-O}{\overset{+}{(CH_3)_2\overset{+}{C}-C(CH_3)_2}} \longrightarrow \underset{\underset{H}{\overset{+}{O}-O}}{(CH_3)_2C-C(CH_3)_2} \xrightarrow{-H^+} \underset{O-O}{(CH_3)_2C-C(CH_3)_2}$$

ii
3,3,4,4,-Tetramethyl-1,2-dioxacyclobutan

43. Abgekürzter Mechanismus (man beachte die „doppelte" Michael-Addition):

$$(CH_3)_2C=CH\overset{O}{\overset{\|}{C}}CH=C(CH_3)_2 + :NH_3 \xrightarrow{\text{1,4-Addition}} (CH_3)_2\underset{:NH_2}{C}=CH\overset{O}{\overset{\|}{C}}CH_2C(CH_3)_2 \xrightarrow{\text{wieder}} \text{Produkt}$$

44. $H_{\text{gesättigt}} = 16 + 2 = 18$; Ungesättigtheitsgrad $= (18-8)/2 = 5$, fünf π-Bindungen und/oder Ringe. NMR: Es liegt eine C_6H_5-Gruppe vor, sie entspricht vier Graden der Ungesättigtheit. Da keine C—H-Signale auf ein Alken hinweisen, ist der verbliebene Ungesättigtheitsgrad vermutlich auf einen weiteren Ring zurückzuführen. Bisher haben wir C_6H_5-, 2C, 3H, O vorliegen, insgesamt C_8H_8O. Die drei H-Atome koppeln alle miteinander (alle drei Signale sind aufgespalten), daher ist —OH unwahrscheinlich. Demzufolge gehört das O-Atom zu einem Ether, und die einzig mögliche Antwort lautet

Nicht äquivalent (eins steht *cis* zur Phenylgruppe, das andere *trans*)

$$C_6H_5-\underset{H}{\overset{O}{C}}-C\underset{H}{\overset{H}{}}$$

2-Phenyloxacyclopropan

Konzentrierte Salzsäure führt zur Ringöffnung unter Bildung von

$$\overset{4.2}{\overbrace{\underset{\underset{4.8}{\uparrow}}{\overset{OH}{|}}\;\;\underset{\underset{3.8}{\uparrow}}{\overset{OH}{|}}}} \\ C_6H_5-CH-CH_2$$

45. $H_{\text{gesättigt}} = 10 + 2 = 12$; Ungesättigtheitsgrad $= (12-6)/2 = 3$ π-Bindungen und/oder Ringe in C.

D hat eine π-Bindung oder einen Ring. Die Addition von H_2 an C lässt vermuten, dass dieses zwei π-Bindungen und einen Ring enthält, während D keine π-Bindungen mehr aufweist.

NMR von C: CH₃— (δ=2.3), vielleicht drei CH-Gruppen, es verbleiben ein C und ein O. Da es keine Hinweise auf das Vorliegen einer Alkohol-Gruppe gibt, nehmen wir an, dass das O-Atom zu einem Ether gehört. Einige Möglichkeiten:

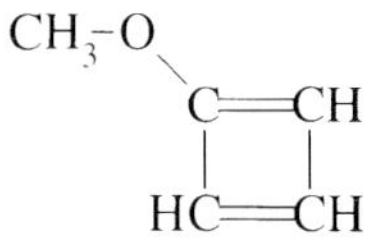

CH₃-O\
    C=CH
HC=CH

Nicht vernünftig. Das CH₃-Signal sollte bei tieferem Feld auftreten, und der Ring wäre sehr instabil (Abschn. 15.6)

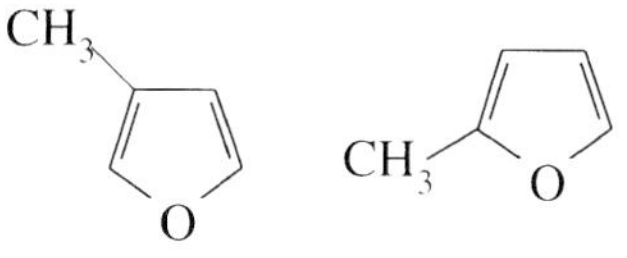

Beide Möglichkeiten kommen zunächst in Frage.

NMR von D: Kompliziert, aber zwei Informationen lassen sich herauslesen. Erstens erscheint die CH₃-Gruppe bei höherem Feld (δ=1.2) und als Dublett, was übereinstimmt mit

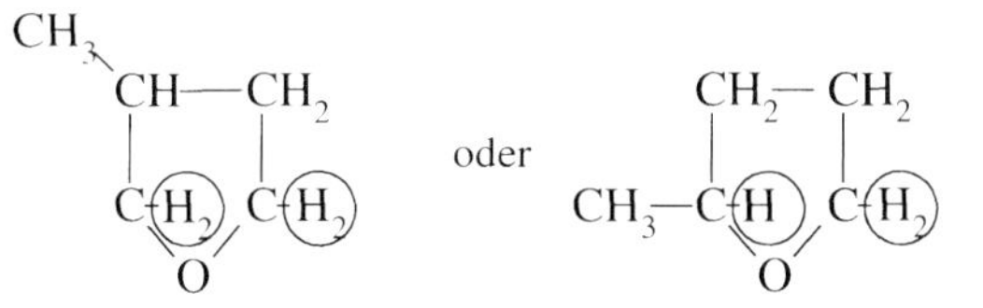

4 H in der Nähe von O   3 H in der Nähe von O

Zweitens liefert die Integration des Signals zwischen δ=3.4 und 4.0 **3 H-Atome**, die an Kohlenstoffatome in Nachbarschaft zum Sauerstoffatom gebunden sind; dies ist nur mit der zweiten Struktur in Einklang. Damit handelt es sich bei C um 2-Methylfuran und bei D um 2-Methyloxacyclopentan.

46. $H_{\text{gesättigt}} = 10+2 = 12$; Ungesättigtheitsgrad = (12−4)/2 = 4 π-Bindungen und/oder Ringe. NMR: δ=9.7 lässt einen Aldehyd vermuten (dafür spricht auch das IR) sowie drei CH-Gruppen. Versuchen Sie es ähnlich wie in Aufgabe 45 mit Furanderivaten:

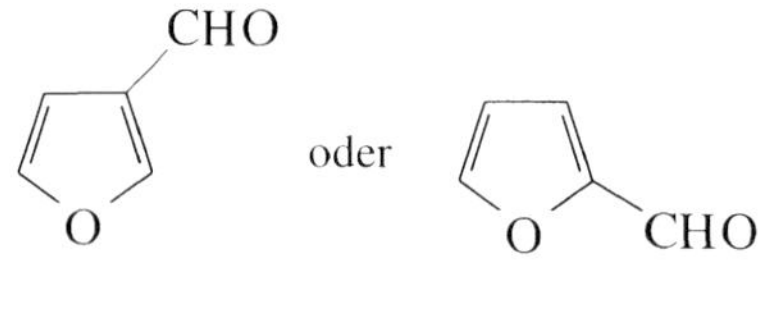

Welches sollen wir wählen? Welches stammt eher aus einer Aldopentose? Ein möglicher (abgekürzter) Mechanismus:

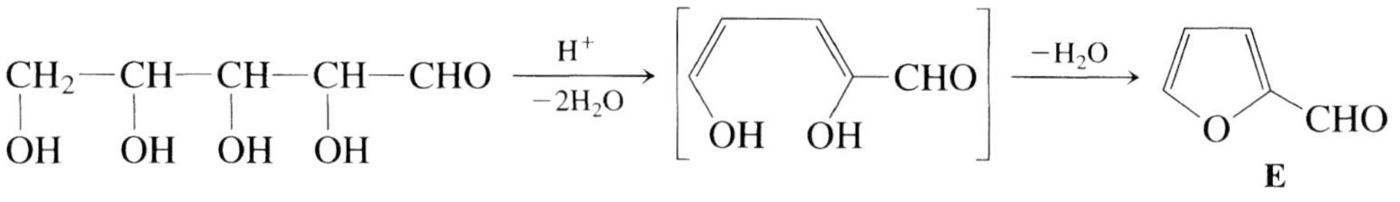

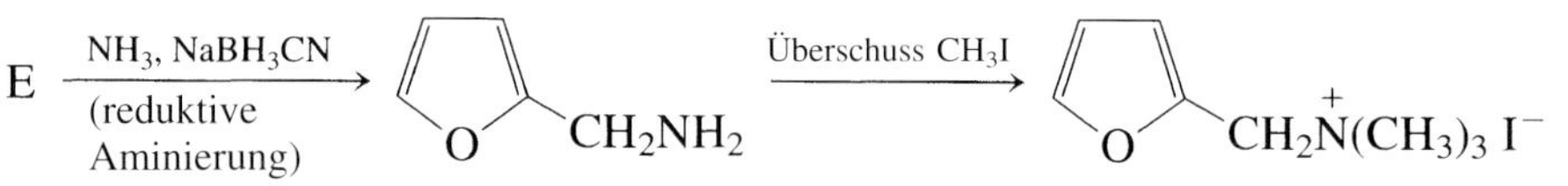

CH₂—CH—CH—CH—CHO $\xrightarrow[-2H_2O]{H^+}$ [...CHO] $\xrightarrow{-H_2O}$ **E**
| | | |
OH   OH   OH   OH   OH OH

E $\xrightarrow[\text{(reduktive Aminierung)}]{NH_3,\ NaBH_3CN}$ ⟨furyl⟩—CH₂NH₂ $\xrightarrow{\text{Überschuss CH}_3\text{I}}$ ⟨furyl⟩—CH₂N⁺(CH₃)₃ I⁻

Furethonium

47.

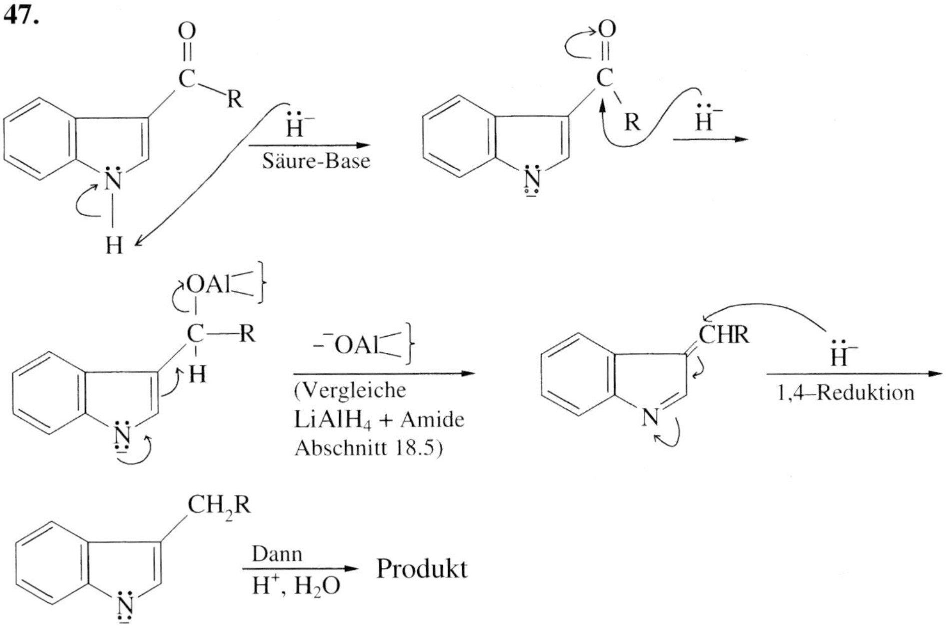

[Reaktionsschema: Indol-3-carbonylverbindung → Säure-Base, H⁻ → Reduktionszwischenstufen (Vergleiche LiAlH₄ + Amide Abschnitt 18.5) → 1,4-Reduktion → 3-CH₂R-Indol → Dann H⁺, H₂O → Produkt]

48. Schrittweise:

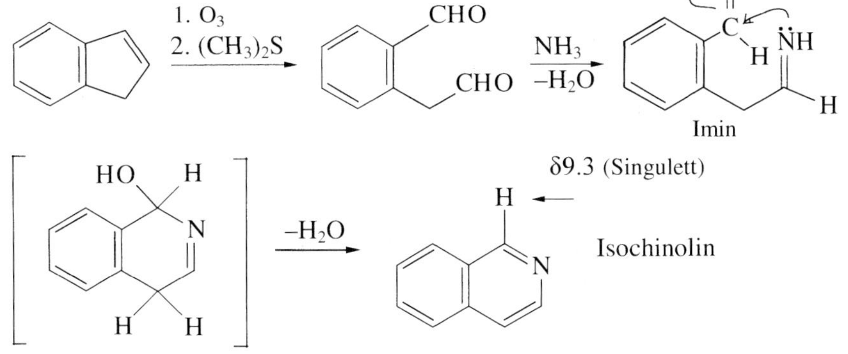

[Inden → 1. O₃, 2. (CH₃)₂S → Benzol-1,2-dicarbaldehyd → NH₃, −H₂O → Imin → [HO-H Zwischenstufe] → −H₂O → Isochinolin, δ9.3 (Singulett)]

49. Beginnen Sie mit dem Hydrazon in der Mitte des Reaktionsschemas. Untersuchen Sie die Struktur des Produkts: Zwischen der Methylgruppe und dem Benzol-Kohlenstoffatom in *ortho*-Position zum Stickstoffatom wird eine Bindung benötigt. Der Kürze wegen wurden der Angriff der Protonen und die durch sie katalysierte Reaktion jeweils in einem Reaktionsschritt zusammengefasst. In Wirklichkeit erfolgt in der Regel jedoch zuerst die Protonierung und danach die Tautomerisierung oder Addition.

Das ist die Fischer-Indol-Synthese. Die Reissert-Synthese ist in gewisser Hinsicht direkter. Der erste Schritt erinnert entfernt an eine Claisen-Kondensation, aber an Stelle des Enolat-Anions wird ein (durch die Nitrogruppe stabilisiertes) Benzyl-Anion an die Carbonylgruppe des Esters addiert:

Nach Hydrierung der Nitrogruppe endet die Sequenz ähnlich wie die oben beschriebene Fischer-Synthese:

26 | Aminosäuren, Peptide und Proteine

Stickstoffhaltige natürliche Monomere und Polymere

25.

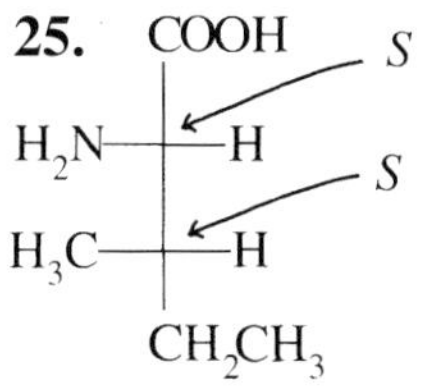

L-Isoleucin (2S,3S); L-Threonin (2S,3R)

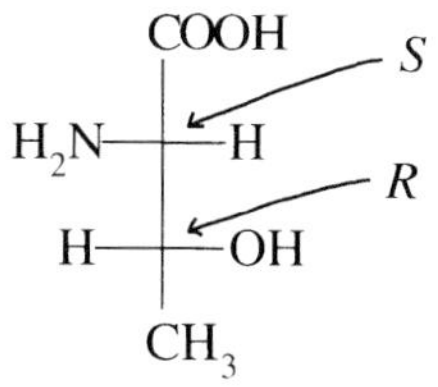

Systematischer Name für L-Threonin: (2S,3R)-2-Amino-3-hydroxybutansäure

26.

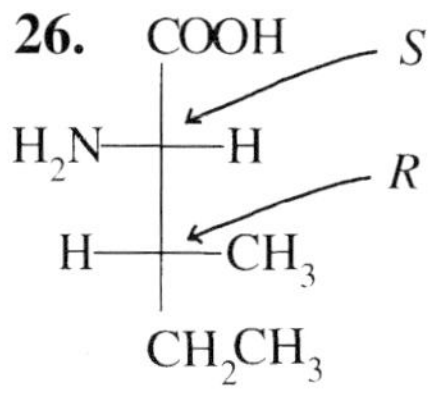

allo-L-Isoleucin (2S,3R)

Systematischer Name für *allo*-L-Isoleucin: (2S,3R)-2-Amino-3-methylpentansäure

27. Die Strukturen sind nach steigendem pH-Wert (in Klammern) angeordnet.

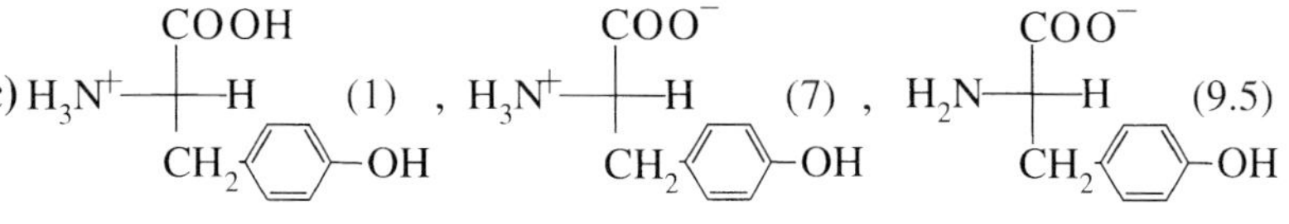

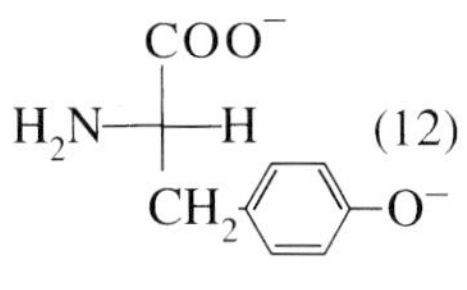

(a) Alanin: (1), (7), (12)   Isoelektrischer Punkt $pI = \dfrac{2.4+9.9}{2} = 6.2$

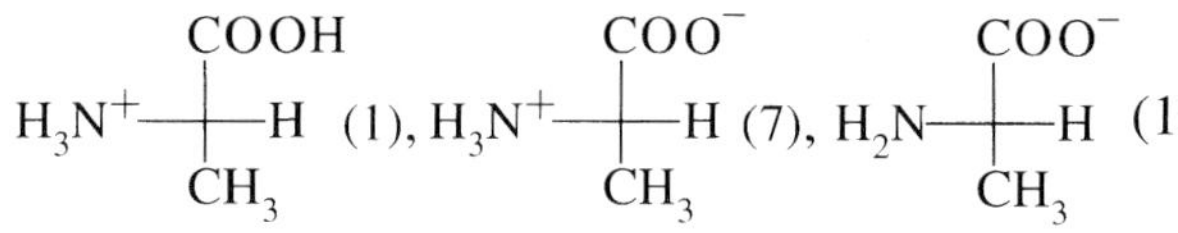

(b) Serin: (1), (7), (12) $pI = \dfrac{2.2+9.4}{2} = 5.8$

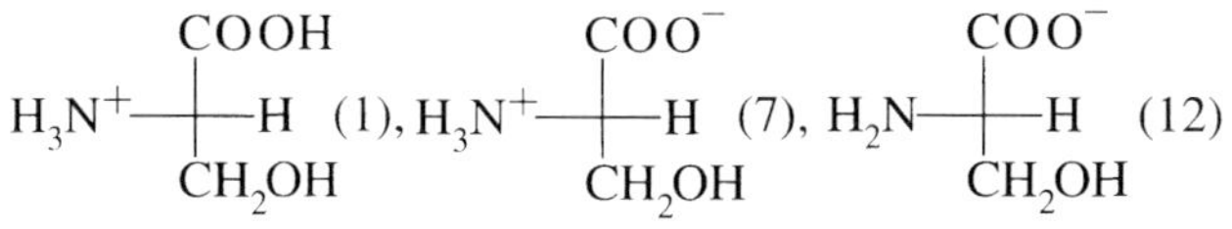

(c) Tyrosin: (1), (7), (9.5), (12) $pI = \dfrac{2.2+9.1}{2} = 5.7$

(d)

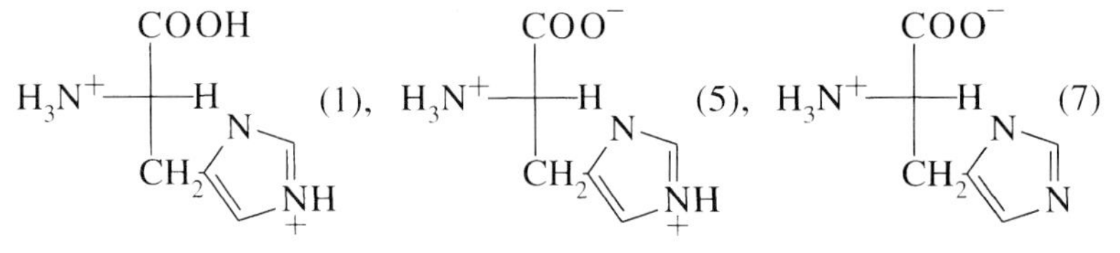

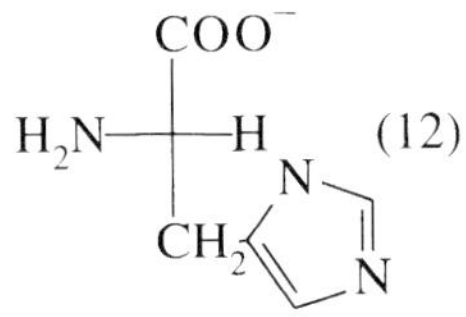

$H_3N^+-\overset{COOH}{\underset{CH_2}{C}}-H$ (1), $H_3N^+-\overset{COO^-}{\underset{CH_2}{C}}-H$ (5), $H_3N^+-\overset{COO^-}{\underset{CH_2}{C}}-H$ (7)

with imidazole side chains (protonated N-H⁺ in first two, neutral in third)

$H_2N-\overset{COO^-}{\underset{CH_2}{C}}-H$ (12) $pI = \dfrac{6.1+9.2}{2} = 7.7$

(e) $H_3N^+-\overset{COOH}{\underset{CH_2SH}{C}}-H$ (1), $H_3N^+-\overset{COO^-}{\underset{CH_2SH}{C}}-H$ (7), $H_3N^+-\overset{COO^-}{\underset{CH_2S^-}{C}}-H$ (9), $H_2N-\overset{COO^-}{\underset{CH_2S^-}{C}}-H$ (12) $pI = \dfrac{1.9+8.4}{2} = 5.2$

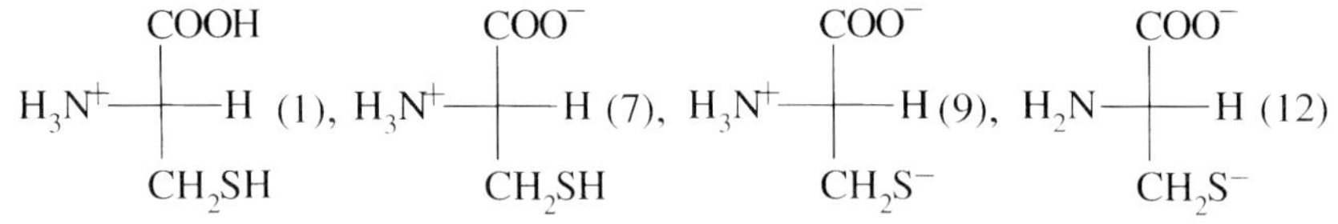

Wenn es mehr als zwei pK-Werte gibt, wird pI mit den pK-Werte der Gruppen berechnet, die bei Umsetzung der ladungsneutralen zwitterionischen Form **zuerst** mit Säure oder Base reagieren.

(f) $H_3N^+-\overset{COOH}{\underset{CH_2COOH}{C}}-H$ (1), $H_3N^+-\overset{COO^-}{\underset{CH_2COOH}{C}}-H$ (3), $H_3N^+-\overset{COO^-}{\underset{CH_2COO^-}{C}}-H$ (7), $H_2N-\overset{COO^-}{\underset{CH_2CO^-}{C}}-H$ (12) $pI = \dfrac{2.0+3.9}{2} = 3.0$

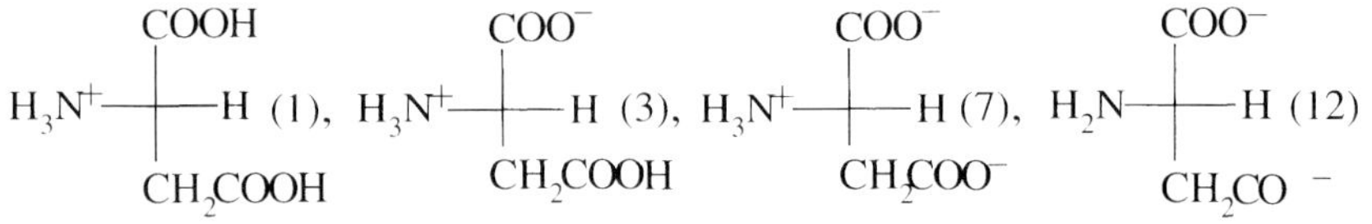

(g) $H_3\overset{+}{N}-\overset{COOH}{\underset{(CH_2)_3NH\overset{\|}{C}NH_2}{C}}-H \quad \overset{+}{N}H_2$ (1) $H_3\overset{+}{N}-\overset{COO^-}{\underset{(CH_2)_3NH\overset{\|}{C}NH_2}{C}}-H \quad \overset{+}{N}H_2$ (7)

$H_2N-\overset{COO^-}{\underset{(CH_2)_3NH\overset{\|}{C}NH_2}{C}}-H \quad \overset{+}{N}H_2$ (12) $H_2N-\overset{COO^-}{\underset{(CH_2)_3NH\overset{\|}{C}NH_2}{C}}-H \quad NH$ (14) $pI = \dfrac{9.0+13.2}{2} = 11.1$

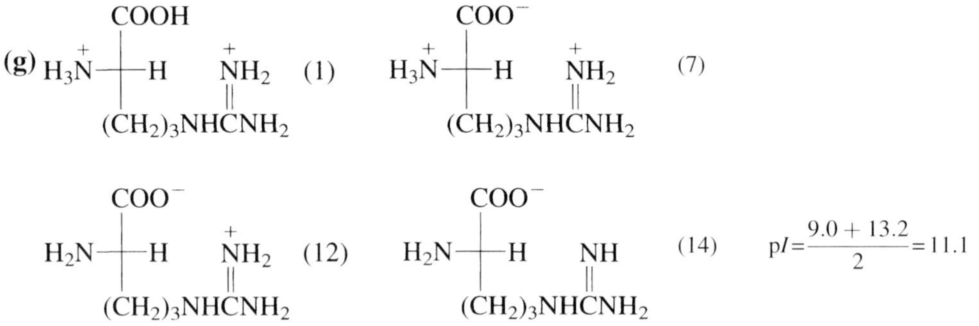

28. (a) Arg   **(b)** Ala, Ser, Tyr, His, Cys   **(c)** Asp

29. (a) Da die R-Gruppe sekundär ist, sollte man Alkylierungen vermeiden. Verwenden Sie die Strecker-Synthese:

$(CH_3)_2CHCHO \xrightarrow[\text{2. HCN}]{\text{1. NH}_3} (CH_3)_2CH\overset{NH_2}{\underset{}{C}}HCN \xrightarrow{H^+, H_2O} (CH_3)_2CH\overset{^+NH_3}{\underset{}{C}}HCOO^-$

(b) Da die R-Gruppe primär ist, haben wir nun die Wahl: Entweder verwenden wir die Strecker-Synthese und gehen von $(CH_3)_2CHCH_2CHO$ aus oder wir nutzen die Gabriel-Synthese.

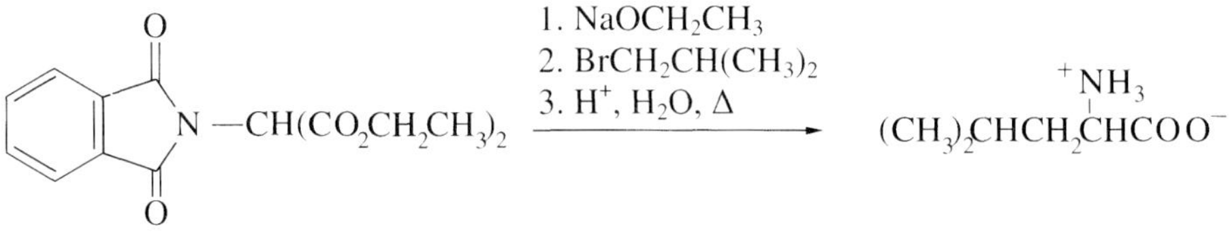

Phthalimide-N–CH(CO$_2$CH$_2$CH$_3$)$_2$ $\xrightarrow[\text{2. BrCH}_2\text{CH(CH}_3\text{)}_2]{\text{1. NaOCH}_2\text{CH}_3, \text{ 3. H}^+, \text{H}_2\text{O}, \Delta}$ $(CH_3)_2CHCH_2\overset{^+NH_3}{\underset{}{C}}HCOO^-$

Auch die Hell-Volhard-Zelinsky-Reaktion mit nachfolgender Aminierung eignet sich hier gut.

$$(CH_3)_2CHCH_2CH_2COOH \xrightarrow{Br_2, PBr_3} (CH_3)_2CHCH_2\overset{Br}{\underset{|}{C}}HCOOH \xrightarrow{NH_3, H_2O} (CH_3)_2CHCH_2\overset{^+NH_3}{\underset{|}{C}}HCOO^-$$

(c) Es gibt mehrere Wege, zuerst müssen Sie aber erkennen, dass man einen Baustein mit drei Kohlenstoffatomen und Abgangsgruppen an beiden Ende braucht, damit die Ringbildung durch Verknüpfung mit dem α-Kohlenstoffatom und (später) mit dem Stickstoffatom der Aminogruppe erfolgen kann. Beginnen Sie mit einer Sequenz vom Gabriel-Typ.

Phthalimid-N—CH(CO$_2$CH$_2$CH$_3$)$_2$ $\xrightarrow[\text{3. H}^+\text{, H}_2\text{O, }\Delta]{\substack{\text{1. NaOCH}_2\text{CH}_3\text{, CH}_3\text{CH}_2\text{OH} \\ \text{2. BrCH}_2\text{CH}_2\text{CH}_2\text{OCCH}_3 \\ \parallel \\ O}}$ HOCH$_2$CH$_2$CH$_2$$\overset{^+NH_3}{\underset{|}{C}}$HCOO$^-$

$\xrightarrow[\substack{\text{(Überführt} -\text{OH} \\ \text{in} -\text{Br, eine gute} \\ \text{Abgangsgruppe)}}]{\text{konz. HBr}}$ [BrCH$_2$CH$_2$CH$_2$$\overset{^+NH_3}{\underset{|}{C}}$HCOO$^-$ ⇌ H$^+$ + BrCH$_2$CH$_2$CH$_2$$\overset{:NH_2}{\underset{|}{C}}$HCOO$^-$] $\xrightarrow{-Br^-}$ Pyrrolidin-2-carboxylat (H$_2$N$^+$-COO$^-$)

(d) Verwenden Sie ein Verfahren auf der Basis der Gabriel-Synthese. Nutzen Sie zur Bildung der benötigten C−C-Bindung anstelle einer S$_N$2-Reaktion mit einem Halogenalkan eine Aldol-Addition mit CH$_3$CHO.

Phthalimid-NCH(CO$_2$CH$_2$CH$_3$)$_2$ $\xrightarrow{\substack{\text{1. NaOCH}_2\text{CH}_3 \\ \text{2. CH}_3\text{CHO}}}$

Phthalimid-N—C(CO$_2$CH$_2$CH$_3$)$_2$ mit HOCHCH$_3$ $\xrightarrow{H^+, H_2O, \Delta}$ CH$_3$$\overset{HO}{\underset{|}{C}}H\overset{^+NH_3}{\underset{|}{C}}$HCOO$^-$

380   26 Aminosäuren, Peptide und Proteine – Monomere und Polymere

(e) Die zusätzliche Aminogruppe muss unabhängig von der verwendeten Methode geschützt werden. Diese Reaktionssequenz beruht auf der Gabriel-Synthese:

[Reaktionsschema: Phthalimid-K⁺ + Br(CH₂)₄Cl (Führt die zusätzliche Aminogruppe in geschützter Form ein) → Phthalimid-N(CH₂)₄Cl + NCH(CO₂CH₂CH₃)₂, NaOCH₂CH₃ → Phthalimid-N(CH₂)₄C(CO₂CH₂CH₃)₂-NPhthalimid → H⁺, H₂O, Δ → H₃N⁺(CH₂)₄CH(⁺NH₃)COO⁻]

30. (a) C₆H₅–CH₂CHO $\xrightarrow{\text{1. NH}_3, \text{ 2. HCN, 3. H}^+, \text{H}_2\text{O}}$ C₆H₅–CH₂CH(⁺NH₃)COO⁻   Chiral, aber racemisch (d. h. nicht optisch aktiv).

↑ Chiralitätszentrum

(b) Die Verwendung eines optisch aktiven Amins (gezeigt ist ein *S*-Enantiomer) bedeutet, dass das Additionsprodukt in Wirklichkeit ein Gemisch ist, weil ein zweites Chiralitätszentrum entsteht, das entweder *R*- oder *S*-konfiguriert sein kann. Man erhält also ein Gemisch der *R*,*S*- und *S*,*S*-Produkte. Da sie **Diastereomere** sind, entstehen sie nicht unbedingt in gleichen Ausbeuten. In Wirklichkeit überwiegt das (abgebildete) *S*,*S*-Produkt bei weitem, und nach Hydrolyse und Abspaltung der Phenylmethyl-Gruppe mit H₂ erhält man hauptsächlich die *S*-Aminosäure.

31. Allicin ist strukturverwandt mit Cystein, das leicht erhältlich sein sollte, wenn Sie zunächst ein Syntheseverfahren für Serin entwickeln.

[Reaktionsschema: Phthalimid-NCH(CO₂CH₂CH₃)₂ $\xrightarrow[\text{Aldol-Addition [vgl. Aufg. 29(d)]}]{\text{NaOH, CH}_2=\text{O}}$ Phthalimid-N–C(CO₂CH₂CH₃)₂ mit HOCH₂ (Die Hydrolyse dieser Stufe würde Serin ergeben) $\xrightarrow{\text{1. PBr}_3, \text{ 2. Na}^+ \text{ }^-\text{SH}}$ Phthalimid-N–C(CO₂CH₂CH₃)₂ mit HSCH₂]

Durch Behandeln dieses Produkts mit heißer wässriger Säure würde man direkt Cystein erhalten. Anderenfalls:

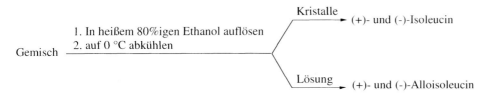

32. Die Alloisoleucine sind Diastereomere der Isoleucine, daher lassen sie sich durch einfaches Umkristallisieren voneinander trennen:

```
                               Kristalle
                              ╱─────────▶ (+)- und (-)-Isoleucin
           1. In heißem 80%igen Ethanol auflösen
Gemisch ───2. auf 0 °C abkühlen──────────
                              ╲
                               Lösung
                              ─────────▶ (+)- und (-)-Alloisoleucin
```

Danach wird die Trennung mit **jedem** Enantiomerengemisch einzeln fortgesetzt, wobei man Brucin zur Racematspaltung verwendet:

$$\underset{(+)/(-)\text{-Gemisch}}{\text{CH}_3\text{CH}_2\text{CH}(\text{CH}_3)\overset{\overset{+}{\text{NH}_3}}{\underset{|}{\text{CH}}}\text{COO}^-} \xrightarrow[\text{z.B. R} = \text{C}_6\text{H}_5]{\overset{\text{O}\ \ \text{O}}{\overset{\|\ \ \ \|}{\text{RCOCR}, \Delta}}} \underset{(+)/(-)}{\text{CH}_3\text{CH}_2\text{CH}(\text{CH}_3)\overset{\overset{\text{O}}{\|}}{\underset{|}{\overset{\text{RCNH}}{\text{CH}}}}\text{COOH}}$$

1. Brucin, CH$_3$OH, 0 °C
2. Trennen (Kristallisation)

↓ Salz der (−)-Säure   ↓ Salz der (+)-Säure

Abschließend wird durch Behandeln mit H$^+$, H$_2$O jede Aminosäure als reines Enantiomer freigesetzt.

33. (a) Tripeptid **(b)** Dipeptid **(c)** Tetrapeptid **(d)** Pentapeptid

Peptidbindungen sind nichts anderes als Amidverknüpfungen $-\overset{\overset{\text{O}}{\|}}{\text{C}}-\text{NH}-$

Zum Beispiel im Tripeptid (a):

$$\text{H}_3\text{N}^+\!-\!\overset{\overset{(\text{CH}_3)_2\text{CH}}{|}}{\text{CH}}\!-\!\overset{\overset{\text{O}}{\|}}{\text{C}}\!-\!\text{NH}\!-\!\overset{\overset{\text{CH}_3}{|}}{\text{CH}}\!-\!\overset{\overset{\text{O}}{\|}}{\text{C}}\!-\!\text{NH}\!-\!\overset{\overset{\text{HSCH}_2}{|}}{\text{CH}}\!-\!\text{COO}^-$$

34. Vereinbarungsgemäß verwendet man die Kurzschreibweise stets so, dass man mit dem Ende der Peptidkette beginnt, das die freie Aminogruppe trägt („*N*-terminales" oder „Amino-terminales" Ende).

(a) Val-Ala-Cys **(b)** Ser-Asp **(c)** His-Thr-Pro-Lys **(d)** Tyr-Gly-Gly-Phe-Leu

35. Man bestimmt die Nettoladung der Aminosäure oder des Peptids bei pH 7. Negative Teilchen wandern zur Anode (**A**), positive zur Kathode (**K**) und neutrale Teilchen wandern überhaupt nicht (**N**). Aminosäuren (Aufgabe 27): (a)–(e) **N**, (f) **A**, (g) **K**

Peptide (Aufgabe 33): (a) **N**, (b) **A**, (c) **K**, (d) **N**

36. Die Seitenketten sind alle klein ($-H$, $-CH_3$ oder $-CH_2OH$) und größtenteils unpolar. Wie Abbildungen, insbesonere Abbildung 26-3, zeigen, sind die R-Gruppen in der Faltblatt-Struktur in kleinen Kanälen zwischen den Schichten untergebracht. Dort ist nur Platz für kleine Gruppen. Auch der unpolare Charakter von fünf der sechs Gruppen ist mit ihrem Standort vereinbar, einer relativ unpolaren Region mit wenigen wasserstoffbrückenbildenden Gruppen in der Nähe.

37. Durch ihre Spiralform sind die Abschnitte mit α-Helixstruktur recht gut zu erkennen (vgl. Abb. 26-4). Myoglobin enthält acht signifikante Abschnitte mit α-Helixstruktur, die mit A–H bezeichnet sind:

α-Helix	Aminosäuren-Nr.	α-Helix	Aminosäuren-Nr.
A	3–18	E	58–77
B	20–35	F	86–94
C	36–42	G	100–118
D	51–57	H	125–148

In der Abbildung sind alle Abschnitte bis auf α-Helix D (von der in dieser Perspektive nur das Kopfende zu sehen ist) leicht zu erkennen. Die vier Prolin-Bausteine befinden sich an oder nahe den Enden der α-Helices und fallen mit „Knicken" in der Tertiärstruktur des Moleküls zusammen – eine Folge der besonderen Konformation des fünfgliedrigen Rings:

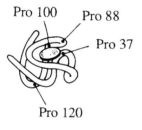

38. Mit Ausnahme der beiden an das Häm-gebundene Eisenatom assoziierten Histidin-Bausteine sind alle anderen polaren Seitenketten so positioniert, dass sie mit den Lösungsmittelmolekülen (Wasser) Wasserstoffbrücken-Bindungen eingehen können. Dagegen befinden sich alle unpolaren Seitenketten im Inneren, sodass ihr Kontakt mit den polaren Lösungsmittelmolekülen vermieden wird.

39. (a) Die Faltblatt-Struktur wird von Aminosäuren mit kleinen unpolaren Seitenketten bevorzugt und kann praktisch keine Wasserstoffbrücken-Bindungen zu einem polaren Lösungsmittel wie Wasser ausbilden (Aufgabe 36).

(b) In globulären Proteinen sind die polaren Seitenketten dem Lösungsmittel ausgesetzt und machen das ganze Molekül löslich (Aufgabe 38). Ähnliche Verhältnisse beobachten wir in Seifenmicellen, in denen sich die polaren Gruppen auf der Oberfläche befinden und für die Wasserlöslichkeit sorgen, während die unpolaren Gruppen ins Innere weisen.

(c) Wird die Tertiärstruktur eines globulären Proteins zerstört, dann werden die unpolaren Seitenketten der Aminosäuren dem polaren Lösungsmittel ausgesetzt und verringern die Löslichkeit des gesamten Proteinmoleküls erheblich.

40. (1) Reinigen des Peptids und Spalten der Disulfidbrücke (Abschn. 9.10). (2) Vollständiger Kettenabbau an einem Teil der Probe durch Amidhydrolyse (6 N HCl, 110 °C, 24 h), um Art und Menge der Aminosäurebestandteile mit einem Aminosäureanalysator zu bestimmen. (3) Wiederholter Edman-Abbau an einem anderen Teil der Probe zur Bestimmung der Aminosäuresequenz. Da insgesamt nur neun Aminosäuren vorliegen, kann die ganze Kette auf diese Weise sequenziert werden.

41. (a) $O_2N-C_6H_3(NO_2)-NHCH(CH(CH_3)_2)COOH$ + Ala, Cys (b) $O_2N-C_6H_3(NO_2)-NHCH(CH_2OH)COOH$ + Asp

(c) $O_2N-C_6H_3(NO_2)-NHCH(CH_2\text{-imidazolyl})COOH$ + Thr, Pro, Lys

(d) $O_2N-C_6H_3(NO_2)-NHCH(CH_2\text{-}C_6H_4\text{-}OH)COOH$ + 2 Gly, Phe, Leu

42. Da es sich um ein cyclisches Peptid handelt, führt das Edman-Verfahren nicht zum üblichen Ergebnis, sondern bildet mit den „zusätzlichen" Aminogruppen der beiden Ornithin-Bausteine einfach Thioharnstoffderivate:

$$C_6H_5-NHC(=S)NH(CH_2)_3-{\}$$

Da es keine α-Aminogruppe gibt, die reagieren kann, werden durch die schonende Behandlung mit Säure keine Bindungen im Produkt gespalten und das cyclische Polypeptid bleibt intakt.

43. Aus der Anwendung von Sangers Reagenz folgt, dass die „erste" (N-terminale) Aminosäure Arg ist. Die erschöpfende Hydrolyse ergibt insgesamt neun Aminosäuren. Wir ziehen jetzt die vier Fragmente der unvollständigen Hydrolyse heran: Da wir wissen, dass das Peptid mit Arg beginnt, muss das Fragment Arg-Pro-Pro-Gly am Anfang stehen. Es liegt nur ein Gly vor, daher ist das letzte Gly des Tetrapeptids das gleiche wie das erste des Tripeptid-Fragments Gly-Phe-Ser. Durch ähnliche Überlegungen lassen sich alle Fragmente überlappen, und man erhält die Lösung. Da z. B. nur ein Ser vorkommt, muss das letzte Ser im obigen Tripeptid das gleiche sein wie das erste in Ser-Pro-Phe. Damit haben wir bisher:

```
1   2   3   4   5   6   7   8
Arg-Pro-Pro-Gly
            Gly-Phe-Ser
                    Ser-Pro-Phe
```

Das letzte Fragment, Phe-Arg, steht zweifellos am Ende und überlappt mit Phe in Position 8. Die Antwort lautet also:

Arg-Pro-Pro-Gly-Phe-Ser-Pro-Phe-Arg.

44. Abbauprodukte in der Reihenfolge des Auftretens

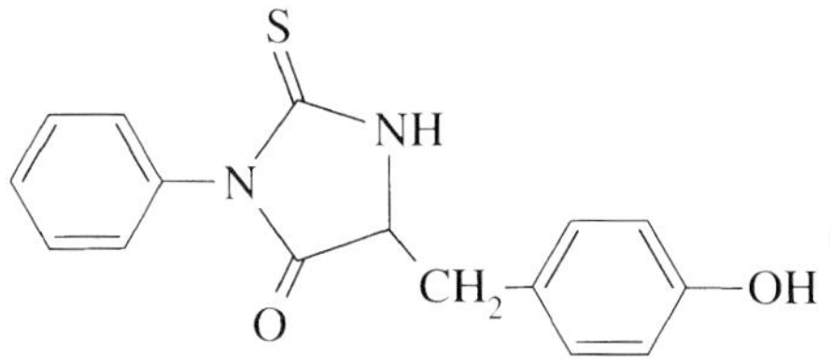

[Struktur: Phenylthiohydantoin mit CH₂-C₆H₄-OH Seitenkette], 2 [Phenylthiohydantoin ohne Seitenkette (Gly)],

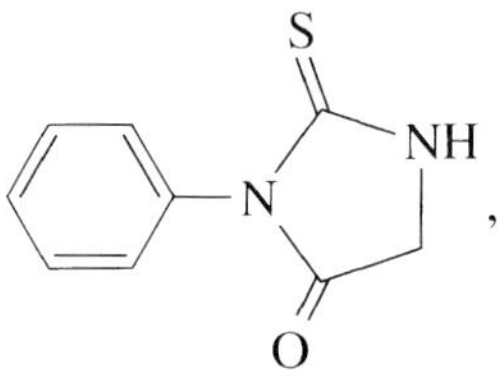

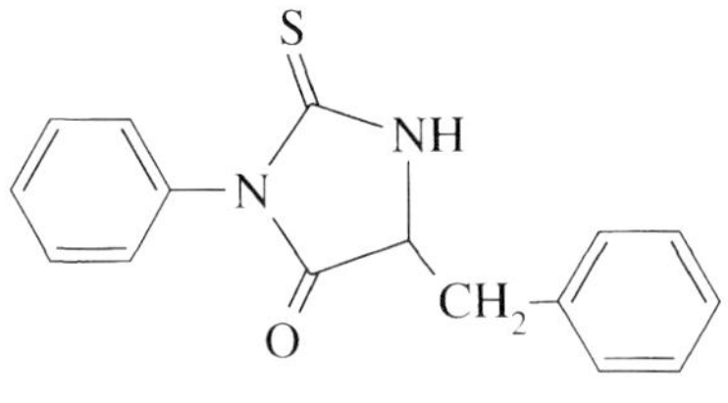

[Phenylthiohydantoin mit CH₂-C₆H₅ Seitenkette] und [Phenylthiohydantoin mit CH₂CH₂SCH₃ Seitenkette]

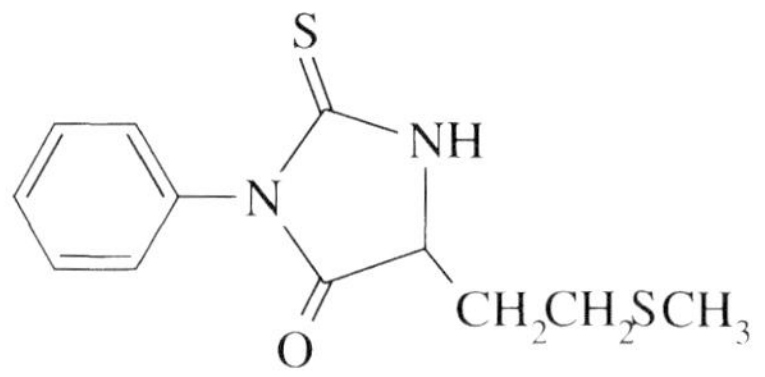

Als letztes Abbauprodukt von Leu-Enkephalin erhielte man

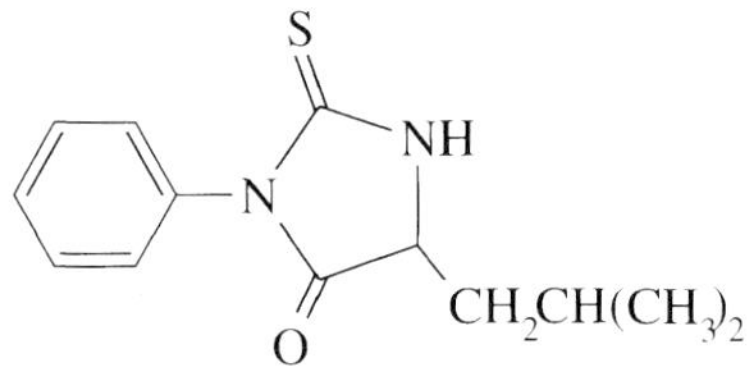

[Phenylthiohydantoin mit CH₂CH(CH₃)₂ Seitenkette]

45. Zuerst sucht man nach einem Bruchstück, das mit einer Aminosäure endet, die *nicht* Ort der Spaltung durch eines der Enzyme ist. Alle **Chymotrypsin**-Fragmente enden auf Phe, Trp oder Tyr, das hilft also nicht weiter. Die Ergebnisse der **Trypsin**-Spaltung sind nützlicher: Es spaltet nur nach Arg oder Lys, somit muss sich das mit Phe endende 18-Aminosäuren-Fragment am Ende des intakten Hormons befinden. Jetzt gilt es, alle Bruchstücke zusammenzufügen. Beginnen Sie mit dem Endstück der Trypsin-Hydrolyse und überlappen Sie es mit den Chymotrypsin-Bruchstücken:

(Trypsin-Fragment)
Val-Tyr-Pro-Asp-Ala-Gly-Glu-Asp-Gln-Ser-Ala-Glu-Ala-Phe-Pro-Leu-Glu-Phe

(Chymotrypsin-Fragmente)
　　　　Pro-Asp-Ala-Gly-Glu-Asp-Gln-Ser-Ala-Glu-Ala-Phe Pro-Leu-Glu-Phe

Suchen Sie nun ein Chymotrypsin-Bruchstück, das mit dem Val-Tyr-Anfang des Trypsin-Fragments überlappt und setzen Sie dann das Verfahren fort bis zum *N*-terminalen Ende (dem „Anfang") des kompletten Hormons:

Ser-Tyr-Ser-Met-Glu-His-Phe-Arg Trp-Gly-Lys Pro-Val-Gly-Lys　　　　Pro-Val-Lys-Val-Tyr-
Ser-Tyr Ser-Met-Glu-His-Phe Arg-Trp Gly-Lys-Pro-Val-Gly-Lys-Lys-Arg-Arg-Pro-Val-Lys-Val-Tyr

Die vollständige Antwort kann direkt abgelesen werden, indem man bei Ser-Tyr- (oben) beginnt und Val-Tyr mit dem großen Trypsin-Bruchstück überlappt und dann weiter zum Ende geht:

Ser-Tyr-Ser-Met-Glu-His-Phe-Arg-Trp-Gly-Lys-Pro-Val-Gly-Lys-Lys-Arg-Arg-Pro-Val-Lys-
Val-Tyr-Pro-Asp-Ala-Gly-Glu-Asp-Gln-Ser-Ala-Glu-Ala-Phe-Pro-Leu-Glu-Phe

46. (a) Thermolysin spaltet **vor** Leu, Ile und Val, daher muss die mit His beginnende Kette ‚B' am **Anfang** des **Gesamthormons** stehen. **Chymotrypsin** spaltet Peptid A nicht, das enthaltene Phe muss also an seinem Ende stehen (sonst hätte Chymotrypsin es nach Phe gespalten). Sie wissen durch den Edman-Abbau, dass A mit Leu beginnt. Wir können daher die Clostripain-Bruchstücke zusammenfügen und erhalten die vollständige Struktur von Peptid A:

Edman   muss am Ende stehen
↓   ↓
Leu-Asp-Ser-Arg Arg Ala-Gln-Asp-Phe   Clostripain-Fragmente

Somit ist Leu-Asp-Ser-Arg-Arg-Gln-Asp-Phe das Peptid A. Da B mit His beginnt (Edman), ergänzen die mit Chymotrypsin erhaltenen Ergebnisse unser Wissen bis zum folgenden Stand:

Peptid B: His-Ser-Gln-Gly-Thr-Phe-$\begin{pmatrix}\text{Ser-Lys-Tyr}\\\text{Thr-Ser-Asp-Tyr}\end{pmatrix}$

↑
Reihenfolge unbekannt

(b) Das Trypsin-Bruchstück überlappt mit den ersten vier Aminosäuren des Peptids A, daher handelt es sich bei der unmittelbar vor dem Anfang von Peptid A stehenden Aminosäure um Tyr. Da dieses ein Bruchstück der **Trypsin**-Hydrolyse ist, muss das Tyr entweder auf Lys oder auf Arg folgen (die Orte der Trypsin-Hydrolyse). Jetzt müssen wir nach Tyr-Bausteinen an den Enden anderer Fragmente Ausschau halten, um einen zu finden, der auf Lys oder Arg folgt. Das **einzige**, in dem Tyr auf Lys folgt, ist eines der Bruchstücke von Peptid B. Dieses muss offensichtlich am Ende von Peptid B stehen, das mit dem Anfang von Peptid A verknüpft ist, und damit kennen wir die korrekte Reihenfolge im Peptid B:

His-Ser-Gln-Gly-Thr-Phe-Thr-Ser-Asp-Tyr-Ser-Lys-Tyr

Bis hierher wissen wir so viel über das Hormon:

His-...-Tyr-Leu-...-Phe-$\begin{pmatrix}\text{Val-Gln-Tyr}\\\text{Leu-Met-Asn-Thr}\end{pmatrix}$
⎵⎵⎵⎵ ⎵⎵⎵⎵
Peptid B   Peptid A

↑
unbekannte Reihenfolge

(c) Da Chymotrypsin aus dem Hormon Leu-Met-Asn-Thr frei setzt und Chymotrypsin **nicht** nach Thr spalten dürfte, muss sich dieses Fragment am Ende des Gesamtmoleküls befinden. Somit lautet die Antwort:

His-Ser-Gln-Gly-Thr-Phe-Thr-Ser-Asp-Tyr-Ser-Lys-Tyr-Leu-Asp-Ser-Arg-Arg-Ala-Gln-Asp-Phe-Val-Gln-Tyr-Leu-Met-Asn-Thr

47. Beginnen Sie am Carboxy-terminalen Ende:

1. Phe + $(CH_3)_3COCOCOC(CH_3)_3$ (mit O=C–O–C=O) ⟶ Boc-Phe (N-geschütztes Phe)

2. Leu $\xrightarrow{CH_3OH,\ H^+}$ Leu–OCH$_3$ (Methylester: Carboxy-geschütztes Leu)

3. Boc–Phe + Leu–OCH$_3$ $\xrightarrow{DCC}$ Boc-Phe-Leu–OCH$_3$ $\xrightarrow{\text{verd. H}^+}$ Phe–Leu–OCH$_3$

386   26 Aminosäuren, Peptide und Proteine – Monomere und Polymere

4. Gly + (CH₃)₃COC(O)OC(O)OC(CH₃)₃ ⟶ Boc–Gly (N-geschütztes Gly)

5. Boc–Gly + Phe–Leu–OCH₃ —DCC→ Boc–Gly–Phe–Leu–OCH₃ —verd. H⁺→ Gly–Phe–Leu–OCH₃

6. Boc–Gly wieder + Gly–Phe–Leu–OCH₃ —DCC→ Boc–Gly–Gly–Phe–Leu–OCH₃
   —verd. H⁺→ Gly–Gly–Phe–Leu–OCH₃

7. Tyr + Überschuß (CH₃)₃COC(O)OC(O)OC(CH₃)₃ ⟶ Boc–Tyr (Tyr am N und phenolischem O geschützt)

8. Boc–Tyr + Gly–Gly–Phe–Leu–OCH₃ —DCC→ Boc–Tyr–Gly–Gly–Phe–Leu–OCH₃

   1. H⁺, H₂O
   2. HO⁻, H₂O
   ⟶ Tyr–Gly–Gly–Phe–Leu (= Leu-Enkephalin)

48. 1. His —Cbz-Cl→ Ring-N-geschütztes (Cbz) His —(CH₃)₃COC(O)OC(O)OC(CH₃)₃→ Amin-N-geschütztes Boc-(Cbz) His

Hier sollen **beide** reaktiven Stickstoffatome von His auf verschiedene Weise blockiert werden. Die Boc-Gruppe wird später mit Säure abgespalten, damit eine Peptid-Bindung geknüpft werden kann, während das Stickstoffatom im Ring Cbz-geschützt bleibt.

2. Pro —CH₃OH, H⁺→ Pro–OCH₃ (Carboxy-geschütztes Pro)

3. Boc-(Cbz)His + Pro–OCH₃ —DCC→ Boc-(Cbz)His–Pro–OCH₃ —verd. H⁺→
   (Cbz)His–Pro–OCH₃

4. Glu —135-140 °C→ Pyroglutaminsäure (Aminogruppe ist nun ein Amid, daher ist kein weiterer Schutz erforderlich)

5. Pyroglutaminsäure + (Cbz)His-Pro–OCH₃ —DCC→ Pyroglutamoyl–(Cbz)His–Pro–OCH₃

   1. OH⁻, H₂O
   2. DCC
   3. NH₃
   ⟶ Pyroglutamoyl–(Cbz)His–Pro–NH₂ —H₂, Pd→ TRH

49. (a) C: [three tautomeric pyrimidine structures with NH₂/NH and OH/=O groups]

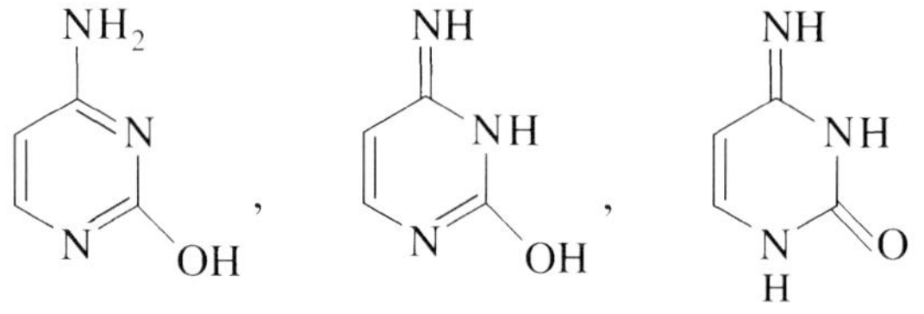

T: [three tautomeric pyrimidine structures with OH/=O groups];

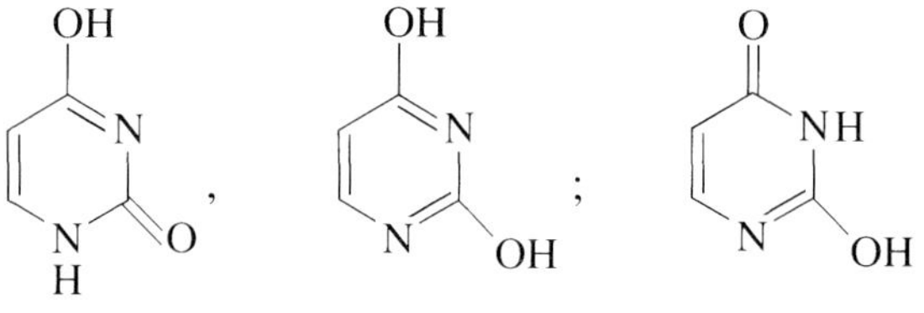

A: [structure of adenine imino form]

G: [three structures of guanine tautomers]

Durch diese Misspaarung wird A *scheinbar* zu G (es paart mit C statt mit U).

(b) C: [structure showing Imin-A paired with C via hydrogen bonds]

(c) Aminosäuren: Tyr-Gly-Gly-Phe-Met

Mögliche Codons: AUG-(U)AC-GGA-GGA-UUU-AUG-UGA

Würde bei der Synthese dieser mRNA ein A im DNA-Strang versehentlich mit C statt mit dem U an der eingekreisten Stelle paaren, erhielten wir CAC anstelle von UAC, das für His anstatt für Tyr kodiert. Das dann synthetisierte Peptid würde His-Gly-Gly-Phe-Met sein.

50. $2332 \times 3 + 3$ (Initiatior-Codon) $+ 3$ (Terminations-Codon) $= 7002$.

51. (a) [structure of hydroxyproline zwitterion showing 2S and 4R stereocenters]

(b) (i) Phth-N⁻ K⁺ ; (ii) 1. H⁺, H₂O, Δ; 2. HO⁻, H₂O, Δ.

Mechanismen:

(c) Die Tabelle enthält kein Codon für Hyp. Freies Hyp spielt für die Synthese von Collagen im Körper keine Rolle, weil dieser freies Hyp nicht in Peptidketten einbauen kann. Gelatine liefert eine Menge Pro, darum ist sie in dieser Hinsicht wertvoll, aber sie ersetzt nicht das für die Biosynthese von Collagen unentbehrliche Vitamin C.

52. Es handelt sich um eine Form der nucleophilen Substitution. Die Reaktion erfolgt an C1 des Galactose-Teils der Ausgangsverbindung Uridindiphosphat-Galactose. C1 ist das anomere Kohlenstoffatom und die Position, in der Substitutionen am leichtesten stattfinden – typischerweise S_N1-Reaktionen unter schwach sauren Bedingungen (vgl. Bildung und Hydrolyse von Glycosiden, Abschn. 24.8). Im vorliegenden Fall ist das gesamte Uridindiphosphat (UDP)-Molekül die Abgangsgruppe, und die C3-Hydroxygruppe des proteingebundenen N-Acetylgalactosamins ist das Nucleophil.

53. (a) AUG-GUG-CAC-CUG-ACU-CCU-GAG-GAG-AAG-etc.
Initiation   Val- His- Leu- Thr- Pro- Glu- Glu- Lys- etc.

(b) GAG → GUG, kodiert jetzt für Val.

(c) Der Ersatz der polaren Aminosäure Glu (anionisch bei pH 7) durch die unpolare Aminosäure Val (neutral bei pH 7) verringert die Gesamtpolarität des Moleküls, und es wird weniger wasserlöslich. Da sich das unpolare Val bevorzugt im Inneren des Moleküls aufhält (und eine nach außen, in das Wasser gerichtete Aminosäure ersetzt), ändert sich die Gestalt des Moleküls (d. h. die Tertiärstruktur). Diese Änderung ist besonders verhängnisvoll, weil diese Substitution praktisch zu Beginn des ersten langen α-Helixabschnitts im Molekül erfolgt. Das Ergebnis ist ein defektes Hämoglobin, das zur Bildung unlöslicher Klumpen neigt, die Blutgefäße verstopfen können und allgemein die Fähigkeit des Bluts zum Sauerstofftransport vermindern.

54.

A: Hauptdiastereomer: Substituenten *cis*-ständig und beide äquatorial

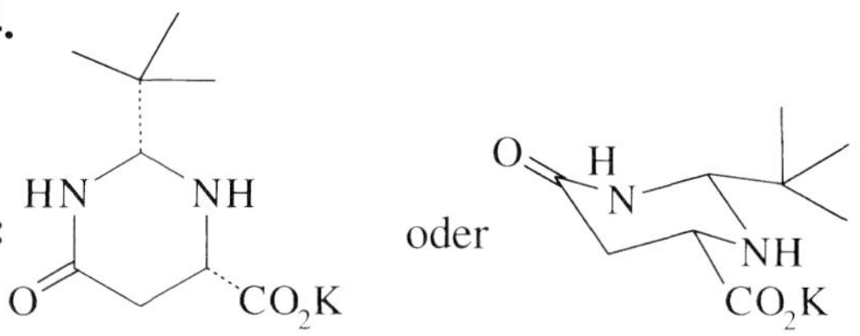

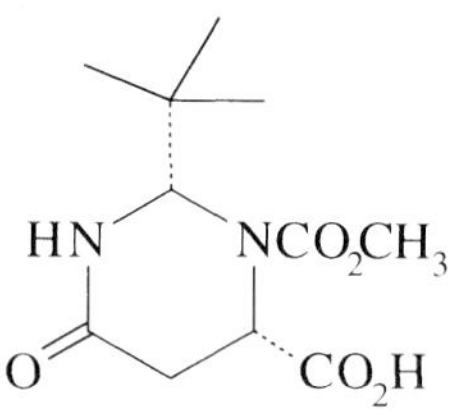

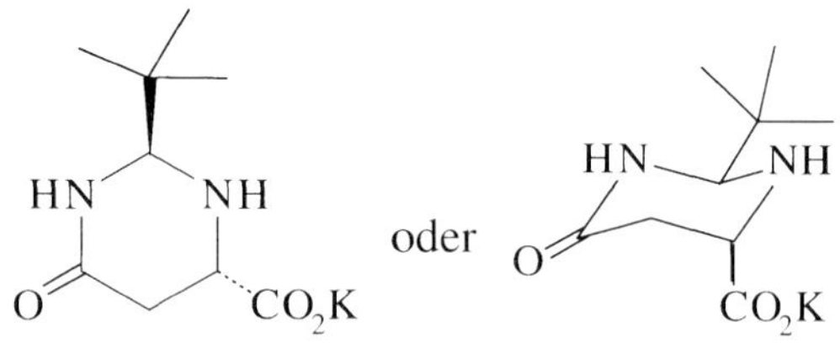

B: (structure shown)

Hauptdiastereomer: Substituenten *trans*-ständig und nur tert-Butyl äquatorial

C:

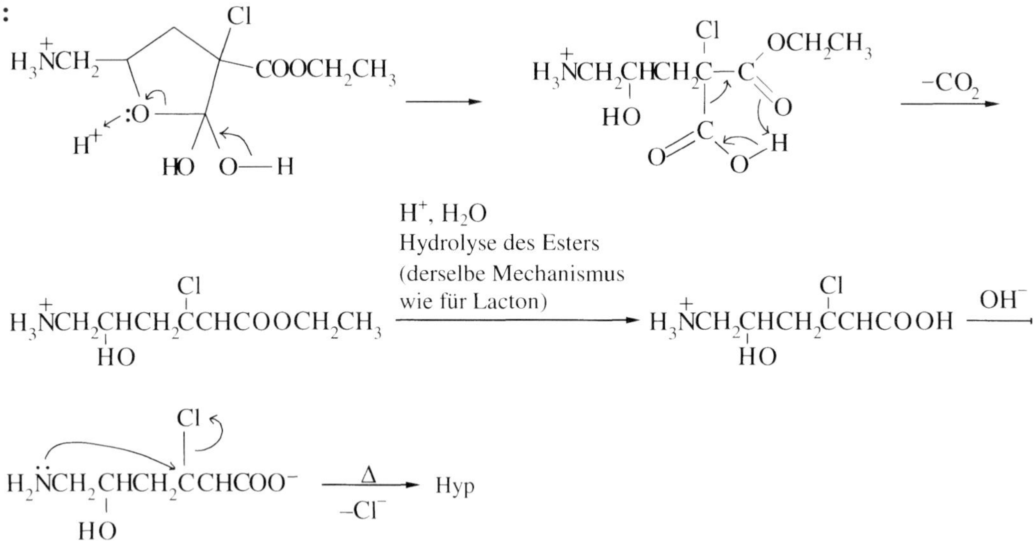

(Mechanism shown, followed by:)

H⁺, H₂O
Hydrolyse des Esters
(derselbe Mechanismus wie für Lacton)

$\xrightarrow{\Delta, -Cl^-}$ Hyp